全国地层多重划分对比研究

（37）

山东省岩石地层

主　编：张增奇　刘明渭
编　者：张增奇　刘明渭　宋志勇　张淑芳
栾恒彦　迟守祥　徐立军
赵光华　高美霞　迟培星
技术指导：艾宪森　张成基

中国地质大学出版社

内 容 简 介

本书是以山东省1:20万和1:5万区域地质调查及地质科研成果为基础，结合石油、煤炭系统最新科研成果，经过系统综合研究、区域对比后编写而成的。全书50余万字，按地层断代分为：第一章绪论、第二章太古宙、第三章早元古代、第四章晚元古代、第五章寒武纪—奥陶纪、第六章石炭纪—三叠纪、第七章侏罗纪—白垩纪、第八章第三纪—第四纪、第九章结语。它是山东省第一部系统地对地层进行多重划分对比研究的专著，全面系统地介绍了山东省所有断代每个采用岩石地层单位的创名、定义、沿革、层型、地质特征及区域变化等内容，并列出了山东省所有不采用岩石地层名称及其理由。本书可供区域地质调查研究、普查勘探、工程建设、科研、教学等单位地质工作者参考利用，是在山东省及其邻区从事地质工作者不可缺少的工具书。

图书在版编目(CIP)数据

山东省岩石地层/张增奇，刘明渭主编. —武汉：中国地质大学出版社，1996.7（2013.7重印）
(全国地层多重划分对比研究；37)
ISBN 978-7-5625-1056-7

Ⅰ. 山…
Ⅱ. ①张…②刘…
Ⅲ. 地层学—山东省
Ⅳ. P535.252

中国版本图书馆CIP数据核字(2008)第062477号

山东省岩石地层 张增奇 刘明渭 主 编

责任编辑：张晓红 责任校对：徐润英

出版发行：中国地质大学出版社(武汉市洪山区鲁磨路388号) 邮编：430074
电话：(027)67883511 传真：67883580 E-mail：cbb @ cug.edu.cn
经 销：全国新华书店 http://www.cugp.cn

开本：787毫米×1092毫米 1/16 字数：540千字 印张：21.125
版次：1996年7月第1版 印次：2013年7月第3次印刷
印刷：武汉教文印刷厂 印数：1301—1800册

ISBN 978-7-5625-1056-7 定价：75.50元

序

100 多年来，地层学始终是地质学的重要基础学科的支柱，甚至还可以说是基础中的基础，它为近代地质学的建立和发展发挥了十分重要的作用。随着板块构造学说的提出和发展，地质科学正经历着一场深刻的变革，古老的地层学和其他分支学科一样还面临着满足社会不断进步与发展的物质需要和解决人类的重大环境问题等双重任务的挑战。为了迎接这一挑战，依靠现代科技进步及各学科之间相互渗透，地层学的研究范围将不断扩大，研究途径更为宽广，研究方法日趋多样化，并萌发出许多新的思路和学术思想，产生出许多分支学科，如生态地层学、磁性地层学、地震地层学、化学地层学、定量地层学、事件地层学、化学地层学、气候地层学、构造地层学和月球地层学等等，它们的综合又导致了“综合地层学”和“全球地层学”概念的提出。所有这一切，标志着地层学研究向高度综合化方向发展。

我国的地层学和与其密切相关的古生物学早在本世纪前期的创立阶段，就涌现出一批杰出的地层古生物学家和先驱，他们的研究成果奠定了我国地层学的基础。但是大规模的进展，还是从 1949 年以后，尤其是随着全国中小比例尺区域地质调查的有计划开展，以及若干重大科学计划的执行而发展起来的。正像我国著名的地质学家尹赞勋先生在第一届全国地层会议上所讲：“区域地质调查成果的最大受益者就是地层古生物学。”1959 年召开的中国第一届全国地层会议，总结了建国十年来所获的新资料，制定了中国第一份地层规范（草案），标志着我国地层学和地层工作进入了一个新的阶段。过了 20 年，地层学在国内的发展经历了几乎十年停滞以后，于 1979 年召开了中国第二届全国地层会议，会议在某种程度上吸收学习了国际地层学研究的新成果，还讨论制定了《中国地层指南及中国地层指南说明书》，为推动地层学在中国的发展，缩小同国际地层学研究水平的差距奠定了良好基础。这次会议以后所进行的一系列工作，包括应用地层单位的多重性概念所进行的地层划分对比研究、区域地层格架及地层模型的研究，现代地层学与沉积学相结合所进行的盆地分析以及1：5万区域地质填图方法的改进与完善等，都成为我国地层学进一步发展的强大推动力。为此，地质矿产部组织了一项“全国地层多重划分对比研究（清理）”的系统工程，在 30 个省、直辖市、自治区（含台湾省，不含上海市）范围内，自下而上由省（市、区）、大区和全国设立三个层次的课题，在现代地层学和沉积学理论指导下，对以往所建立的地层单位进行研究（清理），追溯地层单位创名的沿革，重新厘定单位含义、层型类型与特征、区域延伸与对比，消除同物异名，查清同名异物，在大范围内建立若干断代岩石地层单位的时空格架、编制符合现代地层学含义的新一代区域地层序列表，并与地层多重划分对比研究工作同步开展了省（市、区）和全国两级地层数据库的研建，对巩固地层多重划分对比研究（清理）成果，为地层学的科学化、系统化和现代化发展打下了良好基础。这项研究工作在部、省（市、区）各级领导的支持关怀下，全体研究人员经过5年的艰苦努力已圆满地完成了任务，高兴地看到许多成果已陆续要出版了。这项工作涉及的范围之广、参加的单位及人员之多、文件的时间跨度之长，以及现代科学理论与计算机技术的应用等各方面，都可以说是在我国地层学工作不断发展中具有里程碑意义的。这项研究中不同层次成果的出版问世，不仅对区域地质调查、地质图件的编测、区域矿产普查与勘查、地质科研和教学等方面都具有现实的指导作用和实用价值，而且对我国地层学的发展和科学化、系统化将起到积极的促进作用。

首次组织实施这样一项规模空前的全国性的研究工作，尽管全体参与人员付出了极大的辛勤劳动，全国项目办和各大区办进行了大量卓有成效和细致的组织协调工作，取得了巨大的成绩，但由于种种原因，难免会有疏漏甚至失误之处。即使这样，该系列研究是认识地层学真理长河中的一个相对真理的阶段，其成果仍不失其宝贵的科学意义和巨大的实用价值。我相信经过广大地质工作者的使用与检验，在修订再版时，其内容将会更加完美。在此祝贺这一系列地层研究成果的公开出版，它必将发挥出巨大社会经济效益，为地质科学的发展做出新的贡献。

程裕淇

前　言

地层学在地质科学中是一门奠基性的基础学科，是基础地质的基础。自从19世纪初由W.史密斯奠定的基本原理和方法以来的一个半世纪中，地层学是地质科学中最活跃的一个分支学科，对现代地质学的建立和发展产生了深刻的影响，作出了不可磨灭的贡献，特别是在20世纪60年代由于板块构造学说兴起引发的一场“地学革命”，其表现更为显著。随着板块构造学的确立，沉积学和古生态学的发展，地球历史和生物演化中的灾变论思想的复兴和地质事件概念的建立，使地层学的分支学科，如时间地层学、生态地层学、地震地层学、同位素地层学、气候地层学、磁性地层学、定量地层学和构造地层学等像雨后春笋般地蓬勃发展，这种情况必然对地层学、生物地层和沉积地层等的传统理论认识和方法提出了严峻的挑战。经过20年的论战，充分体现当代国际地质科学先进思想的《国际地层指南》(英文版）于1976年见诸于世，之后在不到20年的时间里又于1979、1987、1993年连续三次进行了修改补充，陆续补充了《磁性地层极性单位》、《不整合界限地层单位》，以及把岩浆岩与变质岩等作为广义地层学范畴纳入地层指南而又补充编写了《火成岩和变质岩岩体的地层划分与命名》等内容。

国际地层学上述重大变革，对我国地学界产生了强烈冲击，十年动乱形成的政治禁锢被打开，迎来了科学的春天，先进的科学思潮像潮水般涌来，于是在1980年第二届全国地层工作会议上通过并公开出版了《中国地层指南及中国地层指南说明书》，阐述了地层多重划分概念。于1983年按地层多重划分概念和岩石地层单位填图在安徽区调队进行了首次试点。1985年《贵州省区域地质志》中地层部分吸取了地层多重划分概念进行撰写。1986年地质矿产部设立了“七五”重点科技攻关项目——“1∶5万区调中填图方法研究项目”，把以岩石地层单位填图，多重地层划分对比，识别基本地层层序等现代地层学和现代沉积学相结合的内容列为沉积岩区区调填图方法研究课题，从此拉开了新一轮1∶5万区调填图的序幕，由试点的贵州、安徽和陕西三省逐步推向全国。

1∶5万区调填图方法研究试点中遇到的最大问题是如何按照现代地层学的理论和方法来对待与处理按传统理论和方法所建立的地层单位？如果维持长期沿用的按传统理论建立的地层单位，虽然很省事，但是又如何体现现代地层学和现代沉积学相结合的理论与方法呢？这样就谈不上紧跟世界潮流，迎接这一场由板块构造学说兴起所带来的“地学革命”。如果要坚持这一技术领域的革命性变革，就要下决心花费很大力气克服人力、财力和技术性等方面的重重困难，对长期沿用的不规范化的地层单位进行彻底的清理。经过反复研究比较，我们认识到科学技术的变革也和社会经济改革的潮流一样是不可逆转的，只有坚持改革才能前进，不进则退，否则就将被历史所淘汰，别无选择。在这一关键时刻，地质矿产部和原地矿部直管局领导作出了正确决策，从1991年开始，从地勘经费中设立一项重大基础地质研究项目——全国地层多重划分对比研究项目，简称全国地层清理项目，开始了一场地层学改革的系统工程，在全国范围内由下而上地按照现代地层学的理论和方法对原有的地层单位重新明确其定义、划分对比标准、延伸范围及各类地层单位的相互关系，与此同时研建全国地层数据库，巩固地层清理成果，推动我国地层学研究和地层单位管理的规范化和现代化，指导当前和今后一个时期1∶5万、1∶25万等区调填图等，提高我国地层学研究水平。1991年地质矿产部原直管局将地层清理作为部指令性任务以地直发(1991)005号文和1992年以地直发(1992)014号文下发了《地矿部全国地层多重划分对比（清理）研究项目第一次工作会议纪要》，明确了各省（市、自治区）地质矿产局（厅）清理研究任务，并于1993年2月补办了专项地勘科技项目合同（编号直科专92-1)，并明确这一任务分别设立部、大区和省（市、自治区）三级领导小组，实行三级管理。

部级成立全国项目领导小组

组长	李廷栋	地质矿产部副总工程师
副组长	叶天竺	地质矿产部原直管局副局长
	赵　逊	中国地质科学院副院长

成立全国地层清理项目办公室，受领导小组委托对全国地层清理工作进行技术业务指导和协调以及经常性业务组织管理工作，并设立在中国地质科学院区域地质调查处（简称区调处）。

项目办公室主任	陈克强	区调处处长，教授级高级工程师
副主任	高振家	区调处总工，教授级高级工程师
	简人初	区调处高级工程师
专家	张守信	中国科学院地质研究所研究员
	魏家庸	贵州省地质矿产局区调院教授级高级工程师
成员	姜　义	区调处工程师
	李　忠	会计师
	周统顺	中国地质科学院地质研究所研究员

大区一级成立大区领导小组，由大区内各省（市、自治区）局级领导成员和地科院沈阳、天津、西安、宜昌、成都、南京六个地质矿产研究所各推荐一名专家组成。领导小组对本大区地层清理工作进行组织、指导、协调、仲裁并承担研究的职责。下设大区办公室，负责大区地层清理的技术业务指导和经常性业务技术管理工作。在全国项目办直接领导下，成立全国地层数据库研建小组，由福建区调队和部区调处承担，负责全国和省（市、自治区）二级地层数据库软件开发研制。

各省（市、自治区）成立省级领导小组，以省（市、自治区）局总工或副总工为组长，有区调主管及有关处室负责人组成，在专业区调队（所、院）等单位成立地层清理小组，具体负责地层清理工作，同时成立省级地层数据库录入小组，按照全国地层数据库研建小组研制的软件及时将本省清理的成果进行数据录入，并检验软件运行情况，及时反馈意见，不断改进和优化软件。在全国地层清理的三个级次的项目中，省级项目是基础，因此要求各省（市、自治区）地层清理工作必须实行室内清理与野外核查相结合，清理工作与区调填图相结合，清理与研究相结合，地层清理与地层数据库建立相结合，“生产”单位与科研教学单位相结合，并强调地层清理人员要用现代地层学和现代沉积学的理论武装起来，彻底打破传统观点，统一标准内容，严格要求，高标准地完成这一历史使命。实践的结果，凡是按上述五个相结合去做的效果都比较好，不仅出了好成果，而且通过地层清理培养锻炼了一支科学技术队伍，从总体上把我国区调水平提高到一个新台阶。

三年多以来，参加全国地层清理工作的人员总数达 400 多人，总计查阅文献约24 000份，野外核查剖面约 16 472.6 km，新测剖面 70 余条约 300 km，清理原有地层单位有 12 880 个，通过清查保留的地层单位约 4721 个（还有省与省之间重复的），占总数 36.6%，建议停止使用或废弃的单位有 8159 个（为同物异名或非岩石地层单位等），占总数 63.4%，清查中通过实测剖面新建地层单位 134 个。与此同时研制了地层单位的查询、检索、命名和研究对比功能的数据库，通过各省（市、自治区）数据录入小组将 12 880 个地层单位（每个单位 5 张数据卡片）和 10 000 多条各类层型剖面全部录入，首次建立起全国 30 个（不含上海市）省（市、自治区）基础地层数据库，为全国地层数据库全面建成奠定了坚实的基础。从 1994 年 7 月—11 月，分七个片对 30 个省（市、自治区）地层清理成果报告及数据库的数据录入进行了评审验收，到 1994 年底可以说基本上完成了省一级地层清理任务。1995—1996 年将全面完成大区和总项目的清理研究任务。由此可见，这次全国地层清理工作无论是参加人数之多，涉及面之广，新方法新技术的应用以及理论指导的高度和研究的深度都可以堪称中国地层学研究的第三个里程碑。这一系统工程所完成的成果，不仅是这次直接参加清理的 400 多人的成果，而且亦应该归功于全国地层工作者、区域地质调查者、地层学科研与教学人员以及为地层工作做过贡献的普查勘探人员。全国地层清理成果的公开出版，必将对提高我国地层学研究水平，统一岩石地层划分和命名指导区调填图，加强地层单位的管理以及地质勘察和科研教学等方面发挥重要的作用。

鉴于本次地层清理工作和地层数据库的研建是过去从未进行过的一项研究性很强的系统工程，涉及的范围很广，时间跨度长达 100 多年，参加该项工作的人员多达 300～400 人，由于时间短，经费有限，人员水平不一，文献资料掌握程度等种种主客观原因，尽管所有人员都尽了最大努力，但是在本书中少数地层单位的名称、出处、命名人和命名时间等不可避免地存在一些问题。本书中地层单位名称出现的“岩群”、“岩组”等名词，是根据 1990 年公开出版的程裕淇主编的《中国地质图（1∶500 万）及说明书》所阐述的定义。为了考虑不同观点的读者使用，本书对有“岩群”、“岩组”的地层单位，均暂以（岩）群、（岩）组处理。如鞍山（岩）群、迁西（岩）群。总之，本书中存在的错漏及不足之处，衷心地欢迎广大读者提出宝贵意见，以便今后不断改正和补充。

在 30 个省（市、自治区）地层清理系统成果即将公开出版之际，我代表全国地层清理项目办公室向参加 30 个省（市、自治区）地层清理、数据库研建和数据录入的同志所付出的辛勤劳动表示衷心的感谢和亲切的慰问。在全国地层清理项目立项过程中，原直管局王新华、黄崇轲副局长给予了大力支持，原直管局局长兼财务司司长现地矿部副部长陈洲其在项目论证会上作了立项论证报告，在人、财、物方面给予过很大支持；全国地层委员会副主任程裕淇院士一直对地层清理工作给予极大的关心和支持，并在立项论证会上作了重要讲话；中国地质大学教授、全国地层委员会地层分类命名小组组长王鸿祯院士是本项目的顾问，在地层清理的指导思想、方法步骤及许多重大技术问题上给予了具体的指导和帮助；中国地质大学教授杨遵仪院士对这项工作热情关心并给以指导；中国地质科学院院长、部总工程师陈毓川研究员参加了第三次全国地层清理工作会议并作了重要指示与鼓励性讲话；部科技司姜作勤高工，计算中心邬宽廉、陈传霖，信息院赵精满，地科院刘心铸等专家对地层数据库设计进行评审，为研建地层数据库提出许多有意义的建议。中国科学院地质研究所，南京古生物研究所，中国地质科学院地质研究所，天津、沈阳、南京、宜昌、成都和西安地质矿产研究所，南京大学，西北大学，中国地质大学，长春地质学院，西安地质学院等单位的知名专家、教授和学者，各省（市、自治区）地矿局领导、总工程师、区调主管、质量检查员和区调队、地研所、综合大队等单位的区域地质学家共600余人次参加了各省（市、自治区）地层清理研究成果和六个大区区域地层成果报告的评审和鉴定验收，给予了友善的帮助；各省（市、自治区）地矿局（厅）、区调队（所、院）等各级领导给予地层清理工作在人、财、物方面的大力支持。可以肯定，没有以上各有关单位和部门的领导和众多的专家教授对地层清理工作多方面的关心和支持，这项工作是难以完成的。在30个省（市、自治区）地层清理成果评审过程中一直到成果出版之前，中国地质大学出版社，特别是以褚松和副社长和刘粤湘编辑为组长的全国地层多重划分对比研究报告编辑出版组为本套书编辑出版付出了极大的辛苦劳动，使这一套系统成果能够如此快地、规范化地出版了！在全国项目办设在区调处的几年中，除了参加项目办的成员外，区调处的陈兆棉、其和日格、田玉莹、魏书章、刘凤仁多次承担地层清理会议的会务工作，赵洪伟和于庆文同志除了承担会议事务还为会议打印文稿，于庆文同志还协助绘制地层区划图及文稿复印等工作。

在此，向上面提到的单位和所有同志一并表示我们最诚挚的谢意，并希望继续得到他们的关心和支持。

全国地层清理项目办公室（陈克强执笔）

目　　录

第一章
绪论

一、概 述

本专著系由“山东省地层多重划分对比研究”项目成果“山东地层多重划分对比研究报告”①，经过以岩石地层为主要内容的整理加工编写而成。“山东省地层多重划分对比研究”项目（鲁地发［1991］407号），简称“山东省地层清理”，系地质矿产部“八五”重大基础地质科技项目（地直发［1991］005号）“全国地层多重划分与对比研究”项目的系列项目之一。“全国地层清理项目”由地质矿产部直属单位管理局负责组织实施，下设项目领导小组及项目办公室，负责组织、指导、协调全国各大区及各省地层清理工作。按地层区划与行政区划并重的指导思想，将全国划分为六个大区，各大区设立项目领导小组及项目办公室，负责组织本大区的清理工作及本大区内各省的组织、协调、指导、仲裁等工作；各省组成了由地质矿产局总工程师主持的项目领导小组，负责本省地层清理工作的具体实施。山东省地质矿产局加强领导，组成以副局长兼总工程师艾宪森为组长的项目领导小组，副组长为苏守德、张成基，成员有王来明、张自桓、吕发堂、杨智溥、游文澄。抽调了有野外实践经验和室内综合整理能力的技术人员组成项目研究组，组长为张增奇、刘明渭。历时5年（1991—1995），完成了该项目及其本专著。

该专著（地层清理成果）主要是以我省“七五”以来1∶20万和1∶5万区域地质调查和地质科研成果为基础，部分结合石油、煤炭系统最新科研成果资料，经过全面清理、系统综合对比研究之后完成的，是运用现代地层学理论为指导，对我省地层的全面总结和提高。本专著利用的资料，截止到1995年6月。

与此同时，建立了山东省地层数据库，对每个采用岩石地层单位的创名、定义、沿革、层型剖面、参考文献等五项内容，以及不采用岩石地层名称的创名、定义、参考文献等三项内容逐条考证、录入，以供地层监控和检索。

二、地层综合区划及区域地层发育概况

山东省地层发育良好，交通方便，很早就为国内外地质学家所关注，因而有较长的研究

① 山东省地质矿产局区域地质调查队，1995，山东省地层多重划分对比研究报告。

历史，积累了丰富的地层资料。尤其是近年来随着现代地层学的发展，地层多重划分理论日益深入人心，地层学研究更是日新月异，飞速发展。根据地层总体发育状况，山东省属于华北地层大区（V）的晋冀鲁豫地层区（V_4）的东南隅。根据全国三级地层分区“在同一Ⅲ级地层区内，区域地质构造特征基本一致，岩石地层特征基本相同，区内多数组级地层单位可以延伸”的划分原则，又将山东省分为华北平原地层分区（V_4^8）、鲁西地层分区（V_4^{10}）和鲁东地层分区（V_4^{11}）等三个地层分区。鲁东地层分区东南界以位于江苏省的海州-泗阳断裂为界线，同时也是华北地层大区与华南地层大区的界线。鲁西和鲁东地层分区划分依据是前寒武系原岩建造和变质程度的差异、寒武系至三叠系分布不同，其分区界线以沂沭断裂带内安丘-莒县断裂为界；华北平原地层分区与鲁西地层分区地层发育特征相近，但是前者以其新生界发育且厚度巨大而有别于后者及鲁东地层分区，主要以第三纪沙河街组和东营组分布特征为依据。其分区界线，南侧以聊(城)-(兰)考断裂和齐(河)-广(饶)断裂与鲁西地层分区为界，其界线至广饶县向南经青州、昌乐、潍坊北至昌邑南与安丘-莒县断裂相接，并以该断裂北段作为华北平原地层分区与鲁东地层分区分界线（图 1-1）。

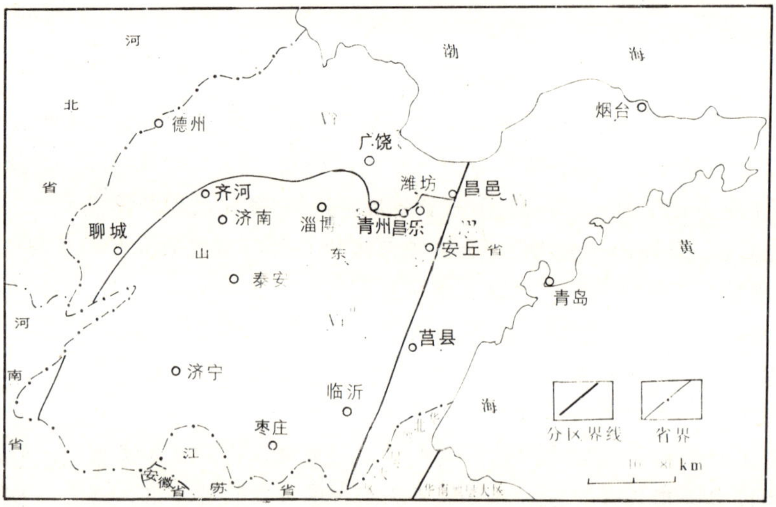

图 1-1　山东省地层综合区划图

V_4^8. 华北平原地层分区　V_4^{10}. 鲁西地层分区　V_4^{11}. 鲁东地层分区

鲁西地层分区是本省地层发育最全的一个分区。自老至新有中太古代麻粒岩相的沂水(岩)群和晚太古代低角闪岩相的泰山(岩)群，呈孤岛状分布于鲁西地层分区；早元古代低绿片岩相的济宁(岩)群仅在济宁钻孔中见到；中元古代地层缺失；晚元古代青白口纪—震旦纪有未变质的土门群；寒武纪—奥陶纪有长清群、九龙群及马家沟组，其中我国采用的年代地层毛庄阶、徐庄阶、张夏阶、崮山阶界线层型和华北地层大区晋冀鲁豫地层区采用的寒武纪岩石地层馒头组、张夏组、崮山组、炒米店组正层型均在山东省长清县；志留纪—泥盆纪地层缺失；石炭纪—二叠纪—三叠纪有月门沟群、石盒子组、石千峰群、二马营组（均可与山西省正层型对比）；侏罗纪—白垩纪为断陷盆地沉积，分布零星，侏罗纪有淄博群，白垩纪有莱阳群、青山群、大盛群和王氏群；第三纪有官庄群、五图群、临朐群及巴漏河组和白彦组；第四纪可划分为小埠岭组、于泉组、羊栏河组、沂源组、史家沟组、大站组、大埠组、山前组、黑土湖组、临沂组、泰安组、沂河组、潍北组、寒亭组、白云湖组及平原组。

鲁东地层分区特点是前寒武纪地层及中生代—新生代地层发育，目前尚未发现古生代地层，仅在中生代莱阳群中发现大量古生代灰岩砾石。前寒武系以莒县—五莲—王台—惜福—王村为界，分为胶北和胶南两个地层小区。胶北地层小区，晚太古代有高角闪岩相局部麻粒岩相的胶东(岩)群；早元古代高角闪岩相至麻粒岩相荆山群和低角闪岩相粉子山群分布广泛、厚度大且矿产丰富，低角闪岩相芝罘群仅见于烟台市芝罘岛一带；震旦纪低级变质蓬莱群仅分布于蓬莱、栖霞地区。胶南地层小区，太古宙—元古宙地层仅有零星残存，晚太古代有低角闪岩相大山沟(岩)组；早元古代有低角闪岩相胶南(岩)群；震旦纪有低级变质朋河石组。在鲁东地层分区，中生代三叠纪、侏罗纪地层缺失，以白垩纪地层发育著称，有莱阳群、青山群、大盛群和王氏群（其中胶州组为晚白垩世—古新世跨时地层单位）；第三纪有始新世五图群和新第三纪临朐群；第四纪更新世和全新世均有沉积，有小埠岭组、羊栏河组、柳夼组、史家沟组、大站组、黑土湖组、临沂组、泰安组、沂河组、寒亭组、潍北组和旭口组及山前组。

华北平原地层分区，地表皆为第四系，地下地层除第三系因含石油、天然气等矿产研究较详外，其他地层研究程度较低。椐钻孔揭示，前寒武纪有黑云变粒岩、黑云石英片岩、磁铁石英岩、含磁铁斜长角闪岩等①；寒武—奥陶纪有长清群、九龙群和马家沟组；石炭纪—三叠纪有月门沟群、石盒子组、石千峰群、二马营组；侏罗纪有淄博群；白垩纪有莱阳群、青山群、大盛群、王氏群；第三纪有济阳群、黄骅群；第四纪有平原组、史家沟组、潍北组、白云湖组和旭口组。

各地层分区地层划分及对比情况见表1－1。

三、基本工作方法和步骤

(1) 认真学习《中国地层指南及中国地层指南说明书》、《国际地层指南》和《1：5万区调地质填图新方法》，据地层多重划分概念、原则、方法和要求，制定工作细则，严格按地层工作程序办事。

(2) 在地质、煤炭、石油系统内搜集有关地层资料，补充地表研究之不足，找出存在问题，编写工作设计。

(3) 填制地层剖面、文献资料索引、地层划分沿革和岩石地层名称等卡片。

(4) 野外核查，实测剖面，重要地质界线追索。

(5) 编制山东省1：50万岩石地层单位分布图、重要地层横剖面图，重新审查岩石地层单位定义、层型和重要参考剖面。

(6) 遵循命名优先权法则和知名度因素及使用习惯，提出采用的岩石地层单位名称，广泛征求省内外专家意见。

(7) 填制成果卡，建立地层数据库，编制“山东省地层多重划分对比研究报告”，最后根据专家审查意见修改，撰写此专著。

四、参加工作人员及分工

该项目组于1991年初组建。由于人员调配等原因，1991年初至1992年4月参加人员只有张增奇、方树宜、张淑芳和张志敏等4人，1992年增加刘明渭、迟培星和栾恒彦同志，7月宋志勇、迟守祥、徐立军、张忠义等同志参加该项目，至1993年7月又增加赵光华、高美霞

---

① 山东省地质矿产局地质综合研究队，1983，山东省变质地质图说明书（1：200万），49页。

表 1-1 山东省岩石地层分区序列表

Table 1-1 The Sequence of Litnologie Unit of Shangdong Province

代	纪	世	期	华北平原地层分区（群、组、段）	鲁西地层分区（群、组、段）	鲁东地层分区（群、组、段）
新生代	第四纪	全新世		平原组（旭口组、潍北组、白云湖组）	平原组（泰安组、沂河组、白云湖组、寒亭组、潍北组；临沂组；黑土湖组）；山前组	山前组；泰安组、沂河组、寒亭组、旭口组、潍北组；临沂组；黑土湖组
新生代	第四纪	更新世	晚	平原组	平原组（大站组、沂源组、大埠组）；山前组	山前组；大站组
新生代	第四纪	更新世	中	平原组；史家沟组	平原组（羊栏河组、沂源组、于泉组、史家沟组）	羊栏河组、柳夼组、史家沟组
新生代	第四纪	更新世	早	史家沟组	白彦组；小埠岭组 ?	小埠岭组 ?；史家沟组
新生代	新第三纪	上新世		黄骅群：明化镇组（上段、下段）	黄骅群：白彦组、巴漏河组 ?；临朐群：尧山组	临朐群：尧山组 ?
新生代	新第三纪	中新世		黄骅群：馆陶组（上段、下段）	黄骅群；临朐群：山旺组、牛山组	临朐群
新生代	老第三纪	渐新世		济阳群：东营组（上段、中段、下段）；沙河街组（一段、二段、三段）	官庄群：大汶口组 上段 ?	
新生代	老第三纪	始新世		济阳群：沙河街组 四段（上段 上部、下部；中段；下段）；孔店组（上段、中段、下段）	官庄群：大汶口组（中段、下段）；朱家沟组；常路组（上段、下段）；五图群：小楼组、李家崖组、朱壁店组	五图群：? 小楼组、李家崖组、朱壁店组 ?
新生代	老第三纪	古新世			官庄群：卞桥组、固城组 ?	? 胶州组
中生代	白垩纪	晚		王氏群：金岗口组、红土崖组、?	王氏群：红土崖组、辛格庄组、林家庄组 ?	王氏群：金岗口组 ?、胶州组、红土崖组、辛格庄组、林家庄组
中生代	白垩纪	早		大盛群；青山群 ?；莱阳群	青山群：方戈庄组、石前庄组、八亩地组；大盛群：孟疃组、寺前村组、田家楼组、马朗沟组；莱阳群：曲格庄组、杨家庄组、林寺山组	青山群：方戈庄组、石前庄组、八亩地组、后夼组；大盛群：孟疃组、寺前村组、田家楼组、马朗沟组 ?；莱阳群：法家茔组、杜村组、杨家庄组、止凤庄组；曲格庄组、龙旺庄组、水南组、林寺山组、瓦屋夼组
中生代	侏罗纪	晚、中、早		淄博群：三台组、坊子组 ?	淄博群：三台组、坊子组	
中生代	三叠纪	晚、中、早		二马营组 ?	石峰千群：刘家沟组	
古生代	二叠纪	晚	长兴期	石千峰群	石峰千群：孙家沟组	

续表 1-1

岩石地层 分区 / 地质年代 代	纪	世	期	华北地层大区 晋冀鲁豫地层区 华北平原地层分区 群、组、段	鲁西地层分区 群、组、段	鲁东地层分区 群、组、段
古生代	二叠纪	晚	龙潭期	石盒子组	石盒子组 孝妇河段、奎山段、万山段	
		早	茅口期		黑山段	
			栖霞期	月门沟群 山西组	月门沟群 山西组	
			马平期	太原组	太原组	
	石炭纪	晚	达拉期	本溪组 湖田段	本溪组 湖田段	
		早				
	泥盆纪					
	志留纪					
	奥陶纪	晚				
		中	宝塔期	马家沟组	马家沟组 八陡段	
			庙坡期		阁庄段	
		早	牯牛潭期		五阳山段、土峪段	
			大湾期		北庵庄段、东黄山段	
			红花园期	九龙群	九龙群 三山子组 a段	
			两河口期		b段	
	寒武纪	晚	凤山期		c段、炒米店组	
			长山期			
			崮山期		崮山组	
		中	张夏期		张夏组 上灰岩段、盘车沟段、下灰岩段	
			徐庄期	长清群	长清群 馒头组 上页岩段、洪河段	
			毛庄期		下页岩段	
		早	龙王庙期		石店段；朱砂洞组 丁家庄段（上灰岩段、余粮村段）	
			沧浪铺期		下灰岩段；李官组 页（泥）岩段、砂岩段	

续表 1-1

华北地层大区 晋冀鲁豫地层区

代	纪	华北平原地层分区：群、组、段	鲁西地层分区：群	组	段	鲁东地层分区 胶北地层小区：群	组	段	胶南地层小区：群、组、段
晚元古代	震旦纪		土门群	石旺庄组	白云岩段	蓬莱群	香夼组	灰岩段	
					灰岩段			泥灰岩段	
					砂质灰岩段		南庄组	上板岩段	
								大理岩段	
								下板岩段	
				浮来山组			铺子夼组		
				佟家庄组	页岩段		豹山口组	上板岩段	
								大理岩段	
					砂岩段、泥灰岩段			下板岩段	? 朋河石组 ?
	青白口纪	?		二青山组	页岩组	?			
					灰岩段				
					砂岩段				
				黑山官组	页岩段				
					砂岩段				
中元古代			?						
早元古代			济宁(岩)群 ?			芝罘群	兵营组		
							老爷山组		
						荆山群	陡崖组	水桃林段	
								徐村段	
							野头组	定国寺段	
								祥山段	
							禄格庄组	光山段	
								安吉村段	
						? 粉子山群	岗嵛组		
							巨屯组		
							张格庄组	三段	
								二段	? 胶南岩群 于家岭(岩)组 二段
								一段	胶南岩群 于家岭(岩)组 一段
							祝家夼组		
							小宋组		胶南岩群 邱官庄(岩)组 ?
晚太古代		黑云变粒岩、黑云石英片岩、磁铁石英岩、含磁铁斜长角闪岩 ?	? 泰山(岩)群	柳杭组	二段	胶东(岩)群	林家寨(岩)组	二段	大山沟(岩)组
					一段			一段	
				山草峪组	四段				
					三段				
					二段		齐山(岩)组	二段	
					一段				
				雁翎关组	三段			一段	
					二段				
					一段		?		
				孟家屯(岩)组	二(岩)段		唐家庄(岩)组		
		?			一(岩)段		?		
中太古代			沂水(岩)群	林家官庄(岩)组	二(岩)段				
					一(岩)段				
				? 石山官庄(岩)组	三(岩)段				
					二(岩)段				
				?	一(岩)段				
早太古代									

等同志，方树宜、张忠义、迟培星和张志敏等同志调出。

根据地质矿产部“全国地层多重划分对比研究”项目办公室要求，由于时间紧、任务重，各省原则上只清理中元古代至新第三纪地层。而山东省地质矿产局根据本省实际情况，要求对太古宙至第四纪地层全面清理，以满足区调和其他工作需要。为此，山东省地层多重划分对比研究项目负责人为张增奇和刘明渭，负责全省地层多重划分对比研究。张增奇主要负责太古宙至三叠纪地层清理，刘明渭主要负责侏罗纪至新生代地层清理。

参加本专著编写的前后共有10人。各章节执笔人：第一章绪论为张增奇、刘明渭；第二章第一节沂水(岩)群和泰山(岩)群为宋志勇、赵光华，胶东(岩)群、大山沟(岩)组为张增奇、迟守祥，第二节为张增奇；第三章第一节荆山群、粉子山群为迟守祥、张增奇，胶南(岩)群为张增奇、迟守祥，芝罘群为迟守祥，济宁(岩)群为宋志勇，鲁东地层分区下元古界横剖面和第二节为张增奇；第四章第一至第三节为宋志勇，第四节其他地层中的化学地层和古地磁为宋志勇，地震地层为张增奇；第五章第一节为张增奇，第二节和第三节为张淑芳、张增奇、赵光华，第四节为张增奇；第六章第一节为张淑芳、张增奇、高美霞，第二节和第三节为张淑芳、刘明渭；第七章第一节为刘明渭、徐立军，第二至第四节为刘明渭；第八章第一节为刘明渭、栾恒彦、徐立军、迟培星，第二节和第三节为刘明渭；第九章为刘明渭、张增奇；附录为张增奇、刘明渭。全书统编由张增奇、刘明渭负责。本书承张成基、杨智溥、游文澄和陈允福等全面审阅和修改补充。

山东省地质矿产局总工程师兼副局长艾宪森（华北大区地层清理研究项目组组长）和山东省地质矿产局区调主管张成基（华北大区地层清理研究项目组副组长兼办公室主任）以及高级工程师杨智溥、游文澄、王来明等，自始至终对本项目工作给予积极指导和帮助，千方百计查询、提供资料，使该项目成果质量得以保证，工作顺利完成。

为了更好地完成山东省地层清理任务，古生代地层部分还聘请了山东省地质科学研究所游文澄、梁宗伟、牛保祥等专家为顾问。该所刘书才、刘怀书和张天祯等专家对野外和室内工作也给予大量帮助。为使地层清理成果真正为区调工作服务，其划分方案切实可行，每个断代地层划分初步方案，都邀请本省1：5万和1：20万区调项目负责人协商、讨论，以求取得共识。因此，本文所提出的岩石地层划分方案已被本省区调项目广为引用，并取得了明显的成效。

在此谨对上述领导和同志们的热忱帮助以及提供资料的单位和个人致以诚挚谢意。由于我们水平有限，不当之处，恳请指正。

五、完成工作量

山东省完成清理工作情况见表1-2。

表1-2 山东省地层清理小组完成工作量表

工作内容	数量	工作内容	数量	工作内容	数量
实测剖面	35 km	岩矿鉴定	339件	搜集资料	200份
核查剖面	200 km	化石鉴定	406件	成果卡片	153套
路线追索	200 km	孢粉分析	46件	废弃卡片	190套
照片、幻灯片	300张	微古分析	10件	高密软盘	7片

六、取得主要成果

取得的主要成果有：①编写此专著；②山东省地层数据库；③建议采用岩石地层单位 153 个（含新建单位）；④建议不采用岩石地层名称 190 个；⑤新建岩石地层单位 14 个（3 群、6 组、5 段）；⑥1∶50 万山东省岩石地层单位分布图。

第二章
太古宙

山东省太古宙地层在结晶基底中呈大小不等残片状分布，均为一套中酸性—中基性火山岩、火山碎屑岩、陆源碎屑岩等火山-沉积建造，经历角闪岩相-麻粒岩相中高级区域变质，韧性变形强烈，大部分层理已被置换，有层无序，故多数为构造岩石地层单位。其岩石以黑云(角闪)变粒岩、斜长角闪岩、麻粒岩为主，次为黑云斜长片麻岩、磁铁石英岩、黑云(二长)片岩、阳起透闪片岩、浅粒岩及相应的混合岩和构造岩。

山东省太古宙地层属华北地层大区晋冀鲁地层区，据原岩建造、变质程度和改造程度分为三个地层分区。

(1) 鲁东地层分区：南以海州-泗阳断裂为界，西以安丘-莒县断裂为界。其中，再以莒县—五莲—王台—惜福—王村为界，分为胶北地层小区和胶南地层小区。胶北地层小区：发育有晚太古代胶东(岩)群，呈近东西向的复式向斜或背斜构造集中分布，以高角闪岩相黑云(角闪)变粒岩和斜长角闪岩为主，次为麻粒岩相的麻粒岩。胶南地层小区：以零星残存的晚太古代大山沟组(岩)组为特征，主要为黑云变粒岩和斜长角闪岩，低角闪岩相变质（图 2-1)。

(2) 鲁西地层分区：东以安丘-莒县断裂为界，北西以聊(城)-(兰)考断裂、齐(河)-广(饶)断裂为界，至广饶县南侧转向东南，经青州、昌乐、潍坊北，至昌邑南，与安丘-莒县断裂相接。该界线以北西即为华北平原地层分区。鲁西地层分区以晚太古代泰山(岩)群为主，呈孤岛状广布鲁西，主要岩性为黑云（角闪）变粒岩和斜长角闪岩，少量石榴石英岩、磁铁石英岩、变质砾岩、阳起片岩等。角闪岩相变质。次为中太古代沂水岩群，仅在沂水附近小面积出露，为暗色麻粒岩类、紫苏变粒岩类、斜长角闪岩类和黑云变粒岩类等岩石组合，为一套麻粒岩相变质的上壳岩系（图 2-2)。

(3) 华北平原地层分区：北西侧与河北省相接，南东侧与鲁西地层分区相邻。据钻孔揭露，岩石为黑云变粒岩、黑云石英片岩、磁铁石英岩、含磁铁斜长角闪岩等。在陵县、乐陵、无棣三县部分地区，主要为灰黑色云母石英片岩，推测主要应属泰山(岩)群。

山东省太古宙地层以变粒岩、斜长角闪岩和麻粒岩三类岩石为其划分主要依据，再考虑到其区域延展与对比乃至地质构造差异性，清理后的山东省太古宙岩石地层单位分为 3 个(岩)群和 10 个(岩)组或组：沂水(岩)群——石山官庄(岩)组、林家官庄(岩)组；泰山(岩)群

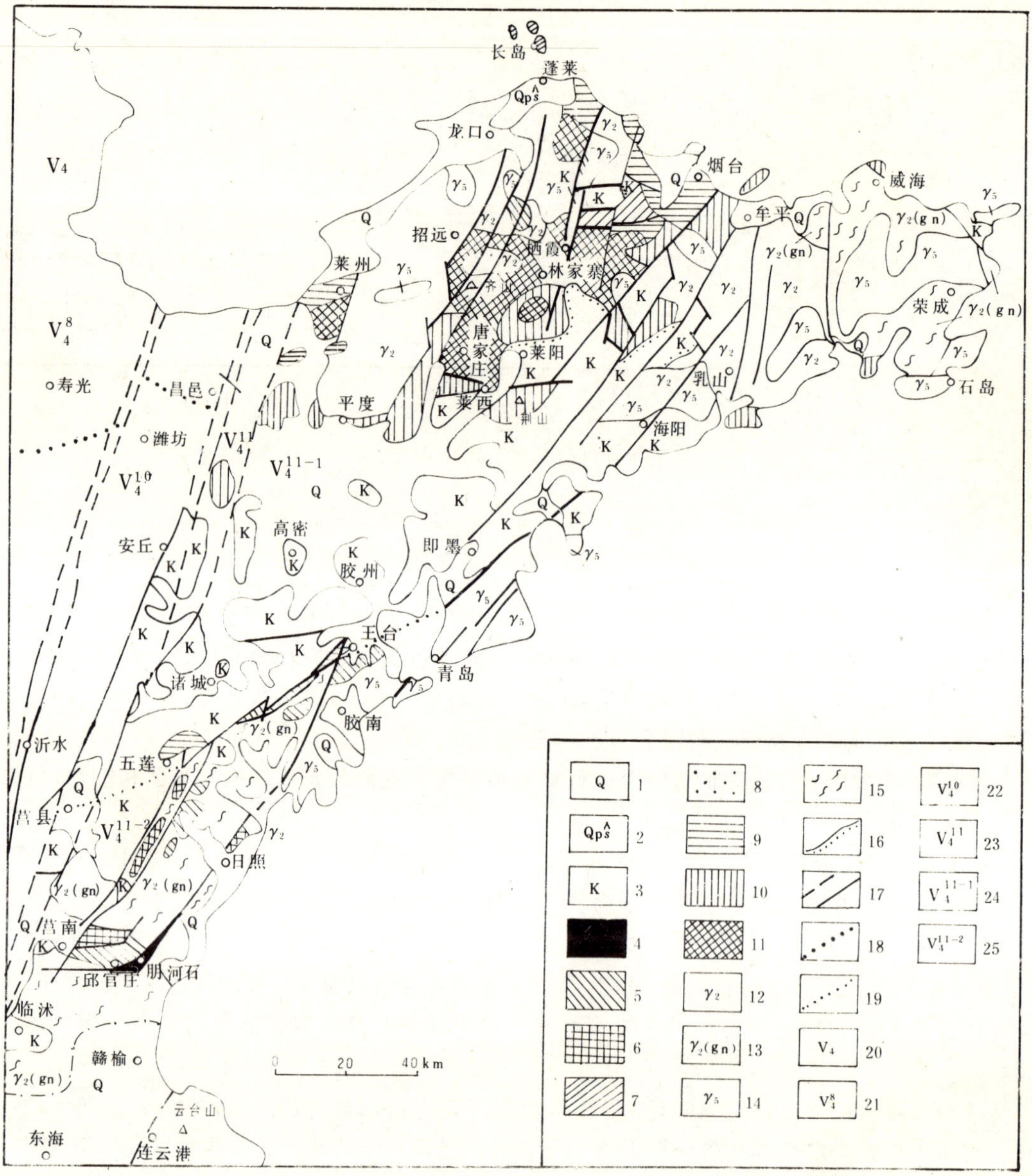

图 2-1　鲁东地层分区太古宙、早元古代地层露头分布及地层区划图

1. 第四系；2. 第四纪史家沟组；3. 白垩系；4. 震旦纪朋河石组；5. 早元古代胶南(岩)群；6. 晚太古代大山沟(岩)组；7. 震旦纪蓬莱群；8. 早元古代芝罘群；9. 早元古代粉子山群；10. 早元古代荆山群；11. 晚太古代胶东(岩)群；12. 元古宙花岗岩；13. 元古宙花岗质片麻岩；14. 燕山期花岗岩；15. 片麻理；16. 不整合界线；17. 重要断层；18. 三级地层分区界线；19. 四级地层分区界线；20. 华北地层大区晋冀鲁豫地层区；21. 华北平原地层分区；22. 鲁西地层分区；23. 鲁东地层分区；24. 胶北地层小区；25. 胶南地层小区

——孟家屯(岩)组、雁翎关组、山草峪组、柳杭组；胶东(岩)群——唐家庄(岩)组、齐山(岩)组、林家寨(岩)组；大山沟(岩)组等 13 个正式岩石地层单位。年代地层分为中太古界和上太古界。

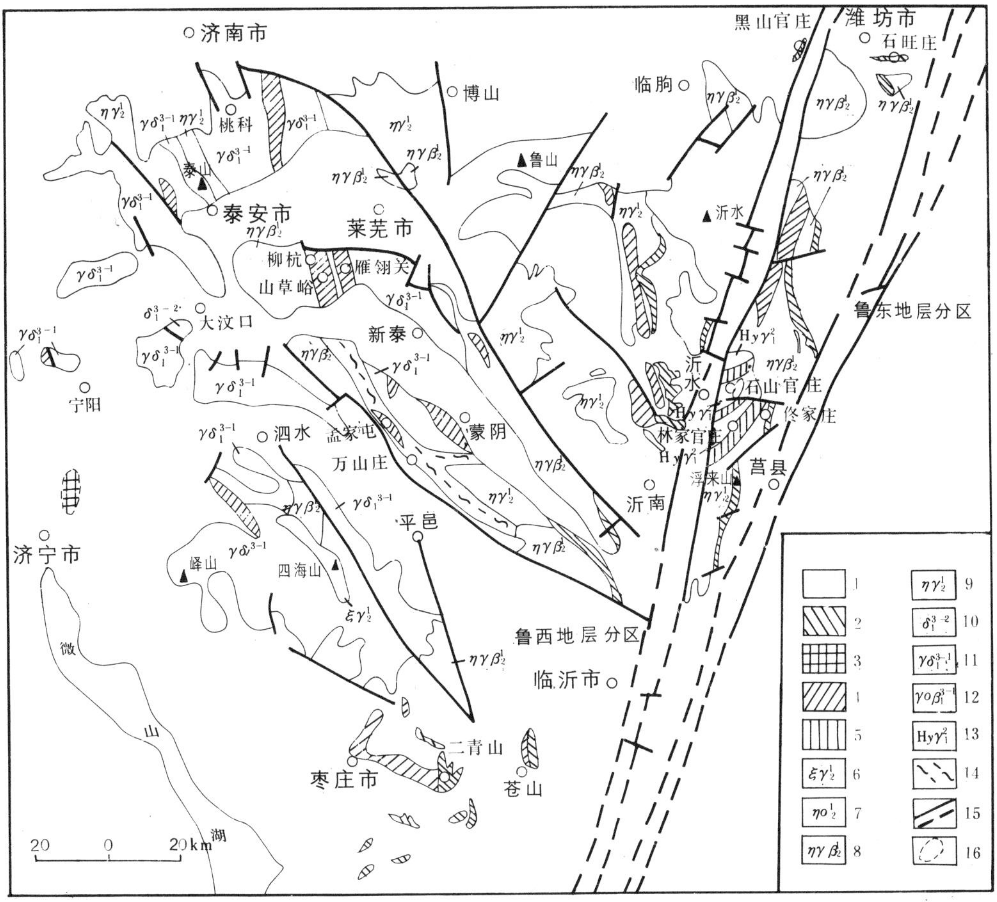

图 2-2 鲁西地层分区前寒武纪地层分布略图

1. 寒武系—第四系；2. 青白口纪—震旦纪土门群；3. 早元古代济宁(岩)群；4. 晚太古代泰山(岩)群；5. 中太古代沂水(岩)群；6. 早元古代钾长花岗岩；7. 早元古代石英二长岩；8. 早元古代黑云母二长花岗岩；9. 早元古代二长花岗岩；10. 晚太古代闪长岩；11. 晚太古代花岗闪长岩；12. 晚太古代片麻状英云闪长岩；13. 中太古代紫苏花岗岩；14. 构造带；15. 断层；16. 钻孔揭露地层

第一节 岩石地层单位

沂水(岩)群 Ar_2Y (37-0001)

【创名及原始定义】 山东省地质矿产局第八地质队区调组（程志忠等）在进行 1∶5 万沂水县、夏蔚幅区调时，于 1989 年 11 月建沂水群，名称取自沂水县城附近。程志忠 1990 年介绍。原始定义：指沂水县幅东半部沂沭断裂带内汞丹山凸起上的层状变质岩，是一套高级变质麻粒岩相的上壳岩系。其主要组成岩石为暗色麻粒岩类、紫苏变粒岩类、斜长角闪岩类和黑云变粒岩类。岩石形成时代均大于 29 亿年。属早太古代。该套地层由下而上划分为石山官庄组和林家官庄组两个岩石地层单位。

【沿革】 创名前，前人将其划为泰山群。1993 年由曹国权主编的《鲁西早前寒武纪地质》送审稿中，改称沂水(岩)群，相应的组改称(岩)组。时代划为中太古代。本次清理，同意曹国权等的划分方案。

【现在定义】 指分布于鲁西地层分区沂水附近，以暗色麻粒岩类、紫苏变粒岩类、斜长角闪岩类及黑云变粒岩类岩石为主的岩石地层单位。呈岛状、透镜状及带状等零星分布于太古宙 TTG 系列、紫苏花岗岩和早元古代钾质系列花岗岩体之间。与泰山(岩)群未见直接接触。变质程度达麻粒岩相。属中太古代。自下而上分为石山官庄(岩)组和林家官庄(岩)组。

【地质特征及区域变化】 沂水(岩)群为一套麻粒岩相表壳岩。因受构造变动、重熔、岩浆侵入及变质作用等影响，岩层连续性差，出露零星。是鲁西地层分区最古老的变质岩层。

沂水(岩)群分布局限，主要出露在沂水县城东附近，在石山官庄一带构成一轴向北东东向的倒转背斜，两翼呈明显的对称性分布。

石山官庄(岩)组　$Ar_2\hat{s}$　(37－0002)

【创名及原始定义】 山东省地质矿产局第八地质队（程志忠等）1989 年 11 月在沂水县沂水镇石山官庄建石山官庄组。程志忠 1990 年介绍。原始定义：该套地层多呈岛状、透镜状、条带状分布于紫苏花岗岩之中，连续性较差，但自上而下断续发育三套下部为麻粒岩类、上部为紫苏变粒岩类的岩石组合，划分为三个段。该组地层分布在沂水县幅晏家铺—大尧以北的沂沭断裂带内汞丹山凸起上，总厚度 652.06 m。

【沿革】 建组前，多将其划为雁翎关组。本次清理，采用石山官庄(岩)组。

【现在定义】 指分布于鲁西地层分区沂水石山官庄一带，由麻粒岩类和紫苏变粒岩类等组成的岩石地层单位，根据组成岩石麻粒岩-变粒岩的旋回性而分为三个岩性段。呈岛状、凸镜状及带状零乱分布于紫苏花岗岩中，与上覆林家官庄(岩)组未见直接接触。变质程度达麻粒岩相。属中太古代。

【层型】 本(岩)组因零星分布于花岗岩体中，故层型由三条剖面相接。正层型剖面位于沂水县沂水镇石山官庄村东(118°39′00″,35°46′30″;据程志忠、崔炳富等 1988 年实测)。

紫苏黑云条纹状混合岩

～————～—— 侵入接触 ～————～——

石山官庄(岩)组一(岩)段	总厚度 136.9 m
12. 含紫苏磁铁石英岩	9.4 m
11. 紫苏黑云条带状混合岩	(244 m)
10. 混合岩化含紫苏黑云变粒岩	42.5 m
9. 辉石岩	1.6 m
8. 混合岩化紫苏黑云变粒岩	15.4 m
7. 中粒二辉麻粒岩	9.9 m
6. 细粒二辉麻粒岩	4.4 m
5. 中粒二辉麻粒岩	2.5 m
4. 混合岩化黑云紫苏麻粒岩	8.6 m
3. 细粒含石榴角闪二辉麻粒岩	7.4 m
2. 暗色二辉麻粒岩	35.2 m

～————～—— 侵入接触 ～————～——

中太古代：片麻状中粒紫苏花岗岩

副层型共有两条。

A. 沂水县沂水镇羊圈北剖面（118°41′30″，35°49′10″；据程志忠、崔炳富等1988年实测）。

中太古代：中粗粒片麻状含紫苏花岗闪长岩	
～——～—— 侵入接触 ～——～——	
石山官庄(岩)组二(岩)段	总厚度 215.56 m
8. 混合岩化含紫苏黑云变粒岩	12.50 m
7. 混合岩化含紫苏变粒岩	49.05 m
6. 黑云二辉变粒岩	31.05 m
5. 角闪黑云紫苏变粒岩	4.20 m
4. 黑云紫苏变粒岩	45.00 m
3. 含角闪黑云紫苏变粒岩	5.50 m
2. 含角闪黑云二辉麻粒岩	67.26 m
～——～—— 侵入接触 ～——～——	
中太古代：粗粒片麻状含紫苏花岗闪长岩	

B. 沂水县沂水镇常家沟剖面（118°41′07″，35°49′50″；据程志忠、崔炳富等1988年实测）。

碎裂状辉长岩	
～——～—— 侵入接触 ～——～——	
石山官庄(岩)组三(岩)段	总厚度 270.5 m
10. 混合岩化角闪黑云变粒岩	83.5 m
9. 含紫苏斜长角闪岩	19.1 m
8. 中细粒黑云二辉麻粒岩	23.7 m
7. 中粗粒黑云二辉麻粒岩	40.5 m
6. 中细粒黑云二辉麻粒岩	39.9 m
5. 中粗粒黑云二辉麻粒岩	7.4 m
4. 混合岩化角闪二辉麻粒岩	22.2 m
3. 混合岩化角闪紫苏麻粒岩	34.2 m
～——～—— 侵入接触 ～——～——	
含辉石角闪条纹状混合岩	

【地质特征及区域变化】 按岩性组合分为三个(岩)段。一(岩)段以二辉麻粒岩、含石榴石角闪二辉麻粒岩为特征岩性，夹黑云紫苏变粒岩、含紫苏黑云变粒岩，顶部局部有紫苏磁铁石英岩。底部被紫苏花岗岩侵入，顶部与辉石条纹状混合岩呈过渡关系；二(岩)段以黑云二辉麻粒岩、黑云紫苏变粒岩夹凸镜状紫苏磁铁石英岩为主要岩性，顶部为紫苏黑云变粒岩；三(岩)段以角闪二辉麻粒岩、黑云二辉麻粒岩、紫苏斜长角闪岩、角闪黑云变粒岩（一般含紫苏辉石）为主要岩性，以角闪石含量高、未见磁铁石英岩为特征。三个(岩)段均呈大的扁豆体状，残存于紫苏花岗闪长岩中，其间未见接触。

石山官庄(岩)组主要分布在沂水县城东晏家铺至大尧以北、道托以南，多呈孤岛状零乱分布于岩体之中，连续性差。在石山官庄附近厚141 m，晏家铺至小尧一带厚305 m，羊圈以北厚 215 m，大尧—兵房岭一带厚 288 m，常家岭以北厚 270 m。

石山官庄岩组的同位素年龄值在 2 800 Ma 前后，反映了在此前后有一次变质事件，其原岩形成年龄可能在 3 000 Ma 前后，属中太古代。变质程度达麻粒岩相。原岩主要是由超镁铁质-镁铁质火山岩(熔岩及部分凝灰岩)与泥砂质或中、酸性凝灰质泥质砂岩，下部夹条带状硅铁质岩石组成的一套火山-沉积建造。

林家官庄(岩)组　Ar_2l　(37-0003)

【创名及原始定义】　山东省地质矿产局第八地质队区调组（程志忠等）1989 年 11 月建林家官庄组，创名地点在沂水县四十里堡镇林家官庄。程志忠 1990 年介绍。原始定义：该套地层呈带状分布于片麻状粗粒英云闪长岩中，自下而上发育有斜长角闪岩、含紫苏辉石斜长角闪岩、黑云角闪变粒岩夹斜长角闪岩，该组厚度为 1 129.1 m。据斜长角闪岩和黑云变粒岩而分为两个段。

【沿革】　建组前，多将其下部的斜长角闪岩划为雁翎关组，上部的黑云变粒岩划为山草峪组。本次地层清理采用林家官庄(岩)组。

【现在定义】　指分布于鲁西地层分区沂水林家官庄一带，呈带状分布于英云闪长岩等岩体中，由含透辉斜长角闪岩、含紫苏辉石斜长角闪岩及黑云变粒岩等组成的岩石地层单位，按斜长角闪岩和黑云变粒岩而分为两个岩性段。与下伏石山官庄(岩)组和上覆泰山(岩)群均未见接触关系。变质程度达麻粒岩相。属中太古代。

【层型】　由于本(岩)组零星分布于花岗岩体中，故层型由两条剖面组成。正层型剖面位于沂水县四十里堡镇林家官庄（118°41′，35°42′；据程志忠、崔炳富等 1988 年实测）。

角闪二长花岗岩

～～～～～～ 侵入接触 ～～～～～～

林家官庄(岩)组一(岩)段	总厚度 740.70 m
4. 混合岩化斜长角闪岩	370.76 m
3. 含紫苏辉石斜长角闪岩	203.05 m
2. 含透辉石斜长角闪岩	166.89 m

～～～～～～ 侵入接触 ～～～～～～

晚太古代：碎裂状英云闪长岩

副层型剖面位于沂水县四十里堡镇北张家官庄北 400 m (118°43′10″, 35°43′10″) (据程志忠、崔炳富等 1988 年实测)。

晚太古代：中粗粒片麻状英云闪长岩

～～～～～～ 侵入接触 ～～～～～～

林家官庄(岩)组	总厚度 661.58 m
二(岩)段	厚度 351.20 m
19. 混合岩化角闪黑云变粒岩	17.79 m
18. 混合岩化黑云变粒岩	100.93 m
17. 黑云变粒岩	26.74 m
16. 细粒斜长角闪岩	35.82 m
15～13. 黑云变粒岩	38.47 m
12. 黑云变粒岩	26.05 m

11. 细粒斜长角闪岩	36.26 m
10. 角闪变粒岩	19.14 m
9～7. 黑云变粒岩	50.00 m
一岩段	厚度 310.38 m
6. 混合岩化斜长角闪岩	8.42 m
5. 混合岩化角闪变粒岩	25.34 m
4. 细粒斜长角闪岩	33.79 m
3. 黑云变粒岩	7.19 m
2. 含透辉石斜长角闪岩	205.64 m

～——～—— 侵入接触 ～——～——

晚太古代：中粗粒片麻状英云闪长岩

【地质特征及区域变化】 按岩性组合可分为两个(岩)段：一(岩)段以斜长角闪岩类为主，夹黑云变粒岩，以含紫苏辉石和透辉石为特征；二岩段以变粒岩类为主，夹少量细粒斜长角闪岩。各(岩)段多单独出露于英云闪长岩体之中，仅在张家官庄附近可见二者整合接触。

林家官庄(岩)组分布于林家官庄东至张家官庄一带，在南部林家官庄厚 740 m，北部张家官庄厚 661 m。

林家官庄(岩)组的形成年龄可能在 3 000 Ma 左右，属中太古代。达高角闪岩相-麻粒岩相变质。原岩建造为以岛弧拉斑玄武岩与泥砂质或中酸性凝灰质泥质沉积岩组成的具多旋回特征的一套火山-沉积建造。

【问题讨论】 石山官庄(岩)组与林家官庄(岩)组之间为岩体相隔，未见直接接触。根据所处构造部位、岩性特点、变质程度及部分同位素年龄值，将石山官庄(岩)组置于下部，但也有部分同位素年龄值却反映了林家官庄(岩)组较老。组内岩段间的关系也有待进一步研究确定。

泰山(岩)群　Ar_3T　(37－0004)

【创名及原始定义】 德国人 Richthofen1882 年命名泰山系 (Taishan Gruppe)，取名于泰安市泰山一带。原始定义：指以泰山地区为代表的变质岩系。

【沿革】 1907 年美国人 Willis 和 Blackwelder 改称泰山杂岩，认为是山东最老的变质杂岩，其组成大部分是火成岩，也许其中一部分的来源是沉积物；杂岩可划为三个岩群（岩组)；片岩和片麻岩类，是最古老的；花岗岩类，相对比较蚀变；岩墙，较花岗岩类年轻。1961 年 12 月山东省地质厅、北京地质学院区测一大队（因以北京地质学院师生为主，故常简称北京地质学院）称为泰山群，认为泰山群是一套复杂的类地槽型沉积，并含有变质火山岩建造。自下而上建立了万山庄组、太平顶组、雁翎关组和山草峪组。时代为太古代。以雁翎关组为“标准层”。1963 年程裕淇先生等对雁翎关地区的泰山群进行了详细的研究，在雁翎关组之下建任家庄组，山草峪组之上建付家庄-单家峪角闪质岩带。1965 年山东省地质局 805 队在进行 1：5 万泰安县幅区调时，将泰山地区的泰山群改称泰山杂岩，自下而上分为望府山岩组、笤帚峪岩组、唐家庄岩组、孟家庄岩组和冯家峪岩组。1981—1986 年山东省地质矿产局区域地质调查队二分队郑良峙、王世进等进行了“鲁西地区泰山群专题研究”，废弃万山庄组和太平顶组，认为其大部分是英云闪长岩体，少量残留地层归雁翎关组；在山草峪组之上建柳杭组。随后，山东省地质矿产局区域地质调查队（王世进等，1986）进行了 1：20 万泰安、新泰幅区调，进一步完善了上述划分方案。1989 年，山东省地质矿产局第一地质大队区调分队王致本等在进行1∶5万徂徕等幅区调时，于雁翎关组之下首先建化马湾岩群，认为属中太古代，后改为化马湾岩组，归泰山群。同年，董一杰等认为雁翎关至柳杭一带的泰山群为一向斜，柳杭组与雁翎关组可以对比，是同一层位。1992年10月山东省地质矿产局第九地质队区调分队张连峰等在1∶5万新汶、放城幅区调中，在孟家屯一带发现一套石榴石英岩、石榴黑云石英岩等组成的地层残留体，称之为孟家屯岩组，先归为前泰山岩群，后并入泰山岩群，置于雁翎关组之下。地层清理后，称泰山(岩)群。

【现在定义】 指鲁西地层分区中太古代沂水(岩)群之上以斜长角闪岩、黑云变粒岩类为主夹角闪变粒岩、透闪阳起片岩、变质砾岩和石榴石英岩等的岩石地层单位。与下伏沂水(岩)群未见直接接触。变质程度达低角闪岩相。属晚太古代。自下而上分为孟家屯(岩)组、雁翎关组、山草峪组和柳杭组。

【地质特征及区域变化】 泰山(岩)群的分布可概括为五个地区，自东向西依次为：西崔邕峪—温泉—汞丹山、韩旺—崔家峪、火贯—雁翎关—盘车沟、界首—冯家峪、东平—枣庄，见图2-2。新泰市雁翎关—桃花峪附近出露最佳。各地的岩性及厚度有较大变化，遭受了以低角闪岩相为主的区域变质，其岩石组合为绿泥透闪阳起片岩-斜长角闪岩-磁铁石英岩-变粒岩建造(组合)。原岩形成约在2 800 Ma前后，是大陆边缘浅海环境的火山沉积岩系。

孟家屯(岩)组 Ar_3m (37-0005)

【创名及原始定义】 山东省地质矿产局第九地质队区调分队（张连峰等）1992年10月于新泰市岳庄乡孟家屯建孟家屯(岩)组。原始定义：分布于新泰市孟家屯—泽国庄一带，主要岩石类型为灰白色石榴石英岩、长石石英岩，其次为石榴角闪石英岩、十字石石榴黑云石英岩。变质程度为角闪岩相。围岩主要为糜棱岩化片麻状英云闪长岩、片麻状奥长花岗岩，其次为斜长角闪岩（脉）。孟家屯(岩)组归前泰山(岩)群。

【沿革】 1993年8月张连峰等又将其归为泰山(岩)群。本书对其原始定义作了修改。

【现在定义】 指鲁西地层分区新泰孟家屯一带，呈透镜状、不规则状等残留状态断续分布于TTG系列岩体中，由石榴石英岩、含石榴长石石英岩、十字石黑云石榴石英岩及石榴角闪石英岩等组成的岩石地层单位。与下伏沂水岩群及上覆雁翎关组未见直接接触。变质程度达低角闪岩相。属晚太古代。

【层型】 正层型剖面位于新泰市岳庄乡孟家屯村南700 m（117°34′44″，35°46′30″；据张连峰等1992年4月实测）。

晚太古代：奥长花岗岩，含不规则状中粒斜长角闪岩包体

～——～—— 侵入接触 ～——～——

孟家屯(岩)组	总厚度202.33 m
二(岩)段	厚度106.29 m
17. 中细粒含石榴黑云石英岩，呈断续残留状	7.00 m
16. 褐灰色中粒含石榴黑云石英岩，间有黑云奥长花岗岩脉体	7.45 m
15. 中粒石榴黑云石英岩夹中粒石榴黑云磁铁石英岩	6.97 m
14. 中粒石榴黑云石英岩夹粗粒磁铁石英岩	3.48 m
13. 褐色中粒石榴黑云石英岩	2.61 m
12. 浅灰色细粒含石榴黑云长石石英岩	14.81 m
11. 灰白色中细粒含石榴长石石英岩	12.34 m
10. 灰白色中细粒含石榴黑云长石石英岩	6.58 m

9. 灰白色细粒含石榴黑云石英岩　30.31 m

8. 深灰色中细粒含石榴黑云石英岩　14.74 m

一(岩)段　厚度 96.24 m

7. 黑灰色中粒石榴角闪石英岩　10.65 m

6. 褐色中粒石榴石英岩　47.20 m

5. 褐色粗粒石榴石英岩　9.00 m

4. 褐色中粒石榴石英岩　9.00 m

3. 灰白色中细粒含石榴长石石英岩　6.73 m

2. 褐色中细粒含石榴黑云石英岩夹中粒含石榴长石石英岩　13.46 m

～——～—— 侵入接触 ～——～——

中粒斜长角闪岩（脉）

【地质特征及区域变化】　孟家屯(岩)组以残留状断续分布于新泰市孟家屯—泽国庄一带，长约几米至 400 m，呈北西-南东向展布，以孟家屯附近出露最好。据岩石组合可分为两(岩)段：一(岩)段以粒度粗、石榴石含量高、含黑云母少为特征，局部可见粒度呈粗—中—细的韵律变化，岩性以石榴石英岩夹中细粒石榴长石石英岩为主，顶部为中粒石榴角闪石英岩；二(岩)段以粒度细、石榴石少、黑云母多为特征，且有磁铁石英岩夹层，主要岩性为石榴黑云石英岩、含石榴黑云长石石英岩。此外，在孟家屯之外的地区所见的十字石石榴黑云石英岩及黑云斜长片麻岩亦划归二(岩)段。地层与围岩接触界线大部分清楚截然。局部可见因同化混染作用而致岩体中石英含量增高，且出现石榴石。在矿物组合及结构构造上反映原岩为正常沉积的含泥质碎屑岩；在化学成分上，MgO>CaO，K_2O>Na_2O，也显示为副变质，原岩可能为岩屑砂岩，是一套成熟度中等偏低的碎屑岩。

雁翎关组　Ar_3y　(37－0006)

【创名及原始定义】　山东省地质厅、北京地质学院区测一大队 1961 年 12 月建雁翎关斜长角闪岩、角闪片岩组，取名于新泰市旧关乡雁翎关村。原始定义：以新泰县雁翎关最发育，故而命名为雁翎关组。主要岩性为角闪片岩、斜长角闪岩，中夹黑云母粒岩、滑石片岩、阳起石、透闪石片岩，并有少量碳质千枚岩。上列各种岩石中尤以角闪片岩、斜长角闪岩是在本组有代表性的岩石。厚达 3 200 m。应属于太古界。

【沿革】　1963 年程裕淇先生将其划分为上、下亚组，同时分为 10 大层。1—5 大层为下亚组，6—10 大层为上亚组。1990 年山东省地质矿产局区域地质调查队泰安、新泰幅区调项目改其二分为三分，其中下亚组和中亚组相当于程裕淇划分的下亚组。山东省区域地层表编写组（1978）、《山东省区域地质志》（1991）等，均按程裕淇的划分方案。1993 年 10 月由程裕淇指导，曹国权主编的《鲁西早前寒武纪地质》（送审稿）中，按火山喷发旋回，将雁翎关组分为下、中、上三个亚组，1—6 大层为下亚组，7—9 大层为中亚组，10 大层为上亚组。本次清理，基本同意曹国权的划分方案，根据《国际地层指南》和《中国地层指南及中国地层指南说明书》中岩石地层单位的命名原则，将亚组改称为一、二、三段。

【现在定义】　指鲁西地层分区孟家屯岩组与山草峪组之间以角闪质岩石为主夹变粒岩、黑云石英片岩、透闪片岩、变质砾岩及磁铁石英岩等的岩石地层单位。与下伏孟家屯(岩)组未见直接接触；顶部以角闪质岩石结束划界，与山草峪组整合接触。变质程度为低角闪岩相。属晚太古代。

【层型】　正层型剖面位于新泰市旧关乡雁翎关村北约 200 m（117°34′，36°04′；据程裕淇、郑良峙、张成基等1963年实测，编著者略加修改)。

上覆地层：**山草峪组** 具长石石英质小豆荚状脉体和含小疙瘩状绢云母集合体的含铁铝榴石变粒岩 5.0 m

——————— 整 合 ———————

雁翎关组 总厚度 1 175.40 m

三段 厚度 146.0 m

第十大层 厚度 146.0 m

56. 底部为3 m厚的黑云变粒岩，其余为含铁铝榴石黑云变粒岩，灰黑色含铁铝榴石角闪变粒岩及黑绿色薄层含石英斜长角闪岩互层组成的薄层条带状岩石；其下部角闪变粒岩较多，呈薄层状或豆荚状，向上逐渐变为黑云变粒岩，并有细小不规则状的石英脉穿入 14.0 m

55. 黑绿色至黑色薄层条带状细粒含石英斜长角闪岩 5.0 m

54. 暗绿色薄层夹中层条带状电气石化绿泥透闪阳起片岩 19.0 m

53. 下部黑绿色至暗绿色中层及薄层为主的具纺缍虫状变余气孔充填构造的细粒斜长角闪岩；中部暗绿色中层及薄层阳起石化的细粒绿帘斜长角闪岩，局部有纺缍虫状变余气孔充填构造；上部灰绿色阳起石化的细粒斜长角闪岩。中下部斜长角闪岩大多厚20 cm左右，原为薄层熔岩，但已受到紧密小褶皱影响，使其压扁或揉皱。该段由于伟晶岩脉的不规则穿入，在脉的两侧蚀变强烈，局部有电气石岩 26.0 m

52. 暗绿色、灰绿色薄层条带状细粒斜长角闪岩，局部有纺缍虫状变余气孔充填构造，中部为挤压带，已受电气石绿泥阳起石化 6-9 m

51. 黑绿至暗绿色厚层细粒斜长角闪岩与薄层细粒条带状斜长角闪岩互层。顶部有纺缍虫状变余气孔充填构造，底部局部也有发现。下部有斜长角闪岩的侵入体，层中小断层附近有挤压褶皱现象 73.0 m

二段 厚度 365.0 m

第九大层 厚度 74.0 m

50. 黄绿色厚层含铁铝榴石黑云变粒岩，底部有3 m的黑云变粒岩与薄层条带状角闪变粒岩互层 30.0 m

49. 灰绿色至暗绿色薄层条带状细粒斜长角闪岩，夹角闪变粒岩 20.0 m

48. 厚层黑云变粒岩，风化后为灰黄色，中下部夹角闪变粒岩或黑云角闪变粒岩，含少量砾石 24.0 m

第八大层 厚度 243.0m

47. 薄层条带状细粒斜长角闪岩，上部夹有角闪变粒岩，并有伟晶岩脉穿入 18.0 m

46. 暗绿色厚层细粒斜长角闪岩与黑绿色中层及薄层细粒斜长角闪岩互层。后者呈管虫状变余气孔充填构造。在含管虫状“层”与厚层斜长角闪岩之间有时有竹叶状或柳叶状斜长角闪岩。野外可认出六层岩流。岩流之间有时有很薄的角闪变粒岩 13.0 m

45. 厚层至巨厚层细粒斜长角闪岩。下部的岩层中有纺缍虫状变余气孔充填构造和类似竹叶状构造。上部夹有1.7 m电气化的绿泥阳起片岩，可能组成一层岩流。顶部有1.3 m的褐灰色厚层角闪黑云变粒岩 15.0 m

44. 厚层细粒斜长角闪岩，局部为薄层细粒斜长角闪岩。具管虫状变余气孔充填构造。自下而上可能由二层(14 m及3.2 m)岩流组成。顶部另有0.9 m的褐灰色含角闪石黑云变粒岩 18.0 m

43. 薄层细粒斜长角闪岩。底部的岩层中有发育不好的管虫状构造，上部有0.2 m宽的挤压带，具明显的电气石透闪阳起石化 12.0 m

42. 下部绿泥石化透闪片岩，中部为挤压带，上部暗绿色薄层变斑状阳起石岩 12.0 m

41. 暗绿色厚层至薄层细粒斜长角闪岩相间出现，局部有管虫状变余气孔充填构造。可能包括四层岩流 20.0 m

40. 岩性与 35 层相似，但管虫状气孔充填构造仅见于底部（厚度小于 20 cm）细粒斜长角闪岩中。可能主要为岩流 33.0 m

39. 下部为细粒斜长角闪岩；中部深绿色巨厚层斑点状斜长角闪岩；顶部黑绿色薄层细粒斜长角闪岩，向下变为细到中粒的芝麻点状斜长角闪岩。可能为一岩流，但中部有侵入体 9.0 m

38. 底部 1～2 m 细粒斜长角闪岩；向上为厚层斑点状斜长角闪岩和条带状角闪变粒岩（有时夹极薄层黑云变粒岩）互层。原岩可能主要为八层基性熔岩及层状侵入体，并夹有凝灰质岩石 21.0 m

37. 岩性与 35 层相似，但变余气孔充填构造不发育。可能相当于一层岩流 13.0 m

36. 岩性及其变化与 35 层相似，顶部为 4～5 m 的薄层细粒斜长角闪岩，有管虫状变余气孔充填构造，底部较少。可能相当一层岩流，有白色伟晶岩脉侵入 36.0 m

35. 底部为黑绿色薄层细粒斜长角闪岩；中部为深绿色巨厚层中粒偶有斑点的斜长角闪岩；上部为黑绿色薄层细粒具管虫状变余气孔充填构造的斜长角闪岩。可能相当一层岩流 23.0 m

第七大层 厚度 48.0 m

34. 斜长角闪岩夹角闪变粒岩及黑云变粒岩 5.0 m

33. 暗绿色薄层—中层细粒不规则条带状斜长角闪岩夹极薄层含铁铝榴石黑云变粒岩。偶见有纺缍虫状变余气孔充填构造及透闪石化的香肠状角闪岩小侵入体。夹极薄层含铁铝榴石黑云变粒岩 16.0 m

32. 薄层—中层条带状角闪变粒岩与薄层条带状细粒斜长角闪岩互层 9.0 m

31. 灰绿色薄层条带状角闪变粒岩。条带的组成为：角闪变粒岩、阳起石化角闪变粒岩、含角闪变粒岩、浅粒岩，夹有黑云变粒岩，局部还有压扁芝麻点状含石英斜长角闪岩。同时有数层侵入的蛇纹岩体 18.0 m

一段 厚度 664.4 m

第六大层 厚度 95.9 m

30—17. 压扁芝麻点状石英斜长角闪岩，夹薄层片麻状含小砾石的黑云母变粒岩，上部为条带状角闪变粒岩，其上与蛇纹岩相接 11.5 m

30—16. 薄层黑云变粒岩夹角闪变粒岩和含角闪变粒岩 7.5 m

30—15. 薄层角闪变粒岩，与上下岩层均呈过渡关系 3.5 m

30—14. 白云母化的含石榴绿帘长石石英岩和黑云石英片岩互层。上部有一豆荚状斜长角闪岩的侵入体，宽 30 cm 5.5 m

30—13. 下部为薄层向上逐渐为中层、中厚层含长石变斑晶的角闪变粒岩 5.5 m

30—12. 底部为含小砾石的黑云角闪变粒岩，向上为黑云变粒岩和二云变粒岩 6.0 m

30—11. 灰绿色风化后呈叶片状含砾石的黑云角闪变粒岩，砾石较少，其特点是大砾石以变斑状斜长角闪岩为主。余为其他角闪质岩石的砾岩。下部砾石较多，向上显著减少 15.0 m

30—10. 变质砾岩。断面上的砾石多呈长条形，大的有 65 cm×5 cm，31 cm×3 cm，15 cm×3 cm 等，小的有 3 cm×0.5 cm 或更小，长轴方向和片理一致。成分复杂，以不同类型的角闪质岩石和变粒岩及浅粒岩为主，胶结物以细粒碎屑为主 5.5 m

30—9. 具较大岩屑（小砾）的含黑云母角闪变粒岩。大砾石较少 17.0 m

30—8. 变质砾岩。其基质主要相当于含黑云变粒岩、黑云变粒岩、绿泥石化黑云镁铁闪

石变粒岩等，含有薄层石英和角闪质岩石的碎屑和小碎块。砾石成分复杂，形状不一，多呈长条形，少数为圆形或椭圆形 5.0 m

30—7. 厚层细纹状含大量石英碎屑及砾石的黑云变粒岩、含镁铁闪石黑云变粒岩，夹有薄层（红柱石）黑云石英片岩。长英质和花岗质的砾石呈圆形，断面一般为 0.5 cm × 0.7 cm、0.7 cm × 0.7 cm；角闪质的砾石呈长条形，一般为 0.3 cm × 3 cm，或长宽之比相差更大 5.0 m

30—6. 风化后呈褐绿色厚层条纹状含小砾及长英质碎屑的角闪变粒岩 2.3 m

30—5. 风化后呈灰黄色叶片状的含砾黑云镁铁闪石变粒岩 1.6 m

30—4. 薄层含黑云母及石英结集体的角闪变粒岩 2.3 m

30—3. 薄层条带状角闪变粒岩及黑云变粒岩互层，夹薄层阳起石化及黝帘石化的石英角闪岩 1.2 m

30—2. 薄层含少量砾石的碎屑状角闪变粒岩和含黑云角闪变粒岩。碎屑结构明显，成分复杂，主要为角闪质岩石和石英砾石或石英集合体，砾石较小（2 cm × 5 cm），为变斑状斜长角闪岩。多数砾石有明显的拉长现象，有的呈长条形，少数为椭圆形或圆形。个别砾石长轴方向与岩层层理斜交，交角约 20°，与下伏岩层呈正断层接触，断距不大 1.5 m

第五大层 厚度 110.0 m

29. 灰黄色（风化后）“瘤状”含十字石铁铝榴石黑云变粒岩、十字石（红柱石）白云母片岩、绿泥石化绢云母化的红柱石变粒岩 10.0～12.0 m

28. 灰黄（风化后）至灰绿色薄层条带状含镁铁闪石变粒岩、镁铁闪石变粒岩夹少量的角闪变粒岩；中上部有透闪片岩；顶部为 3 m 的黑云变粒岩 25.0 m

27. 薄层至中层条带状角闪变粒岩，顶部有 0.3 m 的薄层条带状含石英斜长角闪岩 10.0 m

26. 豆荚状、薄层状角闪变粒岩、帘石角闪变粒岩和含角闪变粒岩互层，夹薄层黑云母镁铁闪石变粒岩及豆荚状斜长角闪岩 18.0 m

25. 薄层、中层粗条带状变粒岩，由灰绿色角闪变粒岩，含角闪变粒岩与灰黄色透闪变粒岩、含透闪变粒岩、黑云变粒岩等组成 35.0 m

24. 中间为挤压带，其两侧为暗绿色至灰绿色绿泥阳起石化片岩，底部有残留的斜长角闪岩 11.0 m

第四大层 厚度 162.0 m

23. 下部为厚层黑云变粒岩与条带状角闪变粒岩互层；向上角闪变粒岩逐渐减少，出现了白云母化黑云变粒岩；上部是白云母化黑云变粒岩、二云变粒岩，夹薄层的黑云变粒岩及角闪变粒岩。顶部呈透闪阳起石化 21.0 m

22. 暗绿、灰绿色薄层、中层角闪变粒岩，夹少量黑云变粒岩 26.0 m

21. 黑绿色不规则条带状铁铝榴石石英角闪岩 12.0 m

20. 下部为暗灰绿色成层性很好的细粒芝麻点状含石英斜长角闪岩，上部为薄层、中层粗条带状角闪变粒岩和含角闪变粒岩互层，夹黑云变粒岩 18.0 m

19. 薄层及中层（局部厚层）条带状角闪变粒岩、含角闪变粒岩夹黑云变粒岩，还夹有少量薄层中细粒长石石英岩，局部有交错层 50.0 m

18. 灰绿色薄层微（细）粒细纹状含石英斜长角闪岩，底部有 60 cm 的灰黄色透闪变粒岩 6.0 m

17. 暗绿色、黑绿色细粒压扁芝麻点状含石英斜长角闪岩 18.0 m

16. 深色、浅色条带互层的灰绿色薄层条带状角闪变粒岩。条带宽 0.5 cm～3 cm。由下列岩类组成：角闪变粒岩，含角闪变粒岩，角闪岩和斜长角闪岩；黝帘石岩，黝帘石角闪变粒岩，黝帘斜长角闪岩，浅粒岩，偶夹黑云变粒岩。条带之间界线清楚 11.0 m

第三大层 厚度 81.0 m

15. 黑绿色薄层、中层微粒至细粒细纹状含石英斜长角闪岩　13 m

14. 灰绿色薄层细粒至微粒透闪阳起石化斜长角闪岩、阳起片岩，局部有滑石化，夹薄层角闪变粒岩及细粒斜长角闪岩，并含有大量不规则的次生绿帘石条带　68.0 m

第二大层　厚度 177.0 m

13. 浅灰黄—浅灰绿色薄层至中厚层细粒含镁铁闪石（透闪石）变粒岩、含角闪变粒岩与灰绿色角闪变粒岩，黑云角闪变粒岩及灰黄色黑云变粒岩互层　12.0 m

12. 黑绿色薄层细粒不规则条带状斜长角闪岩及斜长角闪岩。有较多的顺层侵入的香肠状黑色辉石岩小球体，也有不规则的帘石条带　19.0 m

11. 暗绿色薄层为主的细粒斜长角闪岩，夹芝麻点状细粒斜长角闪岩　17.0 m

10. 暗绿色巨厚层微粒斜长角闪岩，层内有小褶皱构造　8.0 m

9. 下部为厚层巨厚层的细粒斜长角闪岩，上部为黑绿色厚层微粒斜长角闪岩　25.0 m

8. 下部为黑绿色具小褶皱的厚层细粒斜长角闪岩，局部具有不规则的柳叶状构造；上部为暗绿色厚层细粒芝麻点状含石英斜长角闪岩　11.0 m

7. 薄层细粒不规则条带状斜长角闪岩。条带宽一般 2～5 cm，其组成岩石有：暗绿色、黑绿色细粒斜长角闪岩和黄绿色不规则条带状帘石脉。另有顺层侵入的香肠状黑色角闪岩小球体（小于 2 cm×5.5 cm）等　15.0 m

6. 黑绿色薄层、中厚层细粒芝麻点状斜长角闪岩，与下伏浅粒岩呈断层接触，稍上有另一正断层，两断层之间的岩层具引拽褶皱，并有绿泥阳起透闪石化现象。上部有 6～7 m 不显芝麻点状的细粒斜长角闪岩，与上覆地层呈断层接触，断距不大　>70.0 m

第一大层　厚度 37.5 m

5. 下部为 3 m 的浅灰绿色薄层条带状角闪变粒岩、含角闪变粒岩，向上角闪石含量逐渐减少，过渡为浅灰黄色具层纹理的厚层浅粒岩　9.0 m

4. 薄层、中厚层细粒芝麻点状含石英斜长角闪岩，底部和顶部均有角闪变粒岩，中部夹有一层具不连续白色条带的斜长角闪岩　9.0 m

3. 灰绿色薄层、中厚层角闪变粒岩夹黑云阳起透闪变粒岩　4.5 m

2. 暗绿色薄层细粒具层纹理的芝麻点状含石英斜长角闪岩。最底部有 10 cm 的黄褐色（风化后）角闪黑云变粒岩　15.0 m

～———～—— 侵入接触 ～———～——

晚太古代：灰白色片麻状中粒黑云奥长花岗岩

【地质特征及区域变化】　雁翎关组主要分布在新泰市雁翎关、石河庄、单家庄，莱芜市任家庄，章丘市西麦腰，长清县界首，沂源县韩旺，沂水县胡同峪，安丘市崔岜峪，汶上彩山等地。地层总体走向以北西西向为主，只在崔岜峪等地呈北东走向。出露厚度200～1430m（图 2－3），主要岩石类型有：细粒—微细粒斜长角闪岩、角闪变粒岩、黑云变粒岩、云母片岩、透闪阳起片岩、变质砾岩、少量的磁铁石英岩。斜长角闪岩以管虫状、纺缍虫状等变余气孔充填构造发育而区别于其他组。第五大层顶部的黑云石英片岩中，常含有十字石、红柱石、堇青石、铝直闪石等高铝矿物。变质砾岩中砾石以斜长角闪质岩石最为常见，次为黑云斜长片麻岩、片麻状斜长花岗岩等。科马提岩在石河庄附近厚 300 余米，变质熔岩中常见由含滑石斑点的透闪片岩、阳起透闪片岩、透闪阳起片岩三种岩石渐变组成自下而上的科马提岩小韵律层。韵律层底部为堆晶岩，顶部有变余鬣刺结构和绿泥石变余淬火边。

火贯—雁翎关—盘车沟地区：在雁翎关一带，本组厚度变化不大，但下部一段自南东向北西渐薄，而上部则变化不大。一段以第五大层顶部的含高铝矿物的云母片岩最稳定，但以雁翎关剖面最厚，达 20 m。二段第九大层在石河庄附近含有大量砾石，向北至雁翎关仅见少

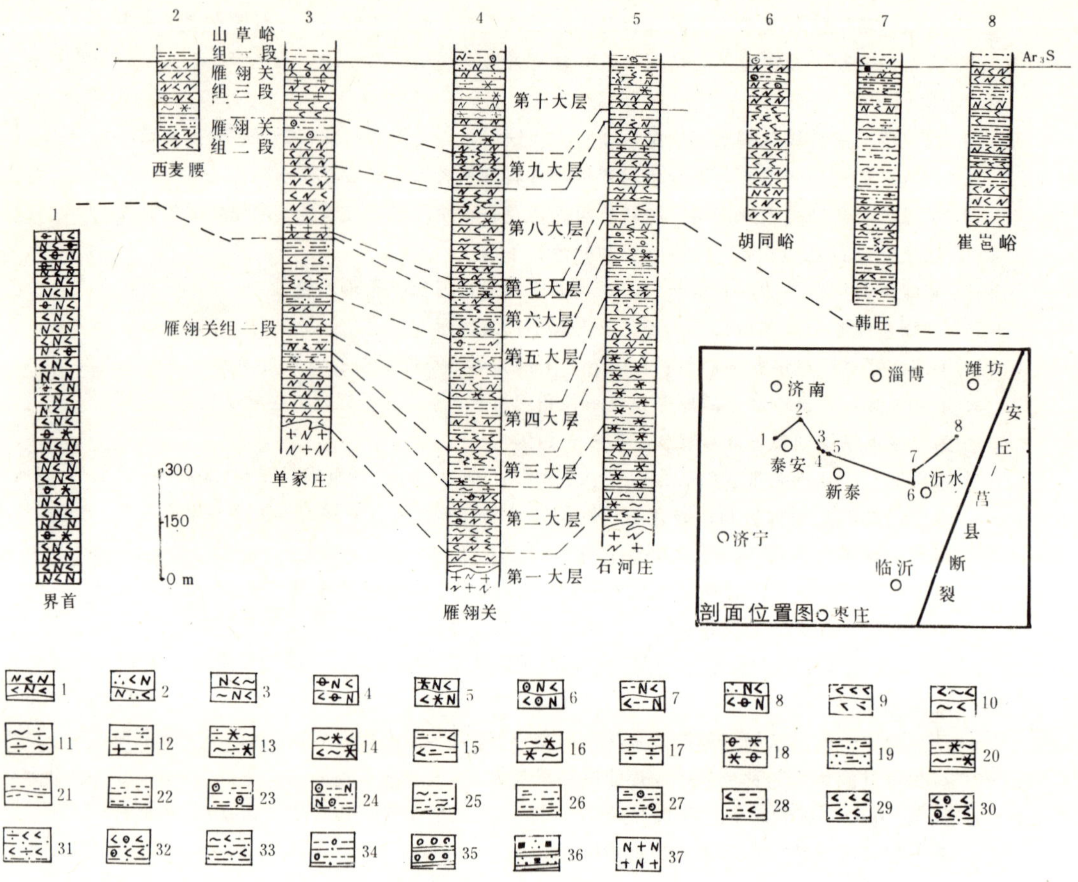

图 2-3　山东省泰山(岩)群雁翎关组柱状对比图

1. 斜长角闪岩；2. 含石英斜长角闪岩；3. 绿泥石化斜长角闪岩；4. 绿帘石化斜长角闪岩；5. 阳起石化斜长角闪岩；6. 含石榴石斜长角闪岩；7. 含黑云斜长角闪岩；8. 含石榴石、石英斜长角闪岩；9. 角闪片岩；10. 绿泥角闪片岩；11. 绿泥透闪片岩；12. 黑云透闪片岩；13. 绿泥透闪阳起片岩；14. 绿泥角闪阳起片岩；15. 二云角闪片岩；16. 绿泥阳起片岩；17. 透闪片岩；18. 绿帘阳起片岩；19. 绢云石英片岩；20. 黑云绿泥阳起片岩；21. 黑云片岩；22. 黑云变粒岩；23. 含石榴黑云变粒岩；24. 含石榴黑云斜长变粒岩；25. 绿泥石化黑云变粒岩；26. 二云变粒岩；27. 含石榴二云变粒岩；28. 黑云角闪变粒岩；29. 角闪变粒岩；30. 含石榴角闪变粒岩；31. 透闪石化角闪变粒岩；32. 含砾角闪变粒岩；33. 绿泥石化角闪黑云变粒岩；34. 含砾黑云变粒岩；35. 变质砾岩；36. 磁铁石英岩；37. 英云闪长岩

量砾石。就斜长角闪岩和透闪片岩而言，南部石河庄附近以透闪片岩为主，而中部雁翎关一带则以斜长角闪岩为主。向北至章丘火贯、西麦腰一带，本组厚 200 m，其中斜长角闪岩夹阳起片岩厚 170 m，见夹有石墨变粒岩。在雁翎关附近有不稳定厚不足 1 m 的磁铁石英岩；韩旺—崔家峪地区：韩旺一带的雁翎关组阳起片岩厚 41.4 m，斜长角闪岩厚 148 m，且都不连续。磁铁石英岩等含铁岩系厚可达 100 m。向西至蔡店、裴家庄等地，磁铁石英岩及含铁岩系厚仅数十米；安丘常家岭—西崔邑峪地区：厚约 371 m，斜长角闪岩与变粒岩互层，斜长角闪岩中常见变余杏仁充填构造；界首地区：界首只出露一段，厚 823 m，以斜长角闪岩为主夹阳起片岩，偶见含石墨变粒岩。在冯家峪、下长安附近，由于晚太古代及早元代花岗岩侵入并遭受韧性剪切作用，厚度只有 100 m。雁翎关组下部多被晚太古代 TTG 系列岩体侵入，上与山草峪组以斜长角闪岩基本结束、黑云变粒岩大量出现为界，呈整合接触，划分标志明显。其

同位素年龄资料丰富，原岩形成年龄可能在 2 800～2 700 Ma 间，属晚太古代。

【其他】 雁翎关组变质程度为低角闪岩相，局部退变为绿片岩相。与其有关的矿产主要有铁矿、金矿、硫铁矿、石棉矿、滑石矿、蛇纹岩及玉石矿等，矿床规模大小不一，多具工业意义。

山草峪组　$Ar_3\hat{s}$　(37－0007)

【创名及原始定义】 山东省地质厅、北京地质学院区测一大队 1961 年 12 月于新泰市山草峪建山草峪黑云变粒岩组。原始定义：在鲁西出露广泛，以新泰山草峪一带最发育。岩性以黑云母粒岩为主，夹少量斜长角闪岩，厚度较大，为本组之标准地层分布区，故而命名为山草峪组。地层系统之建立，以新泰雌山—山草峪实测剖面为标准。厚度大于 2 550 m。与下伏雁翎关组整合接触。属太古界。

【沿革】 创名至今，多沿用山东省地质厅、北京地质学院区测一大队的划分方案。1989 年山东省地质矿产局第一地质大队（王致本等），在从事 1∶5 万徂徕、东王庄幅区调时进一步细分为四个段。本次清理，沿用王致本等的划分方案。

【现在定义】 指鲁西地层分区雁翎关组角闪质岩石之上，柳杭组角闪质岩石之下，以黑云变粒岩为主夹云母片岩、磁铁石英岩和浅粒岩等的岩石地层单位。与下伏雁翎关组及上覆柳杭组均为整合接触。变质程度为低角闪岩相。属晚太古代。

【层型】 正层型剖面位于新泰市翟镇东官庄村北 400 m（117°36′04″，36°01′25″；据山东省地质矿产局第一地质大队区调分队 1986 年重测）。

上覆地层：**柳杭组**　微粒斜长角闪岩

——————— 整　合 ———————

山草峪组	总厚度 2 110.12 m
四段	厚度 126.00 m
77. 含砾细粒条纹状黑云变粒岩，见有两个花岗质砾石。本层上部为微粒黑云变粒岩	22.41 m
76. 条纹状黑云中长(An32)变粒岩及黑云变粒岩，条纹为浅粒岩质(变质英安岩质)	40.07 m
75. 微细粒富二云中长（An33）变粒岩夹浅粒岩及黑云变粒岩	23.84 m
74. 微细粒富二云更长变粒岩	32.95 m
三段	厚度 633.73 m
73. 黑云变粒岩夹含黑云变粒岩及浅粒岩	22.59 m
72. 黑云变粒岩及浅粒岩	1.22 m
71. 黑云变粒岩	24.55 m
70. 混合质含黑云中长变粒岩	19.92 m
69. 黑云变粒岩，黑云母含量占 20%	30.46 m
68. 黑云更长变粒岩，黑云母占 15%～20%	31.57 m
67. 黑云更长（An12）变粒岩，常见细层纹理	21.34 m
66. 黑云变粒岩	27.06 m
65. 黑云变粒岩，底部有浅粒岩，顶部有富黑云变粒岩，形成韵律层	57.36 m
64. 黑云变粒岩，顶部有富黑云变粒岩	26.40 m
63. 黑云更长变粒岩及黑云片岩，形成韵律层	24.53 m
62. 富黑云更长变粒岩及黑云片岩	5.59 m
61. 含黑云变粒岩，见有韵律层	34.34 m
60. 蚀变细粒—微粒黑云变粒岩，有粒序层	49.93 m

59. 黑云更（中）长变粒岩，含假象红柱石 75.78 m

58. 黑云变粒岩 26.69 m

57. 绿帘石化、白云母化黑云更（中）长变粒岩 21.18 m

56. 混合质黑云变粒岩，见有粒序层 46.90 m

55. 黑云变粒岩 32.91 m

54. 黑云更（中）长变粒岩，黑云母含量变化大（10%～25%） 5.85 m

53. 黑云变粒岩 22.77 m

52. 黑云更长（An27）变粒岩，黑云母占 15%～ 20% 22.86 m

51. 中细粒黑云变粒岩、细粒黑云变粒岩及富黑云变粒岩，形成韵律层 1.93 m

二段 厚度 937.96 m

50. 黑云变粒岩 15.46 m

49. 混合质黑云中长（An34）变粒岩 64.98 m

48. 黑云更长（An14）变粒岩 98.68 m

47. 黑云变粒岩，含长石石英碎屑 11.64 m

46. 黑云更长（An29）变粒岩，有不清楚的粒序层 30.75 m

45. 混合质黑云中长变粒岩，见有清楚的粒序层、斜层理、交错层 125.84 m

44. 混合质富黑云更(中)长变粒岩,有发育的层纹理,具清楚的粒序层,见有斜层理 46.98 m

43. 混合质黑云更（中）长变粒岩，见有发育的斜层理、交错层及粒序层 83.08 m

42. 黑云变粒岩，含黑云母 15%～25%，受轻微的混合岩化 20.93 m

41. 黑云变粒岩 32.08 m

40. 黑云更（中）长变粒岩，含少量长石石英碎屑 34.28 m

39. 黑云变粒岩，见有粒序层 71.47 m

38. 混合质黑云更（中）长变粒岩，含少量长石石英碎屑 15.81 m

37. 黑云变粒岩 17.25 m

36. 混合质黑云更（中）长变粒岩，有明显的粒序层，黑云母占 20%～25% 37.58 m

35. 细粒黑云变粒岩，黑云母占 25%～30% 19.06 m

34. 黑云变粒岩，含长石石英碎屑 18.85 m

33. 黑云中长变粒岩，黑云母占 15%～20% 32.42 m

32. 黑云变粒岩 18.09 m

31. 黑云中长（An30）变粒岩，黑云母占 15%～20%，含长石石英碎屑 63.64 m

30. 黑云变粒岩 13.33 m

29. 混合质黑云中（更）长变粒岩，含长石石英小碎屑 8.33 m

28. 黑云变粒岩 8.98 m

27. 黑云中长变粒岩。有长石石英小碎屑 37.04 m

26. 黑云变粒岩，见有粒序层 11.41m

一段 厚度 412.43 m

25. 变斑状红柱富黑云中长变粒岩。斑晶含量多少呈间层状 15.79 m

24. 变斑状含石榴红柱黑云变粒岩 21.35 m

23. 疙瘩状红柱富黑云变粒岩 8.37 m

22. 含红柱白云母（化）富黑云中长变粒岩夹含黑云变粒岩 39.19 m

21. 黑云变粒岩 7.84 m

20. 黑云变粒岩夹含黑云变粒岩，见有粒序层 21.84 m

19. 富黑云变粒岩。局部岩性接近黑云片岩 40.51 m

18. 石榴黑云变粒岩及富黑云中长变粒岩 10.13 m

17.	石榴黑云变粒岩及含中长石眼球状集合斑的黑云变粒岩	20.84 m
16.	含石榴富黑云中长（An33）变粒岩，有粒序层	20.84 m
15.	石榴黑云变粒岩	14.37 m
14.	含石榴黑云变粒岩。石榴石含量不均匀	14.37 m
13.	富黑云更长变粒岩，有小的韵律层	18.21 m
12.	石榴黑云变粒岩	4.88 m
11.	条痕状黑云中长变粒岩	4.88 m
10.	石榴黑云变粒岩。有小的韵律层	35.11 m
9.	条痕状含石榴黑云中长变粒岩	26.50 m
8.	石榴黑云变粒岩夹富黑云更长变粒岩	29.25 m
7.	石榴黑云变粒岩	6.88 m
6.	石榴黑云变粒岩夹疙瘩状假象红柱富黑云中长（An32）变粒岩	21.84 m
5.	黑云变粒岩	21.84 m
4.	含石榴黑云变粒岩	3.81 m
3.	黑云变粒岩。含很少的石榴石	3.79 m

——————— 整　合 ———————

下伏地层：**雁翎关组**　底部为 2.28 m 含石榴黑云变粒岩，其上为黑云变粒岩夹条带状含角闪透闪石榴中长变粒岩及含石英透闪石榴角闪片岩。常有韵律层　42.32 m

【地质特征及区域变化】　山草峪组主要分布在新泰山草峪、盘车沟，章丘火贯、西麦腰、官营，沂水胡同峪，安丘常家岭，枣庄太平村及东平等地。地层总体走向北西，在枣庄一带为北西西至近东西向，安丘常家岭为北北东向。以不同成分的黑云变粒岩为主夹少量斜长角闪岩、二云片岩及磁铁石英岩。其正层型上厚约 2 110 m。常见粒序层、斜层理、交错层、显微层理及变余砂状结构。

火贯—山草峪—盘车沟地区：山草峪附近，按岩性可分为四段。一段：下部为石榴黑云变粒岩夹黑云变粒岩，中部为黑云变粒岩、富黑云变粒岩，上部为变斑状红柱富黑云变粒岩。厚 410 余米；二段：为黑云更长变粒岩，含长石、石英碎屑，中部可见粒序层、斜层理及交错层。厚 938 m；三段：底部为黑云变粒岩及富黑云变粒岩，因黑云母的含量不同而形成韵律，下部为黑云变粒岩，常见粒序层，中部为黑云变粒岩夹黑云片岩、富黑云变粒岩、浅粒岩，常形成韵律层，上部为黑云变粒岩夹浅粒岩。厚 634 m；四段：下部为微细粒富二云更长变粒岩，中部为微细粒黑云变粒岩夹二云中长变粒岩及浅粒岩，上部为微粒黑云变粒岩，含少量砾石，砾石成分为花岗质。厚 126 m。以微细粒结构为本段特征。盘车沟一带，主要岩性为黑云变粒岩夹二云片岩，厚 531 m。大致相当于山草峪组的中上部。西麦腰，为黑云变粒岩夹斜长角闪岩。厚 533 m。向北东 5 km 左右至火贯、官营附近，为黑云斜长变粒岩为主夹黑云二长变粒岩、富黑云斜长变粒岩、浅粒岩。厚约 953 m。大致相当于山草峪组的中上部。沂水胡同峪地区：为含石榴黑云变粒岩夹含石榴角闪变粒岩，厚约 83 m，相当于一段。安丘常家岭地区：以黑云变粒岩为主，下部夹斜长角闪岩，上部夹二云片岩，局部夹角闪变粒岩，厚 144.5 m。东平至枣庄地区：在太平村、卓子山附近，以黑云变粒岩为主，夹斜长角闪岩、角闪岩、磁铁直闪石英岩，其中铁质岩石厚可达 115 m，共有 5 个矿带，下部夹阳起石英片岩。地层总厚 690～5 281 m，由于紧闭褶皱发育，地层可能有重复。东平至汶上一带，为黑云变粒岩夹磁铁石英岩、磁铁角闪石英岩、黑云角闪片岩、斜长角闪岩、透闪阳起片岩等，含铁岩石厚 84～130 m，总厚大于 290 m。平阴、东阿一带为黑云变粒岩夹斜长角闪岩及条带条纹状磁铁角闪石英岩，铁质岩石厚 10～20 m，总厚 1 855 m（图 2-4)。山草峪组与下伏雁翎关组为整合接触，顶以变粒岩基本结束、斜长角闪岩、绿泥片岩等暗色或绿色岩类出现为界，与柳杭组整合接触。山草峪组同位素年龄值多集中在 2 300～2 500 Ma 间，推断其生成时代约在 2 700 Ma 左右，属晚太古代。

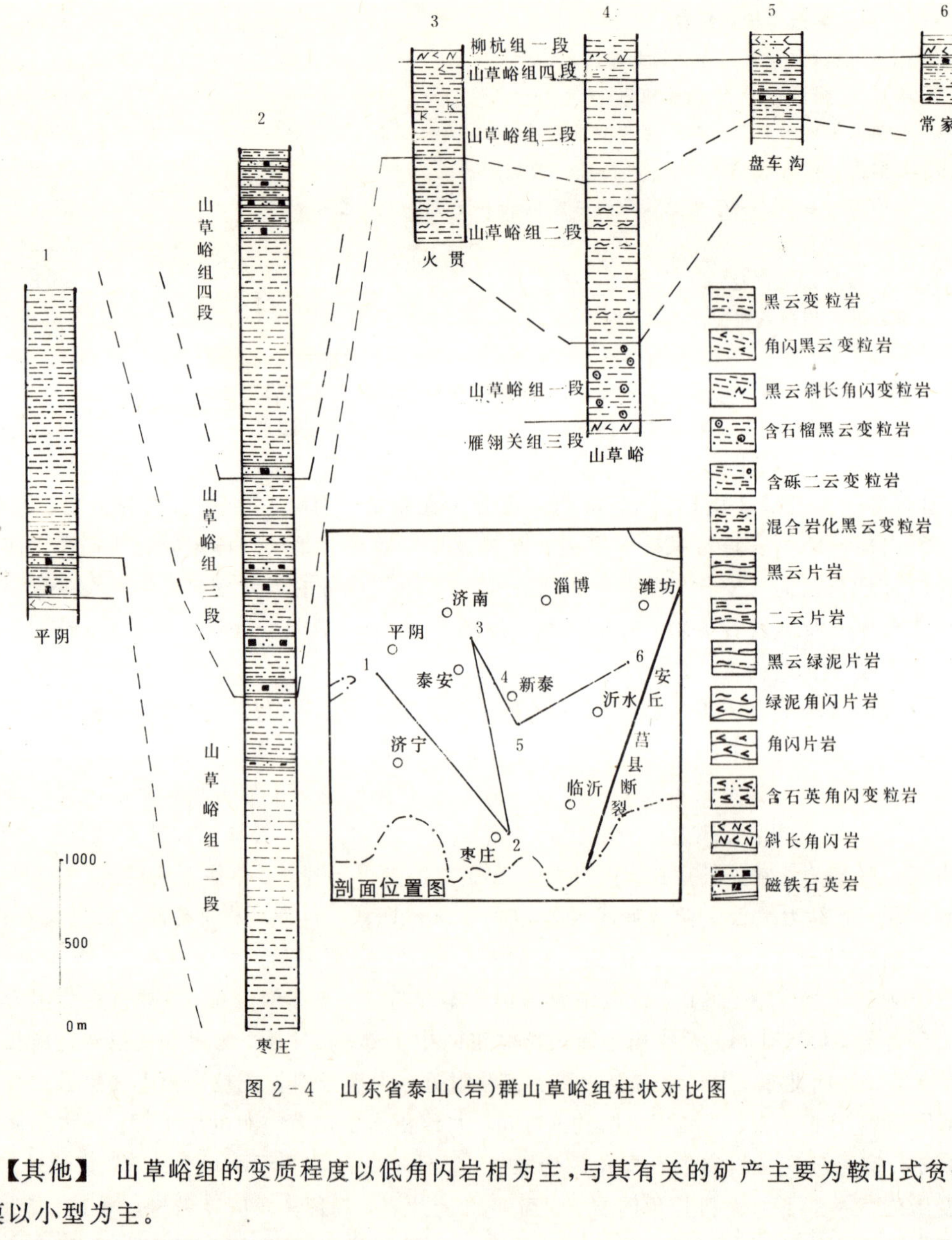

图 2-4 山东省泰山(岩)群山草峪组柱状对比图

【其他】 山草峪组的变质程度以低角闪岩相为主，与其有关的矿产主要为鞍山式贫铁矿，规模以小型为主。

柳杭组 Ar_3l (37-0008)

【创名及原始定义】 山东省地质矿产局区域地质调查队二分队（郑良峙、王世进等）在从事鲁西地区泰山群专题研究过程中，1984 年 4 月于新泰市旧关乡大柳杭建柳杭组①。山东

① 山东省地质矿产局区域地质调查队二分队，1984，新甫山—徂徕山地区泰山群小结（打印稿)。

省地质矿产局区域地质调查队1990年（王世进等）介绍。原始定义：本组仅分布在泰安市裴家庄、大柳杭、小柳杭、李家庄、西南峪一带，即程裕淇等同志划分的单家峪-付家庄角闪质岩带。柳杭组地层组成李家庄倒转向斜，平行不整合于山草峪组之上。岩性以变质砾岩、斜长角闪片岩、变质中酸性火山岩为主，最大厚度为438.31 m。

【沿革】 山东省地质矿产局区域地质调查队二分队（王世进等）在1986—1990年进行的1∶20万新泰等幅区调中，将柳杭组底界仍然置于含砾变粒岩（变质砾岩）之底，再分为上、下两个亚组。1989年王致本等在1∶5万徂徕、东王庄幅区调报告中按火山沉积旋回将其分为上、中、下三个亚组，认为前人所划变质砾岩不具底砾岩性质，将其底界改划为角闪变粒岩或斜长角闪岩出现为界。本次地层清理，依角闪质岩石和含砾变粒岩而将其分为一、二段，同时以绿片岩或斜长角闪岩出现为其底界。

【现在定义】 指鲁西地层分区山草峪组变粒岩之上，以斜长角闪岩、黑云变粒岩和角闪黑云变粒岩为主夹变质砾岩及绢英片岩等的岩石地层单位。以斜长角闪岩或绿泥片岩等角闪质岩类或绿片岩类出现为底界，与山草峪组整合接触。变质程度为低角闪岩相。属晚太古代。

【层型】 正层型剖面位于泰安市峅峪镇西南峪村南约300 m（117°26′，36°27′；据张增奇、杨恩秀、王世进等1988年实测）。对于本组正层型剖面褶皱构造认识不一，故剖面列述资料各家有异。本书采用王世进等认识的李家庄向斜和富山背斜划分方案，下列剖面为李家庄向斜东翼部分，而其西翼（亦即富山背斜东冀）还夹有含金绢云石英片岩等。

柳杭组	总厚度622.4 m
二段	厚度186.0 m
32. 片状残斑二云变粒岩（位于向斜核部未见顶）	27.0 m
31. 变质砾岩。砾石有变流纹斑岩、变闪长岩、脉石英、变霏细岩等。砾石呈长条状、压扁椭圆状，大小不等，大者28 cm×18 cm，小者一般为10 cm×5 cm。胶结物为黑云变粒岩（变余凝灰质砂岩）	20.0 m
30. 片状富二云变粒岩夹富黑云变粒岩，含长石残斑	52.0 m
29. 碳酸盐化钠长绿泥片岩	4.1 m
28. 变质砾岩。砾石成分以变质流纹斑岩为主，即变质中酸性火山角砾熔岩，多呈饼状，少数为变奥长花岗岩、变霏细岩、脉石英砾石等，呈浑圆状、压扁椭圆状及长条状。砾石大者为28 cm×18 cm，小者一般为10 cm×5 cm。胶结物为黑云变粒岩	7.8 m
27. 富黑云变粒岩	4.5 m
26. 含砾残斑二云变粒岩。砾石主要为变质奥长花岗岩，多呈压扁椭圆状。自本层底部向上，砾石由大变小：25 cm×10 cm→20 cm×7 cm→7 cm×7 cm	17.6 m
25. 变质火山凝灰角砾熔岩。砾石成分有细粒斜长角闪岩和斑点状斜长角闪岩，约占70%，大者20 cm×4 cm，小者5 cm×1 cm，次为变花岗质砾石，以15 cm×5 cm为主。多呈条带状、压扁椭圆状。其原岩为中基性火山凝灰角砾熔岩和中酸性火山熔岩，另有少量椭圆形刚性岩屑，胶结物为黑云变粒岩，见变余晶屑凝灰结构	24.1 m
24. 二云变粒岩为主，夹二云石英片岩和黑云变粒岩	29.5 m
一段	厚度436.4 m
23. 细纹状斜长角闪岩，片理发育	27.1 m
22. 绿泥透闪片岩	11.6 m
21. 细粒斜长角闪岩，片理发育，具变余气孔杏仁充填构造	27.1 m
20. 蛇纹滑石片岩	6.8 m

19. 细粒石英斜长角闪岩	19.3 m
18. 更长绿泥片岩及细粒石英斜长角闪岩	14.8 m
17. 细粒斜长角闪岩	18.7 m
16. 蛇纹滑石片岩，底部0.5 m为二云变粒岩，顶部2 m为黑云变粒岩	14.8 m
15. 褐色蛇纹滑石片岩	7.9 m
14. 含石墨石英斜长角闪岩	6.9 m
13. 中细粒斜长角闪岩	18.7 m
12. 黑云角闪片岩	38.0 m
11. 细粒斜长角闪岩夹角闪变粒岩	20.4 m
10. 含石墨更长绿泥片岩	10.7 m
9. 绿泥石化黑云片岩	9.7 m
8. 片状绿泥石化含角闪黑云变粒岩，多被第四系覆盖	44.7 m
7. 薄层富黑云变粒岩，黑云母含量40%，片理发育	6.8 m
6. 透闪绿泥片岩夹绿泥阳起片岩，劈理发育	16.6 m
5. 绿泥石化黑云片岩	35.2 m
4. 绿泥石英片岩夹片状斜长角闪岩，劈理发育	72.2 m
3. 碳酸盐岩化绿泥片岩	8.4 m

——————— 整　合 ———————

下伏地层：**山草峪组**　片状含奥长花岗岩砾石黑云更长变粒岩　7 m

【地质特征及区域变化】 柳杭组主要分布在新泰柳杭、东牛家庄、盘车沟，泰安西南峪，莱芜香山，章丘火贯，沂水东虎崖，安丘崔岜峪等地。地层总体走向为北西向，只在崔岜峪一带呈北东向。厚374～744 m。主要岩石类型为微细粒斜长角闪岩、绿泥片岩、黑云变粒岩、角闪黑云变粒岩、绢云石英片岩、中酸性变质火山角砾岩、变质沉积砾岩，夹有铁闪磁铁石英岩。斜长角闪岩中很少见到残留构造。变粒岩可见到清晰的变余晶屑结构、变余砂状结构。变质砾岩以酸性成分岩浆岩为主，中性次之，明显区别于雁翎关组的变质砾岩。砾石成分较复杂，有变斜长花岗岩、变石英闪长岩、伟晶岩、脉石英及变霏细岩等，包括火山角砾和沉积碎屑两大类。

火贯—柳杭—盘车沟地区：柳杭附近，一段为斜长角闪岩及黑云角闪片岩、绿泥（石英）片岩、含石墨更长绿泥片岩、角闪黑云变粒岩、黑云片岩等。西南峪厚436 m，李家庄厚260 m，南白塔厚355 m。二段为变质砾岩、残斑黑云（或白云）更长变粒岩等。西南峪厚186 m，李家庄厚121 m，南白塔厚100 m。自北西向南东厚度变薄。向北到章丘火贯附近，因花岗岩侵入造成地层缺失，一段出露良好，主要岩性有斜长角闪岩及方解绿泥片岩夹黑云角闪变粒岩。火贯村厚410 m，西麦腰厚100 m，王家庄厚180 m，自北西向南东渐薄。二段，以残留体出露于片麻状奥长花岗岩中，岩性为二云变粒岩、二云片岩等。莱芜香山附近，为细粒斜长角闪岩夹绿泥绿帘绢云石英片岩及黑云变粒岩。厚374 m，相当于一段。新泰盘车沟一带，一段以黑云斜长角闪岩、角闪斜长变粒岩、斜长角闪片岩、黑云石英片岩等为主。在盘车沟厚170 m，陈家庄厚175 m。二段以二云石英片岩及白云石英片岩为主。盘车沟厚95 m。陈家庄附近受英云闪长岩侵入的影响，仅厚10 m左右。在东牛家庄一带，仅残存二段，岩性为变质砾岩、白云石英片岩等，厚331 m。沂水东虎崖地区：以斜长角闪岩为主，夹磁铁石英岩、黑云变粒岩、二云变粒岩及少量的含角闪变粒岩、含石榴黑云片岩、浅粒岩等。厚744 m。相当于一段。安丘崔岜峪地区：以斜角闪岩为主，夹黑云变粒岩、磁铁石英岩、阳起片岩、黑云片岩，厚240 m，相当于一段（图2-5）。柳杭组与下伏山草峪组界线以斜长角闪岩、绿泥片岩等暗色或绿色岩系之底为划分标志。同位素年龄值多在2 600 Ma左右，推测形成时代在2 600～2 700 Ma前后，属晚太古代。

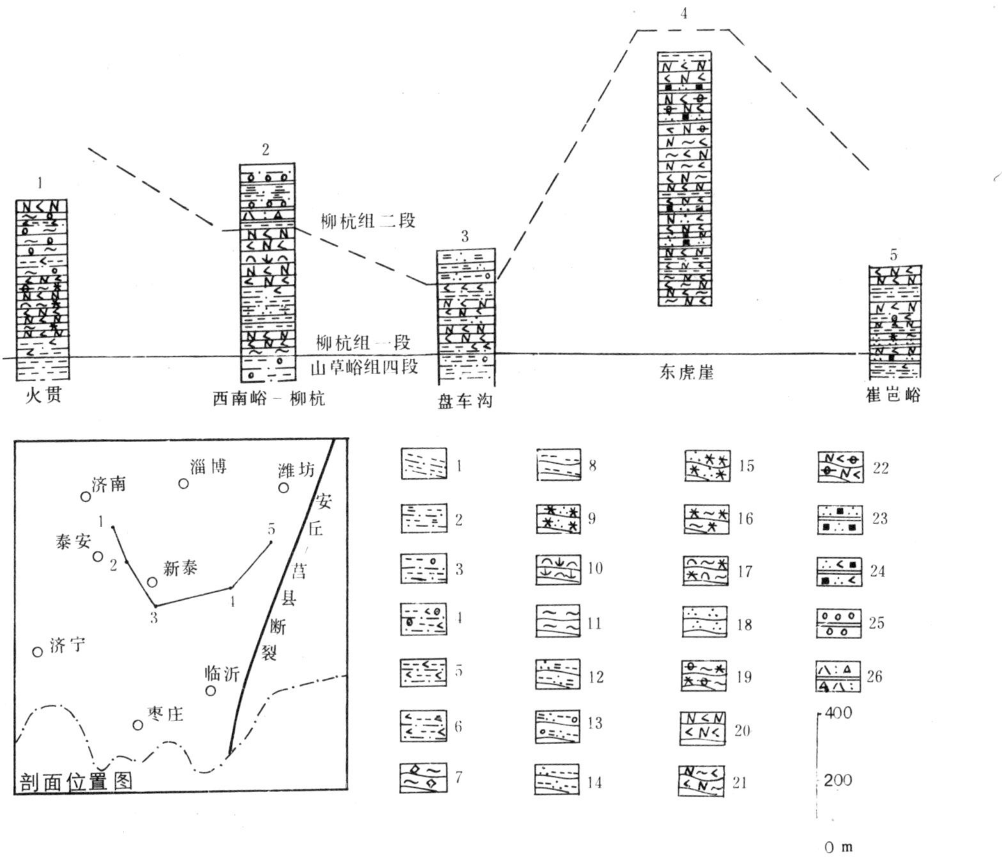

图2-5　山东省泰山（岩）群柳杭组柱状对比图

1. 黑云变粒岩；2. 二云变粒岩；3. 含砾黑云变粒岩；4. 含石榴角闪黑云变粒岩；5. 角闪黑云变粒岩；6. 黑云角闪变粒岩；7. 方解石绿泥片岩；8. 黑云片岩；9. 石英阳起片岩；10. 蛇纹滑石片岩；11. 绿泥片岩；12. 石英二云片岩；13. 含砾石英二云片岩；14. 石英黑云片岩；15. 石英阳起片岩；16. 绿泥阳起片岩；17. 绿泥蛇纹滑石片岩；18. 石英片岩；19. 绿帘绿泥阳起片岩；20. 斜长角闪岩；21. 绿泥石化斜长角闪岩；22. 绿帘斜长角闪岩；23. 磁铁石英岩；24. 磁铁角闪石英岩；25. 变质砾岩；26. 变质火山凝灰角砾岩

【其他】　柳杭组的变质程度达角闪岩相，局部退变为绿片岩相。以绢云石英片岩中含金最高，达6.54×10^{-9}，斜长角闪岩为2.525×10^{-9}左右，是鲁西重要的绿岩带型含金矿层位。另外，还有磁铁石英岩贫铁矿、假山石、蛇纹岩、滑石、石棉等矿产。

胶东岩群　Ar_3J　（37－0009）

【创名及原始定义】　郭文魁1950年在胶东地区创名胶东“杂岩”①。山东省地质厅、长春地质学院区测二大队于1961年介绍。据郭文魁原始定义：根据野外的观察，参证前人的报告，对于胶东“杂岩”得了一个残破的概念。各地所见寒武纪以前的变质岩系分述如下。招

① 郭文魁，1950，胶东“杂岩”的初步认识，矿测近讯，第109期。

远玲珑：双顶花岗片麻岩、玲珑花岗岩、岩墙及矿脉。掖县三山岛：绿色岩及绿色片岩、粗粒花岗岩、斑状黑云母花岗岩、岩墙及矿脉。掖县粉子山：粉子山系、千枚岩系。平度周格庄：白云质大理岩及各种片岩。

【沿革】 郭文魁所称胶东"杂岩"包括了胶东地区前寒武纪所有变质岩系。山东地质厅、长春地质学院区测二大队（因以长春地质学院师生为主，故常简称长春地质学院）1960年在《1：20万莱阳幅59年度野外生产报告》中，最早具体把鲁东地区中高级变质岩系称之为胶东群，属太古界，自下而上分为三个组：①日庄黑云母变粒岩夹角闪岩组，②旌旗山片岩片麻岩组，③栖霞县角闪质岩组。在其1961年区测报告中，将栖霞县角闪质岩组与日庄黑云母变粒岩夹角闪岩组合并，改称为化山组，其上为旌旗山组。山东省地质局805地质队1967在1：20万蓬莱幅区测报告中，称胶东岩群，仍属太古界，自下而上为蓬夼岩组、民山岩组和富阳岩组。1968年在1：20万烟台市幅和乳山幅区测报告中自下而上分为鲁家夼岩组、马格村岩组、王官庄岩组、枣园岩组等。山东省区域地层表编写组（1978）基本采用了山东省地质局805地质队划分方案，只是去掉"岩"字，认为其属于晚太古—早元古代。山东省区域地质志（1991）则将胶东群统一分为蓬夼组、民山组和富阳组。1986年11月，在曹国权、艾宪森和张成基等主持下，山东省地质矿产局在胶州市召开胶东群地层专题现场讨论会，在山东省地质矿产局区域地质调查队1：20万莱阳等三幅区调野外成果基础上，对胶东群这套变质地层重新厘定，自下而上包括唐家庄组、英庄夼组、齐山组、林家寨组和小庄组（?）等五个组，属太古界①；1987年12月山东省地质矿产局区域地质调查队安郁宏等在1：20万莱阳、潍坊、西由幅区调报告中，正式介绍上述单位定义，将小庄组改为小魏家组，归属粉子山群，胶东群分为唐家庄组、英庄夼组、齐山组和林家寨组等四个组。

随着鲁东地区区调和科研工作的进行，发现原划胶东群内包括了不少的变形变质的花岗质岩体，如英庄夼组实质上是晚太古代变形变质的英云闪长岩。由于这套中高级变质岩系原岩层理已被置换，是一套有层无序岩石组合，本次地层清理改称为胶东(岩)群，自下而上分为唐家庄(岩)组、齐山岩组和林家寨(岩)组（表2-1）。

【现在定义】 指分布于鲁东地层分区之变粒岩、斜长角闪岩夹麻粒岩岩石组合。与上覆荆山群或粉子山群呈韧性剪切带接触。自下而上分为变粒岩夹麻粒岩组合的唐家庄(岩)组，以厚层斑点状斜长角闪岩和条纹条带状变粒岩为主的齐山(岩)组，中厚层斜长角闪岩、变粒岩夹浅粒岩岩石组合的林家寨(岩)组。角闪岩相局部麻粒岩相变质。属晚太古代。

【地质特征及区域变化】 胶东(岩)群主要分布于鲁东地层分区胶北地层小区的栖霞、招远、蓬莱南部及莱阳、莱西以北和莱州以南地区（图2-6）。总体呈近东西向展布，普遍发育有尖顶、同斜的无根小褶皱，后期褶皱叠加构成了较紧闭复式向斜和背斜，是胶北地块最古老的结晶基底，系一套变形程度较强的中高级变质岩系。厚约6 115 m。其岩石以黑云（角闪）变粒岩和斜长角闪岩为主，底部夹麻粒岩。根据麻粒岩、斜长角闪岩与黑云变粒岩的旋回性而将胶东(岩)群再分为三个(岩)组。黑云变粒岩夹二辉麻粒岩、紫苏麻粒岩岩石组合为唐家庄(岩)组。据斜长角闪岩→黑云变粒岩两个旋回而分为齐山(岩)组和林家寨(岩)组。在栖霞林家寨胶东(岩)群剖面上，见有斜长角闪岩→黑云变粒岩→斜长角闪岩→黑云变粒岩共两套中基性—中酸性火山喷发旋回，按两个旋回分为齐山岩组和林家寨(岩)组。原岩系一套中基性—中酸性火山喷出岩，变质程度不均一。总体上自下而上为麻粒岩相—高角闪岩相—

① 山东省地质矿产局，1987，胶东群地层专题现场讨论会议纪要。

低角闪岩相变质趋势。其中唐家庄(岩)组为麻粒岩相。齐山(岩)组和林家寨(岩)组普遍以高角闪岩相为主。与上覆荆山群（莱阳旌旗山）或粉子山群（栖霞）为韧性剪切带接触，推测原为不整合接触。从目前取得的同位素年龄值看，多集中在 2 600 Ma 左右，高者达 2 858 Ma，加之与早元古代荆山群和粉子山群关系分析，其应属于晚太古代。

表 2-1　山东省胶东岩群划分沿革表

资料来源	年代	地区	上部（界/代）	上部（群）	上部（组）	接触	下部（界/代）	下部（群）	下部（组/段，自上而下）
郭文魁	1950	招远莱州	前寒武系	胶东杂岩					
长春地质学院	1960	莱阳、烟台幅	前震旦系	粉子山群	张格庄—巨屯组	- -	太古界	胶东群	栖霞县组；旌旗山组；日庄组
长春地质学院	1961	莱阳、烟台幅			祝家夼组	- -			化山组；旌旗山组；化山组
山东省地质局805队	1967	莱阳、蓬莱幅	元古—太古界	粉子山岩群	祝家夼岩组	- -	太古界	胶东岩群	富阳岩组；民山岩组；蓬夼岩组；富阳岩组
山东省地质局805队	1968	烟台幅	元古界	粉子山群	祝家夼组	- -	太古界	胶东岩群	枣园岩组；王官庄岩组；马格村岩组；鲁家夼岩组
山东省区域地层表编写组	1978	蓬莱山区北部	下元古界	粉子山群	祝家夼组	～ ～ ? - -	下元古—太古界	胶东群	富阳组；民山组；蓬夼组；富阳组
山东省区域地层表编写组	1978	荣成小区					下元古—太古界	胶东群	王官庄组；马格村组；鲁家夼组
山东地矿局区调队	1987	莱阳、潍坊幅	下元古界	荆山群	禄格庄组一段	～ ～	太古界	胶东群	林家寨组（二段、一段）；齐山组（二段、一段）；英庄夼组；唐家庄组
《山东省区域地质志》	1991	鲁东	下元古界	粉子山群	祝家夼组	- -	下元古—太古界	胶东群	富阳组；民山组；蓬夼组
本书		鲁东胶北	早元古代	粉子山群	祝家夼组	═	晚太古代	胶东(岩)群	林家寨(岩)组（二段、一段）；齐山(岩)组（二段、一段）；～ 晚太古代片麻状英云闪长岩 ～；晚太古代 胶东(岩)群 唐家庄(岩)组

胶东(岩)群在鲁东地层分区分布广但零星，而且各组分布范围不同。唐家庄(岩)组仅限于莱西市唐家庄附近。林家寨(岩)组仅分布于栖霞林家寨、高家附近和莱州市朱马一带，只有齐山(岩)组分布最广。在栖霞寺口剖面上，胶东(岩)群齐山(岩)组和林家寨(岩)组发育，厚约 4 047.5 m。

【问题讨论】　胶东(岩)群与其上荆山群和粉子山群呈韧性剪切带接触，据岩石组合、变质程度及区域展布推测，它们可能属不整合接触。上述胶东岩群属杂岩性质，其中变形变质深成岩与表壳岩尚未分开，有待进一步研究。

唐家庄(岩)组为麻粒岩相变质，且同位素年龄约为 2 900 Ma。而齐山(岩)组和林家寨

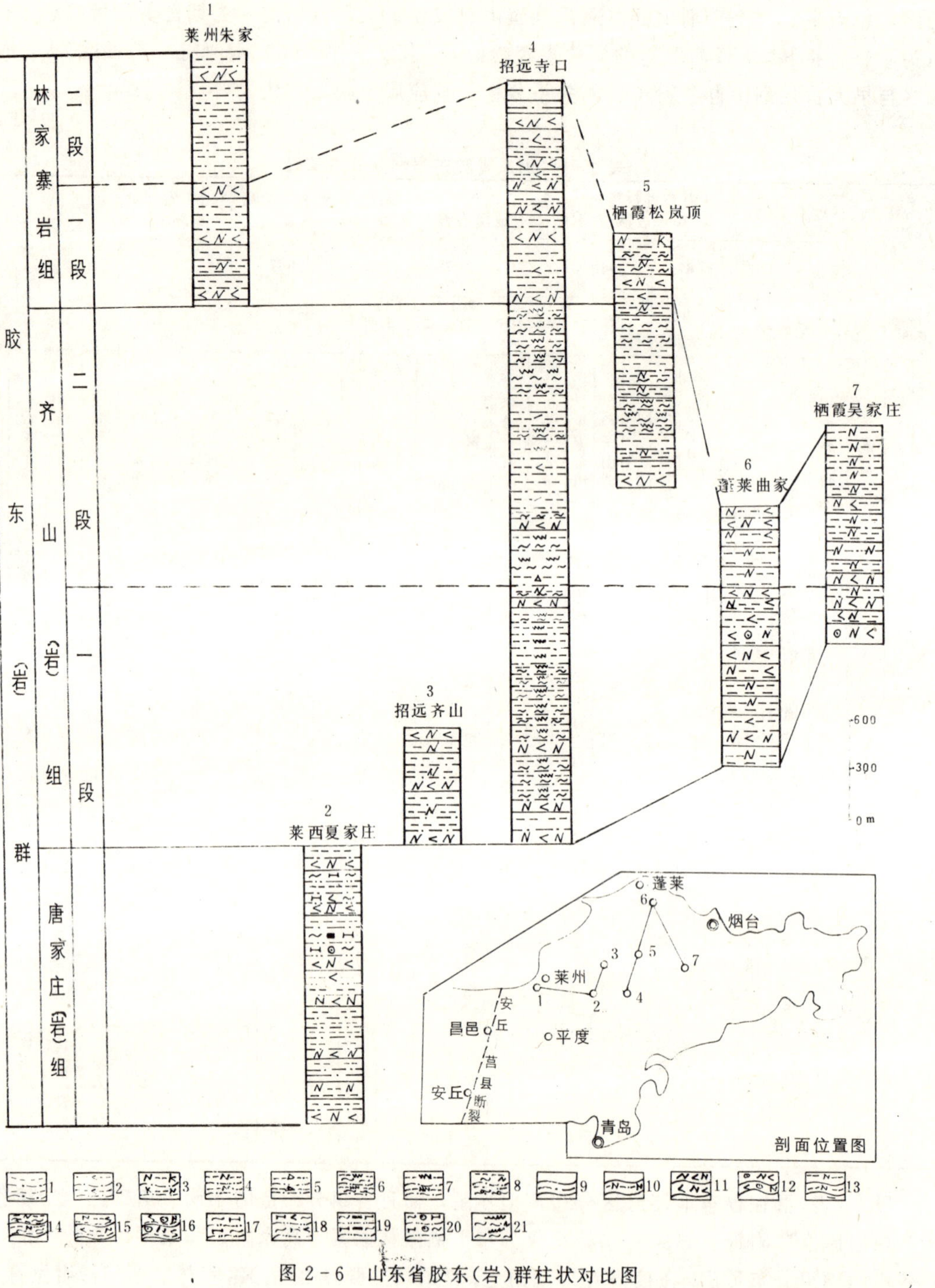

图 2-6　山东省胶东(岩)群柱状对比图

1. 黑云变粒岩；2. 角闪黑云变粒岩；3. 二长黑云变粒岩；4. 斜长黑云变粒岩；5. 角砾状黑云变粒岩；6. 条痕状混合质黑云变粒岩；7. 条痕状黑云变粒岩；8. 混合质黑云变粒岩；9. 浅粒岩；10. 斜长浅粒岩；11. 斜长角闪岩；12. 石榴斜长角闪岩；13. 黑云斜长片麻岩；14. 混合质黑云斜长片麻岩；15. 角闪黑云斜长片麻岩；16. 石榴角闪斜长片麻岩；17. 二辉麻粒岩；18. 角闪二辉麻粒岩；19. 磁铁二辉麻粒岩；20. 石榴二辉麻粒岩；21. 条痕状混合岩

(岩)组同位素年龄在 2 600 Ma 左右，变质程度高角闪岩相为主，且唐家庄(岩)组未见与齐山(岩)组直接接触。因此，唐家庄(岩)组与齐山(岩)组和林家寨(岩)组可能属不同地质发展阶段产物。那么唐家庄(岩)组就不该属胶东(岩)群而独立成组，并可能属中太古代，与鲁西地层分区沂水(岩)群相对比。从区域分布看，唐家庄(岩)组属太古宙高级变质区，而齐山(岩)组和林家寨(岩)组分布地段属花岗绿岩区。鉴于上述推断尚未被证实，目前暂把唐家庄(岩)组归属胶东(岩)群。

唐家庄(岩)组　Ar_3t　(37－0010)

【创名及原始定义】　曹国权、艾宪森、张成基等 1986 年 11 月在胶东群地层专题现场讨论会上创名“唐家庄组”①，创名地点在莱西市唐家庄乡唐家庄附近。山东省地质矿产局区域地质调查队(安郁宏等)1987 年 12 月在 1∶20 万莱阳、潍坊、西由幅区调报告中介绍其定义。原始定义：指分布于胶北隆起区，整合在英庄夼组之下的一套含特征变质矿物紫苏辉石的灰色、粒度较粗的黑云斜长片麻岩、黑云变粒岩夹二辉麻粒岩岩石组合。岩性有灰色条纹条带状黑云变粒岩、黑云斜长片麻岩夹黑云角闪二辉麻粒岩、含角闪紫苏变粒岩和紫苏磁铁石英岩。受中高级区域变质。属太古代胶东群。建组剖面为莱西唐家庄剖面。

【沿革】　创名后被山东省地质矿产局系统广为引用。此前，该套岩石组合被长春地质学院（1960）最早称为日庄组，后改称为化山组（1961）。山东省地质局 805 队（1968）称为富阳岩组（莱阳幅）。《山东省区域地质志》（1991）称富阳组。经过最近几年地质调查发现，当时所划唐家庄组黑云斜长片麻岩和部分黑云变粒岩，多数为变形变质的花岗质岩体，而其中变质地层也为一套有层无序岩石组合，故本次对比研究改为唐家庄(岩)组。

【现在定义】　指分布于鲁东地层分区一套呈暗灰色调高级变质岩系。为黑云变粒岩夹磁铁二辉麻粒岩、角闪二辉麻粒岩、石榴二辉麻粒岩、磁铁紫苏麻粒岩及少量斜长角闪岩岩石组合。麻粒岩相变质。厚约 1 472 m。属晚太古代胶东(岩)群。未见顶、底。

【层型】　正层型位于莱西市唐家庄附近，即夏家庄—代家院剖面(120°22′00″，37°03′30″)(据山东省地质矿产局区域地质调查队三分队 1985 年实测)。

上覆地层：**第四系**

～～～～～～～～ 不 整 合 ～～～～～～～～

唐家庄(岩)组	总厚度 1 527.1 m
23. 黑云变粒岩夹斜长角闪岩	160.3 m
22. 黑云变粒岩夹二辉麻粒岩和二辉斜长角闪岩	60.4 m
21. 黑云变粒岩夹斜长角闪岩和角闪变粒岩	24.0 m
20. 黑云变粒岩	139.3 m
19. 黑云变粒岩夹角闪二辉麻粒岩	42.4 m
18. 黑云角闪斜长片麻岩偶夹斜长角闪岩	60.3 m
17. 黑云变粒岩夹浅粒岩	9.5 m
16. 黑云变粒岩夹磁铁二辉麻粒岩和磁铁紫苏麻粒岩	99.6 m
15. 黑云变粒岩夹石榴二辉麻粒岩和斜长角闪岩	42.0 m
14. 黑云变粒岩夹辉石斜长角闪岩	35.6 m
13. 黑云变粒岩偶夹浅粒岩和角闪变粒岩	101.9 m

① 山东省地质矿产局，1987，胶东群地层专题现场讨论会议纪要。

12. 黑云变粒岩	9.8 m
11. 黑云变粒岩夹浅粒岩	47.9 m
10. 黑云变粒岩偶夹斜长角闪岩	20.2 m
9. 黑云变粒岩	46.0 m
8. 斜长角闪岩夹黑云变粒岩	13.0 m
7. 黑云变粒岩夹黑云斜长片麻岩和角闪黑云变粒岩、黑云二长片麻岩及浅粒岩	183.5 m
6. 黑云变粒岩	201.4 m
5. 二辉斜长角闪岩夹黑云变粒岩	30.8 m
4. 黑云变粒岩	18.1 m
3. 黑云变粒岩夹二辉斜长角闪岩和角闪黑云变粒岩	13.9 m
2. 黑云变粒岩夹斜长角闪岩	6.3 m
1. 黑云变粒岩夹黑云斜长片麻岩（未见底）	161.5 m

══════ 断　层 ══════

荆山群野头组　大理岩

【地质特征及区域变化】　唐家庄(岩)组主要出露于莱西以北唐家庄一带，面积约60km²。以黑云变粒岩为主，次为斜长角闪岩，夹磁铁二辉麻粒岩、角闪二辉麻粒岩、石榴二辉麻粒岩、磁铁紫苏麻粒岩、二辉斜长角闪岩，偶夹浅粒岩和黑云斜长片麻岩等。此外，最近在栖霞县唐家泊、跃进村、瓦屋夼等地发现了二辉麻粒岩、二辉磁铁石英岩等麻粒岩相岩石组合，也应属于该(岩)组。本(岩)组岩石特点为暗灰色调，原岩系中酸性及少量中基性火山岩，经麻粒岩相变质。未见底，亦未见与齐山(岩)组接触，与早元古代荆山群断层接触。正层型上该(岩)组厚 1 527.1 m。

采自唐家庄(岩)组黑云变粒岩中混合锆石 U－Th－Pb 法同位素年龄值为 2 610.10 Ma（安郁宏等，1987），据接触关系、变质程度和同位素年龄，该(岩)组地质时限属晚太古代。

【问题讨论】　该(岩)组当中有较多的变形变质花岗质岩体尚待剔除，其形成年龄有可能大于 2 900 Ma。其变质程度明显高于齐山(岩)组和林家寨(岩)组，又未见与齐山(岩)组接触关系，目前暂将其归胶东(岩)群。

齐山(岩)组　Ar_3q　(37－0011)

【创名及原始定义】　曹国权、艾宪森、张成基等 1986 年 11 月在胶东群地层专题现场讨论会上创名“齐山组”①，创名地点在招远市齐山。山东省地质矿产局区域地质调查队（安郁宏等）1987 年在 1∶20 万莱阳、潍坊、西由幅区调报告中介绍。原始定义：指分布于胶北隆起区，整合在英庄夼组之上林家寨组之下中高级变质岩组合，分两段。一段为斑点状巨厚层斜长角闪岩、条带状黑云斜长片麻岩、黑云变粒岩互层，底部多有一层含石墨矽线黑云片岩；二段为条纹条带状黑云变粒岩、黑云斜长片麻岩夹少量斜长角闪岩。受中高级区域变质。属太古代胶东群。建组剖面为招远县齐山剖面。

【沿革】　长春地质学院最早将其划为栖霞县组（1960）或化山组（1961）之下部，归太古代。山东地质局 805 队划为马格村岩组和王官庄岩组（烟台幅，1968）、民山岩组和富阳岩组下部（蓬莱幅，1967）。山东省区域地层表编写组（1978）则沿用山东地质局 805 队划分方案，只是去掉“岩”字。《山东省区域地质志》（1991）则将这套岩石组合统一为民山组和富

① 山东省地质矿产局，1987，胶东群地层专题现场讨论会议纪要。

阳组下部。创名齐山组后，被广为引用。本次地层清理过程中，考虑到这套岩石组合大多有层无序，故改称为齐山(岩)组。

【现在定义】 指分布于鲁东地层分区，下部以厚层斑点状斜长角闪岩和黑云变粒岩为主，上部以条纹条带状黑云变粒岩为主的变质岩组合。未见底，顶以大套黑云变粒岩结束，斜长角闪岩与黑云变粒岩互层出现为界，与林家寨(岩)组整合接触。高角闪岩相变质。层型厚 1 430 m。属晚太古代胶东(岩)群。

【层型】 该(岩)组正层型位于招远市大吴家乡齐山 (120°25′50″，37°13′50″；据山东省地质矿产局第六地质队 1988 年实测)。该剖面仅见齐山(岩)组下段，与荆山群禄格庄组呈断层接触。该(岩)组上段由其副层型剖面补充。

上覆地层：**荆山群禄格庄组安吉村段** 石榴矽线黑云片岩夹黑云变粒岩，偶夹石墨矽线斜长片麻岩 117.00 m

═══════ 断层接触 ═══════

齐山(岩)组一段	总厚度 620.98 m
22. 斜长角闪岩夹黑云斜长片麻岩	56.94 m
21. 黑云斜长片麻岩夹黑云变粒岩	247.04 m
20. 条纹状混合岩	30.50 m
19. 黑云斜长变粒岩	71.51 m
18. 斜长角闪岩	17.29 m
17. 黑云变粒岩	33.52 m
16. 黑云斜长片麻岩	8.56 m
15. 黑云变粒岩夹斜长角闪岩	118.37 m
14. 斜长角闪岩	37.25 m

～——～—— 侵入接触 ～——～——

晚太古代：片麻状英云闪长岩

在招远市至栖霞县城一带，齐山(岩)组出露齐全，露头较好，并见与林家寨(岩)组直接接触，是齐山(岩)组和林家寨(岩)组副层型。现一并描述于后。

该(岩)组副层型位于栖霞县寺口以东 (120°38′00″，37°19′00″) (据山东省地质矿产局区域地质调查队三分队 1985 年实测)。

上覆地层：**粉子山群祝家夼组** 黑云变粒岩夹石墨矽线白云片岩 50.0 m

═══════ 断　层 ═══════

胶东(岩)群	总厚度 4 047.5 m
林家寨(岩)组	总厚度 1 181.7 m
38. 浅粒岩偶夹黑云变粒岩	174.2 m
37. 角闪黑云变粒岩夹斜长角闪岩、黑云变粒岩，上部夹浅粒岩	180.5 m
36. 黑云变粒岩夹斜长角闪岩、角闪黑云变粒岩	304.3 m
35. 黑云变粒岩、斜长角闪岩及角闪黑云变粒岩	114.9 m
34. 黑云变粒岩	59.5 m
33. 黑云变粒岩夹斜长角闪岩、角闪黑云变粒岩	135.4 m
32. 黑云变粒岩偶夹角闪黑云变粒岩，黑云角闪二长变粒岩	149.4 m

31. 斜长角闪岩、角闪黑云变粒岩、黑云变粒岩互层 63.5 m

——————— 整 合 ———————

齐山(岩)组 总厚度 2 865.8 m

二段 厚度 1 432.8 m

30. 条纹状混合质黑云变粒岩夹角闪黑云变粒岩、斜长角闪岩 139.0 m
29. 条纹条带状混合质黑云变粒岩夹角闪变粒岩 118.2 m
28. 条纹条带状轻微混合质黑云变粒岩夹条纹状混合岩、角闪黑云变粒岩 239.0 m
27. 黑云变粒岩 91.0 m
26. 条纹条带状轻微混合质黑云变粒岩夹角闪黑云变粒岩 66.7 m
25. 条纹状混合质黑云变粒岩 71.8 m
24. 稀疏条纹条带状黑云变粒岩夹角闪黑云变粒岩 56.9 m
23. 条纹状黑云变粒岩 15.9 m
22. 条纹状黑云变粒岩夹斜长角闪岩 36.7 m
21. 条纹状黑云变粒岩夹角闪黑云变粒岩，偶夹黑云斜长角闪岩 144.7 m
20. 条纹状角闪黑云变粒岩 50.8 m
19. 条纹状条带轻微混合质黑云变粒岩偶夹黑云斜长角闪岩 61.5 m
18. 条纹条带状混合质黑云变粒岩夹斜长角闪岩 107.6 m
17. 条纹条带状混合质黑云变粒岩、条痕状混合岩互层 62.2 m
16. 条纹条痕状混合质黑云变粒岩夹斜长角闪岩 70.5 m
15. 条痕状混合岩夹条纹条带状混合质黑云变粒岩 100.3 m

——————— 整 合 ———————

一段 厚度 1 433.0 m

14. 碎裂岩化黑云变粒岩夹斜长角闪岩、黑云角闪变粒岩 64.4 m
13. 条带状混合质黑云斜长片麻岩夹条带状黑云变粒岩 65.9 m
12. 条带状混合质黑云变粒岩夹斜长角闪岩，偶夹角闪黑云变粒岩 135.8 m
11. 条纹条带状黑云变粒岩 144.2 m
10. 条纹状黑云变粒岩夹斜长角闪岩、角闪黑云变粒岩 77.5 m
9. 条痕条纹状混合质黑云变粒岩 342.5 m
8. 条痕条带状混合质黑云变粒岩夹斜长角闪岩 234.7 m
7. 细纹状混合质黑云变粒岩 54.5 m
6. 条痕条带状混合质黑云变粒岩夹角闪黑云变粒岩，偶夹斜长角闪岩 32.0 m
5. 条纹条带状混合质黑云变粒岩夹条带状混合质斜长角闪岩 59.5 m
4. 斜长角闪岩夹黑云变粒岩 222.0 m

～———～—— 侵入接触 ～———～——

晚太古代：片麻状英云闪长岩

【地质特征及区域变化】 齐山(岩)组主要为黑云变粒岩和斜长角闪岩，次为角闪黑云变粒岩和黑云斜长片麻岩，浅色和暗色矿物相对集中而具条带—条纹状构造。依斜长角闪岩和黑云变粒岩而分两段。一段以厚层斑点状斜长角闪岩和黑云变粒岩为主，次为黑云斜长片麻岩，厚 620.98～1 368.6 m；二段分布局限，以黑云变粒岩为主，夹黑云斜长片麻岩和角闪黑云变粒岩，厚 1 497 m。该(岩)组底以大套斜长角闪岩和黑云变粒岩出现为标志，顶以大套变粒岩结束及大套斜长角闪岩出现划界。与林家寨(岩)组整合接触。在莱阳旌旗山地区，与上覆荆山群为韧性剪切构造接触。推测原为不整合接触。

该(岩)组在胶东(岩)群中分布最广，主要分布于招远齐山、大秦家，栖霞寺口、大柳家，莱阳谭格庄、西留，蓬莱徐家集、大辛店及莱州马驿、神堂等地，由于受岩体破坏和后期剥蚀，多呈大小不等的残片出露于岩体中。正层型招远市齐山剖面厚度较小，为 621 m。副层型栖霞县寺口剖面较厚，达 2 865.8 m。蓬莱地区以黑云斜长片麻岩和斜长角闪岩为主，厚 1 385 m。栖霞县桃村一带，一、二段皆发育，厚 1 159.18 m。

该(岩)组发育有大量顺层面置换的紧闭、掩卧及无根褶皱，多期叠加，形成一系列轴向近东西、北东东向的同斜倒转褶皱构造。该(岩)组一段为基性—中酸性火山喷发交替进行的火山碎屑岩建造，二段则以中酸性火山碎屑为主，总体上为基性—中酸性演化的火山喷发旋回。高角闪岩相区域变质。

采自齐山岩组黑云变粒岩中混合锆石 U－Th－Pb 法同位素年龄值为 2 471.66 Ma，斜长角闪岩和黑云变粒岩全岩 Rb－Sr 等时线年龄为 2 005.6 Ma（安郁宏等，1987）。另据与其上地层接触关系分析，该(岩)组形成地质时限为晚太古代。

该(岩)组因研究程度低，可能仍具杂岩性质。

林家寨(岩)组　Ar_3lj　(37－0012)

【创名及原始定义】　曹国权、艾宪森、张成基等 1986 年 11 月在胶东群地层专题现场讨论会上创名“林家寨组”①，创名地点在栖霞县小庄乡林家寨。山东省地质矿产局区域地质调查队（安郁宏等）1987 年在 1∶20 万莱阳、潍坊、西由幅区调报告中介绍。原始定义：指分布于胶北隆起区，整合在齐山组之上、小庄组之下的一套变粒岩、斜长角闪岩夹浅粒岩岩石组合。一段为条纹条带状黑云变粒岩、斜长角闪岩夹角闪黑云变粒岩、浅粒岩；二段为条纹条带状黑云变粒岩、角闪黑云变粒岩夹斜长角闪岩、浅粒岩。以浅粒岩或长石石英岩夹层的出现为特征。属太古代胶东群。建组剖面为栖霞林家寨剖面。

【沿革】　原始定义林家寨组以浅粒岩或长石石英岩夹层出现为标志，区分于其下齐山组。此前，该套岩石组合被长春地质学院称为栖霞县组（莱阳幅，1960）及化山组（莱阳幅，1961）之上部；山东 805 队称其枣园岩组（烟台幅，1968）或富阳岩组上部（蓬莱幅，1967）。山东省区域地层表编写组（1978）则沿用山东地质局 805 队划分方案，只是去掉“岩”字。《山东省区域地质志》(1991) 将其划为富阳组上部。创名林家寨组之后，被广为引用。本次地层清理过程中，考虑到这套岩石组合大多有层无序，故改称为林家寨(岩)组。

【现在定义】　指鲁东地层分区栖霞—莱州一带斜长角闪岩、黑云变粒岩、角闪黑云变粒岩夹浅粒岩岩石组合。下部以斜长角闪岩和黑云（角闪）变粒岩互层为主，上部以黑云变粒岩为主。底以大套黑云变粒岩结束，斜长角闪岩和黑云（角闪）变粒岩互层出现划界，与齐山(岩)组整合接触。高角闪岩相变质。属晚太古代胶东(岩)群。层型厚 1 398 m。

【层型】　正层型位于栖霞县小庄乡松岚顶经林家寨至南十五里（120°41′00″，37°18′00″；据山东省地质矿产局区域地质调查队三分队 1987 年实测）。

齐山(岩)组　条纹条带状混合质黑云变粒岩夹角闪黑云变粒岩

＝＝＝＝＝＝＝ 断　层 ＝＝＝＝＝＝＝

林家寨(岩)组　　总厚度 1 398.1 m

二段　　厚度 709.3 m

① 山东省地质矿产局，1987，胶东群地层专题现场讨论会会议纪要。

20. 黑云变粒岩偶夹角闪黑云变粒岩	187.6 m
19. 黑云变粒岩、斜长角闪岩	57.9 m
18. 黑云变粒岩夹浅粒岩	61.8 m
17. 黑云变粒岩夹斜长角闪岩	54.3 m
16. 黑云变粒岩	28.1 m
15. 黑云变粒岩、角闪黑云变粒岩夹浅粒岩	104.4 m
14. 黑云变粒岩偶夹斜长角闪岩	77.1 m
13. 黑云变粒岩夹角闪黑云变粒岩，偶夹斜长角闪岩	44.6 m
12. 黑云变粒岩、角闪黑云变粒岩偶夹浅粒岩	93.5 m

———— 整　合 ————

一段	厚度 688.8 m
11. 斜长角闪岩夹黑云变粒岩	134.8 m
10. 黑云变粒岩夹浅粒岩，偶夹斜长角闪岩	27.9 m
9. 黑云变粒岩夹浅粒岩，偶夹斜长角闪岩	72.3 m
8. 斜长角闪岩、角闪黑云变粒岩及黑云变粒岩	25.9 m
7. 黑云变粒岩	44.2 m
6. 黑云变粒岩、角闪黑云变粒岩夹浅粒岩	37.2 m
5. 黑云斜长片麻岩、黑云变粒岩、白云变粒岩	42.2 m
4. 黑云变粒岩夹斜长角闪岩	34.1 m
3. 角闪黑云变粒岩、斜长角闪岩夹浅粒岩	31.8 m
2. 黑云斜长片麻岩	29.0 m
1. 浅粒岩夹斜长角闪岩、黑云变粒岩	209.4 m

════ 断　层 ════

粉子山群祝家夼组　黑云变粒岩夹石墨矽线白云片岩、浅粒岩

林家寨组副层型位于栖霞县寺口以东，剖面描述见齐山岩组副层型条目中的31～38层。

【地质特征及区域变化】　林家寨(岩)组分布局限，仅出露于栖霞林家寨、高家和莱州朱马一带。主要岩性为斜长角闪岩、黑云变粒岩、角闪黑云变粒岩夹浅粒岩。其特点是前三种岩石呈中厚层—薄层状频繁交替出现，单一岩性厚度较小，据岩石组合分两段。一段，主要为斜长角闪岩、黑云变粒岩夹角闪黑云变粒岩及浅粒岩，以其互层为特征，层型厚688.8 m。二段，主要为黑云变粒岩、角闪黑云变粒岩夹少量浅粒岩、斜长角闪岩。层型厚709.3 m。原岩为基性、中酸性火山岩。总体上为基性—中酸性火山喷发旋回。高角闪岩相区域变质。在栖霞寺口、林家寨一带，该组底以大套斜长角闪岩出现为界，与齐山(岩)组整合接触。莱州粉子山地区，该组与上覆粉子山群呈韧性剪切带接触，据构造特征推测原为不整合接触。

【其他】　经过近几年1∶5万区调发现，当时强调林家寨(岩)组中“浅粒岩”标志层，多为变质的长英质脉体，在齐山(岩)组中也存在。因此，在某一地区只发育胶东(岩)群其中一个(岩)组时，究其何(岩)组不易确定。但齐山(岩)组与林家寨(岩)组又确属两个火山喷发旋回。目前，把林家寨周围的胶东(岩)群第二个斜长角闪岩→变粒岩旋回作为林家寨(岩)组，其他地区分布仅有一个旋回时，一般作为齐山(岩)组。该岩组因工作程度低，可能仍具杂岩性质。

大山沟(岩)组　Ar_3d　(37－0013)

【创名及原始定义】　山东省地质矿产局区域地质调查队（王致本等）1982年在1∶20万

日照幅、赣榆幅区调报告中创名“大山沟组”。创名地点在山东省日照市南湖乡大山沟。原始定义：指分布于胶南隆起区，主要由黑云斜长片麻岩、黑云斜长变粒岩及斜长角闪岩组成。底部出露不全，甄家沟组整合于其上。分两段，下段为黑云斜长变粒岩、黑云斜长片麻岩及斜长角闪岩；上段为白云二长片麻岩、黑云斜长片麻岩、黑云斜长变粒岩夹斜长角闪岩、浅粒岩、白云石英片岩。常混合岩化。厚 2 042 m。属元古界胶南群。

【沿革】 赵家骧、颜轸等 1951 年在《山东胶南县七宝山区地质及石墨矿（节要）》一文中，认为胶南隆起古老岩系是辽河系的一部分，并命名为王台系，属元古界。1958—1961 年山东省地质厅、北京地质学院区测一大队在本区进行 1∶20 万区测工作，1959 年北京地质学院在《山东掖县—莒南一带前寒武系地层问题》一文中，把胶南隆起区的浅粒岩、变粒岩、黑云斜长片麻岩夹斜长角闪岩岩石组合分别命名为苍山组（莒南）和沈家庄-石河头组（日照）①。在其 1961 年编写的 1∶20 万潍坊、高密、日照、赣榆幅区域地质测量报告中，将这套片麻岩、变粒岩夹斜长角闪岩地层划为洙边组，属太古界。山东地质局 805 队（1968）称洙边岩组。山东省区域地层表编写组（1978）则仍称洙边组，归下元古—太古界。创名大山沟组后，被广为引用。《山东省区域地质志》（1991）沿用大山沟组，归下元古—太古界。经过近几年 1∶5 万区调工作发现，原划大山沟组片麻岩和混合岩多数为晚元古代晋宁期变形变质的二长花岗岩，而残留的地层也是一套有层无序岩石组合。所以，本次地层清理把原划大山沟组一段上部的变粒岩夹斜长角闪岩岩石组合，厘定为大山沟(岩)组，并划为晚太古代。

【现在定义】 指分布于鲁东地层分区胶南地层小区，以斜长角闪岩、黑云变粒岩、二长浅粒岩为特征的岩石地层单位，零星残存于花岗质岩体中，新层型厚约 475 m。低角闪岩相变质。属晚太古代。

【层型】 1982 年命名大山沟组的正层型为：山东省日照市甲子山齐家沟大山沟组下段实测剖面（P14 南、P52），副层型为山东省莒南县宋沟大山沟组上段实测地质剖面（P9 新）。但由于这些剖面上的片麻岩大部分已划为片麻状二长花岗岩，而其中斜长角闪岩和变粒岩地层残留极少，故另选新层型代替之。

新层型位于莒南县城东赵家村—康山（119°00′00″，35°12′00″；山东省地质矿产局区域地质调查队四分队 1987 年实测）。因褶皱及岩体侵入而未见顶底。

中生代：斑状石英二长岩

～————～—— 侵入接触 ～————～——

大山沟(岩)组	总厚度 475.40 m
14. 巨厚层浅粒岩（未见顶）	24.30 m
13. 厚层钾长浅粒岩夹中厚—厚层含黑云变粒岩及二云二长变粒岩，偶夹薄—厚层斜长角闪岩	53.59 m
12. 厚层钾长浅粒岩夹厚层白云二长变粒岩	41.92 m
11. 中厚—厚层钾长浅粒岩夹厚层斜长角闪岩	15.27 m
10. 厚层钾长浅粒岩夹中厚—厚层含黑云变粒岩	52.97 m
9. 厚—巨厚层钾长浅粒岩偶夹中厚层斜长角闪岩	33.48 m
8. 厚—巨厚层钾长浅粒岩	24.50 m
7. 厚层二长浅粒岩夹厚—巨厚层斜长角闪岩	30.42 m

① 北京地质学院山东大队，1959 年，山东省掖县—莒南一带前寒武系地层问题，载北京地质学院科学技术委员会编，献给第一届全国地层会议，第三辑。

6. 厚层二长浅粒岩夹厚层黑云变粒岩，偶夹中厚—厚层斜长角闪岩	48.59 m
5. 厚—巨厚层绿帘角闪云母片岩夹厚层角闪变粒岩	13.02 m
4. 中厚—厚层二长浅粒岩夹中厚—厚层黑云钠长变粒岩，偶夹中厚—厚层斜长角闪岩	70.46 m
3. 中厚—厚层二长浅粒岩、中厚—厚层黑云钠长变粒岩、厚层斜长角闪岩互层	12.42 m
2. 薄—厚层二长浅粒岩与薄—厚层黑云钠长变粒岩互层	16.74 m
1. 薄—厚层斜长浅粒岩夹薄—厚层二云钠长变粒岩（位于背斜核部未见底）	37.72 m

【地质特征及区域变化】 大山沟(岩)组分布于莒南船坊、赵家村及日照陶家村和其他地段，分布范围小且较分散，多呈包体状或残片状出现于片麻状二长花岗岩之中，与上覆邱官庄(岩)组呈断层接触。该(岩)组岩性主要为斜长角闪岩、黑云斜长变粒岩、角闪变粒岩、二长浅粒岩。原岩为中基性—中酸性火山岩。低角闪岩相区域变质。

在新层型赵家村剖面上，岩石组合较复杂，厚度为475.4 m；其他地方岩性多以斜长角闪岩偶夹变粒岩为特征，厚度较小。

莒南县双山子南大山沟岩组斜长角闪岩中锆石的U-Pb同位素年龄为2 618.8±2.7 Ma（单颗粒锆石质谱计双带源逐层蒸发法），莒南大山沟岩组形成时间在2 600 Ma左右。

【问题讨论】 大山沟(岩)组亦属杂岩性质，其中变形变质深成岩与表壳岩并未分开，其中大部分浅粒岩应属细粒二长花岗岩。近年来区调工作陆续发现，胶南与胶北的结晶基底地质特征基本相同，岩石特征具可比性，大山沟(岩)组岩石组合与胶北之胶东(岩)群齐山(岩)组颇为相似。但因资料和时间所限，目前暂时保留胶南地层小区及大山沟(岩)组。

第二节 年代地层

山东省在地质构造位置上，隶属于华北克拉通。这个稳定区出露大量刚性不同的前寒武纪结晶基底，山东省便是这些众多古老结晶基底裸露区之一。因此，山东省太古宇在形成时间、原岩建造及变形变质等方面既有自身特点，也与相邻省有其共性。

山东省太古宙地层在鲁西地层分区为沂水(岩)群和泰山(岩)群，鲁东地层分区胶北地层小区为胶东(岩)群，胶南地层小区为大山沟(岩)组。上述四个地层序列同位素年龄主要集中为两组：其一，在鲁西沂水(岩)群中取得的同位素年龄为2 900～3 020 Ma（钐-钕模式和钐-钕等时线法），并在2 800 Ma前后发生一次麻粒岩相变质，它们的原岩形成年龄在3 000 Ma前后，划归胶东(岩)群唐家庄(岩)组中的真正表壳岩，亦可能属该时代变质地层。其二，在鲁西的泰山(岩)群和胶南的大山沟(岩)组以及胶北的胶东（岩）群中取得的同位素年龄均在2 700 Ma左右(变粒岩中锆石U-Pb法和斜长角闪岩中钐-钕等时线)。侵入它们的晚太古代TTG岩系中锆石U-Pb等时线年龄多在2 600～2 700 Ma之间。因此，泰山(岩)群、胶东(岩)群和大山沟(岩)组形成时间在2 700 Ma左右。

根据岩层自身和侵入岩层的侵入岩同位素年龄分析，前述沂水(岩)群、泰山(岩)群、大山沟(岩)组和胶东(岩)群均属太古宇。若从三分考虑，山东省太古宇可分为中太古界（沂水(岩)群）和上太古界（泰山(岩)群、大山沟(岩)组和胶东(岩)群）。

山东省太古宇原岩建造为超基性—基性—中酸性火山岩和陆源碎屑岩，经历角闪岩相—麻粒岩相区域变质作用。鲁西地层分区沂水(岩)群和鲁东地层分区唐家庄(岩)组属太古宙高级变质区；泰山(岩)群和齐山(岩)组、林家寨(岩)组大部分地段为花岗-绿岩区。所以，山东省中太古代沂水(岩)群可与冀东迁西(岩)群、登封(岩)群石牌河组及吉南龙岗群对比。晚太古代泰山(岩)群、大山沟(岩)组和胶东(岩)群可与冀东单塔子(岩)群、双山子(岩)群、吉南夹皮沟(岩)群、吕梁地区界河口(岩)群、吕梁(岩)群、五台—太行地区阜平(岩)群、五台(岩)群、豫西登封(岩)群郭家窑组和老羊沟组、淮南霍丘(岩)群均可对比。

第三章 早元古代

山东省早元古代地层为一套中高级变质岩系，广泛分布于鲁东地层分区，而鲁西地层分区仅在济宁一带钻孔中偶有发现。据岩石组合及变质程度等差异，将其分为三个地层分区两个小区，见图 2-1。

(1)鲁东地层分区：西部以安丘-莒县断裂为界，南部以海州-泗阳断裂为界，以发育一套经受中高级变质的泥砂质碎屑岩-钙镁质碳酸盐岩建造为主。据其含矿性和改造程度的不同分为胶北和胶南两个地层小区，两小区界线同太古宙。

①胶北地层小区以中高级变质的泥砂质碎屑岩-钙镁质碳酸盐岩为主，其次有少量中级变质的中基性火山碎屑岩，常含石墨矿、滑石矿和菱镁矿。据原岩建造、变质程度和含矿性的不同分为三个岩石地层序列：荆山群、粉子山群及芝罘群。

②胶南地层小区以中级变质的泥砂质碎屑岩为主，次有少量钙镁质碳酸盐岩。该套岩系变形改造较强，多数有层无序，零星残存于晚元古代片麻状花岗岩中，称胶南(岩)群。

(2)鲁西地层分区：仅见于济宁钻孔中，为一套浅变质含铁火山岩系，称为济宁岩群。

(3)华北平原地层分区：埋藏较深，资料不详。

通过本次地层清理研究，山东省早元古代岩石地层分为 5 个(岩)群、12 个(岩)组、6 个段共 26 个正式岩石地层单位。荆山群自下而上为禄格庄组(安吉村段、光山段)、野头组(祥山段、定国寺段)、陡崖组(徐村段、水桃林段)；粉子山群分为小宋组、祝家夼组、张格庄组、巨屯组、岗嵛组；胶南(岩)群分为邱官庄(岩)组、于家岭(岩)组；济宁(岩)群未分组。山东省早元古代年代地层即下元古界。

第一节 岩石地层单位

荆山群 Pt_1J (37-0017)

【创名及原始定义】 1986 年 11 月，山东省地质矿产局在曹国权、艾宪森、张成基等主持下于胶州市召开的胶东群地层专题现场讨论会暨 1：20 万莱阳市、潍坊市、西由幅区调野外验收会上，把胶北隆起区平度、莱阳、莱西一带的粉子山群(所谓南粉子山群)及部分胶东群中高级变质地层剔除，新建“荆山群”①。山东省地质矿产局区域地质调查队安郁宏等1987年12月在1：20万莱阳市、潍坊市、西由幅区调报告中介绍其含义，命名地点在莱阳市南18 km的荆山。原始定义：荆山群分布于莱阳、莱西、平度、牟平、海阳等地，以矽线(蓝晶)石榴黑云片岩(或片麻岩)、黑云变粒岩、浅粒岩、各种大理岩、石墨透辉变粒岩为主夹透辉岩、斜长角闪岩和少量二辉麻粒岩。高角闪岩相至麻粒岩相变质。与下伏胶东群为隐蔽不整合接触，与上覆粉子山群关系不清。属早元古代。

【沿革】 创名荆山群之前该套岩石组合多被划为粉子山群及胶东群。山东省地质厅、北京地质学院区测一大队(1959)在东经120°以西进行1：20万潍坊等幅区测工作过程中，在平度、昌邑等地将其划为粉子山系，自下而上分：山张家石英岩组、明村埠大理岩组、五个庄云母粒岩组②。在其后(1961)室内整理时，改称为粉子山群，将后两组合并，称明村组③。山东省地质厅、长春地质学院区测二大队(1960)在东经120°以东进行1：20万莱阳等幅区测工作过程中，将莱阳旌旗山等地这套岩石组合划为胶东群栖霞县角闪质岩组、旌旗山片岩片麻岩组；莱西南墅地区将其划为粉子山群南墅-芝坊斜长角闪岩大理岩组；海阳发城地区划为粉子山群璋夼云母片岩组、曲水河大理岩组、晶山云母片岩及大理岩组④。其后(1961)室内整理时，将其划为胶东群，再分为化山组和旌旗山组；而将牟平地区该套岩石组合划为粉子山群巨屯-张格庄组⑤。山东省地质局805队(1968)在鲁东地区1：20万区调修测时，将乳山地区荆山群相当地层划为胶东岩群，自下而上为鲁家夼岩组、马格村岩组、枣园岩组；在莱阳旌旗山地区划为胶东岩群蓬夼岩组、民山岩组；在牟平光山地区划为粉子山群张格庄组；其它地区仍沿用北京地质学院划分。山东省地质局综合研究队邓幼华等与南京地矿所(1984)合作研究鲁东地区粉子山群时，将栖霞、福山、蓬莱等地的粉子山群称上亚群(所谓北粉子山群)；将平度、莱州等地与荆山群相当地层划为粉子山群下亚群，包括福禄山组、矿山组、灰埠组(所谓南粉子山群)。山东省区域地层表编写组(1976)和《山东省区域地质志》(1991)基本沿用了山东省地质局805队的划分，只是去掉“岩”字。山东省地质矿产局第三地质队赵运仑等(1985)在牟平、乳山地区进行1：5万区调工作时，将该地区与荆山群相当地层划为胶东群第二组(祥山组)、第三组(徐村组)、第四组(水桃林组)。其中第二组包括四个段：一段(安吉村片岩)、二段(光山大理岩)、三段(祥山含铁岩系)、四段(定国寺大理岩)⑥。山东省地质矿产局区域地质调查队(安郁宏等)1982年开始的1：20万莱阳、淮坊幅区调工作和其后山东省地质矿产局第四地质队(林润生等)1984完成的1：5万赵戈庄幅区调工作以及科研工作均发现，原划粉子山群和胶东群部分地层不妥，建议应予解体重新厘定。1983年山东地质学会在莱州市召开的粉子山群现场会上，有人认为南北粉子山群可以横向对比。在1985年召开的1：20万莱阳、潍坊幅区调设计审查会议上，山东省地质矿产局总工程师曹国权等同意山东省地质矿产局区域地质调查队安郁宏等分解胶东群的设想，将莱阳、莱西等地一套中高级变质的碳酸盐岩较发育且含石墨矿的碎屑岩从胶东群中剔除，建立未定群。1986年11月在胶州市召开的胶东群地层专题现场讨论会暨1：20万莱阳、潍坊、西由幅区调野外验收会上，新建

---

① 山东省地质矿产局，1987，胶东群地层专题现场讨论会议纪要。
② 北京地质学院山东大队，1959，山东掖县—莒南一带前寒武系地层问题。载于北京地质学院科学技术委员会编，献给第一届全国地层会议，第三辑。
③ 山东省地质厅、北京地质学院区测一大队，1961，1：20万综合区域地质测量报告(潍坊、高密、日照、涛雒幅)(手稿)。
④ 山东省地质厅、长春地质学院区测二大队，1960，1：20万莱阳幅59年度野外生产报告。
⑤ 山东省地质厅、长春地质学院区测二大队，1961，1：20万莱阳幅综合区域地质测量报告(手稿)。
⑥ 山东省地质矿产局第三地质队，1985，山东牟平—乳山地区区调八六年工作计划。

荆山群，暂置于胶东群之上、粉子山群之下，自下而上分为禄格庄组、野头组和陡崖组，各组内再分二段。山东省地质矿产局区域地质调查队(安郁宏等,1987)在介绍荆山群时，也认为它老于粉子山群。山东省地质矿产局第四地质队林润生等(1988)对荆山群做过详细研究。山东省地质矿产局区域地质调查队王沛成等(1991)提出荆山群与粉子山群为横向对比关系。根据张成基的建议，张增奇、迟守祥等(1994)将荆山群内三个组各分两个正式段，自下而上为安吉村段、光山段、祥山段、定国寺段、徐村段、水桃林段。本文仍采用荆山群(表 3-1)。

表 3-1 山东省荆山群划分沿革表

北京地质学院 1959 平度	北京地质学院 1961 莱阳	长春地质学院 1961 莱阳	山东省地质局805队 1968 平度-莱阳	山东省区域地层表编写组 1978 莱阳	邓幼华等 1982 平度	山东省区域地质志 1991 莱阳	山东省区域地质志 1991 平度	山东地矿局区调队 1987 莱阳	本书 鲁东
								粉子山群 / 祝家夼组	芝罘群 / 老爷山组?
太古界 / 粉子山系 / 五个庄组 明村埠组 山张家组	粉子山群 / 明村组 山张家组	太古界 / 胶东群 / 旌旗山组 化山组	元古界 / 粉子山岩群 / 明村岩组 山张家岩组	下元古界 / 粉子山群 / 明村组 山张家组	下元古—太古界 / 粉子山群下亚群 / 灰埠组 矿山组	太古界 / 胶东群 / 蓬夼组 民山组	下元古界 / 粉子山岩群下亚群 / 明村组 山张家组	下元古界 / 荆山群 / 陡崖组(二段、一段) 野头组(二段、一段) 禄格庄组(二段、一段)	早元古代 / 荆山群 / 陡崖组(水桃林段、徐村段) 野头组(定国寺段、祥山段) 禄格庄组(光山段、安吉村段)
			太古界 / 胶东岩群 / 富阳岩组	下元古—太古界 / 胶东群 / 富阳组?	福禄山组	富阳组		上太古界 / 胶东群 / 齐山组	晚太古代 / 胶东(岩)群 / 齐山(岩)组

【现在定义】 指鲁东地层分区一套高铝片岩、变粒岩、大理岩、含石墨岩系、片麻岩、透辉岩等岩石组合。富含晶质石墨矿。高角闪岩相—麻粒岩相变质。与下伏胶东岩群呈韧性剪切带接触。属早元古代。据原岩沉积旋回性，自下而上分为以高铝片岩和大理岩为主的禄格庄组、灰绿色透辉岩和大理岩为主的野头组、含石墨岩系和高铝片岩为主的陡崖组。

【地质特征及区域变化】 荆山群以含石墨的矽线石榴黑云片岩、石榴二云片岩、黑云变粒岩、透辉岩、石墨透辉变粒岩、蛇纹大理岩、白云大理岩为主，夹黑云斜长片麻岩、斜长角闪岩、长石石英岩等。在平度和莱西等地夹有石榴紫苏斜长角闪岩、石榴紫苏斜长片麻岩、二辉麻粒岩等。富含晶质石墨矿。其原岩系一套多旋回的富铝泥砂质碎屑岩-钙镁质碳酸盐岩建造，间夹基性火山岩。属中压相系高角闪岩相-麻粒岩相区域变质。按照高铝片岩→蛇纹大理岩、透辉岩→白云(蛇纹)大理岩、含石墨变粒岩(片麻岩)→高铝片岩三个旋回性而分为禄格庄组、野头组和陡崖组。

本群以富含石榴石、矽线石等高铝矿物黑云片岩出现为其底界，与胶东(岩)群呈韧性剪切带接触，推测原为不整合接触。因褶皱而未见顶。该群以富含晶质石墨矿、大量透辉岩出现，变质程度达麻粒岩相而区别于粉子山群。

本群主要分布在胶北地层小区中南部的莱阳荆山、旌旗山、莱西南墅、北墅，平度祝沟、张舍、明村，海阳发城，牟平祥山以及乳山午极、昌邑岞山、安丘担山等地，见图 2-1。因原始沉积和后期改造，其厚度和岩性各地均有变化。牟平祥山一带各组发育齐全且厚度最大，为 2 798 m，并见与胶东(岩)群接触。自牟平祥山向南西荆山至平度明村，本群顶部逐渐缺失，厚度变小。荆山地区缺失底部片岩，厚 2 394 m。莱西南墅地区缺失底、顶的片岩，厚约 1 200 m。平度明村仅发育野头组及陡崖组下部地层，厚 1 084 m(图 3-1)。莱西、平度两地以麻粒岩相变质为主，晶质石墨矿最发育；其余地区以高角闪岩相变质为主，含矿规模不如前者。本群亦赋存滑石矿和大理岩、透辉岩石材。

取自本群禄格庄组底部黑云片岩中锆石 U-Pb 同位素年龄为 2 484 Ma，其他的数据均在 1 800～2 000 Ma 间。因其不整合(?)覆于太古宙地层之上，故推测其原岩形成于早元古代。

【问题讨论】 曹国权等在建立荆山群时，认为该群在岩石组合、原岩建造、构造、变质作用、混合岩化、含矿性及同位素年龄值等方面与粉子山群差异较大，故将其定为上、下关系。即粉子山群在上、荆山群在下，其接触关系不清。但也有人认为两群在上述各方面是可对比的，其差异不大，故将两群定为横向对比关系，其间为韧性剪切带接触。本书认为，荆山群夹有两层稳定的大理岩及一层绿色透辉变粒岩层，上部含石墨矿，而粉子山群也有两层大理岩，夹绿色透闪变粒岩层，上部也含石墨，只是片小不成矿。因此，两者可以对比，本文将荆山群与粉子山群按同时异地异相关系处理。

禄格庄组 Pt_1l (37-0018)

【创名及原始定义】 曹国权、艾宪森、张成基等 1986 年 11 月在胶州市召开的胶东群地层专题现场讨论会上创名“禄格庄组”①，创名地点在莱阳市吕格庄乡禄格庄。山东省地质矿产局区域地质调查队(安郁宏等)1987 年 12 月在 1∶20 万莱阳市、潍坊市、西由幅区调报告中介绍。原始定义：指分布于胶北隆起区的一套矽线(蓝晶)石榴黑云片岩及蛇纹大理岩岩石组合。下段岩性为矽线(蓝晶)石榴黑云片岩、片麻岩夹黑云变粒岩、斜长透辉岩；上段岩性为蛇纹橄榄大理岩、白云石大理岩，有时夹片麻岩、斜长角闪岩。与下伏胶东群隐蔽不整合接触；与上覆野头组整合接触。属早元古代。

【沿革】 北京地质学院(1959)在 1∶20 万潍坊、高密、日照、涛雒幅区测过程中，始将这套岩石组合划为粉子山系“山张家石英岩大理岩组”和“明村埠大理岩组”，其后(1961)改称山张家组和明村埠组。长春地质学院(1961)在 1∶20 万莱阳等幅区测工作中划为胶东群化山组和旌旗山组下部。山东省地质局 805 队(1968)则划归胶东岩群民山岩组(莱阳)、蓬夼岩组(栖霞)、马格村岩组(牟平)、枣园岩组(栖霞)，粉子山群张格庄组(牟平、海阳)。邓幼华等

① 山东省地质矿产局，1987，胶东群地层专题现场讨论会议纪要。

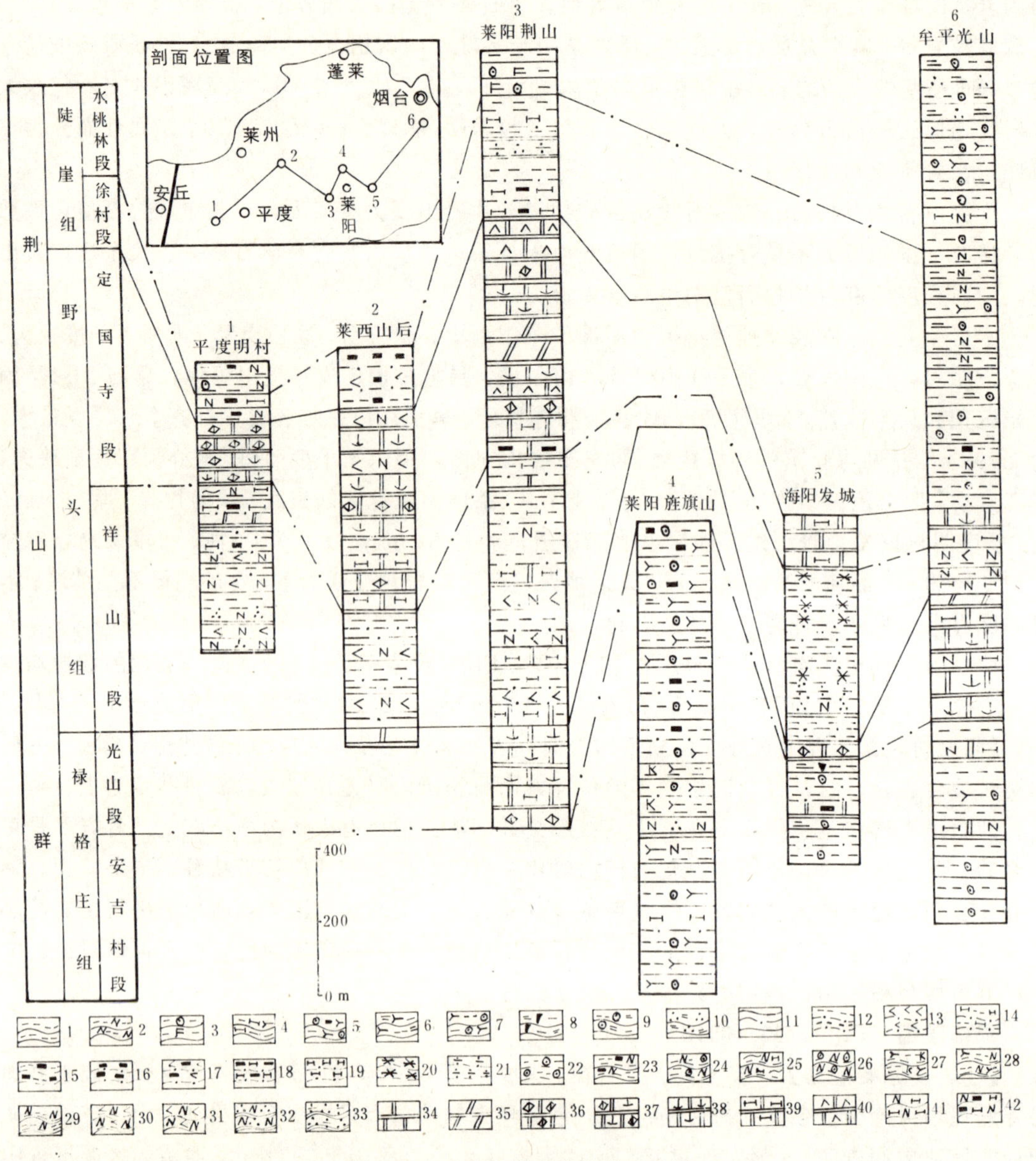

图 3-1　山东省荆山群柱状对比图

1. 黑云片岩；2. 斜长黑云片岩；3. 蓝晶石榴黑云斜长片岩；4. 石墨矽线黑云片岩；5. 石墨石榴矽线黑云片岩；6. 矽线二云片岩；7. 矽线石榴黑云片岩；8. 电气石二云片岩；9. 石榴二云片岩；10. 白云石英片岩；11. 浅粒岩；12. 黑云变粒岩；13. 角闪变粒岩；14. 透辉黑云变粒岩；15. 石墨黑云变粒岩；16. 石墨变粒岩；17. 石墨角闪变粒岩；18. 石墨透辉变粒岩；19. 透辉变粒岩；20. 阳起变粒岩；21. 透闪变粒岩；22. 石榴黑云变粒岩；23. 石墨黑云斜长片麻岩；24. 石墨石榴斜长片麻岩；25. 紫苏透辉钠长变粒岩；26. 石榴斜长片麻岩；27. 矽线黑云钾长片麻岩；28. 矽线黑云斜长片麻岩；29. 黑云斜长片麻岩；30. 角闪斜长片麻岩；31. 斜长角闪岩；32. 长石石英岩；33. 透闪石英岩；34. 大理岩；35. 白云质大理岩；36. 白云石大理岩；37. 蛇纹石化白云石大理岩；38. 蛇纹石大理岩；39. 透辉大理岩；40. 镁橄榄石大理岩；41. 斜长透辉岩；42. 石墨斜长透辉岩

(1982)划为粉子山群下亚群福禄山组(昌邑)。山东省地质矿产局第三地质队赵运仑等(1985)划归胶东群祥山组(牟平)。曹国权等(1986)建荆山群并将其中第一个片岩、变粒岩、大理岩旋回命名为禄格庄组，分一、二段。林润生等(1988)再分为矽线(蓝晶)石榴黑云片岩段和蛇纹大理岩段。张增奇、迟守祥等(1994)将其厘定为安吉村段和光山段。

【现在定义】 指鲁东地层分区下部以(石墨、石榴、矽线)黑云片岩为主夹(石墨、黑云、石榴、透辉)变粒岩，上部以(蛇纹石、白云石)大理岩为主的岩石组合。底以黑云片岩出现划界，与下伏胶东(岩)群呈韧性剪切带接触；顶以大套大理岩结束划界，与上覆野头组整合接触。高角闪岩相—麻粒岩相变质。分为下部安吉村段和上部光山段。属早元古代荆山群。

【层型】 在莱阳荆山该组正层型剖面上，仅见其上部大理岩；莱阳旌旗山附近宝儿山南其副层型剖面上仅见其下部片岩；海阳发城其副层型剖面上见两段接触关系，但未见底；只有牟平莱山镇光山—定国寺其副层型剖面上该组出露最为齐全，两段之间及其与下伏胶东(岩)群之间接触关系清楚，并且是安吉村段和光山段正层型(见安吉村段和光山段正层型剖面)。

本组正层型莱阳市荆山后—陡崖后剖面位于莱阳市吕格庄乡荆山后南，即荆山北侧(120°39′00″,36°52′00″;据山东省地质矿产局第四地质队林润生等1986年实测)。

上覆地层：**野头组**　混合岩化角闪黑云变粒岩夹薄层透辉岩

——————— 整　合 ———————

禄格庄组光山段	总厚度 446.97 m
16. 厚层状蛇纹大理岩，上部常见透辉大理岩	211.16 m
15. 厚层状蛇纹石化金云橄榄大理岩，是著名“莱阳绿”板材的赋存层位	69.95 m
14. 白云石大理岩，偶见蛇纹石化	3.68 m
13. 含金云蛇纹大理岩夹白云质大理岩	65.61 m
12. 厚层状白云石大理岩夹白云质大理岩，其中白云石大理岩正在开采(位于背斜核部未见底)	96.57 m

本组副层型之一的莱阳市宝儿山—朱家庄剖面位于莱阳市旌旗山地区宝儿山南(120°44′00″,37°05′00″;据山东省地质矿产局区域地质调查队1985年实测)。

上覆地层：**莱阳群曲格庄组**　紫红色砾岩

~~~~~~~~~~ 不　整　合 ~~~~~~~~~~

荆山群禄格庄组安吉村段	总厚度 1 271.5 m
15. 含石墨石榴矽线黑云片岩	143.1 m
14. 含石墨石榴矽线黑云片岩、石墨黑云变粒岩互层	58.8 m
13. 石榴矽线黑云片岩夹矽线黑云片岩、含石墨石榴矽线黑云片岩、石墨黑云变粒岩	196.0 m
12. 黑云变粒岩夹石榴黑云变粒岩、石墨黑云变粒岩	59.2 m
11. 石榴黑云矽线片岩夹矽线黑云片岩	87.1 m
10. 黑云变粒岩、石榴黑云变粒岩、石墨黑云变粒岩	59.2 m
9. 石榴矽线黑云片岩	60.1 m
8. 矽线黑云钾长片麻岩偶夹石榴黑云矽线变粒岩	139.7 m
7. 长石石英岩、大理岩夹黑云变粒岩	48.9 m
6. 矽线黑云斜长片麻岩	75.3 m
5. 黑云片岩、透辉变粒岩夹透辉大理岩	54.6 m
4. 含石榴矽线黑云片岩、透辉变粒岩夹矽线黑云片岩、浅粒岩、透辉大理岩、黑云变粒岩	60.4 m
~~~~~~~~~~

3. 透辉变粒岩、黑云变粒岩夹矽线黑云片岩　70.4 m

2. 石榴矽线黑云片岩夹矽线黑云片岩、石榴黑云变粒岩、透辉变粒岩　158.9 m

======= 韧性剪切带 =======

下伏地层：**齐山(岩)组**　角闪黑云斜长片麻岩夹黑云变粒岩

【地质特征及区域变化】　本组岩石明显分上、下两部分。下部以矽线石榴黑云片岩为主，夹二云片岩、(石墨)黑云变粒岩、黑云斜长片麻岩、透辉变粒岩、透辉岩，称为安吉村段；上部以蛇纹大理岩、白云石(质)大理岩为主，夹硅质大理岩、蛇纹石金云橄榄大理岩、角闪变粒岩、透辉变粒岩，偶夹斜长角闪岩，称为光山段。其原岩下部为一套泥质岩，上部为富镁灰岩，为一完整沉积旋回。高角闪岩相变质为主，局部麻粒岩相。

该组因褶皱或断层破坏，仅在莱阳旌旗山和牟平祥山一带发育有下部安吉村段石榴黑云片岩，并见与下伏胶东岩群韧性剪切带接触，原可能为不整合接触。该组顶以大理岩结束划界，与上覆野头组透辉(变粒)岩整合接触。

该组仅分布于胶北地层小区中部的莱阳荆山、旌旗山，海阳发城，莱西南墅，牟平光山，栖霞塔顶，安丘担山等地。牟平祥山一带本组出露齐全，973.6 m。而莱阳荆山和莱西南墅仅见上部大理岩，厚 447 m 和 200 m。莱阳旌旗山仅见下部安吉村段，厚 1 271.5 m。海阳发城未见其底，且下部以石榴二云片岩为主，厚 317.9 m。

在安吉村南本组下部片岩中选锆石 U－Pb 等时线，测其成岩年龄为 2 484 Ma。形成于早元古代。

安吉村段　Pt_1^a　(37－0019)

【创名及原始定义】　山东省地质矿产局第三地质队(赵运仑等)1985 年在从事 1∶5 万福山等幅区调过程中，创名“安吉村片岩”。创名地点在牟平县莱山镇安吉村。张增奇、迟守祥等 1994 年介绍。原始定义：分布于牟平县莱山镇安吉村一带祥山组底部的片岩段称安吉村片岩，岩石组合为黑云片岩、二云石英片岩夹薄层透辉岩。与下伏第一组(莱山组)多为断层接触或角度不整合接触(?)。属胶东群祥山组。

【沿革】　赵运仑等 1985 年将牟平县莱山镇安吉村一带高铝片岩系划为胶东群祥山组一段，同时又称为“安吉村片岩”。曹国权等 1986 年创名禄格庄组后将其划为一段。林润生等 1988 年称为矽线(石榴)黑云片岩段。因其具区域对比意义，本次地层清理采用安吉村段。

【现在定义】　指禄格庄组下部以(石墨、石榴、矽线)黑云片岩为主夹(石榴)黑云变粒岩、透辉变粒岩、透辉岩、长石石英岩岩石组合。以石榴矽线黑云片岩为特征。

【层型】　本段正层型牟平光山—定国寺剖面位于牟平县莱山镇安吉村南西、光山西北(121°23′31″,37°22′37″；据山东省地质矿产局第三地质队 1986 年实测)。

上覆地层：**禄格庄组光山段**　白色厚层状蛇纹大理岩夹斜长角闪岩　132.0 m

———— 整　合 ————

禄格庄组安吉村段　总厚度 606.2 m

8. 黑褐色厚层状石榴黑云片岩　101.1 m

7. 黑褐色石榴黑云片岩夹灰绿色薄层状斜长透辉岩　44.4 m

6. 黄褐色厚层状矽线石榴黑云片岩　35.5 m

5. 黑褐色厚层状黑云片岩　96.0 m

4. 褐黄色薄层状黑云变粒岩　18.2 m

3. 黑褐色厚层状黑云片岩夹灰绿色薄层状斜长透辉岩　　75.8 m

2. 褐黄色石榴黑云片岩夹灰绿色薄层状斜长透辉岩　　59.7 m

1. 黑褐色厚层状黑云片岩　　175.5 m

＝＝＝＝＝＝ 韧性剪切带 ＝＝＝＝＝＝

下伏地层：**胶东岩群齐山(岩)组**　黑云斜长片麻岩

【地质特征及区域变化】　本段仅出露于莱阳旌旗山，牟平安吉村，海阳发城，栖霞塔顶，蓬莱民山等地。本段以高铝片岩为特征，其岩性在牟平光山剖面上以石榴黑云片岩、黑云片岩为主夹斜长透辉岩和黑云变粒岩，偶含矽线石，厚 546.2 m。莱阳旌旗山地区以含石墨石榴矽线黑云片岩为主，上部夹(石墨)石榴黑云变粒岩，下部夹透辉变粒岩、透辉大理岩且不含石墨，厚达 1271.5 m。海阳发城地区则以石榴二云片岩、黑云变粒岩为主夹一层大理岩，厚 318.1 m。蓬莱民山地区见有黑云变粒岩及透辉变粒岩夹层。本段原岩为一套泥质岩，大部分地区出现有机碳沉积。据对比其原岩形成于早元古代。

光山段　Pt_1^g　(37－0020)

【创名及原始定义】　山东省地质矿产局第三地质队(赵运仑等)1985 年在从事 1∶5 万福山等幅区调过程中，创名“光山大理岩”，创名地点在牟平县莱山镇光山。张增奇、迟守祥等 1994 年介绍，并称为光山段。原始定义：分布于莱山镇光山一带祥山组下大理岩段称为光山大理岩。岩性为白云质大理岩、蛇纹大理岩夹斜长角闪岩，在地貌上多呈山脊出现。属胶东群祥山组。

【沿革】　赵运仑等 1985 年将牟平县莱山镇光山一带以蛇纹大理岩为主的大理岩系划为胶东群祥山组二段，又称为“光山大理岩”。曹国权等 1986 年创名禄格庄组后将其划为二段。林润生等(1988)年称为蛇纹大理岩段。因其具区域对比意义，本次地层清理采用光山段。

【现在定义】　指禄格庄组上部以蛇纹石化大理岩、白云石大理岩为主，夹透辉大理岩、角闪变粒岩、透辉岩和斜长角闪岩岩石组合。以蛇纹石化大理岩为特征。

【层型】　正层型位于牟平县莱山镇光山南侧(121°23′31″,37°22′37″;据山东省地质矿产局第三地质队 1986 年实测)。

上覆地层：**野头组祥山段**　灰绿色斜长透辉岩　　56.47 m

———————— 整　合 ————————

禄格庄组光山段　　总厚度 367.4 m

15. 灰白色含硅质条带白云质大理岩　　75.0 m

14. 浅绿色厚层状蛇纹大理岩夹透辉岩　　28.8 m

13. 灰白色厚层状白云质大理岩夹浅绿色厚层状斜长透辉岩　　17.2 m

12. 浅绿色厚层状蛇纹大理岩　　64.2 m

11. 灰绿色角闪变粒岩　　28.8 m

10. 灰白色厚层状蛇纹大理岩　　21.4 m

9. 白色厚层状蛇纹大理岩夹斜长角闪岩　　132.0 m

———————— 整　合 ————————

下伏地层：**禄格庄组安吉村段**　黑褐色厚层状石榴黑云片岩　　101.1 m

【地质特征及区域变化】　本段比其下安吉村段分布稍广，主要分布于莱阳荆山，海阳发城，牟平光山等地。本段以蛇纹大理岩和白云(石)质大理岩为其特征。牟平光山剖面上岩性以蛇纹石化大理岩、白云质大理岩为主夹透辉岩，厚 367.4 m。海阳发城地区则以硅化白云石大理岩为主，厚仅 51.2 m。其原岩为富镁灰岩夹少量泥灰岩。以大套大理岩出现和结束为其底界和顶界。据对比及测年资料，其原岩形成于早元古代。

野头组　Pt_1y　(37－0021)

【创名及原始定义】 1986 年 11 月曹国权、艾宪森、张成基等在胶州市召开的胶东群地层专题现场讨论会上创名“野头组”；山东省地质矿产局区域地质调查队(安郁宏等)1987 年 12 月在 1∶20 万莱阳市、潍坊市、西由幅区调报告中介绍。创名地点在莱阳市吕格庄乡大野头。原始定义：分布于胶北隆起区的一套透辉岩、透辉变粒岩及大理岩岩石组合。下段岩性为透辉变粒岩、黑云变粒岩、斜长透闪透辉岩、斜长角闪岩夹铁矿层；上段岩性为蛇纹橄榄大理岩、白云石大理岩夹透辉方解大理岩，有时夹片麻岩、斜长角闪岩。与下伏禄格庄组及上覆陡崖组整合接触。属早元古代。

【沿革】 相当于野头组的这套岩石组合，前人多划为胶东岩群旌旗山组、粉子山群明村组。北京地质学院(1959)在 1∶20 万潍坊、高密、日照、涛雒等幅区测过程中最早划为粉子山系明村埠大理岩组(平度、安丘)，其后(1961)改划为粉子山群明村组。长春地质学院(1960)在 1∶20 万莱阳等幅区测过程中划为粉子山群曲水河大理岩组(海阳)、南墅-芝坊斜长角闪岩大理岩组(莱西)。其后(1961)改称粉子山群巨屯-张格庄组，同时将北墅、午极等地野头组划为胶东群旌旗山组、化山组。山东省地质局 805 队(1968)将其划为胶东岩群鲁家夼岩组(文登)、马格村岩组(乳山)；粉子山群张格庄组(海阳)。邓幼华等(1984)将其划为粉子山群下亚群矿山组(平度、安丘)。山东省地质矿产局第三地质队赵运仑等(1985)将其划为胶东群祥山组三段和四段(牟平)。《山东省区域地质志》(1991)则划为胶东群民山组(牟平)。曹国权等 1986 年将荆山群第二个变粒岩、大理岩旋回命名为野头组，分一、二段。林润生等(1988)再分为透辉岩、透辉黑云变粒岩段和大理岩段。张增奇、迟守祥等 1994 年将野头组一、二段厘定为祥山段和定国寺段。

【现在定义】 指鲁东地层分区下部以灰绿色透辉岩、透辉黑云变粒岩为主，上部以(白云石、蛇纹石)大理岩为主，并夹斜长角闪岩和长石石英岩的岩石组合。底以下伏禄格庄组大理岩之顶面划界，与其整合接触；顶以大套大理岩结束为界，与上覆陡崖组整合接触。高角闪岩相-麻粒岩相变质。分为下部祥山段和上部定国寺段。属早元古代荆山群。

【层型】 正层型为莱阳市荆山后—陡崖后剖面，位于莱阳市吕格庄乡荆山南侧野头村东(120°39′00″,36°52′00″；据山东省地质矿产局第四地质队林润生等 1986 年实测)。本剖面上野头组与其下禄格庄组之间被岩脉侵入而隔开，但附近可见两组呈整合接触。

上覆地层：**陡崖组**　含石墨透辉变粒岩	53.47 m
———— 整　合 ————	
野头组	总厚度 1 501.18 m
定国寺段	厚度 633.58 m
69. 厚层状橄榄大理岩	98.79 m
68. 中厚层状蛇纹石化白云石大理岩	58.21 m
67. 翠绿色条带状大理岩(当地开采作板材)，岩石中层间褶皱发育	99.21 m
66. 中厚层状蛇纹石化白云石大理岩	121.80 m
65. 中厚层状蛇纹大理岩，偶夹透辉岩、黑云变粒岩薄层	53.32 m

64. 细粒斜长角闪岩脉
63. 蛇纹大理岩 4.74 m
62. 细粒斜长角闪岩脉
61. 蛇纹石化含金云橄榄大理岩 30.82 m
60. 细粒斜长角闪岩脉
59. 构造角砾岩带
58. 白云石大理岩 29.08 m
57. 浅粉红色方解大理岩夹薄层浅粒岩 8.21 m
56. 白云石大理岩 35.59 m
55. 角砾岩带
54. 含金云透辉大理岩，透辉石呈条带状分布 48.51 m
53. 方柱透闪大理岩夹绿帘石化碎裂岩化斜长角闪岩 12.27 m
52. 粉红色方柱石化黑云透闪大理岩 33.03 m

——————— 整　合 ———————

祥山段 厚度 867.60 m

51. 黑云透辉变粒岩夹薄层黑云变粒岩、透镜状肉红色方解大理岩 77.11 m
50. 浅肉红色方解大理岩 7.15 m
49. 黑云变粒岩夹黑云透辉变粒岩 51.06 m
48. 混合岩化黑云透辉变粒岩夹黑云变粒岩，底部见一层枣核状混合岩化黑云变粒岩 40.61 m
47. 混合岩化角闪黑云斜长片麻岩夹绿帘石化透辉透闪岩 23.62 m
46. 斜长角闪岩脉
45. 薄层状黑云变粒岩与绿帘石化透辉透闪岩互层 23.65 m
44. 枣核状混合岩化黑云变粒岩夹绿帘石化黑云斜长角闪岩 6.78 m
43. 混合岩化黑云变粒岩 8.47 m
42. 绿帘石化黑云变粒岩夹混合岩化绿帘石化黑云斜长角闪岩 10.16 m
41. 绿帘石化黑云变粒岩 33.89 m
40. 混合岩化绿帘石化黑云斜长角闪岩夹薄层状透辉岩 118.96 m
39. 透辉斜长角闪岩夹黑云变粒岩、透辉岩薄层 39.18 m
38. 黑云变粒岩夹黑云片岩 19.59 m
37. 浅肉红色透辉方解大理岩 11.98 m
36. 混合岩化角闪透辉岩与透辉斜长角闪岩互层 30.75 m
35. 浅肉红色方解大理岩 8.52 m
34. 薄层状透辉岩夹少量黑云变粒岩及黑云片岩 49.59 m
33. 浅肉红色透辉大理岩夹透辉岩薄层，揉皱发育 7.56 m
32. 透辉岩、透辉黑云变粒岩、绿帘石化角闪变粒岩呈互层或夹层，风化后外貌具“暖气片”构造 18.44 m
31. 变辉绿岩脉
30. 同(32)层 54.94 m
29. 绿帘石化斜长角闪岩侵入体
28. 绿帘石化斜长角闪变粒岩 29.68 m
27. 透辉大理岩 10.70 m
26. 透辉岩 32.10 m
25. 厚层状蛇纹大理岩，风化后呈糖粒状 7.13 m
24. 花岗伟晶岩

23. 透辉岩　14.87 m

22. 浅肉红色透闪透辉大理岩　29.74 m

21. 透辉岩夹黑云变粒岩　25.34 m

20. 绿帘石化斜长角闪岩夹绿帘石化透闪透辉岩及少量绿帘石化黑云变粒岩　29.57 m

19. 绿帘石化黑云角闪片岩夹黑云变粒岩和斜长透辉岩薄层　46.46 m

18. 花岗伟晶岩脉

17. 斜长角闪岩(脉?)

——————— 脉　岩 ———————

下伏地层：**禄格庄组光山段**　蛇纹大理岩

本组副层型亦即祥山段和定国寺段正层型为牟平光山—定国寺剖面，位于牟平县莱山镇祥山东，详见祥山段和定国寺段正层型剖面描述。

【地质特征及区域变化】　本组下部以灰绿色透辉岩、绿帘石化黑云变粒岩、透辉黑云变粒岩为主，上部以大理岩为主，分别称为祥山段和定国寺段。在荆山剖面上，下部以透辉岩、透辉黑云变粒岩、绿帘石化黑云变粒岩为主，夹绿帘石化斜长角闪岩、透闪透辉大理岩、方解大理岩、透闪透辉岩。中部的透辉岩、透辉黑云变粒岩、绿帘石化角闪变粒岩呈互层构成“暖气片”构造。上部以蛇纹大理岩、蛇纹石化金云大理岩、橄榄大理岩为主夹白云石大理岩。在牟平光山剖面上下部夹黑云斜长片麻岩，至平度明村一带下部出现较多长石石英岩。本组为一完整的透辉变粒岩、大理岩旋回。原岩为碎屑岩及碳酸盐岩，底部夹较多的火山碎屑岩。底以大理岩结束、透辉岩或变粒岩出现划界，与下伏禄格庄组整合接触；顶以大理岩结束为界，与上覆野头组整合接触。

本组主要分布于莱阳荆山，莱西芝山、南墅，平度祝沟、芝坊、明村、张舍，牟平祥山、养马岛，海阳郭城，乳山午极，昌邑岞山及安丘赵戈庄等地，以荆山和牟平祥山地区发育较好，出露也比较完整。莱阳荆山地区厚 1501.18 m，牟平光山地区厚 603.8 m，海阳发城地区厚 693.5 m，莱西北墅地区厚 836.5 m，平度明村地区厚 1378.2 m。

祥山段　$\mathbf{Pt_1^x}$　(37－0022)

【创名及原始定义】　山东省地质矿产局第三地质队(赵运仑等)1985 年在从事 1∶5 万福山等幅区调工作过程中创名“祥山组”，命名地点在牟平县祥山。张增奇、迟守祥等 1994 年将祥山组三段即透辉岩段厘定为祥山段并介绍。原始定义：分布在祥山、系山、车道以西一带，岩性为斜长角闪岩、透辉岩、片麻岩、片岩、大理岩并夹有火山型铁矿层岩石组合，暂称为祥山组，为胶东群第二组。

【沿革】　赵运仑等 1985 年将牟平县祥山一带片岩、大理岩和变粒岩、大理岩两个旋回岩石组合命名为祥山组，分四段，归胶东群；曹国权等 1986 年将其透辉岩归为野头组一段；林润生等 1988 年称为透辉岩、透辉黑云变粒岩段；张增奇、迟守祥等 1994 年将野头组下部透辉变粒岩段厘定为祥山段，也相当于原始定义祥山组三段。曾被称为绿色岩系(段)。因其具区域对比意义，本次地层清理采用祥山段。

【现在定义】　指野头组下部以灰绿色透辉岩、透辉变粒岩为主夹斜长角闪岩、黑云斜长片麻岩和长石石英岩岩石组合，以灰绿色透辉岩为特征。

【层型】　本段正层型位于牟平县莱山镇祥山东(121°23′31″,37°22′37″;据山东省地质矿产局第三地质队 1986 年实测)。

上覆地层：**野头组定国寺段** 灰白色厚层状方解大理岩	12.00 m

——————— 整 合 ———————

野头组祥山段	总厚度 509.9 m
13. 浅灰绿色薄层状斜长透辉岩	42.4 m
12. 褐黄色薄层状含角闪变粒岩	64.6 m
11. 浅灰绿色薄层状斜长透辉岩	32.7 m
10. 浅灰绿色薄层状斜长透辉岩、透辉斜长角闪岩	17.5 m
9. 深绿色含透辉斜长角闪岩	17.5 m
8. 浅灰绿色厚层状斜长透辉岩	49.1 m
7. 灰白色厚层状方解大理岩	1.5 m
6. 浅灰绿色中厚层状斜长透辉岩	17.8 m
5. 深绿色中厚层状含透辉斜长角闪岩	30.2 m
4. 浅灰绿色薄层状斜长透辉岩	20.4 m
3. 深绿色中厚层状含透辉斜长角闪岩	56.5 m
2. 褐黄色厚层状黑云斜长片麻岩、角闪斜长片麻岩	103.3 m
1. 浅灰绿色厚层状斜长透辉岩	56.40 m

——————— 整 合 ———————

下伏地层：**禄格庄组光山段** 白云质大理岩

【地质特征及区域变化】 祥山段分布于牟平、乳山、海阳、莱阳、莱西、平度、昌邑、安丘等地。在牟平县光山—定国寺剖面上岩性以灰绿色斜长透辉岩、含透辉斜长角闪岩为主，下部夹黑云斜长片麻岩，普遍遭受混合岩化，厚 509.9 m。莱阳荆山地区下部以透辉岩为主，上部以透辉黑云变粒岩、黑云变粒岩为主，均夹透辉透闪岩及方解大理岩，厚 633.58 m。莱西北墅地区以黑云变粒岩、浅粒岩为主，夹透辉透闪岩、斜长角闪岩、大理岩，厚 296.4 m。平度明村地区以长石石英岩、黑云变粒岩、斜长角闪岩、钾长浅粒岩和透辉岩为主，厚 920.4 m。海阳发城地区以黑云变粒岩、阳起变粒岩为主夹浅粒岩、长石石英岩，厚 535.5 m。本段以灰绿色透辉变粒岩为其主要特征，所以又称为绿色岩系。本段原岩为玄武岩、基性火山凝灰岩、中酸性火山凝灰岩、泥质粉砂岩夹少量碳酸盐岩。明村和南墅地区以麻粒岩相为主、其他地区以高角闪岩相变质为主。本段底以下伏禄格庄组大理岩结束、透辉变粒岩或片岩出现划界；顶以透辉岩、黑云变粒岩结束、大理岩出现划界。推测其原岩形成于晚元古代。

定国寺段 Pt_1^d （37－0023）

【创名及原始定义】 山东省地质矿产局第三地质队赵运仑等(1985)在从事 1∶5 万福山等幅区调工作过程中创名“定国寺大理岩”，命名地点在牟平县莱山镇定国寺。张增奇、迟守祥等 1994 年介绍。原始定义：分布于莱山镇一带祥山组上大理岩段称定国寺大理岩，岩性为白云质大理岩、蛇纹大理岩、大理岩夹透辉岩及斜长角闪岩。该岩性段在走向上比较稳定，可以做为祥山组顶界。属胶东群。

【沿革】 赵运仑等 1985 年将牟平县定国寺一带大理岩划为胶东群祥山组四段，同时又称为“定国寺大理岩”；曹国权等 1986 年将其大理岩划归为野头组二段；林润生等 1988 年称为大理岩段。因其具区域对比意义，本次地层清理采用定国寺段。

【现在定义】 指野头组上部蛇纹大理岩、透辉大理岩、方柱透闪大理岩、橄榄大理岩、白云石大理岩夹肉红色方解大理岩、透辉岩和斜长角闪岩岩石组合。以大理岩为特征。

【层型】 本段正层型位于牟平县莱山镇定国寺北(121°23′31″,37°22′37″;据山东省地质矿产局第三地质队 1986 年实测)。

上覆地层：**陡崖组徐村段** 黑云变粒岩

——————— 整 合 ———————

野头组定国寺段　总厚度 93.9 m

21. 灰绿色厚层状蛇纹大理岩	4.3 m
20. 深绿色厚层状斜长角闪岩	4.3 m
19. 灰绿色薄层状斜长透辉岩	6.5 m
18. 深绿色厚层状斜长角闪岩	3.9 m
17. 灰绿色薄层状含角闪斜长透辉岩	27.3 m
16. 灰白色厚层状透辉大理岩	3.9 m
15. 深灰绿色厚层状含角闪斜长透辉岩	31.7 m
14. 灰白色厚层状方解大理岩	12.0 m

——————— 整 合 ———————

下伏地层：**野头组祥山段** 浅灰绿色薄层状斜长透辉岩　42.4 m

【地质特征及区域变化】 定国寺段分布于牟平祥山，莱阳荆山，平度仙山、明村，海阳王家山后、郭城，昌邑岞山，安丘赵戈庄等地。牟平光山—定国寺剖面上岩性为方解大理岩、蛇纹大理岩、透辉大理岩、透辉岩、斜长透辉岩夹斜长角闪岩，厚 93.9 m。莱阳荆山地区为白云石大理岩、橄榄大理岩、方柱透闪大理岩等，并夹少量透辉透闪岩、黑云变粒岩、浅粒岩等，厚 867.6 m。平度仙山地区其顶部具较大厚度的斜长透辉岩并夹透辉岩，厚 540.1 m。平度明村地区夹有斜长角闪岩及方解蚀变岩，厚 170.7 m。本段原岩为碳酸盐岩夹少量碎屑岩及火山岩。其变质程度以高角闪岩相为主，局部达麻粒岩相(平度明村)。其底以大理岩出现划界；顶以大理岩结束，石墨岩系出现划界。推测其原岩形成于晚元古代。

陡崖组　Pt_1d　(37－0024)

【创名及原始定义】 曹国权、艾宪森、张成基等 1986 年 11 月在胶州市召开的胶东群地层专题现场讨论会上创名“陡崖组”，山东省地质矿产局区域地质调查队(安郁宏等)1987 年 12 月在 1∶20 万莱阳市、潍坊市、西由幅区调报告中介绍。命名地点在莱阳市吕格庄乡陡崖后。原始定义：分布于胶北隆起区的一套片岩、变粒岩等岩石组合，下段岩性为含石墨变粒岩、片麻岩，有时夹斜长透辉岩、大理岩；上段岩性为矽线(蓝晶)石榴黑云片岩夹黑云变粒岩、长石石英岩等。与下伏野头组整合接触，与上覆粉子山群关系不明，属下元古界荆山群。

【沿革】 北京地质学院(1959)在 1∶20 万潍坊、高密、日照、涛雒(现改称赣榆)等幅区测过程中，将平度明村、安丘、昌邑等地相当于陡崖组这套地层划为粉子山系五个庄黑云母粒岩组，其后(1961)改划为粉子山群明村组。长春地质学院(1960)在 1∶20 万莱阳等幅区测过程中。将海阳发城这套地层划为粉子山群璋夼云母片岩夹大理岩组；将平度仙山地区该套地层划为南墅-芝坊斜长角闪岩大理岩组，其后(1961)改划为粉子山群巨屯-张格庄组，并将莱西南墅、乳山等地该套地层划为胶东群化山组、旌旗山组。山东省地质局 805 队(1968)划为粉子山群张格庄组上部(牟平)、胶东岩群马格村岩组(乳山)。山东省地质矿产局第三地质队(1985)将其划为胶东群徐村组及水桃林组(牟平)。《山东省区域地质志》(1991)划为胶东群蓬夼组(莱阳)。曹国权等(1986)建陡崖组，分为一、二段。林润生等(1988)再分为石墨透辉变粒岩段和矽线(蓝晶)石榴黑云片岩(或片麻岩)段。张增奇、迟守祥等(1994)将其一、二段厘定为徐村段和水桃林段并介绍。

【现在定义】 指鲁东地层分区下部以石墨透辉变粒岩、透辉岩、(含石墨)黑云变粒岩、含透闪石英岩等含石墨岩系为主，上部以(矽线)蓝晶石榴黑云片岩、石榴二云片岩等片岩为主的岩石组合。底以下伏野头组大套大理岩之顶面划界，与其整合接触；未见顶。高角闪岩相—麻粒岩相变质。分为下部徐村段和上部水桃林段。属早元古代荆山群。

【层型】 本组正层型为莱阳市荆山后—陡崖后剖面。位于莱阳市吕格庄乡荆山南侧野头村南(120°39′00″,36°52′00″；据山东省地质矿产局第四地质队林润生等1986年实测)。

陡崖组	总厚度 446.16 m
水桃林段	厚度 117.38 m
82. 混合岩化富黑云变粒岩夹石榴黑云片岩(位于向斜核部未见顶)	17.09 m
81. 蓝晶石榴黑云斜长片岩(原文为片麻岩)	100.29 m
———— 整 合 ————	
徐村段	厚度 328.78 m
80. 条带状混合岩化富黑云变粒岩夹斜长黑云片岩	41.00 m
79. 透辉岩夹黑云变粒岩、黑云片岩薄层	4.03 m
78. 黑云变粒岩夹少量透辉岩、黑云片岩	71.72 m
77. 蜂窝状含透闪石英岩	22.39 m
76. 黑云变粒岩	6.39 m
75. 伟晶岩脉	
74. 黑云变粒岩	22.18 m
73. 伟晶花岗岩	
72. 含石墨透辉变粒岩夹含石墨黑云变粒岩及少量石墨白云片岩	99.24 m
71. 蜂窝状含透闪石英岩夹少量石墨透辉变粒岩	8.36 m
70. 含石墨透辉变粒岩	53.47 m
———— 整 合 ————	
下伏地层：**野头组定国寺段** 厚层状橄榄大理岩	98.79 m

陡崖组副层型也就是徐村段和水桃林段之正层型，位于牟平县光山一带，详见徐村段和水桃林段正层型剖面描述。

【地质特征及区域变化】 本组岩石可明显分为上、下两部分。下部主要为含石墨岩系，即石墨透辉变粒岩、(石墨)黑云变粒岩、含透闪石英岩、石榴二云片岩夹黑云斜长片麻岩，称为徐村段；上部以高铝片岩为主，即矽线石榴黑云片岩、石榴二云片岩、蓝晶石榴黑云斜长片岩为主，称为水桃林段。其原岩为富含碳质的粘土岩、粉砂岩及不含碳质的粘土岩夹少量碳酸盐岩。高角闪岩-麻粒岩相变质。其底以大套大理岩结束划界，与下伏野头组整合接触。因褶皱构造未见顶。据本组及荆山群有关同位素年龄分析，其原岩形成于早元古代。

本组主要分布于胶北地层小区中部的莱阳陡崖后，莱西南墅、祝沟，平度仙山、明村、张舍，昌邑岞山，安丘赵戈庄，海阳晶山，牟平水桃林、孔辛头，乳山午极，威海马格村等地。只有莱阳荆山地区和牟平祥山地区出露齐全，其他地区一般仅出露本组下部含石墨地层，岩性也略有变化。荆山地区建组剖面上，以含石墨透辉变粒岩、石墨黑云变粒岩、蓝晶石榴黑云斜长片岩、蜂窝状含透闪石英岩为主，厚446.16 m。在牟平祥山地区则以黑云斜长片麻岩、石榴二云片岩、石榴黑云片岩为主，夹石墨黑云变粒岩，厚1 200.65 m。平度明村地区以含石墨黑云斜长片麻岩为主，夹石墨透辉岩、石榴紫苏斜长角闪岩等。厚约160 m。

在平度和莱西两地本组变质程度最深即以麻粒岩相为主，所以富含晶质石墨矿，品质最好。

徐村段 Pt_1^{xc} （37-0025）

【创名及原始定义】 山东省地质矿产局第三地质队赵运仑等(1985)在从事1∶5万福山等幅区调工作过程中创名“徐村组”，创名地点在牟平县高陵乡徐村附近，张增奇、迟守祥等1994年介绍，并称之为徐村段。原始定义：分布于徐村、唐家夼及午极一带，岩性为黑云斜长片麻岩、透辉岩、黑云片岩、大理岩，局部夹薄层石英岩岩石组合。该套岩系最大特点是普遍见到石墨，为一套富含碳质的变质岩系，富集地段成石墨矿。

【沿革】 赵运仑等1985年将牟平县一带含石墨变粒岩命名为徐村组，为胶东群第三组；曹国权等1986年将其岩石组合划为陡崖组一段；林润生等1988年称为石墨透辉变粒岩段。因其具区域对比意义，本次地层清理采用徐村段。

【现在定义】 指陡崖组下部的一套石墨岩系。主要岩性为石墨黑云变粒岩、石墨透辉变粒岩、透辉岩、黑云变粒岩、(石墨)黑云斜长片麻岩、石榴(矽线)二云(黑云)片岩，夹透闪石英岩及二云石英片岩。其底以下伏野头组大理岩之顶划界；其顶以大套片岩之底划界。

【层型】 本段正层型位于牟平县高陵乡唐家夼北西(121°27′50″,37°19′20″;据山东省地质矿产局第三地质队1985年实测)。

上覆地层：**陡崖组水桃林段** 矽线石榴黑云片岩

——————— 整 合 ———————

陡崖组徐村段	总厚度 687.45 m
11. 褐黄色厚层状黑云斜长片麻岩	143.19 m
10. 含石榴矽线黑云片岩	48.21 m
9. 黑褐色薄层状石榴二云片岩	12.32 m
8. 褐黄色厚层状弱绿帘石化黑云斜长片麻岩	149.20 m
7. 黑褐色薄层状石榴二云片岩	151.36 m
6. 黑褐色薄层状石榴黑云变粒岩	49.21 m
5. 褐黄色厚层状混合岩化黑云斜长片麻岩	34.95 m
4. 黑褐色薄层状石榴黑云片岩	71.32 m
3. 褐黄色薄层状石榴二云片岩	4.90 m
2. 褐黄色薄层状混合岩化黑云变粒岩	16.91 m
1. 黑褐色薄层状石榴二云石英片岩	5.88 m

——————— 整 合 ———————

下伏地层：**野头组定国寺段** 白色白云质大理岩 20.20 m

【地质特征及区域变化】 徐村段分布于莱阳荆山，莱西南墅、祝沟，平度仙山、张舍，安丘担山，昌邑峠山，牟平水桃林，乳山午极，海阳晶山等地。在牟平县唐家夼—瓦屋屯剖面上，岩性以黑云斜长片麻岩、石榴二云片岩为主夹石墨黑云石英片岩、石榴黑云片岩、石墨黑云变粒岩等，厚328.78 m。莱西南墅地区以含石墨的各种变粒岩、斜长片麻岩及石英岩为特征，厚160.2 m，为石墨矿重要产地。平度张舍地区以石墨黑云斜长片麻岩为主夹石墨(透辉)变粒岩及少量的石榴紫苏斜长角闪岩、长石石英岩，厚160 m。乳山午极地区以不含石墨(或少量)的各种变粒岩、片麻岩及透辉岩为主夹蛇纹大理岩、白云质大理岩，厚 626.7 m。威海马格村地区岩性复杂，以浅粒岩、黑云变粒岩、石榴矽线黑云片岩、滑石透辉岩、石英岩为主，基本不含石墨。本段原岩为富碳质碎屑岩。其底以大理岩结束划界；顶以大套高铝片岩出现之底划界。本段是鲁东地区石墨矿产出层位。

水桃林段　Pt_1^s　(37－0026)

【创名及原始定义】　山东省地质矿产局第三地质队(赵运仑等)1985 年在从事 1：5 万福山等幅区调工作过程中创名“水桃林组”，命名地点在牟平县水桃林一带，张增奇、迟守祥等 1994 年介绍，并改称为水桃林段。原始定义：分布于林家疃以东水桃林、围子山、周格庄一带，岩性为蓝晶(矽线)石榴黑云片岩、二云石英片岩夹透辉岩和长石石英岩岩石组合暂称水桃林组，为胶东群第四组。该套地层最大特点是比较普遍可见高铝矿物蓝晶石、矽线石，是一套富铝地层，可分为三个岩性段。

【沿革】　赵云仑等 1985 年将牟平县水桃林一带高铝片岩命名为水桃林组，为胶东群第四组；曹国权等 1986 年将其岩石组合划为陡崖组二段；林润生等 1988 年将其称为矽线(蓝晶)石榴黑云片岩(或片麻岩)段。因其具区域对比意义，本次地层清理采用水桃林段。

【现在定义】　指陡崖组上部(矽线)石榴二云片岩、石榴黑云片岩夹白云石英片岩等以片岩为主的岩石组合。以含高铝矿物云母片岩为该段特征。以大套片岩出现为其底界。

【层型】　本段正层型位于牟平县解甲庄镇朱柳(121°28′25″,37°21′30″;据山东省地质矿产局第三地质队 1985 年实测)。

陡崖组水桃林段	总厚度 533.20 m
5. 黑褐色薄层状石榴二云片岩夹白云石英片岩(未见顶)	127.80 m
4. 灰白色薄层状白云石英片岩	40.30 m
3. 黑褐色薄层状矽线石榴二云片岩	165.10 m
2. 黑褐色薄层状二云片岩	85.30 m
1. 黑褐色薄层状石榴黑云片岩夹灰绿色薄层状斜长透辉岩	114.70 m
———— 整　合 ————	
下伏地层：**陡崖组徐村段**　黑云斜长片麻岩	20.0 m

【地质特征及区域变化】　水桃林段仅分布于牟平水桃林和莱阳荆山一带。牟平县朱柳—周家庄剖面上岩性以石榴二云片岩、石墨黑云片岩、黑云片岩、石榴十字二云片岩为主夹长石石英岩、斜长透辉岩、白云石英片岩、矽线石榴二云片岩等，厚 533.20 m。莱阳荆山地区以黑云变粒岩、石榴黑云片岩、黑云片岩为主，厚 117.38 m。本段原岩为富铝粘土岩夹少量碳酸盐岩，局部夹中基性火山岩。其底以大套高铝片岩出现为界，因处于向斜核部未见顶。

粉子山群　Pt_1F　(37－0027)

【创名及原始定义】　1949 年杨博泉等调查掖县粉子山地区菱镁矿时，创名“粉子山系”，认为属太古界①。其命名地点在莱州市粉子山，因白云石大理岩风化后当地人称为白粉子，故曰粉子山。中国地质学编辑委员会、中国科学院地质研究所 1956 年介绍。原始定义：分布于山东掖县粉子山地区的片岩系称粉子山系，与辽东之辽河系相当。

【沿革】　赵家骧 (1951) 在胶南七宝山地区调查石墨矿时，曾将王台、林子一带变质岩

---

① 杨博泉等，1949，山东掖县粉子山菱镁矿。矿测近讯，113 期。

系创名为“王台系”，认为与辽河系相当。《中国区域地层表（草案）》（1956）将鲁东地层分区前震旦纪变质地层分为粉子山系和芝罘系，两者关系不清。山东地质办事处掖县地质队(1956—1958)将粉子山系进一步分为禄山统及十哥庙统，属元古界，与其下太古界掖县杂岩系不整合接触。1958年起山东省地质厅、长春地质学院在山东省120°以东，山东省地质厅、北京地质学院在120°以西地区从事1：20万区域地质测量工作①②③④。长春地质学院(1961)在进行1：20万烟台等幅区测工作时，称粉子山群，并按福山地区标准剖面自下而上分：祝家夼组、巨屯—张格庄组、岗嵛组、芝罘组，属太古界，并认为粉子山群与蓬莱群有沉积间断存在。王曰伦等(1960)在福山地区考察时，认为应将该群分五个组，自下而上为：张格庄大理岩组、巨屯青灰色方柱石大理岩组、岗嵛十字白云母片岩组、大赵家大理岩组、芝罘石英岩组，并认为粉子山群为蓬莱群的变质部分，所分五个组可能为褶曲的重复。北京地质学院在1：20万潍坊、高密、日照、赣榆幅区测过程中，1959年将掖县、平度地区粉子山系分为上田家斜长角闪岩组、山张家石英岩大理岩组、明村埠大理岩组、五个庄黑云母粒岩组；将胶南王台一带粉子山系分为茂隆山白云母片麻岩组、刘家庄云母片麻岩、石英岩、片岩组、从家屯斜长角闪岩大理岩组、登云山黑云母粒岩组。在1960年编写的报告初稿和地质图件以及1961年编写的最终报告中，改称为粉子山群。掖县—平度地区再分为山张家组和明村组；胶南地区再分为林子组、从家屯组和登云山组。仍归属太古界。

山东省地质局805队(1967—1968)在对长春地质学院和北京地质学院曾进行过的1：20万烟台、潍坊等幅补测工作中，认为粉子山群属元古界(烟台市幅，1968)或元古界—太古界(莱阳幅，1967)。组的划分基本沿用两个地质学院在三个地区分别建组的划分方案：在烟台、蓬莱一带粉子山（岩）群分为祝家夼（岩）组、张格庄（岩）组、巨屯（岩）组、岗嵛（岩）组、芝罘组，在掖县—平度地区再分为山张家岩组和明村岩组；在胶南隆起区再分为林子组、从家屯组和登云山组。

山东省区域地层表编写组(1978)仍沿用山东省地质局805队的划分方案，去掉“岩”字，统一为群、组，地质年代统一为早元古代。山东省地质局综合研究队邓幼华等(1980—1984)在鲁东地区蓬莱群、粉子山群研究课题中认为，粉子山群分为上、下两个亚群。其中平度—掖县地区下亚群分为福禄山组、矿山组、灰埠组，属下元古界—太古界；蓬莱—烟台地区为上亚群，包括祝家夼组等五个组，属下元古界。《山东省区域地质志》(1991)认为粉子山群属下元古界，分上、下两个亚群。莱州、平度一带为下亚群，分为山张家组和明村组；烟台、蓬莱地区为粉子山群上亚群，分为祝家夼组、张格庄组、巨屯组、岗嵛组、芝罘组。山东省地质矿产局区域地质调查队(1982)在1：20万日照幅区调中曾将五莲地区的粉子山群命名为五莲群，再分为海眼口组和坤山组。该队(1987)在1：20万莱阳、潍坊、西由幅区调中，废弃山张家组和明村组，将莱州、平度和莱阳一带的粉子山群组的划分与烟台、蓬莱地区划分相统一，并在其底部新建小魏家组，即把胶北地层小区粉子山群统一分为：小魏家组、祝家夼组、张格庄组、巨屯组和岗嵛组。此外，把莱阳荆山、莱西南墅、平度明村、牟平祥山等地含石墨矿的一套碳酸盐岩较发育的碎屑岩组成的高级变质岩系，从粉子山群和胶东群中剔除，

---

① 山东省地质厅、长春地质学院区测二大队，1961，1：20万烟台幅、乳山幅、莱阳幅综合区域地质测量报告(手稿)。

② 山东省地质厅、北京地质学院区测一大队，1961，1：20万综合区域地质测量报告(潍坊、高密、日照、涛雒幅)(手稿)。

③ 华东图幅清理工作组、山东省地质局，1964，1：20万(莱阳幅)区测资料审查意见书(手稿)。

④ 华东图幅清理工作组、山东省地质局，1964，1：20万(潍坊、高密、日照、涛雒幅)区测资料审查意见书(手稿)。

另建荆山群。该队(1991)在1∶20万烟台、蓬莱幅区调中，将芝罘组从粉子山群中剔除建芝罘群。山东省地质矿产局第四地质队(1991)在平度、莱州地区从事1∶5万沙河等幅区调工作中，废弃小魏家组，将祝家夼组之下含磁铁石英岩系黑云变粒岩和斜长角闪岩组合创名为小宋组。至此，完善并统一了胶北地层分区之粉子山群地层划分。本次地层清理过程中，认为五莲地区之五莲群与粉子山群小宋组、祝家夼组和张格庄组岩石组合相似，故废弃五莲群及相应组。将五莲—王台—惜福以北胶北地层小区粉子山群自下而上厘定为小宋组、祝家夼组、张格庄组、巨屯组和岗嵛组(表3-2)。

【现在定义】 指分布于鲁东地层分区一套含磁铁岩系、变粒岩、高铝片岩、长石石英岩、大理岩、含石墨岩系、透闪岩等并夹菱镁矿层的复杂岩石组合。与下伏胶东岩群呈韧性剪切带接触，与上覆芝罘群因第四系覆盖而关系不明。低角闪岩相变质。属早元古代。自下而上分为小宋组、祝家夼组、张格庄组、巨屯组、岗嵛组。

【地质特征及区域变化】 粉子山群主要分布于栖霞—福山、蓬莱金果山、莱州粉子山三个地区，另外零星分布于平度灰埠、昌邑饮马、五莲坤山、胶南林子、诸城锡山子等地，为一套经受中级变质作用的层状变质岩系。据岩石组合，本群分为五个组。底部为以黑云变粒岩为主夹磁铁浅粒岩、磁铁石英岩和斜长角闪岩组成的小宋组；下部为含石墨的长石石英岩、浅粒岩、黑云变粒岩为主夹黑云片岩组成的祝家夼组，以岩石组合复杂、沉积韵律明显并含少量石墨为特征；中部为以白云石(质)大理岩为主夹灰绿色透闪岩并含滑石矿和菱镁矿组成的张格庄组；上部为以石墨片岩、石墨黑云片岩、石墨变粒岩、石墨大理岩为主夹黑云片岩组成的巨屯组，以含石墨岩系为特征；顶部为以疙瘩状黑云片岩和二云片岩为特征的岗嵛组。由于原始沉积差异及后期改造不同，本群各组在各地发育状况和厚度差别较大。在福山桃园和蓬莱金果山两地区，只发育祝家夼及以上四个组，厚分别为3 393.10 m和2 281.41 m。在莱州粉子山及其以南平度、五莲等地，则底部发育小宋组。粉子山附近5个组均发育，厚约2 000 m。粉子山以南平度灰埠和五莲坤山等地只发育张格庄组及其以下3个组，厚分别为3 000 m和831 m(图3-2)。

本群原岩底部和下部为泥砂质碎屑岩，中部为巨厚层富镁碳酸盐夹钙镁质硅酸盐岩，上部和顶部为碳质碎屑岩、泥质碎屑岩。构成两个海进、海退沉积旋回。低角闪岩相变质，与下伏胶东岩群为韧性剪切带接触，与上覆芝罘群因第四系覆盖未见接触关系，推测为不整合接触，与荆山群为同时异相沉积关系。在粉子山群中采用锆石U-Pb法取得的同位素年龄值可分为两个区间，即1 848～2 045 Ma及2 381～2 478 Ma。前者可能代表其变质作用年龄，后者代表其成岩年龄。

小宋组 Pt_1x (37-0028)

【创名及原始定义】 山东省地质矿产局第四地质队(于志臣等)1991年在从事1∶5万沙河等幅区调工作中，将粉子山群底部变粒岩为主地层创名为“小宋组”。命名地点在莱州市东宋乡小宋。山东省地质矿产局区域地质调查队(安郁宏等)1992年介绍。原始定义：主要分布于莱州小魏家、小宋、肖家、小灰埠一带，以含磁铁矿浅粒岩、白云母化长石石英岩、黑云变粒岩、角闪黑云变粒岩、斜长角闪岩等为主，夹有磁铁石英岩、磁铁角闪岩等含铁矿层。与下伏胶东群为断层接触，不整合于祝家夼组之下。属早元古代粉子山群。

【沿革】 北京地质学院(1959)在1∶20万潍坊、高密、日照、涛雒(赣榆)幅区测工作中，将本组地层划为粉子山系上田家组和五个庄组(莱州)、洪凝组(五莲)，1961年改划为泰山群雁翎关组(莱州)、粉子山群林子组(五莲、胶南)。山东省地质局805队(1968)将其归属于胶东

表 3-2　山东省粉子山群划分沿革表

研究者（年代）	地区	界／代	群／系	组／段（自上而下）
杨博泉 1949	莱州	太古界	粉子山系	十哥庙统；禄山统
中国区域地层表（草案）（1956）	鲁东	前震旦纪	芝罘系 -?- 粉子山系	
掖县地质队 1958	莱州	元古界	粉子山系	
		太古界	掖县杂岩系	
北京地质学院 1959	莱州—平度	太古界	粉子山系	五个庄组；明村埠组；山张家组；上田家组；神堂组
北京地质学院 1961	莱州—平度		粉子山群	上亚组：明村组；下亚组：山张家组
			泰山岩群	雁翎关岩组；太平顶岩组
长春地质学院 1960	烟台	太古界	粉子山群	芝罘组 -?- 岗嵛组；巨屯—张格庄组；祝家夼组
			-?- 胶东群	旌旗山组
山东省地质局805队 1968	莱州—平度	元古界	粉子山岩群	明村岩组；山张家岩组
		太古界	胶东岩群	富阳岩组；民山岩组
	烟台		粉子山群	芝罘组；岗嵛组；巨屯组；张格庄组；祝家夼组
			胶东岩群	枣园岩组；王官庄岩组
山东省区域地层表编写组 1978	莱州—平度	下元古界	粉子山群	明村组；山张家组
		下元古—太古界	胶东群	富阳组；民山组
	烟台			芝罘组 -?- 岗嵛组（二段、一段）；巨屯组（二段、一段）；张格庄组（三段、二段、一段）；祝家夼组（二段、一段）？
				富阳组；民山组
山东地矿局区调队 1982	五莲	元古界	五莲群	坤山组；海眼口组
			胶南群	于家岭组
邓幼华等 1984	莱州—平度	下元古—太古界	粉子山群下亚群	灰埠组；矿山组；福禄山组
		太古界	泰山群	雁翎关组
	烟台—蓬莱	元古界	粉子山群上亚群	芝罘组 ? 岗嵛组；巨屯组；张格庄组；祝家夼组
		太古界	胶东群	富阳组；民山组
山东省区域地质志 1991	莱州—平度	下元古界	粉子山群下亚群	明村组；山张家组？
		下元古—太古界	胶东群	富阳组；民山组
	烟台	下元古界	粉子山群上亚群	芝罘组 -?- 岗嵛组；巨屯组；张格庄组；祝家夼组
		下元古—太古界	胶东群	富阳组；民山组
本书	莱州—烟台	早元古代	芝罘群	兵营组；老爷山组
			? 粉子山群	岗嵛组；巨屯组（二段、一段）；张格庄组（三段、二段、一段）；祝家夼组；小宋组（三段、二段、一段）
		晚太古代	胶东岩群	林家寨岩组

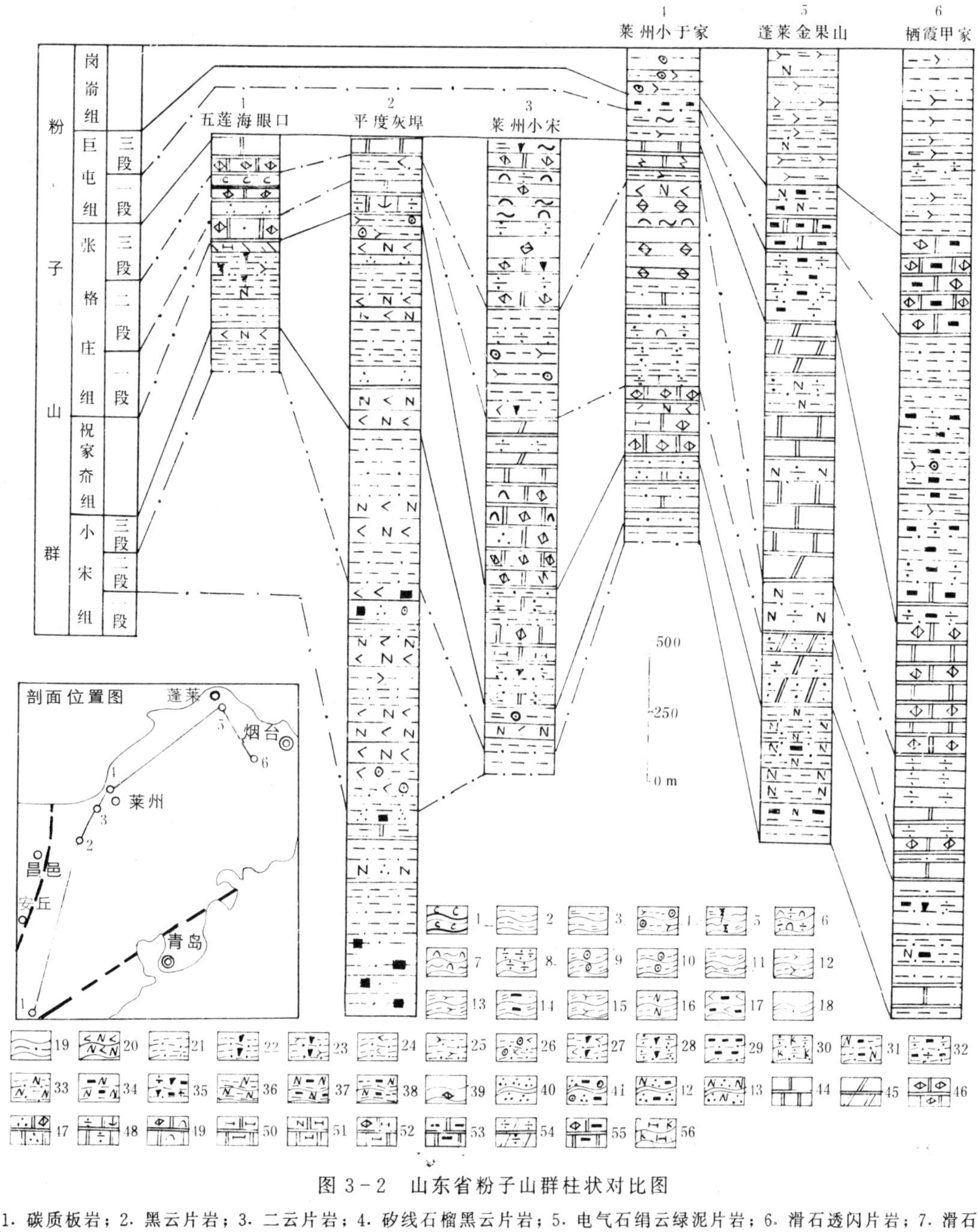

图 3－2　山东省粉子山群柱状对比图

1. 碳质板岩；2. 黑云片岩；3. 二云片岩；4. 矽线石榴黑云片岩；5. 电气石绢云绿泥片岩；6. 滑石透闪片岩；7. 滑石绿泥片岩；8. 透闪片岩；9. 石榴二云片岩；10. 石榴黑云片岩；11. 绢云绿泥片岩；12. 矽线黑云片岩；13. 矽线二云片岩；14. 石墨二云片岩；15. 矽线二云片岩；16. 斜长黑云片岩；17. 石墨角闪片岩；18. 浅粒岩；19. 磁铁浅粒岩；20. 斜长角闪岩；21. 黑云变粒岩；22. 电气石黑云变粒岩；23. 电气石矽线黑云变粒岩；24. 角闪黑云变粒岩；25. 矽线黑云变粒岩；26. 石榴角闪黑云变粒岩；27. 电气石角闪黑云变粒岩；28. 电气石透闪变粒岩；29. 石墨变粒岩；30. 钾长透闪变粒岩；31. 石墨斜长黑云变粒岩；32. 石墨透闪变粒岩；33. 斜长黑云变粒岩；34. 石墨斜长变粒岩；35. 含电气石石墨透闪变粒岩；36. 黑云斜长片麻岩；37. 石墨斜长片麻岩；38. 石墨黑云斜长片麻岩；39. 菱镁矿；40. 石英岩；41. 石榴磁铁石英岩；42. 磁铁石英岩；43. 长石石英岩；44. 大理岩；45. 白云质大理岩；46. 白云石大理岩；47. 白云石英大理岩；48. 蛇纹石化透闪大理岩；49. 白云滑石大理岩；50. 透辉大理岩；51. 透闪大理岩；52. 白云透辉大理岩；53. 石墨大理岩；54. 白云质透闪大理岩；55. 石墨白云大理岩；56. 透辉钾长石角岩

岩群富阳岩组(莱州)。山东地质矿产局区域地质调查队(1982)在1:20万日照、赣榆幅区调中，改称五莲群海眼口组下亚组。邓幼华等(1984)划为粉子山群下亚群灰埠组(莱州、平度)。山东省地质矿产局区域地质调查队(1987)在1:20万莱阳市、潍坊市、西由幅区调中，将其划为小魏家组(莱州)。山东省地质矿产局区域地质调查队(安郁宏等)1992年在1:50万鲁东编图时介绍。张增奇、迟守祥等(1994)将五莲群解体，其下部海眼口组下亚组并入小宋组。

【现在定义】 指分布于鲁东地层分区，以均一的黑云变粒岩和磁铁浅粒岩、磁铁石英岩为特征，夹斜长角闪岩、浅粒岩、长石石英岩岩石组合。与下伏胶东岩群呈韧性剪切带接触；顶以大套均一的黑云变粒岩或一层大理岩结束，浅粒岩、变粒岩、长石石英岩、片岩等复杂岩石组合出现划界，与祝家夼组整合接触。低角闪岩相变质。属早元古代粉子山群。

【层型】 小宋组正层型为复合层型，莱州市小宋村附近该组仅出露二、三段，为其正层型；平度三埠李家附近该组一、二段比较发育，为其副层型。分述如下：

A. 莱州市小宋村小宋组剖面(119°47′01″,37°08′23″；据山东省地质矿产局第四地质队1988年实测)。

上覆地层：**粉子山群祝家夼组** 黑云变粒岩

——————整　合——————

小宋组	总厚度245.02 m
三段	厚度213.09 m
22. 透闪金云大理岩	2.60 m
21. 含电气黑云变粒岩	23.36 m
20. 石榴二云片岩	30.35 m
19. 斜长角闪岩	30.84 m
18. 黑云变粒岩夹角闪黑云变粒岩及少量斜长角闪岩	49.59 m
17. 黑云变粒岩	19.29 m
16. 矽线二云斜长片麻岩	2.76 m
15. 黑云变粒岩夹变粒岩	38.08 m
14. 白云石英片岩	8.20 m
13. 黑云变粒岩	8.02 m

——————整　合——————

二段	厚度31.93 m
12. 含磁铁浅粒岩	2.20 m
11. 中粗粒斜长角闪岩	4.40 m
10. 角闪变粒岩、黑云变粒岩互层	7.70 m
9. 绢云母化花岗质片岩(脉)	
8. 高岭土化黑云变粒岩	0.66 m
7. 磁铁浅粒岩	0.44 m
6. 黑云变粒岩	3.55 m
5. 细粒斜长角闪岩、黑云变粒岩互层	3.55 m
4. 高岭土化黑云变粒岩	2.64 m
3. 细粒斜长角闪岩夹薄层黑云变粒岩	3.11 m
2. 磁铁浅粒岩(底部被第四系覆盖)	3.68 m

B. 平度市三埠李家小宋组剖面(119°39′30″,36°58′10″；据山东省地质矿产局第四地质队1988年实测)。

小宋组	总厚度 1 522.33 m
三段　黑云变粒岩偶夹斜长角闪岩，底部局部被闪长岩侵入	
———— 整　合 ————	
二段	厚度 862.74 m
18. 黑云变粒岩、含磁铁石榴石英岩、磁铁角闪岩互层	194.52 m
17. 斜长角闪岩夹石榴斜长角闪岩	36.60 m
16. 帘石化斜长角闪岩	70.93 m
15. 含矽线黑云变粒岩	119.92 m
14. 浅粒岩夹糜棱岩化黑云变粒岩(顶部被第四系覆盖)	7.37 m
13. 斜长角闪岩	218.99 m
12. 含石榴黑云角闪变粒岩夹黑云变粒岩(顶部被第四系覆盖)	99.20 m
11. 黑云变粒岩(顶部被第四系覆盖)	9.19 m
10. 黑云变粒岩(顶部被第四系覆盖)	89.52 m
9. 帘石化透闪变粒岩	8.14 m
8. 角闪磁铁石英岩、帘石化浅粒岩、斜长角闪岩互层(顶部被第四系覆盖)	8.36 m
———— 整　合 ————	
一段	厚度 659.59 m
7. 透闪大理岩	17.73 m
6. 黑云变粒岩(顶、底均被二长花岗岩侵入)	13.33 m
5. 黑云变粒岩夹浅粒岩	96.90 m
4. 白云母化长石石英岩	77.85 m
3. 黑云变粒岩夹浅粒岩	98.88 m
2. 细粒黑云变粒岩	71.53 m
1. 含磁铁矿浅粒岩	283.37 m
～——～—— 侵入接触 ～——～——	
晚元古代：似斑状中粗粒二长花岗岩	

【地质特征及区域变化】　小宋组局限分布于莱州小宋、小魏家，平度三埠李家，昌邑青龙山，五莲坤山等地，其岩石组合为黑云变粒岩、斜长角闪岩、浅粒岩、长石石英岩夹磁铁(石榴)石英岩、磁铁浅粒岩，偶夹大理岩等，以大套均一的黑云变粒岩夹磁铁石英岩、磁铁浅粒岩等含铁岩系为特征。据岩石组合及含矿性分为三个非正式段：一段(浅粒岩段)，岩性为含磁铁矿浅粒岩、黑云变粒岩夹浅粒岩和长石石英岩，顶部常具一层透闪大理岩；二段(含铁岩系段)，以黑云变粒岩、斜长角闪岩、角闪变粒岩为主夹磁铁石英岩、磁铁浅粒岩、磁铁角闪岩等含铁岩系，局部含石榴石和矽线石，磁铁矿含量高；三段(黑云变粒岩段)，岩性为黑云变粒岩夹薄层斜长角闪岩、角闪变粒岩和石榴二云片岩，顶部见一层具标志层意义的金云透闪大理岩，以大套均一黑云变粒岩为特征。本组原岩为泥砂质碎屑岩夹基性火山岩，遭受低角闪岩相变质。与下伏胶东岩群为韧性剪切带接触，顶部以大套均一的黑云变粒岩或一层不足3 m厚的透闪金云大理岩结束，长石石英岩、变粒岩、片岩等复杂岩石组合出现划界与上覆祝家夼组整合接触。

本组各地岩石组合及厚度变化较明显。莱州地区出露于粉子山—优游山倒转向斜两翼，仅出露二、三段，厚 245.02 m。向南至平度灰埠地区三个段均有出露，厚 2 068.25 m。再向西南至五莲海眼口，岩性为斜长角闪岩、黑云变粒岩夹黑云片岩，厚约 130 m。其中一层斜长角闪岩在海眼口村厚度可达 118 m，杏仁构造发育，具基性熔岩特征。

祝家夼组　$Pt_1\hat{z}$　(37－0029)

【创名及原始定义】 1960 年山东省地质厅、长春地质学院在 1∶20 万烟台等幅区测过程中创名“祝家夼组”①。山东省地质厅、长春地质学院 1961 年在其区测报告中介绍。创名地点在栖霞县庙后乡祝家夼。原始定义：分布于栖霞庙后及蓬莱金果山等地，岩性组合上部为硅质大理岩及石英大理岩，下部为石英岩及黑云母粒岩。厚 300～890 m。与下伏胶东群整合接触，与上覆巨屯张格庄组整合接触。属太古界粉子山群。

【沿革】 1960 年山东省地质厅、长春地质学院在 120°以东烟台等幅区测工作中创名祝家夼组，归粉子山群；而北京地质学院在 120°以西潍坊等幅区测工作中创名山张家组(胶北)，日照等幅使用林子组(胶南)。山东省地质矿产局区域地质调查队(1982)在日照等幅区调工作中划为五莲群海眼口组上亚组。邓幼华等(1984)将胶北平度、莱州等地的原山张家组改为矿山组。山东省地质矿产局区域地质调查队(安郁宏等)1987 年在 1∶20 万莱阳市、潍坊市、西由幅区调报告中将胶北地层小区粉子山群下部地层统一为祝家夼组。

【现在定义】 指分布于鲁东地层分区一套长石石英岩、黑云变粒岩、黑云片岩、浅粒岩夹少量大理岩等并含少量石墨的复杂岩石组合，以岩石类型复杂为等征。底以上述复杂岩石组合出现划界，与小宋组整合接触；顶以连续出现厚层大理岩之底划界，与张格庄组整合接触。低角闪岩相变质。属早元古代粉子山群。

【层型】 本组正层型位于栖霞县庙后乡祝家夼附近(121°09′25″,37°20′40″)。因位于祝家夼东南 10 km 的大庄头乡甲格庄剖面与张格庄组正层型剖面连续，露头较好，故多选用甲格庄为其标准剖面(据山东省地质局第三地质队 1974 年实测)。

上覆地层：**粉子山群张格庄组**　灰白色中厚层中粗粒白云石大理岩	87.0 m
———— 整　合 ————	
祝家夼组	总厚度 659.6 m
27. 长石石英岩	22.2 m
26. 薄层石墨黑云变粒岩	37.5 m
25. 长石石英岩与黑云变粒岩互层	33.7 m
24. 含石墨黑云片岩	32.0 m
23. 薄层含透闪长石石英岩	16.4 m
22. 黑云片岩夹 1 m 厚之石榴石黑云片岩，具稀疏条纹状长英质混合岩化	101.1 m
21. 长石石英岩夹黑云变粒岩	30.8 m
20. 含角闪黑云变粒岩	9.9 m
19. 长石石英岩	30.1 m
18. 含角闪黑云变粒岩	7.9 m
17. 厚层长石石英岩	14.8 m
16. 厚层石墨长石石英岩夹黑云变粒岩	23.5 m

① 山东省地质厅、长春地质学院区测二大队，1960，1∶20 万烟台幅地质图(未刊)。

15. 黑云变粒岩夹薄层长石石英岩 36.6 m
14. 中厚层长石石英岩 11.7 m
13. 灰白色中厚层中粗粒白云石大理岩 7.4 m
12. 厚层长石石英岩 53.3 m
11. 灰白色厚层粗粒透辉白云石大理岩，具蛇纹石化，含黄铁矿、黄铜矿 26.4 m
10. 厚层长石石英岩 35.2 m
9. 黑云变粒岩 18.5 m
8. 厚层长石石英岩夹大理岩透镜体，顶部夹薄层透闪岩 19.0 m
7. 绢云透闪片岩 19.7 m
6. 青灰色厚层细粒硅化大理岩 17.6 m
5. 黑云片岩 4.4 m
4. 含石墨黑云片岩 5.4 m
3. 黑云片岩 42.7 m
2. 中厚层石英岩 1.8 m

======= 韧性剪切接触 =======

下伏地层：**胶东(岩)群齐山(岩)组** 斜长角闪岩夹黑云斜长片麻岩

【地质特征及区域变化】 祝家夼组分布于栖霞庙后、蓬莱金果山、莱州粉子山及五莲坤山等地区。在栖霞甲家—福山岗嵛剖面上，以厚层长石石英岩和黑云变粒岩为主，下部夹较多黑云片岩。中下部夹两层大理岩和一层透闪岩，底部夹石英岩，岩石中常含微量细晶石墨和石榴石，长石石英岩中偶含砾石。马洪昌(1993)认为，底部中厚层石英岩具底砾岩性质，并在栖霞甲家村见到与下伏胶东群不整合接触(?)。底部这套石英岩分布广但厚度略有变化，西从祝家夼向东经庙后至甲家，延伸 14 km 余，厚度由西部的 13 m 向东递减为 1.8 m。此处本组岩石以长石石英岩→黑云变粒岩和长石石英岩→黑云片岩这样的沉积韵律为特征。莱州粉子山地区以黑云变粒岩、浅粒岩、长石石英岩为主夹透闪岩、大理岩、斜长角闪岩等，岩石中常含星点状磁铁矿、电气石等，石墨含量较少，厚 236 m 左右。平度灰埠一带，其中斜长角闪岩增多，该组厚达 675.41 m。五莲坤山地区为黑云变粒岩、黑云片岩夹浅粒岩、二云石英片岩等，含较多的电气石，最大厚度为 326 m。本组原岩为一套砂、泥质碎屑岩夹少量火山岩。在莱州粉子山至平度灰埠地区，本组底部以浅粒岩、变粒岩、斜长角闪岩等复杂岩石组合出现划界，与下伏小宋组大套均一的黑云变粒岩整合接触；在蓬莱金果山和栖霞甲家两地，其底以长石石英岩、石英岩和黑云片岩出现划界，与下伏胶东岩群黑云斜长片麻岩呈韧性剪切带接触，推测原为不整合接触。以大套连续的大理岩出现为顶界，与上伏张格庄组整合接触。低角闪岩相变质。

本组锆石 U-Pb 法测得其同位素年龄，分别为 2 478 Ma(福山上官老沟)、2 381 Ma(栖霞小庄)、2 224 Ma(蓬莱金果山)、2 075 Ma、2 045 Ma(莱州西杨家)。据此及其层位关系、变形变质程度等，将其归属于早元古代。

张格庄组 $Pt_1\hat{z}g$ (37-0030)

【创名及原始定义】 1960 年山东省地质厅、长春地质学院在 1:20 万烟台等幅区测过程中曾创名“张格庄巨屯大理岩组”①。1968 年山东省地质局 805 队正式将大理岩组合创名为张

① 山东省地质厅、长春地质学院区测二大队，1960，1:20 万烟台幅地质图(未版)

格庄组[①]，创名地点在福山区张格庄乡张格庄。该队所称张格庄组原始定义为：分布于福山张格庄、牟平解甲庄、养马岛、蓬莱金果山、海阳郭城等地。岩石组合下部为硅质大理岩、石墨大理岩夹斜长透闪片岩；中部为黑云变粒岩、硅质大理岩；上部为含石墨黑云片岩、黑云片岩夹石墨变粒岩。与下伏祝家夼组及上覆巨屯组均为整合接触。属元古界粉子山群。

【沿革】 该套岩石组合曾被北京地质学院(1958—1961)在120°以西潍坊等幅区测工作中划为山张家组下亚组(胶北平度、莱州)和从家屯组(胶南)，而长春地质学院在120°以东莱阳、烟台等地划为张格庄巨屯大理岩组。认为属太古界粉子山群。1968年山东省地质局805队在120°以东莱阳、烟台等地将张格庄组限定为祝家夼组之上一套大理岩岩石组合，而120°以西仍同北京地质学院划分。并将其时限订正为元古代。邓幼华等(1984)曾划为灰埠组下部(莱州粉子山)，山东省地质矿产局区域地质调查队(安郁宏等)1987年在1：20万莱阳市、潍坊市、西由幅区调报告中把胶北地层小区粉子山群中部这套大理岩组合统一为张格庄组。

【现在定义】 指分布于鲁东地层分区，以白云石大理岩为主，中部夹灰绿色透闪(片)岩、黑云变粒岩岩石组合。底以粉子山群第一套大理岩之底为界，与下伏祝家夼组整合接触；顶以第二套大理岩之顶为界，与上覆巨屯组整合接触。低角闪岩相变质。属早元古代粉子山群。

【层型】 正层型位于栖霞县大庄头乡河西村烟台市福山区张格庄乡至门楼乡东汪格庄(121°10′00″,37°21′20″；据山东省地质局第三地质队1974年实测)。

上覆地层：**巨屯组** 石墨黑云片岩	35 m
———— 整 合 ————	
张格庄组	总厚度 878.3 m
三段	厚度 404.4 m
41. 浅灰色薄层中粗粒白云质大理岩	85.2 m
40. 黑云变粒岩夹透闪长石石英岩	48.4 m
39. 含透闪黑云变粒岩	16.2 m
38. 灰白色厚层硅质大理岩	118.2 m
37. 绢云绿泥片岩	10.7 m
36. 白色中厚层中细粒白云石大理岩、间夹斜长黑云片岩	125.7 m
———— 整 合 ————	
二段	厚度 262.4 m
35. 透闪片岩夹薄层透闪岩，间夹黑云变粒岩，上部为透闪片岩与角闪黑云变粒岩互层	203.4 m
34. 肉红色厚层硅质大理岩	21.9 m
33. 透闪片岩	37.1 m
———— 整 合 ————	
一段	厚度 211.5 m
32. 薄层透闪大理岩	37.0 m
31. 浅灰色中厚层粗粒白云石大理岩	16.1 m
30. 薄层细粒白云石大理岩	59.2 m
29. 黑云变粒岩	12.2 m
28. 灰白色中厚层粗粒白云石大理岩	87.0 m
———— 整 合 ————	

① 山东省地质局805队，1968，1：20万烟台、乳山幅区域地质测量报告(未版)。

下伏地层：**祝家夼组**　长石石英岩　　22.2 m

【地质特征及区域变化】　张格庄组主要分布于福山张格庄、蓬莱金果山、莱州粉子山、五莲坤山及胶南王台等地。以厚层白云石大理岩夹一套灰绿色透闪片岩(即所谓“绿色岩系”)为其特征。三分性明显，厚 878～1 307 m。

一段(下白云石大理岩段)：以白云石大理岩为主，夹层各地略有变化。在栖霞—福山地区建组剖面上，以浅灰、灰白色白云石大理岩为主，夹一层黑云变粒岩，上部为透闪大理岩，厚 211.5～481 m。蓬莱地区该段夹黑云片岩(或富黑云变粒岩)、滑石化透闪岩，厚 103～352 m。莱州粉子山地区夹黑云变粒岩、斜长角闪岩、长石石英岩，大理岩中以镁质含量高为特点，厚 163～645 m。五莲地区白云石大理岩为主夹金云方解大理岩，厚 81 m。由于白云石大理岩风化后成白色粉状物，俗称“粉子”，故称粉子山。

二段(透闪岩段)：为一套绿色岩系(或绿色岩带)。各地岩性及厚度变化较大。福山地区在该组正层型剖面上为暗绿色透闪片岩，夹黑云变粒岩、黑云片岩及少量长石石英岩、大理岩，厚 244～262 m。蓬莱地区岩性为透闪岩、透辉岩、透闪变粒岩为主夹黑云变粒岩及透闪大理岩等，厚 362 m 左右。莱州地区岩性为透闪岩(或透闪变粒岩)、黑云变粒岩互层，局部偶夹黑云片岩、透闪大理岩扁豆体，厚 170～513 m。五莲地区岩性为石英岩、二云片岩、碳质板岩夹角闪片岩，厚 64～103 m。

三段(上白云石大理岩段)：以白云石大理岩为主，常夹一层硅质大理岩，各地岩性略有差异。福山地区岩性为白云石大理岩和硅质大理岩夹黑云变粒岩、绢云石英片岩、黑云片岩等，厚 404～564 m。蓬莱地区岩性为白云石大理岩、青灰色大理岩，顶部夹黑云片岩、透闪岩，厚 92～755 m。莱州地区岩性为白云质大理岩、菱镁矿、滑石绿泥片岩、滑石片岩、斜长角闪岩等，厚 643～1 114 m。五莲地区岩性为白云石大理岩夹黑云变粒岩、黑云片岩，厚 65～242 m。

在莱州地区，该组三段是重要含矿层位，赋存滑石矿、菱镁矿、绿冻石矿、白云岩等。

巨屯组　Pt_1j　(37－0031)

【创名及原始定义】　1960 年山东省地质厅、长春地质学院在 1∶20 万烟台等幅区测过程中曾创名“张格庄巨屯大理岩组”。1968 年山东省地质局 805 队将含石墨岩系创名为“巨屯组”。命名地点在烟台市福山区臧家乡巨屯。原始定义：分布于烟台市福山地区、蓬莱金果山地区，岩石组合下部为石墨大理岩、硅质石墨大理岩夹黑云片岩，中部为硅质大理岩与含泥质条带燧石结核及燧石条带硅质大理岩，上部为石墨大理岩、白云质大理岩夹长石石英岩、黑云变粒岩。与下伏张格庄组、上覆岗嵛组整合接触，属元古界粉子山群。

【沿革】　1958—1961 年，北京地质学院在 120°以西潍坊等幅区测工作中，将含石墨岩系划为山张家组上亚组或五个庄组(平度、莱州)及登云山组(胶南)。而长春地质学院在 120°以东莱阳、烟台等地划为张格庄巨屯大理岩组，认为属太古界粉子山群。1968 年山东省地质局 805 队在 120°以东地区将含石墨岩系命名为巨屯组，120°以西仍采用北京地质学院划分。并将其时限订正为元古代。邓幼华等(1984)曾将其划为灰埠组上部(莱州)。山东省地质矿产局区域地质调查队(安郁宏等)1987 年在 1∶20 万莱阳市、潍坊市、西由幅区调报告中，把胶北地层小区粉子山群上部含石墨岩系统称为巨屯组。

【现在定义】　指分布于鲁东地层分区，以石墨(黑云)片岩、黑云片岩、石墨大理岩为主夹(石墨)黑云变粒岩、石墨透闪岩岩石组合。以含石墨岩系为主要特征。底以稳定的大理岩结束，含石墨岩系出现划界，与下伏张格庄组整合接触；顶以含石墨岩系结束，大套片岩出现划界，与上覆岗嵛组整合接触。低角闪岩相变质。属早元古代粉子山群。

【层型】 正层型位于福山区门楼乡东汪格庄至巨屯乡村北(121°12′05″,37°25′10″;据山东省地质局第三地质队1974年实测)。

上覆地层：**岗嵛组** 黑云片岩夹绢云透闪片岩	47.2 m
———— 整 合 ————	
巨屯组	总厚度 988.4 m
二段	厚度 330.6 m
57. 石墨片岩	14.1 m
56. 薄层石墨大理岩，含泥质条带方解石团块	92.9 m
55. 黑云变粒岩夹黑云片岩间夹石墨大理岩透镜体	9.5 m
54. 薄层石墨大理岩	57.9 m
53. 黑云片岩	11.0 m
52. 厚层石墨大理岩	145.2 m
———— 整 合 ————	
一段	厚度 657.8 m
51. 黑云片岩夹薄层石墨透闪岩	50.2 m
50. 黑云片岩夹黑云变粒岩	145.0 m
49. 黑云片岩	88.8 m
48. 石墨片岩	21.5 m
47. 黑云片岩夹黑云变粒岩	65.2 m
46. 黑云片岩间夹厚约10 cm之含锰黑云变粒岩	71.4 m
45. 石墨黑云片岩	42.8 m
44. 黑云片岩	85.2 m
43. 含锰石墨变粒岩	52.7 m
42. 石墨黑云片岩	35.0 m
———— 整 合 ————	
下伏地层：**张格庄组** 浅灰色薄层中粗粒白云质大理岩	85.2 m

【地质特征及区域变化】 巨屯组分布于福山臧家、蓬莱金果山及莱州粉子山等地。以含石墨岩系为该组主要特征，是含炭、泥质高的岩石类。在福山地区该组正层型剖面上，主要岩性有石墨大理岩、黑云片岩、石墨黑云片岩夹黑云变粒岩、石墨黑云变粒岩、石墨片岩及石墨透闪岩，以含石墨的片岩和大理岩为标志。厚988.40 m。在其正层型上可分两段，一段即石墨黑云片岩段，厚657.8 m；二段即石墨大理岩段，厚330.6 m。其底以白云质大理岩结束，石墨黑云片岩出现划界，顶以石墨片岩结束、黑云片岩夹透闪岩出现划界，也就是含石墨岩系结束为其顶界，在福山门楼汪格庄一带，该组底部有53 m的含锰石墨变粒岩、含锰黑云片岩。福山老官庄一带本组一段是新型陶瓷工业原料——透辉石岩的含矿层位。在福山地区该组二段产具有工业价值的硅化石墨大理岩型铜矿，是胶东著名福山铜矿主要矿石类型。

在蓬莱金果山一探顶剖面上，一段主要为石墨透闪岩、石墨透闪透辉岩。夹石墨透闪变粒岩，底部黑云变粒岩夹矽线二云片岩，厚96.13 m；二段石墨大理岩成为透闪透辉岩中的夹层，厚93.51 m。由于褶皱和断裂构造发育，本组厚度变化较大，局部地段的一段和二段厚度均在 500 m 以上。在蓬莱金果山一带，本组是透辉石岩矿主要赋存层位，有石英透辉石岩和透闪透辉石岩型两种。

在莱州粉子山一带，本组厚度明显变小，约 130～270 m。主要为石墨透闪岩，夹黑云变粒岩、石墨透闪片岩、石墨黑云片岩、石墨二云片岩、含石墨绢云绿泥片岩、石墨片岩，局部见疙瘩状矽线黑云变粒岩、透辉石英岩。在含石墨绢云绿泥片岩中，赋存黑滑石矿。本组顶部大理岩段在粉子山一带缺失。至优游山一带本组变薄为 37 m。底部以大理岩结束、石墨变粒岩夹黑云变粒岩组合出现划界。再向南至平度灰埠和五莲坤山地区均缺失这套地层。

本组原岩为含碳质粘土岩、粉砂岩及碳酸盐岩。低角闪岩相变质。产透辉石岩矿、黑滑石矿、铜矿。

岗嵛组　Pt_1g　(37－0032)

【创名及原始定义】　1960 年山东省地质厅、长春地质学院在 1∶20 万烟台等幅区测过程中创名岗嵛组。山东省地质厅、长春地质学院 1961 年在其区测报告中介绍。创名地点在福山区臧家乡岗嵛。原始定义：分布于烟台市塔山、臧家及蓬莱金果山等地区，下部为二云片岩，上部为白云片岩、二云片岩夹钙铝硅酸盐岩片岩。总厚 1 340 m。与下伏巨屯组整合接触，与上覆蓬莱系为角度不整合接触，属太古界。

【沿革】　1960 年长春地质学院将 120°以东莱阳、烟台等幅疙瘩状黑云片岩为主地层创名为岗嵛组，而北京地质学院将 120°西潍坊幅莱州等地这套地层划为明村组上亚组。认为属太古界。1968 年山东省地质局 805 队基本沿用上述两学院划分方案，在有些图幅中称为“岩组”，并认为属元古界。《华东地区区域地层表·山东省分册》(1978)和《山东省区域地质志》(1991)中仍采用岗嵛组和明村组，认为属下元古界。山东省地质矿产局区域地质调查队(安郁宏等)1987 年在 1∶20 万莱阳市、潍坊市、西由幅区调报告中，将胶北地层小区粉子山群上部片岩统称为岗嵛组。

【现在定义】　指分布于鲁东地层分区，一套疙瘩状石榴矽线黑云片岩、黑云片岩、矽线二云片岩夹黑云变粒岩等以疙瘩状片岩为特征的岩石组合。底以含石墨岩系结束，大套片岩出现划界，与巨屯组整合接触；顶被第四系覆盖而未见与上覆芝罘群接触关系。低角闪岩相变质。属早元古代粉子山群。

【层型】　本组正层型位于福山区臧家乡西 2 km 至岗嵛(121°10′30″,37°31′40″；据山东省地质局第三地质队 1974 年实测)。

上覆地层：**第四系**　残积黄土

～～～～～～～～ 不 整 合 ～～～～～～～～

粉子山群	总厚度 3 393.1 m
岗嵛组	总厚度 866.8 m
76. 二云片岩	33.6 m
75. 疙瘩状黑云片岩夹疙瘩状二云片岩	38.6 m
74. 黑云变粒岩夹长石石英岩	17.0 m
73. 疙瘩状黑云片岩	25.0 m
72. 疙瘩状黑云片岩夹二云片岩	28.7 m
71. 疙瘩状黑云片岩	49.4 m
70. 黑云片岩夹二云片岩或夹薄层长石石英岩	48.2 m
69. 疙瘩状黑云片岩夹二云片岩、黑云变粒岩	38.9 m

68. 厚层长石石英岩	39.4 m
67. 疙瘩状黑云片岩夹长石石英岩	78.7 m
66. 疙瘩状黑云片岩、黑云变粒岩互层	52.0 m
65. 疙瘩状黑云片岩夹二云片岩间夹薄层长石石英岩	43.9 m
64. 疙瘩状黑云片岩夹透闪岩	40.6 m
63. 透闪岩夹黑云变粒岩	29.6 m
62. 疙瘩状黑云片岩夹透闪岩间夹黑云变粒岩	44.4 m
61. 黑云片岩夹黑云变粒岩	34.8 m
60. 疙瘩状黑云变粒岩	148.8 m
59. 黑云片岩夹透闪岩	28.0 m
58. 黑云片岩间夹绢云透闪岩	47.2 m

———————— 整　合 ————————

下伏地层：**巨屯组**　石墨片岩　14.1 m

【地质特征及区域变化】　岗嵛组分布于烟台市南、福山臧家乡、蓬莱探顶及莱州粉子山等地，与其下巨屯组比较，分布更为局限，莱州粉子山以南缺失这套地层。在福山岗嵛该组正层型剖面上，该组为疙瘩状黑云片岩夹长石石英岩、黑变粒岩、二云片岩、透闪岩。以疙瘩状黑云片岩为其主要特征。厚866.8 m。所称"疙瘩"是由斜长石＋石英＋绢云母组成之聚集体，状若扁豆，大小不等，为变质分异产物。在福山地区该组有些地方夹有薄层大理岩。本段下部具工业价值的透闪岩型、透闪大理岩型铜矿床，是福山铜矿主要赋矿层位。其底以石墨片岩结束、黑云片岩出现划界，与巨屯组渐变过渡。因第四系覆盖未见其顶。在蓬莱探顶地区，本组不甚发育，仅见残留部分，组厚小于250 m。岩性为疙瘩状矽线二云片岩与黑云变粒岩互层，夹疙瘩状黑云片岩，底以石墨透闪岩、石墨透闪变粒岩结束，黑云变粒岩夹矽线二云片岩出现划界。至莱州粉子山一带，该组以矽线石榴黑云片岩为主，夹黑云变粒岩，局部呈疙瘩状，夹一层厚15 m磁铁石英岩和3～4 m烟灰色石英岩。组成粉子山—优游山向斜核部，未见其顶。底以石墨透闪二云片岩结束，矽线石榴黑云片岩出现划界。

本组原岩为一套粘土质碎屑岩建造，低角闪岩相变质，产铜矿。

测得本组锆石U-Pb法同位素年龄为2 019 Ma(福山岗嵛)和1 848 Ma(福山门楼)。

胶南(岩)群　Pt_1JN　(37-0014)

【创名及原始定义】　山东省地质矿产局区域地质调查队(王致本等)1982年在1∶20万日照幅、赣榆幅区域地质调查报告中创名"胶南群"，其主要展布于胶南市一带，故取名胶南群。原始定义：胶南群为一套褶皱复杂，变质程度不一，下部混合强烈并受晚期构造及岩体破坏的变质地层。以片麻岩、变粒岩、浅粒岩和黑云片岩为主，夹大理岩和斜长角闪岩，分上下两部分共四个组。下部包括大山沟组和甄家沟组，上部包括邱官庄组和于家岭组。邱官庄组平行不整合于甄家沟组之上，余者均整合接触。总厚度超过4 706 m，归元古代。

【沿革】　赵家骧、颜轸等1951年在《山东胶南七宝山区地质及石墨矿(节要)》一文中，提出胶南隆起区变质地层是辽河系的一部分，并命名为王台系。属元古界。山东省地质厅、北京地质学院区测一大队(1958—1961年)在山东省120°以西地区开展1∶20万区测工作，1959年曾将胶南隆起区的变质地层称之为粉子山系①。根据胶南隆起区甲子山-独垛子复背斜近东

① 北京地质学院山东大队，1959，山东掖县—莒南一带前寒武系地层问题。载北京地质学院科学技术委员会编，献给第一届全国地层会议，第三辑。

西向展布特点，按复背斜南翼、北翼和核部等三个地区分别建立了若干地方性岩石地层单位。复背斜核部的日照地区，自下而上分为响水河组、沈马庄-石河头组、刘家庄组、洪凝组；复背斜南翼莒南地区分为苍山组、后古城组、三界首组、饮马庄组；复背斜北翼的王台地区分为茂隆山组、刘家庄组、丛家屯家、登云山组。北京地质学院(1961)、山东省地质局(1964)等，将该套地层划为上泰山群的洙边组和坪上组①②，平行不整合于其上的为粉子山群林子组(表 3-3)。山东省地质局 805 队(1968)则认为，沂沭断裂带以东胶南隆起变质地层与泰山群不同，应与胶东群对比，故将洙边岩组和坪上岩组并称为胶东岩群③。属上太古界。平行不整

表 3-3　山东省胶南(岩)群和大山沟(岩)组划分沿革表

赵家骧	北京地质学院山东大队			山东省地质厅北京地质学院	山东省地质局805队	山东省区域地层表编写组	山东省地矿局区调队	山东省区域地质志	中国地质大学	本书
1951	1959			1961	1968	1978	1982	1991	1991	
胶南王台	莒南地区	日照	王台	胶南地区	胶南地区	胶南-东海	日照、赣榆幅	胶南-东海	石门、理务关	胶南小区
元古界 王台系	太古界 粉子山系：饮马庄组 三界首组 后古城组 苍山组	洪凝组 刘家庄组 沈马庄组 响水河组	从家屯组 刘家庄组 茂隆山组	太古界：粉子山群 林子组 上泰山群：坪上组 洙边组	元古界：粉子山群 林子组 上太古界 胶东岩群：坪上岩组 洙边岩组	下元古界：粉子山群 林子组 下元古—太古界 胶东群：坪上组 洙边组	元古界 五莲群：海眼口组 断层 元古界 胶南群：于家岭组 邱官庄组 甄家沟组 大山沟组(二段、一段)	下元古界 五莲群：海眼口组 下元古—太古界 胶南群 上亚群：于家岭组 邱官庄组 下亚群：甄家沟组 大山沟组	中元古界 胶南岩群：龙古岩组 于家岭岩组 邱官庄岩组	震旦纪：朋河石组 早元古代 胶南(岩)群：于家岭(岩)组(二段、一段) 邱官庄(岩)组 晚元古代片麻状二长花岗岩 晚太古代：大山沟(岩)组 晚元古代片麻状二长花岗岩

① 山东省地质厅、北京地质学院区测一大队，1961，1∶20 万潍坊、高密、日照、涛雒幅区域地质测量报告(验收稿)。
② 华东图幅清理工作组、山东省地质局，1964，1∶20 万潍坊、高密、日照、涛雒幅清理审查意见书(手写本)。
③ 山东省地质局 805 队，1968 年，1∶20 万高密、日照、赣榆幅区域地质测量报告。

合于其上的为粉子山群林子组、丛家屯组和登云山组，属元古界。山东区域地层表编写小组(1978)则去“岩”字，并把胶东群归下元古—太古界。

山东省地质矿产局区域地质调查队1976—1982年在胶南隆起区进行1：20万日照幅、赣榆幅区调工作，认为胶南隆起区与胶北隆起区岩性组合不同，故新建胶南群并分为四个组，与其上早元古代五莲群呈断层接触。王致本(1985)认为，胶南群可进一步分为上下两个亚群。中国地质大学顾德林等(1992)在《1：5万石门、理务关幅区域地质调查报告》中认为，既然其受到变形变质作用和后期韧性剪切作用，故原始层理已被置换，现所见已不是原始层序，故改为构造岩石地层单位，称为岩组。同时在于家岭岩组之上发现一套石英岩、黑云变粒岩夹大理岩岩石组合，命名为龙古岩组。

张增奇等(1994)在《山东胶南岩群重新厘定及朋河石组的建立》一文中，将大山沟组从原胶南群中划分出来，将其下段上部斜长角闪岩、黑云变粒岩等岩石组合厘定为大山沟岩组，归晚太古代；甄家沟组实为晚元古代片麻状二长花岗岩而归侵入岩；在莒南县王家道村峪一带，原划邱官庄组底部的变质砂岩，单独建立朋河石组，属震旦纪绿片岩相变质岩。厘定后的胶南(岩)群仅包括邱官庄(岩)组和于家岭(岩)组。

【现在定义】　胶南(岩)群指鲁东地层分区胶南小区一套变粒岩、浅粒岩、片岩夹大理岩和长石石英岩等岩石地层单位。分为以变粒岩、浅粒岩为主的邱官组(岩)组和以片岩夹变粒岩、大理岩及长石石英岩为特征的于家岭(岩)组。低角闪岩相变质。属早元古代。厚约1 737 m。

【地质特征及区域变化】　该(岩)群以黑云变粒岩为主，夹浅粒岩、黑云片岩、长石石英岩、大理岩、石墨大理岩、透闪透辉大理岩。下部以变粒岩为主，上部为片岩夹变粒岩、大理岩和长石石英岩。原岩为浅海相的陆源碎屑-碳酸盐-火山岩沉积建造，地处活动性的大陆边缘区，经历中—高温、中—高压角闪岩相变质，后期遭受韧性剪切作用的改造，原岩层序已失。胶南岩群与其晚太古代大山沟岩组和其上震旦纪朋河石组均呈断层接触。

该(岩)群发育于胶南地层小区的胶南、诸城南部、莒南东部及日照等地。但仅在莒南县坪上一带发育齐全，邱官庄(岩)组和于家岭(岩)组原为连续沉积，总厚度为1 736.58 m。此外，在诸城市及胶南市一带则残存于片麻状二长花岗岩之中，总厚度为693.7 m(图3-3)。该岩群多被元古代晋宁期片麻状二长花岗岩侵入，呈大小不等残片或包体状出现，总体上呈北东向长条状分布。

该岩群邱官庄(岩)组和于家岭(岩)组的黑云变粒岩中锆石U-Pb法不一致曲线上交点年龄，分别为1 912 Ma和2 125 Ma(顾德林等,1992)，代表源区岩石形成年龄。侵入其中的片麻状二长花岗岩锆石U-Pb法不一致曲线上交点年龄为854 Ma和840.53 Ma(陈允福等，1988)，属晚元古期晋宁阶段产物，代表胶南(岩)群第一期区域变质的年龄。此外，加之与胶北地层小区粉子山群和荆山群地质特征区域对比，胶南岩群的形成年龄应小于2 125 Ma而大于832 Ma，地质时限为早元古代。

【问题讨论】　胶南(岩)群初建时，主要考虑到胶南隆起区变质岩系中不含石墨并认为大套片麻岩组合也与胶北隆起区的粉子山群有所不同。经过近几年1：5万区调，在胶南、日照等地方，在剔除原划甄家沟组片麻岩组合和大山沟(岩)组斜长角闪岩、黑云变粒岩组合之后，相继发现了含石墨层位，个别为大的鳞片状似晶质石墨。所以，厘定后的胶南(岩)群岩石组合及变质程度与胶北隆起区粉子山群和荆山群颇有相似之处，今后有可能将其分别归为上述两群之中。但是，由于胶南(岩)群变形强烈，有层无序，而荆山群和胶南群变形较弱，成层

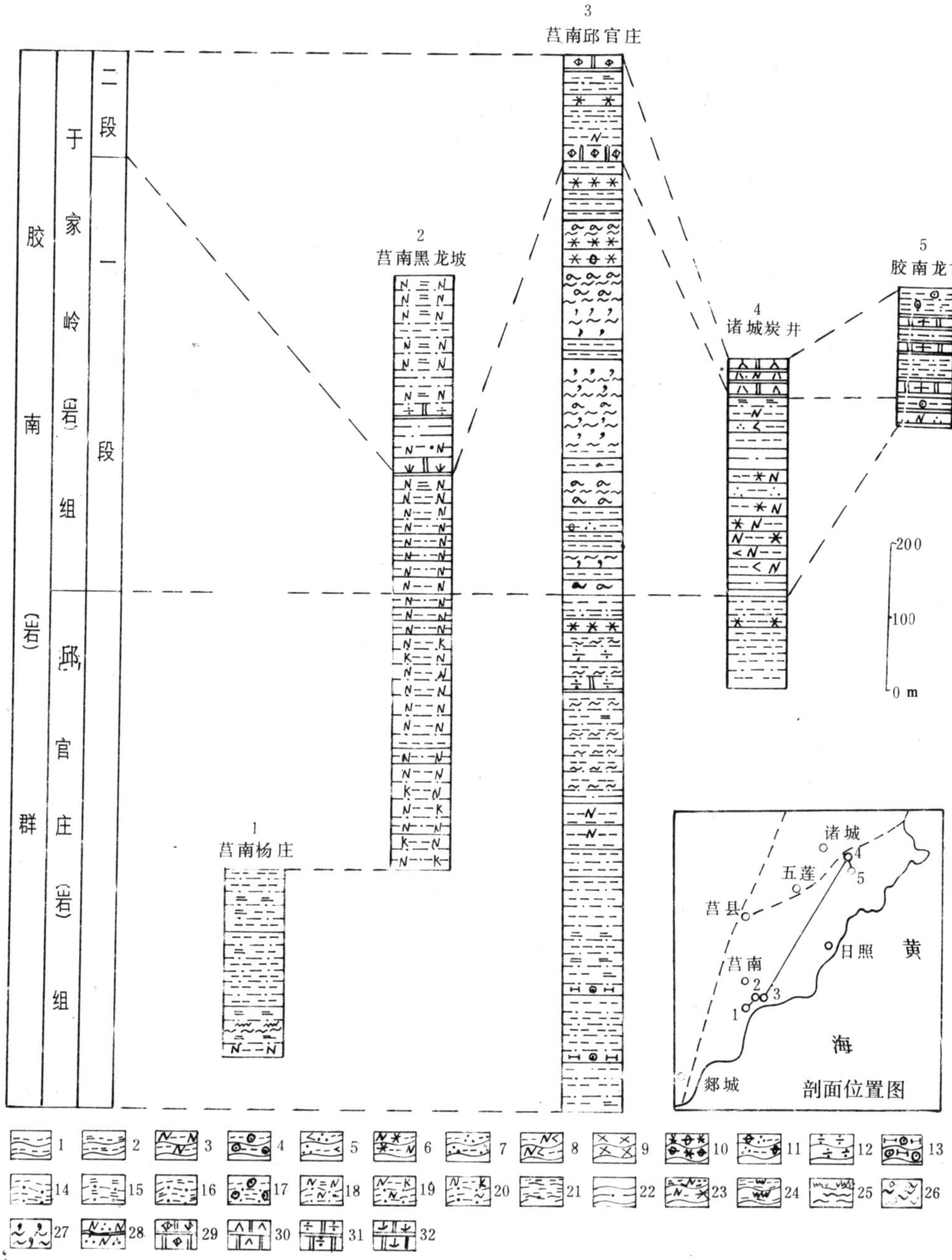

图 3-3　山东省胶南(岩)群柱状对比图

1. 黑云片岩；2. 二云片岩；3. 斜长黑云片岩；4. 石榴黑云片岩；5. 黑云角闪石英片岩；6. 黑云角闪阳起片岩；7. 黑云石英片岩；8. 斜长角闪黑云片岩；9. 阳起片岩；10. 绿帘阳起片岩；11. 绿帘黑云石英片岩；12. 透闪片岩；13. 石榴透辉片岩；14. 黑云变粒岩；15. 白云变粒岩；16. 二云变粒岩；17. 石榴黑云变粒岩；18. 斜长白云变粒岩；19. 斜长黑云变粒岩；20. 二长黑云变粒岩；21. 混合岩化黑云变粒岩；22. 浅粒岩；23. 斜长浅粒岩；24. 黑云斜长片麻岩；25. 条痕状混合岩；26. 细纹状混合岩；27. 斑点状混合岩；28. 长石石英岩；29. 白云石大理岩；30. 镁橄榄石大理岩；31. 透闪大理岩；32. 蛇纹石大理岩

有序，所以，胶南群也有别于前述两者。为此，单独将其划为一个(岩)群也未尝不可。

目前在胶南(岩)群中发现许多变形变质花岗质岩体，与地层并未分开，应属杂岩性质，因时间和资料限制，暂按胶南(岩)群处理。尚待今后解决。

邱官庄(岩)组　Pt_1q　(37-0015)

【创名及原始定义】　山东省地质矿产局区域地质调查队(王致本等)1982年在1：20万日照幅、赣榆幅区调报告中创名“邱官庄组”。创名地点在莒南县坊前乡邱官庄。原始定义：邱官庄组分布于胶南隆起区，平行不整合或不整合在甄家沟之上、整合在于家岭组之下，底部有时含有含砾变质砂岩、绢云千枚岩，其上是一套由浅粒岩、黑云变粒岩夹黑云片岩组成的韵律层本组总厚度876.35 m。属元古代胶南群。

【沿革】　原北京地质学院山东区测大队1959年在《山东掖县—莒南一带前寒武系地层问题》一文中，曾将其组合划为后古城组和三界首组(莒南)、刘家庄组下部(日照、王台)并归粉子山群。在其1961年编写的区测报告中划为上泰山群坪上组下部。山东区域地层表编写组(1978)则沿用原北京地质学院划分，但归为胶东群。山东省地质矿产局区域地质调查队1982年创建邱官庄组，并将其浅粒岩、变粒岩、黑云片岩为主的韵律层(成分层)简称为“浅、变、片”。其后的山东地质界均采用邱官庄组。中国地质大学顾德林等(1992)认为，因其层理已被置换，是一套有层无序组合，改为构造岩石地层单位即“邱官庄岩组”，并认为属中元古代。本文认为，该套岩石组合多数有层无序，故为邱官庄(岩)组，属早元古代。

【现在定义】　指分布于鲁东地层分区胶南地层小区，以黑云变粒岩和浅粒岩为主夹斜长黑云片岩、阳起黑云片岩岩石地层单位。以浅粒岩、黑云变粒岩夹黑云片岩组成的韵律层为特征。顶以上述岩石组合结束，大套黑云片岩出现划界，与于家岭(岩)组整合接触。层型厚863.06 m。低角闪岩相变质。属早元古代胶南(岩)群。

【层型】　正层型位于莒南县坊前乡邱官庄村东南(119°00′40″,35°06′35″;据山东地质矿产局区域地质调查队一分队1978年实测)。

上覆地层：**于家岭(岩)组**　细纹状混合岩夹浅粒岩	24.46 m
——————整　合——————	
邱官庄(岩)组	总厚度 863.06 m
60. 浅粒岩	4.55 m
59. 混合质片麻状黑云钠长变粒岩夹黑云片岩	5.31 m
58. 片麻状黑云变粒岩夹浅粒岩	17.46 m
57. 浅粒岩	6.58 m
56. 片麻状黑云变粒岩	27.26 m
55. 浅粒岩与片麻状黑云变粒岩互层	4.70 m
54. 片麻状黑云变粒岩及黑云片岩	11.65 m
53. 阳起片岩	4.96 m
52. 片麻状黑云变粒岩夹浅粒岩	3.33 m
51. 黑云阳起片岩	2.49 m
50. 片麻状黑云变粒岩	24.91 m
49. 混合质片麻状黑云变粒岩夹黑云片岩	7.69 m
48. 透闪岩	3.50 m
47. 片麻状含绿帘黑云钠长变粒岩	8.75 m
46. 混合质黑云片岩及混合质片麻状黑云变粒岩	17.50 m
45. 混合质片麻状黑云变粒岩夹混合质黑云片岩	16.26 m
44. 钠长透闪岩夹透闪大理岩扁豆状体	4.43 m
43. 黑云片岩	6.08 m

42. 混合质片麻状黑云变粒岩常夹黑云片岩小薄层	36.44 m
41. 二长变粒岩夹黑云片岩	21.74 m
40. 混合质片麻状黑云变粒岩	37.78 m
39. 混合质片麻状黑云变粒岩夹黑云片岩	23.00 m
38. 混合质片麻状黑云变粒岩	25.81 m
37. 混合质片麻状黑云变粒岩夹黑云片岩	29.15 m
36. 浅粒岩	4.26 m
35. 混合质片麻状黑云变粒岩	5.11 m
34. 黑云片岩夹浅粒岩	8.06 m
33. 黑云钠长片麻岩	70.25 m
32. 混合质片麻状黑云变粒岩夹黑云片岩	21.03 m
31. 混合质片麻状黑云变粒岩夹薄层浅粒岩	22.46 m
30. 片麻状黑云变粒岩，顶部夹黑云片岩	47.45 m
29. 混合质片麻状黑云变粒岩夹黑云片岩	21.62 m
28. 混合质片麻状黑云变粒岩夹浅粒岩	12.62 m
27. 片麻状白云变粒岩夹黑云片岩	31.11 m
26. 混合质片麻状黑云变粒岩夹黑云片岩	6.34 m
25. 黑云变粒岩	13.90 m
24. 混合质白云变粒岩夹少量黑云片岩	10.04 m
23. 二云变粒岩	27.48 m
22. 二云变粒岩夹少量黑云片岩	6.52 m
21. 黑云变粒岩	8.27 m
20. 白云榴辉岩	2.15 m
19. 黑云变粒岩夹少量浅粒岩	11.82 m
18. 浅粒岩及黑云变粒岩	3.23 m
17. 石英细纹状混合质黑云变粒岩	20.93 m
16. 浅粒岩及混合质黑云变粒岩	6.78 m
15. 片麻状黑云变粒岩	13.50 m
14. 黑云变粒岩夹少量黑云片岩	18.71 m
13. 片麻状黑云变粒岩	11.07 m
12. 二云变粒岩夹二云片岩	14.58 m
11. 黑云变粒岩夹浅粒岩	14.18 m
10. 榴辉岩及绿帘角闪二云片岩	6.29 m
9. 黑云变粒岩夹浅粒岩	11.05 m
8. 黑云变粒岩夹榴辉岩	8.64 m
7. 黑云变粒岩夹少量浅粒岩	16.84 m
6. 片麻状黑云变粒岩	20.51 m
5. 细纹状二云变粒岩及片麻状二云变粒岩	15.09 m

～－－～－－ 侵入接触 ～－－～－－

晚元古代：片麻状二长花岗岩

【地质特征及区域变化】 邱官庄(岩)组以黑云变粒岩夹浅粒岩和黑云片岩岩石组合为特征，并区别于其上以片岩为主的于家岭(岩)组，组成浅粒岩→黑云变粒岩→黑云片岩韵律层。未见底，顶部以上述岩石组合结束，以大套黑云片岩出现划界，与于家岭(岩)组整合接触。由于该层型描述资料为70年代，其上于家岭(岩)组条纹状构造成因是否为后期韧性剪切改造尚待研究。因此，邱官庄(岩)组顶部暂以大套变粒岩结束、大套黑云片岩及条纹状混合岩出现与于家岭(岩)组划界，若没有大量条纹状构造的地方，以大套黑云片岩出现作为邱官庄(岩)组顶界。

该(岩)组主要分布于莒南县邱官庄、坪上，诸城大岳寺及胶南薛家岛一带。其他地方亦有零星出露，均呈北东向条带状展布，其主要岩性以黑云变粒岩为主夹浅粒岩和二云变粒岩，次为黑云变粒岩及少量二云片岩，偶夹大理岩。以浅粒岩、黑云变粒岩和黑云片岩三者组成的韵律为该组特征，野外填图时称之为“浅、变、片”。该岩组正层型邱官庄剖面上厚863.06 m，诸城市炭井剖面厚181.7 m，麻姑馆剖面厚610.5 m。

该(岩)组原岩为陆源碎屑岩即杂砂岩和长石砂岩，并夹有少量的中—基性火山碎屑岩。为浅海相陆源碎屑岩夹火山碎屑岩沉积建造。

测得该岩组中黑云变粒岩中锆石 U－Pb 法测定上交点年龄为 1 921 Ma(顾德林等，1992)。据同位素年龄、接触关系和区域对比分析，该岩组地质时限为早元古代。

于家岭(岩)组　Pt_1yj　(37－0016)

【创名及原始定义】　山东省地质矿产局区域地质调查队(王致本等)1982年在1∶20万日照幅、赣榆幅区调报告中创名于家岭组。取名于山东省莒南县坊前乡于家岭村。原始定义：于家岭组指分布于胶南隆起区，整合于邱官庄组之上，由黑云片岩夹云母变粒岩、石英岩、大理岩及斑纹状混合岩等组成。顶部出露不全，总厚度大于873.52 m。属元古代胶南群。

此前，北京地质学院山东区测大队(1959)曾将其称为饮马庄绢云母片麻岩夹大理岩组(莒南)，刘家庄白云母片麻岩、石英岩、绢云母片岩组上部(日照)①。在编写的报告中(1961)又改称为坪上组上部②③。山东省区域地层表编写组(1978)则沿用原北京地质学院划分，但划为胶东群。《山东省区域地质志》(1991)则沿用于家岭组。中国地质大学(北京)胶南区调队(顾德林等)1992年认为其有层无序，改称为于家岭岩组，并将胶南市龙古一带的长石石英岩组合新建龙古岩组。本次地层清理认为，龙古(岩)组应是于家(岩)组上部地层，故不采用龙古(岩)组，并将其并入于家岭(岩)组。

【现在定义】　指分布于鲁东地层分区胶南地层小区，黑云片岩夹变粒岩、浅粒岩、(长石)石英岩、大理岩等岩石地层单位。未见顶。底以变粒岩、浅粒岩组合结束，大套黑云片岩出现划界，与于家岭(岩)组整合接触。层型厚873.52 m。低角闪岩相变质。属早元古代胶南(岩)群。

【层型】　正层型位于莒南县坊前乡邱官庄村北—于家岭(119°00′40″,35°07′20″;据山东省地质矿产局区域地质调查队一分队1987年实测)。

于家岭(岩)组	总厚度873.52 m
二段	厚度172.89 m
94. 乳白色透闪方解白云石大理岩，底部为白云母石英岩(未见顶)	10.67 m
93. 片麻状二云变粒岩	37.58 m

① 北京地质学院山东区测大队，1959，山东掖县—莒南一带前寒武系地层问题。载北京地质学院科学技术委员会编，献给第一届全国地层会议，第三辑。

② 山东省地质厅、北京地质学院区测一大队，1961，1∶20万潍坊、高密、日照、涛雒幅区域地质调查报告(验收稿)。

③ 华东图幅清理工作组、山东省地质局，1964，1∶20万潍坊、高密、日照、涛雒幅区测资料清理审查意见书(手写稿)。

92. 石英岩	1.21 m
91. 片麻状二云钠长变粒岩	16.52 m
90. 黑云片岩	22.81 m
89. 二云二长片麻岩	4.56 m
88. 绿帘钠长黑云片岩及富黑云钠长片麻岩	2.44 m
87. 阳起片岩	1.62 m
86. 黑云片岩偶夹白云石英片岩	1.46 m
85. 片麻状黑云变粒岩	14.25 m
84. 混合质片麻状黑云变粒岩	19.44 m
83. 片麻状黑云钠长变粒岩夹浅粒岩	35.33 m
82. 灰白色白云石质大理岩	5.00 m

——————— 整　合 ———————

一段	厚度 700.63 m
81. 片麻状黑云变粒岩	11.95 m
80. 黑云片岩	15.93 m
79. 白云阳起片岩	22.34 m
78. 黑云片岩下部夹条纹状混合岩	29.07 m
77. 黑云钠长变粒岩夹浅粒岩	10.60 m
76. 阳起片岩	2.96 m
75. 斑纹状混合岩，中下部夹条纹状混合岩	33.48 m
74. 条纹状混合岩，有阳起片岩、黑云片岩残留体	16.74 m
73. 混合质黑云石英片岩及绿帘阳起片岩	26.26 m
72. 条纹状混合岩，有黑云片岩残留体	52.30 m
71. 斑纹状混合岩，局部有黑云片岩残留体	154.75 m
70. 白云钾长细纹状混合岩，顶部为含斑条纹混合岩	42.24 m
69. 斑纹状混合岩夹少量黑云片岩及细纹状混合岩	60.94 m
68. 条纹状混合岩	21.46 m
67. 黑云片岩	15.66 m
66. 细纹状混合岩下部夹浅粒岩	57.17 m
65. 斑纹斑状混合岩夹黑云片岩及浅粒岩	20.87 m
64. 黑云片岩	12.72 m
63. 绿帘黑云石英片岩	4.49 m
62. 细纹状混合岩及黑云片岩	64.24 m
61. 细纹状混合岩夹浅粒岩	24.46 m

——————— 整　合 ———————

下伏地层：**邱官庄(岩)组**　浅粒岩　4.55 m

【地质特征及区域变化】　于家岭(岩)组分布于胶南地层小区的莒南于家岭，诸城桃园，胶南付家屯、龙古、前桃山等地，呈北东向长条带状展布，普遍受韧性剪切带改造，以黑云片岩、斜长黑云变粒岩为主，夹浅粒岩、长石石英岩、含透闪钠长变粒岩、透闪石岩、大理岩、透闪透辉大理岩和石墨大理岩透镜体，局部夹斜长角闪岩。以黑云片岩为该(岩)组特征，下部夹浅粒岩和石英片岩，上部夹较多的黑云变粒岩、长石石英岩和大理岩等。据此分为两段，一般以大理岩出现为二段，其下为一段。在正层型即于家岭剖面上于家岭(岩)组厚 873.52

m，至胶南龙古和林子村一带，厚142.9 m，其岩性主要为长石石英岩、黑云变粒岩，夹透闪透辉大理岩、金云透闪大理岩及透闪透辉岩透镜体。在诸城市炭井和千秋岭一带，该(岩)组和邱官庄(岩)组均有出露，该(岩)组厚369.1 m，其岩性以黑云片岩为主，上部夹两层厚各4 m的大理岩。据张成基和陈允福等人在莒南等地观察，均见到含石墨大理岩透镜体，应属于家岭(岩)组。但是，据此有人认为既然含石墨，应划为粉子山群或荆山群。

该(岩)组底以黑云片岩大量出现为界，与邱官庄(岩)组整合接触。

该(岩)组为夹火山沉积的浅海相陆源碎屑—碳酸盐岩沉积建造。低角闪岩相变质。其中的大理岩作水泥原料、饰面石材开采。

顾德林等(1992)采自胶南市龙古村东南于家岭(岩)组黑云变粒岩中的锆石，用U-Pb法取得不一致曲线上交点年龄为2 125 Ma。该岩组又被锆石U-Pb法不一致曲线上交点年龄为832 Ma的片麻状二长花岗岩侵人，再据与邻区地层对比，认为其地质时限为早元古代。

芝罘群　$Pt_1\hat{Z}$　(37-0033)

【创名及原始定义】　1943年日本人小出作次郎在烟台市芝罘岛从事铁矿调查时创名“芝罘统”，因日本人战败投降而中止在该岛探掘工作，资料未刊①。1950年赵家骧等介绍其定义：芝罘岛地层均为太古界水成变质岩，包括石英岩、石英片岩及片麻岩等，据日本人之研究，称之为芝罘统，与辽东半岛之首山层下部或与鞍山统相当②。其论文于1951年发表介绍。

【沿革】　赵家骧等1951年在《地质论评》上称之为芝罘系，自下而上分五层：下石英岩层、长石石英片麻岩夹含铁矿层、中石英岩层、云母石英片岩层、上石英岩层。《中国区域地层(草案)》(1956)称芝罘系，认为与其下粉子山系关系不明。山东省地质局、长春地质学院(1960)在进行1∶20万烟台等幅区测时，改称为芝罘组，归粉子山群并置于其顶部，认为属太古界。山东省地质局805队(1968)将其归属元古界。马洪昌(1976)曾认为芝罘组就是祝家夼组下部地层。其后多数人将芝罘组划为粉子山群顶部。山东省地质矿产局区域地质调查队(王沛成等)1991年在进行1∶20万蓬莱、烟台、砣矶幅区调时，将芝罘组从粉子山群中分解出来，升为芝罘群，群内新建老爷山组和兵营组，属早元古代，见表3-2。

【现在定义】　指分布于鲁东地层分区烟台芝罘岛附近，一套以石英岩为主夹钾长石英岩并含镜铁矿的岩石组合。因海水淹没和第四系覆盖而未见顶底。低角闪岩相变质。属早元古代。以含镜铁矿、钾长石和电气石及纯石英岩为特征，分为下部以含砾、含石英条带、含镜铁矿钾长石英岩和石英岩为主的老爷山组，上部以纯石英岩为主的兵营组。

【地质特征及区域变化】　芝罘群局限分布于烟台市芝罘岛，以石英岩、钾长石英岩为主夹镜铁矿层为特征。下部为老爷山组，主要为厚层含砾钾长石英岩、含镜铁钾长石英岩、镜铁石英岩；上部为兵营组，以灰白色细粒纯石英岩为主夹钾长石英岩。岩石成层性好，原生构造发育。原岩为一套铁质含砾陆源碎屑岩及陆源碎屑岩，遭受低角闪岩相变质。因海水淹没及第四系覆盖，未见与上、下地层的直接接触关系。该群石英岩的锆石U-Pb不一致曲线同位素年龄为2 171 Ma(地质矿产部地质研究所,1991)。

老爷山组　Pt_1ly　(37-0034)

【创名及原始定义】　山东省地质矿产局区域地质调查队(王沛成等)1991年在从事1∶20万蓬莱、烟台、砣矶幅区调时，在烟台市芝罘岛老爷山创名“老爷山组”。原始定义：分布于芝罘岛北部地区，主要岩性为含镜铁矿石英岩、白云钾长片麻岩、石英岩、钾长石英岩、含

---

① 小出作次郎，1943，芝罘岛铁矿调查报告书。
② 赵家骧、颜轸、董南庭、张绋言，1950，山东省烟台芝罘岛铁矿。矿测近讯，第115期，96—102页。

砾钾长石英岩等，变质相为低角闪岩相，与上覆兵营组整合接触，属早元古代。出露厚度为778 m。

【沿革】 《山东省区域地质志》(1991)将芝罘组分四段，山东省地质矿产局区域地质调查队(王沛成等,1991)升组为群后，分两组。其中把原划芝罘组一至三段含砾镜铁钾长石英岩为主地层命名为老爷山组。

【现在定义】 指分布于鲁东地层分区烟台芝罘岛北部，以含砾、含石英和镜铁矿条带的钾长石英岩、石英岩为主夹白云片岩、白云石英片岩、白云钾长片麻岩及二云变粒岩岩石组合。以含镜铁矿为特征。因海水淹没未见其底，与上覆纯石英岩为主的兵营组整合接触。低角闪岩相变质。属早元古代芝罘群。

【层型】 正层型位于烟台市芝罘区芝罘岛(121°21′20″,37°38′00″;据山东省地质综合研究队邓幼华等1982年实测)。

上覆地层：**兵营组** 肉红色厚层含石英条带的含砾粗粒钾长石英岩	64.2 m
——整 合——	
老爷山组	总厚度 764.0 m
31. 灰白色中厚层细粒二云变粒岩夹浅粒岩	34.4 m
30. 灰白色中厚层中细粒含白云钾长石英岩，局部为纯石英岩	31.5 m
29. 青灰色厚层粗粒钾长石英岩，夹薄层含镜铁钾长石英岩	101.4 m
28. 灰黑色厚层含石英条带的含砾镜铁石英岩	12.1 m
27. 肉红色厚层粗粒含镜铁白云钾长石英岩	17.1 m
26. 土黄色厚层含砾中粗粒片麻状白云钾长石英岩	14.9 m
25. 灰黑色中厚层含镜铁石英岩，夹黑色镜铁贫矿层	23.9 m
24. 灰黑色厚层含石英条带的含砾镜铁石英岩(贫矿)	19.3 m
23. 灰白色薄层条带状含砾中细粒白云钾长石英岩	19.8 m
22. 灰黑色厚层含石英条带的含砾镜铁石英岩	10.9 m
21. 青灰色厚层含石英条带的粗粒含镜铁白云钾长片麻岩	7.0 m
20. 肉红色中厚层中粗粒白云片岩	17.0 m
19. 灰白色中厚层中细粒含镜铁钾长石英岩	34.4 m
18. 灰白色中厚层含伟晶电气石的中细粒纯石英岩	24.1 m
17. 淡灰白色厚层中粗粒含镜铁钾长石英岩	11.7 m
16. 灰黑色厚层条带状镜铁石英岩	16.1 m
15. 灰白色厚层粗粒钾长石英岩	74.3 m
14. 岩性同13层	8.3 m
13. 灰白色中厚层含钾长石、电气石集结体的中细粒白云石英片岩，夹少量白云片岩薄层及条带	25.5 m
12. 中厚层、厚层含镜铁条带的中粗粒钾长石英岩与含砾粗粒钾长石英岩互层	76.6 m
11. 厚层、中厚层含钾长石、电气石豆荚状结集体的钾长石英岩，夹薄层白云片岩	13.1 m
10. 中厚层、厚层含镜铁条带的中粒钾长石英岩与含砾粗粒钾长石英岩互层	13.7 m
9. 条带状中粗粒钾长石英岩，偶夹条带状白云石英片岩及含砾粗粒钾长石英岩	64.7 m
8. 浅灰白色厚层中粗粒含白云钾长石英岩	2.5 m
7. 浅灰白色中粗粒条带状白云石英片岩	5.0 m
6. 浅灰白色(风化面微带红色)厚层中粗粒含白云钾长石英岩	4.5 m
5. 灰黑色厚层、中厚层细粒条带状含镜铁钾长石英岩夹铁矿层	6.4 m

4. 厚层含砾钾长石英岩	1.6 m
3. 厚层粗粒钾长石英岩	19.4 m
2. 灰白色中厚层钾长石英岩与含石英条带薄层的含砾钾长石英岩互层	28.5 m
1. 灰白色厚层粗粒钾长石英岩(因海水淹没未见底)	24.3 m

【地质特征及区域变化】 老爷山组分布于芝罘岛北部的老爷山—北山一带，据海岛调查资料，崆峒岛、加岛、头孤岛、豆卵岛等小岛出露的岩石亦属本组。从芝罘岛摸洛石—芝罘大疃东剖面看，本组以条带状中厚层中粗粒钾长石英岩和含镜铁石英岩、含镜铁钾长石英岩为主，偶夹白云石英片岩、白云钾长片麻岩，上部夹镜铁矿层，顶部为二云变粒岩夹浅粒岩。普遍含砾石，局部富集成变质砾岩。石英和白云母富集而成条带状构造。以含砾镜铁钾长石英岩、镜铁石英岩为该组特征。厚 764 m。本组岩石构成四个次级沉积旋回。旋回Ⅰ(1—3层)岩层中见变余斜层理、变余砂状等构造。旋回Ⅱ(4—14 层)具明显下粗上细韵律性变化，岩层中见变余斜层理及含砾粗碎屑构造。旋回Ⅲ(15—21 层)见有两层镜铁矿层。旋回Ⅳ(22—31层)岩层中见变余斜层理与变余韵律层构成的复合层，含四层镜铁矿。可见，本组基本层序有两种类型：其一，含砾粗粒钾长石英岩→含镜铁矿中粗粒钾长石英岩→含镜铁石英岩→镜铁矿层；其二，含砾钾长石英岩→石英岩→二云变粒岩→白云片岩。以含砾粗粒钾长石英岩、含镜铁矿钾长石英岩和镜铁石英岩最发育。

因海水淹没未见其底。据王沛成等人观察，在海水低潮期于老爷山组底部曾见到有含高铝矿物云母片岩。顶以含镜铁矿石英岩旋回性组合结束也就是细粒二云变粒岩夹浅粒岩结束划界，与其上以纯石英岩为主的兵营组整合接触。因分布局限，横向变化不大。

兵营组　Pt_1b　(37－0035)

【创名及原始定义】 山东省地质矿产局区域地质调查队(王沛成等)1991 年在从事 1∶20 万蓬莱、烟台、砣矶幅区调时，创名兵营组，创名地点在烟台市芝罘岛驻军营房附近，故取名兵营组。原始定义：分布于芝罘岛南部地区，主要岩性为厚层石英岩、钾长石英岩、含电气石石英岩夹白云石英片岩及大理岩。低角闪岩相变质，该组与下伏老爷山组整合接触，与上覆蓬莱群未见直接接触。属下元古界，出露厚度为 868 m。

【沿革】 《山东省区域地质志》(1991)将芝罘组分为四段。山东省地质矿产局区域地质调查队(王沛成等，1991)升组为群，分两组。其中把原划芝罘组四段以细粒纯石英岩为主地层命名为兵营组。

【现在定义】 指分布于鲁东地层分区烟台芝罘岛南部，以纯石英岩为主夹钾长石英岩、白云片岩和蛇纹大理岩岩石组合。以纯石英岩为特征。与下伏以含镜铁钾长石英岩为主的老爷山组整合接触。因海水淹没和第四系覆盖未见其顶。低角闪岩相变质。属早元古代芝罘群。

【层型】 正层型位于烟台市芝罘区芝罘岛南部(121°21′20″，37°38′00″；据山东省地质综合研究队邓幼华等 1982 年实测)。

兵营组	总厚度 868.3 m
45. 白云片岩，其上被滨海砂砾覆盖(未见顶)	6.0 m
44. 淡黄—白色厚层粗粒蛇纹大理岩	5.2 m
43. 褐灰色细粒白云片岩	17.3 m
42. 灰白色薄层细粒含白云钾长石英岩	44.4 m
41. 碎裂—角砾岩化褐红色厚层粗粒钾长石英岩	69.7 m

40. 灰白色中厚层细粒石英岩　13.9 m
39. 肉红色薄层细粒石英岩(较纯)　83.7 m
38. 灰白色厚层细粒含电气石石英岩(较纯)　40.0 m
37. 棕褐色薄层—中厚层含铁质钾长石英岩　84.8 m
36. 浅黄褐色厚层中细粒钾长石英岩(含电气石)，夹厚层白云钾长石英岩　92.3 m
35. 灰白色薄层细粒含白云石英片岩　128.3 m
34. 白色薄层中细粒含白云石英岩与淡青色(半透明)厚层细粒石英岩互层　79.9 m
33. 白色厚层细粒石英岩(较纯)　138.6 m
32. 肉红色厚层含石英条带的含砾粗粒钾长石英岩　64.2 m

——————— 整　合 ———————

下伏地层：**老爷山组**　灰白色中厚层细粒二长变粒岩夹浅粒岩　34.4 m

【地质特征及区域变化】　本组以灰白色细粒纯石英岩为主并夹大量钾长石英岩为特征。中下部夹含白云石英片岩，顶部为白云片岩夹一层约 5 m 厚的蛇纹大理岩。石英岩质纯半透明呈白色，而钾长石英岩因含铁质故风化后呈肉红和棕褐等色。本组石英岩中偶含电气石。

本组岩石构成两个次级沉积旋回。旋回 Ⅰ(32—35 层)，薄层石英岩与厚层石英岩反复叠置，白云石英片岩中含微层理构造。旋回 Ⅱ(36—45 层)，自下而上钾长石减少，白云母增加。本组基本层序亦有两种类型：其一为钾长石英岩→纯石英岩→白云石英片岩；其二为白云片岩→大理岩。其中均以中部纯石英岩厚度最大。本组上部曾见到特征变质矿物十字石。

本组底部以大套纯石英岩旋回性组合之底划界，也就是说第一大套纯石英岩下部含砾粗粒钾长石英岩底部划界，与下伏老爷山组整合接触。因第四系覆盖和海水淹没而未见顶。

因分布局限，本组横向变化不大。

济宁(岩)群　$\mathbf{Pt_1}$*JG*　(37－0036)

【创名及原始定义】　南京地质矿产研究所变质铁矿组(亓润章)1979 年 5 月在《蚌埠、济宁两地区下元古代地层中与铁矿有关的变质火山岩》一文中首次使用济宁群①，取名于济宁附近。亓润章 1984 年介绍。原始定义：其含铁建造类型为板岩—绢云绿泥千枚岩—变流纹岩—变英安岩—条带状假象赤铁矿、赤铁石英岩型。变质程度不超出绿片岩相的范围或更低。同位素年龄为 17 亿年。岩石组合、岩相、变质程度、矿石建造等特征与泰山群均有本质差异。可以推断这套地层是不整合在泰山群之上隶属元古代的一套浅变质含铁(硅质)沉积-火山岩系。称济宁群。

【沿革】　早在 1970 年山东省地质局 807 队五分队在钻探验证济宁磁异常时，ZK_3 孔于千米盖层下发现了千枚岩夹磁(赤)铁矿层，将其划为震旦系土门组。山东省地质局第二地质队(1977)、李评(1980)、亓润章(1979、1983)先后进行过研究，对济宁群的建立提出不同意见。曹国权(1993)鉴于这套浅变质含铁岩系目前的研究程度较低，其分布状况、与下伏地层的关系尚待解决，层序也存在一定问题，改称为济宁岩群。本次清理称济宁(岩)群，暂不分组。

【现在定义】　指鲁西地层分区济宁北东至嵫阳山一带被覆于千米盖层之下，由板岩、千枚岩、变英安玢岩及赤(磁)铁矿层组成的岩石地层单位。与上覆寒武纪长清群不整合接触，与下伏泰山岩群未见直接接触，推测为不整合接触。低绿片岩相变质。属早元古代。

【层型】　正层型剖面位于兖州市颜店镇嵫阳山(116°39′30″，35°32′45″；据山东省地质局第

① 南京地质矿产研究所变质铁矿组，1979，蚌埠、济宁两地区下元古代地层中与铁矿有关的变质火山岩，华东地质(地质矿产专辑)，第 2 期，146 页。

二地质队 1977 年钻探)。

上覆地层:**长清群** 灰岩为主,底部为厚约 1 m 的砾岩层

~~~~~~~~~~ 不 整 合 ~~~~~~~~~~

济宁(岩)群	总厚度 122 m
1. 暗紫色硅铁质板岩为主,夹灰色钙质千枚岩	7 m
2. 硅铁质千枚岩夹赤铁矿带	约 4 m
3. 灰绿色薄层状绿泥石千枚岩、绢云母千枚岩、灰紫色薄层铁质千枚岩及厚约 2 m 的条纹状假象赤铁矿层,节理裂隙中充填有石膏	约 33 m
4. 硅铁质板岩夹赤铁矿条带	2~20 m
5. 灰绿色千枚岩为主,夹紫色硅铁质千枚岩,下部为变质火山岩夹赤铁矿层(未见底)	约 58 m

【地质特征及区域变化】 济宁(岩)群的分布局限在济宁市城东兖州市崌阳山一带,未出露地表。南北长约 20 km,东西宽 10 km。岩石组合为板岩+千枚岩+条纹状假象赤铁矿+变质火山岩。上部以暗色铁质板岩为主;中部为浅绿色绿泥石绢云母千枚岩夹薄层铁质千枚岩及赤铁矿层;下部主要为变质火山岩。

济宁(岩)群发现有数种微古植物化石,有 *Leiomonucula minuta*, *Lophominuscula* sp., *Margominuscula* sp., *Leiopsophosphaera densa* sp. 等。其组合特点如下:全部为球形藻类,以小于 10 μm 的光面球藻、厚缘小球藻及瘤面小球藻为主的超微体最多。可与长城系的微古植物组合对比。但其膜壳纹饰较简单,组合面貌简单,属种较少,较长城系者原始,其时代较老,应为早元古代。

济宁(岩)群变质程度为低绿片岩相。其同位素年龄值多在 1 700 Ma 左右,形成时代应为早元古代。原岩属浅海相泥砂沉积夹中基性火山岩及硅铁沉积建造。

第二节 鲁东地层分区下元古界横剖面

早元古代初期,鲁东地层分区大规模地壳开合,形成一套槽形沉积的类复理石-碳酸盐建造,在盆地中心形成荆山群,盆地边缘形成粉子山群(图 3-4)。

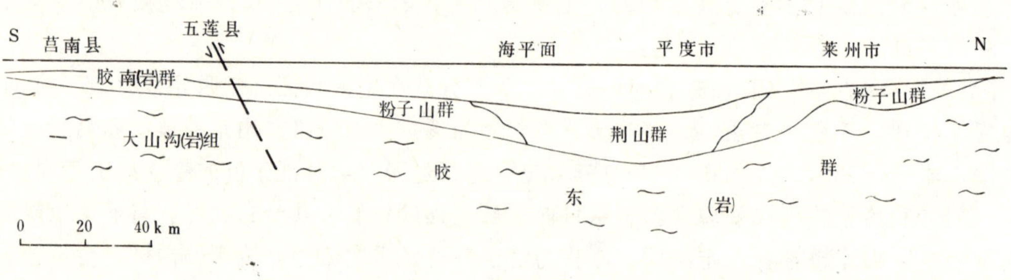

图 3-4 鲁东地层分区早元古代胶南(岩)群、粉子山群和荆山群形成关系横剖面示意图

由于当时含碳质较高的中心在莱西一带,再经过后期高角闪岩相至麻粒岩相高级变质作用,所以富集晶质石墨和透辉岩,而远离盆地中心因含碳质较少,且变质程度相对较低(低角闪岩相),石墨片小不成矿,透闪岩较多。

在盆地周围如粉子山一带,曾一度处于潮坪环境,钙质沉积物白云岩化而使镁质富集。
~~~~~~~~~~

在晋宁运动期间，受秦岭-大别-胶南古构造碰撞带的影响，使荆山群和粉子山群沿太古宇结晶基底发生推覆和滑脱。由于莒南县一带靠近碰撞带，地质体变形强烈，岩层多呈残片状分布。原始层理多被置换，层序不清。从而使胶南地区构造复杂化，故而形成了胶南(岩)群。在荆山群和粉子山群之间以及部分组之间也程度不同地发生了推覆和滑脱。因此，胶南(岩)群、荆山群和粉子山群很可能属同时异相产物。

第三节　年代地层

山东省鲁西地层分区的济宁岩群不整合在晚太古代泰山岩群之上、寒武纪长清群之下，采自济宁(岩)群中变质英安玢岩全岩 K－Ar 年龄为 1 709.5 Ma，千枚岩 Rb－Sr 全岩等时线测定为 1 753 Ma，可能反映的是变质地龄，其事件相当于吕梁期，岩石形成时间早于 1 700 Ma，形成时间在 1 700～2 000 Ma 左右，属下元古界。

鲁东地层分区荆山群锆石 U－Pb 同位素年龄均在 1 800～2 100 Ma 之间，粉子山群锆石 U－Pb 同位素年龄在 2 042 Ma，胶南(岩)群锆石 U－Pb 同位素年龄值为 1 921～2 125 Ma。芝罘群锆石 U－Pb 同位素年龄为 2 171 Ma。从接触关系分析，鲁东地层分区荆山群和粉子山群与胶东(岩)群不整合接触，与晚元古代地层亦为不整合接触(?)。变质程度方面也与晚太古代胶东(岩)群相似，所以它们形成时间应相近。

因此，山东省荆山群、粉子山群、胶南(岩)群、芝罘群、济宁(岩)群均属下元古界。另外，在济宁(岩)群发现有数种微古植物。其组合特征可与长城系对比。其时代应为早元古代。

华北克拉通内地层形成及后期的热事件具有相似性，只是各地保存不同而已。从区域对比分析，它们亦应属下元古界，如山东上述五群可与燕山地区朱杖子群、五台-太行山区的滹沱群、豫西的嵩山群、蚌埠地区凤阳群相对比。

第四章
晚元古代

山东省晚元古代地层仅发育青白口系和震旦系，分布亦较局限，主要集中在沂沭断裂带及其西侧、蓬莱和莒南等地。根据岩石组合及变质程度的差异，划为鲁西、鲁东和华北平原三个地层分区，而鲁东地层分区又进一步分为胶北和胶南两个地层小区。分区界线与太古宙及早元古代地层分区一致，见图 2－1。

(1)鲁西地层分区：发育有青白口纪至震旦纪土门群，分布面积广但露头零星。以砂岩、灰岩、页岩的旋回性沉积为特征，未变质。

(2)鲁东地层分区：以岩层的浅变质为特征而区别于鲁西地层分区。

①胶北地层小区发育有震旦纪蓬莱群，主要分布在栖霞、蓬莱、龙口及庙岛群岛。主要岩性为板岩、大理岩、石英岩与千枚岩、泥灰岩及灰岩。低绿片岩相变质。

②胶南地层小区发育有震旦纪朋河石组，为一套变质砂岩、千枚岩、板岩组合。低绿片岩相变质。

(3)华北平原地层分区：就现有资料而言，区内尚未发现晚元古代地层。

地层清理后的山东省晚元古代地层划分方案见表 4－1。其中岩石地层分为 2 个群、10 个组及 19 个非正式段：青白口至震旦纪的土门群，包括黑山官组、二青山组、佟家庄组、浮来山组、石旺庄组；震旦纪蓬莱群，包括豹山口组、辅子夼组、南庄组、香夼组；震旦纪朋河石组。

年代地层：分为青白口系和震旦系。

生物地层：鲁西地层分区划分出 1 个大型疑源类组合、2 个微古植物组合及 1 个叠层石组合；鲁东地层分区划出 3 个微古植物组合。

化学地层：仅鲁西地层分区进行了划分，分为 4 个化学旋回、5 个化学阶段。

地震地层：划分出了石旺庄期地震震动液化碳酸盐岩泥晶脉层。

另外，收集了部分古地磁资料，并作了初步分析，在浮来山组有两次反向磁化层位。

第一节　岩石地层单位

土门群　QnZ*T*　(37－0037)

【创名及原始定义】 北京地质学院王良忱等在鲁西从事 1：20 万临沂等幅区测工作过程

表 4-1 山东省晚元古代地层多重划分对比表

区划 / 多重划分		鲁西地层分区							鲁东地层分区 · 胶北地层小区						鲁东地层分区 · 胶南地层小区	华北平原地层分区
年代地层		岩石地层				生物地层	化学地层	地震地层	岩石地层				生物地层	地震地层	岩石地层	
上元古界	震旦系	土门群	石旺庄组	白云岩段	白云岩、灰质白云质	*Lijiadusenia*	第四旋回：石旺庄阶段除Ba、Zr外与大多数元素关系密切	石旺庄期地震震动液化碳酸盐泥晶脉层	蓬莱群	香夼组	灰岩段	青灰色厚层灰岩	微古组合III	石旺庄期地震震动液化碳酸盐泥晶脉层		
				灰岩段	灰岩、白云质灰岩						泥灰岩段	薄层泥灰岩夹灰岩及板岩				
				砂质灰岩段	砂质灰岩	*Inzeria*, *Jurusania*, *Tungussia* 叠层石组合				南庄组	上板岩段	板岩夹钙质板岩				
											大理岩段	青灰色厚层大理岩				
											下板岩段	板岩夹钙质板岩				
			浮来山组		石英细—粉砂岩钙质砂岩		第三旋回：浮来山阶段与Zr关系密切			辅子夼组		白色厚层石英岩夹硅质板岩及薄层石英岩	微古组合 I；微古组合 II		朋河石组：变质砂岩、千枚岩、板岩组合	
			佟家庄组	页岩段	黄绿色钙质页岩夹泥灰岩	*Churia*	第二旋回：佟家庄阶段除Mn、B、P外与大多数元素关系密切			豹山口组	上板岩段	板岩夹千枚岩				?
				砂岩段、藻灰岩段	含海绿石石英砂岩藻灰岩						大理岩段	绿泥大理岩夹板岩				
											下板岩段	紫色板岩，有底砾岩（厚 0～0.3m）				
	青白口系		二青山组	页岩段	暗紫色页岩	微古组合 II；大型疑源类组合	二青山阶段与Ba关系密切									
				灰岩段	蛋青色薄板状灰岩											
				砂岩段	含海绿石、石英砂岩											
			黑山官组	页岩段或灰岩段	暗紫色页岩或灰岩	微古组合 I	第一旋回：黑山官阶段与P关系密切									
				砂岩段	含海绿石、石英砂岩											

中，于1959年11月首称土门组①，创名地点在临沂市李官乡土门。山东省地质厅、北京地质学院1961年在区测报告中介绍。原始定义：代表在临沂土门地区所见到的，在太古代泰山群(A)的花岗片麻岩以上至第二层石英砂岩下面的假整合面之间的以浅紫色及灰绿色厚板状泥灰岩和钙质页岩互层为主，及下部的矽质灰岩，石英砂岩等的一套地层。此层内从未发现过化石。其时代应为震旦纪。

【沿革】 1961年山东省地质厅、北京地质学院在1∶20万临淄、临朐、临沂、沂水幅区测报告中按岩性及沉积旋回特点将土门组分为两段，根据底部所产叠层石认为一段与蓟县铁岭组上部相当；二段与下马岭页岩相当。山东省区域地层表编写组(1978)将潍坊地层小区内寒武系之下并与之整合的沉积地层称“震旦亚界”；而将泰安地层小区者仍称土门组。1979年关鼎澄将土门组一段的藻灰岩层称院东头组，归属蓟县系；二段称土门组，归为青白口系。1979年10月山东省地质局地质综合研究队磷矿组按“土门组”的原义改称土门群，归属震旦系②。据沉积旋回并结合岩性自下而上分为黑山官组、二青山组、佟家庄组、浮来山组、石旺庄组等五个组、七个段。各组间除二青山组和黑山官组之间可能存在平行不整合外，其他各组均为整合接触。1980年关鼎澄在《鲁中地区震旦亚界的划分与对比》一文中，将这套地层自下而上分为院东头组、土门组、浮来山组和石旺庄组。1988年游文澄等在磷矿组所划层序的基础上，就其时代归属进行了研究，认为黑山官组、二青山组归属青白口系，佟家庄组、浮来山组和石旺庄组属震旦系。1989年山东省地质矿产局第二地质队区调分队(张胜祥等)在1∶5万苍山等幅区调报告中，采用地层多重划分观点，将原划浮来山组二段砂质灰岩段划归以灰岩和白云岩为主的石旺庄组，并作为其一段。1990年宋子新提出土门群应予以解体，将黑山官组、二青山组和佟家庄组划归青白口系，浮来山组划归徐淮系，石旺庄组归震旦系。《山东省区域地质志》(1991)将其划为青白口纪。本次清理，基本采用游文澄1988年划分方案，并将石旺庄组厘定为灰岩、白云岩岩石组合。

【现在定义】 指鲁西地层分区安丘-莒县断裂以西附近地区，晚太古代泰山(岩)群与寒武纪长清群之间以砂岩、页岩、灰岩的旋回性沉积为特征的岩石地层单位。与下伏泰山(岩)群不整合接触；与上覆长清群平行不整合接触。属晚元古代。自下而上分为黑山官组、二青山组、佟家庄组、浮来山组和石旺庄组。

【地质特征及区域变化】 土门群局限分布在安丘-莒县断裂西侧附近地区，岩性基本稳定，下部和上部稍有变化。主要岩性有砂岩、粉砂岩、页岩、灰岩、白云岩及其过渡岩石类型等。厚度变化大，自几米到数百米不等，具自南东向北西逐渐变薄趋势。总体上反映自南东向北西逐渐超覆沉积格局。以岩石和颜色旋回性沉积为特征，每个完整的沉积旋回，一般是下部为砂岩，中部为页岩，上部为灰岩。土门群颜色下部以紫红、暗紫色调为主，中部以黄绿、黄灰色调为主，上部以浅灰色调为主。寒武纪长清群覆盖于该群不同层位之上。(图4-1)。

黑山官组 Qn*h* (37-0038)

【创名及原始定义】 山东省地质局地质综合研究队磷矿组(游文澄等)1979年10月于昌乐县五图镇黑山官庄创建黑山官组。游文澄1988年介绍。原始定义：分布于昌乐黑山官庄、莒县浮来山及苍山一带，常局限地分布在以片麻岩为基底的低凹的古地形中。岩性为灰紫色、灰绿色含粉砂粘土页岩、薄层含海绿石细砂岩，底见中厚层含砾石英砂岩。岩性及厚度变化

① 王良忱等，1959，山东中西部震旦纪、下寒武纪地层划分及其岩相古地理，载北京地质学院科学技术委员会编，献给第一届全国地层会议，第三辑。

② 山东省地质局地质综合研究队磷矿组，1979年10月，鲁西震旦系——全国第二次地层会议论文(未刊)。

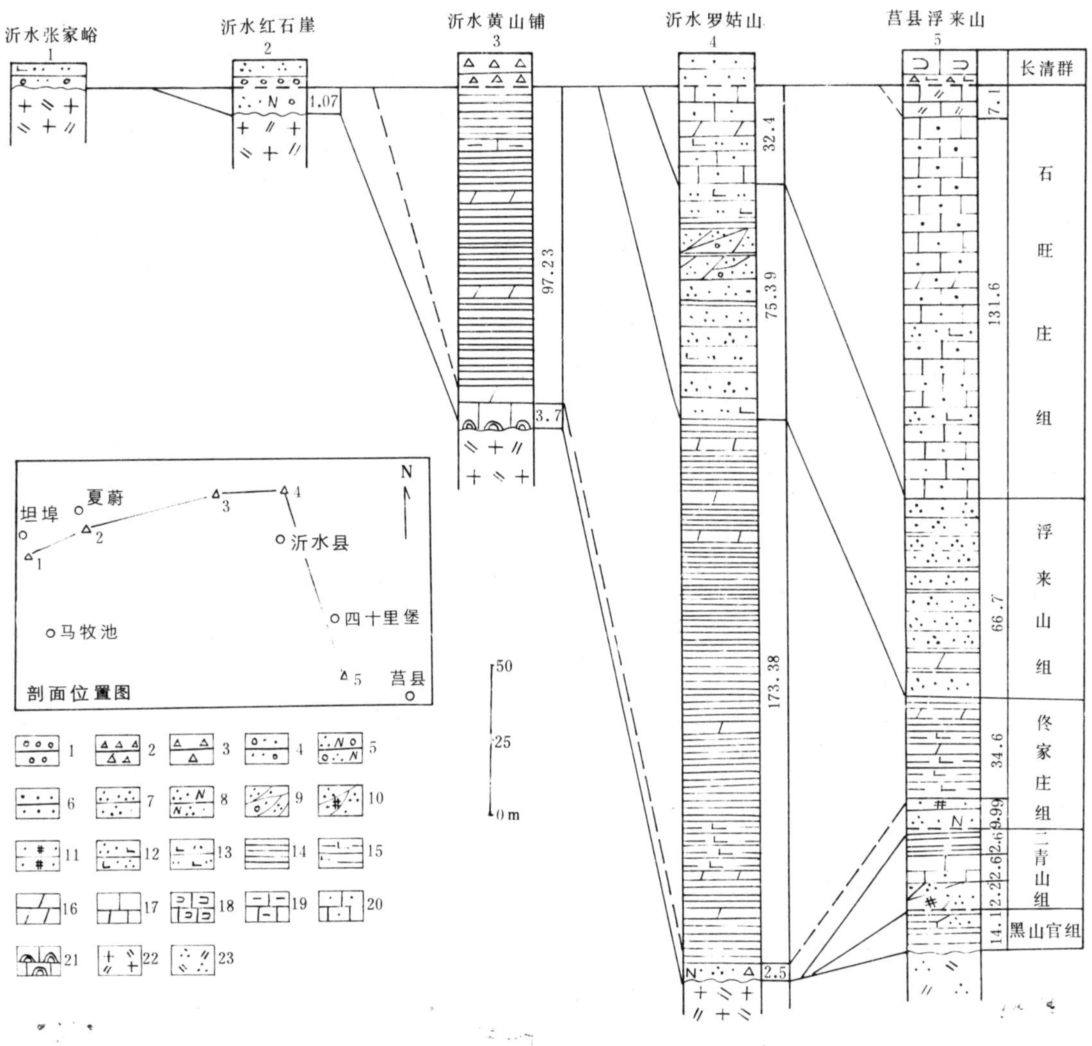

图 4-1　山东省中部莒县-沂水土门群柱状对比图

1. 砾岩；2. 角砾岩；3. 钙质角砾岩；4. 含砾砂岩；5. 含砾长石石英砂岩；6. 砂岩；7. 石英砂岩；8. 长石石英砂岩；9. 具交错层含砾石英砂岩；10. 具交错层含海绿石石英砂岩；11. 海绿石砂岩；12. 含石英钙质砂岩；13. 钙质粉砂岩；14. 页岩；15. 钙质页岩；16. 泥灰岩；17. 灰岩；18. 豹皮状灰岩；19. 泥质灰岩；20. 砂质灰岩；21. 藻灰岩；22. 二长花岗岩；23. 石英二长岩

均极大。其与下伏太古界泰山群之间为角度不整合接触，与上覆二青山组之间可能为平行不整合接触。厚 0～18 m。属震旦系。

【沿革】　自磷矿组建黑山官组以来，多沿用其划分界线。关鼎澄(1980)曾将其划归土门组。游文澄(1988)将其归于青白口系。山东省地质矿产局第二地质队 1∶5 万苍山等幅区调项目(1989)，将其与上覆二青山组之间确定为微角度不整合接触。本次清理，认为黑山官组与二青山组之间以平行不整合接触为主，局部呈不整合接触关系。按岩性分为砂岩段和页岩段。

【现在定义】　指鲁西地层分区安丘-莒县断裂以西附近地区，泰山岩群之上二青山组之下以石英砂岩、暗紫色页岩为主的岩石地层单位。与下伏泰山岩群不整合接触；顶以页岩结束划界与二青山组平行不整合、局部不整合接触。属青白口纪。归土门群。

【层型】 正层型位于昌乐县五图镇黑山官庄北东 300 m(118°57′25″,36°39′40″; 据张丛皓、游文澄等 1978 年实测,编著者略加修改)。

上覆地层：**二青山组** 灰白色中厚层含海绿石石英岩状砂岩，砂岩中含少量下伏岩层的页岩碎片，与下伏岩层接触面凹凸不平

——————— 平行不整合 ———————

黑山官组	总厚度 9.04 m
页岩段	厚度 2.82 m
4. 暗紫红色、灰绿色含粉砂粘土页岩夹薄层含海绿石细砂岩，顶部岩层有退色现象，似为古风化面	2.82 m
砂岩段	厚度 6.22 m
3. 灰绿色薄层含海绿石石英细砂岩夹少量页岩	4.22 m
2. 浅灰色中厚层含砾石英砂岩，上部砂岩之胶结物含较多的褐红色铁质，显纹理构造。可相变为含少量灰黑色胶磷矿角砾(P_2O_5 含量约 24%)成分复杂的砂砾岩	2.0 m

~~~~~~~~~~ 不 整 合 ~~~~~~~~~~

下伏岩石：**早元古代** 片麻状中粒二长花岗岩

次层型剖面为莒县浮来山剖面。

【地质特征及区域变化】 黑山官组分布范围局限，露头零星，主要见于昌乐黑山官庄、陀山、莒县浮来山、苍山及台儿庄底阁一带，岩性较稳定。厚 0～14 m。以莒县浮来山出露厚度最大，多数在 2～3 m。砂岩段：以含海绿石石英砂岩为主，底部含砾，砾石成分多为脉石英、花岗岩及变粒岩，在苍山北大地、西石门、二青山等地可见含有页岩碎片。在昌乐黑山官庄见有黑色胶磷矿角砾。由此推测在黑山官组形成之前，极可能发育过一套含磷泥砂质建造；页岩段：紫红-灰紫色含粉砂粘土页岩，局部夹砂岩、泥灰岩透镜体，一般覆于砂岩段之上，局部与基底接触。

黑山官组多与早前寒武纪变质岩体不整合接触，只在苍山、峄城等地不整合于山草峪组变粒岩之上。与上覆二青山组一般为平行不整合接触，苍山地区为不整合接触。

现有同位素年龄值在 520～540 Ma 间，普遍偏小，与地质背景不符，可能是测定矿物不理想所致。在苍山西石门一带于该组上部泥岩中采得数种微体植物化石，以 *Asperatopsophosphaera* sp.，*Protosphaeridium* sp.，*Trachysphaeridium* sp. 等为组合特征。此外还发现有疑源类 *Chuaria circularis*。

黑山官组为滨海和水较浅的浅海沉积环境，为正常海水盐度的氧化和还原交替的环境。

二青山组 Qn*e* (37－0039)

【创名及原始定义】 山东省地质局地质综合研究队磷矿组(游文澄等)1979 年 10 月于苍山县新兴乡二青山建二青山组。游文澄 1988 年介绍。原始定义：分布于苍山、莒县等地，岩性分为三段。三段为紫红色钙质页岩夹薄层泥灰岩；二段为紫灰色、蛋青色薄板状隐晶灰岩；一段为灰色、浅灰紫色厚层含海绿石石英砂岩。厚 7～278 m。本组与下伏黑山官组可能为平行不整合；与上覆佟家庄组呈整合接触。蓟县运动期间遭受剥蚀的地区，则与下寒武统五山组呈平行不整合接触。属震旦系。

【沿革】 后人多沿用磷矿组的划分方案。1980 年关鼎澄将其划归土门组。1988 年游文澄将其时代归于青白口纪。本次清理，按岩性将其分为砂岩段、灰岩段、页岩段。
~~~~~~~~~~

【现在定义】 指鲁西地层分区安丘-莒县断裂以西附近地区，黑山官组与佟家庄组之间由石英砂岩、蛋青色薄层灰岩、钙质页岩及泥灰岩组成的岩石地层单位。底以石英砂岩为界与黑山官组平行不整合、局部不整合接触；顶以页岩结束为界与佟家庄组平行不整合接触。属青白口纪。归土门群。

【层型】 正层型剖面位于苍山县新兴乡二青山(117°49′34″,34°49′20″；据张丛皓、游文澄等1976年实测，编著者据张胜祥等1992年资料略加修改)。

上覆地层：**佟家庄组** 黄绿色泥质砂岩夹砂页岩，底部夹含海绿石石英砂岩团块，内含黄绿色页岩角砾

——————— 平行不整合 ———————

二青山组	总厚度 139.41 m
页岩段	总厚度 47.40 m
9. 暗紫红色钙质页岩，层面上局部见干裂纹及垂直或斜交层面的石英砂岩“岩墙”。产藻类：*Leiosphaeridia* sp.，*Stictosphaeridium* sp.，*Kildinosphaella* sp.	10.22 m
8. 暗紫红色钙质页岩为主，偶夹薄层泥灰岩	13.83 m
7. 紫红色钙质页岩夹薄层泥灰岩(局部风化面显浅灰色)	23.35 m
灰岩段	总厚度 53.88 m
6. 灰紫色薄层泥质灰岩夹暗紫红色钙质页岩	18.71 m
5. 蛋青色夹灰色薄层—薄板状隐晶灰岩，岩性致密，断口细腻，层面具磷质反应，含星点片状海绿石	31.26 m
4. 灰紫色夹浅灰色薄层隐晶灰岩，层面具磷质反应	3.91 m
砂岩段	总厚度 38.23 m
3. 紫灰色厚层含海绿石中粒石英砂岩，交错层发育，胶结物为铁质时显褐红色	28.42 m
2. 灰白色巨厚—厚层含海绿石石英岩状砂岩，岩性致密坚硬，具不发育的波痕	9.81 m

~~~~~~~~~~ 不 整 合 ~~~~~~~~~~

下伏地层：**泰山(岩)群** 斜长角闪岩

次层型剖面位于莒县浮来山。

【地质特征及区域变化】 二青山组主要分布于苍山石门、二青山、连子旺、峄城大王庄、褚林、甘旗寺、峨山、晏庄、信家山、望夫台、师山口、卜乐庄，莒县浮来山及昌乐黑山官庄等地，各地岩性变化不大。南部地区自南东向北西厚度渐薄，北部地区自北西向南东厚度渐薄。砂岩段：灰色、浅灰色含海绿石石英砂岩为主，次为含海绿石石英粉砂岩、长石石英砂岩。常具交错层理及波痕，厚2～38 m。灰岩段：蛋青色、紫灰色薄板状泥晶灰岩为主，水平层理，常见浪成流水波痕。厚3～54 m。页岩段：紫红、灰紫色钙质页岩夹薄层泥灰岩。局部层面具不明显的浪成波痕。与灰岩段为渐变过渡关系。厚2.6～192 m。在苍山县二青山附近，本组和其下的黑山官组南厚北薄，并向北逐渐超覆尖灭。

在苍山县西石门，可以见到二青山组明显不整合于黑山组之上。据乔秀夫等1993年资料，二青山组与其下黑山官组和其上佟家庄组之间，在微古个体形态方面存在突变关系。同时，地层之间接触关系研究也表明，二青山组与其上、下地层单位之间都存在较大沉积间断。

二青山组的同位素年龄值在447～807 Ma间，其生成时代应大于800 Ma。在苍山县二青山一带，页岩段曾采得藻类化石：*Stictosphaeridium* sp.，*Kildinosphaella* sp.，*Leiosphaeridium* sp.。其他地区目前尚未见有化石资料。据生物组合及同位素年龄，该组地质时限为青白口纪。
~~~~~~~~~~

佟家庄组 ***Zt*** **(37－0040)**

【创名及原始定义】 山东省地质局地质综合研究队磷矿组(游文澄等)1979年10月于沂水县四十里堡镇佟家庄创名佟家庄组。原始定义：分布在安丘-莒县断裂以西及昌乐等地。岩性分为二段：上段以黄绿色页岩为主，间夹紫红色页岩及薄层泥灰岩，下段为石英粉—细砂岩，灰色中厚层含砾长石石英砂岩。中部地区为叠层藻礁灰岩及块状砾岩。总厚316～600 m。本组与上覆浮来山组呈整合接触，与下伏二青山组呈整合接触，与泰山群呈角度不整合接触。属震旦系。

【沿革】 后人多沿用磷矿组的划分方案。1980年关鼎澄将其下部藻灰岩称院东头组，上部页岩划归土门组。本次清理，将其分为砂岩段、藻灰岩段、页岩段等三个岩性段。

【现在定义】 指鲁西地层分区安丘-莒县断裂以西附近地区，二青山组与浮来山组间由石英砂岩或藻灰岩、黄绿色页岩夹泥灰岩组成的岩石地层单位。底以石英砂岩或黄绿色泥质砂岩夹页岩出现划界与二青山组平行不整合接触；顶以页岩基本结束划界与浮来山组整合接触。属震旦纪。归土门群。

【层型】 正层型剖面位于沂水县四十里堡镇佟家庄(118°47′22″,35°43′20″；据张丛皓、游文澄等1978年实测，编著者略加修改)。

上覆地层：**浮来山组** 黄绿色页岩夹薄层粉—细砂岩(具水平及缓波状层理)，底部为细砂岩，向上粉—细砂岩增多 31.93 m

——————— 整 合 ———————

佟家庄组	总厚度 290.84 m
页岩段	厚度 263.59 m
8. 黄绿色页岩，上部夹较多的灰绿色纸片状页岩	48.90 m
7. 黄绿色页岩与紫红色页岩互层或互为夹层	42.20 m
6. 黄绿色钙质页岩夹少量灰绿色页岩及薄层泥灰岩	127.88 m
5. 灰绿色、黄绿色页岩夹薄层灰岩，下部夹较多的紫红色钙质页岩及薄层隐晶质灰岩	44.61 m
砂岩段	厚度 27.25 m
4. 正长斑岩(岩床)	7.62 m
3. 肉红色中薄层长石石英砂岩，局部具楔形层理，夹少量灰绿色页岩及薄层石英砂岩	7.62 m
2. 肉红色中薄层长石石英砂岩夹页岩，上部为正长斑岩岩床(宽 21.58 m)	6.30 m
1. 褐灰色中厚层长石石英砂砾岩与长石石英砂岩互层	13.33 m

～～～～～～ 不 整 合 ～～～～～～

下伏地层：**雁翎关组** 斜长角闪岩

次层型剖面位于莒县浮来山。

【地质特征及区域变化】 佟家庄组分布在安丘-莒县断裂以西，昌乐—九山—夏蔚—垛庄—车辋—峨山一线以东的广大地区，露头较好，是土门群中分布最广的一个组。砂岩段：苍山、峄城一带为黄绿色中薄层石英粉—细砂岩夹粉砂质页岩、钙质粉砂岩及数层中厚层石英砂岩，厚5～70 m。莒县浮来山地区为灰白色石英砂岩为主夹少量页岩，厚2～4 m。昌乐黑山官庄—潍坊荆山洼一带，为灰色中厚层含砾长石石英砂岩、细砂岩等，厚1～20 m；藻灰岩段：分布在沂水院东头、黄山铺、圣水坊、下牛庄、马山，安丘范家庄等地，顶部及底部可见少量砂砾岩。以院东头和黄山铺最厚，向南向北均变薄，厚0.3～3.7 m。页岩段：以黄绿色页岩为主夹紫红色页岩，偶夹砂质页岩及薄层泥质粉砂岩，上部夹薄层泥灰岩。厚100～300 m。部分地区受剥蚀残存厚度仅10 m左右，如苍山二青山、沂水师家崖、上流庄等地。

佟家庄组与下伏地层之间接触关系有两种情况：其一，与晚太古代泰山岩群呈不整合接触，该组底部以中厚层砂岩为主；其二，与二青山组总体为连续沉积，但可能存在“超覆不整合”或上超面，在苍山地区表现为灰色薄层细—粉砂岩夹黄绿色页岩平行不整合覆于二青山组红色页岩之上。

佟家庄组现有两个同位素年龄值，分别为578和910 Ma，相差较大。其形成年应在800 Ma前后。其化石资料丰富，以微古植物为主，共发现51种，以较多的*Leiopsophosphaera*，*Trachysphaeridium*，*Pseudozonosphaera*，*Asperatopsophosphaera*，*Orygmatosphaeridium*，*Laminarites antiquissimus* 和少量的 *Fuchushania*，*Lophosphaeridium*，*Pterospermopsis*，*Polyporata*，*Taeniatum*，*Churia annularis*，*Shouhsienia shouhsiensis*，*Nephroformia irregularis*。为其特征。另外还有叠层石及大型疑源类，叠层石有 *Conophyton* f. *lijiadunensis*，*Jurusania* f. 等。

佟家庄组早期为滨海-浅海沉积，部分湖坪—湖间沉积环境，中晚期为浅海沉积环境。

浮来山组　*Zf*　(37－0041)

【创名及原始定义】　山东省地质局地质综合研究队磷矿组(游文澄等)1979年10月创名于莒县浮来山。游文澄1988年介绍。原始定义：主要分布在沂沭断裂带内及苍山、兰陵等地。按岩性分为两段：一段为黄灰色中薄层—中厚层含海绿石石英细粉砂岩夹黄绿色页岩；二段为青灰色含海绿石钙质石英粉砂岩(砂灰岩)夹薄层泥灰岩。厚150～217 m。本组与下伏佟家庄组及上覆石旺庄组均呈整合接触。属震旦系。

【沿革】　关鼎澄(1980)及《山东省区域地质志》(1991)将其划为青白口系。山东省地质矿产局第二地质队1∶5万苍山等幅区调项目(1989)将其改为砂岩组合，原二段的砂质灰岩划归石旺庄组。宋子新(1990)曾划为“徐淮纪”，认为与上覆及下伏地层间均为平行不整合接触。本次清理，基本同意苍山等幅区调项目划分方案，将浮来山组厘定为细—粉砂岩组合。

【现在定义】　指鲁西地层分区安丘-莒县断裂以西附近地区，佟家庄组与石旺庄组之间以细—粉砂岩为主夹少量的页岩及砂质泥灰岩组成的岩石地层单位。与下伏佟家庄组和上覆石旺庄组均为整合接触，底以细砂岩出现划界，顶以细砂岩基本结束划界。属震旦纪。归土门群。

【层型】　正层型剖面位于莒县浮来山(118°43′25″，35°36′07″；据张丛皓、游文澄等1977年实测，编著者略加修改)。该剖面露头好，土门群5个组均发育，是研究土门群的理想剖面。

上覆地层：**朱砂洞组**　深灰色中厚层假鲕状豹皮灰岩，底为30 cm的鸡窝状钙质角砾岩。
产三叶虫：*Megapalaeolenus* sp.，*Megapalaeolenus fengyangensis*

——————— 平行不整合 ———————

石旺庄组	总厚度 138.69 m
灰岩段	厚度 7.09 m
17. 灰色、紫灰色薄—中厚层白云质灰岩，含少量粉砂质	7.09 m
砂质灰岩段	厚度 131.6 m
16. 青灰色(风化面褐灰色)中厚层含砂微粒灰岩，具黑灰色蠕虫状方解石细脉	42.01 m
15. 青灰色(风化面黄灰色)中厚层砂灰岩夹中薄层砂质泥灰岩，具微斜层理及其他冲刷痕迹。局部可见黑灰色蠕虫状方解石细脉	22.09 m
14. 灰色中厚层钙质粉砂岩夹中薄层条带状砂质泥灰岩	10.57 m

13. 黄灰色薄层钙质石英细—粉砂岩与灰色中厚层砂灰岩相间出现构成韵律，每个韵律层厚 6～8 m。其中砂岩与砂灰岩的厚度比为 1∶4 56.93 m

———————— 整 合 ————————

浮来山组 总厚度 66.71 m

12. 黄灰色薄层细粒石英砂岩，黄绿色页岩及灰色中薄层钙质粉砂岩相间出现 5.75 m

11. 黄灰色薄层—中厚层细粒石英砂岩夹黄绿色页岩，顶部有 3 m 厚的正长斑岩岩床 39.46 m

10. 灰黄色中薄层细粒石英砂岩与黄绿色页岩、薄层泥灰岩互层，其上部和下部砂岩较多，中部泥灰岩较多 21.50 m

———————— 整 合 ————————

佟家庄组 总厚度＞44.58 m

页岩段 厚度 34.59 m

9. 黄绿色页岩间夹薄层泥灰岩 9.50 m

8. 黄绿色钙质页岩夹薄层泥灰岩(受断层影响) ＞13.07 m

7. 紫红色钙质页岩夹黄绿色页岩及薄层泥灰岩 12.02 m

砂岩段 厚度 9.99 m

6. 上部黄绿色页岩夹薄层含海绿石砂岩，下部浅灰色厚层中粒长石石英砂岩，碎屑滚圆度较好，含星点状海绿石，层面具不明显的波痕 5.26 m

5. 黄绿色页岩夹透镜状砂灰岩、泥灰岩、石英砂岩凸镜体 4.73 m

－－－－－－－ 平行不整合 －－－－－－－

二青山组 总厚度 7.42 m

页岩段 厚度 2.61 m

4-2. 灰紫色钙质页岩 2.61 m

灰岩段 厚度 2.61 m

4-1. 蛋青色、灰紫薄层含磷隐晶灰岩，底为中厚层砂灰岩 2.61 m

砂岩段 厚度 2.20 m

3. 浅灰色厚层含海绿石石英砂岩，具交错层理。本层采同位素地质年龄样品，其值为 447 Ma 2.20 m

－－－－－－－ 平行不整合 －－－－－－－

黑山官组 总厚度 14.10 m

页岩段 厚度 14.10 m

2. 暗紫红色夹黄绿色纸片状页岩，偶夹薄层海绿石石英砂岩 4.51 m

1. 黄绿色夹紫红色纸片状页岩，间夹薄层海绿石石英砂岩扁豆体。与下伏岩石之接触面凹凸不平，局部有断层影响 9.59 m

～～～～～～～ 不 整 合 ～～～～～～～

下伏地层：**早元古代** 片麻状中粒石英二长岩

【地质特征及区域变化】 浮来山组主要分布在昌乐盖家庄，潍坊荆山洼，安丘范家庄、郎郡庄，沂水下牛庄、五山、佟家庄，莒县浮来山，苍山烟头、大郭庄等地。岩性变化不大，以含海绿石细—粉砂岩、钙质粉砂岩为主，次为石英砂岩、黄绿色页岩，上部夹粉砂质泥灰岩及粉砂质灰岩。荆山洼、石旺庄等地夹较多页岩；兰陵等地的砂岩中含较多的海绿石，且交错层理发育。厚 30～180 m，一般在 70～100 m 左右，浮来山厚 66.71 m，范家庄厚 100 m，南部杜安庄厚 150 m 以上。总的看来，是南北厚，中部薄。浮来山组与下伏佟家庄组及上覆石旺庄组均为整合接触，在沂南东朝阳与寒武纪李官组平行不整合接触。

浮来山组的同位素年龄值在600～700 Ma左右，略偏低。其沉积环境是一种正常盐度、弱氧化—弱还原条件且水动力条件也弱的浅海环境。属浅海粉砂岩相。

石旺庄组　*Zŝ*　(37－0042)

【创名及原始定义】　山东省地质局地质综合研究队磷矿组(游文澄等)1979年10月于安丘市南流镇石旺庄创名石旺庄组。游文澄1988年介绍。原始定义：石旺庄组岩性单调，变化不大。主要由灰质白云岩及白云质灰岩组成，含叠层石。鲁西地区仅苍山兰陵及安丘北部保存较全。另外，沂沭断裂带内浮来山、骡马山等地尚残存其底部，余皆剥蚀殆尽。与下伏浮来山组呈整合接触，与上覆五山组则呈平行不整合接触。为鲁西震旦系最高保存层位。

【沿革】　1989年山东省地质矿产局第二地质队1∶5万苍山等幅区调项目将原浮来山组二段改划为石旺庄组砂灰岩段。本次清理后的划分方案同与其相同。

【现在定义】　指鲁西地层分区安丘-莒县断裂西侧附近地区，浮来山组与寒武纪长清群之间以砂质灰岩、灰岩、白云岩为主局部夹少量页岩的岩石地层单位。底以砂质灰岩连续出现为界与浮来山组整合接触；顶以白云岩或灰岩结束、钙质角砾岩或粉砂岩出现划界与长清群平行不整合接触。属震旦纪。归土门群。

【层型】　正层型剖面位于安丘市南流镇石旺庄(119°14′12″,36°33′20″；据张丛皓、游文澄等1978年实测，编著者略加修改)。

上覆地层：**朱砂洞组**　浅灰紫色薄层白云质灰岩夹灰质白云岩，具水平细微层理。底为灰色钙质胶结角砾岩，角砾成分为下伏岩层之浅灰色灰质白云岩　8.65 m

——————— 平行不整合 ———————

石旺庄组	总厚度 174.26 m
白云岩段	厚度 46.24 m
9. 灰色灰质白云岩夹白云质灰岩及薄层砂岩(或凸镜体)	46.24 m
灰岩段	厚度 84.37 m
8. 浅紫灰色中厚层含叠层石白云质灰岩，局部具假鲕状结构，产叠层石：*Jurusania* f.	11.87 m
7. 深灰色厚层白云质灰岩，具假鲕状结构，顶部产叠层石	58.08 m
6. 杂色厚层—薄层白云质灰岩	4.92 m
砂质灰岩段	厚度 43.15 m
5. 黄灰色薄层钙质石英粉砂岩夹少量灰紫色砂质页岩	6.14 m
4. 黄褐色薄层钙质石英粉砂岩与灰绿色页岩互层	3.84 m
3. 灰色中薄层粉砂质灰岩间夹灰绿色页岩	33.17 m

——————— 整　合 ———————

下伏地层：**浮来山组**　灰绿色页岩夹薄层含海绿石石英粉砂岩　8.84 m

次层型位于莒县浮来山和苍山县兰陵乡烟头。

【地质特征及区域变化】　本组分为砂质灰岩段、灰岩段和白云岩段。砂质灰岩段分布在北部安丘石旺庄、郎郡庄，潍坊才子官庄、荆山洼，昌乐盖家庄；中部安丘范家庄，沂水下牛庄、五山、牛山、罗姑山、佟家庄，莒县浮来山；南部苍山兰陵，枣庄唐家庄、杜安庄等地。以粉砂质灰岩为主，夹钙质粉砂岩，向上砂质渐少。安丘—沂水北部地区夹较多的中薄层粉砂岩质泥灰岩，五山—浮来山一带，夹薄层白云质灰岩，兰陵、唐家庄等地夹中薄层灰岩。中、南部厚达100～200 m，北部厚20～70 m左右。灰岩段主要分布在南部枣庄唐家庄、杜安庄、高山后及苍山兰陵，中部莒县浮来山，北部安丘石旺庄等地。南部偶夹紫红色及黄色页岩。白云岩段主要分布在安丘石旺庄、郎郡庄，潍坊荆山洼、才子官庄，昌乐盖家庄等地，南部台儿庄西部亦有出露。

石旺庄组产叠层石：*Jurusania* f.，*Tungussia* f.，*Paraconophyton* f.，*Inzeria* f.，*Baicalia* f.，*Minjaria* f.。

石旺庄组之砂质灰岩形成于潮间或浅海环境，灰岩和白云岩形成于潮间带至潮下带环境。

蓬莱群 *ZP* （37－0043）

【创名及原始定义】 中国地质学编辑委员会、中国科学院地质研究所1956年8月创建蓬莱系(?)，取名于蓬莱市。原始定义：蓬莱系，为板岩、石英岩、千枚岩，千枚岩夹有页岩、硬砂岩、石灰岩。分布于蓬莱南部、福山臧格庄、掖县等地，江苏北东朐山云台山一带亦有分布，色黄略显淡青色，裂面上遍布绢云母薄片及绿泥石细粒。

【沿革】 1960年山东省地质局、长春地质学院区测二大队改称蓬莱群，自下而上分为豹山口板岩组、辅子夼石英岩组、南庄板岩组和香夼灰岩组，时代为元古代①。1962年梁玉左等在香夼组上部发现藻类化石：*Collenia* cf. *chihsionensis*，将蓬莱群时代定为震旦纪。山东省区域地层表编写组(1978)仍将蓬莱群分4个组，归震旦纪。1980—1984年邓幼华、胡秋华等在“蓬莱群、粉子山群专题研究”中丰富了蓬莱群生物资料，认为均属震旦纪。1990年杨志坚提出，栖霞地区的蓬莱群时代为中泥盆—早石炭世，改称为“烟南群”，北部的仍称蓬莱群，属震旦纪。同年汤立成将其时代改为寒武至奥陶纪。1992年王沛成将蓬莱群确定为晚古生代沉积。同年，山东省地质科学研究所刘怀书等所作的“蓬莱群专题研究”，认为蓬莱群确属震旦系。本文仍将其划归震旦系。

【现在定义】 指鲁东地层分区一套大理岩、千枚岩、板岩夹石英岩，顶为灰岩，底为砾岩的岩石组合。不整合于粉子山群之上。低绿片岩相变质。属震旦纪。自下而上分为豹山口组、辅子夼组、南庄组和香夼组。

【地质特征及区域变化】 蓬莱群主要分布在栖霞豹山口、辅子夼、香夼，福山东龙夼一带，在龙口屺姆岛、黄城附近，蓬莱及庙岛群岛亦有分布。是一套浅变质岩系，主要岩性有千枚岩、板岩、大理岩及灰岩等，岩性稳定。下与胶东岩群或粉子山群不整合接触，底部常见0—1.5 m厚的砾状石英岩。上与白垩系不整合或第四系覆盖。

蓬莱群中发现的微古植物共有29属46种，叠层石有一属两形。另外，杨志坚(1990)、王沛成(1992)在南庄组采到已黄铁矿化的“双壳类”和“腹足类”化石，但有人认为是结核而非化石。山东省地质矿产局区域地质调查队1：20万蓬莱烟台、砣矶幅区调项目(1991)曾获得Rb－Sr等时线同位素年龄值417±41 Ma，与微古植物化石所显时代不同，可能因所采样品不大符合要求所致。

豹山口组 *Zb* （37－0044）

【创名及原始定义】 山东省地质厅、长春地质学院区测二大队1960年创名豹山口板岩组，取名于栖霞县金山乡豹山口。山东省地质厅、长春地质学院区测二大队1961年在区测报告中介绍。原始定义：豹山口板岩组，紫红色板岩在底部，上面有含磷大理岩、石英岩，底部有石英岩的底砾岩。与其下胶东群岗嵛白云母片岩组呈角度不整合接触，与其上辅子夼石英岩组整合接触。厚750 m。属元古代②。

---

① 山东省地质厅、长春地质学院区测二大队，1960，1：20万蓬莱幅地质图(内部用图)。
② 山东省地质局、长春地质学院区测二大队，1960，1：20万蓬莱幅地质图(内部用图)。

【沿革】 1962年梁玉左将其分为上、下两部分。山东省地质局805队(1967)细分为三个段。本次清理，划下板岩段、大理岩段和上板岩段三个非正式岩性段。

【现在定义】 指鲁东地层分区蓬莱群下部青灰色、土黄色、紫色、棕黄色等杂色板岩夹肉红色、灰绿色、灰白色(绿泥)大理岩及底砾岩组成的岩石组合。分为下板岩段、大理岩段和上板岩段。与下伏粉子山群或胶东岩群不整合接触；顶以板岩结束石英岩出现划界，与辅子夼组整合接触。低绿片岩相变质。属震旦纪蓬莱群。

【层型】 正层型剖面位于栖霞县寨里于家(120°58′15″,37°23′20″；据邓幼华等1963年实测,1981年补测)。

上覆地层：**辅子夼组** 白色厚层石英岩 52 m

——————整　合——————

豹山口组 总厚度 1 213 m

上板岩段 厚度 984 m

15. 青灰色板岩 50 m

14. 灰黑色碳质板岩，含微古植物：*Bavlinella faveolata*, *B. minor*, *Trachysphaeridium dengyingense*, *T. simplex*, *T. incrassatum*, *Baculimorpha brevis*, *Leiofusa navicularis*, *Asperatopsophosphaera* sp., *Leiominuscula minuta*, *Nephromorpha regularis*, *Conusmorpha brevis*, *Margominuscula tennela*, *Leiopsophosphaera solida*, *L. densa*, *L.* sp., *Nucellosphaeridium* sp., *Lignum* sp., *Triangumorpha punctulata*, *Zonosphaeridium* sp., *Polyporata obsoleta*, *Paleamorpha punctulata* 212 m

13. 青灰色板岩夹棕红色板岩 98 m

12. 棕灰色含铁千枚状板岩 124 m

11. 青灰色板岩，具揉皱变形构造 123 m

10. 土黄色钙质板岩 73 m

9. 青灰色板岩夹青灰色钙质板岩 281 m

8. 紫灰色板岩 23 m

大理岩段 厚度 206 m

7. 灰绿色薄层绿泥大理岩 15 m

6. 暗灰绿色薄层绿泥大理岩 42 m

5. 肉红色及青灰色中厚层大理岩 37 m

4. 暗绿色薄层绿泥大理岩 41 m

3. 上部为肉红色、灰白色厚层大理岩，下部为肉红色薄层大理岩 30 m

2. 上部为灰白色中厚层大理岩，下部为灰绿色薄层滑石大理岩 41 m

下板岩段 厚度 23 m

1. 紫色板岩，底部有厚0～0.3 m的底砾岩 23 m

~~~~~~不　整　合~~~~~~

下伏地层：**胶东(岩)群** 黑云变粒岩

【地质特征及区域变化】 本组主要分布于栖霞寨里于家至侯家口、豹山口、福山东龙夼，在蓬莱大辛店西有零星出露。按岩性不同分为三段：下板岩段，以紫色板岩为主，底部有0～1.5 m的底砾岩，以栖霞解家口至李博士夼一带砾岩最厚。总厚23～27 m；大理岩段，主要为薄层绿泥大理岩、石英大理岩、石英白云大理岩，上部可相变为千枚状绿泥石板岩与绿泥石大理岩互层。厚206～363 m；上板岩段，下部为板岩夹钙质板岩。中部为板岩夹千枚状板
~~~~~~

岩，并可相变为板岩。上部为碳质板岩，可相变为板岩。厚 845～984 m。

豹山口组覆盖在粉子山群及胶东岩群的不同层位上，接触关系多遭韧性剪切带破坏，局部可见为不整合接触。

在上板岩段中采得大量的 *Bavlinella*，*Trachysphaeridium*，*Paleamorpha* 为代表的微古植物。

豹山口组原岩为一套泥质、泥灰质-碎屑沉积岩类硫酸盐沉积。普遍遭受轻微区域变质，岩石中普遍见有糜棱岩化现象，尤以大理岩中表现强烈。变质程度为低绿片岩相。

辅子夼组　*Zfz*　（37－0045）

【创名及原始定义】　山东省地质厅、长春地质学院区测二大队 1960 年创名辅子夼石英岩组，取名于栖霞县松山乡辅子夼。山东省地质厅、长春地质学院区测二大队 1961 年在区测报告中介绍。原始定义：辅子夼石英岩组，石英岩、板岩及千枚状石英岩，其底部为厚石英岩，它们相互层。一段厚 510 m，二段厚 600 m。与下部豹山口板岩组和上部南庄板岩组均为整合接触。厚 1 110 m。属元古代。

【沿革】　后人均同意创组时所划界线，但对其时代归属有不同认识。时代划分同蓬莱群。本次清理仍称辅子夼组。

【现在定义】　指鲁东地层分区蓬莱群中部白色石英岩夹少量棕黄色、青灰色硅质板岩岩石组合。底以石英岩出现划界与豹山口组整合接触；顶以石英岩结束板岩出现划界，与南庄组整合接触。低绿片岩相变质。属震旦纪蓬莱群。

【层型】　正层型剖面位于栖霞县松山乡辅子夼(120°58′15″,37°23′20″；据邓幼华等 1963 年实测,1981 年补测,编著者略有修改)。

上覆地层：**南庄组**　青灰色硅质板岩　　22 m

——————　整　合　——————

辅子夼组　　总厚度 584 m

25. 棕黄色薄层石英岩　　37 m
24. 棕红色及青灰色硅质板岩　　22 m
23. 白色厚层细粒石英岩　　65 m
22. 棕黄色板岩，顶部夹薄层石英岩　　101 m
21. 白色中厚层石英岩　　47 m
20. 白色厚层石英岩夹青灰色硅质板岩，下部石英岩具波痕及交错层　　117 m
19. 白色厚层石英岩，层面具波痕　　49 m
18. 上部为青灰色硅质板岩，下部为石英岩　　16 m
17. 青灰色硅质板岩夹薄层石英岩，板岩含微古植物：*Trachysphaeridium dengyingense*，*Tincrassatum*，*T. simplex*，*T.* sp.，*Paleamorpha punctulata*，*P.* sp.，*Comusmorpha brevis*，*Leiofusa navicularа*，*L.* sp.，*Baculimorpha brevis*，*Nephromorpha regularis*，*Leiopsophosphaera densa*，*L. minor*，*L. solida*，*L.* sp.，*Lophominuscula* sp.，*Leiominuscula minuta*，*Margominuscula tennela*，*Triangumorpha punctulata*，*T. minor*，*Turuchania* sp.　　78 m
16. 白色厚层石英岩　　52 m

——————　整　合　——————

下伏地层：**豹山口组**　青灰色板岩　　50 m

【地质特征及区域变化】 辅子夼组主要分布在栖霞辅子夼至福山高疃一带，蓬莱阁、长山列岛、龙口屺姆岛也有零星分布，总面积约 100 km²，露头良好。主要岩性有薄层、中厚层和厚层石英岩，夹硅质板岩和千枚岩，下部可相变为薄层长石石英岩及薄层石英岩夹板岩。厚 584～826 m。本组以石英岩的大量出现和结束作为同豹山口组及南庄组的分界标志，与二者均呈整合接触。

辅子夼组下部板岩中含微古植物化石，以大量的 *Trachysphaeridium* 和 *Trachyminuscula* 为特征。

辅子夼组经受了轻微区域变质作用，低绿片岩相变质。原岩为石英砂岩及粘土岩。在陡崖一带的石英岩中，可见大量的粒序层、波痕、斜层理等原生构造。

南庄组 *Zn* （37－0046）

【创名及原始定义】 山东省地质厅、长春地质学院区测二大队 1960 年创名南庄板岩组，取名于栖霞县松山乡南庄。山东省地质厅、长春地质学院区测二大队 1961 年在区测报告介绍。原始定义：南庄板岩组，板岩，青灰色，由泥质物组成，云母绢丝光泽。与下部辅子夼石英岩组和上部香夼灰岩均为整合接触。厚 1340 m。属元古代。

【沿革】 后人对其时代归属有不同认识，具体归属同蓬莱群。本次清理称南庄组，细分为下板岩段、大理岩段和上板岩段。归属震旦纪。

【现在定义】 指鲁东地层分区蓬莱群中部黄绿色、青灰色板岩夹青灰色大理岩岩石组合。分为下板岩段、大理岩段和上板岩段。底以石英岩结束板岩出现划界，与辅子夼组整合接触；顶以板岩基本结束泥灰岩出现为界，与香夼组整合接触。低绿片岩相变质。属震旦纪。

【层型】 正层型剖面位于栖霞县松山乡南庄(120°58′15″,37°23′20″; 据邓幼华等 1963 年实测,1981 年补测)。

上覆地层：**香夼组** 褐灰色及黄色薄层泥灰岩夹褐灰色灰岩透镜体	83 m
———— 整 合 ————	
南庄组	总厚度 1 285 m
上板岩段	厚度 785 m
42. 黄绿色板岩	125 m
41. 青灰色板岩	258 m
40. 黄绿色板岩	113 m
39. 黄绿色板岩夹青灰色钙质板岩	49 m
38. 黄绿色板岩	126 m
37. 黄绿色板岩，上部有厚 6 m 的钙质板岩夹薄层泥质白云质灰岩	93 m
36. 米黄色板岩	21 m
大理岩段	厚度 157 m
35. 青灰色大理岩	46 m
34. 青灰色及黄绿色钙质板岩	15 m
33. 青灰色中厚层含石英绿泥石大理岩	96 m
下板岩段	厚度 343 m
32. 青灰色板岩	115 m
31. 青灰色板岩夹灰岩透镜体	26 m
30. 青灰色板岩	20 m
29. 青灰色薄层泥质灰岩与青灰色钙质板岩互层	26 m

28. 黄绿色钙质板岩夹灰岩透镜体 20 m

27. 黄绿色板岩，含微古植物：*Trachysphaeridium dengyingense*，*T*. sp.，*Leiofusa navicularа*，*Paleamorpha punctulata*，*P*. sp.，*Conusmorpha brevis*，*Leiopsophosphaera densa*，*L. minor*，*L. solida*，*Leiominuscula minuta*，*Baculimorpha* sp. 114 m

26. 青灰色硅质板岩 22 m

——————整　合——————

下伏地层：**辅子夼组**　薄层石英岩 37 m

【地质特征及区域变化】　南庄组主要分布于栖霞南庄—陡崖一带及福山高疃附近，在蓬莱龙山、宋家、龙口水亭村零星分布，出露面积约 50 km²。主要由各种板岩及大理岩组成，分为三个岩性段：下板岩段为黄绿色、青灰色板岩夹灰岩透镜体，偶夹泥灰岩，厚 343～429 m；大理岩段为青灰色厚层大理岩夹板岩，在陡崖厚 157 m，南庄厚 122 m，荆家夼厚 350 m；上板岩段为黄绿色板岩夹钙质板岩及少量泥质白云质灰岩，在陡崖厚 785 m，南庄厚 1 024 m。中下部可相变为钙质板岩。

南庄组采得的微古植物化石以丰富的*Trachysphaeridium*，*Leiofusa*，*Paleamorpha*，*Nephromorpha regularis* 为特征。

南庄组原岩为泥岩、粉砂质灰岩及泥灰岩等钙泥质沉积，形成于滨海—浅海环境。受轻微的区域变质作用，为低绿片岩相。

香夼组　*Zx*　(37－0047)

【创名及原始定义】　山东省地质厅、长春地质学院区测二大队 1960 年创名香夼灰岩组，取名于栖霞县臧家庄镇香夼。山东省地质厅、长春地质学院区测二大队 1961 年在区测报告中介绍。原始定义：香夼灰岩组。灰岩，青灰色，细粒，由方解石组成。结晶不好，内夹有矽质灰岩，与南庄板岩组为整合接触，与上部白垩系青山统为斜交不整合接触。厚 1 581 m。属元古代。

【沿革】　后人对其时代归属有不同看法，具体划分同蓬莱群，本次清理称香夼组，下分泥灰岩段和灰岩段，时代为震旦纪。

【现在定义】　指鲁东地层分区蓬莱群上部青-灰黑色厚层灰岩夹薄层泥灰岩、白云质灰岩岩石组合，分为下部泥灰岩段和上部灰岩段，底以板岩基本结束泥灰岩出现划界，与南庄组整合接触，未见顶。区域变质轻微。属震旦纪蓬莱群。

【层型】　正层型剖面位于栖霞县松山乡南庄，臧家庄镇香夼村就在附近(120°58′15″，37°23′20″；据邓幼华等 1963 年实测，1981 年补测，编著者略有修改)。

香夼组 总厚度 1021 m

灰岩段 厚度 745 m

53. 青灰色及灰白色白云质结晶灰岩(未到顶) 85 m

52. 浅灰色厚层结晶灰岩 122 m

51. 灰黑色厚层灰岩夹棕黄色条带状含硅质灰岩 79 m

50. 灰黑色厚层灰岩 65 m

49. 灰白色中厚层灰岩夹薄层含泥质白云质灰岩，含微古植物：*Trachysphaeridium dengyingense*，*Paleamorpha punctulata*，*P*. sp.，*Baculimorpha brevis*，*Leiofusa navicularа*，*L*. sp.，*Conusmorpha brevis*，*Triangumorpha punctulata*，*Lophominuscula* sp.，

Polyporata obsoleta，*Lignum* sp.，*Micrhystridium* sp. 134 m

48. 青灰色及灰黑色厚层灰岩，含微古植物：*Paleamorpha punctulata*，*Trachysphaeridium dengyingense*，*Baculimorpha brevis*，*Leiofusa navicularа*，*Conusmora brevis*，*Margominuscula tennela*，*Triangumorpha* sp. 135 m

47. 青灰色中厚层灰岩夹薄层含泥质白云质灰岩 87 m

46. 青灰色中厚层灰岩，含叠层石：*Jurusania* cf. *sibirica*，*J*. cf. *alicia* 38 m

泥灰岩段 厚度 276 m

45. 青灰色及灰黑色中厚层灰岩夹薄层泥灰岩，含微古植物：*Paleamorpha punctulata*，*Trachysphaeridium dengyingense*，*Baculimorpha* sp.，*Leiofusa* sp.，*Polyporata obsoleta* 94 m

44. 灰绿色及褐灰色薄层泥灰岩夹薄层灰岩 99 m

43. 褐灰色及黄褐色薄层泥灰岩夹褐灰色灰岩透镜体及褐灰色薄层板岩 83 m

———————— 整 合 ————————

下伏地层：**南庄组** 黄绿色板岩 125 m

【地质特征及区域变化】 香夼组主要分布在栖霞县臧家庄、香夼、中桥、高格庄等地，蓬莱泊李家、龙口水亭村南东亦有零星分布，出露面积约 50 km^2。主要由中厚层至厚层灰岩、含泥质条带白云质灰岩、薄至中厚层泥质灰岩、泥灰岩及板岩组成。厚 96～1307 m。泥灰岩段以泥灰岩为主，夹少量灰岩、板岩。在高格庄厚 328 m，香夼厚 182 m，槐树庄厚 216 m；灰岩段，以灰岩、结晶灰岩、白云质灰岩为主，下部夹泥灰岩，与泥灰岩段为过渡关系。在高格庄厚 292 m，香夼厚 839 m，槐树庄厚 978 m。

灰岩中含藻类：*Crustophycus*，*Nephromorpha regularis*；含叠层石：*Jurusania*；含微古植物：*Trachysphaeridium*，*Paleamorpha*，*Leiofusa Conusmorpha* 等。

香夼组区域变质轻微，下部达低绿片岩相，上部灰岩见重结晶现象。

朋河石组 *Zp* （37－0048）

【创名及原始定义】 张增奇、迟守祥、宋志勇等 1994 年建朋河石组，取名于莒南县团林乡朋河石。原始定义：指鲁东地层分区莒南朋河石附近一套变质长石石英砂岩、变质长石砂岩、变质粉砂岩为主夹石英岩、变质含砾砂岩、变质砾岩、二云千枚岩、板岩等岩石组合。以变质砂岩夹千枚岩、板岩等浅变质岩系为特征。不整合于晚元古代片麻状二长花岗岩之上，未见顶。低绿片岩相变质。属震旦纪。

【沿革】 建组前，山东省地质矿产局区域地质调查队(1982)将这套变质砂岩组合划归元古代胶南群邱官庄组，朋河石组系本次清理过程中创建单位。

【现在定义】 同原始定义。

【层型】 正层型剖面位于莒南县团林乡朋河石(119°04′42″,35°07′50″；据王世进等 1980 年 8 月 24 日实测,编著者略加修改)。

邱官庄(岩)组 褐黄色糜棱岩化白云母变粒岩夹二云片岩 5.31 m

＝＝＝＝＝＝ 韧性推覆剪切带 ＝＝＝＝＝＝

朋河石组 总厚度 7.97 m

6. 浅灰色变质砾岩、含砾砂岩与绢云千枚岩互层。砾石以石英为主，次为长石，粒径为 2～4 cm，自下而上砾石变小，含量减少，中上部含砾变质砂岩增多。本层作为建筑石材开采。顶部为一平卧褶皱，产状：290°∠24° 4.29 m

5. 千枚岩夹变质黑云长石石英岩　1.45 m

4. 变质含二云长石石英砂岩，局部含砾石　1.44 m

3. 深灰色绢云千枚岩夹黑云片岩、变质黑云母长石砂岩及薄层石英岩　0.96 m

2. 浅灰色变质长石石英砂岩夹黑云片岩，底部含砾石　5.14 m

~~~~~~~~~~ 不整合 ~~~~~~~~~~

下伏地层：**晚元古代**　褐黄色片麻状石榴绿帘黑云二长花岗岩　4.58 m

【地质特征及区域变化】　朋河石组分布在莒南县王家道村峪至朋河石一带。呈条带状北东-南西向展布，长约 4 km 左右。以变质砂岩组合为特征，夹石英岩、片岩、千枚岩及板岩。厚度一般在 10 m 左右。具向南东变厚、向西变薄以至尖灭的趋势，不整合于晚元古代二长花岗岩之上，未见顶，在朋河石附近，顶部与邱官庄(岩)组呈韧性剪切带接触。

在江苏石桥，相当于朋河石组下部的绢云千枚岩中采得藻类：*Trematosphaeridium* sp.。山东省地质矿产局区域地质调查队(1982)在朋河石村附近，取得底部的千枚岩全岩 Rb－Sr 等时线同位素年龄值为 620 Ma。而该组底部不整合面之下片麻状二长花岗岩，在莒南一带曾取得多组锆石 U－Pb 法同位素年龄，均在 830 Ma 左右(陈允福等，1988)。所以，朋河石组地质时代为震旦纪。

第二节　生物地层

一、鲁西地层分区晚元古代生物地层

(一)大型疑源类组合

山东省地质矿产局第二地质队张胜祥、韩廷宝等 1990 年 8 月在 1：5 万苍山等幅区调中，建大型疑源类延限带，分布于苍山兰陵地区的佟家庄组页岩段。本次清理改称大型疑源类组合，主要分布于苍山兰陵地区。黑山官组页岩段产：*Churia* sp.，佟家庄组页岩段产：*Churia* sp.，*Churia annularis*，*Shouhsienia shouhsienv*，*Nephroformia irregnlaris*，发育时间约在 10～9 亿年左右。

(二)微古植物组合

山东省地质矿产局第二地质队张胜祥、韩廷宝等 1990 年 8 月在苍山地区建球藻组合带。在此以前，山东省地质局地质综合研究队(1979、1980)、胡秋华(1987)、游文澄等(1988)先后对土门群的微古植物组合进行过研究。本次清理，鉴于目前的研究状况，改称微古植物组合，并在张胜祥等所划两个组合的基础上作了初步的分析。

1. 第一组合：以 *Asperatopsophosphaera* sp.，*Pratosphaeridium* sp.，*Trachysphaeridium* sp. 等为组合特征，另外还有 *Kildinosphaella* sp.，*Leiosphaeridium* sp. 等。组合面貌可与天津蓟县剖面的青白口系微古组合相比较。张胜祥、韩廷宝等(1990)将其上界定在黑山官组上部。本次清理认为其主要分布在佟家庄组。地理展布广，全区内均可见。

2. 第二组合：共发现微古植物51种。以含有丰富的*Laminaritesantiguissimus*，*Laminarites*，*Orygmatosphaeridium*(包括*O. exile*，*O. liulaobeiense*，*O. minor*，*O.* sp)和较多的*Asperatopsophosphaera*(包括 *A.* cf. *umishanensis*，*A.* sp.)，*Trachysphaeridium*(包括 *T. coultum*，*T. simplex*，*T. incrassatum*，*T.* sp.)，*Trachyminuscula* sp.，*Paleamorphc*(包括 *P. punctulata*，
~~~~~~~~~~

P. sp.) *Leiopsophosphaera*（包括 *L. minor*, *L*. sp.）以及少量的 *Liulaobeinella*, *Leiominuscula minuta*, *Lophominuscula*, *Leiofusa*, *Monotrematosphaeridium asperum* 为特征。组合特征与徐淮地区刘老碑组相似，其中有12属、19种是二者共有的。其中 *Liulaobeinella*, *Orygmatoapheridium liulaobeiehse* 是刘老碑组与佟家庄组所特有的。

张胜祥、韩廷宝等(1990)将底界定在二青山组上部。本次清理认为其主要分布在佟家庄组。地理展布广，全区内均可见。

(三)叠层石组合

张胜祥、韩廷宝等(1990)称其为叠层石组合带，本次清理后，鉴于所采化石种属稀少，研究程度较低，改称为组合。

该组合以穹隆形叠层石类柱体为主，叠层石分叉连层复杂者较多。分布于佟家庄组藻灰岩段及石旺庄组。主要有：*Conophyton* cf. *lijiadunensis*, *Conophyton lijiadunensis*, *Jurusania* f., *Tungussia* f., *Baicalia* f., *Baicalia* cf. *mauritanica sprfati*, *Inzeria* f., *Paractonophyton* f. 等。

二、鲁东地层分区晚元古代生物地层

邓幼华、胡秋华等1984年对该地区的晚元古代生物地层作过较详细研究，将微古植物群分为三个组合。本次清理基本同意该划分方案，在此基础上结合最近区调资料和专题资料作了补充。

第一组合：以大量的 *Bavlinella*, *Trachysphaeridium*, *Paleamorpha* 和较多的 *Baculimorpha brevis*, *Leiofusa* 为其特征。分布蓬莱群豹山口组上板岩段。

第二组合：以丰富的 *Trachysphaeridium*, *Trachyminuscula* 和较多的 *Paleamorpha*, *Conusmorpha brevis*, *Leiofusa*, *Baculimorpha brevis* 为其特征，分布于蓬莱群辅子夼组下部板岩中。

第三组合：以丰富的 *Trachysphaeridiium*, *Paleamorpha*, *Leiofusa* 和较多的 *Conusmorpha brevis*, *Baculimorpha brevis*, *Nephromorpha regularis* 为其特征，分布在蓬莱群南庄组板岩及香夼组灰岩中。

第三节 年代地层

1. 青白口系

青白口系在山东不甚发育，不整合于泰山岩群或太古宙—中元古代花岗岩体之上，与上覆震旦系为平行不整合接触。包括鲁西地层分区的土门群黑山官组和二青山组，由两个沉积旋回构成，二者之间为平行不整合、局部呈不整合接触。黑山官组发现“大型疑源类” *Churia circalaris*，可与河北下马岭组对比。在青白口系顶部还发现有 *Sticetosphaeridium* sp., *Kildinosphaella* sp., *Leiosphaeridia*.

从近几年来发表的同位素年龄来看，其多在550～660 Ma左右，年龄值普遍偏小，与地质背景不符，可能是所采取的样品的问题，只有山东省地质矿产局第二地质队1∶5万苍山等幅区调项目曾在二青山组顶部获得灰绿色页岩Rb－Sr全岩等时线年龄807±45 Ma，还算比较接近其形成时代。

2. 震旦系

包括鲁西地层分区的土门群佟家庄组、浮来山组、石旺庄组，鲁东地层分区的蓬莱群及朋河石组，

佟家庄组平行不整合于青白口纪二青山组之上，石旺庄组平行不整合于寒武纪长清群之下；蓬莱群与早元古代粉子山群为不整合接触；朋河石组不整合于晚元古代片麻状二长花岗岩之上(二长花岗岩同位素年龄在830 Ma左右)。

鲁西地层分区的该套地层未变质，鲁东地层分区则经受了轻微的区域变质作用，变质程度为低绿片岩相。

地层中含大量的微古植物。佟家庄组含大量的 *Laminarits antiquissimus* 和较多的 *Orygmatosphoceridumerile*，*O. liulaobeiense*，佟家庄组和石旺庄组产叠层石 *Inzeria*，*Tungussia*，*Minjaria*，*Jurusanis* 及 *Conophyton* 等；蓬莱群含 *Bavlinella* 及 *Trachysphaeridium dengyingense*，*Triangumorpha punctulata*，*Leiofusa navicularа*，*Paleamorpha punctulata* 等，以及 *Jurusania* 叠层石；朋河石组含 *Trenatosphaeridium* sp.。与邻区对比，其年代应为震旦纪。

佟家庄组、浮来山组的同位素年龄多在650 Ma左右，蓬莱群的同位素年龄则为417 Ma，与地质背景不符。与邻区对比，佟家庄组的形成时代可能在750～800 Ma左右，浮来山组在650～750 Ma左右，而蓬莱群应在600～700 Ma甚至更早，朋河石组的同位素年龄为620 Ma，基本上代表了其形成年龄。

综合考虑，上述地层应属震旦系。

第四节　其他地层

一、化学地层

1990年宋子新在“鲁中南上前寒武系地球化学特征研究及其区域构造意义——兼论‘土门群’的解体”为题的硕士生论文中，首次使用“有序样品最优分割法”判别分析，对该地区晚元古代地层作了化学地层的划分，应用“聚类分析、对应分析”及其他方法，研究了其沉积地球化学及其波浪式演化特征。宋子新将鲁西地层分区的晚元古代地层分为三个地球化学旋回、五个地球化学阶段。即第一旋回，包括黑山官阶段、二青山阶段、佟家庄阶段；第二旋回，包括浮来山阶段；第三旋回，包括石旺庄阶段。五个地球化学阶段分别对应岩石地层的黑山官组、二青山组、佟家庄组、浮来山组＋石旺庄组砂质灰岩段、石旺庄组灰岩段＋白云岩段。本次清理，在同意宋子新所划五个地球化学阶段的基础上，划为四个地球化学旋回。第一旋回为黑山官阶段；第二旋回包括二青山和佟家庄两个阶段；第三旋回为浮来山阶段；第四旋回为石旺庄阶段。

(一)地球化学阶段特征

1. 黑山官阶段：与P关系密切。在元素含量上表现为P、Rb、Zr、Ca、Cu、B、V、Ti、Zn、Co、Ni含量的高分配，Mn、Pb、Sr含量的低分配的特点。

2. 二青山阶段：与Ba关系密切。表现为Co、Zn、B、Ti、Si、Ca、P、Rb含量的中等分配和Cu、Ni、Mn、Zr、Pb、V等由低至高的特点。

3. 佟家庄阶段：除Mn、B、P等少数元素外，与大部分元素关系密切。表现为Ti、Mn、V含量的高分配，Cu、Pb、Zr低分配的特点，而Sr、P含量由低—高—低的变化规律，其他

元素含量为中等分配。

4. 浮来山阶段：与 Zr 关系密切。表现为 Cu、Ni、Zn、Sr 含量的中等偏低分配，B、Pb、Ti、Zr、V、Rb 含量的高分配，Mn、Ga、P 的含量具高—底—高的变化规律。

5. 石旺庄阶段：除 Ba、Zr、Ti 等少量元素外，与大部分元素关系密切。表现为 Cu、Zn、Mn 含量的中高分配，Pb、Co、Ti、V 含量的中等分配，Sr 含量的高分配，Ni、B、Ga、P、Pb、Zr 含量的低分配。

(二)组合段的显示

黑山官组与二青山组用岩石化学、微量元素及比值所做的最优分割点分别是 4 分、2 分和 4 分，表明它们之间的地球化学沉积环境变化较大，二青山组与佟家庄组在最优 9 分时，分别在 6 分、7 分和 4 分出现；在最优 6 分时，分别在 4 分和 3 分出现。显示两者之间的地球化学也有较大的差异。佟家庄组和浮来山组之间最优 9 分时在 3 分出现；最优 6 分时，在 4 分和 2 分出现，说明两者之间的差异显著，浮来山组和石旺庄组在最优 9 分时出现最晚，9 分才出现；在最优 6 分时，分别在 5 分和 3 分出现。说明浮来山组的钙质粉砂岩与石旺庄组砂质灰岩段的砂质灰岩为过渡关系，差异不明显。石旺庄组砂质灰岩段和灰岩段之间，在最优 9 分时，分别在 2 分、4 分、2 分时出现，说明其地球化学环境差异显著。其它岩性段的划分的分割点多在组间分割点之后紧跟出现，与岩性段基本吻合。说明当沉积环境稍有变化即分为一个地球化学段。

(三)组的组合

最早和较早出现的分割点，绝大部分与岩石地层中部分组间界线吻合。以黑山官组和二青山组，佟家庄组和浮来山组，石旺庄组砂质灰岩段和灰岩段之间的分割点出现较早，它们之间都是在 2 分、3 分和 4 分时出现，说明它们之间的地球化学差异显著，地球化学环境有大的变化。因此将晚元古化地层划分为四个地层地球化学旋回。

二、地震地层

地球上具一定规模的运动往往影响到自身较大区域，而突发性构造事件也是如此。如天体间碰撞影响到许多星球；地球上的地震活动，如果强烈可以波及到地球上很大的范围，这就会在影响区内遗留下地震活动的痕迹。经过乔秀夫等人研究，发现碳酸盐岩中呈树枝状、蠕虫状“碳酸盐岩泥晶脉”为软沉积物在 6 级以上强地震引起的液化产物，并在实验室和震后砂层观察中得到证实。

在山东省土门群石旺庄组灰岩和蓬莱群香夼组灰岩中均发育有蠕虫状碳酸盐岩泥晶脉，一般垂直于层理，少数斜切。脉宽 1～3 mm，高 3～10 mm，一般在 5 mm 左右。在其层序底部往往为潮道沉积灰岩。在徐淮地区魏集组和九顶山组、辽南的营城子组和兴民村组、吉林的万隆组、八道江组、青沟子组灰岩中，均发现了大量的蠕虫状泥晶脉层位。经过区域上生物组合、岩性及层位对比，其中的石旺庄组、魏集组、兴民村组、万隆组、八道江组和青沟子组中泥晶脉层可能属于同一阶段地震活动条件下形成的，所以均具区域对比性，属同时间形成产物，时间在震旦纪后期。乔秀夫等认为辽南、山东中部至徐淮海地区的震旦系有三个地震活跃期。由于这套震旦纪后期地震事件层在石旺庄组中发育，我们暂且称之为“石旺庄期地震震动液化碳酸盐岩泥晶脉层”。这为蓬莱群与土门群乃至与邻区地层对比提供了又一科学依据。

不但生物证据反映其形成的时代相近(乔秀夫等，1993)，同时还有两种现象反映其形成时间一致性，即都具有无隔壁锥状形态叠层石，上部都具有暴露构造。石旺庄组表现为大面积白云岩化；香夼组发现淡水方解石胶结岩溶滑塌角砾岩。

三、古地磁

山东省晚元古代地层，分布范围小，露头零星，大部分地区未做过古地磁工作。山东省地质矿产局第二地质队1：5万苍山等幅区调项目(1990)对鲁西地层分区南部苍山地区的晚元古代地层的古地磁进行了研究，初步建立了视古地磁迁移轨迹，发现浮来山组有反极性事件，得到了其形成时古纬度。

(一)视古地磁极性轨迹

在距今900～600 Ma期间，古地磁极位置大至在160°E～220°E的中纬度区沿北西至南东绕动。并在一定范围内呈周期性摆动。

(二)古纬度

苍山地区晚元古代沉积时间，其平均古地理纬度在30°左右。二青山组初期在20°左右，岩石以紫色、紫红色砂岩、泥灰岩、页岩为主。二青山组晚期至佟家庄组时期平均古纬度增高到30°～40°以上，形成了一套黄绿色为主的砂页岩、砂灰岩、页岩。

(三)向期

本区晚元古代地层以正向期为主。

(四)区域地层对比

本区各组的平均视磁极位置与蓟县剖面中下马岭组与景儿峪组各采样点的视磁极位置相近，其下部可能与下马岭组、景儿峪组层位相当。

浮来山组以正极性为主，但出现两个反向磁化层位，表明有两次反极事件。而蓟县剖面各组均为正极性，没有发现反极事件，两者不能对比。因此，浮来山组及其以上地层的层位应在景儿峪组之上。

第五章
寒武纪—奥陶纪

寒武纪—奥陶纪地层在山东省沂沭断裂带的安丘-莒县断裂以西广泛发育，露头较好。主要为一套海相碳酸盐岩，即灰岩为主，次为白云岩、页岩及少量砂岩，含丰富的三叶虫和角石类化石，地层厚达 1 800 余米。矿产丰富。

山东省境内的寒武纪—奥陶纪地层，属华北地层大区(Ⅴ)内的晋冀鲁豫地层区($Ⅴ_4$)。以怀远间断为界，将其分为上、下两部分，即上部以奥陶纪灰岩夹白云岩为主地层系统，下部以寒武纪灰岩、页岩夹砂岩为主地层系统。由于沉积环境和地层特征的差异，故需按上、下两个层次进一步分区。

其一，怀远间断之下寒武纪—早奥陶世地层，在山东省为连续沉积，厚度 750～1 100m 左右，代表滨海—浅海近岸的沉积环境，属稳定区沉积类型。沉积物有紫色、红色等杂色页岩、砂质页岩、砂岩、灰色鲕状灰岩、砾屑灰岩、藻灰岩、白云岩，具泥裂、帐篷构造和波痕构造，产石膏矿并见石盐假晶印痕。由于寒武纪早期沉积继承了震旦纪沉积环境，只是海侵范围进一步扩大，所以在山东省形成了自东南向西北不断超覆沉积格局。据地层发育程度不同，可将山东省寒武纪—早奥陶世地层分为三个分区三个小区(图 5-1)。

(1)华北平原地层分区($Ⅴ_4^8$)：均被巨厚的第四系和第三系覆盖，仅在钻孔中偶有发现，下部常含石膏矿。研究程度较低，一般仅能划分出两个群级地层单位。

(2)鲁西地层分区($Ⅴ_4^{10}$)：西北侧以聊(城)-(兰)考断裂、齐(河)-广(饶)断裂为界，至广饶县南侧向南经青州市向东，经昌乐、潍坊北至昌邑南，与安丘-莒县断裂相接。东南侧以安丘-莒县断裂为界。寒武纪—早奥陶世地层广泛分布，地层连续，露头较好，研究程度最高，晋冀鲁豫地层区寒武纪地层层型多在该分区。据沉积特点分为三个地层小区。

①潍坊-临沂地层小区($Ⅴ_4^{10-1}$)：其范围大致包括安丘-莒县断裂以西附近地带。其西界就是朱砂洞组下灰岩段(原称五山灰岩)或李官组在西北部尖灭点的连线，大体北自昌乐，经蒙阴界牌、费县石井，南至枣庄。李官组、朱砂洞组下灰岩段、余粮村(页岩)段均主要分布在该小区，三山子组最下部 c 段白云岩在该小区厚度最大。

②淄博-新泰地层小区($Ⅴ_4^{10-2}$)：西界就是张夏组盘车沟段页岩在西部尖灭点的连线。大体北以周村，南经泰安、宁阳南驿、泗水、平邑至费县石井为界。盘车沟页岩段主要分布在该小区，馒头组洪河段砂岩在该小区厚度最大。

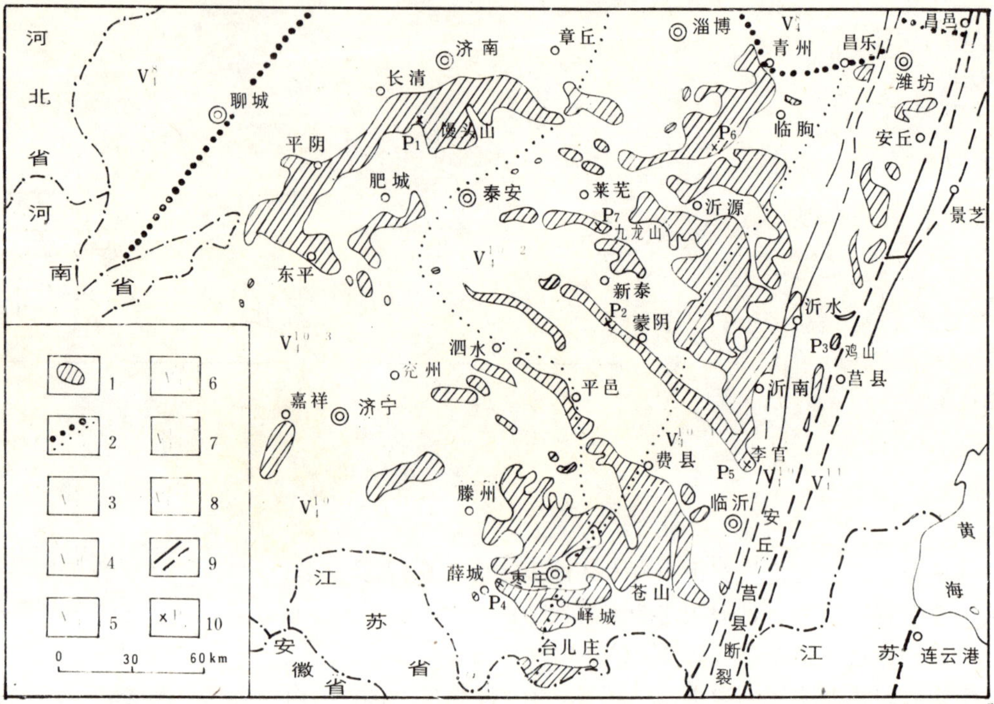

图 5-1 山东省怀远间断之下寒武系—下奥陶统露头分布及地层区划图

1. 露头；2. 三、四级地层区划界线；3. 华北平原地层分区；4. 鲁东地层分区；5. 鲁西地层分区；6. 潍坊-临沂地层小区；7. 淄博-新泰地层小区；8. 济南-滕州地层小区；9. 重要断层；10. 主要剖面位置及编号；P_1 张夏剖面；P_2 盘车沟剖面；P_3 鸡山剖面；P_4 薛城剖面；P_5 李官剖面；P_6 淄河剖面；P_7 九龙山剖面

③济南-滕州地层小区(V_4^{10-3})：其范围就是上述两个小区之西北部的济南、济宁、滕州地区，该小区张夏组沉积以灰岩为主，不见或极少见有余粮村页岩段沉积。馒头组洪河段砂岩在该小区厚度较小，常为粉砂岩夹砂质页岩，而且穿插于馒头组中间，致使馒头组石店段之上的页岩分为上、下两部分。朱砂洞组上灰岩段在该小区厚度较小，并且自东向西大量被丁家庄白云岩段代替。

(3)鲁东地层分区(V_4^{11})：目前尚无发现寒武系露头。推测该区可能属剥蚀区。

其二，怀远间断之上早奥陶世—中奥陶世地层。这个阶段的沉积属陆表海相碳酸盐岩建造，故与华北地台大多数地区一样，山东省只发育奥陶系中、下统，缺失上统。该套地层区域分布非常稳定，一般具有大套白云岩与灰岩相间出现的六分性，根据各段发育程度、含矿性、研究程度和后期改造(即覆盖或剥蚀)程度不同而划分为三个分区，分区界线同寒武纪—早奥陶世地层(图 5-2)。

(1)华北平原地层分区(V_4^{8})：均被巨厚的第四系和第三系所覆盖。未见露头，仅据钻孔揭示，主要为灰岩、白云岩夹大量的石膏层，厚约 500 m。

(2)鲁西地层分区(V_4^{10})：露头较好，研究程度较高，主要为灰岩和白云岩，偶见黄绿色砂岩和砖红色泥岩。具膏溶现象。地下新鲜岩石夹层中有无石膏夹层，尚待证实。

(3)鲁东地层分区(V_4^{11})：未见露头，根据鲁东地区白垩系莱阳群中怀疑为寒武纪和石炭纪灰岩砾石，推测原来可能也有奥陶纪沉积，可能属剥蚀区。

由于山东省境内的寒武纪—奥陶纪地层连续，露头好，交通方便，很早就为中外地质学

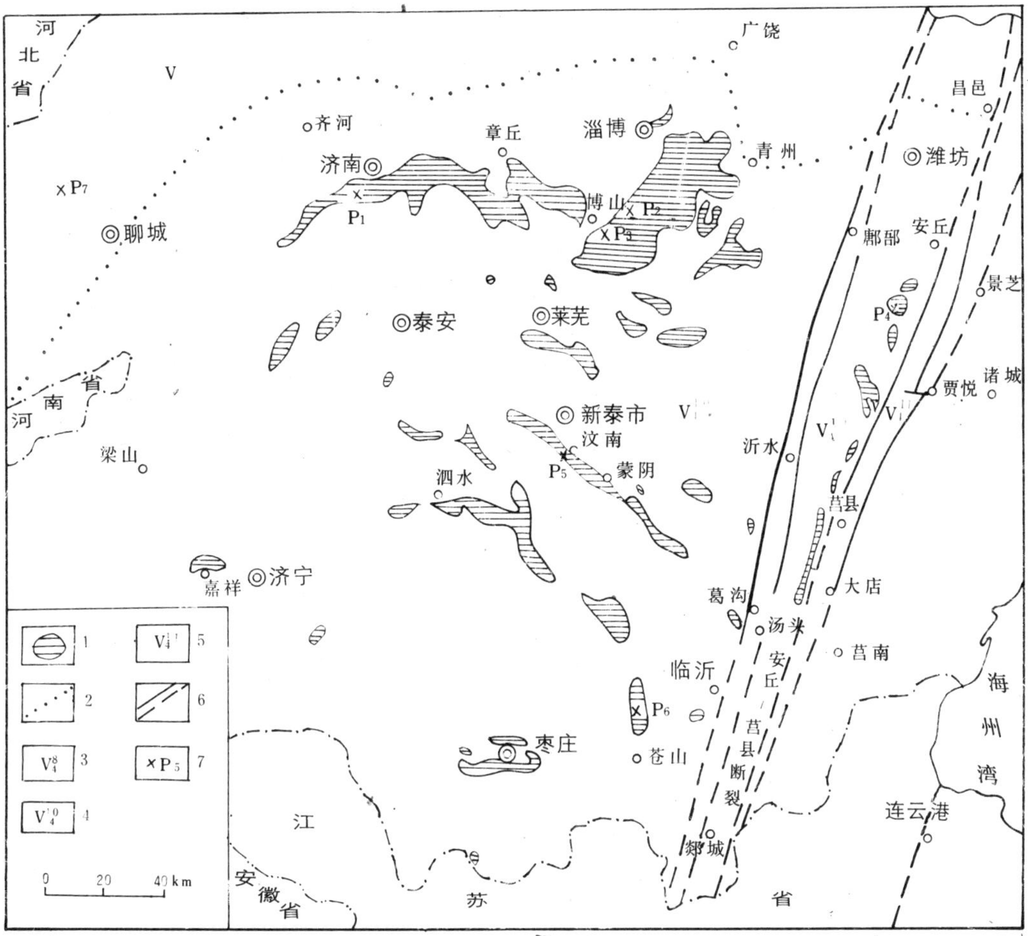

图 5-2　山东省奥陶纪马家沟组露头分布及地层区划图

1. 露头；2. 三、四级地层区划界线；3. 华北平原地层分区；4. 鲁西地层分区；5. 鲁东地层分区；6. 重要断层；7. 主要剖面位置及编号；P_1 党家庄橛山剖面；P_2 洪山水泥厂剖面；P_3 八陡剖面；P_4 北后河剖面；P_5 汶南剖面；P_6 矿坑剖面；P_7 八甲刘华 4 井钻孔

家所重视，故研究程度高，地层划分详细，是寒武纪—奥陶纪地层层型所在地。Richthofen 于 1869 年最早对山东地层进行系统调查，将寒武系和奥陶系称之为震旦系，误把奥陶系称为"石炭纪灰岩"(Kohlenkalkstein)(1882)。Th Lorenz(1906)通过对 1902 年采自济南南部济南石灰岩中化石鉴定，认为属奥陶系。

1903 年，美国斯坦福大学教授 Willis 和 Blackwelder 受美国卡内基研究所(Carnegie Institution)委托，来我国进行地质调查，所采化石经 C D Walcott 鉴定。在对山东省泰安、济南、莱芜、青州、淄博和新泰等地调查后，编制有新泰以北和张夏一带小范围 1∶125 000 地质图。其研究成果《Research in China》于 1907 年发表。他们认为，山东省寒武系—奥陶系主要为灰岩和页岩，并将其分为"三个群(Group)"：①馒头层(the Manto Formation)，部分(不完整的)下寒武统一套页岩系列；②九龙群(the Kiulung Group)，灰绿色灰岩和页岩的可变系列，包括中、上寒武统的化石；③济南层(the Tsinan Formation)，主要是均匀而连续的一套石灰岩，它们代表了奥陶统的一部分，或许包括上寒武系的一部分。"九龙群或组(Kiulung Group or Formation)”在张夏和炒米店地区可明显分为“张夏石灰岩”、“崮山页岩”和“炒米店石灰岩”；在“新泰地区，九龙群则是一个一致的建造，包括灰岩和页岩”，灰岩“被大量页岩所取代”，济南层分为下段和上段两部分。他们的划分方案被推广到整个华北地层大区，从而奠定了华北寒武纪—奥陶纪地层划分的基础，其地层划分名称多数使用至今。

孙云铸(1924)研究了泰安、张夏地区的寒武系。将泰安附近炒米店灰岩再分为上部的蒿里山层和下部的炒米店层，将张夏地区炒米店灰岩分为上部直角石层和下部“炒米店层”，并将崮山层划为上寒武系。其后(1937)，又将汶水一带“崮山页岩”分为两部分，上部仍为崮山层，属上寒武统；下部为汶水层，属中寒武统，并主张建汶水阶(1948)。

谭锡畴(1924)在1∶100万《中国地质图北京、济南幅说明书》中，将山东、河北、山西和北京市等地寒武系分为下部馒头页岩和上部九龙石灰岩，后者再分为张夏灰岩段、崮山页岩段和炒米店石灰岩段；奥陶系仍为济南石灰岩。与前人不同的是，谭氏将原划馒头组底部含燧石结核灰岩划归新元古界震旦系，与馒头组推测为平行不整合接触。

卢衍豪、董南庭1952年重新观察了张夏、崮山一带“寒武纪标准剖面”，1953年在《山东寒武纪标准剖面新观察》一文中将馒头页岩再分为馒头统、毛庄统和徐庄统，前两者置于下寒武统，后者归中寒武统，炒米店灰岩再分为长山统和凤山统，并建17个三叶虫化石带。

1956年《中国区域地层表(草案)》，把临沂地区硅质石灰岩及其以下地层归属震旦纪，两者为整合接触。但馒头山硅质石灰岩(白云岩)仍划为馒头组，炒米店统与其下张夏组和其上济南石灰岩呈平行不整合接触。

1958—1961年，山东省地质厅、北京地质学院在山东省东经120°以西开展1∶20万区域地质测量时，王良忱等(1959)提出了山东省中西部早寒武纪地层划分方案，张夏地区寒武系底部单独建硅质灰岩组。临沂地区徐庄阶之下、土门组之上地层合称五山统，按旋回分为上、中、下三部分，下部属筇竹寺期沉积①。在山东省地质厅、北京地质学院(1961)1∶20万章丘等6幅、临淄等4幅区测报告中，根据山东省地质厅意见对王良忱等原划分方案进行修改，将下寒武系称为馒头阶，再分为馒头组和毛庄组。而馒头组又以含燧石结核灰岩(白云岩)之底为界，其上为二段；其下为一段，又称狭义“五山组”，仅局限分布于临沂、苍山一带。在其报告中把奥陶纪地层分为下统亮甲山-冶里组，上统马家沟组分为三段，两组间为平行不整合接触。

山东省区域地层表编写组(1978)把北京地质学院狭义“五山组”顶界下移至产*Megapalaeolenus*层位的浅灰色厚层灰岩之顶；梁宗伟(1980)认为在临沂李官该套地层发育齐全，建议改称李官组。

陈均远、邹西平1963年曾提出山东省奥陶纪地层划分意见，1975年发表文章介绍。自下而上为：纸坊庄组、北庵庄组、马家沟组、阁庄组和八陡组。并建六个头足类化石带②，其后(1984)进行了修正，并新建东黄山组和土峪组③。梁宗伟1987年新建五阳山组代替原狭义“马家沟组”④，《山东省区域地质志》(1991)把奥陶系分为纸坊庄组、东黄山组、北庵庄组、土峪组、五阳山组、阁庄组、八陡组7个组。其后，该方案被广为引用。

山东省地质矿产局地质研究所游文澄、刘怀书、刘书才等1981—1986年间采用生物地层

① 王良忱等，1959，山东中西部震旦纪地层及其岩相古地理，载北京地质学院科学技术委员会编，献给第一届全国地层会议，第三辑。
② 陈均远、邹西平，1975，山东奥陶纪地层(摘要)，山东地质情报，第3期。
③ 陈均远、张俊明、梁宗伟，1984，新泰汶南奥陶系剖面简介，载江苏省古生物学会会刊，第5期。
④ 梁宗伟，1987，山东的奥陶系及其中下统界线，山东地质情报，第2期。

与岩石地层相结合的方法，对山东省寒武系岩石特征、岩相特征以及不同地层小区年代地层划分标志等，做了系统研究和总结①。

进入80年代中期，山东省地质矿产局为配合广泛开展的1：5万和1：20万区调工作，对山东省寒武纪地层采用多重划分方法开展填图，并对某些组段含义进行厘定。如馒头组、毛庄组和徐庄组分别为灰岩组合、页岩组合和砂岩组合等②。

90年代初期开始，山东省开始了地层多重划分对比研究工作。考虑到岩石地层“组”和年代地层“阶”尽量不重名，而且层型仍选在馒头山附近等因素，张增奇、张成基等(1992，1993)提出如下并组为群划分方案：怀远间断之下寒武纪—早奥陶世岩石地层自下而上分为李官(砂岩)组、茶棚(碳酸盐岩)组、徐毛庄(页岩)组、洪河(砂岩)组、张夏(灰岩)组、崮山(页岩)组、炒米店(灰岩)组、三山子(白云岩)组。张夏组及其之上以灰岩和白云岩为主地层称九龙群，张夏组之下以碎屑岩为主地层称馒头群，将怀远间断之上东黄山组、北庵庄组、土峪组、五阳山组、阁庄组、八陡组合并为济南群③④。该划分方案在区调工作中曾被推广引用⑤。根据地层清理全国项目办公室意见，笔者等(1994)新建长清群代替馒头群，用朱砂洞组代替茶棚组，馒头组代替徐毛庄组和洪河组。马家沟组代替济南群。原东黄山组等6个组降为段。

根据华北大区地层清理有关会议精神，结合山东省地层发育特点，本次地层清理对山东省寒武纪—奥陶纪地层多重划分如下(表5-1，表5-2)：

寒武纪岩石地层(含怀远间断之下早奥陶世三山子组)以灰岩、白云岩、页(泥)岩作为划分主要依据，再参考砂岩厚度及区域延展性，分为2个群、7个组、4个段等13个正式岩石地层单位，以及11个非正式段。正式岩石地层单位包括：长清群、李官组、朱砂洞组、余粮村段、丁家庄段、馒头组、石店段、洪河段、九龙群、张夏组、盘车沟段、崮山组、炒米店组、三山子组等；寒武纪生物地层厘定为21个三叶虫带、4个牙形石带、3个笔石层；寒武纪年代地层分为下统的沧浪铺阶、龙王庙阶，中统的毛庄阶、徐庄阶、张夏阶；上统的崮山阶、长山阶和凤山阶。

山东省奥陶纪怀远间断之上奥陶纪岩石为碳酸盐岩，其岩石地层称为马家沟组，再以白云岩和灰岩相间出现而分为东黄山段、北庵庄段、土峪段、五阳山段、阁庄段、八陡段等6个段；奥陶纪生物地层厘定为7个角石带、6个牙形石带；奥陶纪年代地层厘定为下统两河口阶、红花园阶、大湾阶、牯牛潭阶，中统的庙坡阶、宝塔阶。

第一节　岩石地层单位

长清群　$\in_{1-2}\hat{C}$　**(37-0049)**

【创名及原始定义】　张增奇、张淑芳、宋志勇、迟守祥1994年在《山东寒武纪—早奥陶世岩石地层清理意见》一文中创名长清群。因华北地层大区晋冀鲁豫地层区寒武纪地层层型主要在山东省长清县而取其名。原始定义：指晋冀鲁豫地层区寒武系底部不整合面之上、九龙群之下，以紫、红色泥岩、页岩和砂岩为主夹白云岩和灰岩岩石地层单位。顶以砂岩或页

---

① 山东省地质矿产局地质综合研究队，1986，山东寒武纪地层及沉积相特征研究报告(内部资料)。
② 山东省地质矿产局第一地质队，1989，1：5万徂徕、东王庄幅区调报告。
③ 山东省地质矿产局区域地质调查队，1992，山东省早古生代地层清理研究。
④ 张增奇、张成基、张淑芳、宋志勇、杨智溥等，1993，华北地层区寒武纪地层多重划分初步，载山东地质学会青年工作委员会编，山东省第二届青年地学工作者学术讨论会论文摘要汇编。
⑤ 山东省地质矿产局第九地质队，1993，1：5万新汶、放城幅区域地质调查报告(最终验收稿)。

表 5-1　山东省寒武纪—早奥陶世地层多重划分对比表

年代地层 系	年代地层 统	年代地层 阶	岩石地层 群	岩石地层 组 段 西(张夏)东(鸡山)	年代地层 阶	生物地层 三叶虫生物带	生物地层 笔石生物层	生物地层 牙形石生物带
奥陶系	下统	大湾阶		马家沟组	大湾阶	2. *Corenoceras-ryhlioceras* A. Z.		
						1. *Barnesoceras-Dakeoceras* A. Z.		
		红花园阶	九龙群	三山子组 a段	红花园阶	21. *Mictosaukia* R. Z.		4. *Cordylodus proavus* Z.
		两河口阶		三山子组 b段	两河口阶	20. *Quadraticephalus* Ac. Z.	3. *Callograptus turriculatus* 层	3. *Proconodontus-Rotundoconus* Z.
寒武系	上统	凤山阶		三山子组 c段	凤山阶	19. *Ptychaspis-Tsinania* C. R. Z.	2. *Callograptus discoides* 层	
		长山阶		炒米店组	长山阶	18. *Kaolishania* R. Z.		2. *Distacodus*? *palmeri-Prooneotodus rotundatus* Z.
						17. *Changshania-Irvingella* C. R. Z.	1. *Dictyonema wenheense* 层	
						16. *Chuangia* R. Z.		
		崮山阶		崮山组	崮山阶	15. *Drepanura* R. Z.		1. *Westergaardodina matsushitai* Z.
						14. *Blackwelderia-Damesella* A. Z.		
	中统	张夏阶		张夏组 上灰岩段	张夏阶	13. *Yabeia* R. Z.		
				张夏组 盘车沟段		12. *Amphoton-Taitzuia* A. Z.		
						11. *Crepicephalina* Ac. Z.		
				张夏组 下灰岩段		10. *Lioparia* R. Z.		
		徐庄阶	长清群	馒头组 上页岩段	徐庄阶	9. *Bailiella* R. Z.		
				馒头组 洪河段		8. *Poriagraulos* R. Z.		
		毛庄阶		馒头组 下页岩段	毛庄阶	7. *Sunaspis* R. Z.		
	下统	龙王庙阶		馒头组 石店段	龙王庙阶	6. *Ruichengaspis* R. Z.		
				丁家庄段 上灰岩段		5. *Hsuchuangia-Ruichengella* C. R. Z.		
				朱砂洞组 余粮村段		4. *Shantungaspis* Ac. Z.		
		沧浪铺阶		朱砂洞组 下灰岩段	沧浪铺阶	3. *Yaojiayuella* R. Z.		
				李官组		2. *Redlichia chinensis* R. Z.		
震旦—青白口系			土门群	佟家庄组	Z-Qn	1. *Megapalaeolenus* R. Z.		

注：表中 Z 为带；R. Z. 为延限带；Ac. Z. 为顶峰带；A. Z. 为组合带；C. R. Z. 为共存延限带

岩结束划界，与九龙群整合接触；底部常具砂质砾岩，与下伏前寒武系平行不整合或不整合接触。属早—中寒武世。在鲁西地层分区自下而上包括李官组、朱砂洞组和馒头组。

表 5-2　山东省奥陶纪地层多重划分对比表

<table>
<tr><th colspan="3">年代地层</th><th colspan="3">岩石地层</th><th colspan="2">生物地层</th></tr>
<tr><th>系</th><th>统</th><th>阶</th><th>群</th><th>组</th><th>段</th><th>头足类生物带</th><th>牙形石生物带</th></tr>
<tr><td rowspan="8">奥陶系</td><td rowspan="2">中统</td><td>宝塔阶</td><td rowspan="6"></td><td rowspan="6">马家沟组</td><td>八陡段</td><td>7. Gonioceras badouense R. Z.</td><td>6. Belodina compressa - Microcoelodus symmetricus Z.</td></tr>
<tr><td>庙坡阶</td><td>阁庄段</td><td></td><td></td></tr>
<tr><td rowspan="6">下统</td><td rowspan="4">牯牛潭阶
—?—
大湾阶</td><td>五阳山段</td><td>6. Tofangoceras pauciannulatum - Dideroceras C. R. Z.
5. Stereoplasmoceras pseudoseptum - Bassleroceras A. Z.</td><td>5. Aurilobodus serratus Z.
4. Plectodina onychodonta Z.
3. Eoplacognathus suecicus - Acontiodus? linxiensis Z.</td></tr>
<tr><td>土峪段</td><td></td><td></td></tr>
<tr><td>北庵庄段</td><td>4. Ordosoceras quasilineatum R. Z.
3. Polydesmia zuezshanensis R. Z.</td><td>2. Tangshanodus tangshanensis Z.
1. Aurilobodus leptosomatus - Loxodus dissectus Z.</td></tr>
<tr><td>东山黄段</td><td></td><td></td></tr>
<tr><td>红园花阶</td><td rowspan="3">九龙群</td><td rowspan="3">三山子组</td><td>a段</td><td>2. Coreanoceras - Yehlioceras A. Z.</td><td></td></tr>
<tr><td>两口河阶</td><td>b段</td><td>1. Barnesoceras - Dakeoceras A. Z.</td><td></td></tr>
<tr><td>寒武系</td><td>上统</td><td>凤山阶</td><td>c段</td><td></td><td></td></tr>
</table>

注：表中 Z 为带；R. Z. 为延伸带；A. Z. 为组合带；C. R. Z. 为共存延限带。

【沿革】　Willis 和 Blackwelder(1907) 最早将张夏组之下以页岩为特征的寒武纪地层命名为馒头页岩(层)；王良忱等(1959)将临沂地区毛庄阶以下地层称为“五山统”；张增奇等(1993) 建议称馒头群而再分为李官(砂岩) 组、茶棚(碳酸盐岩)组、徐毛庄(页岩)组①。根据“全国地层清理项目办”意见，将张夏组大套灰岩之下、昌平组或朱砂洞组灰岩或白云岩之上红色页岩为主地层称馒头组，即缩小了馒头组的含义。为了便于中小比例尺编图和语言表述方便，根据山东省地层清理领导小组意见，张增奇等(1994)建长清群(表 5-3)。

【现在定义】　同原始定义。

【地质特征及区域变化】　长清群以砖红色、紫色页岩或泥岩为主，次为灰色砂岩、粉砂岩、灰岩、泥云岩、云泥岩、白云岩等，底部常含砾岩，系滨海相沉积，产 *Megapalaeolenus fengyangensis*，*Redlichia chinensis* 和 *Sunaspis* 等三叶虫化石。以其杂色页岩夹砂岩、灰岩和白云岩为特征，常形成丘陵地形并位于山脚处。据砂岩、灰岩和页岩三种岩性而分为底部李

① 张增奇、张成基、张淑芳、宋志勇、杨智溥等，1993，华北地层区寒武纪地层多重划分初步，载山东地质学会青年工作委员会编，山东省第二届青年地学工作者学术讨论会论文摘要汇编。

表5－3 山东省寒武纪－早奥陶世地层划分沿革表

资料	奥陶系部分	上寒武统部分	中寒武统部分	下寒武统部分	下伏地层
B·Willis & E·Blackwelder 1907 张夏 新泰	奥陶纪：济南石灰岩（白云岩、层）下段	上寒武纪：九龙群（未分）：炒米店石灰岩（层）	中寒武纪：九龙群（未分）：崮山页岩（层）；张夏石灰岩（层）	下寒武纪：馒头页岩（层）	前寒武纪：泰山杂岩
谭锡畴 1924 北京、济南幅	奥陶纪：济南石灰岩	上寒武纪：九龙石灰岩：炒米店石灰岩段；崮山页岩段	中寒武纪：九龙石灰岩：张夏石灰岩段	下寒武纪：馒头页岩；?	新元古界：震旦系
孙云铸 1924 张夏，1937 泰安	下奥陶纪：济南层	上寒武纪：九龙系：直角石层；蒿山里层；炒米店层；崮山层	中寒武纪：汶水层；张夏层	下寒武纪：馒头层	前寒武纪：花岗岩
卢衍豪、董南庭 1953 张夏	O_1：亮甲山统；冶里统	上寒武纪：凤山统；长山统；崮山统	中寒武纪：张夏统；徐庄统	下寒武纪：毛庄统；馒头统	古生界前：花岗岩
中国区域地层表（草案）1956 济南－临沂	中－下奥陶纪：济南灰岩	上寒武纪：炒米店统：凤山组；长山组；崮·山组	中寒武纪：中寒武系：张夏组；徐庄组	下寒武纪：下寒武系：毛庄组；馒头组	震旦纪：矽质石灰岩；石英岩
山东地质厅、北京地质学院 1961 济南 临沂	O_2：马家沟组；O_1：亮甲山－冶里组：三段；二段；一段	上寒武统：凤山阶；长山阶；崮山阶	中寒武统：张夏阶；徐庄阶	下寒武统：毛庄组；馒头阶：馒头组：二段“馒头阶”；一段“五山组”	太古界泰山群或震旦系土门组
山东区域地层表 1978 鲁西	下奥陶统：纸坊庄组：上段；中段；下段	上寒武统：凤山组；长山组；崮山组	中寒武统：张夏组；徐庄组	下寒武统：毛庄组；馒头组；五山组	土门组
山东区域地质志 1991 鲁西	东黄山组；纸坊庄组：二段；一段	凤山组；长山组；崮山组	张夏组；徐庄组	毛庄组；馒头组；五山组	土门群
山东省地质二队、一队、区调队 1985－1990 新泰 济南	下奥陶统：东黄山组；纸坊庄组：二段；一段	凤山阶：凤山组：白云岩段；灰岩段；长山阶：长山组；崮山阶：崮山组	张夏阶：张夏组：藻灰岩段；页岩段；鲕灰岩段；徐庄阶：徐庄组	毛庄阶：毛庄组；龙王庙阶：馒头组：云泥岩段；灰岩段；页岩段；沧浪铺阶：五山组：灰岩段；页岩段；砂岩段	震旦系：佟家庄组或浮来山组
张增奇、张成基、杨智溥等 1993 鲁西	济南群：东黄山组；九龙群：三山子组：l段；y段	九龙群：三山子组 c段；炒米店组：二段；一段；崮山组	九龙群：张夏组（盘车沟段）；馒头群：徐毛庄组：洪河组	馒头群：徐毛庄组：二段；一段；丁家庄段；茶棚组（余粮村段）；李官组	土门群：佟家庄组或浮来山组
本文 1995 鲁西	早奥陶世：大湾期；红花园期；两河口期。马家沟组东黄山段；九龙群：三山子组：a段；b段	晚寒武世：凤山期；长山期；崮山期。九龙群：三山子组 c段；炒米店组；崮山组	中寒武世：张夏期；徐庄期；毛庄期。九龙群：张夏组：上灰岩段；盘车沟段；下灰岩段；长清群：馒头组：上页岩段；洪河段；下页岩段	早寒武世：龙王庙期；沧浪铺期。长清群：馒头组：石店段；丁家庄段；朱砂洞组：上灰岩段；余粮村段；下灰岩段；李官组	震旦纪：土门群：佟家庄组或浮来山组

官(砂岩)组、中部的朱砂洞(碳酸盐岩)组和上部的馒头(页岩)组。该群与上覆九龙群整合接触；与下伏晚元古代土门群平行不整合接触，与早元古代济宁岩群、太古宙泰山岩群、沂水岩群均呈不整合接触。由于寒武系沉积以前较长时期剥蚀，使长清群与下伏土门群的黑山官组、二青山组、佟家庄组、浮来山组等不同层位接触。

该群广布于山东省安丘-莒县断裂以西。由于寒武系为自潍坊、枣庄、临沂向西北方向的泰安、济南超覆沉积，故其厚度东南厚而西北薄(图 5－3)。如临沂李官 386.28 m，张夏馒头山 228.98 m。因而长清群在临沂地区包括 3 个组，而在张夏地区一般只有朱砂洞组上部和馒头组沉积，偶有李官组沉积(图 5－4)。该群也广布于晋冀鲁豫地层区，区域延展稳定，仅厚度有变化，并有尖灭趋势。如至山西省汉高山一带，长清群逐渐尖灭，而九龙群张夏组直接覆盖在前寒武纪变质岩系之上。

【问题讨论】 Willis 和 Blackwelder 最早把张夏组灰岩之下以红色、黄绿色等杂色页岩为特征的寒武纪地层命名为馒头组，包括下部的灰岩和白云岩以及底部的砂岩。如果将其再分若干组，则理应将馒头组升组为群。但是，在 Willis 和 Blackwelder 1907 年创名馒头组之后，馒头组含义已被多次修改。为了保留“馒头页岩”基本含义，本次地层清理将张夏组灰岩之下以红色页岩、砂岩、云泥岩和泥云岩为特征的地层称馒头组。下部的灰岩和白云岩等岩石组合称朱砂洞组，而把张夏组之下馒头组、朱砂洞组和李官组等碎屑岩占优势的岩石组合并为长清群。

李官组　$\in_1 l$　(37－0050)

【创名及原始定义】 梁宗伟 1980 年创名“李官组”。创名地点在临沂市李官乡刘家村西 300 m 大路旁。原始定义：在五山等地原五山组下界未搞清楚，又鉴于本文所用“五山组”下段在五山等地缺失。再者，与安徽上元古界下部的伍山组虽有一字之差，但汉语拼音相同。为此笔者建议废除“五山组”。以临沂李官剖面为与沧浪铺组乌龙箐段相当的标准剖面。分两段：下段为石英砂岩；上段为灰岩，产三叶虫 *Megapalaeolenus fengyangensis*。

【沿革】 寒武系底部以砂岩为主要特征的李官组，B. Willis 和 E. Blackwelder(1907)最早划为馒头组底部，他们认为“馒头组底层常是软质、白色或浅黄色极细结构粘土岩，致使与前寒武系接触面上砾岩、长石砂岩含量较少”。谭锡畴(1924)在《1∶100 万北京、济南幅说明书》和中国科学院地质研究所(1956)编《中国区域地层表(草案)》中均归为震旦系。北京地质学院王良忱等(1959)在临沂地区填图后认为，这里比张夏地区寒武系多一个砂岩→页岩→灰岩旋回，属筇竹寺期，并划为五山统下部，又称下五山组。其后山东省区域地层表编写组(1978)又将下五山组厘定为五山组。《山东省区域地质志》(1991)采用此划分方案。梁宗伟(1980)改称李官组。张增奇等(1993，1994)建议将原李官组(五山组)中下部砂质页岩和砂岩等以碎屑岩为主岩石组合单独划分出来，仍沿用李官组，本书采用此划分。

【现在定义】 修订后李官组现在定义：指寒武系底部以砂岩为主，底部偶有砾岩，上部具砂质页岩与云泥岩岩石组合。底与晚元古代土门群平行不整合接触，与早前寒武纪变质岩系不整合接触；顶以砂岩及页岩组合结束、灰岩或白云岩出现划界，与朱砂洞组整合接触。属早寒武纪，归长清群。

【层型】 正层型剖面位于临沂市李官乡刘家村(118°23′40″，35°16′26″；据张增奇、宋志勇、迟守祥 1992 年重测)。

上覆地层：**长清群朱砂洞组**　上部为黑灰-深灰色厚层细晶含白云质灰岩，锤击有臭味，下

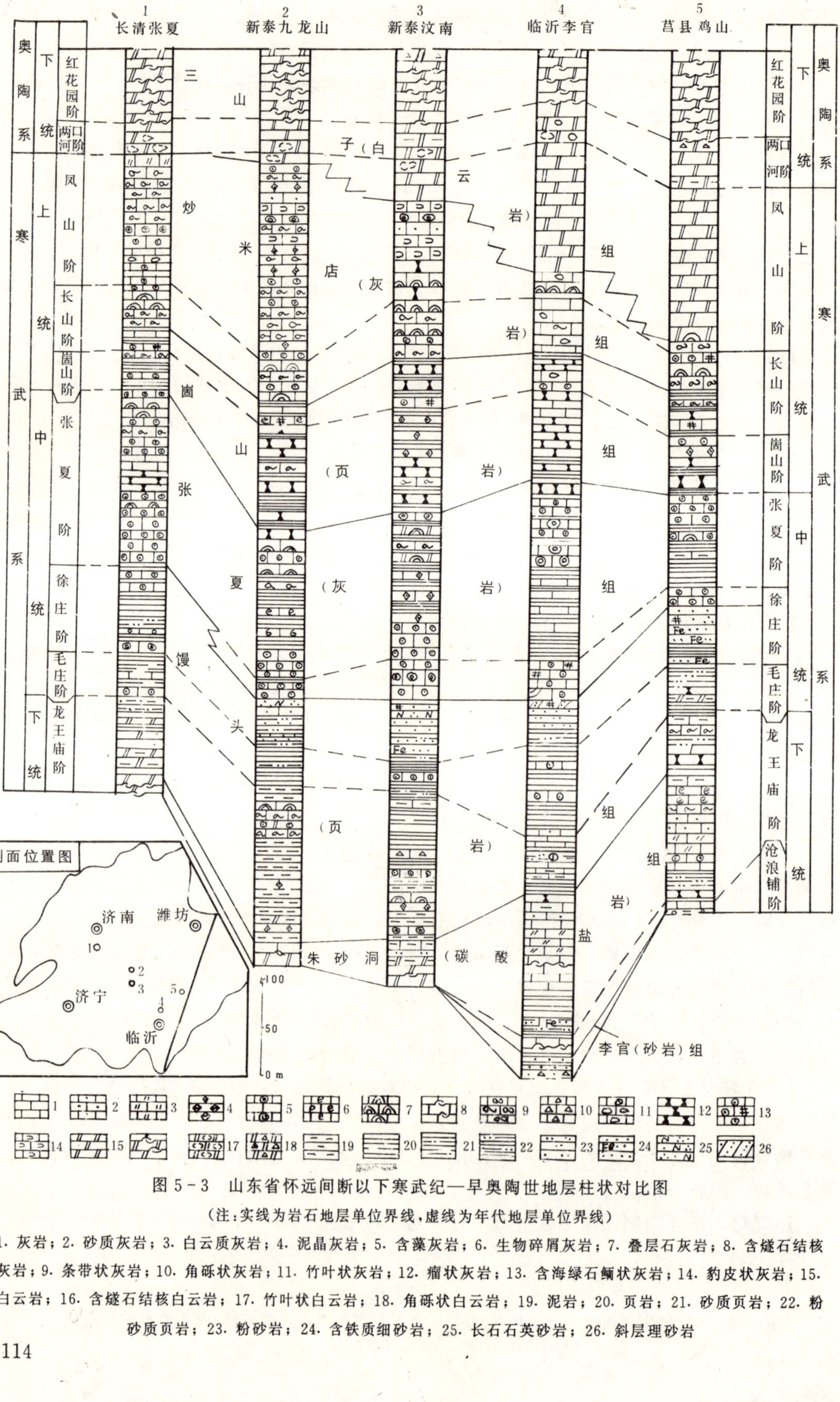

图 5-3　山东省怀远间断以下寒武纪—早奥陶世地层柱状对比图

（注：实线为岩石地层单位界线，虚线为年代地层单位界线）

1. 灰岩；2. 砂质灰岩；3. 白云质灰岩；4. 泥晶灰岩；5. 含藻灰岩；6. 生物碎屑灰岩；7. 叠层石灰岩；8. 含燧石结核灰岩；9. 条带状灰岩；10. 角砾状灰岩；11. 竹叶状灰岩；12. 瘤状灰岩；13. 含海绿石鲕状灰岩；14. 豹皮状灰岩；15. 白云岩；16. 含燧石结核白云岩；17. 竹叶状白云岩；18. 角砾状白云岩；19. 泥岩；20. 页岩；21. 砂质页岩；22. 粉砂质页岩；23. 粉砂岩；24. 含铁质细砂岩；25. 长石石英砂岩；26. 斜层理砂岩

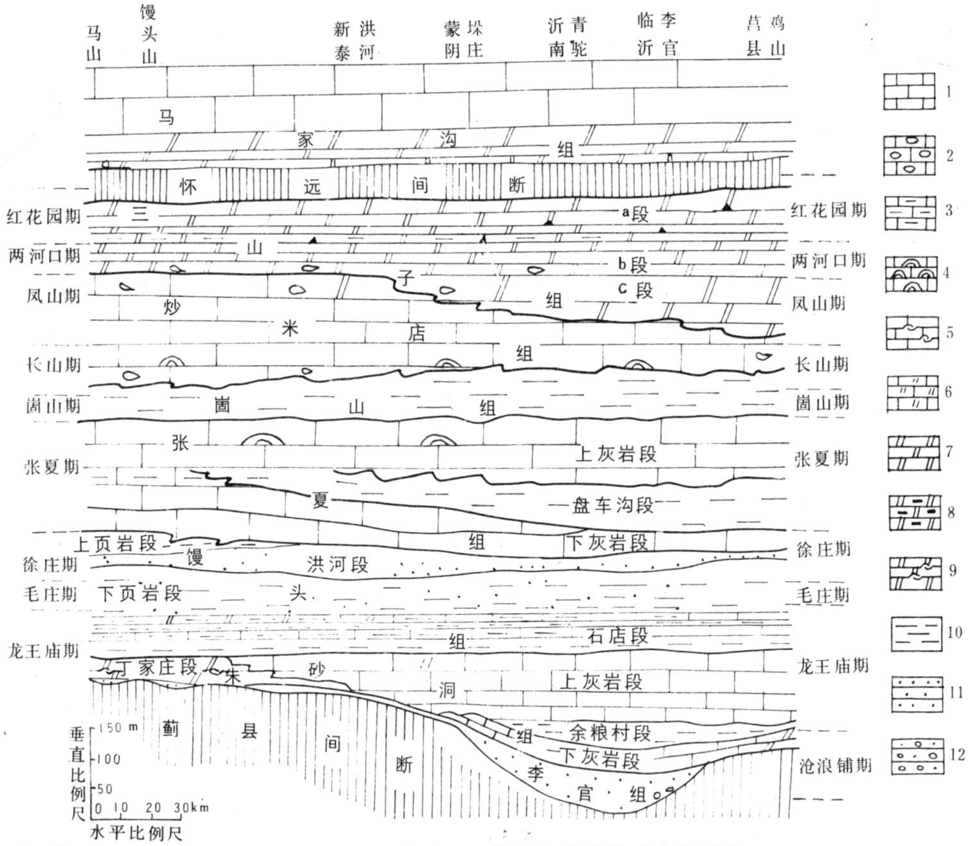

图 5-4 山东省寒武纪—早奥陶世地层时空关系图

1. 灰岩；2. 竹叶状灰岩；3. 泥质灰岩；4. 叠层石灰岩；5. 含燧石结核灰岩；6. 白云质灰岩；7. 白云岩；8. 泥质白云岩；9. 含燧石结核白云岩；10. 页(泥)岩；11. 砂岩；12. 砂质砾岩

部为黄灰色薄层含粉砂泥灰岩，含少量海绿石。中部见燧石结核，具渣状层。上部产三叶虫：*Megapalaeolenus fengyangensis*，*M. planilimbatus* 6.8 m

——————— 整　合 ———————

长清群李官组 总厚度 29.94 m

泥岩段 厚度 13.31 m

9. 砖红色巨厚层泥岩夹黄灰色薄层含粉砂泥灰岩，顶部 50 cm 为砖红色页岩。常见石盐假晶印痕 8.87 m

8. 褐红—灰白色中厚层细砂石英杂砂岩 0.99 m

7. 砖红色中厚层砂质泥岩，夹三层厚各 10 cm 的黄灰色薄层云泥岩。构成 3 个旋回，每个旋回底部含少量砾石 3.45 m

砂岩段 厚度 16.63 m

6. 灰白色厚层中粒石英砂岩，中部夹一层 30 cm 黄绿色泥质粉砂岩。底部和中部各有 50 cm 呈褐红色，构成由粗到细，由灰白到黄绿色两个旋回。 9.10 m

5. 褐灰色中薄层含海绿石不等粒石英砂岩夹三层厚各 10 cm 的黄绿色泥质粉砂岩，具斜层理 3.54 m

4. 灰白色厚层中粒岩屑石英砂岩，顶部夹黄绿色薄层含云母石英杂砂岩。上部具铁质斑点。顶部具非对称波痕，波痕指数 4，对称指数 1.70，属浪成波痕，浪击方向 60° 2.82 m

3. 褐灰色铁质含角砾粗粒石英砂岩，含少量海绿石。角砾成分为细砂岩，棱角状 0.70 m

2. 灰紫色厚层复成分角砾岩。砾石成分主要为下伏震旦纪土门群佟家庄组的紫色页岩，次为灰白色石英粉砂岩、浅灰色泥灰岩。其中以 1 cm×3 cm 左右者为主。主要为棱角状，次为次棱角状，略有分选。胶结物为砂、岩屑和铁质等。延伸不稳定　0.47 m

——————— 平行不整合 ———————

下伏地层：**震旦纪土门群佟家庄组**　暗紫红色页岩，下部偶夹黄绿色页岩　9.86 m

【地质特征及区域变化】　李官组以灰色中厚层石英砂岩为主，次为砖红色夹黄绿色泥岩、页岩、砂质页岩，偶见砂质泥灰岩和灰紫色厚层复成分角砾岩。普遍含海绿石，见非对称波痕和石盐假晶印痕，该组厚一般在 20～40 m，局部厚达 60 多米。

该组主要分布在潍坊-临沂地层小区，其余两个小区仅在局部不整合面低凹处可见 1 m 左右的含砾砂岩或砂质砾岩。自下而上分两段：①砂岩段以灰—灰白色中厚层石英砂岩为主，偶含海绿石及铁质，具交错层理及同向斜层理，局部层面上见非对称波痕。厚层砂岩中矿物成分以分选好圆度佳的石英碎屑为主，为良好玻璃原料。底部局部见有复成分角砾岩，砾石成分为下伏震旦纪土门群紫色页岩、粉砂岩及前寒武纪变质岩等，其砾岩自东南向北西逐渐尖灭。而其上部砂岩由薄变厚，呈超覆沉积。该段厚一般为 15～25 m，局部达 60 m。其分布形态在鲁西呈扁长的凸镜状，具中间厚两侧薄的变化趋势(图 5－5)。正层型上该段厚 16.63 m。属滨海陆屑滩相沉积。②泥(页)岩段为砖红色夹黄绿色云泥岩、泥云岩、页岩、含砂质页岩夹泥质粉砂岩，具微细水平层理，上部常见石盐假晶。厚度比较稳定，一般为 6～15 m，正层型厚 13.31 m，为干热气候条件下潮上盐坪的沉积产物。该段岩石新鲜时页理不发育而呈泥岩、泥云岩外貌(如临沂李官)，而风化强者则页理发育呈页岩外貌(如沂源杏山)。该段中部常见有三个底部为含砾砂岩、中上部为砖红色泥岩的沉积旋回。

李官组底以寒武系底部不整合面划界，与下伏土门群佟家庄组平行不整合接触(局部可能为不整合接触)，与泰山群不整合接触。李官组顶界以砂岩和页岩组合结束、碳酸盐岩连续出现划界，与朱砂洞组整合接触。有时会出现砂质页岩中夹有灰岩或有白云岩的不稳定层，而在其上灰岩或白云岩中夹有钙质粉砂岩薄层，这时就可以把界线划在下部以砂岩为主，上部以碳酸盐岩为主的适当位置上。

李官组尚未找到化石，但是在苏、皖、豫等地区于李官组上部含石盐假晶泥岩(页岩)相当层位中发现了沧浪铺阶化石和比 *Megapalaeolenus* sp. 更靠下的 *Hsuaspis* sp.。今后，要注意在潍坊-临沂地层小区寻找这种化石。由于在其上朱砂洞组距底 3 m 处采到三叶虫化石，所以李官组地质时限推测为早寒武世沧浪铺期。

朱砂洞组　$\in_1\hat{z}$　(37－0052)

【创名及原始定义】　冯景兰、张伯声 1952 年在《豫西地质矿产调查报告》中创名“朱砂洞石灰岩系”，创名地点在河南省平顶山市西南的朱砂洞村。原始定义：朱砂洞石灰岩系，指“大石门石英砂岩”与馒头页岩之间一套“各色灰岩间夹薄层状页岩”，厚 121 m；在嵩山地区自下而上包括(a)底砾岩，(b)不规则薄灰岩，(c)厚层状灰岩，(d)灰岩夹页岩，厚 170 m。时代归震旦纪。

【沿革】　Willis 和 Blackwelder(1907)始将这套灰岩划为馒头组下部，谭锡畴(1924)则把这套灰岩从馒头组剔除划为震旦系，并与其上狭义“馒头页岩”呈平行不整合接触；《中国区域地层表(草案)》(1956)将狭义“馒头页岩”之下以含燧石灰岩为主一套地层称“矽质石灰

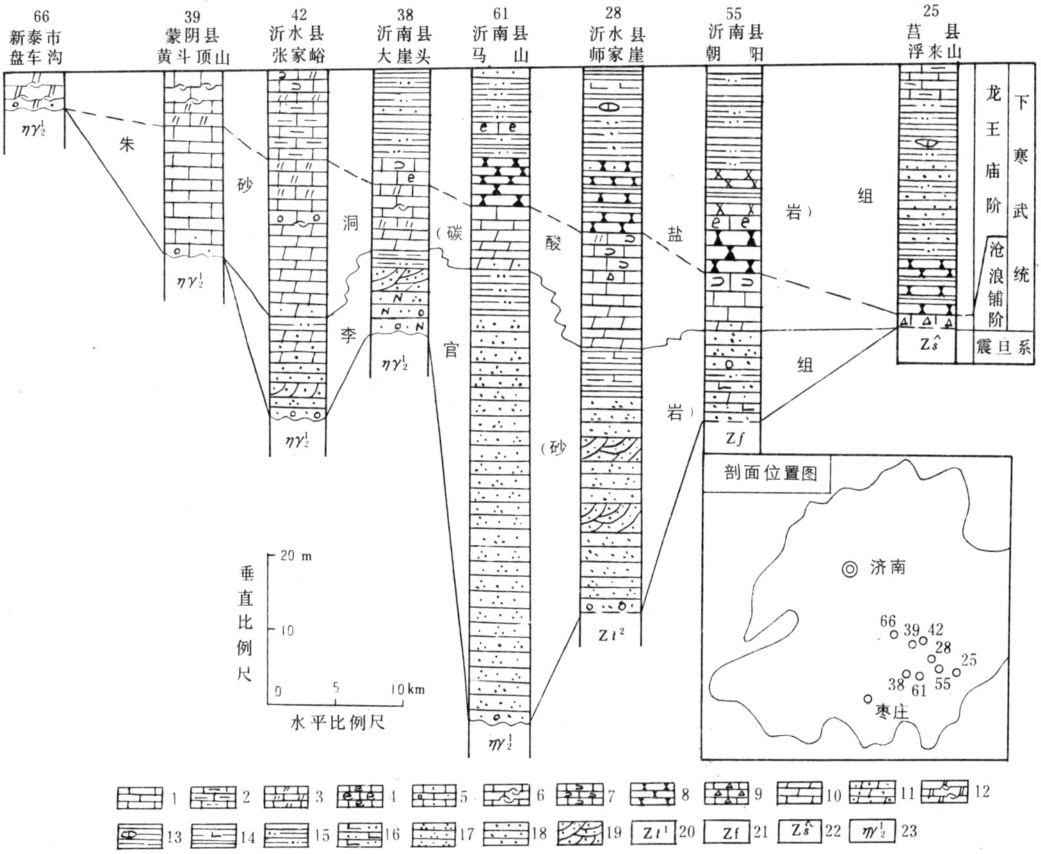

图 5－5 山东省中部莒县—新泰市寒武纪李官组柱状对比图

1. 灰岩；2. 泥质灰岩；3. 白云质灰岩；4. 生物碎屑灰岩；5. 含砾砂质灰岩；6. 含燧石结核灰岩；7. 豹皮状灰岩；8. 瘤状灰岩；9. 角砾状灰岩；10. 泥灰岩；11. 砂质泥灰岩；12. 含燧石结核白云岩；13. 含灰岩凸镜体页岩；14. 钙质页岩；15. 粉砂质页岩；16. 钙质粉砂岩；17. 石英砂岩；18. 细砂岩；19. 交错层理砂岩；20. 佟家庄组一段；21. 浮来山组；22. 石旺庄组；23. 早元古代二长花岗岩

岩”；根据泰安寒武系地层清理研究现场讨论会会议精神，山东省地层清理项目组张增奇等①②（1993）将狭义“馒头页岩”之下一套碳酸盐岩地层建议称为茶棚组，并分为余粮村页岩段，丁家庄白云岩段。根据华北大区地层清理组意见，本次地层清理引用朱砂洞组代替茶棚组。

【现在定义】 指长清群李官组与馒头组之间，以灰岩和白云岩为主局部夹页岩楔的岩石地层单位。常含燧石结核或条带。底以碳酸盐岩出现划界，与李官组整合接触，与前寒武系不整合接触；顶以碳酸盐岩组合结束，大套杂色页岩或云泥岩出现划界，与馒头组整合接触。是寒武系第一个碳酸盐岩岩石组合。属早寒武世。

【层型】 选层型剖面在河南省平顶山市朱砂洞村南西。我省的次层型剖面位于临沂市李官乡余粮村北（118°24′25″，35°14′55″；据游文澄等 1984 年实测）。

---

① 山东省地层清理研究项目组，1993，华北大区寒武系地层划分意见，载华北大区地层清理领导小组编，情况通报，第一期（总第 5 期）。

② 张增奇等，1993，华北地层区寒武纪地层多重划分初步，载山东地质学会青年工作委员会编，山东省第二届青年地学工作者学术讨论会论文摘要汇编。

上覆地层：**馒头组**　肝紫色页岩，风化后呈碎片状　15.53 m

——————— 整　合 ———————

朱砂洞组　总厚度 166.60 m

上灰岩段　厚度 102.02 m

22. 黄灰色薄层泥灰岩，顶为厚约 1 m 的灰色薄层疙瘩状含生物碎屑泥晶灰岩　11.02 m
21. 黄灰色薄层泥质条带泥晶灰岩，底为厚约 2 m 的灰色厚层叠层石灰岩　4.60 m
20. 黄灰色薄层含粉砂泥灰岩，具微细水平层理　6.44 m
19. 灰色厚层泥质条带泥晶灰岩，底为厚约 0.7 m 的灰色厚层砂屑砾屑灰岩　5.08 m
18. 深灰色厚层泥纹泥晶灰岩，含不规则状砂屑条带，中部夹黄灰色页岩及薄层泥灰岩　4.06 m
17. 黄灰色薄层泥灰岩夹深灰色纹层状含云泥晶灰岩　5.08 m
16. 深灰色(杂以黄灰色)纹层状泥晶白云质灰岩，含微量云母、石英粉砂及黄铁矿　30.97 m
15. 灰色(风化面黄灰色)厚层微晶—泥晶白云质灰岩，具黑灰色燧石结核及条带　2.50 m
14. 深灰色(杂以褐黄色)中厚层云斑泥晶灰岩夹暗灰色厚层泥晶灰岩，后者锤击有臭味，产三叶虫 *Redlichia nobilis*　32.27 m

余粮村段　厚度 43.11 m

13. 暗紫色粉砂质页岩夹黄绿色页岩(顶为厚约 2 m 的辉绿岩床)　4.16 m
12. 紫红色纸片状页岩。底为紫红色薄层泥—铁质粉砂岩(下部及中部各夹 0.5～1 m 的辉绿岩岩床)　20.16 m
11. 肝紫色含云母粉砂质页岩夹少量薄层泥—铁质粉砂岩，底为厚约 2 m 的黄绿色页岩　18.79 m

下灰岩段　21.47 m

10. 灰色(杂以灰黄色)薄层—疙瘩状含生物碎屑泥纹泥晶灰岩夹黄灰色薄层泥灰岩，产三叶虫 *Redlichia chinensis*　6.44 m
9. 黄绿色灰质页岩夹黄灰色薄层灰岩　2.69 m
8. 暗灰色中厚层含藻灰结核泥晶灰岩　3.22 m
7. 灰色薄层含生物碎屑泥质条带泥晶灰岩　2.15 m
6. 暗灰色厚层泥晶白云质灰岩，具平缓波状层理，含稀疏星点状黄铁矿，锤击有臭味。局部含燧石结核。产三叶虫：*Megapalaeolenus fengyangensis*　3.76 m
5. 黄灰色薄层含粉砂质泥灰岩，具微细水平层理　3.22 m

——————— 整　合 ———————

下伏地层：**长清群李官组**　砖红色纹层状云泥岩，中部夹一层厚约 40 cm 褐灰色含砾砂岩。具石盐假晶印痕　8.05 m

【地质特征及区域变化】　朱砂洞组主要为浅灰色、灰黑色厚微晶灰岩、泥晶灰岩和白云岩，次为白云质灰岩、云斑泥晶灰岩和灰质白云岩，含燧石条带和结核，局部夹肝紫色砂质页岩和钙质粉砂岩楔形体。本组是寒武系底部第一个碳酸盐岩岩石组合，底和顶均以大套灰岩或白云岩出现和结束划界。在潍坊-临沂地层小区的西侧，如苍山、沂南一带，朱砂洞组与其下李官组整合接触。在该小区东侧，多与震旦纪土门群平行不整合接触。至西部的淄博-新泰地层小区和济南-滕州地层小区，本组与早前寒武纪变质岩系不整合接触。由于自临沂至西北侧济南一带的不断超覆沉积，因而其岩性由灰岩向白云岩过渡，厚度变小，由三个岩性段变为单一的岩性如灰岩或白云岩(图 5-6)。

在潍坊-临沂地层小区，本组分为下部的下灰岩段、中部的肝紫色砂质页岩和钙质粉砂岩

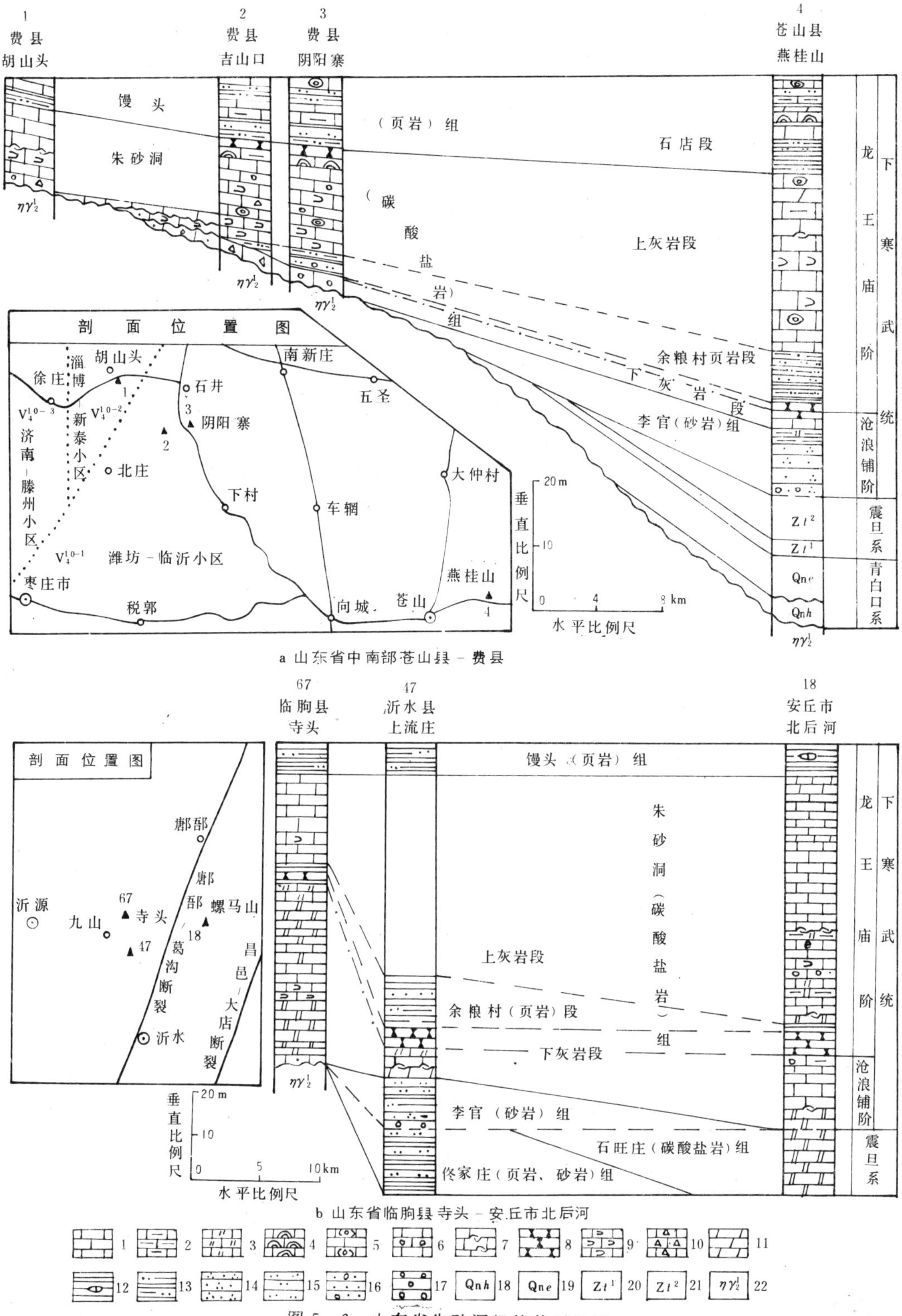

图 5－6　山东省朱砂洞组柱状对比图

1. 灰岩；2. 泥质灰岩；3. 白云质灰岩；4. 叠层石灰岩；5. 核形石灰岩；6. 含砾灰岩；7. 含燧石结核灰岩；8. 瘤状灰岩；9. 豹皮状灰岩；10. 角砾状灰岩；11. 泥灰岩；12. 含灰岩凸镜体页岩；13. 粉砂质页岩；14. 石英砂岩；15. 粉砂岩；16. 含砾砂岩；17. 砾岩；18. 黑山官组；19. 二青山组；20. 佟家庄组一段；21. 佟家庄组二段；22. 二长花岗岩

段(即余粮村段)和上部的上灰岩段等三个段。如次层型茶山剖面上，三个段厚度分别 21.47 m、43.11 m、102.02 m。在沂沭断裂带内东侧，本组下灰岩段局部过渡为白云岩。在其西侧的淄博-新泰地层小区，本组中部余粮村页岩段全部尖灭，下灰岩段逐渐尖灭，而上灰岩段逐渐被白云岩代替。如新泰市盘车沟剖面上，本组皆为碳酸盐岩，下部为白云岩，厚 24.16m，上部为灰岩，厚 22.67 m。山东省最西部的济南-滕州地层小区，朱砂洞灰岩已大多被白云岩代替即过渡为丁家庄段，厚度变小。如馒头山剖面上，丁家庄段含燧石结核白云岩厚 13.76 m。

在潍坊-临沂地层小区沂沭断裂带以西附近，朱砂洞下灰岩段下部产三叶虫：*Megapalaeolenus fengyangensis*，下灰岩段顶部及其之上产三叶虫：*Redlichia nobilis*。该小区东侧及其余两个小区均未发现化石。据生物组合，朱砂洞地质时限为早寒武世，多数为龙王庙期，而潍坊-临沂地层小区下灰岩段为沧浪铺期。

【问题讨论】 在河南省朱砂洞组选层型剖面上，该组为白云质灰岩，而延至山东省潍坊-临沂地层小区，本组却是大套灰岩夹肝紫色砂质页岩和钙质粉砂岩楔形体，局部灰岩被白云岩代替。所以有人认为山东省应该仍采用茶棚组①。此外，北京市地区采用的昌平组，实质相当于山东省朱砂洞组下灰岩段，缺失与潍坊-临沂地层小区朱砂洞组相当的页岩楔和上灰岩段。如果将山东省及邻近地区朱砂洞组 10～20 m 厚的下灰岩段单独建为组级地层单位，而把其上 40 多米厚的页岩楔和 100 多米厚的上灰岩段划归以页岩为特征的馒头组，显然不妥。所以，山东及邻近地区，不宜将相当于朱砂洞组下灰岩段单独划分出来，作为组级地层单位对待。

在朱砂洞组灰岩或白云岩中，常夹有 0.5～8 m 厚的“辉绿岩、煌斑岩、正长岩”岩床。有人认为是火山岩夹层，具等时面意义。在安丘市南流乡张家石埠一带朱砂洞组白云质灰岩中发现有中酸性凝灰角砾岩，呈棱角状至次棱角状，大小悬殊(0.5～0.01 m)。由于鲁西几乎所有的下寒武统剖面上均见到这样的岩床，因而推测有些可能是火山岩，有待今后进一步工作。

余粮村段 $\in_1^y$ **(37-0053)**

【创名及原始定义】 张增奇、张成基等 1993 年创名“余粮村页岩段”②。创名地点在临沂市李官乡余粮村北。张增奇等 1994 年介绍。原始定义：余粮村页岩段指茶棚组中部以肝紫色砂质页岩、页岩夹钙质粉砂岩、黄绿色页岩和薄层泥晶灰岩为特征的岩石地层单位。

【沿革】 该段曾被称为馒头组一段或馒头组砂质页岩段。本文采用余粮村段，归属朱砂洞组。

【现在定义】 余粮村段指朱砂洞组中部肝紫色砂质页岩、页岩夹钙质粉砂岩、黄绿色页岩和薄层泥晶灰岩岩石组合，以肝紫色砂质页岩为特征。正层型厚 43.1 m。

【层型】 正层型剖面位于临沂市李官乡余粮村—茶山，包含在朱砂洞次层型剖面内。见朱砂洞次层型剖面 11—13 层。

【地质特征及区域变化】 余粮村段以页岩为其特征。底界以大量页岩出现为界，一般是以肝紫色砂质页岩作底。本段在正层型剖面以肝紫色砂质页岩为主，夹薄层钙质粉砂岩和薄层灰岩。向西北延伸 4 km 至杏山附近，夹有三层约 0.5 m 厚的灰岩。再向北西延伸，本段则尖灭于朱砂洞组之中。余粮村段总体上呈东南厚西北薄的楔形体，厚 0～53 m。

---

①、② 张增奇、张成基、张淑芳、宋志勇、杨智溥等，1993，华北地层区寒武纪地层多重划分初步，载山东地质学会青年工作委员会编，山东省第二届青年地学工作者学术讨论会论文摘要汇编。

丁家庄段　$\in_1^d$　**(37-0054)**

【创名及原始定义】　张增奇、张成基、张淑芳、宋志勇、杨智溥等1993年创名①。创名地点在山东省长清县馒头山，取名于馒头山附近的丁家庄。张增奇等1994年介绍。原始定义：丁家庄白云岩段指茶棚组上部以白云岩为主，夹含燧石结核白云质灰岩的岩石组合。

【沿革】　前人曾将其划归矽质石灰岩组或馒头组下部。

【现在定义】　指朱砂洞组上部白云岩和灰质白云岩为主偶夹灰岩岩石地层单位。常含燧石结核或条带。以大套白云岩出现和结束为其底界和顶界。

【层型】　长清县张夏镇馒头山剖面为其正层型(116°53′35″,36°26′05″；据张增奇等1992年实测)，剖面描述见馒头组正层型馒头山剖面1—6层。

【地质特征及区域变化】　丁家庄段主要分布在济南-滕州地层小区及其东部邻近地带。正层型上以含燧石结核或条带的白云岩为主，厚13.7 m。向东逐渐出现含燧石结核或条带灰岩，过渡为朱砂洞上灰岩段。丁家庄段厚一般在13～29 m。本段尚未发现化石，根据其上馒头组所含化石，推测该段地质时限为早寒武世龙王庙期。

馒头组　$\in_{1-2}m$　**(37-0051)**

【创名及原始定义】　Willis和Blackwelder 1907年创名馒头层(又称馒头页岩)，即“Manto Formation(shale)”,创名地点在山东省长清县张夏镇馒头山。原始定义：馒头层主要是一套红和棕色页岩，夹有灰色或浅灰色石灰岩，石灰岩经常含泥质成分。这套地层见于张夏村陡壁下四周的坡上，总厚135～225 m，位于张夏村之正南叫做馒头山的一个孤山处，有一个下与花岗岩不整合接触，上面整合盖着石灰岩的馒头层的完整而出露好的剖面。这就是馒头层的典型剖面。单位就根据这个孤山而命名。

【沿革】　Willis和Blackwelder所划馒头页岩包括张夏石灰岩之下所有的寒武系，即杂色页岩和底部的石灰岩及寒武系底部不整合面之上砾岩和长石石英砂岩等。谭锡畴(1924)将馒头页岩定义在张夏石灰岩段之下以杂色页岩为主的地层，底部灰岩划归震旦纪，认为两者呈平行不整合接触。卢衍豪、董南庭于1952年重新观察了张夏寒武系剖面，1953年将馒头页岩进一步分为馒头统、毛庄统和徐庄统等三个地层单位。卢、董二氏划分强调化石层位，同时考虑岩石地层界面。此后，华北地区多沿用他们的划分方案。进入80年代中期，山东省地矿局开展的1∶5万和1∶20万区调项目则按地层多重划分理论，进行了岩石地层划分。但因当时条件尚未成熟，地层名称仍沿用原有名称，即馒头(石灰岩)组、毛庄(页岩)组、徐庄(砂岩)组。根据华北大区(1992)寒武系地层清理现场会会议精神，既要避免阶、组同名，又要将层型选在靠近馒头山一带。为此，张增奇、张成基等(1993)将张夏组之下以页岩为特征的地层称为徐毛庄组，砂岩为主地层为洪河组，下部灰岩、白云岩为主地层为茶棚组，合并称为馒头群。其后，全国地层清理项目办认为，馒头页岩这个单位已为华北大多数省份利用，这次清理仍要采用大家习惯的划分办法。因此，保留馒头(页岩)组，并将原称洪河(砂岩)组并入馒头组。本次清理采用馒头(页岩)组划分方案，以大套页岩出现为其底界，进一步分为石店(云泥岩夹页岩)段、下页岩段、洪河(砂岩)段和上页岩段。

【现在定义】　馒头组指晋冀鲁豫地层区寒武系下部以紫(砖)红色页岩为主，夹云泥岩、泥云岩、白云岩、灰岩和砂岩岩石地层单位。底以灰岩或白云岩组合结束、杂色页岩或泥云岩出现划界，与朱砂洞组整合接触；顶以页岩或砂岩结束，大套灰岩出现划界，与张夏组整

---

① 张增奇、张成基、张淑芳、宋志勇、杨智溥等，1993，华北地层区寒武纪地层多重划分初步，载山东地质学会青年工作委员会编，山东省第二届青年地学工作者学术讨论会论文摘要汇编。

合接触。层型厚215.22 m，属早—中寒武世，归长清群。

【层型】 正层型为山东省长清县馒头山剖面，位于馒头山北侧(图5-7)(116°53′35″,36°26′05″；据张增奇等1992年重测并参考了游文澄等1984年资料)。

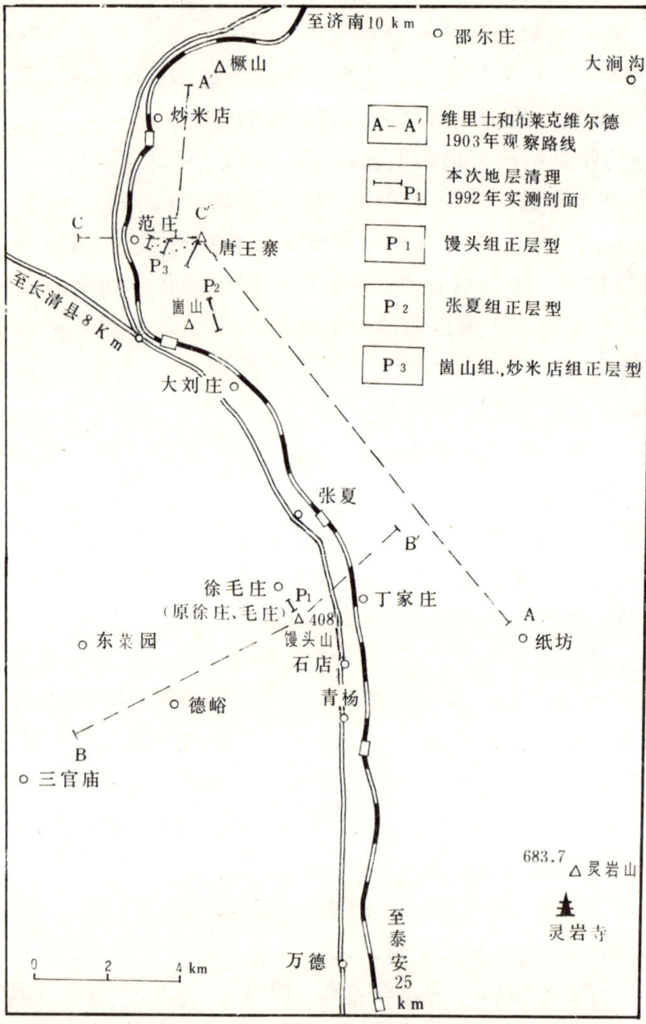

图5-7 山东省长清县寒武纪地层层型位置示意图

上覆地层：**九龙群张夏组** 灰-黄褐色中厚层泥质条带鲕粒灰岩 1.7 m

———— 整 合 ————

长清群 总厚度228.98 m

馒头组 总厚度215.22 m

上页岩段 厚度31.10 m

47. 黄绿色页岩夹薄板状鲕粒灰岩和微晶灰岩 0.20 m

46. 灰色中厚层含生物碎屑海绿石微晶鲕粒灰岩，偶夹黄灰色泥质团块—泥质条带，产三叶虫：*Lioparia* sp. 0.25 m

45. 黄绿色钙质页岩 0.25 m

44. 下部黄绿色上部深灰色薄层泥岩(易碎页岩)，向东10 m其顶部相变为青灰色碎块

状含生物碎屑微晶灰岩。产腕足类化石 1.26 m

43. 灰色含生物碎屑粉晶鲕粒灰岩夹黄绿色紫色页岩。灰岩层面凹凸不平，三叶虫碎片发育 3.14 m

42. 暗紫红色夹绿灰色纸片状含铁水云母页岩。顶部产三叶虫：*Bailiella lantenoisi* 9.78 m

41. 灰色薄层含海绿石生物碎屑微晶灰岩夹灰黄色页岩，顶部具4 cm含生物碎屑鲕粒灰岩，产三叶虫：*Proasaphiscus* sp. 3.96 m

40. 灰色厚层亮晶含海绿石生物碎屑砂屑鲕粒灰岩，底部为竹叶状灰岩并夹一层砂质页岩，竹叶状砾屑长轴多数平行层面，少数斜交或直立，粒径15 cm左右。产三叶虫：*Poriagraulos abrota* 及球接子类和双壳类 5.29 m

39B. 灰色鲕粒灰岩、黄褐色铁质鲕粒灰岩和红色富铁质鲕粒灰岩(前人称鲕状赤铁矿层)、竹叶状灰岩与三层紫色页岩构成三个旋回。层序为：鲕粒灰岩(1.00 m)→紫灰色页岩 (1.00 m)→黄褐色铁质鲕粒灰岩(0.80 m)、红色富铁质鲕粒灰岩(0.30 m)和竹叶状灰岩(2.00 m)→紫色页岩(0.50 m)→竹叶状灰岩(0.50 m)→紫色页岩(0.50 m)，产三叶虫：*Sunaspis laevis* 及腕足类 6.97 m

——————— 整　合 ———————

洪河段 厚度24.16 m

39A. 褐灰色中层含砾海绿石细砂岩，砾石为下部的砂质页岩、斜层理发育。海绿石含量30%，石英50%，长石10%，少量白云母和胶磷矿及黑电气石等。胶结物为石英及方解石，含量不均并形成韵律层 0.30 m

38. 紫灰色薄层含云母粉砂岩夹云母砂质页岩，在底部和中部各具一层5 cm深灰色中层亮晶生物碎屑鲕粒灰岩。底部灰岩含少量的砾屑，其成分为下部的黄绿色泥岩 9.94 m

37. 紫灰及绿灰色薄层含云母粉砂岩为主，下部夹灰褐色中层细粒含云母海绿石细砂岩和钙质粉砂岩；上部夹含云母砂质页岩，顶部有5 cm灰绿钙质泥岩。本层为一旋回，上部页岩增多，产三叶虫：*Ruichengaspis* sp.，*Jinnania* sp. 13.92 m

——————— 整　合 ———————

下页岩段 厚度82.73 m

36. 灰色厚层亮晶含砾屑鲕粒灰岩，具单向斜层理及缝合线构造，产三叶虫：*Ruichengaspis* sp. 1.39 m

35. 灰紫色含云母粉砂质页岩夹薄层—凸镜状粉屑灰质白云岩及钙质粉砂岩。钙质粉砂岩具小型交错层理。顶部具20 cm黄绿色页岩，因粉砂岩夹层大量出现，故本层形成陡坎 5.09 m

34. 紫色含云母砂质页岩，中部夹具凹坑含粉砂云母生物碎屑凸镜体，三叶虫化石碎片丰富。产三叶虫：*Ruichengella* sp.，*Daopingia*? sp. 16.11 m

33. 赤红色中层亮晶生物碎屑鲕粒灰岩，具缝合线构造，中部具波痕。鲕粒自下而上由大变小，下部生物碎屑含量高。产三叶虫：*Hsuchuangia hsuchuangensis*，*Zhongtiaoshanaspis* sp. 及腕足类 0.56 m

32. 灰色中层亮晶含生物碎屑鲕粒砂屑灰岩，具缝合线构造，顶部具直线状对称波痕，脊线60°方向 0.30 m

31. 灰色中层亮晶含生物碎屑核形石灰岩。产东北分裂藻：*Giruvanella manchurica* 0.20 m

30. 灰褐色厚层亮晶含生物碎屑鲕粒灰岩，具缝合线构造 0.70 m

29. 紫红纸片状页岩，含粉砂、海绿石、铁质和云母片，上部偶夹黄绿色页岩 10.82 m

28. 暗紫色含粉砂页岩夹亮晶生物碎屑灰岩、泥晶—亮晶含生物碎屑砂屑灰岩、粉砂质灰岩及钙质粉砂岩凸镜体或其薄层，偶夹具压坑含海绿石亮晶生物碎屑灰岩凸镜体。钙质粉砂岩层面具波痕。产三叶虫：*Shantungaspis aclis*，*Psilostracus mantoensis*

及软舌螺 *Hyolithes* sp. 7.06 m

27. 灰色厚层泥晶—亮晶含生物碎屑鲕粒灰岩，顶部界面凹凸不平，充填有砂质。产三叶虫：*Shantungaspis aclis Psilostracus mantoensis* 0.57 m

26. 暗紫色含白云母粉砂质页岩，夹五层灰-浅紫灰色中薄层—凸镜体亮晶生物碎屑灰岩、泥晶—亮晶生物碎屑砂屑灰岩，偶夹薄层含海绿石钙质云母粉砂岩，底为 40 cm 灰色含生物碎屑鲕粒灰岩(本层灰岩不稳定)。产三叶虫：*Shantungaspis aclis*，*Psilostracus mantoensis*，*Probowmania* sp.，*Yaojiayuella ocellata* 及腕足类 *Obolus* 18.08 m

25. 砖红色纹层状含粉砂云泥岩(鲜红色易碎页岩)与紫红色含粉砂泥云岩(紫色易碎页岩)反复叠置构成两个旋回，顶部有 10 cm 黄绿色含白云石钙质泥岩，本层均含少量白云母和海绿石。泥岩底部偶见砂屑和砾屑 6.82 m

24. 砖红色纹层状含粉砂云泥岩(习惯上称鲜红色易碎灰岩)与紫色薄层具小型楔状交错层理的含粉砂泥云岩(紫色易碎页岩)反复叠置，构成三个旋回。本层岩石内含少量白云母，地势变陡 15.03 m

——————— 整 合 ———————

石店段 厚度 77.23 m

23. 杂(灰白、灰紫、深灰)色纹层状含粉砂云泥岩，中部和顶部各具一层 50 cm 黄灰色薄层含粉砂粉晶灰质白云岩。白云岩层面上见石盐假晶印痕及泥裂构造，并被砾屑充填，多形成平台 4.7 m

22. 灰紫色中厚层含粉砂粉晶白云岩。下部夹有 30 cm 紫色页片状白云岩 5.38 m

21. 褐灰色薄层—中厚层藻纹层白云岩。藻纹层自下而上由水平变成半球状或波状。顶部有少量砾屑白云岩 2.87 m

20. 黄褐色(局部灰白)中层藻纹层白云岩与紫灰色页岩互层。呈负地形 1.93 m

19. 灰色厚层藻纹层灰质白云岩，上部为白云质灰岩。底部见微冲刷构造，被砾屑砂屑充填，顶部见晶洞构造，形成人高的陡崖 4.30 m

18. 灰绿色页岩，上部夹黄灰色薄层泥质白云岩。本层易风化，常形成陡崖之下的负地形 1.17 m

17. 紫红色碎片状页岩夹一层 3 cm 绿灰色页岩。底部含粉砂，中上部含钙质 5.36 m

16. 褐灰色中—厚层细晶含砾屑砂屑灰质白云岩，顶部 50 cm 为含燧石结核迭层石灰质白云岩，前者多具人字型层理、束状层理及小型槽状交错层理及晶洞构造。后者呈相连的半球状、孤立的半球状或波纹状。燧石结核呈灰黑色 4.36 m

15. 灰紫色纹层状含粉砂云泥岩(又称作易碎页岩)夹三层厚各 10 cm 含粉砂泥质白云岩，上部层理变薄过渡为页岩。颜色自下而上变深。地势变缓 10.39 m

14. 黄灰色薄层含粉砂泥质白云岩，下部 2 m 处夹 2 cm 准竹叶状砾屑白云岩，砾屑 3 mm×6 mm 大小，长轴平行层面，地势变缓 2.09 m

13. 紫灰、黄灰色厚层藻纹层含灰质白云岩，偶夹砾屑灰岩，底部含白云岩砾屑，下部夹一层 1.50 m 左右青灰色薄层链条状含生物碎屑灰岩，上部发育帐篷构造。地势上为一大陡坎。产三叶虫：*Redlichia* sp. 11.21 m

12. 紫红色薄层含粉砂微晶泥云岩(风化后破碎常称作页岩)，偶夹黄绿色页岩及灰色薄层泥质灰岩，顶部和中部各夹一层 5 cm 紫红色页岩 3.62 m

11. 灰色中层粉晶白云岩夹薄层微晶灰岩。具微细水平层理，发育小型帐蓬构造。地势为陡坎 1.09 m

10. 黄灰色厚层泥质白云岩夹黄绿色页岩，中部具藻纹层构造 1.45 m

9. 灰黄色薄层泥晶泥云岩夹少量绿灰色页岩，下部夹一层 20 cm 紫红色页岩，产海绵骨针 5.73 m

8. 灰黄色薄层含砂屑砾屑白云岩与藻纹层白云岩互屋，顶部见石盐假晶印痕，底部砾屑呈 2 cm×1 cm 大小，长轴平行层理。本层侧向相变为链条状含生物碎屑灰岩。产三叶虫：*Redlichia chinensis* 及海绵骨针 0.65 m

7. 下部为灰黄色泥质白云岩，中上部为紫红色含铁质粉砂云泥岩，顶部 10 cm 为黄绿色页岩 10.93 m

———————— 整 合 ————————

朱砂洞组丁家庄段 厚度 13.76 m

6. 灰色薄层含燧石结核泥质白云岩，底部常有含粉砂质白云质砾屑充填，燧石结核灰黑色，饼状 1.31 m

5. 灰色薄层团粒含泥灰质白云岩，含少量石英粉砂，呈负地形 3.92 m

4. 绿灰色(风化面灰黄色)薄层生物碎屑团粒微晶含灰质白云岩，顶部有黑灰色燧石结核，大小 0.5 cm×10 cm，角砾状，具纹层理，沿层面分布 0.60 m

3. 中下部为闪斜煌斑岩(床)，顶部为 80 cm 蚀变钠长正长岩(床)，前者切割后者 8.98 m

2. 褐灰色中厚层含燧石条带粉晶白云岩(剖面附近有灰岩夹层)，具微细水平层理 4.08 m

1. 土黄色薄层泥灰质白云岩，含少量石英粉砂，具微细水平层理。剖面起点局部有断层滑动影响，馒头山附近本层底部往往见有 10～50 cm 左右紫灰色含砾砂岩和 30 cm 砖红色夹黄绿色页岩 3.85 m

~~~~~~~~~~ 不 整 合 ~~~~~~~~~~

下伏地层：**早元古代** 肉红色片麻状中细粒二长花岗岩

【地质特征及区域变化】 馒头组以紫红色和砖红色页岩为特征，以突出的紫红色页岩明显区别于下伏和上覆以灰岩为主的朱砂洞组和张夏组。馒头组下部以砖红色页岩、云泥岩、泥云岩、夹白云岩和少量白云质灰岩为特征，称石店段；中部以紫红色页岩夹鲕粒灰岩为特征，称下页岩段；上部以紫灰色砂岩夹砂质页岩为特征，称洪河段；顶部以紫色页岩夹鲕粒灰岩为特征，称上页岩段。馒头组广布于安丘-莒县断裂以西，岩性和厚度较稳定，只是在沉积较早的东南侧——潍坊-临沂地层小区略薄些，如莒县鸡山厚 174.21 m，而淄博-新泰地层小区略厚，如新泰市盘车沟，该组厚 247.69 m；济南-滕州地层小区居中，如张夏馒头山该组厚 215.22 m。其中，洪河段砂岩在淄博-新泰地层小区较厚(57.55 m)，而其余两个小区较薄(10～20 m)。上页岩段主要分布在济南-滕州地层小区，由西至东逐渐尖灭。

在晋冀鲁豫地层区，该组厚度和岩性亦较稳定，辽东和徐潍等地的馒头组与潍坊-临沂地层小区的相似。而其他省市如豫、晋 、京、津等地的馒头组与济南-滕州地层小区的相似。

本组盛产三叶虫，另有少量的藻类、软舌螺等。三叶虫：*Redlichia chinensis*，*R. nobilis*，*R. murakamii*，*R. hupeiensis*；*Yaojianyuella*，*Shantungaspis*，*Probowmania*，*Probowmaniella*，*Paragunnia*，*Hsuchuangia*，*Zhongtiaoshanaspis*，*Honanaspis* ，*Ruichengaspis*，*Inouyia*，*Poriagraulos*，*Sunaspis* ，*Bailiella* ，*Jinnania* sp. ，*Proasaphiscus* sp.，本组顶部偶见 *Lioparia*。藻：*Girvanella manchurica* 。软舌螺：*Hyolithes* sp.。

根据上述生物组合，该组地质时限为早至中寒武世，自龙王庙期至徐庄期。

【问题讨论】 Willis 和 Blackwelder 1907 年把馒头山剖面馒头组顶部 0.45 m 厚鲕粒灰岩及黄绿色页岩(泥岩)划为张夏组，可能是考虑到地形的特点。因为在馒头山北侧，张夏组与馒头组分界附近有一个 2 m 宽的平台。平台之上是约 30 m 高的陡壁，主要为厚层鲕粒灰岩，但底部为 0.45 m 厚的鲕粒灰岩和黄绿色页(泥)岩，Willis 和 Blackwelder 作为页岩，但因为在平台之上即属陡壁，故归属张夏组，而平台之下是紫红色页岩夹鲕粒灰岩，归为馒头
~~~~~~~~~~

组。平台之上0.45 m黄绿色页岩在其新鲜时似为泥灰岩，风化后略呈片状，实质是薄层泥灰岩与页岩的过渡层，本次工作将其定为页岩，归馒头组，但属张夏阶。

石店段 $\in_1^s$ **(37-0055)**

【创名及原始定义】 张增奇、张淑芳、宋志勇、迟守祥等1994年创名石店段。取名于山东省长清县张夏镇馒头山附近。原始定义：指馒头组下部以砖红色、黄灰色云泥岩、页岩、泥云岩、白云岩和灰岩互层为特征的岩石地层单位。以鲜红色易碎页岩之底为其顶界。层型厚77.23 m

【沿革】 系本次工作新创名单位，相当于朱砂洞组之上、鲜红色易碎页岩之下云泥岩或灰岩夹页岩岩石组合。

【现在定义】 同原始定义。

【层型】 该段正层型剖面位于长清县张夏镇馒头山北侧，包含在馒头组正层型剖面内。见馒头组正层型剖面7—23层。

【地质特征及区域变化】 本段以杂色云泥岩、泥云岩、白云岩、页岩和少量灰岩互层为特征。以砖红色为主，夹灰黄色和少量黄绿色。该段顶部薄层白云岩和底部砖红色云泥岩中见石盐假晶印痕；中部及顶部见清晰的小型帐篷构造。砖红色云泥岩和泥云岩质地细腻，纹层状构造发育，被称为“木鱼石”广为开采利用。

区域延展略有变化。层型馒头山剖面上，其岩石组合为灰紫色含粉砂云泥岩、泥云岩、紫红色及黄绿色页岩、黄灰色纹层状白云岩和灰岩互层，厚77.23 m，而向东部至潍坊-临沂地层小区为黄灰色砖红色泥灰岩和页岩互层为特征，厚59.74 m，反映馒头山一带更接近于潮坪相环境。在鲁西各地石店段普遍产三叶虫 *Redlichia chinensis*，*R. nobilis*；安丘、沂南、枣庄等地本段尚产 *Redlichia murakamii*，*R. hupeiensis*，*R. guizhouensis*；还采到三叶虫 *Periomma*，*Eozacanthoides*，*Yuehsienszella* 等。其中的核形石灰岩产 *Girvanella manchurica* 及软舌螺 *Hyolithes* sp. 据生物特点，本段地质时限属早寒武世龙王庙期。

洪河段 $\in_2^h$ **(37-0057)**

【创名及原始定义】 张增奇、张成基等1993年创名“洪河(砂岩)组”。创名地点在山东省新泰市汶南镇洪河村北朝阳洞。张增奇等1994年介绍。原始定义：洪河组指徐毛组之上、张夏组之下以砂岩为主夹少量砂质页岩岩石组合。底界以砂岩稳定出现为标志，顶界以张夏组厚层鲕粒灰岩稳定出现为标志。

【沿革】 Willis 和 Blackwelder(1907)认为，莱芜九龙山一带的砂岩属钙质砂岩，地势与厚度均与张夏组类似，所以划为张夏组底部，但馒头山的砂岩因发育在馒头组中部，所以划为馒头组；卢衍豪等(1953)将其划为徐庄统；80年代中期开始，山东省地质矿产局区调项目采用多重划分观点，将该段岩石厘定为徐庄组。尽管徐庄组砂岩在各地均属徐庄阶，但徐庄阶与徐庄组砂岩上下界线不尽一致，所以华北大区泰安寒武系地层清理现场会议之后，用洪河组代替徐庄组，后降组为段归馒头组，本次清理采用洪河段。

【现在定义】 指馒头组上部以长石石英细砂岩、粉砂岩夹砂质页岩组成的岩石地层单位。交错层理发育，常含海绿石。

【层型】 正层型剖面为盘车沟剖面，位于新泰市汶南镇洪河村北朝阳洞(117° 45′45″，35° 44′45″；据游文澄等1983年实测)①。

① 山东省地质矿产局综合研究队，1986，山东省寒武纪地层及沉积相特征研究报告。

上覆地层：**九龙群张夏组** 浅褐灰色中厚层亮晶含海绿石生物碎屑灰岩夹含生物碎屑藻砂屑灰岩，具小型交错层理，产三叶虫：*Inouyops longispinus* ，*Solenoparia* sp.，*Proasaphiscus yabeia* 1.5 m

——————— 整　合 ———————

馒头组洪河段 总厚度 57.55 m

46. 紫褐色中层含海绿石砂质砾岩，顶为厚约 15 cm 的灰绿色页岩 1.00 m
45. 紫红色页岩夹绿灰色(风化面酱紫色)薄层含海绿石粉砂—细砂岩，后者具平行层理及小型透镜状层理，含细小鳞片状白云母 4.92 m
44. 浅褐灰色中厚层云质胶结细砂岩，含少量磷灰石及海绿石，具平行层理及小型—中型交错层理 2.95 m
43. 浅褐灰色中厚层云质胶结细砂岩，含微量海绿石及白云母，具交错层理及单向斜层理 14.76 m
42. 灰紫色薄层泥—铁质粉砂岩夹中厚层铁质粉—细砂岩及少量页岩，粉—细砂岩具交错层理，产三叶虫 *Ruichengaspis mirabilis* 16.11 m
41. 暗紫色粉砂质页岩与薄层泥—铁质粉砂岩互层夹薄层泥—铁质细砂岩，具透镜状及小型交错层理，产三叶虫：*Plesisolenoparia* sp. 11.87 m
40. 暗紫色薄层泥—铁质细粉砂岩夹粉砂质页岩及紫红色页岩，前者含鳞片状白云母及少量海绿石，产三叶虫：*Zhongtiaoshanaspis* sp. 5.94 m

——————— 整　合 ———————

下伏地层：**馒头组下页岩段** 灰紫色粉砂质页岩夹薄层泥—铁质粉砂质岩凸镜体，后者层面具不明显波痕 5.09 m

【地质特征及区域变化】 洪河段在正层型上为厚层长石石英细砂岩，形成大陡崖，交错层理特别发育，偶见鱼骨状层理和凸镜状层理。而在济南-滕州地层小区和潍坊-临沂地层小区主要为粉砂岩夹砂质页岩，地形较缓。这表明，洪河段沉积时属陆地边缘相区沿岸滩坝相带。洪河段与其上不同地层相接触，如在济南-滕州地层小区，洪河段上部与馒头组上页岩段整合接触，而向东其余两个小区，逐渐与张夏组整合接触，洪河段与张夏组接触处，常见有一层约 1 m 厚的紫褐色中层含海绿石砂质砾岩，而在与上页岩段接触处，常见一层赤红色富铁质鲕粒灰岩(又称鲕粒状赤铁矿层)。这表明在洪河段沉积末期有一个小的沉积间断。洪河段仅在华北地台东部郯庐断裂带西侧如江苏、山东和辽宁等地比较发育，其余地区则厚度很小。

洪河段产三叶虫化石：*Shantungaspis* sp.，*Zhongtiaoshanaspis*，*Jinnania* sp.。据生物组合，该段地质时限为中寒武世徐庄期。

九龙群 $\in_2 O_1 J$ **(37-0058)**

【创名及原始定义】 Willis 和 Blackwelder(1907)在《Research in China》一书中创名九龙群或九龙层，即“Kiulung Group or Formation”。创名地点在山东省莱芜市颜庄西南 4 km 处的九龙山。原始定义：九龙群或层这个单位的名称取自新泰地区颜庄以南的九龙山。九龙群由张夏石灰岩、崮山页岩和炒米店石灰岩三个特殊的单位合并而成，本群各分层主要是水平变化，厚而坚硬的石灰岩，有时沿几英里就变为页岩。总厚 275～335 m。

【沿革】 Willis 和 Blackwelder(1907)在《Research in China》一书中把张夏地区的张夏石灰岩、崮山页岩和炒米店石灰岩合并称为九龙群，而新泰地区由于张夏组中部页岩增多，故在莱芜市九龙山剖面上降九龙群为九龙组，并列述有剖面。他们所建九龙群底界即张夏组底界，顶界即炒米店组顶界，也就是大套灰岩结束、白云岩出现划为济南组。谭锡畴(1924)改称为“九龙石灰岩”，分三个段。孙云铸(1924,1937)称“九龙系”，进一步分为四个层，本次地层清理启用九龙群。新的九龙群含义有所扩大，底界即张夏组底界，而顶界扩大至怀远间断面，即包括了 Willis 和 Blackwelder 所划济南组一段下部白云岩。

【现在定义】 指晋冀鲁豫地层区怀远间断之下，以灰岩、白云岩为主夹页岩岩石地层单位。底以砂岩或页岩结束，大套灰岩出现划界，与长清群整合接触；与上覆马家沟组平行不整合接触。属寒武纪—奥陶纪。分为张夏(灰岩)组、崮山(页岩)组、炒米店(灰岩)组、冶里(页岩)组、亮甲山(灰岩)组和三山子(白云岩)组。

【地质特征及区域变化】 九龙群广布于鲁西地层分区。下部以厚层灰岩为主，上部以白云岩为主，中下部夹黄绿色钙质页岩。九龙群厚度变化不大，一般在 600 m 左右。如张夏地区厚 517 m，九龙山厚 658 m，鸡山厚 565 m。

与长清群浑水沉积不同，九龙群是清水沉积组合，由陆地边缘相—台地相的封闭、半封闭环境，变为台地边缘相的开阔海相沉积，也是寒武纪沉积演化史上的一个重要转折。九龙群与长清群为连续沉积，但在九龙群沉积末期，华北地台隆升即造成怀远间断，从而与其上马家沟组呈平行不整合接触。九龙群由灰岩、白云岩和钙质页岩三类海相岩石组成，据此三类岩石相间出现作为进一步分组依据。

怀远间断实际上华北板块与华南板块再次碰撞结果，致使华北地台南缘先期隆升而最后整体隆升。这就使得华北地台区南缘的九龙群上部沉积厚度小于华北北缘，而且白云岩化层位由北向南愈来愈低。如晋冀、京、津、辽等地区怀远间断之下白云岩化底界在亮甲山组燧石灰岩之上，仅有 40 m 左右的白云岩；在南缘的河南省部分地区白云岩化底界在张夏阶中部，白云岩厚达 250 m 左右，九龙群仅包括张夏组和三山子组两个组；而在北部地区却包括张夏组、崮山组、炒米店组、冶里组、亮甲山组和三山子组等 6 个组。山东省介于上述两个地区中间，三山子组白云岩底界在凤山阶顶部至中下部，所以，山东省的九龙群仅有张夏组、崮山组、炒米店组等共 3 个组。

九龙群产丰富的三叶虫化石。主要有：*Lioparia*，*Crepicephalina*，*Amphoton*，*Taitzuia*，*Damesella*，*Yabeia*，*Blackwelderia*，*Drepanura*，*Chuangia*，*Changshania*，*Irvingella*，*Kaolishania*，*Ptychaspis*，*Tsinania*，*Quadraticephalus*，*Mictosaukia* 等。在潍坊-临沂地层小区及其西侧，九龙群底部尚产 *Poriagraulos*，*Bailiella* 等。

据生物组合，该群地质时限为中寒武世至早奥陶世。

张夏组 $\in_2\hat{z}$ **(37-0059)**

【创名及原始定义】 Willis 和 Blackwelder (1907) 创名张夏层 (Changhia Formation)或张夏石灰岩(Changhia Limestone)或张夏鲕状岩(Changhia Odita)。创名地点在山东省长清县张夏镇附近。原始定义：九龙群的第一个层是盖在馒头页岩软地层之上 150 m 厚的块状石灰岩，形成几百英尺高的陡壁，创名为张夏石灰岩或鲕状岩，有时也叫张夏层。最底部是 18 m 厚的薄层橄榄灰色石灰岩，然后是形成陡壁的块状黑色鲕状岩层，平均厚 70 m。陡壁上的小坡里发育着 30 m 厚的结晶灰岩。上部为暗色和浅灰色递变的灰岩。近顶部有浅灰色砾石灰岩。

【沿革】 自创名张夏石灰岩(张夏层)以后，其名称推广至整个晋冀鲁豫地层区并一直使用至今，只是对其顶、底界线划分略有变动。偏重生物研究者，强调化石层位，再寻找一个岩性明显的界面作为界线，有的进一步分若干层并给予新的名字。偏重岩石研究者，强调岩石组合。原始定义的张夏石灰岩，底界以大套页岩形成的缓坡结束，灰岩陡崖出现划界。在张夏地区，陡崖基本上为灰岩。而九龙山地区的陡崖处为钙质砂岩，故九龙山上厚层砂岩划为张夏层。张夏层顶界划在砾屑灰岩与页岩分界处。谭锡畴(1924)改称为张夏石灰岩段，而上、下界线同前。自孙云铸(1924,1937)开始，强调年代地层划分，认为张夏鲕灰岩顶部有一侵蚀面。孙云铸(1937)又将泰安大汶口地区张夏组二段页岩和三段灰岩命名为汶水层，其后(1948)主张建汶水阶。卢衍豪、董南庭(1953)称张夏统后改为张夏组，对划分界线作了详细阐述并建三个化石带，认为张夏统与崮山统之间有短期沉积间断，在华北广泛存在，故将张夏统与崮山统界线明确划在厚层藻屑鲕灰岩与薄层砾屑灰岩分界处。1956年《中国区域地层表(草案)》称张夏组，并把张夏组与崮山组短期间断认为是平行不整合。山东省区域地层表编写组(1978)和《山东省区域地质志》(1991)中均采用卢、董二氏(1953)划分方案，称张夏组。自80年代开始，山东省地质矿产局进行的1∶20万和1∶5万区调项目，开始对地层多重划分，将张夏组重新厘定为灰岩组合。为适应1∶5万填图新方法需要，山东省地质矿产局区域地质调查队(张增奇等,1992)将张夏组分为四个正式段,其中下部以鲕粒灰岩为主者称虎头崖段，中部以薄层泥质条带灰岩为主者为黄草顶段，上部以藻灰岩为主者为玉皇山段①。至东部淄博-新泰和潍坊-临沂两个地层小区，该组中部过渡为黄绿色钙质页岩，称为盘车沟段。其后(1993)又修正为上、下灰岩段和盘车沟段。本次地层清理过程中，考虑到尽管全国普遍采用了“张夏阶”，由于在山东张夏地区岩石地层“张夏组”与年代地层“张夏阶”上、下界线基本一致，所以仍采用张夏组，含盘车沟段。

【现在定义】 指晋冀鲁豫地层区馒头组之上、崮山组之下，以厚层鲕粒灰岩和藻灰岩为主夹钙质页岩岩石地层单位。底以页岩或砂岩结束、大套鲕粒灰岩出现划界，与馒头组整合接触；顶以厚层藻屑鲕粒灰岩结束，薄层砾屑灰岩夹页岩出现划界，与崮山组整合接触。正层型厚177.55 m，归九龙群，辖盘车沟段。属中寒武世。

【层型】 正层型剖面位于长清县崮山镇虎头崖—黄草顶，距张夏镇北约5 km(116° 52′06″,36°30′02″；据张增奇等1992年重测)。

上覆地层：**崮山组** 灰(黄褐)色薄层竹叶状砂屑砾屑灰岩，夹疙瘩状—链条状泥晶灰岩及黄绿色页岩，底部多为砂屑灰岩，产三叶虫：*Damesella paronai*，*Blackwelderia* sp.，*Teinistion* sp.，*Monkaspis daulis*，*Cyclolorenzella* sp. 4.00 m

—————— 整 合 ——————

张夏组 总厚度177.55 m

上灰岩段 厚度114.66 m

21. 灰色厚层泥—亮晶含云斑生物碎屑藻屑灰岩，偶夹含海绿石生物碎屑鲕粒灰岩，底部含砂屑砾屑并灌入到下伏藻丘灰岩中，顶部具较多的铁质斑点和云质条带。顶部界面凹凸不平，多形成宽1 m深10 cm的冲槽，走向320°方向，并被上覆砾屑充填，易风化，故顶部界面为一大的平台。产三叶虫：*Yabeia laevigate*，*Damesella paronai* 3.62 m

20. 浅灰(灰白)色含生物碎屑藻丘灰岩。本层岩石韵律性明显：浅灰(黄褐)色厚层含云斑生物碎屑藻凝块灰岩(0.50 m)→灰色中厚层含生物碎屑小型叠层石灰岩(0.1 m)或浅灰色厚层含云斑藻丘灰岩(0.40 m)→灰白色中厚层含生物碎屑藻凝块灰岩

① 山东省地质矿产局区域地质调查队，1992，山东省早古生代地层清理研究。

(0.1 m)反复叠置，构成数十个旋回，在5.50～6.00 m处有一层鲕粒灰岩但不稳定，地势为陡坡。产三叶虫：*Liopeishania* sp. 20.39 m

19. 灰色厚层亮—泥晶含海绿石生物碎屑鲕粒灰岩，底部80 cm含铁质砂屑和砾屑，并灌入到下伏藻凝块灰岩之中。具缝合线构造。地势为陡崖，底部为平台。产三叶虫：*Solenoparia* sp. 3.00 m

18. 褐灰(灰白)色厚层云斑藻凝块灰岩，夹深灰色中厚层亮晶含海绿石生物碎屑鲕粒灰岩。褐灰色铁质斑点及鲕粒灰岩自下而上增加。距底7 m处有一层由藻灰岩形成的宽60 cm高1.00 m大型帐篷构造，本层形成峭壁。产三叶虫：*Grandioculus* sp. *Redlichaspis*(?) sp. 10.07 m

17. 浅灰(灰白)色厚层云斑—云质条带含海绿石生物碎屑藻凝块灰岩，底部和顶部偶见含生物碎屑鲕粒灰岩、藻砂屑灰岩、顶部为叠层石灰岩。自下而上由云质条带渐变为云斑。本层中部至19层为直立陡崖。产三叶虫：*Amphoton* sp.，*Taitzuia* sp.，*Paralevisia* sp.，*Levisia* sp.，*Aojia* sp.，*Menocephalites* sp.，*Dorypyge* sp.，*Tetraceroura* sp.，*Lisania* sp. 13.66 m

16. 浅灰(灰白)色厚层含磁铁矿鲕粒生物碎屑藻丘微晶灰岩，顶部具灌入构造。产三叶虫：*Lisania* sp.，*Levisia* sp.，*Menocephalites* sp. 2.16 m

15. 灰色厚层含竹叶状砾屑砂屑白云质亮晶鲕粒灰岩，中部和上部各夹一层15 cm角砾状含白云质生物碎屑微晶灰岩，偶见藻砂屑。本层特征同第9层，地势为陡崖。产三叶虫：*Dorypyge richthofeni* 24.64 m

14. 褐灰色厚层云斑—云质条带细晶灰岩与浅灰色中厚层亮晶藻砂屑灰岩互层，形成三个旋回，层间均有灌入构造，宏观上后者呈浅灰色条带状，厚度小但醒目。第11—14层，层薄易风化，植被发育，习惯上称张夏组二段 13.38 m

13. 浅灰色含云斑生物碎屑中晶灰岩夹5层3 cm灰白色薄层含生物碎屑藻灰岩。产三叶虫：*Metanomocarella rectangula*，*Solenoparia* sp.，*Crepicephalina* sp. 9.00 m

12. 浅绿灰(黄褐)色极薄层链条状含云斑—云质条带粉晶藻凝块灰岩，夹灰色厚层生物碎屑细晶灰岩。两者反复叠置构成三个旋回，前者顶界面凹凸不平。本层下部厚层为主，上部薄层为主。产三叶虫：*Crepicephalina* sp.，*Dorypyge* sp.，*Luia* sp.，*Solenoparia* sp. 10.44 m

11. 灰色薄层具云质团块含生物碎屑鲕粒灰岩。本层底部含铁质砂屑和砾屑并灌入到下部第10层中部，砾屑成分为鲕粒灰岩质，长轴平行层面。产三叶虫：*Koptura* sp. 4.30 m

下灰岩段 厚度62.89 m

10. 褐红色(风化面灰白色)厚层含磁铁矿云斑含生物碎屑藻丘微晶灰岩。具缝合线构造，顶部和底部均发育灌入构造，并充填有砾屑和砂屑。本层形成一人高的灰白色陡崖，为醒目的标志层 1.84 m

9. 灰色云质团块—条带(微带褐红色)厚层夹薄层亮晶鲕粒灰岩、砾屑状鲕粒灰岩、生物碎屑鲕粒灰岩。本层以鲕粒大且鲕粒灰岩又形成5 cm×15 cm砾屑为特征。下部砾屑多，上部含海绿石及藻凝块。地势变陡为虎头崖。产三叶虫：*Solenoparia* sp.，*Lisania* sp.，*Kolpura* sp. 及腕足类 11.55 m

8. 灰色巨厚层泥—亮晶鲕粒灰岩夹砂屑、砾屑鲕粒灰岩，偶具云质条带，地势为一缓坡 18.78 m

7. 灰—浅褐灰色含云斑生物碎屑砂屑砾屑鲕粒泥晶灰岩，顶部80cm为疙瘩状云斑灰岩 15.91 m

6. 浅灰色厚层具泥质条带含藻凝块粉晶鲕粒灰岩。风化面具雨点状麻坑，产三叶虫：*Dorypyge richthofeni*，*Liopeishania* sp. 4.97 m

5. 灰色厚层具土黄色泥质团块含生物碎屑细晶鲕粒灰岩。具缝合线构造，产三叶虫：*Inouyella* sp.，*Proasaphiscus* sp. 1.99 m

4. 灰色薄层具土黄色泥质条带—泥质团块生物碎屑鲕粒微晶灰岩 7.55 m

3. 绿灰色厚层含生物碎屑海绿石细晶鲕粒灰岩。海绿石含量10%。产三叶虫：*Lioparia* sp.，*Proasaphiscus* sp. 0.30 m

——————— 整 合 ———————

下伏地层：**馒头组** 暗紫色纸片状页岩，夹少量绿灰色页岩，顶部为黄绿色页岩。产三叶虫：*Bailiella lantenoisi*，*Proasaphiscus* sp. 2.58 m

【地质特征及区域变化】 张夏组以鲕粒灰岩为主，次为藻丘灰岩，藻屑凝块灰岩，以及云斑—云质条带细晶灰岩，厚层微晶灰岩，局部夹藻白云岩，下部常含海绿石而使岩石常呈淡绿色，鲕粒灰岩局部形成 5 cm×15 cm 大小砾屑，中部浅绿色薄层链条状含云斑—云质条带状粉晶藻凝块灰岩夹灰色厚层生物碎屑细晶灰岩。

张夏级组厚度比较稳定，一般在 180 m 左右，最厚达 229 m，区域上岩性略有变化。在济南-滕州地层小区，以鲕状灰岩和藻灰岩为主，中部夹少量薄层灰岩，正层型剖面厚177.55m。而延至东南侧的淄博-新泰地层小区和潍坊-临沂地层小区，该组中部盘车沟页岩段逐渐变厚，最厚处达 90 m。在潍坊-临沂地层小区，张夏组最厚处 224.76 m(临沂李官)，最薄处 115.93 m(莒县鸡山)。

在正层型所在地济南-滕州地层小区，张夏组分为下灰岩段和上灰岩段两部分，而其余两个小区中部夹有盘车沟页岩段。

①下灰岩段(Є$_2\hat{z}^{l}$)：以深灰色厚层鲕粒灰岩和云斑岩灰岩为主要特征的岩石组合。常具黄灰色泥质团块—条带和巨厚层构造，故形成大陡崖，层型上该段厚 62.89 m，向东南变薄至潍坊-临沂地层小区约 20 m。该段穿时性尤为明显，张夏地区为张夏阶，潍坊-临地层小区为徐庄阶，淄博-新泰地层小区该段上部属张夏阶，而下部属徐庄阶。②上灰岩段(Є$_2\hat{z}^{u}$)：由大型藻丘灰岩、藻凝块灰岩、藻屑灰岩、鲕粒灰岩及黄绿色薄层泥晶灰岩为特征的岩石地层单位，正层型剖面厚 114.66 m，形成张夏组第二个陡崖，在济南-滕州地层小区，该段下部包括黄绿色薄层泥晶灰岩(即以前称之为黄草顶段)。上灰岩段在该区曾被称为张夏组二段，其余两个小区称为张夏组三段。因此，以前所称张夏组二段，在济南和临沂两地含义却不相同。本次清理改称上灰岩段和下灰岩段，以避免造成同物异名或同名异物。上灰岩段皆属张夏阶上部，该段顶界即张夏阶顶界。

张夏组沉积环境以章丘—泰安—汶上—沂水—苍山一线为界，划分为两个相区。界线的东北部为浅海盆地相区，界线之西南为台地边缘相区。自下而上发育有台地边缘滩相带、陆架边缘斜坡相带、浅海陆架相带、陆架边缘盆地相带及台地边缘礁相带，由于生长在障壁岛上的叠层石礁高度较大，常具白云岩化作用，故局部有叠层石白云岩(如新泰市盘车沟)。张夏组与其下馒头组和其上崮山组虽为整合接触，但确有短期沉积间断。在淄博-新泰地层小区，张夏组底部发现有一层不足 80 cm 厚的砂质砾岩，砾石成分为下部馒头组洪河段砂岩。张夏组顶部藻屑灰岩具有较多的铁质斑点和云质条带，顶部界面凹凸不平，形成宽 1 m 深 0.1 m 冲槽。槽内充填有灰岩砾屑。卢衍豪先生(1953)亦“认为在崮山统沉积以前部分地区确有一个很短的沉积间断，这点在东北和山东两处已获得证明”，作为划分上、下寒武系的参考依据，在《中国区域地层表(草案)》(1956)中将其视为平行不整合。本文认为，尽管有短期沉积间断，但尚无足够资料证明有一定的沉积缺失，仍将张夏组与其上的崮山组和其下的馒头组按整合接触处理。

张夏组广布晋冀鲁豫地层区，在华北，张夏组沉积中期大多数地区属浅海盆地相区的浅海陆架相带—陆架边缘盆地相带，仅有个别地方属陆架内缘斜坡相带。因此，华北区大多数地方张夏组具有盘车沟页岩段，且多与其下馒头组整合接触。但在山西省局部地方却超覆在古老变质岩系之上。

张夏组生物特点是盛产三叶虫，在张夏地区其主要组合为：*Lioparia*，*Dorypyge*，*Anomocarella*，*Crepicephalina*，*Liopeishania*，*Amphoton*，*Amphotonella*，*Poshania*，*Taitzuia*，*Fuchouia*，*Damesella*，*Yabeia* 等。此外，潍坊-临沂地层小区的张夏组下灰岩段尚产：*Inouyops*，*Poriagraulos*，*Honanaspis*，*Bailiella*，*Dorypyge* 等。

根据上述生物组合，该组的地质时限为中寒武世张夏期为主，在潍坊-临沂地层小区张夏组下灰岩段属徐庄期。

盘车沟段 $\in_2^p$ **(37-0061)**

【创名及原始定义】 山东省地质矿产局区域地质调查队（张增奇等）1992 年创名“盘车沟页岩段”①，创名地点在山东省新泰市汶南镇盘车沟村北朝阳洞。张增奇等 1994 年介绍。原始定义：张夏组具明显三分性，二段页岩新建为盘车沟段。

【沿革】 该段曾被称为张夏组二段或页岩段。本次地层清理过程中认为，张夏组所夹页岩厚度较大，并具一定规模，故仍采用盘车沟段。

【现在定义】 盘车沟段指张夏组中部黄绿色页岩夹薄层泥晶灰岩组成的岩石地层单位。

【层型】 正层型位于新泰市汶南镇盘车沟村北朝阳洞（117°45′40″，35°44′45″；据游文澄等 1983 年实测）。

上覆地层：崮山组 黄绿色页岩与绿灰色薄层、链条状、疙瘩状含生物碎屑泥晶灰岩互层，夹少量紫红色页岩，产三叶虫：*Blackwelderia paronai*，*Damesella paronai*，*Cyclolorenzella* sp. 33.15 m

——————— 整 合 ———————

张夏组 总厚度 191.98 m

上灰岩段 厚度 49.99 m

69. 灰色中薄层泥纹泥晶灰岩夹灰色中层含生物碎屑泥晶灰岩，后者主要成分为富藻灰泥，含藻球粒。产三叶虫：*Yabeia laevigata*，*Damesella paronai* 3.70 m
68. 灰色中厚层云斑藻凝块灰岩夹黄绿色页岩，前者层面具虫迹构造。产三叶虫 *Damesella paronai* 15.13 m
67. 浅褐灰色厚层—块状微—细晶白云岩 1.42 m
66. 灰色（杂以黄褐色）中薄—中厚层云斑藻凝块灰岩夹云质藻砂屑泥晶灰岩 4.73 m
65. 浅褐灰色块状微—细晶白云岩，具残余藻凝块构造，局部具残余叠层构造。产三叶虫 *Damesella* sp. 15.13 m
64. 浅褐灰色中厚层微晶灰质白云岩夹黄绿色页岩及灰色中层云斑生物碎屑泥晶泥灰岩，微晶灰质白云岩具残余藻凝块构造 2.36 m
63. 灰色（杂以黄灰色）中薄层泥纹—泥质条带泥晶灰岩夹黄绿色页岩，前者层面具虫迹构造。产三叶虫 *Damesella* sp. 3.42 m
62. 浅褐灰色中厚层微晶白云岩，具残余凝块构造 4.10 m

① 山东省地质矿产局区域地质调查队，1992，山东省早古生代地层清理研究。

盘车沟段　厚度 55.18 m

61. 黄绿色页岩夹灰黄色薄层泥晶泥质灰岩，后者层面具虫迹构造　1.37 m

60. 黄绿色页岩与灰色中—薄层泥晶灰岩不等厚互层，后者层面具虫迹构造　12.65 m

59. 绿灰色纸片状页岩夹灰色中—薄层具硅质条带及团块的泥晶灰岩。产三叶虫：*Aojia* sp.，*Dorypyge* sp.　12.65 m

58. 浅灰色中—薄层泥晶灰岩夹绿灰色纸片状页岩，局部泥晶灰岩层面具绿灰色不规则状硅质团块及条带。产三叶虫：*Amphoton* sp.　6.96 m

57. 绿灰色纸片页岩与灰色中薄层泥晶灰岩不等厚互层，后者层面含少量泥砾及绿灰色不规则状硅质团块，层面具重荷模。产三叶虫：*Peishania convexa*，*Lisania* sp.　8.60 m

56. 绿灰色纸片状页岩，偶夹灰色中薄层含生物碎屑泥晶灰岩。产三叶虫：*Lisaniella biston*，*Dorypype richthofeni*，*Aojia* sp.，*Amphoton* sp.，*Amphotonella* sp.，*Lisania agonius*，*Liopeishania* sp.　12.95 m

下灰岩段　厚度 86.81 m

55. 浅灰色中薄层泥晶灰岩夹含海绿石生物碎屑泥晶灰岩，前者层面局部具微冲刷构造。产三叶虫：*Crepicephalina convexa*，*C. damia*，*Solenoparia* sp.，*Proasaphiscus* sp.，*Dorypyge* sp.　8.60 m

54. 灰色厚层微亮晶含海绿石生物碎屑鲕粒灰岩。产三叶虫：*Koptura* sp.，*Taitzuia* sp.　4.93 m

53. 浅紫灰色中薄层泥—亮晶鲕粒灰岩，鲕粒细小，均匀密集分布　7.47 m

52. 灰色厚层泥—亮晶鲕粒灰岩，底部夹厚约 1 m 的泥质条带泥晶灰岩。产三叶虫：*Dorypyge richthofeni*　17.56 m

51. 浅灰色中厚层藻凝块灰岩，产三叶虫 *Proasaphiscus* sp.　4.48 m

50. 灰色厚层泥质条带亮—泥晶鲕粒灰岩夹中薄层云斑亮—泥晶鲕粒灰岩。产三叶虫：*Lioparia* sp.，*Proasaphiscus yabei*　7.98 m

49. 灰色中厚层夹中薄层亮晶含海绿石生物碎屑鲕粒灰岩。产三叶虫 *Bailiella lantenoisi*　3.76 m

48. 灰色厚层泥—亮晶藻鲕粒灰岩。产三叶虫：*Poriagraulos abrota*，*Lonchinouyia armata*，*Proasaphiscus* sp.，*Solenoparia toxeus*　30.53 m

47. 浅褐灰色中厚层亮晶含海绿石生物碎屑灰岩夹含生物碎屑藻砂屑灰岩，具小型交错层理。产三叶虫：*Inouyops longispinus*，*Solenoparia* sp.，*Proasaphiscus yabei*　1.50 m

———— 整　合 ————

下伏地层：**长清群馒头组洪河段**　紫褐色中层含海绿石砂质砾岩，顶为厚约 15 cm 的灰绿色页岩　1.00 m

【地质特征及区域变化】　盘车沟段主要为黄绿色钙质页岩夹薄层泥晶灰岩，后者层面上具薄层硅质条带和团块，泥晶泥质灰岩层面具虫迹构造。盘车沟段仅出露于淄博-新泰地层小区和潍坊-临沂地层小区，东部厚度最大，接近 90 m，向西逐渐尖灭，似楔形体。该段向西尖灭逐渐被黄绿色薄层链条状泥晶灰岩代替。该段穿时性明显，在潍坊-临沂地层小区，盘车沟段底界就是张夏阶底界，向西其底界渐变至张夏阶中部。盘车沟段在地势上为一缓坡。

该段主要古生物为三叶虫：*Eosoptychoparia*，*Manchuriella*，*Damesella*，*Liopeishania*，*Lisania*，*Amphoton*，*Aojia*，*Dorypyge* 等，尚产腕足类 *Lingulella*。据生物组合，该段属中寒武世张夏期早—中期。

崮山组　$\in_3 g$　(37－0063)

【创名及原始定义】 Willis 和 Blackwelder1907 年创名崮山页岩(Kushan shale)，又称崮山层(Kushan Formation)。创名地点在长清县崮山镇崮山村东北侧附近。原始定义：九龙群的第二个层是崮山页岩，因崮山村附近出露得完好而得名。它整合盖在石灰岩之上。这个台阶通常约 50 英尺厚，但其厚度和岩性有轻微的变化。普遍以呈浅绿色的钙质页岩为主，夹有棕、紫、黄色的页岩小层和灰岩透镜体。至今我们未发现化石。页岩中石灰岩薄层通常呈砾状，很少是鲕状岩。

【沿革】 自创名崮山页岩(崮山层)以后，使用至今，只是对其顶底界线划分略有变动。原始定义的崮山页岩，其底以页岩出现划界，即把崮山页岩之下约 1 m 薄层砾屑灰岩归为张夏组，其顶以页岩结束划界。谭锡畴(1924)称崮山页岩段。孙云铸(1924,1937)称崮山层，认为崮山层底部有一侵蚀面。孙氏划分方案强调了年代地层划分。卢衍豪、董南庭(1953)称崮山统后改称崮山组，认为崮山统底部有短期沉积间断，并对其顶、底界线进行修正并明确为：底以竹叶状砾屑灰岩出现为界，顶为 *Drepanura* sp. 结束，*Chuangia* 出现划界。比起原始定义的崮山页岩顶界，下移了 25 m 左右。孙、董二氏划分方案亦属年代地层划分。1956 年《中国区域地层表(草案)》称张夏组，并认为崮山组与张夏组之间为平行不整合接触，《华东地区区域地层表・山东省分册》(1978)和《山东省区域地质志》(1991)均采用卢、董二氏(1953)划分方案，称崮山组。自 80 年代中期开始，山东省地质矿产局区调项目对地层进行多重划分，将崮山组重新厘定为页岩组合，即底界划在砾屑灰岩之底，而顶界以页岩结束为界，也就是恢复了原始定义“崮山页岩”顶界。这实质是把“崮山阶”与“崮山组”分开。本次地层清理过程中，认为“崮山页岩”命名较早，其页岩区域延展性较好，仍采用崮山组。

【现在定义】 指晋冀鲁豫地层区整合在张夏组和炒米店组之间，以黄绿(夹紫红)色页岩、灰色薄层疙瘩状—链条状(瘤状)灰岩、竹叶状灰岩互层为主，夹蓝灰色薄板状灰岩和砂屑灰岩为特征的岩石地层单位。以厚层灰岩结束，薄层砾屑灰岩夹页岩出现为其底界；以页岩结束为其顶界。

【层型】 正层型剖面位于长清县崮山镇唐王寨南坡(116°51′30″,36°30′03″；据张增奇、栾恒彦、方树宜等 1992 年重测)。由于在长清县及其他地区崮山组和炒米店组剖面均属连续剖面，故将崮山组和炒米店组正层型一起描述于后。其中炒米店组剖面中的 27—42 层为平移后的范庄剖面，起点位置为 116°51′10″，36°31′20″)。

(范庄剖面)

上覆地层：**三山子组 b 段** 褐灰色薄层细晶白云岩与褐红色中层准竹叶状砾屑白云岩互层，上部以褐灰色薄层细晶白云岩为主 14.96 m

——————— 整 合 ———————

炒米店组 总厚度 169.40 m

42. 深灰色薄层富云斑—云质条带白云质灰岩夹深灰色薄层白云岩，顶部 40 cm 为褐灰色中厚层白云质胶结竹叶状灰岩，竹叶状砾屑褐红色，大小 2 cm×10 cm 2.69 m
41. 褐灰色中厚层含云斑云质胶结竹叶状砂屑砾屑灰岩夹薄层微晶灰岩及褐灰色薄层灰质白云岩，白云岩对下伏灰岩层灌入现象明显 4.80 m
40. 灰色薄层云质条带泥晶灰岩为主，夹两层薄层白云岩。上部夹一层 7 cm 厚鲕粒灰岩，泥晶灰岩具虫迹构造 4.80 m
39. 灰色中层泥晶竹叶状灰岩与黄绿色中—薄层云质条带—云斑泥晶灰岩互层，构成三个旋回(本层以后种岩性为底)，上部砾屑变小，成为砾屑砂屑灰岩，顶部薄层云质

条带泥晶灰岩层面上虫迹构造发育，虫孔被白云岩充填，多斜交或垂直层面，生物扰动明显，灰岩呈孔洞状 2.63 m

38. 粉红色(杂色)薄层云质条带—云斑泥晶灰岩为主，夹少量黄绿色纹泥小链条状薄层灰岩、鲕粒生物碎屑灰岩、准竹叶状砾屑砂屑灰岩，下部以粉红色云斑为主，上部以粉红色云质条带为主。本层多被残坡积物覆盖 9.80 m

37. 粉红色(杂色)中厚层云斑微晶灰岩与浅灰色中厚层含生物碎屑砾状藻凝块灰岩互层，偶夹极薄层生物碎屑灰岩。云斑含量20%～30%，产海百合茎化石 7.90 m

36. 灰-褐红色中厚云斑状含生物碎屑微晶灰岩夹薄层含生物碎屑砂屑灰岩、藻球粒灰岩，上部夹两层厚各1 m的云泥质条带链条状微晶灰岩。层面上虫迹构造及铁质结核(风化后呈枣核大小孔洞状)发育。底部3 cm见晶洞构造，铁质结核集中。本层开始形成缓坡。产三叶虫：*Mictosaukia callisto*，*Quadraticephalus* sp. 10.08 m

35. 褐红色中厚层云斑状—条带状藻球粒泥晶灰岩夹少量(5%)褐红色薄层云斑状藻凝块灰岩，偶夹层厚5 mm左右三叶虫生物碎屑灰岩。本层地势上为一陡崖，近直立 6.42 m

34. 青灰色厚层泥晶含生物碎屑砂状藻凝块灰岩与褐灰色中厚云斑状泥晶灰岩互层，偶夹层厚7 cm左右三叶虫碎屑灰岩，含4 mm大小磁铁矿颗粒、云质条带由黄灰色渐变为粉红色。产海百合茎化石。本层组成陡崖中间的台阶(近乎平台) 6.15 m

33. 青灰色薄层云质条纹—云斑状泥晶灰岩，含微量藻球粒生物碎屑等 2.49 m

32. 浅灰色云斑—云质条带状泥晶含生物碎屑藻球粒灰岩夹浅灰色含生物碎屑砾状藻凝块灰岩及薄层生物碎屑鲕粒灰岩，下部偶夹砂屑、砾屑灰岩及铁质结核。产三叶虫：*Mictosaukia callisto*，*Tsinania* sp.，*Saukia* sp.，*Mareda* sp. 6.53 m

31. 灰色厚层云斑状藻球粒泥晶灰岩与深灰色中厚层含藻团粒鲕粒含白云质灰岩互层。鲕粒灰岩之顶往往夹有1～2 cm的生物碎屑灰岩层。自本层向上地势变陡。产三叶虫：*Saukia* sp.，*Tsinania* sp. 5.28 m

30. 黄灰色厚层云斑—云质条带藻球粒泥晶灰岩夹灰色薄—中层泥晶砾屑灰岩(或砂屑灰岩)及褐灰色芝麻点状微晶含生物碎屑藻团粒灰岩、微晶藻球粒灰岩，后者微含海绿石。本层约有七大旋回，构成七个台阶。旋回组成：云质条带藻球粒泥晶灰岩(组成陡坎下部)→云斑状藻球粒微晶灰岩(陡坎中部)→砾屑灰岩(陡坎上部)→砂糖状藻球粒灰岩(平台)。藻球粒灰岩具虫迹构造，砂屑灰岩具不明显的斜层理。产三叶虫：*Tsinania* sp.，*Changia* sp.，*Quadraticephalus* sp.，*Ptychaspis* sp. 18.65 m

29. 灰色薄层云质条带—云斑粉晶灰岩夹薄层亮晶竹叶状砂屑砾屑灰岩、青灰色薄层微晶含生物碎屑藻球粒灰岩及少量亮晶鲕粒生物碎屑灰岩，底部1 m砂屑砾屑灰岩含少量铁质及鲕粒并具320°走向的冲槽。鲕粒生物碎屑灰岩具小型交错层理及平缓波状层理。含生物碎屑藻球粒灰岩具虫迹构造，属生物扰动层，虫孔被白云岩充填，长轴平行层面为主 9.45 m

28. 黄灰色薄层泥纹泥晶灰岩夹灰色中薄层竹叶状灰岩，偶夹5 mm左右的生物碎屑灰岩层。这些岩性反复叠置构成13个旋回，以前者岩性为主(80%)。泥纹厚2 mm左右；砾屑呈灰色，0.5 cm×2 cm大小，长轴平行层面，泥纹泥晶灰岩具微细水平层理。产三叶虫：*Tsinania* sp.，*Mareda* sp. 12.44 m

27. 褐灰色中层含燧石结核—条带和云质条带亮晶竹叶状灰岩→含生物碎屑鲕粒准竹叶状砾屑灰岩→灰色薄层亮晶鲕粒灰岩反复叠置，构成三个旋回，上部偶夹薄层细晶灰岩 3.90 m

26. 浅灰色(灰白色)中厚层含燧石结核、铁质结核叠层石灰岩夹亮晶含藻团块竹叶状砾屑灰岩。横向延伸不稳定 1.56 m

25. 灰色中层含生物碎屑竹叶状灰岩、砂屑灰岩→深灰色薄层含海绿石生物碎屑灰岩→

黄灰色薄板状含泥纹藻屑微晶灰岩，反复叠置，构成五个旋回，底部竹叶状大小为0.5 cm×3 cm，具氧化圈，上部为0.5 cm×1.5 cm，甚至更小，呈灰色，与层面直立或斜交。产三叶虫：*Tsinania canens*，*Ptychaspis* sp. 5.83 m

24. 灰色薄层具黄绿色泥纹微晶灰岩，底部20 cm为褐色云质条带砂屑生物碎屑灰岩，含直径为1 cm大小的铁质结核及扁饼体。产三叶虫 *Pagodia* sp. 1.56 m

23. 深灰色中厚层含鲕粒生物碎屑灰岩。底部20 cm铁质含量高，呈褐红色，产三叶虫：*Tsinania canens*，*Ptychaspis subglobosa*，*Mansuyia* sp.，*Prosaukia* sp. 0.97 m

(唐王寨剖面)

22. 深灰色薄层含生物碎屑鲕粒灰岩与深灰色薄层含海绿石生物碎屑细晶灰岩互层，组成两个旋回，具云质条带、平缓波状层理及缝合线构造。底部与藻礁灰岩接触界面凹凸不平，凹处往往有深灰色砂屑生物碎屑灰岩充填。产三叶虫：*Ampullatocephalina bifida*，*Taishania taianensis*，*Pagodia taianensis*，*Parakoldinioidia typicalis* 1.87 m

21. 浅灰色(褐黄色)块状云斑叠层石藻灰岩及其潮渠沉积物——灰色中厚层泥—亮晶砾屑藻砂屑灰岩、亮晶藻砂屑鲕粒灰岩，叠层石直径20 m左右，圆柱状，但每个圆柱体内部均由许多“W”型小个体紧密堆积而成 2.99 m

20. 灰色(褐黄色)云斑叠层石藻礁灰岩。叠层石直径8 cm左右，其横截面本层自下而上，叠层石横截面有规律变化：底部为同心圆状、哑铃状；中部为心形状；上部为螺形状及火焰状。产三叶虫：*Pagodia* sp. 3.14 m

19. 浅灰(灰白色)块状云斑叠层石灰岩(藻灰泥丘)及其潮渠沉积物——黄灰色薄层含铁质亮晶砂屑砾屑灰岩。中部夹一层20 cm灰色薄层泥纹泥晶灰岩。叠层石呈明显的柱状体，直径在50 cm左右，被云泥及砂屑砾屑充填。产三叶虫：*Pagodia*? sp.，*Prochuangia* sp. 4.28 m

18. 岩性同16层，亦为五个旋回，只是竹叶状灰岩在剖面结构中变薄，小于30 cm，薄层灰岩在1 m左右。顶部70 cm为云质条带准竹叶状砾屑砂屑灰岩，铁质含量高 5.99 m

17. 浅灰色(灰白色)块状含云斑叠层石灰岩(藻灰泥丘)及其潮渠沉积物——褐黄色铁质藻砂屑灰岩。云斑分布不均匀。本层横向不稳定，地势为陡坎 1.00 m

16. 灰色厚层泥晶竹叶状灰岩与灰色薄层泥纹—云质条带泥晶灰岩互层，反复叠置构成五个旋回，两种岩性单层厚度均在50 cm左右，中部夹一层4 cm黄灰色薄层白云质灰岩，顶部云质条带发育 5.02 m

15. 浅灰色块状叠层石灰岩(藻灰泥丘)及其潮渠沉积物——浅褐灰色中层含铁质亮晶—泥晶含砾屑砂屑白云质灰岩。叠层石呈不明显的柱状，柱体间充填物可达本层底部。地势为陡坎 2.01 m

14. 青灰色-黄绿色薄层泥纹—云质条带泥晶灰岩为主，底部和中部各具一层20 cm浅灰色藻砂屑砾屑灰岩或浅灰色藻凝块灰岩。底部浅灰色藻凝块灰岩偶被褐红色含生物碎屑鲕粒灰岩灌入，具不规则状舌形波痕 3.77 m

13. 褐红色厚层竹叶状灰岩(20～30 cm)→黄绿色微层状泥纹泥晶灰岩(10～50 cm)→青灰色薄板状微晶灰岩(10～50 cm)反复叠置，构成5个旋回，下部竹叶状砾屑具紫红色氧化圈，且以黄绿色泥纹泥晶灰岩为主；上部以青灰色薄板状灰岩为主。竹叶状砾屑长轴多与层理平行，由其下的薄板灰岩兼并而来，产三叶虫：*Parachangshania hsiaoshihensis*，*Taishania* sp. 5.25 m

12. 紫灰色厚层具紫红色氧化圈竹叶状灰岩(70 cm)→灰色中层准竹叶状砂屑砾屑灰岩(13 cm)→黄灰色薄层泥纹泥晶灰岩或青灰色薄板状灰岩(1～10 cm不等)→黄绿紫红色微层状(局部偶具叶片状)泥纹泥晶灰岩(10～50 cm)，反复叠置构成七个旋回。竹叶状砾屑手指大小，呈菊花状，长轴多斜交或垂直层理，泥晶灰岩层面具虫迹构造和不规则状舌形波痕。地势突然变陡。产三叶虫：*Changshania* sp.，*Irvingella* sp. 及球接子 10.15 m

——————整　合——————

崮山组 总厚度 62.42 m

11. 灰色薄层泥纹—泥质条带泥晶灰岩、薄板状灰岩夹黄绿色、紫红色页岩，底部 20 cm 为灰白色竹叶状灰岩，其竹叶状砾屑长轴斜交或垂直层面；上部薄层泥纹泥晶灰岩中泥灰岩凸镜体发育，所夹薄板状泥晶灰岩多被作为石材(一般做砚台)开采。产三叶虫：*Changshania equalis* 及球接子 14.63 m

10. 褐灰—绿灰色中层亮晶海绿石生物碎屑灰岩。下部海绿石含量高，呈褐绿色调；上部铁质增多，呈褐灰色。本层厚度不稳定。产三叶虫 *Chuangia* sp. 0.90 m

9. 褐灰色中厚层竹叶状灰岩，底部有 30 cm 褐色含铁质海绿石生物碎屑鲕粒灰岩；中部砾屑具紫红色氧化圈；上部具黄灰色泥质条带，鲕粒灰岩底、顶界面凹凸不平。产三叶虫：*Chuangia convoluta* 1.19 m

8. 褐灰色中层竹叶状灰岩、薄层含生物碎屑鲕粒砂屑灰岩，夹含云质条带薄板状泥晶灰岩，竹叶状砾屑呈手指大小，长轴平行层面，顶部则具氧化圈。产三叶虫：*Drepanura premesnili*，*Liostracina krausei*，*Shantungia* sp.，*Blackwelderia* sp. 及球接子 2.22 m

7. 黄灰色薄层疙瘩状—链条状泥纹泥晶灰岩与黄灰色薄层泥质条带泥晶灰岩互层。底部夹有准竹叶状砂屑砾屑灰岩，上部和顶部夹有黄绿色页岩及薄层鲕粒灰岩。顶部页岩中夹有较多泥灰岩凸镜体。多被残坡积物覆盖。 9.99 m

6. 蓝灰色薄板状含云质条带微晶灰岩，夹准竹叶状砂屑砾屑灰岩、薄层生物碎屑微晶灰岩。云质条带薄板状灰岩多具冲刷槽状(波痕?)构造；砂屑灰岩多具斜层理。两者层面不平整，具缝合线构造。本层露头较好，与上覆、下伏层位的残坡积层界线分明，似腰带环绕山腰，前人称本层为崮山组二段。产三叶虫：*Drepanura* sp.，*Blackwelderia* sp.，*Kolpura* sp. 及球接子 9.40 m

5. 黄绿色页岩为主，夹薄层泥质条带泥晶灰岩、疙瘩状—链条状泥纹泥晶灰岩、准竹叶状砾屑灰岩，底部 20 cm 为黄灰色含海绿石竹叶状灰岩(似手指大小)，本层多被残坡积物覆盖 10.12 m

4. 下部紫红色纸片状页岩上部黄绿色页岩为主，夹黄灰色薄层泥质条带泥晶灰岩、疙瘩状—链条状泥纹泥晶灰岩及含生物碎屑准竹叶状砂屑砾屑为主 5.16 m

3. 紫色、黄褐色含海绿石生物碎屑竹叶状灰岩夹紫色黄绿色页岩及微晶灰岩凸镜体，本层以竹叶状砾屑较大、地形突出为特点 0.41 m

2. 黄绿色(中部紫红色)页岩与灰色中薄层含生物碎屑泥晶准竹叶状砾屑灰岩互层，夹薄层疙瘩状—链条状泥质条带—泥纹泥晶灰岩。底部竹叶状砾屑较大，向上变小，本层多被残坡积覆盖。产三叶虫：*Blackwelderia* sp.，*Damesella* sp.，*Teinistion* sp.，*Monkaspis daulis* 8.40 m

——————整　合——————

下伏地层：**张夏组**　灰色厚层亮晶生物碎屑鲕粒灰岩，含少量海绿石，鲕粒相对集中形成不规则条带，具缝合线构造，底部鲕粒灰岩灌入到下伏云斑藻凝块灰岩之中。顶部 15 cm 含砂屑。产三叶虫：*Yabeia laevigata*，*Damesella* sp.，*Cyclolorenzella* sp. 1.53 m

【地质特征及区域变化】　崮山组以疙瘩状—链条状(瘤状)泥纹泥晶灰岩与黄绿(夹紫红)色页岩、竹叶状灰岩互层为主，夹蓝灰色薄板状灰岩、砂屑灰岩、偶夹薄层鲕粒灰岩、海绿石生物碎屑灰岩。崮山组底以薄层砾屑灰岩夹页岩出现划界，顶以页岩结束划界。与原始定义崮山组相比，只是底界下移了约 1 m 左右。该组虫迹构造发育，局部具生物扰动层。该组下部砾屑多与层面平行或低角度斜交，上部砾屑灰岩则发育有氧化圈，层面具冲蚀构造、舌形波痕，砂屑灰岩具低角度斜层理。因此，崮山组在淄博-新泰地层小区和潍坊-临沂地层小区为浅海盆地的陆架内缘斜坡相带，而济南-滕州地层小区为台地前缘斜坡相带。

崮山组总体上由砾屑灰岩→薄层灰岩→页岩三类岩石反复叠置而成。有时后两者呈过渡状态，故呈疙瘩状。靠近该组顶部，页岩逐渐减少，其余两岩性增多，当页岩消失时，就过渡为炒米店组。因此，崮山组与炒米店组呈渐变过渡关系。

崮山组中部有一套约 10 m 厚的蓝灰色薄板状微晶灰岩，敲击有清脆响声，被 Blackwelder 描述为“敲击有金属声的板状岩石”，它明显区别于其上下的页岩夹瘤状灰岩组合，所以，前人曾把崮山组分为三个自然段。

崮山组顶部薄层泥晶灰岩常被作建材及砚台小规模开采，尤其是被称为“燕子石”的含三叶虫泥晶灰岩，是上等的砚料，被广泛开采加工。

崮山组在济南-滕州小区属台地前缘斜坡相，因此厚度不大，而且岩性以疙瘩状灰岩与页岩、竹叶状灰岩为主。如崮山唐王寨厚 62.49 m，向南至枣庄徐州一带仅有 6 m 左右，但延伸至东部过渡为浅海盆地陆架内缘斜坡相，厚度较大，且以页岩为主，达 162 m。崮山组岩性因易风化而植被发育，不易找到露头，常常只能在人工露头及冲沟中才能见到，但地层特征明显。

该组以三叶虫化石为主，主要组合为：*Damesella*，*Blackwelderia*，*Drepanura*，*Stephanocare*，*Diceratocephalus*，*Liostracina* 及 *Chuangia*，*Changshania*，*Irvingella*，另有球接子和海百合茎。据生物组合，该组地质时限为晚寒武世崮山期和长山期早期。

【问题讨论】 在山东省，崮山组与张夏组界线就是崮山阶与张夏阶界线。但是崮山阶与上覆长山阶界线却位于崮山组中上部，即崮山组与崮山阶顶界不一致，“阶”和“组”不应同名。按照命名先后原则，理应保留“崮山组”，修改“崮山阶”名，笔者建议改为“唐王寨阶”。目前，由于人们习惯如此称谓，“组”、“阶”同名亦未尝不可，故仍采用崮山组。

炒米店组　$\in_3\hat{c}$　（37-0064）

【创名及原始定义】 美国人 Willis 和 Blackwelder(1907)创名炒米店石灰岩(Chaumidien Limestone)或炒米店层(Chaumidien Formation)。创名地点在山东省长清县崮山镇炒米店村东山脊上，即范庄东侧高山北坡。原始定义：九龙群的第三个层是炒米店石灰岩，由硬质石灰岩组成，形成炒米店东南和西南的小山。呈蓝色，新鲜面为暗灰色和细晶。崮山页岩和炒米店灰岩间的过渡带为 12 m 的板状灰岩，具砾状特征。之上才是炒米店灰岩的灰色层，单层厚度时常不大于 5 或 6 英尺。其顶界以沉积特征变化为标志，即上覆济南层底部变为浅黄色，已显著白云岩化。

【沿革】 由于炒米店灰岩与崮山页岩之间有 12 m 厚的薄层砾屑灰岩，常夹有泥质条纹，与页岩呈过渡状态，所以 Willis 和 Blackwelder 只是将其视作 12 m 过渡带。炒米店灰岩顶界即以灰岩结束，白云岩出现划界，与济南层整合接触。谭锡畴(1924)改称为炒米店石灰岩段，归九龙石灰岩。孙云铸(1924)强调年代地层划分，将原始定义的炒米店石灰岩分为上、下两部分，上部称“直角石层”(张夏)或者蒿里山层(泰安)，下部仍称“炒米店层”，其底界向下移至产 *Chuangia* 灰岩层底部，并均划归九龙系。卢衍豪、董南庭(1953)将孙云铸所划“炒米店层”改称为长山统或长山组，将“蒿里山层”和“直角石层”改称为凤山统或凤山组。此后近 40 年均沿用卢、董二氏(1953)划分方案，停用了炒米店石灰岩，如《中国区域地层表(草案)》(1956)、《华东地区区域地层表·山东省分册》(1978)、《山东省区域地质志》

(1991)中均采用长山组和凤山组。本文恢复使用炒米店组。

【现在定义】 指晋冀鲁豫地层区以灰色中厚层微晶灰岩、含生物碎屑藻球粒灰岩、鲕粒灰岩、中薄层竹叶状灰岩为主，夹云斑叠层石藻礁灰岩等以灰岩为特征岩石地层单位。底以页岩结束划界，与崮山组整合接触；顶以灰岩结束、白云岩(或页岩)出现划界，与三山子组(或冶里组)整合接触。

【层型】 正层型剖面位于长清县崮山镇唐王寨南坡至范庄东坡(116°51′35″,36°30′ 55″;平移后起点坐标：116°51′10″，36°31′20″；据张增奇、栾恒彦、方树宜等1992年重测)。

剖面描述见崮山组正层型剖面12—42层。

【地质特征及区域变化】 炒米店组以深灰色中厚层藻球粒灰岩、藻球粒微晶灰岩、黄灰色薄层泥纹泥晶灰岩、粉色中厚层云质条带—云斑状泥晶灰岩、紫灰色厚层竹叶状灰岩和灰白色厚层云斑叠层石藻礁灰岩为主，次为青灰色、薄板状灰岩、薄层生物碎屑灰岩、含生物碎屑砂状藻凝块灰岩、浅灰色藻凝块灰岩等，上部偶夹薄层白云岩。其岩性组合下部以竹叶状灰岩夹薄板状灰岩和浅灰色叠层石藻礁灰岩为主，形成缓坡地形。竹叶状砾屑如手指大小，具紫红色氧化圈。浅灰色叠层石藻礁灰岩风化后呈灰白色，形成一人高的大台阶，标志明显，在炒米店组正层型剖面上共有5层，自下而上被称之为A层、B层、C层、D层和E层。藻礁灰岩之上是竹叶状灰岩与薄层状灰岩反复叠置构成的，其中有一层燧石结核和铁质结核，在华北地层大区广泛存在，具有区域对比意义。该组中部为深灰色云斑状云质条带藻球粒灰岩夹鲕粒灰岩和砾屑灰岩，呈砂粒状，含有铁质结核，形成陡崖。上部则为粉色薄层云质条带—云斑状泥晶灰岩为主。该组顶部为褐灰色中厚层云斑状云质胶结竹叶状砾屑砂屑灰岩夹黄绿色中薄层泥纹泥晶灰岩和灰质白云岩，虫迹构造发育。

炒米店组底以页岩结束、大套灰岩出现划界，与崮山组整合接触；顶以灰岩结束、大套白云岩出现划界，与三山子组整合接触。在华北北部，炒米店组顶部以大套灰岩结束、页岩出现划界，与冶里组整合接触。

炒米店组广布于山东，由于东部的潍坊-临沂地层小区怀远间断之下白云岩化层位更靠下，所以炒米店组西厚东薄，厚51～227 m，张夏地区炒米店组为169.40 m，枣庄厚226.56 m，盘车沟厚162.56 m，鸡山厚51.06 m。

炒米店组在华北具有明显的穿时性。在山东潍坊-临沂地层小区，以长山阶为主，凤山阶仅有8.83 m，而在济南-滕州地层小区张夏一带，炒米店组以凤山阶为主(123.93 m)，长山阶占一小部分(45.47 m)，而且炒米店组均属晚寒武世，其顶部基本就是∈/O分界线，但是延至河北和山西(如悬空寺)，则崮山组页岩顶界就是寒武系顶界，显然炒店组已全属奥陶系(图5-8)。

炒米店组早期沉积相为台地边缘礁-滩过渡相带，晚期属开阔台地相带，末期在济南-滕州地层小区属开阔台地相带向陆一侧的边缘地带至半封闭台地相带，向东至潍坊-临沂地层小区更靠近海一侧。

炒米店组含有丰富三叶虫化石。该组下部主要化石组合为：*Changshania*，*Irvingella*，*Shirakiella*，*Dikelocephalites*，*Maladioides*，*Ampullatocephalina*，*Kaolishania*，球接子主要为：*Homagnostus*，*Rhaptagnostus*。其上部主要三叶虫化石组合：*Tsinania*，*Ptychaspis*，*Prosaukia*，*Quadraticephalus*，*Saukia*，*Tellerina*，*Calvinella*，*Mictosaukia*。在泰安、新泰、滕州、苍山、沂南等地炒米店组中产有笔石动物化石，主要为*Callograptus*，*Dendrograptus*，*Siberiograptus*。此外，还有丰富的鹦鹉螺化石，包括短棒角石目、爱丽斯曼角石目、厚球角石目的代表，如

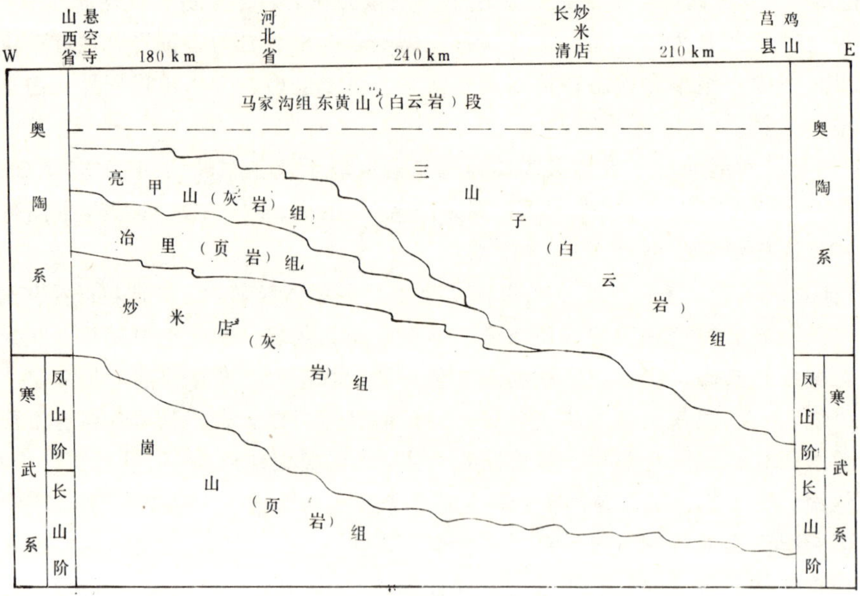

图 5-8　山东省至山西省炒米店组、三山子组穿时性示意图

Acaraceras，*Eoclarkoceras*，*Huaiheceras*，*Protatinoceras*。

根据生物组合特征，该组地质时限为晚寒武世长山期至凤山期。

【问题讨论】　在张夏地区，由于炒米店组顶部和三山子组底部未发现化石，前人一般以大套白云岩出现(三山子组)作为寒武系和奥陶系界线，其他地区以绿灰或黄绿色薄层微晶白云岩夹小竹叶状白云岩出现作为奥陶系开始。本文认为，如从东至西穿时性考虑，张夏地区炒米店组距顶 12～25 m 的 13 m 厚黄绿色薄层泥晶灰岩与小竹叶状灰岩呈互层状，更应划为奥陶系。因此，炒米店组多数为长山阶和凤山阶，而正层型上以砾屑灰岩夹黄绿色泥纹泥质薄层灰岩出现作为奥陶系两河口阶开始(厚约 24.92 m)。由于无化石资料，暂时把该组全部划为寒武系。

由于从年代地层划分着手，Grabau(1922)把河北奥陶系亮甲山含燧石灰岩之下的页岩和灰岩称为冶里组。该组与其下寒武系灰岩界线，因化石的发现而时常变更。通过本次全国性地层清理，岩石地层界线就不应再受年代地层单位界线限制，如果把厚层灰岩组合和薄层灰岩组合分别作为两个组的地层单位划分出来，这在巨大沉积厚度的槽区也许是可行的，但在沉积厚度较小的台区来说，若以沉积构造如薄层和厚层构造划分岩石地层单位“组”显然不妥。台区的海相岩石地层单位，只能以页岩、灰岩和白云岩三大类岩石组合的交替出现来划分，才能为 1∶5 万区调填图所接受。岩性的改变，如页岩变为灰岩或灰岩变为白云岩，作为组或段的划分标志，野外易于掌握，不至于造成混乱，所以在冶里组页岩发育的地区，炒米店组与冶里组分界，也应与崮山组分界一样，以页岩出现与结束作为划分标志。

三山子组　$\in_3O_1s$　(37-0065)

【创名及原始定义】　谢家荣 1932 年在《江苏铜山县贾汪煤田地质》一文中创名三山子石灰岩。创名地点在江苏省铜山县贾汪大泉村东南约 3 km 的三山子山。原始定义：三山子石灰岩，本层属于中、上奥陶纪之纯石灰岩及寒武纪鲕状及竹叶状石灰岩之间，全层厚达三百至五百公尺，系一种灰或灰白色之结晶质石灰岩，颇似一种砂岩层。因矽化甚深，故硬度甚高，呈整齐之薄层，富于裂隙，侵蚀面呈现暗灰色，不规则之浅纹。

【沿革】 谢氏命名的“三山子石灰岩”，具结晶砂质状，经后来鉴定属白云岩而非灰岩。其底以中上寒武纪石灰岩之顶划界；其顶以贾汪页岩之底划界。Willis 和 Blackwelder(1907)最早把这套白云岩划为济南层下段之下部。北京地质学院(1961) 把怀远间断面之下白云岩称为冶里-亮甲山组，并把薄层白云岩、中厚层白云岩和燧石白云岩分别称为一段、二段和三段。陈均远、邹西平(1975)把相当于马家沟组二段灰岩之下的奥陶纪白云岩统称为纸坊庄组，分三段。其中相当于怀远间断面之下燧石白云岩为中段，其下中薄层白云岩为下段，其上黄绿色、杂色薄层泥质白云岩为上段。山东省区域地层表编写组(1978)采用此划分。但是，陈均远、张俊明、梁宗伟在 1984 年又缩小了纸坊庄组含义，主要是考虑到本人原划纸坊庄组之内存在有平行不整合(即怀远间断面)，故将原划纸坊庄组三段(怀远间断之上)白云岩新命名为东黄山组，而怀远间断面之下奥陶纪白云岩为新义的纸坊庄组，分一、二两段。新义的纸坊庄组广为山东地质界引用，《山东省区域地质志》(1991)即沿用此划分。张成基、杨智溥等在地层清理初期(1992 年 6 月)提出了在山东省使用三山子(白云岩)组的意见。山东省地质矿产局区域地质调查队张增奇等 1992 年 8 月将三山子组上部含燧石白云岩段命名为上峪段，其下为下峪段。其后(1993，1994)又将其自下而上分为 c 段、y 段和 l 段，或 t 段、m 段和 f 段等。自东向西，三山子组白云岩层位愈来愈靠下。根据燧石白云岩、小竹叶白云岩夹绿灰或黄绿色白云岩特征，自上而下统一分为 a、b、c 三个段。

【现在定义】 指怀远运动造成的区域性不整合面之下一套白云岩组合。以大套白云岩出现为底界，分别与亮甲山组、冶里组、炒米店组、崮山组、张夏组整合接触；与上覆马家沟组呈平行不整合接触。

【层型】 正层型剖面在江苏省铜山县大泉乡寨山，我省的三山子组次层型剖面位于新泰市汶南镇纸坊头村(117°44′30″,35°46′55″；张增奇等 1992 年据陈均远等 1984 年剖面补测)。

上覆地层：**马家沟组东黄山段** 黄绿色薄层泥质微晶白云岩夹中薄层微晶白云岩，上部夹黄绿色中层藻层纹状含泥微晶白云岩，底部为含砾砂质白云岩，砾石和砂皆为燧石、白云岩和石英，大小为 1～5 mm 5.4 m

—————— 平行不整合 ——————

三山子组 总厚度 146.5 m

a 段 厚度 69.0 m

16. 暗灰色中层细晶白云岩与灰色藻纹微晶白云岩互层，顶部为角砾状微晶白云岩，并见宽 1 m 高 0.4 m 帐篷构造 7.9 m
15. 灰色中厚层含燧石结核、条带细晶白云岩 14.4 m
14. 灰色中层微晶白云岩和暗灰色细晶白云岩互层，含燧石结核和条带，底部暗灰色细晶白云岩中具波状藻层纹构造 13.6 m
13. 灰色厚层含燧石条带微晶白云岩夹灰色中层微晶白云岩，底部夹 0.5 m 厚的柱状藻叠层石微晶白云岩 22.0 m
12. 浅褐灰色中厚层微层纹状细晶白云岩 5.6 m
11. 浅紫灰色厚层含燧石结核、条带细晶白云岩夹浅黄灰色中层藻层纹状微晶白云岩。下部产头足类：*Yehlioceras yehliense*，*Y. pupoides*，*Coreanoceras triangulare* 5.5 m

b 段 厚度 60.5 m

10. 浅紫灰色中层细晶白云岩夹斑纹状细晶白云岩和黄灰绿色藻层纹状微晶白云岩，层面具水平虫迹 12.6 m

9. 浅紫灰色中层微晶白云岩夹中厚层藻层纹状细晶白云岩 8.2 m

8. 浅紫灰色中厚层细晶白云岩，产单板类：*Pollicina* sp. 8.6 m

7. 紫灰色中厚层细晶白云岩和黄绿色薄层泥质微晶白云岩互层 5.6 m

6. 暗紫灰色中厚层斑状细晶白云岩，层面具水平虫迹 4.5 m

5. 浅紫灰色中厚层砾屑细晶白云岩与黄绿色薄层含泥微晶白云岩的互层 10.9 m

4. 黄绿色中厚层细晶白云岩 1.6 m

3. 浅紫灰色中厚层砾屑细晶白云岩与黄绿色藻层纹状微晶白云岩的互层，并夹浅紫灰色中厚层细晶白云岩 8.5 m

——————— 整　合 ———————

c 段　　厚度 17.0 m

2. 紫灰色中薄层含泥灰质细晶白云岩 5.0 m

1. 灰色中薄层细晶白云岩 12.0 m

——————— 整　合 ———————

下伏地层：**炒米店组**　灰色薄层云斑状灰岩，虫迹发育

【地质特征及区域变化】　三山子组以白云岩发育为特征，主要为浅紫灰色中厚层结晶白云岩、黄绿色薄层泥质微晶白云岩、灰色厚层含燧石结核和条带细晶白云岩、褐灰色中厚层—中层细晶白云岩，次为深灰色薄板状微晶白云岩、浅褐色中层—薄层残余竹叶状细晶白云岩、浅黄灰色中层薄纹层状微晶白云岩。三山子组东厚西薄，为 219.2～107.4 m。根据中厚层—中薄层细晶白云岩、砾屑(常称小竹叶状)细晶白云岩夹黄绿色薄层微晶白云岩、含燧石白云岩等三套白云岩的出现而将三山子组分为三个非正式段，自下而上为：

1.c 段：指三山子组紫灰色中厚层砾屑细晶白云岩夹黄绿色薄层微晶白云岩之下以中厚层微晶白云岩夹中薄层—中层细晶白云岩为特征的岩石组合。未见化石。该段主要分布在潍坊-临沂地层小区，至淄博-新泰地层小区东侧偶有出露，向西逐渐尖灭。推测该段皆属炒米店组相当的灰岩白云岩化之结果，属凤山阶。该段之顶被暂时作为凤山阶之顶，亦即∈/O 分界。厚度变化较大，0～156 m。汶南纸房头村次层型上厚 17 m，向西很快尖灭，而从纸房头向东约 4 km 的盘车沟剖面，变厚为 46.7 m。至莒南鸡山变为 156 m。该段曾被称为中厚层白云岩段(m 段)或 c 段。

2.b 段：以浅紫灰色、黄灰色、灰色中厚层砾屑细晶白云岩与黄绿色薄层泥质微晶白云岩互层组成数个基本层序为特征。上部常夹藻纹层白云岩、叠层石白云岩及具孔洞构造的巨厚层白云岩，孔洞中常充填方解石。该段上部这层厚 4m 的孔洞状块状构造白云岩是区域上的标志层，在山东广泛分布。该段除在淄川峨庄东峪东村剖面采到确属早奥陶世 Tremadoc 期的头足类化石 *Barnesoceras* 外，其他地区尚未采到说明时代的化石。这段黄绿色薄层泥质白云岩延伸到张夏地区，变成黄绿色薄层泥质灰岩，所以有人认为炒米店附近炒米店组正层型剖面，顶部 25 m 可能属早奥陶世。该段东南厚西北薄，厚度 37～61 m，次层型剖面上厚 60.5 m。该段曾被称为冶里组，或与下部的 c 段一起被称为下峪段。也曾被称为薄层白云岩段(t 段)或 y 段。

3.a 段：指三山子组上部以含燧石结核、条带白云岩为特征的非正式段。该段白云岩是由若干个燧石条带白云岩—燧石结核白云岩—不含燧石白云岩旋回反复叠置构成，其顶部大多

是暴露构造即滑塌构造，底部燧石条带在平面上多呈 20～30 cm 长的饼状。因此，风化后地势上多形成 2 m 高的小台阶。该段底部燧石条带、结核有的具有角砾状，风化后可以看到渣状层，向上燧石结核具分选性，顶部见 1 m 宽的帐篷构造。推测该段底部有一定时期的沉积间断。该段厚度在 50～80 m，次层型剖面厚 69 m。该段曾被称为亮甲山组。也曾被称为含燧石结核白云岩段(f 段)或 l 段。

三山子组广布于山东省乃至晋冀鲁豫地层区。在山东省由东南向西北，厚度愈来愈小，即 191.21～107.42 m。潍坊-临沂地层小区具三分性，底界在凤山阶下部；向西北逐渐具二分性，底界约在奥陶系两河口阶下部。所以，三山子组在山东省是穿时性较明显的一个岩石地层单位。纵观华北地层大区，三山子组穿时性非常明显，如在山东省莒县鸡山，三山子组底界在凤山阶底界面之上 8.8 m 处，该组厚 291.2 m，至西部炒米店一带，其底界在凤山阶顶部与西河口阶分界处，厚 107.4 m；而到河北省及山西省，三山子组底界在红花园阶上部，其厚度不足 50 m。

三山子组古生物化石稀少，其中 b 段采到的化石主要是头足类，重要的有：*Barnesoceras*，*Dakeoceras*，*Ectenolites* 和 *Cumberloceras*。a 段白云岩亦产头足类：*Yehlioceras*，*Coreaunoceras*，*Hopeioceras*。据古生物组合，该组地质时限为晚寒武世长山期至早奥陶世红花园期。其中 c 段为凤山期，b 段属两河口期，a 段属红花园期。在潍坊-临沂地层小区三山子组下部 c 段白云岩中(原凤山组二段)未曾发现化石。但这里的凤山阶底部 8.8m 灰岩(即炒米店组顶部)中，却只有 *Tsinania*，*Parakoldinioidia*，*Ptychaspis* 等三叶虫化石。由此向上在 156 m 白云岩中，缺失象张夏地区和新泰地区均产出的 *Quadraticephalus* 顶峰带和 *Mictosaukia* 延限带两个三叶虫化石带。据此推测这里的三山子组 c 段属凤山阶。在三山子组白云岩中，仅在淄川峨庄东峪东村 b 段白云岩中采到确属早奥陶世头足类化石 *Barnesoceras* 外，其他地区三山子组尚未采到说明时代的化石。三山子组尚有规模较小的叠层石。三山子组有具氧化圈的竹叶状砾屑、燧石结核、滑塌构造及帐篷构造，该组属闭塞台地相—潮坪泻湖相沉积环境。含石膏矿。

马家沟组　$O_{1-2}m$　(37－0066)

【创名及原始定义】　Grabau1922 年在《中国北部奥陶纪动物化石》一文中创名“马家沟石灰岩”。创名地点在河北省唐山市赵各庄马家沟。原始定义：指马家沟村附近之石灰岩，名为马家沟灰岩(Machiakou Limestone)，因产 *Actinoceras*(珠角石)甚富，曾名之为珠角石石灰岩。

Richthofen(1882)把山东省的奥陶纪石灰岩称 Kohlenkalkstein(石炭石灰岩)或 Coal-limestone(煤石灰岩)。Willis 和 Blackwelder(1907)最早命名为济南层(Tsinan Formation)、济南石灰岩(Tsinan Limestone)或济南白云岩(Tsinan Dolomit)。

北京地质学院(1961)在鲁西从事 1∶20 万区调时称其为马家沟组并分三段，属中奥陶世，与其上本溪组和与其下早奥陶世冶里-亮甲山组均呈平行不整合接触。山东省地质局 805 队(1963)根据白云岩与灰岩反复出现而将马家沟组分为六段即一、三、五白云岩段，二、四、六灰岩段，这个划分方案在山东省影响甚广①。陈均远 1963 年来山东省测制了奥陶系剖面，通过与河北省马家沟正层型剖面上的化石和岩性对比，提出了建立纸坊庄组、北庵庄组、马家沟组、阁庄组和八陡组等五分方案，于 1975 年撰文介绍②。1984 年陈氏对原划分进行修正，怀远间断之上原划纸坊庄组白云岩单独建立东黄山组，原划马家沟组底部白云岩单独建立土

① 山东地质局 805 队，1963，1∶5 万蒙阴县等幅地质图。
② 陈均远、邹西平，1975，山东奥陶纪地层(摘要)，山东地质情报，第 3 期。

峪组①。梁宗伟(1987)在编写《山东省区域地质志》过程中，认为陈均远所划山东省马家沟组与河北省马家沟组正层型剖面含义不同，提出建立五阳山组代替之②。《山东省区域地质志》(1991)便把怀远间断之上奥陶纪地层自下而上分为东黄山组、北庵庄组、土峪组、五阳山组、阎庄组和八陡组等6个组，并在山东省1∶20万和1∶5万区调项目中广泛使用。根据命名优先权原则，张增奇等(1992,1993)主张并东黄山组等6个组为济南群而非马家沟组。本次地层清理根据华北大区地层清理有关会议精神，把怀远间断之上奥陶纪地层统称为马家沟组。根据山东省地质矿产局地层清理领导小组意见，把山东省原划东黄山组等6个组降为段(表5-4)。

【现在定义】 马家沟组指晋冀鲁豫地层区怀远间断之上、石炭系之下，以灰岩夹白云岩并富含头足类化石为主要特征的岩石地层单位。与下伏三山子组和上覆本溪组均呈平行不整合接触，属奥陶纪。据白云岩和灰岩相间出现，分为东黄山段、北庵庄段、土峪段、五阳山段、阎庄段和八陡段。

【层型】 选层型剖面位于河北省唐山市赵各庄矿西4 km处的长山。省内次层型剖面位于新泰市汶南镇东黄山至吴山(117°44′40″,35°47′05″；据陈均远1984年实测)。

上覆地层：**本溪组** 紫褐色粉砂质页岩夹薄层状泥质粉砂岩(10.0 m)

——————— 平行不整合 ———————

马家沟组 总厚度847.3 m

八陡段 厚度111.5 m

80. 灰色厚层云纹状微晶灰岩，顶部为紫色、土黄灰色中层藻层纹状微晶白云岩，顶面为起伏不平的侵蚀面，沉积有铁铝质层 7.6 m
79. 上部为紫灰色中厚层微晶白云岩，下部为灰色厚层云条状微晶灰岩 6.4 m
78. 深灰色厚层云斑状微晶灰岩，向上变为紫灰色中层白云质微晶灰岩 15.9 m
77. 灰色厚层云纹状含少量生物碎屑、团粒砂屑微晶灰岩夹层孔虫、头足类生物碎屑微晶灰岩。顶部产头足类化石：*Gonioceras badouense*，*G. centrale*，*Badouceras pyriforme*，*Gorbyoceras planoconvexum*，*G. devexum*，*G. densicostatum*，*Vaginoceras badouense*，*Mysterioceras* sp. 40.8 m
76. 上部浅紫灰色、黄灰色藻层纹状微晶白云岩，下部为灰色厚层云条状微晶灰岩 4.1 m
75. 深灰色厚层微晶灰岩夹云纹状微晶灰岩，向上变为紫色中薄层微晶白云岩 21.3 m
74. 深灰色厚层云斑状微晶灰岩，底部夹土黄色中厚层微晶白云岩 15.4 m

阎庄段 厚度123.5 m

73. 浅黄灰色中厚层微晶白云岩 28.3 m
72. 黄灰绿色砾屑微晶白云岩夹土黄色中厚层细晶白云岩 16.1 m
71. 浅灰、浅紫灰色中层微晶白云岩夹二层黄灰绿色薄层藻层纹状微晶白云岩 7.2 m
70. 浅灰、黄灰色中厚层叠层石微晶白云岩 14.3 m
69. 浅紫灰色中薄层微晶白云岩，顶部紫灰色砾屑白云岩 15.1 m
68. 浅紫灰色中薄层微晶白云岩，下部夹二层黄绿色藻屑微晶白云岩 15.9 m
67. 土黄、紫灰色中薄层含泥微晶白云岩夹浅黄灰色中厚层微晶-细晶白云岩，上部具膏溶角砾 13.7 m
66. 灰色厚层细晶白云岩，层面富含水平虫迹，且被白云石交代 6.7 m

---

① 陈均远、张俊明、梁宗伟，1984，新泰汶南奥陶系剖面简介，载江苏省古生物学会会刊，第5期。
② 梁宗伟，1987，山东的奥陶系及其下中统界线，山东地质情报，第2期。

表 5-4 山东省马家沟组划分沿革表

B. Willis & E. Blackwelder 1907	谭锡畴 1924	《中国区域地层表(草案)》1956	山东地质厅 北京地质学院 1961	山东省地质局 805 队 1963	陈匀远、邹西平 1975	山东省区域地层表编写组 1978	陈均远等 1984	梁宗伟 1987 山东省区域地质志 1991	山东地矿局区调队 1992	本书
济南、新泰	北京、济南幅	鲁西	鲁西	鲁西	淄博、新泰	鲁西	汶南	鲁西	鲁西	鲁西
上石炭统 / 山西 / 博山层	P-C 纪	中石炭统 / 本溪组	中石炭统 / 本溪组	本溪组	中石炭统 / 本溪组	中石炭统 / 本溪组	中石炭统 / 本溪组	上石炭统 / 本溪组	上石炭统 / 本溪组	晚石炭世 / 达拉期 / 本溪组 / 湖田段
奥陶系 / 震旦 / 济南石灰岩(济南白云岩，济南层) / 上段	奥陶纪 / 济南石灰岩(珠角石灰岩)	中—下奥陶纪 / 济南石灰岩	中奥陶统 / 马家沟组 / 三段	马家沟组 / 六段	中奥陶统 / 八陡组	中奥陶统 / 八陡组	中奥陶统 / 八陡组	中奥陶统 / 八陡组	中奥陶统 / 济南群 / 八陡组	中奥陶世 / 宝塔期 / 马家沟组 / 八陡段
				五段	阁庄组	阁庄组	阁庄组	阁庄组	阁庄组	庙坡期 / 阁庄段
			二段	四段	下奥陶统 / 马家沟组 / 中上部	下奥陶统 / 马家沟组	下奥陶统 / 马家沟组	下奥陶统 / 五阳山组	下奥陶统 / 五阳山组	早奥陶世 / 牯牛潭期 / 五阳山段
				三段	底部	北庵庄组 / 上段	土峪组	土峪组	土峪组	土峪段
			一段	二段	北庵庄组	下段	北庵庄组	北庵庄组	北庵庄组	大湾期 / 北庵庄段
下段				一段	纸坊庄组 / 上段	纸坊庄组 / 上段	东黄山组	东黄山组	东黄山组	东黄山段
			下奥陶统 / 亮甲山—冶里组 / 三段	亮甲山组	中段	中段	纸坊庄组 / 二段	纸坊庄组 / 二段	九龙群 / 三山子组	红花园期 / 三山子组 / a段
			二段	冶里组	下段	下段	一段	一段		两河口期 / b段
			一段							
寒武系 / 九龙群 / 炒米店层	寒武纪 / 九龙石灰岩	上寒武纪 / 炒米店统	上寒武统 / 凤山组	凤山组	上寒武统 / 凤山组	上寒武统 / 凤山组	上寒武统 / 凤山组	上寒武统 / 凤山组 / 二段	上寒武统	晚寒武世 / 凤山期 / c段
								一段	炒米店组	炒米店组

65. 土黄色厚层微晶-细晶白云岩，底部为微波状微晶白云岩 6.2 m

五阳山段 厚度 321.1 m

64. 杂色薄层含泥微晶白云岩夹灰色中厚层白云质微晶灰岩，顶部白云岩具膏溶现象 13.7 m

63. 灰色厚层白云质微晶灰岩，中部夹二层云纹状微晶灰岩，上部为深灰色厚层含生物碎屑微晶灰岩，顶面见紫褐色铁泥质沉积物。产头足类：*Armenoceras submarginale* 38.7 m

62. 灰色中薄层白云质微晶灰岩夹一层土黄色微晶白云岩，顶部为杂色中薄层藻层纹状微晶白云岩 31.4 m

61. 灰色厚层云条状微晶灰岩与土黄色等中厚层含泥微晶白云岩的韵律层，灰岩中产头足类：*Dideroceras wennanense*，*Hoeloceras yimengshanense* 16.1 m

60. 深灰色厚层虫迹云斑微晶灰岩，顶部为土黄色中厚层微晶白云岩 9.6 m

59. 灰色厚层云条状微晶灰岩夹灰色中层微晶白云岩，顶部为含生物碎屑微晶灰岩 25.9 m

58. 顶部为土黄色中厚层微晶白云岩；上部为深灰色厚层云纹状微晶白云岩；下部为深灰色中薄层虫迹云斑含生物碎屑微晶灰岩。产头足类：*Stereoplasmoceras* sp.，*Tofangoceras* sp.，*Discoactinoceras wuyangshanense*，*Armenoceras richthofeni*，*A. coulingi* 7.1 m

57. 深灰色厚层云纹状微晶灰岩，中部夹一层含腹足类生物碎屑含泥微晶灰岩，上部为浅灰白色中厚层微晶灰岩夹云纹状微晶灰岩，顶部为黄灰色中层含泥微晶白云岩 22.9 m

56. 浅灰、灰色厚层云条状微晶灰岩，底部为层纹状微晶白云岩夹一层 10 cm 厚的含生物碎屑砂屑微晶灰岩 19.1 m

55. 浅紫灰色藻层纹状微晶白云岩夹藻层纹状泥晶灰岩 15.4 m

54. 褐灰色厚层含生物碎屑微晶灰岩，上部夹浅紫灰色薄层泥晶白云岩，下部微晶灰岩中含燧石结核和条带 11.0 m

53. 灰色厚层云纹状含生物碎屑团粒微晶灰岩，顶部为浅紫灰色中薄层微晶白云岩 7.9 m

52. 灰色中厚层云斑含生物碎屑团粒微晶灰岩夹灰色中层虫迹微晶灰岩 10.1 m

51. 深灰色厚层云纹状含团粒微晶灰岩。产头足类：*Tofangoceras* sp.，*Discoactinoceras wuyangshanense*，*Armenoceras richthofeni*，*A. coulingi*，*Wennanoceras* sp. 8.2 m

50. 灰色厚层云纹状灰岩，顶部为紫灰、土黄色中层层纹状微晶白云岩 7.1 m

49. 深灰色厚层含燧石条带云斑团粒微晶灰岩。底部产头足类：*Stereoplasmoceras* sp. 15.8 m

48. 深灰色厚层虫迹云斑含生物碎屑微晶灰岩，含少量燧石结核。产头足类：*Armenoceras tani*，*Cyrtonybyoceras curvatum*；层孔虫：*Labechiella* sp.，*Rosenella* sp. 8.3 m

47. 深灰色厚层云斑含生物碎屑砂屑微晶灰岩 11.6 m

46. 深灰色厚层含硅质结核云斑生物碎屑微晶灰岩，上部为深灰色厚层微晶灰岩。产头足类：*Armenoceras coulingi*，*Discoactinoceras* sp. 19.8 m

45. 深灰色厚层含燧石结核生物碎屑微晶灰岩。产头足类：*Stereoplasmoceras pseudoseptatum*，*Bassleroceras xintaiense*，*Armenoceras resseri*，*A. suzukii* 21.4 m

土峪段 厚度 28.7 m

44. 顶部为土黄、紫褐色微晶白云岩与白云质微晶灰岩互层；上部为土黄灰色藻层纹状微晶白云岩；下部为浅紫灰、土黄灰色中层微晶白云岩夹灰色藻层纹状微晶白云岩。局部见膏溶现象 6.1 m

43. 浅紫灰色中薄层含泥微晶白云岩夹黄绿色薄层泥质微晶白云岩，顶部见膏溶现象 13.0 m

42. 土黄、紫褐色中薄层微晶白云岩夹黄绿色薄层泥晶白云岩，上部为藻层纹砾屑微晶白云岩 9.6 m

北庵庄段 厚度 176.5 m

41. 灰黑色厚层微晶灰岩夹云斑微晶灰岩 3.2 m

40. 上部为灰色薄层纹状微晶白云岩，下部为深灰色厚层云纹状微晶灰岩 8.5 m

39. 深灰色厚层虫迹云斑微晶灰岩夹同色层纹状微晶灰岩，上部为土黄色中层微晶白云岩。产头足类：*Kotoceras* sp. 15.9 m

38. 灰色中层层纹状微晶灰岩，局部含砂屑 7.6 m

37. 深灰色厚层虫迹云斑含砂屑微晶灰岩。产头足类：*Polydesmia zuezshanensis*，*Kogenoceras* sp. 9.8 m

36. 灰黑色厚层砂屑微晶灰岩，层面具褐紫红色氧化铁薄膜 7.3 m

35. 灰色厚层层纹状微晶灰岩夹灰色中层白云质灰岩，底部为砾屑微晶灰岩，局部见小穹隆状叠层石 22.5 m

34. 灰色中厚层藻层纹状细晶白云岩 5.5 m

33. 浅黄灰色中薄层细晶白云岩夹藻层纹状微晶白云岩及一层砾屑白云岩 9.8 m

32. 深灰色厚层微晶灰岩夹土黄色中层微晶白云岩 18.7 m

31. 深灰色厚层微晶灰岩，上部夹紫灰色中层微晶白云岩 14.7 m

30. 深灰色厚层云纹状微晶灰岩，具少量垂直虫孔 4.1 m

29. 深灰色厚层虫迹云斑微晶灰岩，富含头足类：*Polydesmia canaliculata*，*Actinoceras* sp.，*Mesowutinoceras discoides*，*Kogenoceras nanpiaoensis*，*Ormoceras* sp. 7.4 m

28. 深灰色厚层微晶灰岩，富含头足类：*Polydesmia yilehetoensis*，*Ormoceras centrale* 13.5 m

27. 灰色厚层云斑微晶灰岩 5.2 m

26. 灰色厚层虫迹云斑微晶灰岩 5.8 m

25. 灰色厚层云斑微晶灰岩 4.9 m

24. 灰色厚层云条状微晶灰岩，顶部为厚 1 m 的浅灰色微晶白云岩，具垂直虫孔 3.4 m

23. 灰色厚层云斑微晶灰岩和云条状微晶灰岩，层面具水平虫迹 5.8 m

22. 灰色厚层微晶灰岩，底部具微层纹构造 2.9 m

东黄山段 厚度 86.6 m

21. 杂色中厚层藻层纹状微晶白云岩 7.8 m

20. 浅棕色中厚层藻纹微晶灰岩夹一层角砾状灰岩，底部为灰色厚层微晶灰岩 7.2 m

19. 杂色厚层膏溶砾屑泥质白云岩夹黄绿色薄层泥质白云岩 13.8 m

18. 黄绿色薄层泥质白云岩 11.0 m

17. 杂色薄层膏溶砾屑泥质白云岩 15.3 m

16. 上部为土黄膏溶砾屑泥质白云岩夹黄绿色薄层泥质白云岩；下部为黄绿色薄层泥质白云岩夹灰色中厚层藻层纹状微晶白云岩 26.1 m

15. 黄绿色薄层泥质微晶白云岩夹中薄层微晶白云岩，上部夹黄绿色中层藻层纹状含泥微晶白云岩。底部为含砾砂质白云岩，砾石和砂皆为燧石、白云岩和石英，大小 1～5 mm 5.4 m

——————— 平行不整合 ———————

下伏地层：**九龙群三山子组** 暗灰色中层细晶白云岩与灰色藻纹微晶白云岩互层，顶部为角砾状微晶白云岩并见宽 2 m、高 0.4 m 帐篷构造 7.9 m

【地质特征及区域变化】 马家沟组岩性以灰岩和白云岩为主。主要为灰—深灰色厚层微晶灰岩、灰色厚层云斑微晶灰岩、灰色中厚层泥晶灰岩、含燧石结核灰岩，灰—深灰色厚层泥—细晶灰岩、黄灰色薄—中厚层微晶白云岩、角砾状白云岩、泥晶白云岩，次为白云质灰岩、泥岩、铁质页岩、紫红色云泥岩。据朱源 1989 年介绍，山东省地质矿产局第七地质队在临沂、郯城一带从事金刚石普查时，曾在马家沟组角砾状白云岩中发现有少量的安山玢岩。据白云岩和灰岩相间出现，而把马家沟组分为六个正式段，自下而上为：东黄山段、北庵庄段、土峪段、五阳山段、阁庄段和八陡段。

由于怀远运动影响，使山东境内上升为陆，造成三山子组与马家沟组间的沉积间断。马家沟组灰岩和白云岩，区域延展性好，多为厚层状、角砾状及具有鸟眼构造、泥裂构造，含石盐和硬石膏假晶，具藻纹层等，应属开阔台地相至潮坪泻湖相交替沉积环境。

马家沟组底部普遍含 3～15 cm 砾岩，其下三山子组发育大型帐篷构造，但两者产状基本一致，应属平行不整合接触。马家沟组顶部常能见到单个褶皱宽达 300 m 左右，而其上石炭纪本溪组并未见到褶皱。在近处观察，马家沟组与本溪组地层产状基本一致。因此，推测马家沟组与本溪组应属平行不整合、局部(微角度)不整合接触。马家沟组含石膏矿，尤在华北平原地层分区中最发育。

该组广布于安丘-莒县断裂以西。山东境内的马家沟组除了受到当时沉积环境普遍影响之外，还由于受到沉积后地壳上升之不均衡性即沂沭断裂带和济宁一带上升幅度大于中部淄博地区的影响，使山东省的马家沟组在晚石炭世沉积以前遭受剥蚀程度东南及西南侧大于中部淄博一带，造成马家沟组中部厚，东南和西南薄，且各段发育不同。如淄博-新泰一带保留地层厚度最大，为 903.4 m，各段发育齐全；而东南靠近沂沭断裂带和西侧济宁一带，厚度仅 550 m左右，沂沭断裂带内仅有五阳山段及其下共四个段的早奥陶世沉积，西南部由于后期剥蚀，保留厚度一般较小(图 5-9)。

山东省淄博-新泰地区的马家沟组层位比较齐全，与河北省唐山市赵各庄马家沟组选层型剖面比较，多了阁庄段和八陡段，而且在新泰汶南和淄川洪山水泥厂等地，均于八陡段顶部发现有砖红色泥岩及白云岩夹层。据此推测，淄博-新泰一带该组保存完好。

马家沟组含有丰富的无脊椎动物化石，以头足类为主，次为腹足类、层孔虫、牙形石等，另有少量三叶虫。

头足类：*Barnesoceras* sp.，*Dakeoceras* sp.，*Coreanoceras*，*Yehlioceras yehliense*，*Y. pupoides*，*Hopeioceras*，*Aphetoceras*，*Polydesmia zuezshanensis*，*P. canaliculata*，*Kogenoceras*，*Wutinoceras*，*Linormoceras*，*Actinoceras* ，*Ordosoceras quasilineatum*，*Pseudeskimoceras*，*Kogenoceras jiaolongense*，*Mesowutinaceras*，*Stereoplasmoceras pseudoseptaum*，*Bassleroceras*，*Manchurocreraswalungense*，*M. yenchouchengense*，*M. platyventrum*，*Linchengoceras*，*Nybyoceras cryptum*，*Cyrtonybyoceras curvatum*，*Armenoceras richthofeni*，*Armenoceras tateiwai*，*Armenoceras tani*，*A. elongatum*，*Tofangoceras pauciannulatum*，*Dideroceras mensis*，*Solkirkoceras* sp.，*Armenoceras coreancum*，*Hemipiloceras*，*Discoactinoceras* ，*Gonioceras badouense*，*G. pyriforme*，*Gorbyoceras planoconvexum*，*Gorbyoceras densicostatum* 等。牙形石：*Loxodus dissectus*，*Aurilobodus leptosomatus*，*A. serratus*，*Triangulodus changshanensis*，*Tangshanodus tangshanensis*，*Acontiodus? tinxiensis*，*Eoplacognathus*，*Plectodina onychodonta*，*Scandodus*，*Panderodus*，*Belodina compressa*，*Microcoelodus symmetricus* 等。三叶虫：*Pseudoasaphus*，*Basiliella*。腹足类：*Maclurites* sp.，*Ecculliomphalus* sp.。层孔虫：*Labechiella* sp.。

根据上述生物组合，该组的地质时限为早—中奥陶世大湾期—宝塔期。

【问题讨论】 ①东黄山段底部黄绿色薄层白云岩以其薄层状构造而区别于其上中层白云岩和上部角砾状白云岩。下部这套 6～9 m 的薄层白云岩，延伸至江苏省为贾汪(页岩)组。笔者认为，无论从岩性组合，还是从厚度考虑，作为东黄山段贾汪层更为合理。②河北省唐山市赵各庄马家沟组正层型剖面上，只有相当于五阳山段及其以下地层，即相当于沂沭断裂带的保留厚度和层位。后来陆续发现，在峰峰地区和山东省部分地区，马家沟组之上还有一套

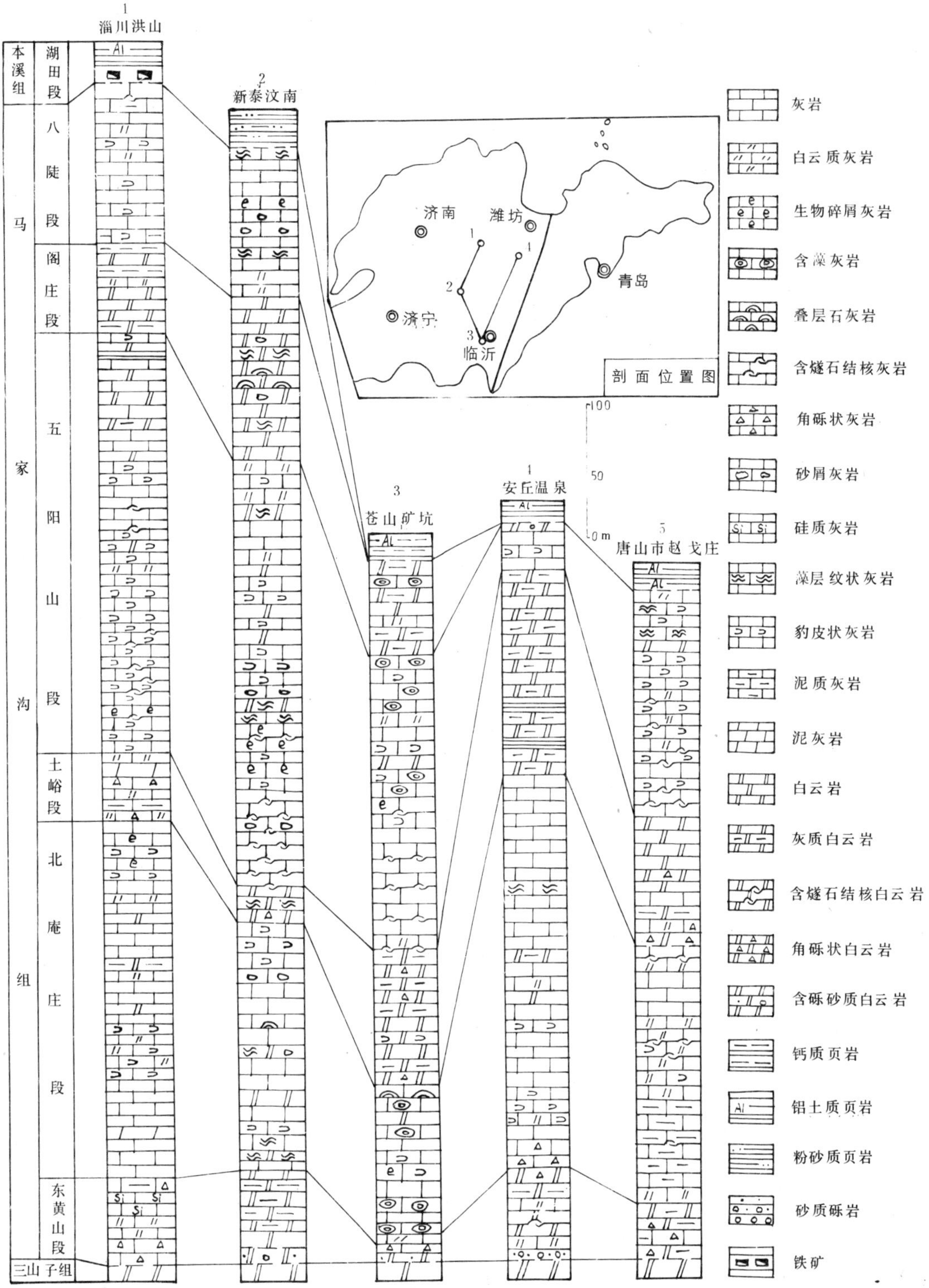

图5-9 山东奥陶纪马家沟组与正层型地层柱状对比图

白云岩和灰岩组合，故在河北省新建立峰峰组，山东建立了阁庄(白云岩)组和八陡(灰岩)组。70年代开始就造成马家沟组含义的混乱，有狭义的马家沟组(相当于山东省的五阳山段)和广义的马家沟组(怀远间断之上奥陶系)之分。本次清理采用广义的马家沟组意见，仍有较大分歧。从岩石组合、厚度及区域延展性考虑，怀远间断之上奥陶系分六个组并升为群比较适宜，便于1∶5万制图。③在地层清理过程中，由于在新泰市汶南、淄博市洪山水泥厂等地的马家沟组八陡段灰岩顶部，发现一套白云岩、泥岩、页岩(砂岩?)夹灰岩组合，笔者(1994)曾创名为新汶段。由于其研究程度低，本书暂未列入。

东黄山段　O_1^d　(37-0068)

【创名及原始定义】　陈均远、张俊明、梁宗伟1984年创名“东黄山组”①，创名地点在新泰市汶南镇东黄山。山东省地质矿产局区域地质调查队(王世进等)1990年在1∶20万泰安、新泰幅区调报告中介绍。原始定义：东黄山组命名地点为新泰市汶南东黄山。在命名地点，该组岩性为黄灰色薄层微晶泥质白云岩、泥质白云岩夹角砾状白云岩和微晶灰岩，厚87 m。下与纸坊庄组呈假整合接触，上与北庵庄组整合接触。其他地区岩性与新泰汶南基本一致，但厚度一般在30 m左右。

【沿革】　陈均远等1984年在研究山东省新泰市汶南一带奥陶纪地层时，由于认识到怀远间断造成的区域性不整合普遍存在，故将他本人在1975年创名的纸坊庄组之上段白云岩单独划分出来，命名为东黄山组。其后，被《山东省区域地质志》(1991)和山东省各区调项目广泛引用，有人习惯称为马家沟组一段。在本次地层清理过程中，根据华北大区地层清理有关文件精神，将怀远间断之上奥陶纪地层统称马家沟组。故而降东黄山组为东黄山段，隶属马家沟组。

【现在定义】　指华北地层大区怀远间断面之上第一个白云岩岩石地层单位，属马家沟组底部。由黄绿色薄层泥质微晶白云岩、土黄色角砾状泥质白云岩和灰色中厚层纹层状微晶白云岩夹少量微晶灰岩和底砾岩组成。底以怀远间断面为界，与三山子组平行不整合接触；顶以白云岩基本结束，大套灰岩出现划界，与北庵庄段整合接触。

【层型】　正层型位于新泰市汶南镇东黄山南坡(117°44′40″,35°47′05″；据陈均远等1984年实测)。剖面描述见马家沟组次层型15—21层。

【地质特征及区域变化】　该段以黄灰色薄层微晶白云岩、角砾状白云岩为主，上部夹灰岩，底部常具厚约几厘米底砾岩。在发育较好的地区自下而上由五部分岩性组合：①底砾岩，在下伏三山子组上部发育有帐篷构造，高约0.4 m，宽约2 m，在其顶部剥蚀面上沉积了厚约2～20 cm砾岩，一般厚2～3 cm，厚者15～20 cm。其砾石成分主要是下伏地层中白云岩和燧石，呈棱角—浑圆状，大者砾经15～20 cm，局部呈层状分布。无分选现象，小者仅2～3 cm，多分布于侵蚀面低凹处；砾石间充填有石英砂粒，砾石由钙质或白云质胶结，局部为铁铝氧化物。②黄灰—黄绿色薄层微晶白云岩、泥质白云岩或泥灰岩，此系过去所指的“贾汪页岩”，其厚度不大(多在9 m以下)，而层理发育，层厚1～4 mm，页片状，层位稳定，是区域对比的良好标志层。③灰黄色角砾状微晶白云岩、角砾状泥灰岩夹灰岩透镜体，角砾为白云岩或泥灰岩等，具膏溶现象或炉渣状溶洞及渣状物，并见滑塌构造。④ 灰色中薄层层纹灰岩，微细水平层理发育，沿走向可相变为泥灰岩或泥晶白云岩。⑤灰黄色薄层白云质泥灰岩，微层理发育，具蜂窝状溶洞。上述岩性以新泰-临沂地区发育最好，而其他地区则发育不完全，个

① 陈均远、邹西平、梁宗伟，1984，新泰汶南奥陶系剖面简介，载江苏省古生物学会会刊，第5期。

别地区仅由少量砾岩和微晶白云岩两部分组成。

该段广布于安丘-莒县断裂以西，厚度变化较大，薄者不足 10 m(?)，厚者达 80 m 以上，一般在 30 m 左右，如安丘县温泉该段厚 71.71 m，苍山矿坑 20.15 m，淄河 70.8 m，新泰东黄山厚 86.6 m。

该段未发现化石，其时代靠上覆和下伏地层的年代加以限定。下伏三山子组 a 段(燧石白云岩段)，属红花园阶，而上覆的北庵庄段属大湾阶。而且，东黄山段与其上北庵庄段属一完整沉积旋回的连续沉积，故推测东黄山段属早奥陶世大湾期之早期。东黄山段为薄层白云岩和角砾状白云岩，具有石膏矿，并有滑塌构造，是在水动力条件低而盐度高的环境下形成的，应属潮坪泻湖相沉积。

北庵庄段　O_1^b　(37－0069)

【创名及原始定义】　陈均远、邹西平 1963 年提出建立北庵庄组的意见，1975 年正式提出建立北庵庄组①。创名地点在新泰市汶南镇北安村②。陈均远 1976 年介绍。原始定义：新建立的北庵庄组，标准地点在新泰汶南北庵庄，厚 127.3 m。与下伏纸坊庄组连续沉积，岩性界线清楚。本组主要为灰黑色中厚层灰岩，底部微层理灰岩或薄层灰岩，偶夹泥质灰岩及钙质页岩，头足类化石甚丰富，较重要的有朝鲜角石、五顶角石、多泡角石和鄂尔多斯角石等。

【沿革】　陈均远、邹西平 1975 年正式将原来称之为“马家沟组二段”灰岩建北庵庄组后，山东省区域地层表编写组(1978)扩大了其含义，将其上白云岩段(即马家沟组三段)也包含进去。《山东省区域地质志》(1991)和山东省各区调项目则仍采用陈氏划分方案，又习惯称其为马家沟组二段灰岩。根据华北大区地层清理有关会议精神，本文降北庵庄组为北庵庄段，隶属马家沟组。

【现在定义】　指马家沟组下部第一个灰岩岩石地层单位。以灰—深灰色中薄层微晶灰岩、厚层云斑灰岩为主，上部夹少量薄层白云岩。富含头足类化石。以灰岩的深灰色和云斑构造为该段特征。

【层型】　北庵庄段正层型位于新泰市汶南镇北安村(117°44′55″,35°47′10″；据陈均远等 1984 年实测)。剖面描述见马家沟组次层型剖面 22—41 层。

【地质特征及区域变化】　该段以深灰色厚层微晶灰岩、灰色厚层云斑微晶灰岩为主，上部夹数层黄灰色薄层微晶白云岩。微晶灰岩中见少量自生黄铁矿，水平层理发育，局部层面见不对称波痕，局部地区灰岩夹层中见膏溶现象。

北庵庄段以其深灰色厚层灰岩为特征，明显区别于上、下白云岩段。其底以大套灰岩出现为界，顶以大套灰岩结束划界，与东黄山段和土峪段整合接触。

该段广布于安丘-莒县断裂以西，以安丘、淄博一带较厚，而枣庄地区较薄。如安丘温泉厚 296.25 m，苍山矿坑厚 111.9 m。而济宁一带多属后期剥蚀残留厚度。

该段化石较为丰富，以头足类为主，计有 *Polydesmia zuezshanensis*，*P. yilehetoensis* *P. canalicalata*，*P. poshanensis*，*Ordosoceras quasilineatum*，*Kogenoceras nanpiaoensis*，*K. jiaolongensis*，*Mesowutinoceras discoides*，*Wutinoceras aigawaense*，*Ormoceras centrale*，*Actinoceras* sp.，*Coreanoceras* sp.，*Manchuroceras* sp.，*Pseudeskimoceras* sp. 还产三叶虫 *Eoisotelus orientalis* 等。

根据上述生物组合，该段地质时限为早奥陶世大湾期之晚期。

---

① 陈均远、邹西平，1975，山东奥陶纪地层(摘要)，山东地质情报，第 3 期。
② 曾为北庵庄，现改为北安行政村。

生物化石头足类、三叶虫和棘皮动物等均属正常海相产物，水平层理发育等亦反映该段属开阔台地相(潮下—广海陆棚相)沉积环境。该段顶部见石膏矿。

土峪段 O_1^t (37-0071)

【创名及原始定义】 陈均远、张俊明、梁宗伟等1984年创名土峪组①，创名地点在淄博市淄川区土峪村。梁宗伟1986年介绍。原始定义：土峪组命名地点为淄博市淄川区土峪东山。在命名地点，该组主要为黄灰色薄层含砾泥质白云质灰岩，厚53 m。

【沿革】 《山东省区域地质志》(1991)和山东省近年区调项目均采用土峪组，又常常习惯称为马家沟组三段白云岩。在地层清理过程中根据华北大区地层清理有关会议精神，将怀远间断之上奥陶纪地层统称马家沟组。故本书中降土峪组为段。

【现在定义】 指马家沟组第二个白云岩偶夹灰岩岩石地层单位。与其下北庵庄灰岩段和其上五阳山灰岩段均为整合接触。

【层型】 正层型已被残坡积覆盖，故另选一新层型。新层型位于新泰市汶南镇北安村(117°45′05″,35°47′30″；据陈均远等1984年实测)。剖面描述见马家沟组次层型剖面42—44层。

【地质特征及区域变化】 土峪段以土黄、紫灰色中薄层微晶白云岩为主，夹黄绿色薄层泥晶白云岩、藻层纹状微晶白云岩和角砾状白云岩。膏溶现象发育。层面上见有鸟眼构造和泥裂，还见有石盐和硬石膏假晶。钻孔中发现硬石膏矿。属潮坪泻湖相沉积。

该段分布在安丘-莒县断裂以西的大部地区，济宁以西一般缺失。厚度变化大，北薄南厚，30～90 m。该段底部有短期沉积间断。

该段未曾找到化石。据上、下地层化石资料推测，该段地质时限为早奥陶世牯牛潭期之早期。

五阳山段 O_1^w (37-0072)

【创名及原始定义】 梁宗伟1987年创名“五阳山组”②。创名地点在山东省淄博市博山区八陡镇五阳山。山东省地质矿产局区域地质调查队(王世进等)1990年在1∶20万泰安、新泰幅区调报告中介绍。原始定义：新建五阳山组中下部为灰岩、含燧石结核、条带微晶灰岩、豹斑状灰岩、并以硅化层孔虫首次大量出现为特征。中部为微晶灰岩、豹斑(有的为虫迹)状或云条状微晶灰岩夹灰质白云岩和藻层纹微晶白云岩。上部为含泥微晶白云岩、膏溶微晶白云岩夹灰质白云岩和灰岩。以膏溶微晶白云岩为顶界。

【沿革】 梁宗伟认为山东省当时所称“马家沟组”与河北省所称马家沟组含义不同，故将“马家沟组四段灰岩”新建为五阳山组。本次地层清理，根据华北大区地层清理有关精神，降五阳山组为五阳山段。

【现在定义】 指马家沟组第二个灰岩偶夹白云岩岩石地层单位，富含头足类化石。以燧石结核和云斑构造为特征。

【层型】 原正层型位于淄博市博山区五阳山。新层型位于新泰市汶南镇北安村西(117°45′00″,35°47′40″；据陈均远等1984年实测)。剖面描述见马家沟组次层型。

【地质特征及区域变化】 该段主要为灰色中厚层泥晶灰岩、云斑灰岩和含燧石结核灰岩。上部夹土黄色薄层微晶白云岩。该段底以稳定连续灰岩出现为界，顶以灰岩基本结束、大套白云岩出现划界。以其灰岩中的燧石结核和云斑构造为该段主要特征。

---

① 陈均远、邹西平、梁宗伟，1984，新泰汶南奥陶系剖面简介，载江苏省古生物学会会刊，第5期。
② 梁宗伟，1975，山东的奥陶系及其中下统界线，山东地质情报，第2期。

五阳山段生物化石丰富，有头足类、腹足类、层孔虫、牙形石等，以头足类为主。

头足类：*Stereoplasmoceras pseudoseptatum*，*Bassleroceras xintaiense*，*Armenoceras resseri*，*A. suzukii*，*Yimengshanoceras* sp.，*Discoactinoceras* sp.，*Tofangoceras pauciannulatum*，*Selkirkoceras munutum*，*Dideroceras wennanense*，*Ormoceras subcentrale*，*O. konoi*，*Nybyoceras compressum*，*Trifurcatoceras nakamurai*，*Wennanoceras costatum*。腹足类：*Maclurites* sp.，*Ecculiomphalus* sp.。牙形石：*Scandodus* sp.。

根据上述组合，该段地质时限为早奥陶世牯牛潭期晚期。

该段微细水平层理或枝状层理发育，生物化石丰富，形成于开阔台地相，与其下土峪段形成一个完整沉积旋回，该段分布于安丘-莒县断裂以西、济宁以东，与土峪段分布范围基本一致，北厚南薄，博山五阳山厚 218 m，新泰汶南厚 317.4 m，厚度一般大于 200 m。

阁庄段　O_2^g　(37－0073)

【创名及原始定义】　陈均远、邹西平 1963 年提出建立阁庄组的意见，1975 年正式创名阁庄组①。创名地点在山东省新泰市汶南镇果庄村西。由于当时陈等误把果庄作阁庄故取名阁庄组。陈均远 1976 年介绍。原始定义：新建阁庄组岩性为灰白、粉红等色，白云质、泥质灰岩及钙质白云岩夹薄层白云质页岩，有时呈角砾状构造，未发现化石。以新泰市汶南阁庄出露最好，厚 65 m，向东、向北增厚。与下伏马家沟组整合接触，依据岩性两者甚易区别。依据层位关系，暂定阁庄组时代为奥陶世中期，大致相当于胡乐期。

【沿革】　曾被称为马家沟组五段。山东省区域地层表编写组(1978)和《山东省区域地质志》(1991)以及山东省近年区调项目均采用“阁庄组”，地层清理过程中，根据华北大区地层清理领导小组意见，将其降组为段。

【现在定义】　指马家沟组第三个白云岩岩石地层单位。以黄灰色中薄层泥晶白云岩为主，局部夹角砾状白云岩和钙质页岩，下部偶夹灰岩。与其下五阳山灰岩段和其上八陡灰岩段均呈整合接触。

【层型】　正层型剖面位于新泰市汶南镇果庄村西(117°45′10″，35°48′20″；据陈均远等 1984 年实测)。剖面描述见马家沟组次层型。

【地质特征及区域变化】　该段主要分布于安丘-莒县断裂以西、济宁以东部分地段，比五阳山段更为局限。其岩性主要为黄灰色中—薄层泥晶白云岩，局部有角砾状白云岩夹钙质页岩。微细水平层理发育。底以灰岩基本结束、大套白云岩出现划界，顶以白云岩基本结束、大套灰岩出现划界。以白云岩为该段主要特征。在该段下部普遍夹有两层厚约 1 m 的灰岩。露头区和覆盖区均发现有石膏，推测该段为潮坪泻湖相沉积。

该段化石稀少，仅在灰岩夹层中采到少量的牙形石：*Scandodus* sp.，*Acontiodus* sp. 和 *Tasmanognathus* sp.，化石面貌仍基本相似于五阳山段。*Tasmanognathus* 在八陡段大量繁盛，而在该段仅开始出现。据生物组合推测，该段地质时限属中奥陶世庙坡期。

八陡段　O_2^b　(37－0074)

【创名及原始定义】　陈均远、邹西平 1963 年提出建立八陡组的意见，1975 年正式创名②。创名地点为山东省淄博市博山区八陡镇南。陈均远 1976 年介绍。原始定义：新建立的八陡组以淄博五阳山北坡出露最佳，厚 81～95 m。与下伏阁庄组整合接触，与上覆中石炭统本溪组假整合接触。岩性主要为灰至灰黑色灰岩，产头足类、层孔虫等化石。

---

① 、②陈均远、邹西平，1975，山东奥陶纪地层(摘要)，山东地质情报，第 3 期。

【沿革】 曾被称为马家沟组六段。山东省区域地层表编写组(1978)和《山东省区域地质志》(1991)及山东省近年区调项目均采用“八陡组”，地层清理过程中，根据华北大区地层清理领导小组有关精神，将其降组为段。

【现在定义】 指马家沟组第三个灰岩岩石地层单位。以深灰色中厚层灰岩为主，偶夹薄层白云岩。常含砂屑并具藻层纹构造。与下伏阁庄段整合接触，与上覆石炭纪本溪组平行不整合、局部微角度不整合接触。

【层型】 正层型剖面位于淄博市博山区八陡段镇南侧(117°54′55″,36°27′00″；据原山东省地质科学研究所1987年重测)。

上覆地层：**本溪组** 紫红色铁质泥岩

——————— 平行不整合 ———————

八陡段	厚度136.4 m
16. 黑灰色中厚层微晶灰岩	5.0 m
15. 灰色中厚层微晶—隐晶灰岩	6.3 m
14. 灰色中厚层含泥灰质白云岩夹藻层纹状灰岩和泥质白云岩	23.5 m
13. 黄灰色藻席状白云岩，底部为厚1 m的灰色白云质灰岩	6.5 m
12. 灰褐、褐灰色白云质灰岩夹深灰色微晶灰岩	5.6 m
11. 土黄灰色中薄层含泥质微晶白云岩夹深灰色藻层纹、鸟眼状微晶灰岩	8.9 m
10. 深灰色厚层微晶灰岩	11.4 m
9. 上部为暗灰色中厚层云斑灰岩，下部为深灰色厚层云斑含生物碎屑微晶灰岩	9.6 m
8. 深灰色厚层生物碎屑砂屑微晶灰岩。产头足类：*Gonioceras badouense*，*G. centrale*，*G. alarium*，*Badouceras pyriforme*，*Gorbyceras planoconvexum*，*G. devexum*，*Vaginoceras badouense*	10.2 m
7. 深灰色微层纹状微晶灰岩，上部为灰色砂屑微晶灰岩和粉屑泥晶灰岩	9.0 m
6. 土黄灰色中厚层微—细晶灰岩和含砂屑变鲕微晶灰岩	12.3 m
5. 深灰色厚层虫穴泥晶灰岩	8.4 m
4. 黑灰、暗灰色中厚层粉屑白云质微晶灰岩夹云斑含粉屑微晶白云岩	9.1 m
3. 深灰色块状生物碎屑砂屑泥晶灰岩	6.0 m
2. 暗灰、浅灰色厚层含藻团粒砂屑亮晶灰岩和土黄灰色薄层微晶白云岩	4.6 m

——————— 整　合 ———————

下伏地层：**马家沟组阁庄段** 白云质泥晶灰岩

在博山黑山镇南，该段下部采到较重要的牙形石(安太庠，1983)：*Microcoelodus symmetricus*，*M. asymmetricus*，*Belodina compressa*，*Panderodus gracilis*，*Tasmanognathus sishuiensis*，*Erismodus typus*，*Badoudus badouensis*。

【地质特征及区域变化】 八陡段岩性主要为灰—深灰色厚层泥晶—细晶灰岩夹白云质灰岩和泥灰岩，该段顶部发育的地区常见有砖红色泥岩和白云岩夹层。在明水—博山一带夹有藻灰岩，莱芜一带灰岩中局部见有燧石结核。岩层中微细水平层理或缓波状层理发育，局部地区如新泰市汶南镇吴山见有不对称型波痕。

该段主要分布在新泰-淄博地区，比阁庄段更为局限。因其后期遭受不同程度的剥蚀，各地的保留厚度相差悬殊。沂沭断裂带和枣庄地区及济宁以西，均不见该段露头。在新泰、淄博等地，该段薄者仅24 m，厚者达238 m。

根据沉积构造、岩性及富含生物化石分析，该段应属开阔台地相带沉积。

该段生物化石丰富，有头足类、牙形石、层孔虫和腹足类等，其中以头足类和牙形石较为重要。头足类：*Gonioceras badouense*，*Gorbyoceras planoconvexum*，*G. densicostatum*，*Vaginoceras badouense*，*Badouceras*。牙形石：*Belodina compressa*，*Microcoelodus symmetricus*，*M. asymmetricus*，*Panderodus gracilis*，*Tasmanognathus sishuiensis*，*Erismodus typus*，*Badoudus badouensis*。据上述生物组合，该段地质时限属中奥陶世宝塔期。

第二节　生物地层

一、寒武纪生物地层

山东省寒武纪地层，生物繁盛，以三叶虫为主，有 36 科 113 属，次为腕足类、笔石及牙形石，而研究最详细的则属三叶虫。依据其在地层中的分布特征及其组合规律，划为 21 个三叶虫生物带。此外，在晚寒武纪地层中建立 3 个笔石层、4 个牙形石带。

（一）三叶虫

共建立 21 个三叶虫生物带，自下而上为：

1. *Megapalaeolenus*　延限带

卢衍豪等(1941)依据滇东早寒武世三叶虫在地层中分布特征始建 *Megapalaeolenus* 带；北京地质学院区测一大队(1961)在山东省临沂市侯家窝—石屯下寒武统实测剖面上首次采到了“*Palaeolenus*”，确定了山东省沧浪铺期地层的存在。山东省地质矿产局地质综合研究队(1986)建立 *Megapalaeolenus* 带①。本次工作仍采用该带，其属种变化不大，故将其定为延限带，为沧浪铺阶顶界。该带特征分子为 *Megapalaeolenus fengynagensis*，共生分子有 *Redlichia* sp.。局限于沂沭断裂带及西侧潍坊-临沂地层小区朱砂洞组下灰岩段中，厚度小于 14 m(图 5-10)。

2. *Redlichia chinensis*　延限带

Blackwelder 和 Walcott(1907) 最早在张夏馒头山馒头组发现 *Redlichia chinensis*。卢衍豪等(1941)在滇东建立 *Redlichia chinensis* 带，其后(1953)又与董南庭一起在山东省张夏馒头山发现该带。张文堂(1957) 在淄博也发现此带。该带以 *Redlichia* 繁盛为特征，以 *R. chinesis* 为特征分子。本次工作采用该带并定为延限带。相当的地层为朱砂洞组余粮村页岩段底部至馒头组下页岩段下部鲜红色易碎页岩之顶。该带东厚(219 m)西薄(107 m)。

3. *Yaojiayuella*　延限带

张文堂等(1980)根据 1957 年山东省博山姚家峪工作资料和 1976 年在山西省芮城中条山所采寒武纪地层标本命名 *Yaojiayuella*。山东省地质局地质综合研究队(1980)在淄河地区寒武纪地层中发现并建立 *Yaojiayuella* 带②，做为“毛庄组”的第一个化石带。卢衍豪、朱兆玲等(1988)通过重新整理 1952 年卢衍豪等采集于馒头山剖面三叶虫化石资料，也在“毛庄组”底部发现该带。该带三叶虫数量较多，但属种较为单调。带化石 *Yaojiayuella* 是个垂直分布窄但分布地区广泛的属，在山东省馒头山、莱芜九龙山、沂源县平地庄等地均发现该带。本次工作采用该带，定为延限带，作为毛庄阶之底。该带多产出于馒头组中部下页岩段下部暗紫色

① 山东省地质矿产局地质综合研究队，1986，山东寒武纪地层及沉积相特征研究报告。
② 山东省地质局地质综合研究队，1980，山东省淄河地区寒武奥陶系划分对比研究报告。

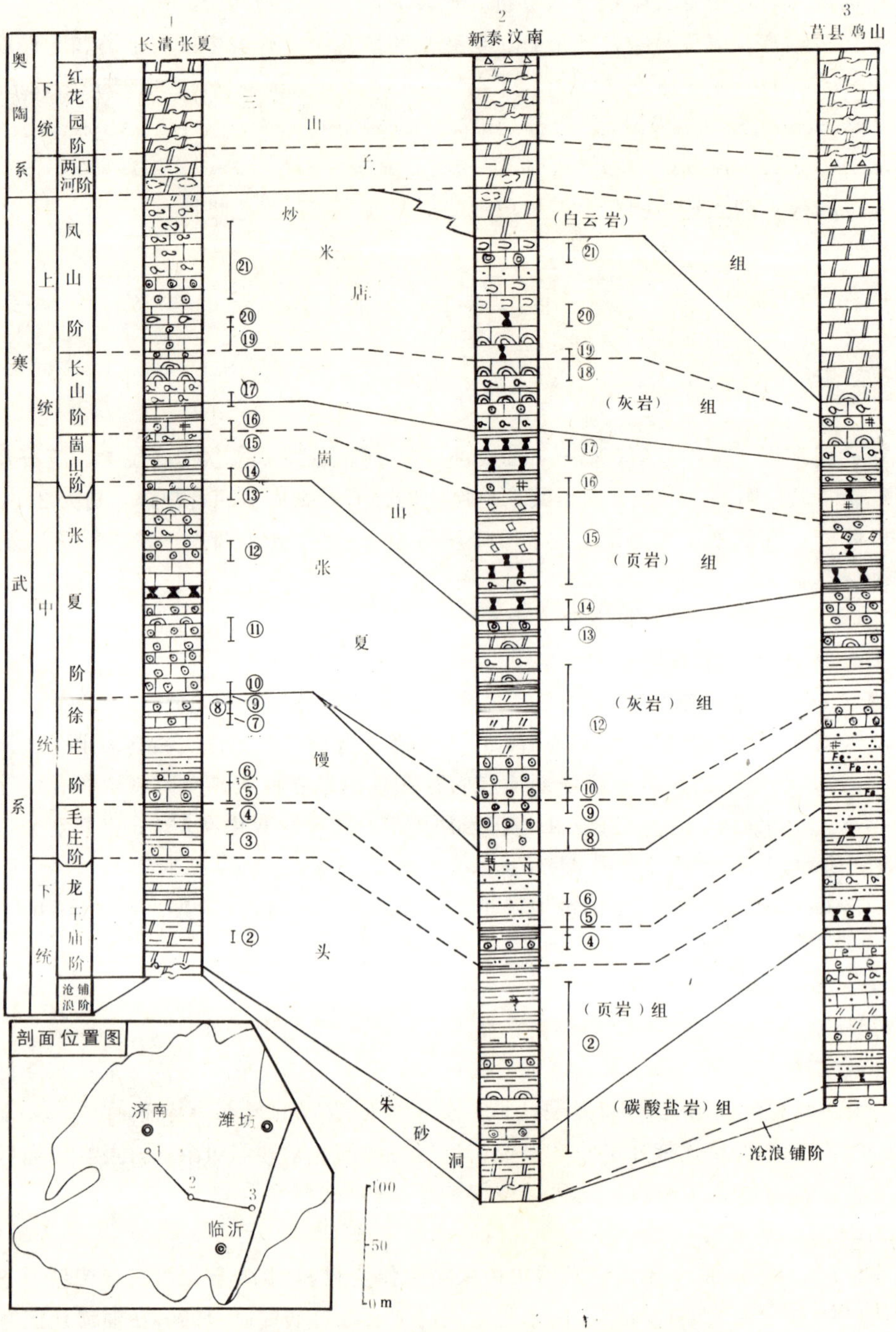

图 5-10 山东省寒武纪三叶虫生物带分布图

(注:实线为岩石地层单位界限,虚线为年代地层单位界线)

①*Megapalaeolenus* R. Z.；②*Redlichia chinensis* R. Z.；③*Yaojiayuella* R. Z.；④*Shangtungaspis* Ac. Z.；⑤*Hsuchuangia* - *Ruichengella* C. R. Z.；⑥*Ruichengaspis* R. Z.；⑦*Sunaspis* R. Z.；⑧*Poriagraulos* R. Z.；⑨*Bailiella* R. Z.；⑩*Lioparia* R. Z.；⑪*Crepicephalina* A. Z.；⑫*Amphoton* - *Taitzuia* A. Z.；⑬*Yabeia* R. Z.；⑭*Blackwelderia* - *Damesella* A. Z.；⑮*Drepanura* R. Z.；⑯*Chuangia* R. Z.；⑰*Changshan* - *Irvingella* C. R. Z.；⑱*Kaolishania* R. Z.；⑲*Ptychaspis* - *Tsinania* C. R. Z.；⑳*Quadraticephalus* Ac. Z.；㉑*Mictosaukia* R. Z.。(R. Z. 为延限带，Ac. Z. 为顶峰带，A.Z. 为组合带，C.R.Z. 为共存延限带)

含云母粉砂岩、灰色中薄层—凸镜状生物碎屑灰岩中，厚 7.5～13 m。共生分子有 *Plesiagraulos* sp.，*Jiumenia ziboensis*。

4. *Shantungaspis* 顶峰带

卢衍豪、董南庭(1953)在山东省馒头山原“毛庄组”建立“*Ptychoparia*”带，张文堂(1957)将其中部分 *Ptychoparia* 改定为 *Shantungaspis*，并建立 *Shantungaspis* 带。卢衍豪(1962)在《中国的寒武系》一书中，将 *Ptychoparia* 带修订为 *Shantungaspis* 带，山东省地质矿产局地质综合研究队(1986)在山东省新泰盘车沟、莱芜九龙山、莒县鸡山等地均发现该化石带，本次地层清理定为顶峰带。*Shantugaspis* 在毛庄阶下部开始出现，至上部繁盛，*Psilostracus mantouensis*，*P. impar*，*Solenoparia* 等与其共生，产出于馒头组下页岩段暗紫色粉砂质页岩夹含海绿石粉砂岩及生物碎屑灰岩，厚 20～30 m。

5. *Hsuchuangia* - *Ruichengella* 共存延限带

卢衍豪、董南庭(1953)在张夏馒头山建立 *Kochaspis* 带。张文堂等(1980)在研究山西省芮城水峪寒武纪三叶虫标本时，创名 *Ruichengella*，该属在华北地区与 *Kochaspis* 共生。山东省地质局地质综合研究队(1980)根据淄河地区及张夏馒头山的三叶虫资料，建立 *Hsuchuangia* - *Ruichengella* 带，本次工作定为共存延限带。该带在山东省张夏馒头山、莱芜九龙山、新泰盘车沟等地广布，产出岩性为馒头组下页岩段顶部至洪河砂岩段底部的紫色粉砂质页岩夹饼状或凸镜状砂质灰岩，厚 12～20 m。除带化石外，*Zhongtiaoshanaspis* 是该带的重要化石。该带底界即为徐庄阶的底界。

6. *Ruichengaspis* 延限带

张文堂等(1980)在山西省芮城中条山建立 *Ruichengaspis* 带，山东省地质矿产局地质综合研究队(1986)在山东省张夏馒头山、莱芜九龙山等地也发现该带的带化石并建立此带。本次工作定为延限带，该带主要化石有：*Ruichengaspis*，*Jinnania*，*Plesisolenoparia*，*Fujinnania* 等，相当于馒头组洪河砂岩段及上页岩段的暗紫灰色含云母粉砂质页岩夹鲕粒砂屑灰岩凸镜体，厚 6～26 m。

7. *Sunaspis* 延限带

太子河地质队 1950 年在东北建 *Sunaspis laevis* 带。卢衍豪、董南庭(1953)在馒头山建立 *Sunaspis laevi* 带。该带属种单调，仅在张夏地区发现。本文采用该带，并定为延限带。该带之岩性为紫色页岩夹中厚层生物碎屑灰岩，厚 8.1 m，相当于馒头组上页岩段下部。

8. *Poriagraulos* 延限带

卢衍豪、董南庭(1953)曾在张夏馒头山建立 *Metagraulos abrota* 带；张文堂(1957)在博山寒武纪地层中也发现此带，全国地层委员会(1964)引用该带做为“徐庄组”的一个化石带。山东省地质局地质综合研究队(1980,1986)在山东建 *Poriagraulos* 带，项礼文等(1981)也使用该带。本次工作定为延限带。该带主要岩性为灰色厚层鲕粒灰岩或夹黄绿色页岩，相当于馒头山馒头组上页岩段上部或新泰市盘车沟地区张夏组下灰岩段下部，厚 3.8～31 m。以 *Poriagraulos*，*Honanaspis*，*Inouyia*，*Porilorenzalla* 等为主要分子。

9. *Bailiella* 延限带

R. Endo(远藤隆次)和 C. E. Resser 在东北太子河流域中寒武世当十统中建 *Bailiella urlichi* 带，卢衍豪和董南庭(1953)在山东省张夏馒头山建立 *Bailiella* 带。本次工作仍保留该带，并定为延限带。该带广布鲁西地层分区，位于馒头组上页岩段的紫色页岩(馒头山)和张夏组厚层鲕粒灰岩中(新泰盘车沟和莒县鸡山)，厚 5～10 m，以 *B. lantenosis* 为特征，属种单调，该带顶界即为徐庄阶的顶界。

10. *Lioparia*　延限带

张文堂(1957)在博山建立 *Liaoyangaspis* 带，后修正为 *Lioparia* 带，本次工作仍保留该带，属延限带。该带之岩石为张夏组灰色薄层含海绿石鲕粒灰岩(张夏馒头山)、厚层泥质条带鲕粒灰岩(新泰盘车沟)及盘车沟段底部黄绿色页岩夹薄层泥晶灰岩(莒县鸡山)，厚 2～5 m。该化石带属种偏少，但分布广，其底界面即为张夏阶的底界。

11. *Crepicephalina*　顶峰带

1943 年远藤隆次再度研究辽东寒武纪地层时，对 1937 年资料进行修正并建 *Crepicephalina* 带，卢衍豪、董南庭(1953)在崮山虎头崖引用该带。本次工作沿用并定为顶峰带。位于张夏组上灰岩段上部含海绿石生物碎屑灰岩(新泰盘车沟)，厚度 40～60 m。但是，在潍坊-临沂地层小区尚未发现该带。以 *Crepicephalina* 繁盛为特征，*Mantunia semiplectia*，*Koptura* 等与其共生。

12. *Amphoton* - *Taitzuia*　组合带

孙云铸(1937)在山东省泰安大汶口"汶水层"中建 *Amphoton typica* 带，卢衍豪、董南庭(1953)在崮山虎头崖建 *Amphoton* 带，张文堂(1957)在博山建 *Poshania* - *Taitzuia* 带，山东省地质局地质综合研究队(1986)建 *Amphoton* - *Taizuia* 带，本次工作仍保留该带，为组合带。产出岩性为张夏组上灰岩段下部云质条带藻凝块灰岩夹生物碎屑灰岩(张夏)和盘车沟段中部黄绿色页岩夹薄层泥质灰岩(新泰盘车沟及莒县鸡山)，厚约 60 m。*Anomocarella*，*Fuchouia* 等为该带常见分子。

13. *Yabeia*　延限带

孙云铸(1937)在泰安大汶口"汶水层"中建 *Damesella* - *Blackwelderia* 带，卢衍豪、董南庭(1953)在崮山虎头崖建立 *Damesella* 带，做为"张夏组"最顶部一个化石带。山东省地质局地质综合研究队(1986)修正为 *Damesella* - *Yabeia* 带。本次工作将其修定为 *Yabeia* 延限带，该带顶界为张夏阶的顶界。其岩性为张夏组上灰岩段顶部灰色薄层泥晶灰岩及生物碎屑灰岩，厚约 5 m。

14. *Balckwelderia* - *Damesella*　组合带

孙云铸(1937)在泰安大汶口"崮山层"下部建 *Balckwelderia sinensis* 带。卢衍豪、董南庭(1953)在崮山唐王寨建立 *Blackwelderia* 带，本次工作订为 *Blackwelderia* - *Damesella* 组合带。该带位于崮山组中下部黄绿色页岩与薄层灰岩中，厚 17～75 m，*Liaoningaspis*，*Stephanocare* 是该带主要分子。该带为组合带，为崮山阶第一个化石带。

对崮山阶第一个化石带修正原因：①*Damesella* 在张夏阶(组)上部出现，但在崮山阶(组)下部最繁盛，并与 *Blackwelderia* 共生；②*Yabeia* 仅分布于张夏阶顶部，区域分布稳定，因此本次工作将张夏阶顶部化石带修定为 *Yabeia* 延限带，相应地在崮山阶下部修订为 *Blackwelderia* - *Damesella* 组合带。

15. *Drepanura*　延限带

孙云铸(1937)最早在泰安大汶口"崮山层"中建 *Drepanura premesnili* 带。卢衍豪、董南庭(1953)在崮山唐王寨发现 *Drepanura* 带，本次工作定为延限带，该带的顶界即为崮山阶的顶界。*Diceratocephalus*，*Shantungia*，*Liostracina* 是该带的主要分子。该带位于崮山组上部薄层泥质灰岩、竹叶状灰岩夹页岩地层中，厚 2.5～18 m。

16. *Chuangia* 延限带

孙云铸(1935)在《中国北部上寒武纪之三叶虫化石》一文中，将“长山组”划分为三个化石带，*Chuangia batia* 带为该组底部化石带。卢衍豪、董南庭(1953)在崮山唐王寨发现该带，称为 *Chuangia* 带。本次工作沿用并定为延限带。位于崮山组上部或炒米店组下部褐灰色中厚层含海绿石生物碎屑鲕粒灰岩中，厚1.4～8 m。该带属种单调但丰度高，该带底界即为长山阶的底界。

17. *Changshania*－*Irvingella* 共存延限带

孙云铸(1935)在“长山组”中建第二个化石带 *Changshania conica* 带。卢衍豪、董南庭(1953)在崮山唐王寨称为 *Changshania* 带，山东省地质矿产局地质综合研究队(1986)发现 *Irvingella* 与 *Changshania* 共生，且前者为一世界性分布的属，故修订为 *Changshania*－*Irvingella* 带。本次工作沿用并定为共存延限带。广布于鲁西长山阶下部。该带之岩性为崮山组顶部至炒米店组底部黄灰色薄层—薄板状泥质灰岩、瘤状灰岩、竹叶状灰岩夹页岩，厚14～60 m。除带化石外，尚有 *Prochuangia*，*Maladioidella*，*Lioparia* 与其共存。

18. *Kaolishania* 延限带

孙云铸(1935)在“长山组”建第三个带即 *Kaolishania pustulosa* 带，卢衍豪、董南庭(1953)在崮山唐王寨发现该带并建为 *Kaolishania* 带。本次工作仍保留该带，为一分类单位延限带，其顶界即为长山阶的顶界。位于炒米店组下部浅灰色至灰白色厚层灰岩中，厚3～12 m，*Shirakiella* ，*Kaolishaniella*，*Ampullatocephalina*，*Taishania* 等是该带主要分子。

19. *Ptychaspis*－*Tsinania* 共存延限带

孙云铸(1935)将中国北部凤山组建两个化石带第一个化石带为 *Ptychaspis subglobosa* 带，卢衍豪、董南庭(1953)在崮山范庄东坡发现并建立 *Asioptychaspis*－*Tsinania* 带，后修订为 *Ptychaspis*－*Tsinania* 带。本次工作沿用并定共存延限带，该带岩性为炒米店组下部藻球粒灰岩、灰色中厚层生物碎屑鲕粒灰岩，厚30～60 m。除带化石外，尚有 *Prosaukia* 等与其共生。该带底界即为凤山阶的底界。

20. *Quadraticephalus* 顶峰带

孙云铸(1935)所建中国北部凤山组第二个化石带为 *Quadraticephalus walcotti*－*Saukia acamus* 带。本文仍保留该带，性质为顶峰带。位于炒米店组上部条带状灰岩和云斑(豹皮状)灰岩中，厚约17 m，以 *Quadraticephalus* 最丰富，*Calvinela*、*Haniwa* 与其共生。

21. *Mictosaukia* 延限带

卢衍豪、董南庭(1953)在崮山范庄建立 *Tellerina*－*Calvinella* 带，做为“凤山组”最上部一个化石带，全国地层(1964)亦采用该带。山东省地质局地质综合研究队(1980)采用 *Mictosaukia* 带做为“凤山组”顶部化石带。后来山东省区调工作及项礼文等(1981)在《中国的寒武系》一书中均采用 *Mictoaukia* 带。本次工作采用后者，定为延限带。位于炒米店组上部云斑(豹皮)灰岩中，厚24～36 m，*Calvinella*，*Changia* 等与 *Mictosaukia* 共生，该带顶界即为凤山阶顶界。

(二)笔石

在山东省，笔石仅分布于上寒武统，均为树形笔石类。孙云铸(1924)记述有泰安蒿里山上寒武统的笔石 *Callograptus* ? *cambria*，之后研究甚少。朱兆玲、林尧坤、梁宗伟(1986)等对鲁中南上寒武统树形笔石研究较详。本次工作采用前人划分，自下而上分为3个笔石层：

1. *Dictyonema wenheense* 层

位于炒米店组下部，主要分子为 *Dictyonema wenheense*，Dendrograptidae，与三叶虫 *Changshania*－*Irvingela* 共存延限带相当，主要分布于泰安大汶口。

2. *Callograptus discoides* 层

位于炒米店组下部，主要分子有 *Callograptus discoides*，*C. staufferis*，*C. collateralis*，*Dendrograptus flatus*，*D. diminutus* 等，与三叶虫 *Ptychaspis*－*Tsinania* 共存延限带相当，主要分布于泰安大汶口、沂南界仙姑、苍山大炉杨庄等地。

3. *Callograptus turriculatus* 层

位于炒米店组上部，主要分子有 *Callograptus turriculatus*，*C. ramusculus*，*Dendrograptus*，与三叶虫 *Quadraticephalus* 顶峰带相当，主要见于新泰市纸房头。

(三)牙形石

山东省牙形石研究主要由石油地质工作者(安太庠、张放，1983)所做，本次工作主要采用他们的资料。以莱芜口镇剖面为例，将上寒武统牙形石自下而上分为 4 个牙形石带。

1. *Westergaardodina matsushitai* 延限带

该化石带范围大约相当于崮山组，以双齿型牙形石为主，出现少量三齿型的，说明此时牙形石比较原始。

2. *Distacodus*? *palmeri*－*Prooneotodus rotundatus* 组合带

相当于炒米店组下部，始牙形石类和副牙形石类的属种进一步分化，以三齿型的 *Westergaardodina* 为主，二齿型灭绝。

3. *Proconodontus*－*Rotundoconus* 组合带

相当于炒米店组上部层位，仍以副牙形石类为主，真牙形石类的原始代表 *Teridontus nakamurai* 出现。

4. *Cordylodus proavus* 延限带

相当于炒米店组顶部，副牙形类只保留了 *Proconodontus*，复合型牙形石 *Cordylodus proavus* 出现，并成为此时牙形石发展史上重要特征。

二、奥陶纪生物地层

山东省奥陶纪生物门类繁盛，除头足类外，三叶虫、层孔虫、牙形石亦繁盛，以头足类和牙形石研究较详。尽管山东省的奥陶系仅有中、下统，上统缺失，但在华北地层大区仍是发育良好地区之一，研究历史较早。Grabau、孙云铸(1922)及 Kobayashi(1973) 等研究过采集于益都和博山地区头足类化石，但工作零星。系统地研究奥陶纪生物地层则是在六七十年代。陈均远、邹西平(1962、1963)两次来山东观测奥陶系剖面，系统采集研究了奥陶纪头足类化石，建立 6 个头足类生物带(1975)①

Gonioceras badouense 带

Tofangoceras pauciannulatum－*Dideroceras* 带

Stereoplasmoceras pseudoseptatum－*Bassleroceras* 带

Ordosoceras quasilineatum 带

Polydesmia zuezshanensis 带

① 陈均远、邹西平，1975，山东省奥陶纪地层(摘要)，山东地质情报，第 3 期，44—63 页。

Coreanoceras - *Yehlioceras* 带

山东省地质局地质综合研究队在陈均远等人研究的基础上，又在奥陶系底部建立1个生物带①：*Barnesoceras* - *Dakeoceras* 带。

这样，奥陶系共建有7个头足类生物带。

石油地质工作者70年代对奥陶纪牙形石作了详细研究，并建立6个牙形石带。

本次地层清理，根据前人研究成果，共建立7个头足类生物带，6个牙形石生物带。

(一)头足类

对奥陶纪7个头足类生物带自下而上分述如下：

1. *Barnesoceras* - *Dakeoceras* 组合带

梁宗伟(1986)根据在淄博地区峨庄乡东峪东村窑头坡岭采到的头足类建立该带。本次工作采用该带，其性质为组合带。该带生物种类少，以 *Barnesoceras* sp.，*Dakeoceras* sp.，*Eotenolites*? sp. 为特征，在长清范庄、蒙阴界牌均发现该带分子。相当地层为三山子组b段砾屑白云岩夹黄绿色薄层白云岩。在河北省涞水县"冶里组"和宜昌黄花场两河口阶均产出上述化石。

2. *Coreanoceras* - *Yehlioceras* 组合带

陈均远、邹西平(1975)在淄博地区奥陶纪地层中发现该带，山东省地质局地质综合研究队(1979)在淄河地区和新泰市汶南及长清县范庄等地发现该带。本次工作采用该带，其性质定为组合带。该带特征分子为 *Coreanoceras*，*Yehlioceras yehliense*，*Y. pupoides*，*Hopeioceras*，*Aphetoceras* 与其共生。在河北省亮甲山组和扬子区红花园阶普遍产出上述化石，是地台区奥陶系中广布化石带。该带在山东省相当地层为三山子组a段燧石石白云岩。

3. *Polydesmia zuezshanensis* 延限带

陈均远、邹西平(1975) 在淄博地区奥陶纪地层中发现该带，山东省地质局地质综合研究队(1979)在淄河地区奥陶系中也发现该化石带。本次工作采用该带，其性质定为延限带。主要分子有 *Polydesmia canaliculata*，*Kogenoceras*，*Wutinoceras*，*Linormoceras*，*Actinoceras* 等；三叶虫 *Pseudoasaphus*，*Basiliella* 与其共生。*Polydesmia* 从马家沟组北庵庄段下部出现，延至北庵庄段上部。

4. *Ordosoceras quasilineatum* 延限带

陈均远、邹西平(1975)在章丘文祖发现了该化石带，以 *Ordosoceras* 为特征，*Pseudoskimoceras*，*Kogenoceras jiaolongense*，*Mesowutinaceras* 为该段带主要分子。本次工作采用该带，性质为分类单位延限带。八陡五阳山、新泰汶南均发现该带，位于马家沟组北庵庄段上部。

5. *Stereoplasmoceras pseudoseptatum* - *Bassleroceras* 组合带

陈均远、邹西平(1975)在淄博八陡五阳山奥陶纪地层中发现该带，山东省地质局地质综合研究队(1979)在章丘文祖、新泰汶南均发现该带。本次工作采用该带，其性质为组合带。相当于马家沟组五阳山段下部。该带头足类繁盛，计有 *Stereoplasmoceras*，*Bassleroceras*，*Manchuroceraswalungense*，*M. yenchouchengense*，*M. platyventrum*，*Linchengoceras*，*Nybyoceras cryptum*，*Cyrtonybyoceras curvatum*，*Armenoceras richthofeni*，*A. tateiwai*，*A. tani*，*A. elongatum* 等。

6. *Tofangoceras pauciannulatum* - *Dideroceras* 共存延限带

陈均远、邹西平(1975)在淄博地区奥陶纪地层中发现该带，山东省地质局地质综合研究

① 山东省地质局地质综合研究队，1980，山东省淄博地区寒武奥陶系划分对比研究报告。

队(1979)在章丘文祖、新泰汶南、八陡五阳山等地均发现该带。本次工作采用该带，带性质为共存延限带。相当于马家沟组五阳山段上部。该带主要化石为有：*Tofangoceras pauciannulatum*，*Dideroceras wennanense*，*Solkirkoceras* sp.，*Armenoceras coreancum* 等，*Hemipiloceras*，*Discoactinoceras* 也与其共生。

7. *Gonioceras badouense*　延限带

陈均远、刘耕武(1975)根据淄博八陡镇五阳山奥陶纪剖面建立该带，主要化石 *Gonioceras badouense*，*G. pyriforme*，*Gorhyoceras planoconvexum*，*Gorbyoceras densi costatum*。本次工作采用该带，其性质为分类单位延限带，相当于马家沟组八陡段。

(二)牙形石

山东省奥陶纪牙形石以莱芜钢城、蒙阴、博山、泗水等地研究较祥，安太庠、张放等(1983)分为6个牙形石带。本次工作采用其划分，自下而上分述如下：

1. *Aurilobodus leptosomatus* - *Loxodus dissectus*　组合带

相当于马家沟组北庵庄段，以复合型牙形石为主，主要有：*Loxodus dissectus*，*Aurilobodus leptosomatus*，*Triangulodus changshanensis* 等，在河北省唐山赵各庄奥陶纪地层中也发现该带。

2. *Tangshanodus tangshanensis*　延限带

相当于马家沟组北庵庄段上部，复合型牙形石大量发育，*Tangshanodus tangshanensis* 为该带特征分子，易于区域对比。

3. *Acontiodus linxiensis* - *Eoplacognathus suecicus*　组合带

相当于马家沟组五阳山段下部，本带牙形石数量多，类形也多，新的器官属种大量涌现，并出现原始的平台型牙形石，*Acontiodus* ? *linxiensis*，*Eoplacognathus* 为该带特征分子，前者多位于本带下部，后者多见于上部。

4. *Plectodina onychodonta*　延限带

相当于马家沟组五阳山段中部，以大量出现 *Plectodina onychodonta* 为特点，它分布广泛，产出层位稳定，数量多，易于区域对比。

5. *Aurilobodus serratus*　延限带

相当于马家沟五阳山段顶部，泗水、新泰均见该带分布，该期牙形石不论在属种或数量上明显减少，且单调，该带主要分子 *Aurilobodus serratus*，*Scandodus*，*Panderodus* 等，构成本带牙形石动物群的重要特色。

6. *Belodina compressa* - *Microcoelodus symmetricus*　组合带

相当于马家沟组八陡段，见于博山八陡镇。本带牙形石以复合型为主，多表现为主齿高大、强壮，锯齿分离，基腔浅而明显。

第三节　年代地层

一、寒武系

山东省寒武系依据三叶虫生物带共分为3统8阶，其中我国寒武系中、上统4个阶界线层型建在山东省长清县。自下而上分述如下：

(一)下统

1. 沧浪铺阶

丁文江、王曰伦(1936)报道滇东发现早寒武世地层，命名为沧浪铺组。卢衍豪等(1941)在昆明附近将下寒武统分为筇竹寺组、沧浪铺组、龙王庙组。项礼文等(1981)称沧浪铺阶。北京地质学院区测一大队(1961)在鲁西临沂地区发现“*Palaeolenus*”后，证实了山东沧浪铺期沉积的存在，首次引用沧浪铺阶。山东仅发现沧浪铺阶顶部化石带*Megapalaeolenus* 延限带，只分布于沂沭断裂带及其西侧旁近地带。该带之下未发现化石。仅依据岩相及厚度推论，该带相当于沧浪铺阶顶部。该阶相当地层为李官组和朱砂洞组下灰岩段，其顶以浅灰-灰白色含藻屑灰岩为醒目标志。总厚 0.7～70 m。

2. 龙王庙阶

1941 年卢衍豪在昆明附近建龙王庙组，1953 年在山东省张夏馒头山建立馒头统，含 *Redlichia chinensis* 带。卢衍豪 1962 年描述的龙王庙组包含他本人 1953 年的馒头统和毛庄统。山东省地质界和河南等省(1962)曾引用馒头阶，项礼文(1981)恢复原含义，现龙王庙阶仅包含 *Redlichia chinesis* 带，也就是卢衍豪等(1953)的“馒头组”。在山东省，该阶由西向东厚度增大，一般为 107—219 m。在潍坊-临沂地层小区，该阶底部一般是黄绿色钙质页岩之底作为标志。

(二)中统

1. 毛庄阶

据卢衍豪、董南庭(1953)在山东省长清县张夏馒头山建立“毛庄统”而来，经修改补充，其化石带自上而下为：

Shantungaspis 顶峰带

Yaojiayuella 延限带

Yaojiayuella 延限带是毛庄阶的底界，限于馒头组下页岩段下部，与龙王庙阶 *Redlichia chinensis* 延限带易区分。*Shantungaspis* 顶峰带限于馒头组下页岩段中上部，延限不到顶。因此，毛庄阶的顶界靠徐庄阶的底界来限制。毛庄阶包括馒头组下页岩段，总厚 31～45 m。

需说明的是，卢衍豪、朱兆玲等(1988)在研究馒头山三叶虫标本时，在 *Yaojiayuella* 延限带之下新建 *Qiaotouaspis* 带，与其共生的有 *Mantoushania*，*Pseudoplesiagraulos* 及 *Redlichia* 等，该层位相当于北京地质学院山东生产实习大队(1959)在馒头山“毛庄组”中发现 *Redlichia* 的层位，距底部一层鲕状石灰岩之上 0.5 m，由于以 *Redlichia* 的消失做为中寒武统的开始，引起“毛庄组”时代的争论，概括起来有三种意见：①卢衍豪、董南庭(1953)下寒武统；②项礼文等(1981)《中国的寒武系》中寒武统；③卢衍豪、朱兆玲等(1988)归为中—下寒武统。本次工作采用项礼文等(1981)的观点，将毛庄阶归为中寒武统。

2. 徐庄阶

由卢衍豪、董南庭(1953)在山东省长清县张夏馒头山创建的“徐庄统”而来，当时建立 4 个化石带，自上而下为：

Bailiella 带

Metagraulos abrota 带

Sunaspis laevis 带

Kochaspis 带

后经修改补充为 5 个化石带：

Bailiiella 延限带

Poriagraulos 延限带

Sunaspis 延限带

Ruichengaspis 延限带

Hsuchuangia - *Ruichengella* 共存延限带

Hsuchuangia - *Ruichengella* 共存延限带为徐庄阶的底界，*Bailiella* 延限带为其顶界。徐庄阶主要岩性：下部为砂岩夹页岩，上部为鲕粒灰岩偶夹页岩，即包括馒头组下页岩段顶部、洪河段及上页岩段，由东至淄博-新泰和潍坊-临沂两个小区还包括张夏组一段，厚 73～150 m。在馒头山，该阶之底为核形石灰岩，顶为黄绿色页岩。

3. 张夏阶

源于 Willis 和 Blackwelder(1907) 在山东省长清县张夏创名的"张夏石灰岩"或"张夏层"，卢衍豪、董南庭(1953)在崮山唐王寨建立张夏统，当时含 3 个化石带，张文堂(1957)研究博山地区张夏组，划分为 6 个化石带。此后经过修改补充，山东省地质综合研究队(1986)划分为 4 个化石带。本次工作对其顶部化石带进行了修正，自上而下为四个化石带：

Yabeia 延限带

Amphoton - *Taitzuia* 组合带

Crepicephalina 顶峰带

Lioparia 延限带

这 4 个化石带在鲁西广布，*Lioparia* 延限带做为张夏阶底界。顶界原为 *Damesella* - *Yabeia* 带，本次工作顶界修正为 *Yabeia* 延限带，理由已述。张夏阶包括张夏组的全部或大部分，厚 198～234 m。

(三)上统

1. 崮山阶

源于 B. Willis 和 E. Blackwelder(1907)在山东省长清县崮山创名的"崮山页岩"，孙云铸(1937)在泰安大汶口称崮山层，含两个化石带。卢衍豪、董南庭(1953)称崮山统，项礼文(1981)称崮山阶。现该阶含义同孙云铸(1937)定义，包括两个化石带，自上而下为：

Drepanura 延限带

Blackwelderia - *Damesella* 组合带

崮山阶的顶、底界分别为上述两个化石带之顶和底，包括崮山组大部分，崮山"阶"和"组"底界一致，而崮山组顶界一般高于崮山阶。该阶厚 52～115 m。

2. 长山阶

孙云铸(1924)在河北省唐山市赵各庄建立长山层，后来(1935)称长山组，包括三个化石带。卢衍豪、董南庭(1953)称长山统，项礼文(1981)称长山阶。现该阶含义同孙云铸(1935)定义，包括 3 个化石带，自上而下为：

Kaolishania 延限带

Changshania - *Irvingella* 共存延限带

Chuangia 延限带

这 3 个化石带广布鲁西，*Chuangia* 延限带做为长山阶底界，*Kaolishania* 延限带做为其顶界，与上覆及下伏地层易区分。长山阶包括崮山组下部及炒米店组底部，厚 70～120 m。

3. 凤山阶

孙云铸(1924)在河北省唐山市赵各庄创名凤山层，后来(1935)称凤山组。卢衍豪、董南庭(1953)称凤山统，项礼文(1981)称凤山阶，现该阶含义同卢、董二氏定义，自上而下包括3个化石带：

Mictosaukia 延限带

Quadraticephalina 顶峰带

Ptychaspis－*Tsinania* 共存延限带

凤山阶的底界 *Ptychaspis*－*Tsinania* 共存延限带在鲁西遍布，顶界 *Mictosaukia* 延限带由于白云岩化作用，不易采集，分布范围不清。凤山阶包括炒米店组上部及三山子组c段，厚130～200 m。凤山阶的顶界也是寒武系与奥陶系分界。

二、奥陶系

中国奥陶系分为3统8阶，山东省的奥陶系仅发育下统及中统，上统缺失。按头足类生物划分，将山东省奥陶系分为6阶，自下而上分述如下：

(一)下统

1. 两河口阶

赖才根、汪啸风等(1982)在湖北宜昌黄花场两河口，创建两河口阶，包括3个组，含5个牙形石带。在山东省包括 *Barnesoceras*－*Dakeoceras* 组合带，分布于长清范庄、蒙阴界牌等地，*Dakeoceras* 为洲际间广布属，是两河口阶重要化石。该阶相当于三山子组b段白云岩。

2. 红花园阶

张鸣韶、盛莘夫(1958)在贵州桐梓红花园创立“红花园石灰岩”，红花园阶层型以宜昌黄花场为代表。在山东省，红花园阶包括 *Corenaoceras*－*Yehlioceras* 组合带化石带，该阶相当于三山子组a段白云岩。

3. 大湾阶

张文堂(1957)在湖北省宜昌创立大湾层，其后(1962)又将其扩大称大湾组，赖才根等(1982)称大湾阶。层型位于宜昌黄花场。山东省大湾阶自下而上包括两个化石带，即 *Polydesmia zuezshanensis* 延限带和 *Ordosoceras quasilineatum* 延限带，该阶相当于马家沟组东黄山段和北庵庄段。

4. 牯牛潭阶

张文堂(1957)创名牯牛潭组，标准地点在宜昌分乡牯牛潭。赖才根(1982)称牯牛潭阶。山东省的牯牛潭阶，自下而上分为两个化石带：*Stereoplasmoceras pseudoseptatum*－*Bassleroceras* 组合带及 *Tofangoceras puciannulatum*－*Dideroceras* 共存延限带。牯牛潭阶相当于马家沟组土峪段和五阳山段。

(二)中统

1. 庙坡阶

张文堂(1957)在宜昌分乡庙坡命名庙坡页岩。赖才根(1982)称庙坡阶，层型为宜昌黄花场剖面。山东省庙坡阶未见化石，仅据其下牯牛潭阶和其上宝塔阶层位关系推测庙坡阶相当于马家沟组阁庄段。

2. 宝塔阶

李四光(1924)创名宝塔灰岩，命名地点在湖北省秭归新滩龙马溪艾家山。赖才根(1982)称宝塔阶。在山东省，该阶包括 *Gonioceras badouense* 延限带化石带，相当于马家沟组八陡段。

第四节　层序地层

中—晚元古代沂沭断裂带拉张，在山东形成“沂沭海峡”，并接受沉积，早寒武世早期，尽管有较大时期沉积间断，但仍继承震旦纪沉积特点。因此，潍坊—临沂一带也类似于“被动大陆边缘盆地”、寒武纪—早奥陶世形成早期为陆源与内源滨海相沉积，晚期以内源台地边缘礁—台地前缘斜坡相碳酸盐岩为主的沉积层序。(图 5－11)。

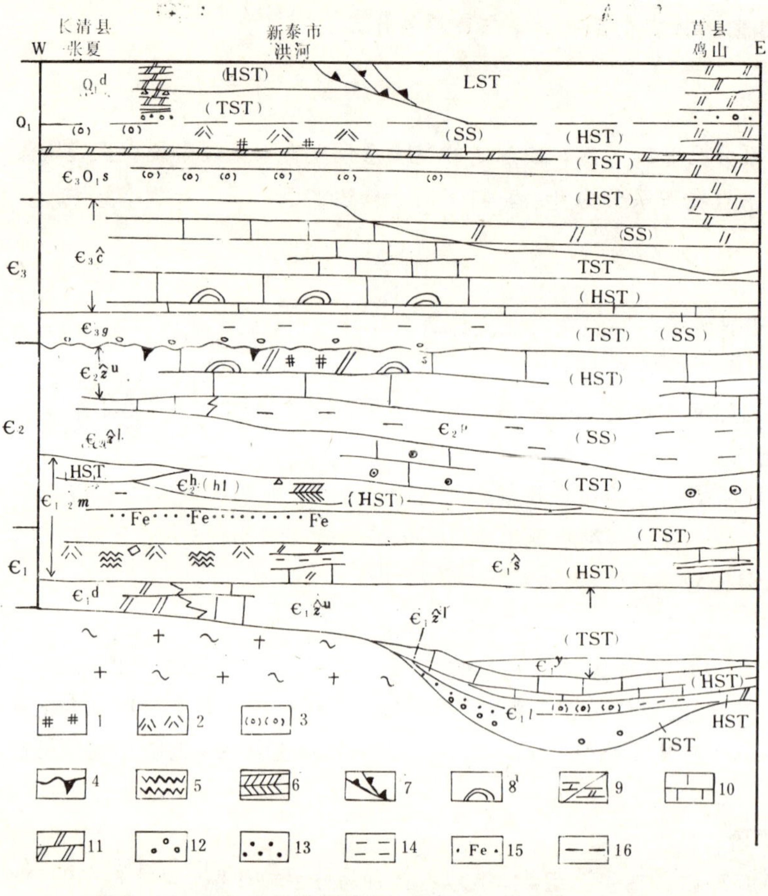

图 5－11　山东省长清县至莒县寒武纪—早奥陶世地层格架

$\in_1^l$. 李官组；$\in_{11}\hat{z}^l$. 朱砂洞组下灰岩段；$\in_1^y$. 余粮村段；$\in_1\hat{z}^u$. 朱砂洞组上灰岩段；$\in_1^{\hat{s}}$. 石店段；$\in_{1\text{-}2}m$. 馒头组；$\in_2^h$(hl) 洪河段(洪河砂堤)；$\in_2\hat{z}^l$. 张夏组下灰岩段；$\in_1^p$. 盘车沟段；$\in_2\hat{z}^u$. 张夏组上灰岩段；$\in_3g$. 崮山组；$\in_3\hat{c}$. 炒米店组；$\in_3O_1s$. 三山子组；O_1^d. 马家沟组东黄山段；TST. 海侵体系域；SS. 饥饿段；HST. 高水位体系域；LST. 低水位体系域；1. 喀斯特化角砾岩(地貌)；2. 帐篷构造；3. 渣状层；4. 冲刷面及岩脉；5. 纹层状构造；6. 鱼骨状层理；7. 灰岩(白云岩)角砾岩；8. 叠层石灰岩（白云岩)；9. 毫米—厘米级薄层状灰岩；10. 灰岩；11. 白云岩；12. 砾岩；13. 砂岩；14. 泥(页)岩；15. 铁质砂岩；16. 平行不整合界线

(一)层序组成

1. 海侵体系域(TST)

早寒武纪早期，临沂、枣庄一带接受来自华北地台南缘海侵，地势的差异，河流的参与作用，在山东省古老变质岩系之上冲刷大量的石英、长石砂砾，在青白口纪—震旦纪土门群之上沉积形成一套长石石英砂岩，磨圆与分选较好，底部有 40 cm 厚砾岩，在临沂一带比较发育，砾岩和砂岩均形成向北西超覆现象(即上超面)，在崮山唐王寨凤山阶底亦有上超现象。这些砂岩即为李官组砂岩段。同时，在崮山组以下 6 个海侵体系域底部均有陆源粉砂出现。海侵体系域地层结构总体由粗变细、海水由浅变深，岩层厚度由厚变薄，沉积相的迁移规律十分明显，张夏组下灰岩段就是一例。如在鲁西地层分区东南侧莒县鸡山，徐庄期为鲕粒滩，因海侵范围扩大，在西北侧张夏一带，张夏期才形成鲕粒滩，自张夏组下灰岩段至盘车沟段，颗粒由粗变细，层厚由 0.5～1 m 变为几个厘米。

2. 凝缩层或饥饿层(SS)

由黄绿色页岩、纹层状灰岩和疙瘩状生物碎屑灰岩组成，张夏组盘车沟段和炒米店组中部是较典型的凝缩层，是海侵达到最大时，盆地处于饥饿、低速沉积产物。

3. 高水位体系域(HST)

由白云岩、藻屑灰岩、藻丘灰岩、砾屑灰岩、砂质页岩及粉砂岩组成。馒头组洪河段、张夏组上灰岩段和朱砂洞组下灰岩段属此沉积。其顶部常见有具一定时期暴露风化形成的砾岩和渣状层以及帐篷构造。横向上也较明显，如三山子组中部，张夏馒头山一带有渣状层，而向东 100 km 的新泰市汶南则见 1 m 宽帐篷构造发育。同时，在该体系域顶部，常见到几十厘米宽的冲刷槽，如朱砂洞组下灰岩段顶部和张夏组顶部。在张夏地区，张夏组顶部冲刷槽发育，而向东海水仅退缩至新泰一带，所以后者很难找到冲刷槽，该体系域是海水退缩期间形成的产物。馒头组洪河段是古陆边缘的砂堤，属高水位体系域的顶部，在新泰市盘车沟一带洪河段顶部常见到与其上张夏组灰岩界面处有砂岩质砾岩，反映曾一度处于海水下降乃至短暂暴露状态。这个砂堤北自辽宁南至淮北，延伸数百公里，宽约 80 km，具区域可比性，山东省曾厘定为徐庄(砂岩)组。

4. 低水位体系域(LST)

主要由大量的重力流沉积组成，可能有少量的悬浮沉积，在山东不甚发育，仅在新泰汶南奥陶纪马家沟组东黄山段上部见到，并有低水位楔，岩石为角砾状白云岩。

(二)层序划分

如果说由一个海侵体系域、一个凝缩层和一个高水位体系域算作一个层序，那么怀远间断之下寒武—奥陶纪地层层序组成有 9 个，其个数与年代地层“阶”的个数相同。在野外观察中所见，层序顶、底界面一般就是“阶”的界面，但两处例外。其一，在潍坊-临沂地层小区沧浪铺阶中部，即李官组顶部云泥岩与朱砂洞组灰岩分界处有渣状层，燧石结核砾石有分选现象，可能反映李官组是沧浪铺期早期沉积，或许更早些，其二，寒武系凤山阶和奥陶系两河口阶属一连续的高水位体系域沉积，即对其连续沉积而言，野外很难找到明显的寒武-奥陶系界面。

从以上几个层序分析，自李官组至馒头组(即长清群)为一个高一级的旋回，层序地层学称之为超层序，不整合界限地层单位术语称为亚序。李官组首先在沂沭断裂带内接受沉积，其后海侵范围逐步扩大至整个山东乃至华北地台大部地区，但在山西省汉高山一带仍有古陆存在。

自张夏组至三山子组(及九龙群)也是一个超层序(或亚序)。张夏组沉积海侵范围明显扩大，在其中期曾达到高峰，周村—泰安—宁阳南峄—泗水—平邑至费县石井为界，其东部皆有饥饿段黄绿色页岩沉积，在山西省汉高山一带还可见到张夏组直接超覆在前寒武纪变质岩系之上，就是明显一例：在炒米店组上部发现大量蠕虫状薄层灰岩，虫孔构造尤为发育，说明在炒米店组晚期曾一度又一次广泛海浸。

自马家沟组东黄山段至八陡段又是一个超层序(或亚序)。东黄山段是又一次快速海侵开始，使华北地台边缘海水加深，华北地台的范围明显收缩，本次海侵后，使整合华北地台的沉积环境基本相同。因此，华北地台之上马家沟组六个段完全可以对比。

自寒武纪李官组至奥陶纪马家沟共有3个超层序(或亚序)，相应划分为3个群(组)。它们形成一个巨大的沉积旋回，即形成一个序。曾命名为冀鲁序。

第六章 石炭纪—三叠纪

山东省石炭纪—三叠纪地层仅分布在安丘-莒县断裂以西地区，露头较好。石炭系只发育中上统；二叠系较发育，包括下统和上统；三叠系局限于鲁西隆起北缘。依据地层出露情况、含矿性及地层发育特征而分为三个地层分区和两个地层小区（图 6－1）：

1. 华北平原地层分区（V_4^8）：均被第四系和第三系覆盖，据钻孔和物探资料发育在聊城、乐陵、莘县等地。

2. 鲁西地层分区（V_4^{10}）：根据太原组的岩性、含矿性及煤的可采性和二叠系发育状况及山西组含煤特征的差异，以梁山、汶上、泗水、莒县一线为界分为两个地层小区：

(1) 济南-淄博地层小区（V_4^{10-1}）：太原组 5—6 层灰岩，含煤 12—13 层，一般只有 5 层可采；二叠系发育较好，山西组含煤 3—6 层，最多达 11 层，可采煤层 2 层。

(2) 济宁-临沂地层小区（V_4^{10-2}）：太原组 10—15 层灰岩，含煤 15—20 层，一般只有 3—4 层可采；二叠系发育较差，大部分地区石盒子组都遭受不同程度剥蚀，山西组含煤 2—3 层，可采煤 2 层，为该区主要可采煤层。

3. 鲁东地层分区（V_4^{11}）：仅在诸城、胶州、即墨、莱阳等地莱阳群砾岩中发现有石炭系含䗴类化石的石灰岩砾石，但尚未发现露头。

山东省石炭、二叠、三叠系研究历史较早。B. Willis 和 E. Blackwelder1907 年将鲁西这套地层分为下部博山统和上部新泰统；赵亚曾 1926 年研究了章丘明水地区的石炭系，将其划为中统本溪系，上统太原系及包含石炭—二叠纪地层的山西系，创名徐家庄灰岩；小贯义男 1944 年将这套地层命名为山东系，自下而上分为章丘统、博山统、淄川统、南定统及凤凰山统，创名草埠沟灰岩；关士聪、张文堂等 1952 年将小贯义男（1944）章丘统下部铁铝岩系命名为湖田统，时代为“前中石炭世”，上部仍为章丘统，将侏罗纪煤系之下二叠纪至三叠纪紫红色碎屑岩命名凤凰山统；山东省区域地层表编写组（1978）将侏罗纪坊子组之下这套地层分为本溪组、太原组、山西组、下石盒子组和上石盒子组及石千峰组，其后山东省基本沿用他们的划分方案。1979 年赵志清等将聊城堂邑和河北临西两地钻孔中发现的三叠纪地层命名为聊城组（表 6－1）。

据华北大区地层清理有关会议精神，结合山东省岩石特征，本次地层清理将石炭纪—三叠纪岩石地层厘定为 2 个群、7 个组、5 个段：月门沟群——本溪组、湖田段、太原组及山西

表 6-1　山东省石炭纪—三叠纪地层划分沿革表

B. Willis, E. Blackwelder	谭锡畴	赵亚曾	王竹泉	小贯义男	关士聪、李星学等	《中国区域地层表（草案）》	丁培榛、范嘉松	全国地层委员会	山东省区域地层表编写组	山东区调队二分队	山东地质七队	《山东省区域地质志》		本书	
1907	1922	1926	1932	1944	1952	1956	1961	1964	1978	1990	1990	1991			
鲁西	博山	章丘	博山	鲁西	鲁西	鲁西	鲁西	淄博	鲁西	鲁西	费县	聊城	鲁西	聊城	鲁西
Mz—P 新泰统	J 煤系		J 煤系	J? 昆仑统	J 煤系	J_{1-2} 坊子系	J_{1-2} 煤系	J 坊子系	J_{1-2} 坊子组	J_{1-2} 坊子组	坊子组	T 聊城组	J_{1-2} 坊子组	T_2 二马营组	J_{1-2} 坊子组
	T—P 红色砂岩层		T 红色砂岩	T—P—C 山东系 凤凰山统	PT 凤凰山统	PT 凤凰山系	P_2T 石千峰统	P_2 凤凰山组	P_2^2 石千峰组	T 凤凰山组			P_2 凤凰山组	T_1 石千峰群	刘家沟组
														P_2 长兴期	孙家沟组
C_2 博山统				南定统 孝妇河层	P 南定统 孝妇河层	P_2 南定统 孝妇河组	P_2—P_1 石盒子统 孝妇河组	石盒子群 孝妇河组	P_2^1 上石盒子组 孝妇河段	P_2 孝妇河组			上石盒子组 孝妇河段	龙潭期	石盒子组 孝妇河段
	石英砂岩层		白色石英砂岩	大奎山层	大奎山层	大奎山组	大奎山组	大奎山组	奎山段	奎山组			奎山段		奎山段
	P—C_2 洪山统	P—C 山西系	PT—P 黄红色页岩	万山层	万山层	万山组	万山组	万山组	万山段	万山组			万山段		万山段
			CP—C 煤系	黑山层	黑山层	CP 山西统 黑山组	黑山组	P_1 山西组 黑山段	P_1 下石盒子组	P_1 黑山组			P_1 下石盒子组	P_1 茅口期	黑山段
				淄川统	淄川统	淄川组	P_1 山西统	淄川段	山西组	淄川组			山西组	栖霞期	山西组
	C_1 博山统	C_3 太原系 L 灰岩 K 灰岩 H 灰岩 G 灰岩		博山统	CP 博山统	C_3 太原统	C_3 太原统	C_3 太原群	C_3 太原组	C_2 太原组	太原组		C_2 太原组	马平期 月门沟群	太原组
		C_2 徐家庄灰岩		C_2 草埠沟灰岩	C_2 章丘统	C_2 本溪统	C_2 本溪统	C_2 本溪群	C_2 本溪组	本溪组	本溪组		本溪组	C_2 达拉期	本溪组 湖田段
		本溪系		章丘统	Pre-C_2 湖田统						湖田组				
O 济南石灰岩	O 济南石灰岩	O 石灰岩	O 石灰岩	O 济南系	O 石灰岩	O 济南灰岩	O 厚层灰岩	O 济南群	O_2 八陡组	O_2 八陡组	八陡组	O_2	八陡组	O_2	马家沟组

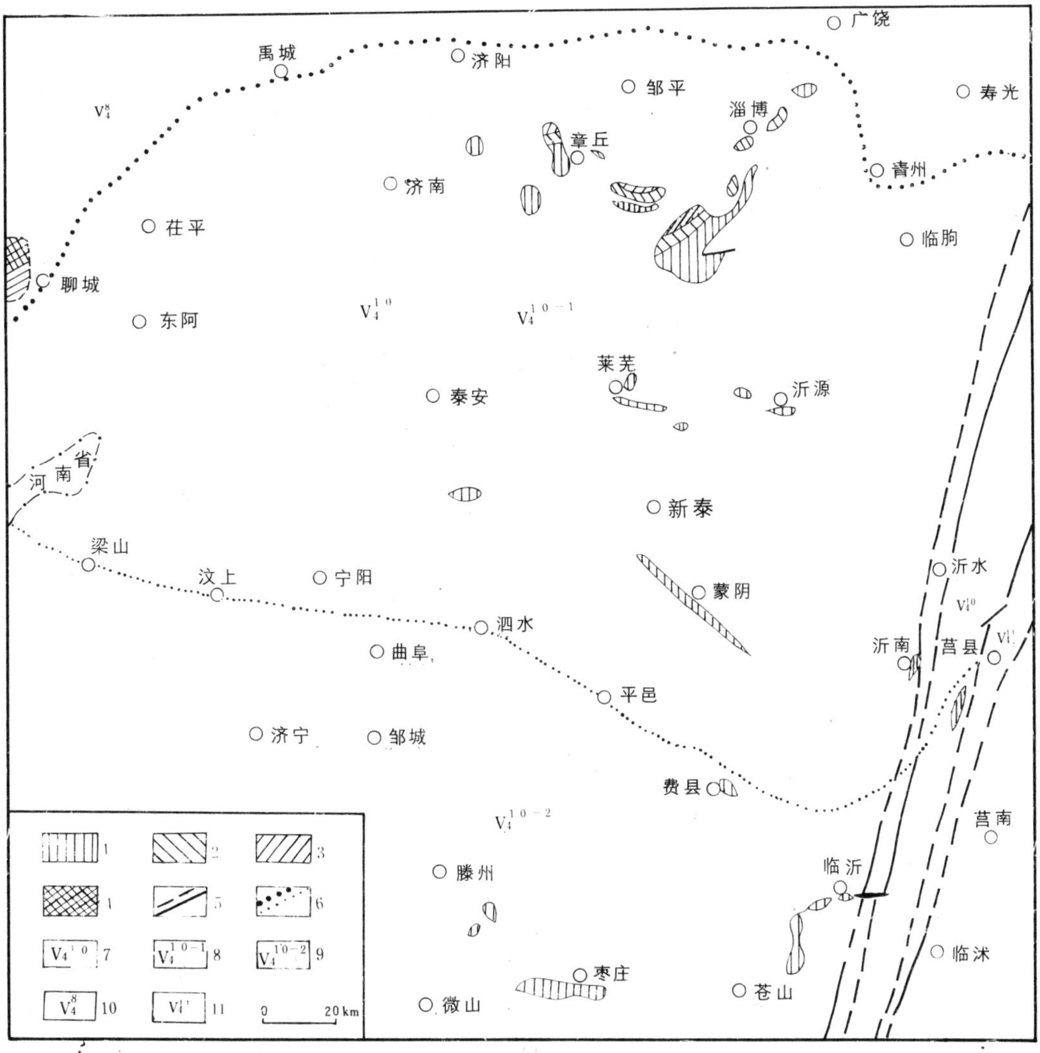

图 6-1　山东省石炭系—三叠系露头分布及地层区划图

1. 月门沟群；2. 石盒子组；3. 石千峰群；4. 二马营组；5. 重要断层；6. 二级、三级地层分区界线；7. 鲁西地层分区；8. 济南-淄博地层小区；9. 济宁-临沂地层小区；10. 华北平原地层分区；11. 鲁东地层分区

组；石盒子组——黑山段、万山段、奎山段及孝妇河段；石千峰群——孙家沟组和刘家沟组；二马营组等共 14 个正式岩石地层单位。将石炭纪—三叠纪生物地层分为 5 个植物带、4 个䗴带和 2 个轮藻组合；年代地层分为石炭系上统达拉阶，二叠系下统马平阶、栖霞阶、茅口阶，上统龙潭阶、长兴阶及三叠系下统和中统（表 6-2）。

表 6-2　山东省石炭纪—三叠纪地层多重划分对比表

<table>
<tr><th colspan="3">年代地层</th><th colspan="3">岩石地层</th><th colspan="2">生　物　地　层</th></tr>
<tr><th>系</th><th>统</th><th>阶</th><th>群</th><th>组</th><th>段</th><th>䗴　生　物　类</th><th>植物、轮藻、孢粉生物带（或组合）</th></tr>
<tr><td rowspan="2">三叠系</td><td>中统</td><td></td><td></td><td colspan="2">二马营组</td><td></td><td>轮藻：
2. Stenochara 组合
1. Stellatochara 组合
孢粉：
裸子植物花粉 78%
蕨类植物孢粉 22%</td></tr>
<tr><td>下统</td><td></td><td rowspan="6">石千峰群</td><td colspan="2">刘家沟组</td><td rowspan="2"></td><td rowspan="2"></td></tr>
<tr><td rowspan="7">二叠系</td><td rowspan="4">上统</td><td>长兴阶</td><td colspan="2">孙家沟组</td></tr>
<tr><td rowspan="3">龙潭阶</td><td rowspan="4">石盒子组</td><td>孝妇河段</td><td rowspan="5"></td><td rowspan="3">5. Gigantonoclea - Fascipteris - Lobatannularis A. Z.</td></tr>
<tr><td>奎山段</td></tr>
<tr><td>万山段</td></tr>
<tr><td rowspan="3">下统</td><td>茅口阶</td><td>黑山段</td><td>4. Emplectopteris triangularis - Taeniopteris spp. - Cathaysiopteris whitei A. Z.</td></tr>
<tr><td>栖霞阶</td><td rowspan="5">月门沟群</td><td>山西组</td><td></td><td>3. Emplectopteris triangularis - Taeniopteris spp. - Emplectopteridium alatum A. Z.</td></tr>
<tr><td>马平阶</td><td rowspan="2">太原组</td><td rowspan="2"></td><td>5. Triticites boshanensis R. Z.
4. Pseudoschwagerina R. Z.</td><td>2. Neuropteris ovata - Lepidodendron posthumii A. Z.</td></tr>
<tr><td rowspan="3">石炭系</td><td rowspan="3">上统</td><td rowspan="3">达拉阶</td><td>3. Triticites simplex R. Z.
2. Fusulina - Fusulinella A. Z.
1. Profusulinella parva R. Z.</td><td rowspan="3">1. Neuropteris - Linopteris A. Z.</td></tr>
<tr><td rowspan="2">本溪组</td><td></td><td rowspan="2"></td></tr>
<tr><td>湖田段</td></tr>
</table>

注：表中 R. Z. 为延限带；A. Z. 为组合带

第一节　岩石地层单位

月门沟群　C_2P_1Y　（37-0076）

【创名及原始定义】　Norin1922 年创名“月门沟煤系”，地点在山西省太原西山西铭村的月门沟。原始定义：月门沟煤系，是指太原西山、东山平行不整合覆于奥陶系风化面以上、伏于骆驼脖子砂岩之下的一套含煤地层。在骆驼脖子沟，以斜道灰岩顶面为界，将月门沟煤系分为上、下两部分。下部：太原系；上部：山西系。

【沿革】　月门沟群系本次工作过程中（1994）新引入的岩石地层名称，指以含煤为特征的石炭纪—二叠纪地层。Willis 和 Blackwelder（1907）最早把山东省石炭纪—二叠纪海陆交互相含煤地层命名为博山统。

【现在定义】　指平行不整合于奥陶系之上的上古生界海陆交互相—陆相的含煤岩系。由本溪组、太原组和山西组组成。底以奥陶系古风化面为界；顶以上覆石盒子组最下部的灰绿色砂岩底面为界，为整合接触。属石炭纪—早二叠世。

【地质特征及区域变化】　月门沟群分布于淄博、章丘、莱芜、济宁、枣庄等地，下部是一套海陆交互相含煤地层，以灰岩为主要依据，将月门沟群划分为下部不含灰岩地层的本溪

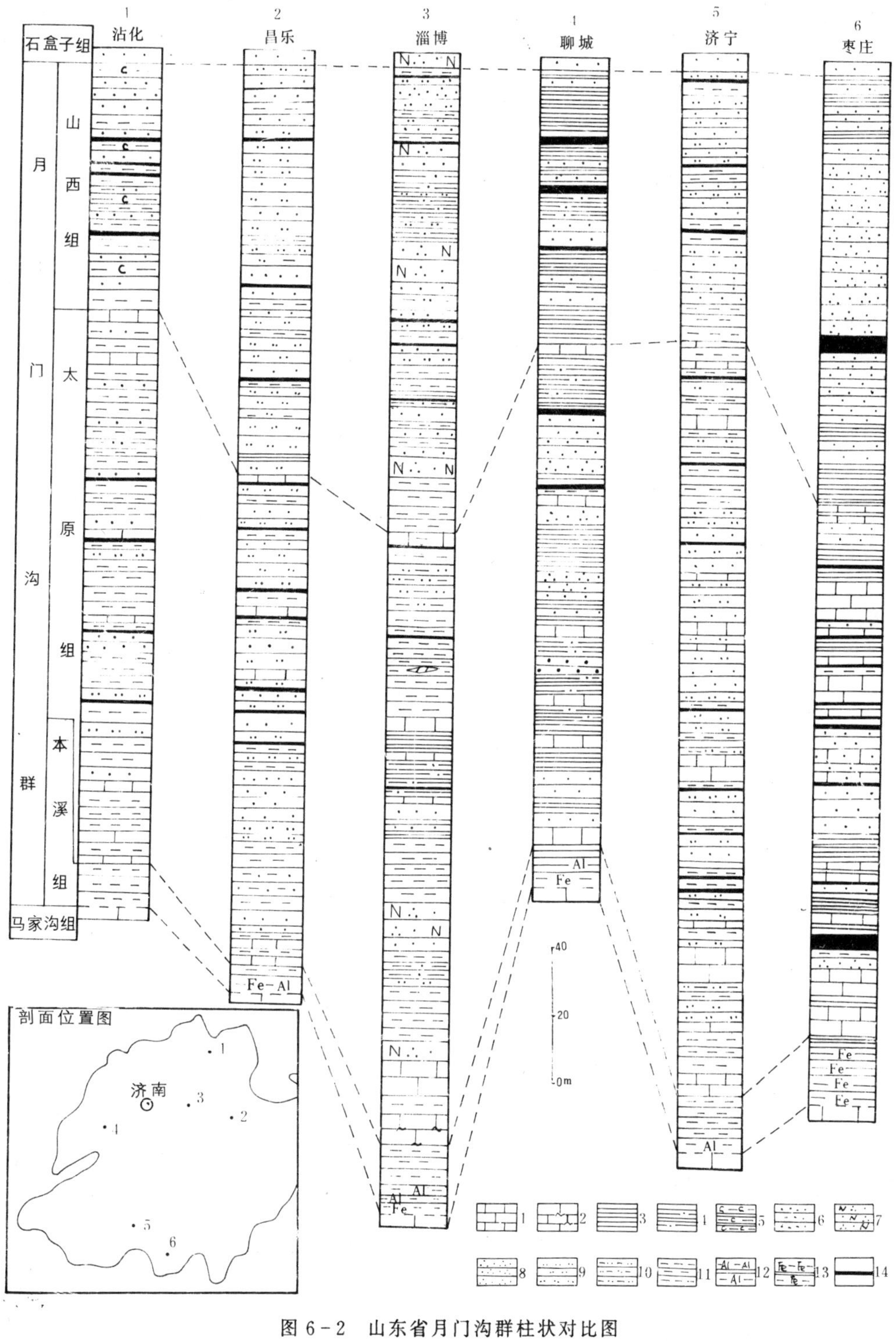

图 6-2 山东省月门沟群柱状对比图

1. 灰岩；2. 含燧石结核灰岩；3. 页岩；4. 砂质页岩；5. 碳质页岩；6. 砂岩；7. 长石石英砂岩；8. 石英砂岩；9. 粉砂岩；10. 泥质粉砂岩；11. 泥岩；12. 铝土页岩；13. 铁质页岩；14. 煤

组；中部含灰岩地层的太原组；上部不含灰岩地层的山西组。太原组灰岩层数各地不一，沾化、淄博一带5—6层，莒县8层，济宁、枣庄一带13—15层。含煤性以莱芜、淄博一带最好，是本区主要可采煤层。向南至济宁、枣庄一带，含煤性差，工业意义不大。上部山西组是一套陆相沉积含煤地层，枣庄、济宁一带含煤性好，具有重要工业价值。月门沟群厚度各地不一，一般245～380 m左右（图6-2）。

月门沟群含丰富的动植物化石，有海相的䗴类 *Fusulinella*，*Fusulina*，*Pseudoschwagerina* 等；腕足类 *Dictyoclostus taiyuanfuensis*，*Choristites pavlovi* 等；双壳类 *Streblochondria*，及陆相植物化石 *Neuropteris*，*Linopteris brongniartii*，*Lepidodendron posthumii* 等，是各地月门沟群常见的和重要分子。据上述生物组合，该群地质时限为中石炭世达拉期至早二叠世栖霞期。

本溪组　C_2b　（37-0077）

【创名及原始定义】　赵亚曾1926年创名本溪系，地点在辽宁省本溪市西北12里新洞沟与蚂蚁村间牛毛岭。原始定义：本系位居奥陶纪石灰岩之上，共厚约九十余公尺，全部均为页岩、砂岩及石灰岩薄层所作成，不含煤层……。兹以 *Spirifer mosquensis* 层特别发达于本溪湖之。故特名之曰本溪系……。

【沿革】　赵亚曾（1926）首次将山东省章丘一带中石炭世地层称为本溪系，据小贯义男（1944）介绍，富田达在1942年起草的华北诸地层对比表中把章丘煤田的本溪系称为章丘统。关士聪、李星学等（1952）将石炭系底部铁铝岩系命名为湖田统。1956年之后均采用本溪组。宋奠南等①（1990）和张连峰等②（1993）在1∶5万区调报告中，将石炭系第一层灰岩之下地层划为湖田组，其上为本溪组。本次地层清理根据有关规定，将石炭系第一层稳定分布的灰岩之下碎屑岩系称为本溪组。与博山地区原本溪组比较，顶界下移了25 m。

【现在定义】　指马家沟组与太原组之间的一套碎屑岩层，以紫色、黄绿色泥岩、页岩为主，夹铝土质页岩、铝土矿及灰岩凸镜体，底部常具不规则铁矿层，上部偶夹黄灰色砂岩。底以奥陶系古风化面为界，与马家沟组平行不整合或（微角度）不整合接触；顶以石炭系最底部一层灰岩的底面为界，与太原组整合接触。属石炭纪。为月门沟群下部地层。

【层型】　正层型剖面在辽宁省本溪市新洞沟与蚂蚁沟村间牛毛岭。山东省本溪组次层型位于淄博市博山区东万山（117°56′00″，36°31′50″；山东煤田地质局张志敏、刘汉男等，1975）。

上覆地层：**太原组**　深灰色含燧石灰岩	9.2 m
——————　整　合　——————	
本溪组	总厚度 20.6 m
6. 黄灰色钙质泥岩，见有大量钙质结核	5.2 m
5. 紫红色铁质泥岩	2.1 m
4. 上部为黄灰色泥岩，下部为黑灰色页岩。产植物：*Lepidodendron* sp.，*Berigeria* sp.，*Knorria* sp.	4.5 m
湖田段	总厚度 8.8 m
3. 青灰—灰白色铝土岩（G层），含泥铁质较高	2.8 m
2. 黄灰—灰白色铝土质泥岩	2.7 m

① 山东省地质矿产局第七地质队（宋奠南等），1990，1∶5万费县、辛庄、大朱保幅区域地质调查报告（最终验收稿）。
② 山东省地质矿产局第九地质队（张连峰等），1993，1∶5万新汶、放城幅区域地质调查报告（最终验收稿）。

1. 紫红色铁质泥岩 3.3 m

——————— 平行不整合 ———————

下伏地层：**马家沟组** 石灰岩

【地质特征及区域变化】 该组下部由紫红色铁质泥岩、页岩、青灰—灰白色铝土质泥岩、铝土岩组成，中部由浅灰、黄色长石石英砂岩、砂质页岩等组成，厚 8～20 m，局部含薄层煤及灰岩凸镜体。底以平行不整合面为界与马家沟组相区分，顶以太原组最底部一层稳定分布的灰岩之底为界与之整合接触。

该组常见植物化石有：*Linopteris brongniartii*，*Neuropteris gigantea*，*Bergeria* 等。据植物组合，该组地质时限为晚石炭世达拉期。

本溪组主要矿产有铝土矿、硬质耐火粘土矿。另外，G 层铝土矿中伴生镓元素。

湖田段 C_2^h （37-0089）

【创名及原始定义】 关士聪、李星学、张文堂 1952 年在手稿中创名"湖田统"，创名地点在山东省淄博煤田湖田矿区，丁培榛、范嘉松等 1961 年介绍。原始定义：将本溪统的下部铁铝岩层命名为"湖田统"，是一个多次沉积与侵蚀的产物，时代为前中石炭纪。本溪统上部仍用日本人小贯义男的地层名称"章丘统"，时代属中石炭纪。两者的接触关系为假整合。

【沿革】 湖田统创名以后，多年未启用。只是最近几年山东省区调工作重新启用，但含义有所扩大。山东省地质矿产局第七地质队宋奠南等（1990）和第九地质队张连峰等（1993）在 1：5 万区调报告中将石炭系第一层稳定分布的灰岩之下碎屑岩系称为湖田组，与现称本溪组含义相同。本次地层清理恢复湖田组原始含义，仅将石炭系底部铁铝岩系称湖田段，属本溪组。

【现在定义】 指本溪组底部的铁铝岩系，主要岩性为紫红色铁质泥岩、黄灰—灰白色铝土质泥岩及青灰—灰白色铝土岩。底以奥陶系古风化面为界，与下伏马家沟组平行不整合、局部（微角度）不整合接触；顶以铝土矿之顶面为界。属石炭纪。

【层型】 正层型位于淄博市博山区东万山（117°56′00″，36°31′50″；山东煤田地质局张志敏、刘汉男，1975）。剖面描述见本溪组。

【地质特征及区域变化】 湖田段以紫色铁质泥岩及灰白色铝土质泥岩为主，夹长石石英砂岩，湖田段位于本溪组下部，而局部地方如枣庄、新汶、沾化一带湖田段之上碎屑岩变薄或尖灭，湖田段即相当于本溪组，自南向北时代由老至新。未曾发现化石，据上覆地层所含化石推测，其地质时限为晚石炭世达拉期。

太原组 C_2P_1t （37-0078）

【创名及原始定义】 翁文灏、Grabau 1922 年创名"太原系"（手稿，论文于 1925 年发表）。创名地点在山西省太原西山。E. Norin 1922 年介绍。原始定义：太原系是指"华北晚古生代含煤地层的下部"。翁等把华北晚古生代含煤地层分成两部分。下部称太原系，上部称山西系。在太原西山，太原系是指奥陶系风化面以上的一段海陆交互相含煤地层。

【沿革】 赵亚曾（1926）首次把博山地区上石炭世地层称太原系，并将四层灰岩自下而上命名为 G 层灰岩、H 层灰岩、K 层灰岩和 L 层灰岩。其下中石炭世地层为本溪系，其中把章丘市徐家庄一带该系上部浅灰色厚层块状灰岩命名为徐家庄灰岩，该灰岩上部夹页岩，下部含燧石结核及条带，后人又再分为下层徐家庄灰岩即狭义徐家庄灰岩，上层徐庄家灰岩，又称南定灰岩。小贯义男（1944）用博山统代替太原系，把淄博市沣水草埠沟一带石炭系最底部（即徐家庄灰岩之下）一层含动物化石丰富的黄色灰岩命名为草埠沟灰岩，以黄色、含黄铁矿（风化后为褐铁矿）斑点及风化后含钙质结核为标志；《中国区域地层表（草案）》（1956）称太原统；全国地层委员会（1964）称太原群；《华东地区区域地层表·山东省分册》(1978）称太原组。本次地层清理仍采用太原组，但是含义略有修改，即把石炭—二叠纪含灰岩地层称太原组，新义太原组包括了原划本溪组上部含灰岩地层，而原划太原组顶部深灰色砂质泥岩、泥岩向上并入山西组。在博山地区其次层型上，与原太原组比较，底界下移25 m，顶界下移15.7 m。

【现在定义】 指本溪组与山西组之间的一套海陆交互相含煤地层，由灰-灰黑色泥岩、页岩、粉砂岩夹砂岩、多层灰岩和煤层（或煤线）组成的多个旋回层。以灰岩为该组主要特征。底以首次出现稳定分布的灰岩底面为界，与下伏本溪组整合接触；顶以最上部一层灰岩结束为界，与山西组整合接触。属石炭纪—二叠纪。为月门沟群中部地层。

【层型】 该组正层型剖面在山西省太原市西铭七里沟。山东省太原组次层型由2条剖面组成。①淄博市昆仑镇东万山剖面（117°56′00″，36°31′50″）；②淄博市山头镇冯八峪剖面（117°52′30″，36°28′30″；山东煤田地质局张志敏、刘汉男等，1975，编著者据牛保祥等1985年资料补充）。

（山头镇冯八峪剖面）

上覆地层：山西组 深灰—黑灰色砂质泥岩、泥岩，含菱铁矿结核 15.7 m

——————整 合——————

太原组 总厚度 179.3 m

23. 灰色厚层含泥质灰岩（L层灰岩）。产䗴类：*Triticites boshanensis*，*T. subnathorsti*，*T. parvulus*，*Boultonia willsi*，*B.* sp. nov.，*Schubertella* sp. nov.，*Schwagerina* cf. *leei*；腕足类：*Choristites pavlovi*，*Dictyoclostus taiyuanfuensis*，*D. uralicus*，*Eomarginifera pusilla*，*E. longisipina* var. *lobata*，*Brachythyris* sp.，*Linoproductus* cf. *simenensis*，*Rugosochonetes* sp.，*Schuchertella* sp.；珊瑚：*Lophocarinophyllum* sp.；腹足类：*Angyomphalus*（?）sp. 0.8 m

22. 灰色砂质泥岩，底部为一层细砂岩，顶部为一煤线 1.1 m

21. 下部为深灰色砂质泥岩夹煤线，中、上部为灰—深灰色泥质粉砂岩 27.7 m

20. 灰色砂质泥岩，中部夹泥灰岩小凸镜体，顶部为煤线 11.0 m

19. 灰—深灰色厚层灰岩（K层灰岩）。产䗴类：*Triticites pygmaeus*，*T.* sp.，*T.* cf. *subnathofeni*，*T. subnathorsti*，*Rugosofusulina complicata*，*R. intermedia*，*R. complicata*，*Pseudoschwagerina* sp.，*P. gerontica*，*Schwagerina richthofeni*，*S. verneuili levidensis*（?），*S. expansa*，*S. exiqua*，*S. pseudopointeli*，*Quasifusulina* cf. *arca*，*Q. cayeuxi*，*Q. longissima*，*Q. arca*；腕足类：*Choristites paulovi*，*Eomarginifera pusilla*，*E. longispina* var. *lobata*，*Buxtonia* sp.；珊瑚：*Lophocarinophyllum* sp. 2.2 m

18. 灰色砂质页岩。产植物：*Neuropteris ovata*，*Sphenophyllum oblongifolium*，*Cordaites borassifolia*，*C. principalis*，*Annularia stellata*，*Triopteris* sp.，*Sphenopteris* sp.，*Pecopteris* sp.，*Calamites* sp. 10.3 m

17. 黄—黄绿色厚层细砂岩，底部为一层含钙很高的钙质砂岩 7.1 m

16. 灰—灰黑色页岩，下部夹煤线 5.5 m

15. 灰色厚层生物灰岩（H层灰岩）。产䗴类：*Schwagerina richthofeni* var. *speciosa*，

S. cf. *nathorsti*, *S. leei*, *S. japonica*, *S. nathorsti*, *Quasifusulina cayeuxi*, *Triticites shandongensis*, *Schubertella* sp.；腕足类：*Eomarginifera longispina* var. *lobata*；珊瑚：*Lophocarinophyllum* sp.；头足类：*Domatoceras* sp. 1.0 m

14. 灰—深灰色砂质页岩，底部夹一煤层。产植物：*Neuropteris ovata*, *Pecopteris hemiteri-oides*, *Sphenophyllum oblongifolium*, *S.* cf. *thonii*, *Tingia hamaguchii*, *Sphenopteris* sp., *Annularia* spp., *Cladophlebis* sp. 10.8 m

13. 深灰色厚层灰岩（G层灰岩）。产䗴类：*Boultonia* sp., *Pseudoschwagerina* sp., *P. uddeni*, *Schwagerina expansa*, *S. vulgaris* var. *fusiformis*, *S. hangzhouensis*, *S. pseudocervicalis*, *S. richthofeni speciosa*, *S. leei*, *S. nathorsti laxa*, *Rugosofusulina complicata*, *R.* cf. *sparivoluta*, *R. valida*；腕足类：*Dictyoclostus taiyuanfuensis*, *D. uralicus*, *Choristites pavlovi*, *Derbyia* sp.；珊瑚：*Lophocarinophyllum* sp., *Pseu-dozaphrentoides* sp.；腹足类：*Bellerophon* sp. 1.9 m

（大昆仑镇东万山剖面）

12. 黄灰—灰白色薄层细砂岩。产植物：*Neuropteris* sp. 4.0m

11. 下部为黄灰色泥岩，中部为紫灰色页岩夹细砂岩，上部为黄灰色页岩。产植物 *Annu-laria stellata*, *Cordaites schenkii*, *Neuropteris* cf. *ovata*, *Sphenophyllum* sp., *Tae-niopteris* sp., *Calamites* sp. 13.0 m

10. 灰色泥岩夹黑色泥岩，顶、底为泥质粉砂岩。产植物：*Neuropteris ovata*, *Annularia* sp., *Sphenophyllum* sp., *Sphenopteris* sp., *Calamites* sp. 8.6 m

9. 浅灰色厚层中粒长石石英砂岩，交错层发育，顶部夹钙质砂岩凸镜体 11.0 m

8. 浅灰—灰色中厚层细砂岩，交错层理发育 4.0 m

7. 下部为黑灰色砂质页岩；上部为灰色砂质泥岩，含菱铁质结核。顶、底各夹一煤线 9.6 m

6. 灰—浅灰色厚层粉砂岩，钙泥质胶结 1.0 m

5. 灰、黄灰色砂质泥岩、泥岩，含菱铁质结核，顶部夹一煤线。产植物：*Stigmaria* sp. 21.5 m

4. 黄—黄灰色厚层中粒长石石英砂岩 1.3 m

3. 灰色厚层灰岩（南定灰岩）。含䗴类：*Fusulina* cf. *konnoi*, *F. konnoi* (?), *F. ulitinensis*, *Pseudostaffella sphaeroidea*, *P. cuboides*, *P. khotunensis*, *Ozawainella turgida*；腕足类：*Choristites* sp. 9.7 m

2. 黄灰—灰白色泥岩，底部夹一薄层灰岩及二层煤线 6.1 m

1. 深灰色含燧石灰岩（徐家庄灰岩）。含䗴类：*Fusulina quasicylindrica*, *F. pseudokonnoilonga*, *F. pseudonytvica*, *F. bocki*, *F. cylindrica*, *F. pankouensis*, *F. pseudokonnoi*, *F. konnoi*, *F. ulitinensis*, *F. quasifusulinoides*, *F. rauserae*, *Fusulinella pseudobocki*, *F. provecta*, *Pseudostaffella sphaeroidea*, *P. cuboides*, *P. sphaeroidea*, *P. khotunensis*, *P. subquadrata*, *P. kremsi*, *Ozawainella vozhgalica*, *O. angulata*, *O. turgida*, *O. magna*, *O. stellae*, *O. tingiminima*, *Schubertella obscura*, *S. elongata*, *S. lataelliptica*, *Taitzehoella taitzehoensis*, *Millerella* sp.；有孔虫：*Endothyra* sp. 9.2 m

———— 整 合 ————

下伏地层：**本溪组** 黄灰色钙质泥岩，见有大量钙质结核 5.2 m

【地质特征及区域变化】 太原组为一套海陆交互相含煤地层，主要为灰色、灰黑色泥岩、页岩夹砂岩、灰岩和煤层，以灰岩存在为该组主要识别特征。以稳定分布的灰岩的出现和结束为该组底界和顶界。与下伏本溪组和上覆山西组均为整合接触。该组厚约150 m。

本溪组与太原组界线，一般是以出现一层稳定分布的灰岩底面为界。如果是灰岩凸镜体就不能作为分组标志。在山东省，一般是草埠沟灰岩底为界，如果草埠沟灰岩尖灭，则以徐家庄灰岩底面为界。

该组零星分布于山东省西部。其中，灰岩层数各地不一。所夹岩性也略有变化。在华北平原地层分区，灰岩6—8层，砂岩约占1/3。其中，聊城堂邑一带为6层，沾化为8层。在鲁西地层分区，灰岩层数增多但变化大。由东北至西南，灰岩层数增多，泥岩、页岩增多，砂岩减少，煤层数变少，但单层煤厚度增大且煤质变好。如北部的济南-淄博地层小区，灰岩一般6层，砂岩约占1/2—1/3，但新汶一带灰岩只有4层。而南部的济宁-临沂地层小区灰岩层数13—15层，砂岩约占1/5。在该小区，自东向西，灰岩由少至多，煤层数由多至少，但东部的煤层薄而不稳定，可采性不高，而西部煤层质地好，是山东省重要煤炭基地。总的变化趋势是：灰岩层数越多，泥岩、页岩增多，而砂岩减少，煤层数减少，但单层煤厚度增加，可采性较高。

太原组底部灰岩区域延展性不如其上部，如章丘一带该组底部黄色草埠沟灰岩区域上不稳定。而其上含燧石结核或条带的徐家庄灰岩，在鲁西延伸稳定，是区域对比良好标志层。

太原组的生物化石非常丰富，既有海相的䗴类、腕足类、珊瑚、头足类、腹足类，又有陆相的植物。其中䗴类主要分子：*Fusulina quasicylindrica*，*Fusulinella*，*Pseudostaffella*，*Schwagerina*，*Pseudoschwagerina*，*Triticites* 等；腕足类主要分子：*Choristites pavlovi*，*Dictyoclostus taiyuanfuensis*，*Eomarginifera* 等；重要植物化石有：*Neuropteris ovata*，*Sphenmophyllum oblongifolium*，*Lepidodendron posthumii* 等，均为各地太原组典型分子和主要分子。

临沂南部黑虎墩和唐庄青石塘一带，在钻孔和地面露头上采得 *Profusulinella parva*，*Verella prolixa*，*Pseudostaffella kanumai*，*Eostaffella proikensis* 等分子，这些分子是徐州贾旺地区泉旺头灰岩上部 *Profusulinella parva* 带的带化石和重要分子，是目前山东省太原组最低层位䗴化石，局限于临沂南部。

滕州太原组近顶部 L_{14} 及 L_{15} 灰岩中发现 *Schwagerina andresensis*，*S. grandensis*，*Paraschwagerina*，*Schubertella* 等分子，这些分子是河南省大风口太原组 L_7 和 L_8 灰岩的 *Schwagerina andresensis* - *S. grandensis* 带的带化石和常见分子，是目前山东省太原组最高层位䗴化石，济宁、滕州一带也有分布。而淄博一带太原组顶部灰岩中为 *Triticites boshanensis* 带。可见，太原组顶界具有穿时性：由北向南其时代由老至新。

据上述生物组合，该组地质时限为晚石炭世达拉期至早二叠世马平期。

太原组主要矿产是煤，淄博、莱芜、肥城等煤田主要开采太原组的煤，其次有软质耐火粘土矿、膨胀粘土矿、陶瓷原料"大同土"等。

【其他】 太原组灰岩曾被给予不同名称。为便于对比，以淄博和章丘一带为例，自上而下建议采用如下名称：①L层灰岩，又称长身贝石灰岩，博山石灰岩，第四层灰岩；②K层灰岩，又称第三层灰岩；③H层灰岩，又称第二层灰岩；④G层灰岩，又称第一层灰岩；⑤南定灰岩，又称上层徐家庄石灰岩、万山庄石灰岩；⑥徐家庄灰岩，又称下层徐家庄石灰岩(含燧石结核及条带)；⑦草埠沟灰岩，又称草埠岭石灰岩、甘埠岭石灰岩、高庄石灰岩。

山西组　$P_1\hat{s}$　(37-0079)

【创名及原始定义】 "山西"一名用于地层，始于1907年，Willis 和 Blackwelder 在他们的专著《Reaserch in China》中称："从 Richthofen 和其它观察者的考察中，可知石炭纪和二叠—石炭纪陆相沉积在山西省广泛出露。因此，我们提出山西系的名称。在太原府附近向南到汾河向西弯曲处，我们时常发现它们。在太原府和水文县之间露头是几乎连续的。那儿有两套主要地层：(1) 杂色软页岩，Richthofen 称为太阳（Taiyang），它包含煤层，并直接覆盖在震旦纪灰岩之上；(2) 一大套浅红色砂岩夹少量砂质页岩。”

【沿革】 赵亚曾（1926）首次将山西系用于山东省晚古生代地层；小贯义男（1944）改称淄川统；以后经过山西组、淄川段或组变化。本次地层清理仍采用山西组，只是将底界下移至灰岩之顶面。

【现在定义】 指太原组与石盒子组之间的一套以陆相为主含煤地层。由灰至深灰色泥岩、砂质页岩、黄绿至灰绿色砂岩夹煤层组成的岩石组合。底以太原组顶部灰岩顶面为界，顶以泥岩基本结束，黄绿色长石石英砂岩大量出现为界，与下伏太原组、上覆石盒子组均为整合接触。为月门沟群上部地层。

【层型】 该组正层型剖面在山西省太原市晋祠柳子沟北岔沟。山东省该组次层型位于淄博市八陡镇东黑山（即黑山）（117°55′20″，36°27′30″；据山东煤田地质局张志敏、刘汉男等，1974）。

上覆地层：**石盒子组黑山段** 黄绿色厚—巨厚层粗粒长石石英砂岩 6.6 m

——————— 整 合 ———————

山西组 总厚度 136.3 m

20. 灰—灰黑色泥岩，顶、底均夹煤线。产植物：*Emplectopteridium alatum*，*Callipteridium* (?) sp.，*Pecopteris* cf. *arcuata*，*Lepidostrobophyllum* sp.，*Lepidostrobus* sp.，*Carpolithus* sp. 1.3 m

19. 黄绿色粉砂岩，底部为细砂岩 4.6 m

18. 黄绿色厚层粗粒石英砂岩，颗粒下粗上细 3.1 m

17. 黄绿色粉砂岩夹少量泥岩，底部与细砂岩互层，顶部有一薄层碳质泥岩。产植物：*Pecopteris feminaeformis*，*Sphenophyllum verticilatum*，*Fascipteris robusta* 8.8 m

16. 灰色泥岩，内夹三条煤线 1.9 m

15. 黄绿色厚层中粒长石石英砂岩 4.2 m

14. 黄绿色细砂岩与泥质粉砂岩不等厚互层 5.4 m

13. 灰、灰绿色砂质页岩夹粉砂岩及细砂岩透镜体。产植物：*Emplectopteris triangularis*，? *Emplectopteridium alatum*，*Lobatannularia* (?) *sinensis*，*Pecopteris sinobaltannetii* 20.9 m

12. 黄绿、灰绿色厚层—巨厚层中粒长石石英砂岩，具交错层理 12.5 m

11. 黄绿色泥质粉砂岩，顶部为深灰色细砂岩。产植物：*Alethopteris norinii*，*Taeniopteris multinervis*，*Sphenopteris oblongifolium*，*Calamites* sp. 7.7 m

10. 灰、灰绿色粉砂岩及细砂岩，中部夹泥岩及煤线 5.8 m

9. 深灰—黑灰色泥岩，夹菱铁质结核和条带，底为一煤线 5.2 m

8. 黄绿色、灰色细砂岩及粉砂岩 4.9 m

7. 深灰—黑灰色泥岩，含菱铁质结核 8.8 m

6. 灰黑色页岩，底部夹煤线，顶为一层中粒砂岩。产植物：*Calamites* cf. *cistii* 2.9 m

5. 暗灰色砂质页岩 2.3 m

4. 灰绿色细砂岩。产植物：*Cathaysiopteris whitei*，*Annularia stellata*，*Cordaites schenkii*，*C. principalis*，*Alethopteris* sp.，*Calamites* sp. 3.9 m

3. 灰绿色、灰色粉砂岩与砂质泥岩互层 10.2 m

2. 灰—灰绿色厚层中粒长石石英砂岩（北岔沟砂岩），底部层面凹凸不平，具冲刷构造 6.2 m

1. 深灰—灰黑色砂质泥岩、泥岩，含菱铁矿结核，产腕足类：*Dictyoclostus taiyuanfuensis*；双壳类：*Streblochondria* sp. 15.7 m

————————整　合————————

下伏地层：**太原组**　灰色厚层含泥质灰岩　　0.8m

【地质特征及区域变化】　山西组是以陆相沉积为主的含煤地层，为灰—深灰色的粘土岩、砂岩及粉砂岩，夹可采煤层。区域上的变化表现在碎屑岩的含量及含煤性的差异。在济南-淄博地层小区的聊城地区碎屑岩占全组总厚度的1/3，淄博地区占3/5，而昌乐一带几乎全为碎屑岩，可见由西向东有变粗之趋势；济宁-临沂地层小区，由南向北碎屑岩含量逐渐增多。两小区含煤性差异较大，淄博、章丘、莱芜一带，一般含薄煤3—6层，最多达11层，而可采的一般只有2层，除个别矿区外，均不为主要开采煤层；济宁、邹城、枣庄一带，一般含煤2—3层，可采者一般都有2层，单层厚度较大，横向变化稳定，是本区主要可采煤层。

山西组底部有一层黑灰色海相泥岩，含菱铁矿结核，富产腕足类、双壳类化石；石盒子组底部为黄绿色厚至巨厚层状粗粒长石石英砂岩（与山西省北岔沟砂岩相当），因此在野外山西组与下伏太原组和上覆石盒子组界线极易区别。

山西组底界具穿时性，由北向南，时代由老至新。

山西组厚度各地不一，北部沾化厚73 m，昌乐119 m，章丘106 m，淄博136 m，新汶125 m；南部枣庄127 m，济宁80 m，邹城84 m，平均厚百余米。

山西组含丰富的动植物化石，底部灰色海相泥岩产腕足类：*Dictyoclostus taiyuanfuensis*，*Chonetes latesinuata*，*Canerinella* sp.；双壳类：*Streblochondrica* sp.；其上陆相砂泥岩含丰富的植物，以节蕨、真蕨、种子蕨为主，主要分子：*Emplectopteris triangularis*，*Emplectopteridium alatum*，*Lobtannularia sinensis*，*Sphenophyllum thonii*，*Cordaites principalis*，*Tingia hamaguchii*，*Callipteridium*，*Taeniopteris multinervis* 等，是各地山西组常见植物分子。据上述生物组合对比，该组地质时限为早二叠世栖霞期。

山西组是晚古生代聚煤最重要的含煤地层之一，山东省兴隆庄煤矿就是开采山西组的煤，具有重要工业价值，其次是膨胀粘土矿。

石盒子组　$P_{1-2}\hat{s}$　(37-0080)

【创名及原始定义】　Norin1922年创名“石盒子系”，创名地点在太原东山陈家峪石盒子沟。原始定义：是指月门沟煤系之上，石千峰系之下的一套黄绿色、紫红色砂页岩系，并分为下石盒子系和上石盒子系，“下石盒子系几乎全由灰、绿、黄等色的泥质沉积物和淡色的砂岩所组成；上石盒子系则以巧克力色的沉积物为主要成分”。以骆驼脖子杂砂岩为下界，以大羽羊齿带为上界。

【沿革】　在山东省与这套地层相当的岩石组合，小贯义男1944年称为南定统，自下而上分为黑山层、万山层、奎山层和孝妇河层。丁培榛、范嘉松等1961年用石盒子统替代南定统，四个层升为四个组。《华东地区区域地层表·山东省分册》(1978)及《山东省区域地质志》(1991)用上、下石盒子组取代石盒子组。本次地层清理采用石盒子组，再分为以黄绿色砂岩为特征的黑山段，黄绿色砂岩、粉砂岩、泥岩互层并夹铝土岩为特征的万山段，灰白色石英砂岩为特征的奎山段和灰色、黄绿色、紫红色、紫色泥岩夹粉砂岩为特征的孝妇河段。

【现在定义】　指月门沟群之上、石千峰群之下，由黄绿、灰绿色砂岩、紫红、灰紫色泥岩夹铝土岩、灰黑色页岩及煤线组成的岩石组合。底以泥岩基本结束，黄绿色砂岩大量出现为界，与山西组整合接触，顶以石千峰群底部紫色砂砾岩底面为界，与之平行不整合局部不整合接触。

【层型】 该组正层型剖面在太原西山骆驼脖子沟—石千峰山。山东省该组次层型由4条剖面组成，属复合次层型。①淄博市大昆仑剖面，位于昆仑山东侧（117°54′40″，36°35′40″）；②淄博市七里店钻孔剖面，位于昆仑镇NE2km（117°56′00″，36°37′00″）；③淄博市八陡镇西黑山剖面，位于西黑山南坡（117°54′00″，36°28′00″）；④淄博市八陡镇东黑山剖面，位于东黑山（又称黑山）东坡（117°55′20″，36°27′30″）。除钻孔剖面为淄博矿务局1983年钻探，其余3条露头剖面由山东煤田地质局张志敏、刘汉男等1975年实测。

（大昆仑剖面）

上覆地层：**孙家沟组** 灰紫色厚层砂砾岩

——————— 平行不整合 ———————

石盒子组 总厚度＞490.1 m

孝妇河段 厚度＞315.0 m

12. 紫红色泥岩夹黄绿色泥岩 5.1 m

11. 灰紫色厚层粗粒长石石英砾岩，顶部含细砾 8.9 m

10. 黄绿色砂砾岩。上部为砾岩，砾石以石英为主，次棱角状，分选差，砾径一般3～5 mm，大者达2 cm 2.9 m

9. 紫红、黄绿、杂色泥岩及粉砂岩 7.3 m

8. 黄绿色、紫色泥岩 16.1 m

7. 灰—灰绿色厚层砂砾岩。砾石主要为石英，砾径2～3 mm，泥质胶结 8.8 m

6. 黄绿色泥质粉砂岩 2.7 m

5. 黄绿色厚层砂砾岩。砾石主要为石英，砾径2～3 mm，泥质胶结 1.6 m

4. 黄绿色泥岩。中部所夹灰色泥岩中产丰富的植物：*Compsopteris contracta*，*C. wongii*，*Fascipteris densata*，*F. hallei*，*F. stena*，*F. sinensis*，*F. tokachoensis*，*F.* cf. *robusta*，*Pecopteris tenuiconstata*，*P. orientalis*，*P.* cf. *arcuata*，cf. *P. sinoboutonnetii*，*Taeniopteris* cf. *szei*，*Carpolithus* sp.，*Cladophlebis* sp.，*Trigonocarpus* sp. 2.6 m

3. 黄绿色中厚层细粒长石石英砂岩 5.1 m

2. 黄绿色泥岩夹紫色泥岩 2.6 m

1. 黄绿色细砂岩（未出露全，下接七里店钻孔剖面）

（七里店钻孔剖面）

34. 紫色泥岩 9.0 m

33. 灰色粉砂质泥岩 8.6 m

32. 灰白色细砂岩 7.5 m

31. 深灰色泥质粉砂岩 1.8 m

30. 浅灰色细砂岩 4.0 m

29. 灰色泥岩 2.4 m

28. 浅灰色细砂岩 3.4 m

27. 以紫色为主的杂色泥岩 13.3 m

26. 浅灰色细砂岩 5.1 m

25. 灰色泥岩 8.8 m

24. 深灰色泥岩 10.5 m

23. 紫红色泥岩夹灰色泥岩 38.8 m

22. 下部为黑色泥质粉砂岩，上部为灰绿色泥质粉砂岩 4.5 m

21. 紫红色粉砂质泥岩 14.0 m

20. 下部为灰色细砂岩，上部为灰红色细砂岩　4.8 m

19. 灰色泥岩　2.1 m

18. 无岩芯　0.4 m

17. 下部为深灰色粉砂质泥岩，上部紫色泥岩　31.8 m

16. 细晶闪长玢岩

15. 以紫色为主的泥岩　5.5 m

14. 上部为灰紫色含云母细砂岩，下部为灰绿色细砂岩　7.2 m

13. 紫色含云母泥质粉砂岩夹深灰色泥岩　35.3 m

12. 细晶闪长玢岩

11. 深灰色泥质粉砂岩　1.6 m

10. 细晶闪长玢岩

9. 灰紫色泥岩　2.0 m

8. 细晶闪长玢岩

7. 灰紫色粉砂质泥岩　3.2 m

6. 细晶闪长玢岩

5. 灰紫色泥岩　3.1 m

4. 细晶闪长玢岩

3. 紫色泥岩　10.9 m

2. 灰白色细砂岩　0.9 m

1. 灰紫色粉砂岩　11.6 m

下伏地层：**晚二叠世石盒子组奎山段**　石英砂岩

（西黑山剖面）

上覆地层：**孝妇河段**　灰紫色粉砂岩

奎山段　厚度 23.0 m

33. 黄白、灰白色厚—巨厚层粗粒石英砂岩（奎山砂岩），具斜层理，坚硬，抗风化能力强　23.0 m

万山段　厚度 154.7 m

32. 中、下部为黄绿色泥质粉砂岩，上部为紫红色泥岩　7.7 m

31. 黄绿色细砂岩、粉砂岩夹泥质粉砂岩　16.4m

30. 黄绿色泥质粉砂岩夹紫色泥质粉砂岩。产植物：*Pecopteris arcuata*，*P. wongii*，*Sphenopteris tenuis*，*S.* cf. *gothonii*，*Lobatannularia* cf. *lingulata*，*L.* cf. *ensifolia*，*Lepidodendron* sp.　16.5 m

29. 灰白色—浅灰色厚层粗粒石英砂岩　4.7 m

28. 铝土岩，含泥铁质较高。在淄博地区称 A 层铝土，区域对比上为 A_0 层，不稳定　4.0 m

27. 黄绿色厚层粗粒长石石英砂岩，底部为灰白色粗粒长石石英砂岩　3.5 m

26. 黄绿色粉砂岩、细砂岩　3.8 m

25. 灰白厚层粗粒石英砂岩，斜层理发育　7.4 m

24. 黄绿色粉砂岩、泥岩。产植物：*Lobatannularia* sp.，*Chiropteris reniformis*，*Psygmophyllum* (?) sp.，*Rhipidopsis* (?) sp.，*Taeniopteris* cf. *schenkii*，*Pecopteris arcuata*，*P.* cf. *anderssonii*，*P.* cf. *calcarata*，*Cordaites* cf. *principalis*，*Carpolithus* sp.，*Calamites* sp.，*Sphenopteris* sp.　2.8 m

23. 黄绿色厚层中粒长石石英砂岩，顶部为石英砂岩　5.0 m

22. 黄绿色、紫色砂质泥岩　5.0 m

21. 黄绿色中薄层细砂岩，中上部夹粉砂岩。产植物：*Gigantopteris* (?) sp.，*Gigantonoclea*

(?) sp., *Chiropteris reniformis*, *Sphenopteris* cf. *tenuis* 3.6 m

20. 黄绿色厚—巨厚层粗粒长石石英砂岩 8.0 m
19. 黄绿色、紫色等泥岩，顶部为一层泥质粉砂岩 5.5 m
18. 黄绿色细砂岩与泥质粉砂岩 8.0 m
17. 黄绿色厚—巨厚层粗粒长石石英砂岩 4.2 m
16. 紫色、黄绿色砂质泥岩夹粉砂岩 14.2 m
15. 黄绿色中厚层细砂岩。产植物：*Fascipteris hallei*, *Validopteris* sp., *Rhipidopsis* (?) sp., *Yuania* (?) sp., *Pecopteris orientalis*, *P.* cf. *densifolia*, *P.* cf. *anderssonii*, *Sphenophyllum* sp. 6.8 m
14. 黄绿色厚—巨厚层长石石英砂岩 3.8 m
13. 灰、黄绿、紫等杂色泥岩，上部夹粉砂岩，底部为黑色页岩。产植物：*Pecopteris orientalis*, *Lepidostrobophyllum* sp., *Lepidophyllum* sp. 14.0 m
12. 黄灰色铝土岩，风化后呈黄绿色，含泥质较高，致密而坚硬，节理发育。在淄博地区称B层铝土，较稳定 7.2 m

（东黑山剖面）

11. 灰、白、紫、黄等杂色铁铝质泥岩 2.6 m

黑山段 厚度 95.3 m

10. 浅黄、黄白色厚—巨厚层粗粒长石石英砂岩，底部含细砾，横向不稳定 7.0 m
9. 黄绿色夹紫色泥质粉砂岩。下部产丰富的植物：*Lobatannularia* sp., *Tingia carbonica*, *T. partita*, *Sphenophyllum thonii*, *S. costae*, *Pecopteris arcuata*, *P. chihliensis*, *P.* cf. *lativenosa*, *P.* cf. *unita*, *Mariopteris hallei*, *Taeniopteris* cf. *multinervis*, *T.* aff. *norinii*, *Chansitheca* (*Sphenopteris*) *palaeosilvana*, *Odontopteris* cf. *subcrenulata*, *Fascipteris recta*, *Cordaites schenkii*, *Plagiozamites* sp., *Compsopteris* sp., *Cladophlebis* sp., *Annularia* cf. *gracilescens* 19.6 m
8. 黄绿色厚—巨厚层中粗粒长石石英砂岩，底部含细砾，顶部变为细砂岩 9.2 m
7. 黄绿色泥质粉砂岩，横向变化不稳定。产植物：*Taeniopteris multinervis* 3.7 m
6. 黄绿色厚层中粒长石石英砂岩，横向变化不稳定。产植物：*Cordaites principalis* 2.4 m
5. 黄绿、灰绿色粉砂岩。底部泥质粉砂岩中富产植物：*Alethopteris ascendens*, *Taeniopteris multinervis*, *T.* cf. *schenkii*, *Cordaites borassifolia*, *Plagiozamites oblongifolius*, *Carpolithus* cf. *taxiformis*, *Nilssonia* cf. *huabeiensis* 11.6 m
4. 黄绿色中薄层细砂岩夹薄层砂质泥岩 11.5 m
3. 黄绿、深灰色泥质粉砂岩夹灰—黑色泥岩薄层。产植物：*Pecopteis arcuata*, *P. orientalis*, *P. anderssonii*, *P. taiyuanensis*, *Cordaites principalis*, *Fascipteris* sp., *Validopteris* (?) sp., *Sphenopteris* cf. *tenuis*, *Sphenophyllum* sp., *Taeniopteris* sp. 14.8 m
2. 黄绿色中厚层细砂岩，底部和上部夹粉砂岩，中部夹中粒长石石英砂岩，底部压一煤线。产植物：*Carpolithus* sp. 8.9 m
1. 黄绿色厚—巨厚层粗粒长石石英砂岩（S砂岩） 6.6 m

———— 整　合 ————

下伏地层：**山西组**　灰—黑灰色泥岩，顶、底夹煤线 1.3m

【地质特征及区域变化】　石盒子组各地发育不均匀，淄博、章丘一带发育最全，其他地区遭受剥蚀，一般只保存到万山段，厚度相差悬殊。由西向东：聊城 246.7 m，长清 290.0 m，章丘 513.5 m，淄博 588.0 m，昌乐 141.4 m。由北向南：沾化 135.5 m，淄博 588.0 m，莱芜羊庄 246.3 m，新汶 55 m，济宁 148.5 m，枣庄 160.0 m。可见，淄博、章丘一带为当时沉降中心，厚度最大，向四周遭受剥蚀，新汶剥蚀最严重，残厚 55 m（图 6-3）。

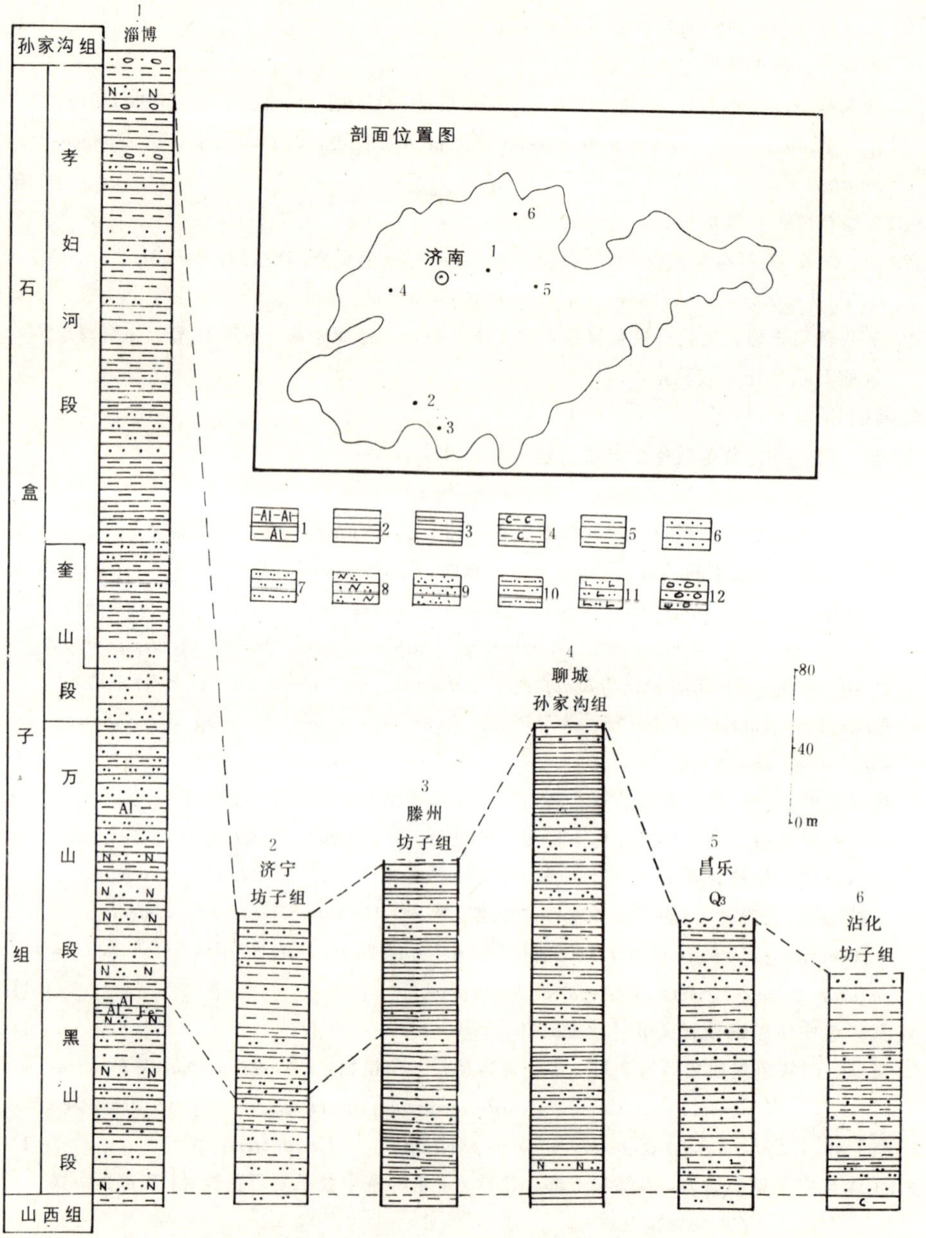

图 6-3 山东省石盒子组柱状对比图

1. 铝土页岩；2. 页岩；3. 砂质页岩；4. 碳质页岩；5. 泥岩；6. 砂岩；7. 粉砂岩；8. 长石石英砂岩；9. 石英砂岩；10. 泥质粉砂岩；11. 钙质粉砂岩；12. 砂砾岩

纵观石盒子组岩性特征，由下向上沉积物粒度愈来愈细，紫色愈来愈多。但总体上可分为砂岩→粉砂岩与泥岩互层→砂岩→泥岩夹粉砂岩两个大的沉积旋回，据此而分为 4 个段。

该组含丰富的植物化石，主要分子有：*Sphenophyllum verticillatum*，*Taeniopteris multinervis*，*Pecopteris taiyuanensis*，*Lepidostrobophyllum*，*Gigantopteris nicotianaefolia*，*Fascipteris tokachoensis* 等，为华夏植物群重要分子，是各地石盒子组常见的植物化石。据上述生物组合对比，该组地质时限为早二叠世茅口期至晚二叠世龙潭期。

石盒子组不含可采煤层，仅见有薄煤线，但其中铝土岩可开采利用。

黑山段　P_1^h　(37－0082)

【创名及原始定义】　小贯义男 1944 年创名“黑山层”，命名地点在淄博市八陡镇东黑山。原始定义：黑山层构成南定统的最下部。虽然是从淄川统迁移过来，但不包含煤层，相反包含紫红色页岩，而随着从下部到上部紫红色页岩的增加，变为以紫红色页岩为主，包含着黄褐色页岩及灰色页岩的累积层。该层和淄川统的界限是不含煤层而含紫红色页岩的累积层，其下限为厚的黄褐色粗粒乃至砾岩质砂岩。和淄川统整合接触，厚 55～70 m。

【沿革】　原始定义的黑山层归南定统，《中国区域地层表（草案）》(1956) 称黑山组，归山西统；丁培榛等（1961）归石盒子统，全国地层委员会（1964）称黑山段，归山西组；山东省区域地层表编写组（1978）及《山东省区域地质志》(1991) 中改称为下石盒子组。本次地层清理降为黑山段，归石盒子组。将原划黑山段（或下石盒子组）顶部 2.6m 杂色铁质泥岩划为其上万山段。

【现在定义】　指石盒子组第一个段。以黄绿色长石石英砂岩、粉砂岩为主，夹灰黑色泥岩和煤线等组成的岩石组合。底以泥岩基本结束、黄绿色砂岩大量出现为界，顶以灰、白、紫等杂色铁铝质泥（页）岩之底面为界。

【层型】　正层型剖面位于淄博市八陡镇东黑山（117°55′20″，36°27′30″）(据山东煤田地质局张志敏、刘汉男等，1975)，剖面描述见石盒子组。

【地质特征及区域变化】　黑山段由黄绿、灰绿色砂岩、粉砂岩和杂色粘土岩组成，局部夹薄煤线。区域变化：北部淄博、章丘、肥城等地砂岩含量高，粘土岩含量少；南部济宁、枣庄一带，粘土岩含量增加，碎屑岩则以细碎屑岩、粉砂岩为主。色调以黄绿、灰绿色为主，上部开始出现紫色。

黑山段厚度变化较大。济南-淄博地层小区肥城约 20 m，长清 83.5 m，章丘 100 m，淄博 95.3 m，昌乐约 58.2 m，自西向东厚度增加；济宁-临沂地层小区兖州、邹城一带厚 43 m，济宁 53.2 m，滕州 85.2 m，厚度小于章丘、淄博等地。

黑山段不含可采煤，个别地区见有煤线和薄煤层。

黑山段含丰富植物化石，主要分子：*Pecopteris taiyuanensis*，*P. arcuata*，*Tingia partita*，*Emplectopteris triangularis*，*Taeniopteris* 等。据生物组合对比，该段地质时限为早二叠世茅口期。

万山段　P_2^w　(37－0083)

【创名及原始定义】　小贯义男 1944 年创名“万山层”，命名地点在淄川区万山。原始定义：万山层是紫红色页岩及伪层显著的黄褐色砂岩互层，以 A 层矾土页岩为基底，贯穿全层含有铁矿、矾土页岩、含铁锰矾土岩和粘土数层，成为呈特殊沉积相的累积层。本层的厚度为 80～110 m。

【沿革】　原始定义万山层归南定统，《中国区域地层表（草案）》(1956) 称万山组，仍属南定统；山东省区域地层表编写组（1978）和《山东省区域地质志》(1991) 中称万山段，归上石盒子组；本次地层清理采用万山段，归石盒子组。新义的万山段与原始定义含义基本相同，但与《山东省区域地质志》(1991) 万山段相比，将原划黑山段顶部 2.6m 杂色铁砾质泥岩划为万山段，即底界下移 2.6 m，顶界上移 45.3 m。

【现在定义】 指石盒子组第二个段。为黑山段与奎山段之间，由黄绿色厚层粗粒长石石英砂岩、细砂岩和黄绿色、紫色砂质泥岩、泥岩反复叠置，并夹黄灰色铝土岩，灰、黄绿、紫等杂色泥岩构成的岩石组合。以杂色泥岩增多而区别于上、下以砂岩为特征的两个段。底以杂色泥（页）岩底面为界，顶以奎山段灰白色厚层粗粒石英砂岩底面为界。

【层型】 正层型剖面含于石盒子组次层型剖面之内，详见石盒子组次层型剖面。

【地质特征及区域变化】 万山段是一套陆相沉积地层，露头较好的淄博一带以黄绿色、灰白色厚层长石石英砂岩、石英砂岩为主，夹黄绿、紫色泥质粉砂岩和泥岩及铝土岩。向南至莱芜一带，以黄及黄白色长石砂岩及石英砂岩为主，夹紫色云母页岩及灰白色铝土页岩。到济宁、枣庄一带，粘土岩增多，为灰绿色粉砂岩、细砂岩和粘土岩的互层，沉积物粒度变细。该段厚度变化较大，淄博、章丘一带厚 140～250 m，莱芜、新汶一带遭受剥蚀，残厚 20～55 m。

该段底部杂色铁铝质泥岩和铝土岩区域上常相变为紫红色铁铝质泥岩，层位稳定，是区域划分对比的良好标志层。在山西省为紫斑铝土质页岩，又称桃花页岩。该段上部有一层铝土质页岩，区域上不稳定，淄博、章丘、莱芜均见之，可作为小范围对比标志层（区域对比称 A_0 层）。

万山段含丰富植物化石，植物群面貌和黑山段有着明显的不同，主要表现在大羽羊齿类的发育，裸子植物银杏类 *Rhipidopsis*，*Psygmophyllum* 等出现，主要有 *Pecopteris orientalis*，*Lepidostrobophyllum* sp.，*Gigantopteris nicotianaefolia* 等，是华北晚二叠世常见分子。据生物组合对比，该段地质时限为晚二叠世龙潭期。

奎山段 P_2^k （37－0084）

【创名及原始定义】 小川博士创名“大奎山层”（年代不详），小贯义男 1944 年介绍，命名地点在淄博市大奎山。原始定义：由已故的小川博士命名的大奎山层和笔者称呼的大奎山层意义不同，这是因为笔者限定使用在石英砂岩特显著发育的地方。本层致密坚硬，由呈块状或厚板状的石英砂岩构成，几乎是纯粹的二氧化硅。厚 75～150 m，抵抗风化侵蚀的能力特强。本层在煤田内覆盖前述的诸地层，构成高峻的山地或丘陵的顶部。

【沿革】 小贯义男（1944）介绍大奎山层时，将其含义限定为厚层石英砂岩为主地层，归南定统；《中国区域地层表（草案）》(1956) 称大奎山组，底界扩大至 A 层铝土岩顶面；山东省区域地层表编写组（1978）改称为“奎山段”归上石盒子组，其后均使用奎山组或段。本次地层清理恢复小贯义男（1944）划分方案，仅将灰白色厚层石英砂岩划分出来，称奎山段。事实上，小贯义男在介绍其定义时，既称“大奎山层”，又称“奎山层”。

【现在定义】 指石盒子组第三个段，为万山段与孝妇河段之间的厚层坚硬致密（长石）石英砂岩岩石地层单位。

【层型】 正层型剖面位于淄川区昆仑镇大奎山（117°56′20″，36°32′45″）（据张增奇、胡树庭、方树宜等，1988)。

奎山段　　　　　　　　　　　　　　　　　　　　　　　　　　总厚度 34.11 m

4. 白色巨厚层具交错层的粗粒长石石英砂岩（位于山顶形成单面山，其上被残坡积覆盖，推测为孝妇河段的残坡积物）　　16.76 m

3. 灰黄色中厚层中粒长石石英砂岩 3.77 m

2. 灰黄色巨厚层粗粒长石石英砂岩 6.79 m

1. 含砾厚层粗粒长石石英砂岩。底部砾石成分为铝土岩，次棱角状，大小 3mm 左右，向上逐渐减少 6.79 m

——————— 整 合 ———————

下伏地层：**万山段** 黄绿色泥岩及含铁质结核泥岩，顶部为青灰色铝土岩

【地质特征及区域变化】 奎山段是一套白色-灰黄色厚层粗粒长石石英砂岩及杂色砂岩，局部可能有石英砂岩。分布于淄博、章丘一带，形成单面山山顶，厚 23～65m。以其独特岩性特征及地貌特征易于分界，石英砂岩斜层理发育，是河流相沉积环境。据上下层位所含化石分析，该段地质时限为晚二叠世龙潭期。

孝妇河段 P_2^x （37-0085）

【创名及原始定义】 小贯义男 1944 年创名“孝妇河层”，命名地点在淄博市博山区孝妇河。原始定义：孝妇河层紫红色页岩、浓黄褐色乃至白色伪层显著，为粗粒松散的砂岩及灰色页岩等的互层，有随着上升到上部砂岩逐渐变多的倾向。本层和大奎山层完全整合，厚 170m 左右。本层容易松散成细片的紫红色页岩发育，且砂岩也因为含大量长石而易于风化，分布在孝妇河流域等地的低地。本层大部分被黄土和砂砾覆盖，出露很不好。

【沿革】 原始定义的孝妇河层归南定统；《中国区域地层表（草案）》（1956）称孝妇河组，归石盒子统；山东省区域地层表编写组（1978）称孝妇河段，归上石盒子组。本次地层清理采用孝妇河段，归石盒子组。

【现在定义】 指石盒子组顶部以紫红、紫、黄绿、深灰色泥岩为主，夹砂砾岩和砂岩岩石组合。底以奎山段厚层石英砂岩顶面为界，顶以石千峰群底部灰紫色砂砾岩底面为界，与上覆石千峰群平行不整合、局部不整合接触。

【层型】 该段正层型剖面含于石盒子组正层型剖面之内，详见石盒子组正层型剖面。

【地质特征及区域变化】 孝妇河段仅分布于淄博、章丘一带，下部为紫红色、黄绿色砂质泥岩、泥岩及粉细砂岩，上部紫、黄等杂色泥岩、页岩夹灰黄色含砾砂岩，厚度 60—135m。因含铁质较多，因而呈暗紫色，且上部夹黄绿色砂岩，区别于其上紫红色泥岩为特征的石千峰群孙家沟组。

该段含植物化石，主要分子：*Compsopteris wongii*，*Fascipteris tokachoensis* 等，是晚二叠世早期分子，为龙潭期。

石千峰群 $P_2T_1\hat{S}$ （37-0086）

【创名及原始定义】 Norin 1922 年创名“石千峰系”，创名地点在山西省太原西山的石千峰山一带。原始定义：指太原石千峰山、关头村一带，“石盒子系以上的巧克力、暗红色砂岩、泥灰岩层。包括（1）银杏植物带，（2）石膏泥灰岩带，（3）砂岩带三部分。”1924 年，Norin 将银杏带下移归入上石盒子系。

【沿革】 小贯义男 1944 年把淄博一带侏罗纪昆仑统（现坊子组）之下紫色、紫红色砂岩夹泥岩组合称凤凰山统，划为二叠系顶部；《中国区域地层表（草案）》（1956）称凤凰山系，划为二叠—三叠系；丁培榛、范嘉松等 1961 年引进石千峰统替代凤凰山统；山东省区域地层表编写组（1978）采用石千峰组，归二叠系；《山东省区域地质志》（1991）采用凤凰山组。在山东省地质矿产局第一地质大队（李昶绩等）1∶20 万章丘幅区调报告（1988）和区域地质调

查队（王世进等）1∶20万泰安、新泰幅区调报告中，(1990) 根据凤凰山组与其下孝妇河组不整合接触关系推测，其属三叠系。根据地层岩性特征和层位关系，本次地层清理采用石千峰群，在淄川昆仑山其次层型上，再分为孙家沟组和刘家沟组，前者时代为晚二叠世，后者为早三叠世。

【现在定义】 在山西省，石千峰群以鲜艳红色泥岩和长石砂岩为特征，整合于其下的为晚二叠世石盒子组，整合其上的为中三叠世二马营组。本省石千峰群现在定义暂且表述为：指石盒子组之上，以鲜艳红色为特征，由红色泥岩和红色长石砂岩组成的一套内陆干旱盆地河湖相沉积岩系。底以与石盒子组平行不整合、局部不整合接触；顶界与坊子组平行不整合接触，与二马营组整合接触。依泥岩和砂岩组合相间出现，自下而上分为孙家沟组、刘家沟组及和尚沟组。

【地质特征及区域变化】 石千峰群分布较为局限。在鲁西分区淄博、章丘中生代盆地边缘偶有露头，主要见于博山大尖山、凤凰山，淄川昆仑山，周村卧眉山、武家庄，章丘于家庄、绣惠女郎山等地。据钻孔揭示及物探推测，华北平原地层分区聊城堂邑南西宋家、莘县及鲁西地层分区北缘茌平等地有所沉积。岩性为紫红色、紫色泥岩、粉砂岩、岩屑长石砂岩为主，夹安山质凝灰岩和玄武岩。具硅质层和灰白色“砂岩球”。斜层理和交错层理发育，沉积韵律明显，属内陆干旱盆地河湖相沉积。

在山西省，石千峰群下部和上部以红色砂岩和泥岩为主，中部以红色砂岩为主，以泥岩为标志，分为孙家沟组、刘家沟组及和尚沟组。在山东省淄博—章丘盆地，石千峰群仅具二分性，即下部为砂岩夹泥岩的孙家沟组，上部为以紫红色砂岩为主的刘家沟组。其上被早—中侏罗世坊子组平行不整合覆盖。但是，在坊子组底部砾岩中发现有紫红色泥岩和页岩砾石，推测在坊子组沉积之前曾有泥岩为特征的和尚沟组沉积。至于华北平原地层分区，因有二马营组沉积，那么极有可能在聊城一带应有石千峰群上部的和尚沟组沉积。

石千峰群以紫红或鲜红色砂岩和泥岩为标志，区别于其下石盒子组孝妇河段和其上二马营组。后两者岩性同石千峰群相似，但后两者为灰绿色、黄绿色及灰紫色长石砂岩夹紫红色、红色、紫色泥岩、粉砂质泥岩，以灰绿色、黄绿色夹紫红色为特征。钻孔中二马营组新鲜岩石为浅棕色粉砂岩夹棕红色、紫红色泥岩。

石千峰群南薄北厚，博山大海眼凤凰山约245 m，章丘于家庄约558 m。聊城宋家钻孔中该群厚100余米（图6-4）。

山东省石千峰群这套红色碎屑岩沉积缺乏生物依据，以往推测它的时代归属仅依据上覆和下伏地层及其间的接触关系。所以众说纷纭。概括起来有以下三种：①20年代初谭锡畴(1923) 把它归为三叠纪；②以北京地质学院1961年1∶20万区测报告为代表的归为二叠—三叠纪；③1978年《华东地区区域地层表·山东省分册》和1991年《山东省区域地质志》采用了全国地层会议(1959)的意见归入晚二叠世晚期。经过近几年1∶20万区调工作发现，石千峰群与其下石盒子组为不整合至平行不整合接触，在石千峰群底部安山质岩屑凝灰岩中采得K-Ar全岩同位素年龄为175.4 Ma。乔善宏(1986) 在该群紫红色砂岩夹一层深灰色泥岩中发现，下部含海豆芽化石，上部含植物化石，海豆芽化石可与陕西渭北和鄂尔多斯盆地三叠纪地层对比。据此推测其为三叠纪。本书认为，不整合不能作为划分地质年代的依据，山西省石千峰群三个组其正层型剖面上陆续发现了爬行类动物化石（孙家沟组）、以肋木为代表的植物化石组合及孢粉、叶肢介（刘家沟组及和尚沟组）。按层位对比，山东省石千峰群为二叠纪—三叠纪跨时性岩石地层单位，孙家沟组为二叠纪长兴期，刘家沟组为早三叠世。

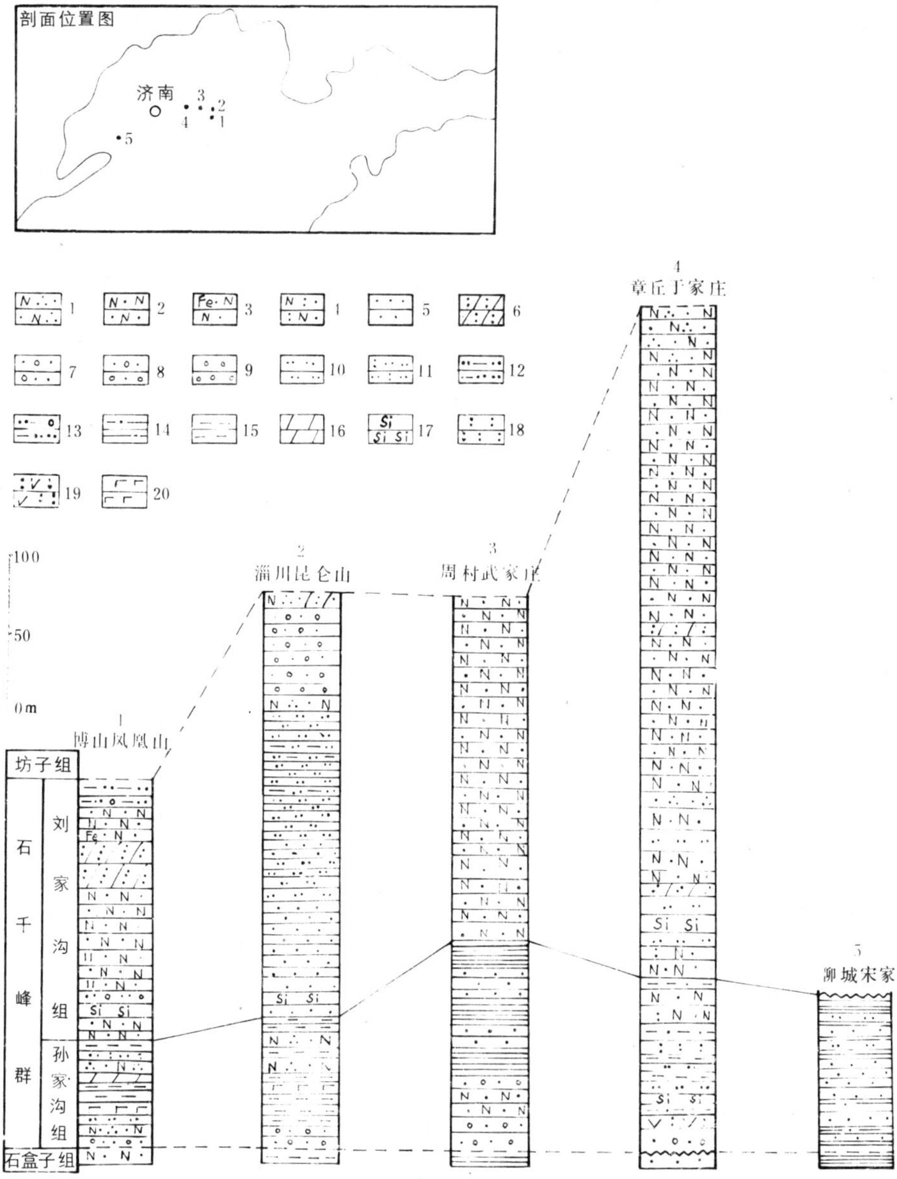

图 6-4　山东省石千峰群柱状对比图

1. 长石石英砂岩；2. 长石砂岩；3. 铁质长石砂岩；4. 凝灰质长石砂岩；5. 砂岩；6. 斜层理砂岩；7. 含砾砂岩；8. 砂砾岩；9. 砾岩；10. 粉砂岩；11. 凝灰质粉砂岩；12. 泥质粉砂岩；13. 含砾泥质粉砂岩；14. 砂质泥岩；15. 泥岩；16. 泥灰岩；17. 燧石层或硅质岩层；18. 凝灰岩；19. 安山质凝灰岩；20. 玄武岩

孙家沟组　P_2sj　(37-0087)

【创名及原始定义】　刘鸿允等 1959 年创名孙家沟组，创名地点在山西省宁武县化北屯乡孙家沟。原始定义："孙家沟组为一套紫红、黄白色粗粒长石石英砂岩与紫红色的砂质泥岩及粉砂岩互层。粉砂岩或泥岩中具层状分布的钙质结核及瘤状泥灰岩的凸镜体或条带。它和下伏地层以一层稳定的灰绿色或灰紫色含砾粗粒长石石英砂岩分界。”为石千峰群的第一个组。

【沿革】 孙家沟组是本次地层清理引进山西省地层名称，相当于原来本省凤凰山组下部紫红色砂岩、泥岩互层并以泥岩为特征的岩石组合。

【现在定义】 指石千峰群下部地层。主要由紫红色泥岩、粉砂质泥岩夹紫红色、灰紫色、黄绿色砂岩组成。底以紫红色砂砾岩出现为界与石盒子组平行不整合、局部不整合接触；顶以紫红色泥岩基本消失为界与刘家沟组整合接触。

【层型】 该组正层型剖面在山西省宁武县化北屯乡孙家沟。山东省该组次层型为昆仑山剖面，起点位于淄博市昆仑镇昆仑瓷厂（117°54′35″，36°35′40″；据山东煤田地质局张志敏、刘汉男等，1974，编著者略有修改）。据 1988 年 1∶20 万泰安、新泰幅区调资料，在该剖面两侧，石千峰群岩性与本剖面描述有一定差别：如本剖面中紫色应为紫红色；部分泥岩应为泥质粉砂岩、粉砂质泥岩；大部分长石石英砂岩应为岩屑长石砂岩。孙家沟组下部普遍有中基性至中酸性火山凝灰质胶结物。

上覆地层：**早—中侏罗世坊子组** 浅紫色复成分砾岩，上部渐变为白色厚层含砾粗砂岩

——————— 平行不整合 ————————

石千峰群	总厚度 369.5 m
刘家沟组	总厚度 280.5 m
17. 黄绿色中厚层细粒长石石英砂岩，具斜层理	15.8 m
16. 紫、黄绿、黄色砂砾岩，层理不发育，分选差，滚圆度较好，砾石分布不均。砾石成分以石英为主，砾径大者可达 3～5 cm，泥质胶结，较松散	49.4m
15. 紫色砾岩，层理不好，滚圆度较好，砾径一般 1～5 cm。砾石成分主要为石英、燧石，胶结松散	10.1 m
14. 黄及灰紫色厚层中粒长石石英砂岩，胶结松散，顶部含砾	10.0 m
13. 灰紫色—紫红色粉砂岩，薄层理发育，下部夹细砂岩，顶部夹泥质粉砂岩	125.5 m
12. 紫红色夹少量黄绿色细砂岩，薄层理发育，主要成分为石英、长石及云母	62.9 m
11. 紫色中厚层细砂岩，含燧石结核及条带，顺层分布，尤以底部为多	6.3 m

———————— 整 合 ————————

孙家沟组	总厚度 89.5 m
10. 紫色粉砂岩及泥岩，顶部含燧石结核及条带	3.8 m
9. 灰紫色中厚层中粒长石石英砂岩（附近海眼口剖面地层为细粒岩屑长石砂岩，含白色“砂岩球”）	10.4 m
8. 紫色砂质泥岩，中部夹黄绿色泥岩，顶部夹紫红色泥岩	10.3 m
7. 灰紫色中厚层中粒长石石英砂岩，顶部为细砂岩	5.5 m
6. 紫红色砂质泥岩	6.8 m
5. 灰紫色中厚层长石石英砂岩	2.6 m
4. 紫红色泥岩	3.8 m
3. 灰绿色玄武岩	9.7 m
2. 紫、紫红色泥岩及砂质泥岩，夹一层 1 m 厚细砂岩	30.5 m
1. 灰紫色厚层砂砾岩，砾石成分为石英、长石和岩屑，砾径一般为 5 mm×5 mm，大者 40 mm×25 mm，棱角状为主	6.1 m

——————— 平行不整合 ———————

下伏地层：**晚二叠世石盒子组孝妇河段** 紫红色泥岩夹黄绿色泥岩 5.1m

【地质特征及区域变化】 孙家沟组分布于淄博、章丘中生代盆地边缘和聊城（钻孔所见）等地，厚70～130 m，由紫红色的长石砂岩、粉砂岩及砂质泥岩、泥岩组成，下部夹玄武岩、安山质岩屑凝灰岩。岩石中普遍含有中基性—中酸性火山碎屑和火山凝灰。紫红色泥岩是该组主要特征，常含硅质层，分界处可见燧石结核和条带。

本组上部常含白色“砂岩球”，似鸡蛋状，在山西省该组正层型剖面上也存在。

孙家沟组与其下石盒子组孝妇河段都是以泥岩、粉砂岩为主，颜色也都接近于紫红色。但是，孝妇河段以紫红色、暗紫色、黄绿色泥岩、粉砂岩为主，其颜色微带暗紫色夹黄绿色调，而孙家沟组乃至整个石千峰群以紫红色或称鲜红色调为主。在章丘于家庄一带，孙家沟组与其下石盒子组孝妇河段不整合接触，向东南至周村武家庄、张店凤凰山、淄川昆仑山及博山凤凰山均逐渐变为（微角度）不整合至平行不整合接触。以紫红色泥岩基本结束为其顶界。

在章丘于家庄该组下部安山质岩屑凝灰岩中，用K－Ar法测其全岩同位素年龄为175.4Ma，此值比上覆早—中侏罗世坊子组化石资料还要偏新，显然有Ar的丢失。据与山西省该组正层型上的动物化石和植物化石资料对比，山东省孙家沟组时代为晚二叠世长兴期。

刘家沟组 T_1l （37－0088）

【创名及原始定义】 刘鸿允等1959年创名刘家沟组，命名地点在山西省宁武县化北屯乡刘家沟。原始定义：“刘家沟组以一套较为单一的灰白色和浅紫红色细粒砂岩为主，夹有薄层泥岩及层间砾岩。砂岩具有非常发育的交错层，砂岩层面上有暗紫色砂质团块，并有微层理。”是石千峰群的第二个组。

【沿革】 刘家沟组是本次地层清理引进山西省地层名称，相当于原凤凰山组上部。

【现在定义】 指石千峰群中部地层。由交错层发育的紫、紫红、灰紫色长石石英砂岩、细砂岩、粉砂岩偶夹少量薄层砂质泥岩，上部含砂砾岩及砾岩组成的岩石地层单位。具交错层理。底以紫红色泥岩基本结束为界与孙家沟组整合接触；顶以紫红色泥岩出现为界与和尚沟组整合接触或以坊子组底部平行不整合面为界。属三叠纪。

【层型】 与孙家沟组为同一连续次层型剖面，描述见孙家沟组淄博昆仑山剖面。

【地质特征及区域变化】 刘家沟组局限于淄博、章丘中生代盆地边缘，厚175～438 m。章丘卧牛山、周村武家庄以长石砂岩、长石石英砂岩为主，淄川大昆仑一带该组中、下部以砂岩、粉砂岩为主，上部以紫色砾岩、黄绿色砂砾岩为主。该组不含化石，是干旱气候、强氧化条件下河湖相沉积物。以紫红色夹黄绿色粉砂岩、砂岩并具交错层理为特征。

刘家沟组与其上早—中侏罗世坊子组以平行不整合面为界。坊子组为灰绿色砂岩夹煤层，底部为砾岩。据砾岩中泥岩、页岩砾石推测，刘家沟组之上曾有以泥岩为特征的和尚沟组沉积，现已剥失。但鲁西地层分区北缘和华北平原地层分区可能仍有存在。

刘家沟组与其上二马营组关系不明。两者区别在于后者新鲜岩石（钻孔所见）为浅棕色夹紫色、紫灰色、棕红色、灰白色等钙质、白云质细砂岩、粉砂岩夹砂质泥岩。

据与山西省该组正层型剖面化石资料对比，山东省刘家沟组时代为早三叠世。

【其他】 在本次地层清理过程中，中国煤田地质总局“华北晚古生代聚煤规律与找矿”课题组也对华北晚古生代地层进行了多重划分，其中岩石地层与我们的划分大同小异。不同点主要是本次地层清理新定义的本溪组就是中国煤田地质总局所划湖田组，本文的孙家沟组就是他们所划的石千峰组，刘家沟组含义相同（图6－5）。我们认为，本溪组最早属年代地层

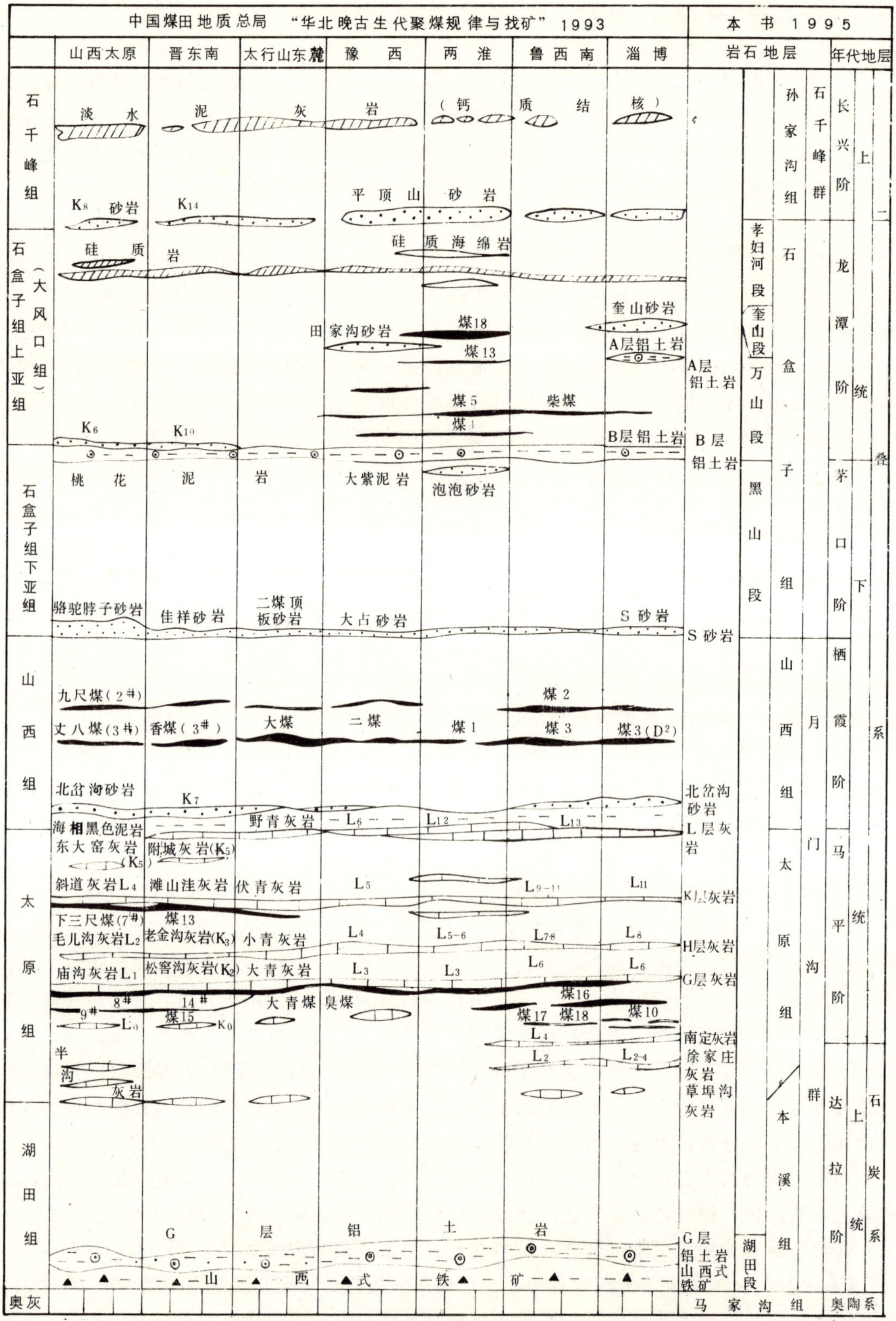

图6-5 山东省石炭纪—三叠纪地层划分与煤田系统划分对比图

划分，而灰岩之下这套碎屑岩岩石组合早在1990年就由山东地质矿产局七地质队宋奠南等人厘定为湖田组。所以，我们建议应推广使用湖田组。

二马营组　T_2e　（37－0090）

【创名及原始定义】　1959年中国科学院山西地层队刘鸿允等在研究了山西省宁武、武乡—榆社等地的三叠系后，创名“二马营统”（再分为陈家庄组和南梁上组），命名地点在山西省宁武县东寨乡二马营村。原始定义：“上为延长群所覆，下以灰黄色杂有红、绿色中细粒石英砂岩与和尚沟组分界；其下部灰黄色杂有红、绿色中细粒砂岩夹紫红色钙质砂质泥岩薄层或凸镜体，上部由肉红微绿色中粗粒长石砂岩夹暗紫淡绿色钙质粉砂质泥岩，泥岩中含有钙质结核及石膏质结核。”

【沿革】　系本次清理工作中新引进山西省岩石地层单位名称。此前，东濮石油会战指挥部地质研究所赵志清等人（1980），根据石油钻探揭示，在山东聊城地区和河北临西地区钻井下发现了一套含轮藻、孢粉化石的砂、泥质沉积，因聊城地区发育故创名为聊城组。赵志清等（1980）依据轮藻化石认为其时代属中三叠世；李光星（1988）据孢粉组合认为属早—中三叠世。《山东省区域地质志》（1991）采用聊城组，认为时代为三叠纪。在《山东省地层多重划分对比研究报告》中，曾将其划为石千峰群孙家沟组。在本专著编写过程中，通过研究原聊城组化石资料并与山西省有关地层资料对比，将原聊城组改称为二马营组。

【现在定义】　由于山东省二马营组为地下钻孔剖面，其颜色与地表风化后岩石不同，下伏地层也不甚清楚，故直接采用山西省所下现在定义：指晋冀鲁豫地层区石千峰群之上，主要由灰绿色长石砂岩夹红色泥岩的一套地层。红色泥岩中含大量钙质结核。以底部厚层灰绿色长石砂岩之底面为界，与下伏石千峰群和尚沟组整合接触；以最上一层红色泥岩顶面与上覆地层延长组底部浅红黄色厚层长石砂岩划界，为整合接触。

【层型】　正层型位于山西省宁武县东寨乡二马营村西南3 500 m的化北屯乡孙家沟沟中。山东省二马营组次层型为聊城堂邑乡陈庄南550 m处钻孔剖面（115°45′00″，36°26′00″；胜利油田临盘指挥部钻探，时间不详）。

上覆地层：**馆陶组**

～～～～～～～～ 不 整 合 ～～～～～～～～

二马营组	总厚度 1 245.5 m
上段	厚度 659.5 m
23. 浅棕色钙质粉砂岩、钙质砂岩、白云质粉砂岩、白云质砂岩、粉—细砂岩与棕红色泥岩不等厚互层，上部夹少许含砾砂岩、泥质粉砂岩。产轮藻：*Stellatochara hoellvicensis*，*Stenochara donetziana*，*Cuneatochara* sp.	75.0 m
22. 浅棕色钙质粉砂岩、粉砂岩夹棕红色泥岩。产轮藻：*Stenochara donetziana*，*S.* sp.，*Cuneatochara acuminata*	32.5 m
21. 浅棕色白云质砂岩夹棕红色泥岩	19.5 m
20. 上、下部为浅棕色含砾砂岩；中部为浅棕色钙质粉砂岩、粉砂岩、泥质粉砂岩与棕红色泥岩互层	17.0 m
19. 浅棕色钙质粉砂岩与棕红色泥岩互层。产轮藻：*Stenochara donetziana*，*S.* spp.	24.0 m
18. 浅灰色粉砂岩、钙质粉砂岩、钙质砂岩与紫红、棕红色泥岩不等厚互层。产轮藻：*Stenochara yuannanensis*，*S. donetziana*	38.0 m
17. 浅灰色细砂岩、高岭土质粉砂岩夹紫红色泥岩，并见浅灰色粗砂岩、含砾砂岩、钙	

质砂岩。产轮藻：*Stenochara donetziana*，*S*. spp. 61.5 m

16. 浅灰色钙质粉砂岩、钙质砂岩与紫红色泥岩不等厚互层。产孢粉化石 22.5 m

15. 浅灰色细砂岩、含砾砂岩夹紫红色泥岩。产孢粉化石 19.0 m

14. 浅棕、浅灰色粉—细砂岩、泥质粉砂岩夹紫红色泥岩。产孢粉化石 20.5 m

13. 顶部有12 m紫红色砂质泥岩，见石膏脉；上部为浅棕、浅灰色钙质砂岩夹紫红色泥岩；下部为浅棕色高岭土质粉砂岩夹紫红色泥岩。产轮藻 *Stenochara yuannanensis* 92.0 m

12. 浅棕色钙质砂岩、粉—细砂岩与紫红色泥岩不等厚互层，夹粉砂岩、泥质粉砂岩。产孢粉化石 40.5 m

11. 浅棕色粉—细砂岩夹紫红色泥岩（局部呈不等厚互层状）及少许钙质砂岩，偶见石膏晶片。产轮藻：*Stenochara* sp. 及孢粉化石 184.0 m

10. 浅灰色钙质粉砂岩、粉—细砂岩与紫色泥岩互层。产孢粉化石 13.5 m

下段 厚度 586.0 m

9. 浅棕色粉—细砂岩、钙质砂岩夹紫色泥岩、砂质泥岩（局部砂岩和泥岩呈不等厚互层状）。产孢粉化石 159.5 m

8. 浅棕色粉—细砂岩、粉砂岩与紫色泥岩、砂质泥岩互层夹钙质粉砂岩。产轮藻：*Porosphaera dongtunensis* 20.0 m

7. 浅棕色粉—细砂岩、钙质及白云质砂岩、泥质粉砂岩与紫色泥岩呈不等厚互层，局部呈夹层状 50.5 m

6. 浅棕、灰白色细砂岩、粉砂岩、泥质粉砂岩、钙质砂岩夹紫色泥岩（砂岩和泥岩局部呈互层状）。产轮藻：*Stellatochara hoellvicensis* 74.0 m

5. 浅棕色粉—细砂岩夹紫色泥岩及少许泥质粉砂岩，底部为钙质砂岩和泥质粉砂岩。产轮藻：*Porosphaera dongtunensis*，*Stellatochara* cf. *fusiformis*，*S*. spp. 及孢粉化石 36.0 m

4. 灰白色（底部为浅棕色）粉—细砂岩、钙质砂岩夹紫色泥岩。产孢粉化石 75.5 m

3. 浅棕色粉砂岩、粉—细砂岩夹紫色泥岩 58.5 m

2. 灰紫色泥岩与白云质砂岩互层夹泥质粉砂岩、钙质砂岩 47.0 m

1. 白色硅质含砾砂岩与灰紫色泥岩、砂质泥岩互层。产轮藻：*Stellatochara lipatovae* 65.0 m

~~~~~~~~~~ 不 整 合? ~~~~~~~~~~

下伏地层：**石千峰群**（?）

【地质特征及区域变化】 据现有资料，山东省内仅知聊城一带地下有二马营组分布，在与聊城毗邻的河北省临西地区地下也有少量分布。

据聊城堂邑钻孔剖面分析，二马营组由浅灰色、浅棕色砂岩、粉砂岩夹紫色泥岩组成，厚1 245.5 m。沉积颗粒下粗上细，上部泥岩增多，据此分上、下两段：

下段：由浅棕色细砂岩夹紫色泥岩及少许砂砾岩组成，厚586 m。该段岩性偏粗，也约略构成一沉积旋回，以浅棕色粉—细砂岩为主，近底部见多层砂砾岩，泥岩层在上部尚多，下部多以夹层出现，呈紫、灰紫色。

上段：由浅灰色细砂岩、浅棕色粉砂岩及棕红、紫红色泥岩组成，厚659.5 m。该段大体自成一个沉积旋回，上部以浅棕色粉砂岩、棕红色泥岩为主，中下部主要为浅灰色粉—细砂岩、细砂岩夹紫红色泥岩。

本组与上覆晚第三纪中新世馆陶组不整合接触。据钻孔资料，下伏地层为二叠系（?），呈不整合接触（?）。笔者认为，既然在其东部淄博、章丘中生代盆地有石千峰群沉积，那么沿聊(城)-(兰)考断裂西北侧断陷处，也会有此沉积。所以，二马营组主地层有可能是石千峰群和尚沟组。
~~~~~~~~~~

该组砂岩多为钙质和白云质胶结。见石膏层。在山西省其正层型上，见交错层发育，有钙质结核等。推测属河湖相沉积。产孢粉和轮藻化石。再据与山西、河北等省二马营组对比，该组地质时代为中三叠世。

第二节　生物地层

山东省石炭纪—二叠纪地层含有丰富生物化石，以䗴类、有孔虫、珊瑚、腕足类和植物为代表，尤以䗴类和植物研究最详，可分为5个䗴带和5个植物带。三叠纪地层化石较少，仅在聊城一带钻孔中发现轮藻和孢粉，分为两个微古植物组合。

一、䗴类

1. *Profusulinella parva* 延限带

该带分布于临沂南部的黑虎墩和唐庄清石塘一带，其特征分子为 *Profusulinella*，此外还有 *Verella*，*Pseudostaffella antiqua*，*Eostaffella subsolana*。以 *Profusulinella* 的出现为开始，以其消失为结束，是一个分类单位延限带。该带是山东省太原组最早的一个䗴带，在区域上可比。

2. *Fusulina* - *Fusulinella* 组合带

该带分布在博山、章丘、新汶、济宁等地太原组底部灰岩中，自上而下再分为两个亚带：

(2) *Fusulina cylindrica* - *F. quasicylindrica* 亚带

(1) *Fusulinella provecta* - *Beedeina pseudokonnoi* 亚带

该带的特征分子有 *Fusulinella*，*Beedeina*，*Fusulina*，*Taitzehoella* 等，常见分子为 *Ozawainella*，*Pseudostaffella* 等。以 *Fusulinella*，*Beedeina* 等分子之始见为底界，以二者和 *Fusulina* 之消失为顶界。是一组合带。

3. *Triticites simplex* 延限带

该带以特征分子 *Triticites simplex* 为代表，见于济宁地区钻孔中的太原组中部。

4. *Pseudoschwagerina* 延限带

该带分布在新汶、济宁、金乡、滕州一带太原组中部灰岩中，自上而下分为五个亚带：

(5) *Pseudoschwagerina gerontica* 亚带

(4) *Schwagerina boshanensis* 亚带

(3) *Triticites shandongensis* 亚带

(2) *Pseudoschwagerina uddeni* 亚带

(1) *Rugosofusulina complicata* 亚带

该带特征分子除 *Pseudoschwagerina*，*Sphaeroschwagerina*，*Pseudofusulina firma*，*Schwagerina nathorsti*，*Rugosofusulina* 外，共生分子有 *Boultonia willisi*，*Quasifusulina* 等，以 *Rugosofusulina*，*Pseudoschwagerina* 的出现为开始，*Pseudoschwagerina* 消失为结束，是一延限带。在区域上可以对比。以 *Pseudoschwagerina* 的出现作为二叠系的开始。

5. *Triticites boshanensis* 延限带

该带只发现于博山太原组顶部灰岩中，位居 *Pseudoschwagerina* 延限带带之上，以带化石为其特征分子，共生分子有 *Boultonia willisi*，*Schubertella*，*Triticites parrulus*，*T. subnathorsti* 等，为延限带。在区域上可以对比。

上述 4、5 两带属马平阶䗴类化石带，以淄博地区最发育，太原组层型剖面上 *Pseudoschwagerina* 只有 2 种，出现于 *Triticites* 层位之下或与之共生，在太原组顶部出现 *Triticites boshanensis* 延限带。

二、珊　瑚

珊瑚化石只见于太原组，属种较少，仅见 *Lophocarinophyllum* sp. 和 *Pseudozaphrentoides* sp.。*Lophocarinophyllum* sp. 时代属晚石炭世至晚二叠世，常见于山西省陵川附城老金沟太原组，是该组化石组合重要代表，山东省产该属层位及岩性皆可与其对比。

三、腕足类

腕足类化石主要见于太原组，有 8 属 10 种，另外山西组也有少量发现，有 3 属 3 种。太原组产 *Choristites pavlovi*，*Dictyoclostus taiyuanfuensis*，*D. uralicus*，*Eomarginifera pusilla*，*E. longisipina* var. *lobata*，*Brachythyrina* sp.，*Linoproductus* cf. *simenensis*，*Kugosochonetes* sp.，*Schuchertella* sp.，*Buxtonia* sp.；山西组产 *Dictyoclostus taiyuanfuensis*，*Chonetes latesinuata*，*Canerinella* sp.。上述属种在山西省太原西山和晋祠太原组中为常见分子，故山东省的太原组其时代完全可与山西省层型剖面对比。

四、植　物

山东省晚古生代植物化石以淄博地区研究最详细，主要是节蕨、真蕨、种子蕨、次为裸子植物及石松植物，自下而上可划分 5 个组合带：

1. *Neuropteris* - *Linopteris* 组合带

该带位于本溪组下部，特征分子为 *Linopteris brongniartii*，*Neuropteris*，*Lepidodendron*，共生分子为 *Cordaites* cf. *schenkii* 等，带性质为组合带，区域上可以对比。

2. *Neuropteris ovata* - *Lepidodendron posthumii* 组合带

该带位于太原组中下部，代表性分子 *Neuropteris ovata*，*Lepidodendron posthumii*，常见重要分子有 *Sphenophyllum oblongifolium*，*Cordaites principalis*，*C. schenkii* 等，共生分子有 *Tingia hamaguchii* 等，是一组合带，其中重要分子均见于山西省太原、河北省开平盆地中，区域上可以对比。该带相当于马平阶。

3. *Emplectopteris triangularis* - *Taeniopteris* spp. - *Emplectopteridium alatum* 组合带

该带位于山西组，植物群面貌比以前发生很大变化，带羊齿大发展，种子蕨的编羊齿、织羊齿出现。除带化石外，重要分子有 *Lobatannularia sinensis*，*Sphenophyllum thonii*，*Tingia carbonica* 等，是一组合带，其代表性分子见于山西省太原、河北省开平、辽宁省本溪等地同名带中。横向上可以对比。该组合带相当于年代地层栖霞阶。

4. *Emplectopteris triangularis* - *Taeniopteris* spp. - *Cathaysiopteris whitei* 组合带

该带位于石盒子组黑山段，主要分子有：*Pecopteris taiyuanensis*，*P. arcuata*，*Plagiozamites oblongifolius*，*Emplectopteris triangularis* 等，区域上易于对比。该组合带相当于年代地层单位茅口阶。

5. *Gigantonoclea hallei* - *Fascipteris* spp. - *Lobatannularia ensifolia* 组合带

该带位于石盒子组万山段、奎山段和孝妇河段，仍以真蕨、种子蕨纲占优势，出现银杏类及大量束羊齿、羽羊齿、大羽羊齿、扇叶等新分子。主要分子有：*Gigantopteris*? sp.，*Gi-*

gantonoclea? sp., *Lobatannularia* cf. *ensifolia* 等，大羽羊齿类兴起，植物群进入晚期华夏植物群初期。该组合带相当于年代地层单位的龙潭阶。

由于华北石炭系—二叠系为海陆交互相沉积，缺少连续的单相岩层，不宜建阶，因此直接采用王鸿祯、李光岑（1990）“中国地层时代表”中国的阶名。以 *Pseudoschwagerina* 带的底界作为石炭系—二叠系分界。

五、轮　藻

轮藻化石主要见于聊城堂邑钻孔中的二马营组，自下至上可分为两个组合（赵志清，1980）。

1. *Stellatochara* 组合

该组合以 *Stellatochara* 为主，共有 3 种：*S. hoellvicensis*，*S. lipatovae*，*S.* cf. *fusiformis*。伴生有 *Porosphaera dongtunensis*。产于二马营组下段。其中 *Stellatochara hoellvicensis*，*S. lipatovae* 两个种均曾在德国图林根中三叠统见及，且前者尚见于瑞典南部、前苏联顿巴斯的中三叠统和陕西中三叠统二马营组，后者及 *Stellatochara* cf. *fusiformis* 分别与安徽中三叠统铜头尖组所产 *Stellatochara anqingensis*，*S. fusiformis* 相似。

2. *Stenochara* 组合

该组合以 *Stenochara* 为主，共有 2 种：*S. donetziana*，*S. yuananensis*。伴生有 *Cuneatochara acuminata*，*Stellatochar hoellvicensis*。产于二马营组上段。其中 *Stenochara donetziana* 见于前苏联俄罗斯地台南部中三叠统；*Stenochara yuannanensis* 见于湖北南漳中三叠统巴东组；*Cuneatochara acuminata* 在前苏联下中三叠统和陕西铜川上三叠统瓦窑堡组中均有产出。

上述轮藻化石在国内外皆只见于三叠纪地层，且以中三叠世为主，所以赵志清（1980）将这套地层归于中三叠世。本文将其划为中三叠世。

六、孢　粉

孢粉化石亦主要见于聊城堂邑钻孔的二马营组，据李光星（1988）等研究，其孢粉组合以裸子植物花粉为主（78%），次为蕨类植物孢子（22%），无被子植物花粉。其中 *Aratrisporites* 计有 4 属，占蕨类孢子总数的 50%。该属在瑞士及我国陕甘宁、新疆、湖北、云南等地发现，其时代均定为三叠纪。另外 *Osmundacidites* 有 2 种，占蕨类孢子总数 7%，其时代虽可由二叠纪末延续到新生代，但以三叠纪最常见。裸子植物花粉中本体上带肋条的类别有 *Taeniaesporites*，*Stritopinites*，*Striatopodocarpites*，*Porosacculina* 4 属，占裸子植物花粉总数的 5%。裸子植物花粉中银杏、苏铁类花粉含量不高（2.5%），占统治地位的是松柏类，并有少量 *Cordaitina*、*Illinites* 等古生代孑遗分子，显示中生代早期植物群面貌。据上述孢粉组合特征，李光星等认为二马营组组合时代可能在早—中三叠世。本文认为，若结合轮藻化石综合考虑，二马营组时代为中三叠世。

第三节　年代地层

山东省石炭系仅有上统，二叠系分为下统和上统，三叠系仅有下、中统。二叠系阶的划分参照我国华南地区，自下至上分为达拉阶、马平阶、栖霞阶、茅口阶、龙潭阶、长兴阶。三叠系限于资料，难以划分阶。

一、石炭系

上统达拉阶

达拉阶源自于达拉组，系 1962 年地质部第五普查勘探大队创名，地点在贵州省盘县城东达拉村。山东省与达拉阶相当的生物地层单位有䗴类 *Profusulinella parva* 延限带、*Fusulina* – *Fusulinella* 延限带和 *Triticites simplex* 延伸带，植物 *Neoropteris* – *Liopteris* 组合带。本书以 *Triticites simplex* 延限带的结束为达拉阶的顶界，即石炭系之顶。

二、二叠系

（一）下统

1. 马平阶

马平阶源自马平石灰岩，1928 年丁文江命名，1929 年乐森璕介绍，地点在广西马平县。山东省与马平阶相当的生物地层单位有䗴类 *Pseudoschwagerina* 延限带和 *Triticites boshanensis* 延限带及植物 *Neoropteris* – *Lepidodendron posthumii* 组合带，相当的岩石地层单位为太原组上部。山东省的 *Pseudoschwagerina* 带可划分出 5 个亚带，其上又出现一个 *Triticites boshanensis* 带。本书以 *Pseudoschwagerina* 的出现作为二叠系的底界，以 *Triticites boshanensis* 带作为马平阶顶界，见表 6 - 2。

2. 栖霞阶

栖霞阶源自栖霞灰岩，1882 年 F. V. Richthofen 创名，地点在江苏省南京栖霞山。山东省与栖霞阶相当的生物地层单位为植物 *Emplectopteris triangularis* – *Taeniopteris* spp. – *Emplectopteridium alatum* 组合带，相当的岩石地层单位为山西组。由于山东省栖霞期主要为陆相碎屑岩沉积，很少海相生物化石，故与石炭系的分界以马平阶 *Triticites boshanensis* 为准，马平阶的顶界即栖霞阶的底界。在山西组底部的灰黑色泥岩中含 *Dictyoclostus taiyuanfuensis* 和 *Chonetes*，前者时代过去多归于晚石炭世，后者归早石炭世，但在山西省含前者的层位太原组庙沟灰岩和山西组皆归于早二叠世；*Chonetes* 在晋祠柳子沟剖面山西组底部黑色砂岩、晋东南太原组毛石掌灰岩皆有发现。

3. 茅口阶

茅口阶源自茅口灰岩，1929 年乐森璕创名，地点在贵州郎岱茅口河。山东省茅口期皆为陆相沉积，无海相生物化石，时代划分主要依据植物化石，相当的生物地层单位为植物 *Emplectopteris triangularis* – *Taeniopteris* spp. – *Cathaysiopteris whitei* 组合带，相当的岩石地层为石盒子组黑山段。

（二）上统

1. 龙潭阶

龙潭阶源自龙潭组，1962 年盛金章创名。据盛金章（1962）介绍，最早黄汲清（1932）曾建耒坝口组，据说标准地点在湖南耒阳县，但因查不到地点，因而改称龙潭组。山东省与龙潭阶相当的生物地层单位为植物 *Gigantonoclea* – *Fascipteris* – *Lobatannularis* 组合带，岩石地层单位为石盒子组万山段、奎山段、孝妇河段。植物群主要分子见于江苏省南京附近天宝山龙潭植物组合，其组合面貌与山西省石盒子组相似。

2. 长兴阶

长兴阶源自长兴灰岩，1931 年 A. W. Grabau 创名，地点在浙江省长兴县大煤山。华南长兴阶岩性为碳酸盐岩，富产海相生物化石，而山东省为陆相地层，未发现化石。据山西省资料，孙家沟组产 *Shansisan xuecunensis*、*Shihtienfenia permian* 等二叠纪脊椎动物化石，时代定为晚二叠世晚期，按照前苏联划分标准归于鞑靼阶（Tatanian），王鸿祯等 1990 年所编“全球地层表”中鞑靼阶与长兴阶相对应。因此，山东省的孙家沟组暂定与长兴阶相当，待以后补充化石资料再详细论证。

三、三叠系

华北地台三叠系皆为陆相红色碎屑岩沉积，据其生物组合难以建阶，故年代地层只论述到统一级。山东省三叠系只发育下统和中统，上统缺失。

（一）下统

山东省与三叠系下统相当岩石地层单位称刘家沟组，系采用山西省名称。山东省刘家沟组未发现化石，但山西省刘家沟组产较丰富植物、叶肢介等化石，时代皆为早三叠世。

（二）中统

山东省与三叠系中统相当岩石地层单位称二马营组，采用山西省名称。在二马营组中发现较多的轮藻和孢粉，经与国内外对比，化石时代属中三叠世。

第七章
侏罗纪—白垩纪

本书采用的侏罗纪—白垩纪岩石地层单位计有5群24组。侏罗纪地层称淄博群，包括坊子组、三台组。白垩纪地层分莱阳群、青山群、大盛群和王氏群。莱阳群自下至上分瓦屋夼组、林寺山组、止凤庄组、水南组、龙旺庄组、杨家庄组、曲格庄组、杜村组、法家茔组；青山群自下至上分后夼组、八亩地组、石前庄组、方戈庄组；大盛群自下至上分马朗沟组、田家楼组、寺前村组、孟疃组；王氏群自下至上分林家庄组、辛格庄组、红土崖组、金岗口组、胶州组。上述各地层单位在全省分布很不均衡，有的地区发育较全，分布广泛，有的地区则很不发育，分布零星。据区域上各地层单位发育及分布情况，将全省侏罗纪—白垩纪岩石地层分为3个地层分区、9个地层小区。三级区划（分区）采用综合区划方案，与全国区划统一，四级区划（小区）着重考虑本省断代特征，以地层发育程度和控制沉积的边界断裂为依据划分。具体划分如下：①鲁西地层分区，包含新泰-淄博地层小区、郚郚-马站地层小区、潍坊-郯城地层小区、菏泽-济宁地层小区；②鲁东地层分区，包含景芝-大店地层小区、诸城-胶州地层小区、莱阳-海阳地层小区；③华北平原地层分区，包含临清-冠县地层小区和滨州-东营地层小区。一般一个小区内只有一个地层序列，个别小区可有火山岩与沉积岩互相过渡的序列，各地层小区划分见图7-1，各小区地层序列见表7-1，主要划分沿革如表7-2所示。

第一节　岩石地层单位

淄博群　JZ　(37-0171)

【创名及原始定义】　1994年刘明渭等创名，创名地点在淄博市一带。原始定义：不整合或平行不整合于古生界或三叠系之上、白垩系之下的一套杂色砂岩、页岩、粘土岩及砂砾岩沉积，夹煤层。包含坊子组和三台组。

【现在定义】　指不整合或平行不整合于古生界或三叠系之上、白垩系之下的一套杂色砂岩、页岩、粘土岩及砂砾岩沉积，夹煤层。下部粒度偏细，以灰色调为主，夹煤层，称坊子组；上部粒度偏粗，以紫、红色为主，称三台组。

【地质特征及区域变化】　该群二分性明显。下部坊子组以灰色调砂岩、页岩为主，夹粘土岩、砂砾岩及煤层，下伏层位变化较大，与古生界或前寒武系不整合接触，与二叠纪—三

表 7-1 山东省侏罗纪—白垩纪岩石地层分区对比表

时代		华北平原地层分区：临清冠县小区	华北平原地层分区：滨州-东营小区	鲁西地层分区：菏泽-济宁小区	鲁西地层分区：新泰-淄博小区	鲁西地层分区：鄌部-马站小区	鲁西地层分区：潍坊-郯城小区	鲁东地层分区：景芝-大店小区	鲁东地层分区：诸城-胶州小区	鲁东地层分区：莱阳-海阳小区
E		下第三系（钻孔资料）	下第三系（钻孔资料）	下第三系（钻孔资料）	官庄群 五图群		五图群	王氏群：胶州组	王氏群：胶州组	五图群
K	K_2		王氏群：金岗口组；红土崖组 ……？		王氏群：红土崖组；辛格庄组；林家官组		王氏群：红土崖组；辛格庄组；林家庄组	王氏群：红土崖组；辛格庄组；林家庄组	王氏群：红土崖组；辛格庄组；林家庄组	王氏群：金岗口组；红土崖组；辛格庄组；林家庄组
K	K_1	大盛群 ？ / 青山群 ？	青山群 ？	大盛群 / 青山群 ？	青山群：方戈庄组；大盛群（田家楼组）；八亩地组	大盛群：寺前村组；田家楼组；马朗沟组；青山组：八亩地组	大盛群：孟疃组；寺前村组；田家楼组；马朗沟组；青山群：方戈庄组；石前庄组；八亩地组	大盛群：孟疃组；寺前村组；田家楼组；马朗沟组；青山群：八亩地组	青山群：方戈庄组；石前庄组；大盛群（田家楼组；马朗沟组）；八亩地组；后夼组	青山群：方戈庄组；八亩地组；石前庄组；后夼组
K	K_1	莱阳群	莱阳群	莱阳群	莱阳群：曲格庄组；杨家庄组；林寺山组			莱阳群：曲格庄组；龙旺庄组；杨家庄组；止凤庄组	莱阳群：曲格庄组；法家茔组；杜村组；龙旺庄组；水南组；杨家庄组；止凤庄组；林寺山组	莱阳群：曲格庄组；龙旺庄组；水南组；止凤庄组；林寺山组；瓦屋夼组
J	J_3	淄博群：三台组	淄博群：三台组	淄博群：三台组	淄博群：三台组		淄博群			
J	J_2	淄博群	淄博群	淄博群	淄博群		淄博群			
J	J_1	淄博群	淄博群：坊子组	淄博群	淄博群：坊子组		淄博群：坊子组			
下伏地层		二叠-三叠系	古生界—三叠系	古生界—三叠系	古生界—三叠系	元古宙—古生界	元古宙—古生界	元古宙	元古宙	元古宙

表 7-2 山东省侏罗纪—白垩纪岩石地层划分沿革简表

资料来源	地区	划分（自上而下）
B. Willis 1907	新泰	新泰系；博山系
F. Solgar 年代不详	淄博	三台系；上昆仑系；下昆仑系
谭锡畴 1923	山东	白垩纪：王氏系（戊）；蒙阴系（丁）：青山层（丁二）、莱阳层（丁一）；三台系；上昆仑系、坊子系；下昆仑系、寒武系
中国区域地层表 1956	鲁中	莒县统；蒙阴统：青山组、莱阳组、汶南组；三台砂岩；坊子系；凤凰山系
中国区域地层表 1956	鲁东	王氏统；青山组；莱阳组；前震旦纪
长春地质学院 1960	鲁东	王氏组；青山组；莱阳组；胶东群
北京地质学院 1961	鲁中	王氏组；青山组；蒙阴组：分水岭亚组、汶南亚组；三台组；坊子组；凤凰山群
地质部一普 1962	鲁东	K_2 王氏统：凤台岭砂岩组、杨家岭砾岩组、黄埠岭砂岩组；K_1 青山统：第三旋回、第二旋回、第一旋回；J_3 莱阳统：曲格庄组、龙旺庄组、水南组、马耳山组、止凤庄组；坊子统：逍仙庄组；前震旦系
山东区域地层表编写组 1978	山东	王氏组；青山组；蒙阴组：分水岭亚组、汶南亚组；莱阳组；坊子组；石千峰组
陈丕基等 1980	鲁中	K；J_3：西洼组、蒙阴组；J_2；J_1：汶南组；奥陶系
陈丕基等 1980	鲁东	K_2 王氏组；K_1 青山组；莱阳组；J；前震旦纪
山东区调队 1987	莱阳	王氏组：六、五、四、三、二、一；青山组：上亚组、中亚组、下亚组；莱阳组：四、三、二、一；瓦屋夼组；荆山群
赵凤江等 1992	安丘	大盛群：寺前村组、田家楼组、马朗沟组；青山组；分水岭组；三台组；二叠系：淄川组
山东区调队 1992	鲁东	胶州组；王氏群：安家沟组、史家屯组、张应组、黄家岭组、孟慈组、林家庄组；青山群：方戈庄组、石前庄组、南龙埠组、八亩地组、后夼组；莱阳群：法家茔组、曲格庄组、杜村组、龙旺庄组、水南组、杨家庄组、止凤庄组、林寺山组、瓦屋夼组；荆山群
本书	山东	E_1 胶州组；K_2 王氏群：金岗口组、红土崖组、辛格庄组、林家庄组；K_1 大盛群：孟疃组、寺前村组、田家楼组、马朗沟组；青山群：方戈庄组、石前庄组、八亩地组、后夼组；莱阳群：曲格庄组、法家茔组、杜村组、龙旺庄组、水南组、杨家庄组、止凤庄组、林家庄组、瓦屋夼组；J 淄博群：三台组、坊子组；T 石千峰群

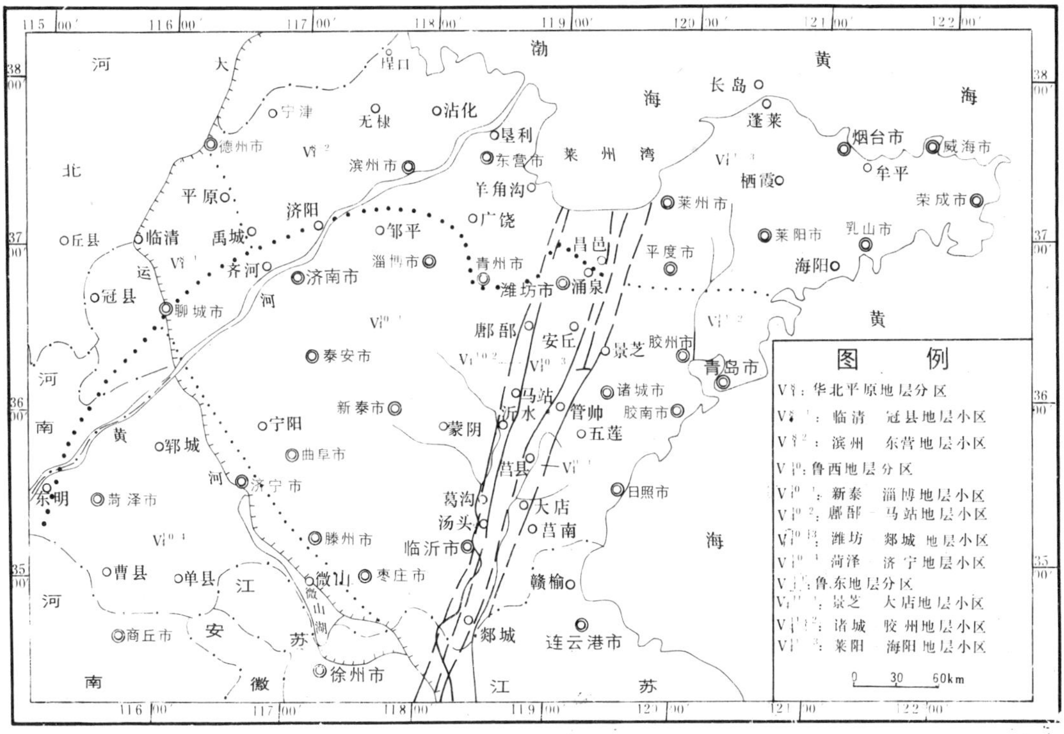

图 7-1 山东省侏罗纪—白垩纪地层区划图

叠纪石千峰群平行不整合接触。上部三台组以紫、红色调砂岩为主，局部发育砂砾岩或以黄色砂岩为主夹粉砂岩、页岩，不含煤，与上覆白垩纪莱阳群、青山群不整合或平行不整合接触。

区域上分布在鲁西地层分区和华北平原地层分区，以淄博一带最发育，地层完整，出露良好，但多不含煤。其他地区如潍坊市坊子一带只发育下部坊子组，含可采煤层；蒙阴及鲁西南微山湖一带只发育上部三台组，其下与石炭—二叠系不整合接触。区域分布及各地岩性特征见图 7-2。

坊子组　$J_{1-2}f$　(37-0101)

【创名及原始定义】　1923 年谭锡畴创名，将潍坊市坊子一带本组地层称为“坊子系或中生代煤系”，将淄博一带本组地层称为“上昆仑系或中生代煤系”。谭氏当年描述坊子地区本组曰：“本系在山东坊子，组成重要煤田，故系以坊子名……在坊子煤田，本系岩石露出者，为白色粘土、灰色砂岩、白色泥质页岩、白色硬砂岩、浅黄棕色砂岩及页岩、白色细粒松砂岩。”又描述淄博地区本组曰：“本系发育于淄博煤田之西部，在孝妇河以西，组成小平岭，位于下昆仑系之上。岩石以砂岩页岩为主，上部间含砾岩。……由岩石性质观察，一部与坊子系内岩石相似，上昆仑系或即与坊子系相当也。”

【沿革】　在谭锡畴之前，F Solgar 曾将淄博地区该套地层称为“上昆仑系”，但具体命名时代不详。从谭氏所述对“坊子系”和“上昆仑系”之认识，已怀疑二者为同物，经后人工作证实，二者无论在岩性或层位上颇具一致性，所以自《中国区域地层表（草案）》，(1956) 统称为坊子系（组）后一直沿用至今。《华东地区区域地层表·山东省分册》(1978) 和《山

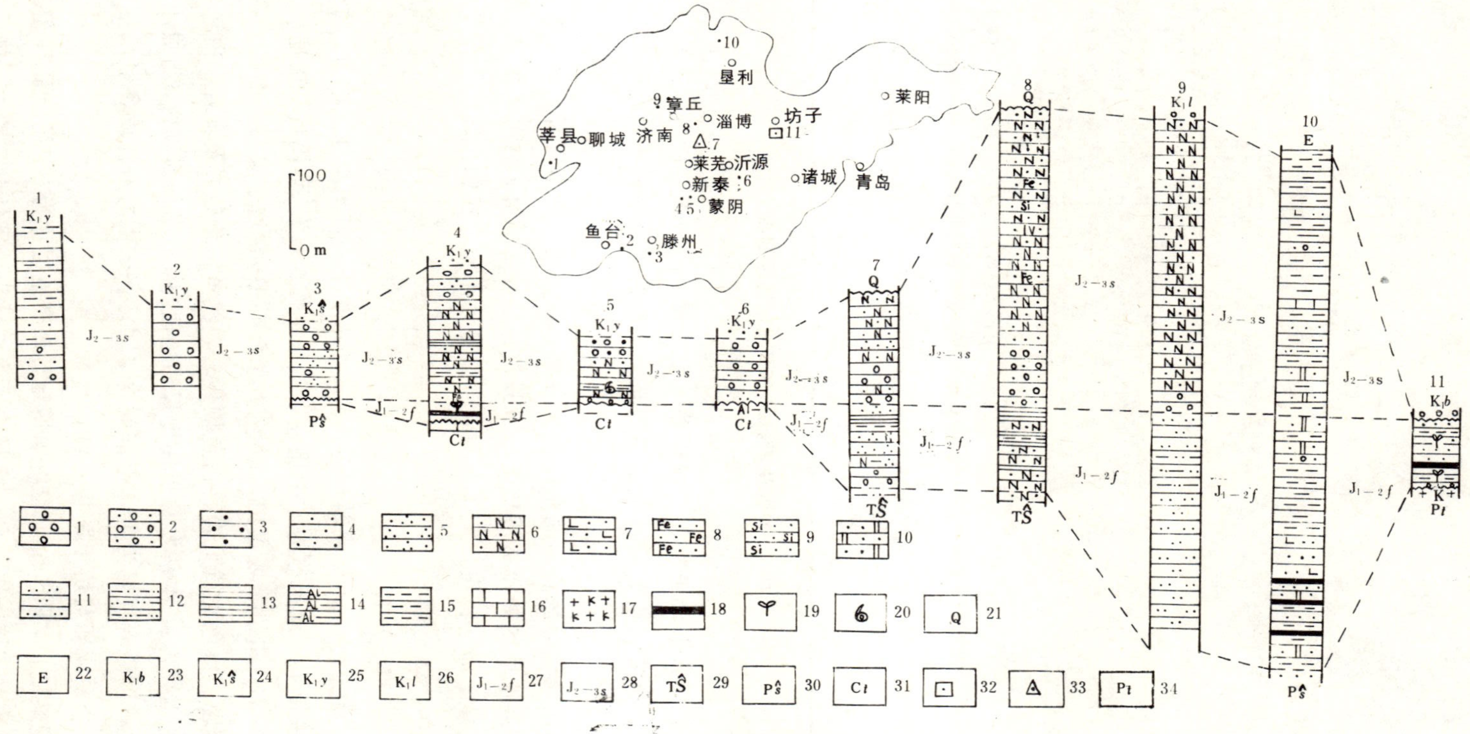

图 7-2　山东省淄博群综合柱状对比图

1. 砾岩；2. 砂砾岩；3. 中粗粒砂岩；4. 细粒砂岩；5. 石英砂岩；6. 长石砂岩；7. 钙质砂岩；8. 铁质砂岩；9. 硅质砂岩；10. 白云质砂岩；11. 粉砂岩；12. 泥质粉砂岩；13. 页岩；14. 铝土页岩；15. 泥岩；16. 灰岩；17. 钾长花岗岩；18. 煤层；19. 植物化石；20. 叶肢介化石；21. 第四系；22. 下第三系；23. 白垩纪青山群八亩地组；24. 白垩纪莱阳群水南组；25. 杨家庄组；26. 林寺山组；27. 侏罗纪淄博群坊子组；28. 三台组；29. 三叠纪石千峰群；30. 二叠纪石盒子组；31. 石炭纪太原组；32—33. 坊子组、三台组层型东省区域地质志》(1991) 皆采用坊子组名，含义相同。

【现在定义】 三叠纪石千峰群或古生界之上、三台组之下的一套含煤岩系。岩性组合以灰色调的砂岩、页岩为主，间有黄绿色砂岩、页岩及砾岩层，坊子一带含可采煤层，其他地区仅见碳质页岩或煤线。与石千峰群平行不整合接触，与三台组整合或平行不整合接触，与前中生界不整合接触。

【层型】 当年谭锡畴未测制剖面，后人多以华东煤田地质勘探局121队1962年钻探的潍坊市坊子区105号钻孔剖面为代表，本书将其作为选层型(119°10′，36°36′)。

上覆地层：**青山群八亩地组** 灰黄色厚层状砾岩

～～～～～～ 不 整 合 ～～～～～～

坊子组	总厚度 139.8 m
18. 深灰色、浅紫红色中粒砂岩	2.0 m
17. 灰、灰黑色砂质页岩、碳质页岩及细砂岩，含黄铁矿结核，砂质页岩中产植物 *Podozamites* sp.	2.6 m
16. 灰色细砂岩夹深灰色砂质页岩及薄层细砂岩，下部产植物 *Podozamites lanceolatus*	6.9 m
15. 灰白色中粒砂岩，局部含小砾石	10.2 m
14. 灰、深灰、灰白色细粒砂岩及砂质页岩，以细砂岩为主，呈不等厚互层，内夹1.6 m深灰色页岩，富产植物 *Cladophlebis fangtzuensis*	13.5 m
13. 灰、灰白色页岩及细砂岩。以页岩为主，呈不等厚互层，间夹黑色碳质页岩。产植物 *Podozamites lanceolatus*	13.8 m
12. 灰白色细砂岩，中部为灰色砂质页岩，下部细砂岩，具水平层理。产植物 *Coniopteris tatungensis*	13.9 m
11. 灰白色粗砂岩	2.6 m
10. 灰白色砂质页岩，中、下部夹薄层细砂岩。富产植物 *Cladophlebis fangtzuensis*，*Coniopteris hymenophylloides*，*Podozamites* sp.	6.1 m
9. 浅灰、灰白色细砂岩。顶部有0.8 m的砖灰色粉砂岩，中部豆状黄铁矿结核呈条带状分布	5.5 m
8. 灰白色中粗粒石英砂岩，中夹0.95 m深灰色页岩，有煤纹，含黄铁矿结核	19.3 m
7. 天然焦及煤，有闪长玢岩侵入	1.8 m
6. 灰黑色页岩，产植物 *Neocalamites* sp.	3.7 m
5. 细砂岩，底部为砂质页岩	25.3 m
4. 煤及天然焦。煤厚1.5 m，有闪长玢岩侵入	1.8 m
3. 砂岩及碳质页岩，以砂岩为主	2.0 m
2. 深灰色砂质页岩与灰白色细砂岩互层	3.5 m
1. 浅灰色砂砾岩	5.3 m

～～～～～～ 不 整 合 ～～～～～～

下伏岩石：**元古宙** 片麻状细粒钾长花岗岩

【地质特征及区域变化】 坊子组岩性以还原色调的砂、页岩为主，夹粘土岩、煤层及少量砾岩，多呈孤立的小盆地分布。在正层型地点，该组煤层发育，形成一定规模之矿床，开采已近百年，渐趋枯竭。软质粘土也具一定规模，现正开采作建筑、卫生陶瓷。

古生物以植物为主另有少量孢粉及叶肢介。植物属 *Coniopteris* - *Phoenicopsis* 植物群分子，孢粉以 *Classopollis* 为主，占91%～96.5%。近年在蒙阴盆地该组中发现 *Palaeolimnadia*

(刘明渭，1992)，层位比前人（陈丕基等，1980）描述的偏低，后者系产于三台组（原称汶南组)。从植物、孢粉、叶肢介化石的时代特征看，坊子组的时限应当在早—中侏罗世。

坊子组最发育的地方为淄博市三台山一带。该地坊子组与下伏三叠纪石千峰群刘家沟组和上覆三台组均为平行不整合接触，厚177.3 m，主要岩性为灰白色石英砂岩、长石砂岩夹碳质页岩和紫色页岩，底部为浅紫色复成分砾岩，未见煤层或煤线。蒙阴盆地以往未发现有坊子组，一直认为三台组（旧称汶南组）直接与石炭纪太原组不整合接触。近年刘明渭等(1992）工作发现在三台组之下尚有一套厚约30 m的含煤岩系，主要岩性为灰色粘土岩、黄绿色粉砂岩、暗紫色长石砂岩，夹10 cm的煤层。由所产化石（植物、叶肢介）证明属早—中侏罗世，岩性组合和层位与坊子组一致（图7-2)，应当属坊子组。此发现扩大了坊子组的分布范围，对研究山东省侏罗纪岩相古地理亦有重要意义。鲁北平原在济阳凹陷经钻孔揭露坊子组很发育，集中分布在垦利县和利津县黄河入海口一带，岩性以砂岩、泥岩为主，有时可见砾岩及白云质砂岩、泥质白云岩，并夹有可采煤层，其下与三叠系或奥陶系不整合接触，其上与三台组或莱阳群（旧称蒙阴组）平行不整合接触，厚140～150 m。鲁西南地区地表与地下均未见到坊子组，而三台组直接与石炭系或二叠系不整合接触。

【问题讨论】 坊子组分布于鲁西地层分区的新泰-淄博地层小区、潍坊-郯城地层小区及华北平原地层分区的滨州-东营地层小区，层位稳定，岩石组合具很好的可比性。从区域对比发现坊子组自东北向西南方向，厚度和含煤层减少，而紫色层增多，直至菏泽-济宁地层小区缺失。从大区范围看，该组与华北地层大区同时代岩石地层单位具岩性组合和层位的一致性，各省均采用自己的地方性名称，这明显属同物异名，建议采用统一地层名称，以减少对比混乱。

三台组 $J_{2-3}s$ (37-0102)

【创名及原始定义】 该组最早由Solgar创名，称为三台系，地点在淄博市三台山，创名时间约在20世纪初（具体不详)，后经谭锡畴（1923）介绍，称为“三台系或红绿砂岩系”。

谭锡畴描述三台系曰：“本系分布于淄博煤田之西部，位于上昆仑系之上。岩石为红绿棕紫浅灰黄各色砂岩，与上昆仑系接近处变为砾岩……历来地质学者于本系未显著划分，Th Lorenz称之为中生代地层，Willis归之于新泰系内，其后Solgar博士始划分之，名之为三台系。因本系化石绝迹，时代未能确定，但按其位置所在，似仍属于侏罗纪也。”

【沿革】 自谭锡畴介绍，“三台系或红绿砂岩系”为大家所了解并接受。《中国区域地层表（草案)》(1956）称为“三台砂岩”，北京地质学院（1961）称为三台组，含义均与谭锡畴相同。70年代三台组名称被“汶南亚组”取代，将淄博及全省的三台组皆称为“蒙阴组汶南亚组”，此阶段划分可以《华东地区区域地层表·山东省分册》(1978）为代表。至80年代又将“汶南亚组”从蒙阴组分出升为汶南组，与三台组同时并用，前者用以代表蒙阴盆地及鲁西南地区的相应地层，后者用以代表淄博一带及鲁西北平原的相应地层，此阶段方案可以陈丕基（1980）和《山东省区域地质志》(1991）为代表。通过近年地层清理工作，已经明确了三台组的含义，汶南组是它的同物异名，目前省内已统一采用三台组名称。

【现在定义】 指位于坊子组之上、莱阳群之下的一套以紫红色为主夹有灰绿、黄白等色调的砂岩，有时夹有较多的砾岩，与坊子组、莱阳群多为平行不整合接触，有时与坊子组整合接触。

【层型】 正层型为淄博市昆仑镇三台山剖面（117°55′，36°40′；山东省地质厅、北京地质学院，1961)。

上覆地层：第四系

~~~~~~~~~~~ 不 整 合 ~~~~~~~~~~~

三台组	总厚度 228.3 m
16. 灰白色长石砂岩	33.6 m
15. 紫红色长石砂岩	85.0 m
14. 浅黄绿色石英砂岩	4.8 m
13. 黄白色长石砂岩	22.4 m
12. 浅紫色复成分砂砾岩	43.6 m
11. 黄白色细粒长石砂岩	8.9 m
10. 浅紫色复成分砾岩，可见砂岩夹层，或变为砂砾岩、含砾砂岩	30.0 m

——————— 平行不整合 ———————

下伏地层：**坊子组** 灰白色粗粒石英砂岩

【地质特征及区域变化】 三台组主要发育在鲁西地层分区，华北平原地层分区钻孔中也常见到，鲁东地层分区缺失。

新泰-淄博地层小区为本组层型地区，地层发育全，出露好，集中出露在新泰、蒙阴、淄博、章丘一带，厚200～600余米，主要岩性为浅紫色砂砾岩、砂岩、黄白、灰绿色砂岩，夹少量的粉砂岩和页岩、粘土岩，底部一般发育砾岩，与下伏坊子组界线清楚。其他地区零星分布，沂源县南麻镇为紫红色砂岩、砂砾岩，不整合于石炭纪太原组之上、平行不整合于白垩纪莱阳群杨家庄组之下，厚128.3 m；临朐县柳山寨以紫色和灰绿色砂岩为主，夹少量砾岩、泥岩，其下与晚太古代二长花岗岩不整合接触，与上覆白垩纪莱阳群曲格庄组平行不整合接触，厚88.8 m。

滨州-东营地层小区地表未见，由钻孔资料了解其分布同坊子组一致，两者为连续沉积或平行不整合接触，上与第三系或青山群、莱阳群平行不整合或不整合接触，主要岩性为钙质砂岩、砾状砂岩，厚100～350余米（图7-2）。

菏泽-济宁地层小区地表未见，钻孔揭示其下缺失坊子组，三台组直接不整合于石炭系—二叠系之上，主要岩性为紫红色砂砾岩，少量泥岩、粉砂岩，厚一般100—200余米，与上覆莱阳群平行不整合接触（图7-2）。

莱阳群 K_1L （37-0103）

【创名及原始定义】 1923年谭锡畴创名，称为“莱阳层”，地点为莱阳城一带，当时将其置于“蒙阴系”内，将“蒙阴系”排序为“丁”，“莱阳层”排为“丁一”。谭锡畴描述“蒙阴系”曰：“由化石考察，本系似与山东东部莱阳层及青山层相当。唯三系地层须分别叙述，不能混为一谈，故以（丁）冠以蒙阴系之上，而以丁一、丁二指示莱阳、青山两层，所以表明莱阳、青山两层为蒙阴系之分层也。”又描述“莱阳层”：“本层在山东东部莱阳、即墨、胶县、诸城、莒县等处特别发育，与泰山系及五台系均成不整合之接触。莱阳本层可分出三部，下部以浅棕色黄色页状砂岩为主，夹绿紫红色泥质页岩及黄灰色粗砂岩，有时呈砾状；中部含灰绿色薄层页岩及黑灰色灰质硬页岩，夹黄色灰色砂岩；上部为黄灰绿及浅红色砂岩，夹绿灰红色泥质岩及黑色页岩。”

【沿革】 该名称最早使用者为《中国区域地层表（草案）》（1956），称为莱阳组，置于蒙阴统内。50年代末至60年代初，山东省地质厅和北京地质学院及长春地质学院进行1：20万区域地质测量，将鲁西蒙阴系分解为蒙阴组和青山组，将鲁东莱阳层称为莱阳组。1962年
~~~~~~~~~~~

原地质部第一石油普查勘探大队将莱阳层分为中—下侏罗系坊子统和上侏罗系莱阳统，前者称为逍仙庄组，后者分为止凤庄组、马耳山组、水南组、龙旺庄组、曲格庄组。1965 年地质部石油地质局综合研究队称为莱阳群，其下分为六段未建组。其后一段时间，多数采用组下分段方案。80 年代后期至 90 年代，山东省在区调工作中统一采用莱阳群名称，其下分组，除采用 1962 年第一石油普查勘探大队的部分名称外，又建立一些名称。目前，莱阳群的概念在本省已被明确，并已广泛使用。

【现在定义】 指不整合于元古宇、古生界或平行不整合于侏罗系之上，整合于青山群之下的一套河湖相沉积，各地岩性变化较大，分组情况也不一致，以莱阳、海阳、诸城比较发育。根据岩性、旋回特征，自下而上分为瓦屋夼组、林寺山组、止凤庄组、水南组、龙旺庄组、杨家庄组、曲格庄组、杜村组、法家茔组①。

【地质特征及区域变化】 莱阳群分布广泛，山东省三个地层分区皆有分布，但各地发育程度不等。鲁东地层分区是该群最发育地区，地层发育全，从山麓洪积相至河流相、湖泊相皆很发育，露头良好，含丰富的热河生物群动、植物化石。鲁西地层分区分布比较零星，发育也较差，以蒙阴盆地为代表，主要发育河流相、浅湖相沉积。华北平原地层分区局部也较发育，但据目前钻孔资料，很难详细划分。莱阳群各地特征对比见图 7－3、4。

【问题讨论】 谭锡畴的描述中明确指出“莱阳层”为“蒙阴系”的次级分层，是将鲁东、鲁西白垩纪沉积视为同一套地层的，只是为叙述方便才将二者分开。《中国区域地层表（草案）》(1956) 也持此观点，故将莱阳组置于蒙阴统内。由于后人的认识不同，将“莱阳层”从其中分出，视为同等的两个单位，这已经违背了谭锡畴的原义，并且对蒙阴系本身含义也不断修订，致使含义混乱，难以使用。事情发展到现在，再将莱阳群归于“蒙阴系”之下也不可能，并且将导致更大混乱。本次清理针对目前现实状况和鲁东、鲁西白垩纪地层特点，统一采用莱阳群名称，这样既不违背谭锡畴原义，也符合实际情况，便于实际应用。

瓦屋夼组　K_1w　(37－0104)

【创名及原始定义】 1987 年山东省地质矿产局区域地质调查队（安郁宏等）创名，地点在莱阳市龙旺庄镇瓦屋夼村。原始定义：指分布在莱阳市瓦屋夼—止凤庄一带，不整合于元古界荆山群之上、下白垩统莱阳组第一段之下的一套深色调细碎屑岩，北粗南细，瓦屋夼以南以页岩、粉砂岩为主，止凤庄北相变为粉砂岩、细粒长石砂岩，时代为中—晚侏罗世。

【沿革】 命名后得山东省地质矿产局承认，并在其后的 1∶20 万文登等幅区调中使用。

【现在定义】 指分布于莱阳市瓦屋夼—止凤庄和乳山市西涝口一带莱阳群底部的一套岩层，下与元古宙荆山群不整合接触，上与止凤庄组或林寺山组整合接触。主要岩性为灰黄、黄绿色砂岩、页岩，底部少量砾岩，生物群面貌与其上的水南组接近，同属热河生物群。

【层型】 正层型位于莱阳市龙旺庄镇瓦屋夼村南（120°51′，36°57′；核工业部原 375 大队，1982）。

上覆地层：**莱阳群止凤庄组**　灰绿、灰褐色砾岩夹钙质含砾细粒长石砂岩

——————— 整　合 ———————

瓦屋夼组　　总厚度 102 m

① 最近完成的 1∶5 万诸城等八幅（长春地质学院，1995）和 1∶5 万日照等六幅（山东省地质矿产局第八地质队，1995）区调图幅，将莒县、日照等地莱阳群中含火山碎屑岩组合建立城山后组、马连坡组，归于莱阳群或与北部莱阳群对比问题还有待进一步工作。

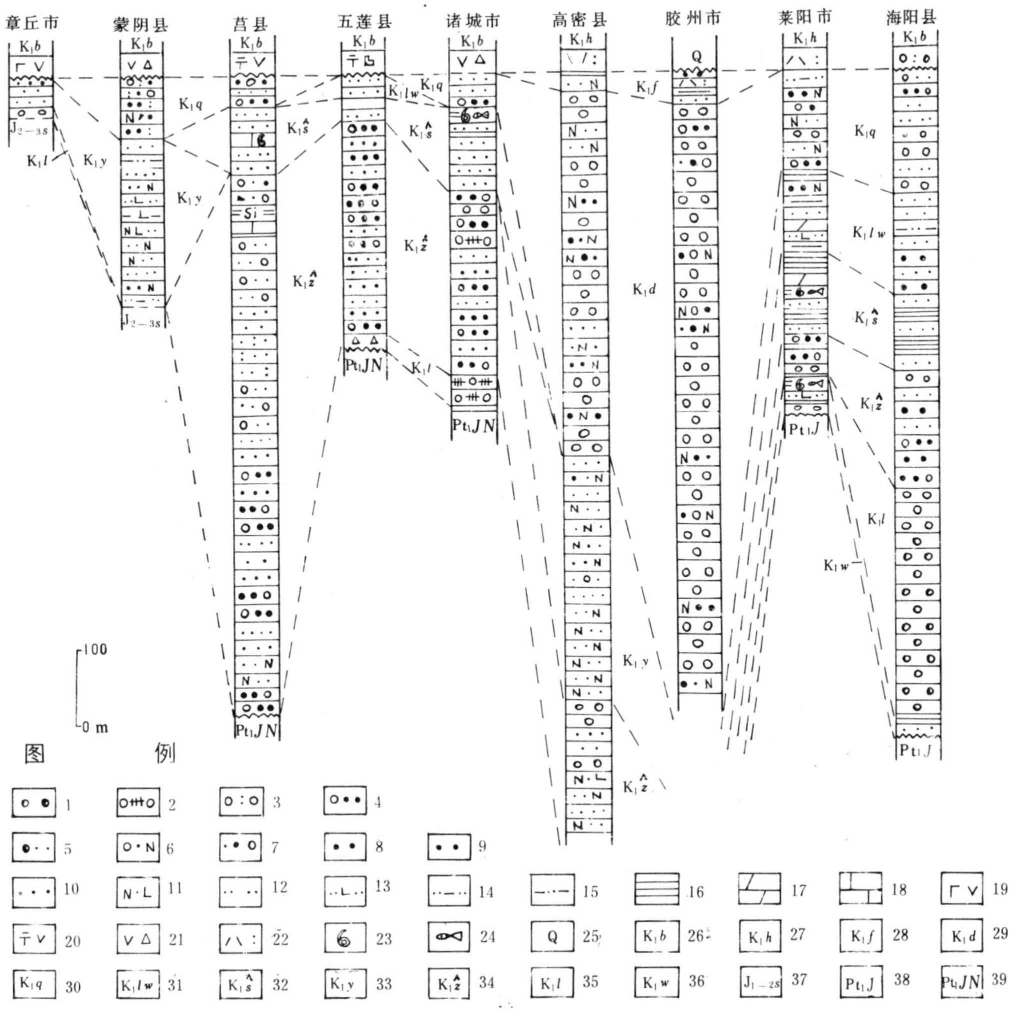

图 7-3 山东省早白垩世莱阳群柱状对比图

1. 砾岩；2. 复成分砾岩；3. 凝灰质砾岩；4. 含砾粗砂岩；5. 含砾细砂岩；6. 含砾粗粒长石砂岩；7. 含砾中粗粒砂岩；8. 粗砂岩；9. 中砂岩；10. 细砂岩；11. 钙质长石细砂岩；12. 粉砂岩；13. 钙质粉砂岩；14. 泥质粉砂岩；15. 粉砂质泥岩；16. 页岩；17. 泥灰岩；18. 灰岩；19. 玄武安山岩；20. 粗安岩；21. 安山质火山角砾岩；22. 流纹质凝灰岩；23. 无脊椎动物化石；24. 鱼化石；25. 第四系；26. 青山群八亩地组；27. 青山群后夼组；28—36. 莱阳群法家茔组、杜村组、曲格庄组、龙旺庄组、水南组、杨家庄组、止凤庄组、林寺山组、瓦屋夼组；37. 侏罗纪三台组；38. 元古宙荆山群；39. 元古宙胶南（岩）群

4. 黄绿色页岩夹钙质粉砂岩 14 m

3. 黄绿色页岩，含叶肢介化石 *Diestheria* sp.，*Yanjiestheria sinensis*，*Y. kyongsangensis*；鱼化石 *Lycoptera* sp.；植物化石 *Otozamites* sp.，*Elatocladus* sp. 31 m

2. 钙质粉砂岩夹灰黄色页岩 26 m

1. 灰黄色页岩夹粉砂质泥质灰岩，底部约 0.2m 厚底砾岩 31 m

~~~~~~~~~~ 不 整 合 ~~~~~~~~~~

下伏地层：**早元古代荆山群禄格庄组** 黑云片岩

【地质特征及区域变化】 该组分布比较局限，目前只发现于莱阳市和乳山市。在瓦屋夼
~~~~~~~~~~

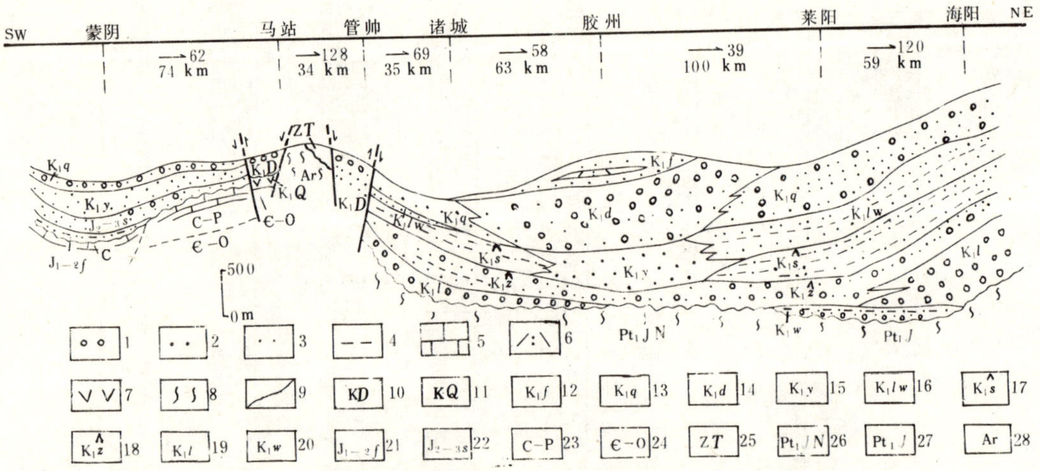

图 7-4 早白垩世莱阳群地层断面图

1. 砾岩；2. 砂岩；3. 粉砂岩；4. 页岩；5. 灰岩；6. 流纹质凝灰岩；7. 安山岩；8. 变质岩；9. 不整合界线；10. 大盛群；11. 青山群；12—20. 莱阳群法家茔组、曲格庄组、杜村组、杨家庄组、龙旺庄组、水南组、止凤庄组、林寺山组、瓦屋夼组；21—22. 侏罗系淄博群坊子组、三台组；23. 石炭系—二叠系；24. 寒武—奥陶系；25. 土门群；26. 胶南（岩）群；27. 荆山群；28. 太古宇

村东北参考剖面底部砾岩变厚达 8m，全组厚度达 147.8m，岩石特征同正层型一致，与上覆止凤庄组关系更清楚。乳山市西涝口参考剖面，岩性变粗，以细砂岩为主，夹碳质页岩，厚 37.63m，与下伏荆山群野头组不整合接触，与上覆林寺山组整合接触。本组化石种类较多，有鱼、叶肢介、昆虫、植物，昆虫个体较小，保存不好，从组合面貌看，与水南组相同，属热河生物群分子。

林寺山组　K_1l　（37-0105）

【创名及原始定义】 1992 年山东省地质矿产局区域地质调查队（王来明等）创名，地点在海阳县发城镇洪沟。原始定义：岩性组合为紫褐色、灰紫色含漂砾巨砾岩、粗砾岩、含卵石中砾岩，局部地段有含砾粗砂岩夹层。砾岩成层性不明显，为山麓洪积相氧化环境沉积。超覆不整合于元古代荆山群和中生代瓦屋夼组之上。

【现在定义】 指盆地边缘山麓洪积相的巨砾岩夹粗、中砾岩及粗砂岩沉积，位于止凤庄组或杨家庄组之下，有时与止凤庄组横向过渡，与下伏瓦屋夼组整合接触或超覆于元古宙荆山群之上。

【层型】 正层型为海阳县发城镇洪沟—冷家剖面（121°03′，36°57′；核工业部原 375 大队，1982）。

上覆地层：**莱阳群止凤庄组**　褐紫色含砾粗砂岩

——————— 整　合 ———————

林寺山组	总厚度 698.76 m
6. 褐色含漂砾卵石砾岩	218.26 m
5. 灰紫色含漂砾中—粗砾岩	298.81 m
4. 灰黄色含卵石中砾岩	10.36 m
3. 灰紫色含漂砾粗砾岩	72.94 m

2. 浅紫色、灰色含卵石中砾岩 68.19 m

1. 紫褐色含漂砾粗砾岩 30.20 m

～～～～～～ 不 整 合 ～～～～～～

下伏地层：**早元古代荆山群野头组** 云母片岩

【地质特征及区域变化】 林寺山组以粗—巨砾岩为主，砾石分选差，砾径一般10～30 cm，个别超过100 cm，砾石成分复杂，有片麻状中粗粒二长花岗岩、片麻岩、变粒岩、浅粒岩、石英岩、细粒花岗岩等。岩层层理不发育，有时见粗砂岩与砾岩成透镜状过渡。由于特殊的成因，该组各地厚度相差较大，在同一小区内即可由数百米至数千米之差。

该组主要分布于鲁东地层分区。莱阳-海阳地层小区，以海阳、乳山一带最发育，海阳朱吴厚692 m，乳山市西涝口厚3000 m，超覆于荆山群和瓦屋夼组之上；诸城-胶州地层小区不太发育，只见于诸城市皇华店及水西哈子，为紫红色块状砾岩，厚83.8～127.35 m，下以断层与元古宙胶南岩群于家岭岩组接触，整合于止凤庄组之下。鲁西地层分区只在新泰-淄博地层小区章丘市绣惠镇见到，为灰绿色砾岩，砾径一般3～5 cm，大者19～20 cm，平行不整合于侏罗纪淄博群三台组之上，整合于杨家庄组之下。

止凤庄组 $K_1\hat{z}$ （37-0106）

【创名及原始定义】 1962年地质部第一石油普查勘探大队创名①，地点在莱阳市龙旺庄镇止凤庄村南。1991年山东省地质矿产局区域地质调查队（杜本明等）介绍。原始定义：不整合于古老基底上，岩性以紫褐色、灰紫色砾岩、砂砾岩及砂岩为主，夹有灰绿、黄绿色砂岩、泥岩，底部为山麓洪积相巨厚层砾岩，横向变化大，向盆地中心砾石由粗变细，盆地东部为巨厚层砾岩，形成高山。

【沿革】 该组命名后很长时间无人使用，一般将莱阳组（群）分为四段或六段，该组地层也随不同方案而改变归属。1991年山东省地质矿产局区域地质调查队在1∶20万高密、青岛、灵山卫幅区调中恢复使用该名，其含义与现在定义相同。

【现在定义】 整合于瓦屋夼组或不整合于元古宇变质岩之上，整合于水南组之下的一套河流相、山麓洪积相砂砾岩建造，分布广泛，横向上相变较大。总体特征以砂砾岩为主夹砂岩、含砾砂岩、粉砂岩、页岩及砂质灰岩，色调上以灰黄、灰棕为主及少量紫色。

【层型】 正层型为莱阳市龙旺庄镇止凤庄村南剖面（120°51′，36°58′；山东省地质矿产局区域地质调查队，1985年重测）。

上覆地层：**莱阳群水南组** 黄绿色钙质粉砂岩

═══════ 断 层 ═══════

止凤庄组 总厚度201.5 m

10. 褐紫色砂岩夹含砾砂岩 25.0 m

9. 黄绿色含砾粉砂岩 40.0 m

8. 上部中层钙质粉砂岩，中—下部褐紫色中—粗粒长石砂岩夹中砾岩凸镜体 30.0 m

7. 黄褐色含砾粗粒长石砂岩 14.0 m

6. 灰黄色、黄绿色细粒长石砂岩 40.0 m

5. 褐色含砂粉砂岩 30.0 m

---

① 地质部第一石油普查勘探大队，1962，山东莱阳盆地地质普查工作总结报告(未刊)。

4. 灰绿色粉砂岩 5.0 m

3. 黄绿色、绿灰色不等粒长石砂岩夹粉砂质细粒岩屑长石砂岩 5.0 m

2. 棕黄色细—中砾岩 12.5 m

———————— 整　合 ————————

下伏地层：**瓦屋夼组**　棕黄色、灰黄色含砂粉砂岩、页岩

【地质特征及区域变化】　止凤庄组岩性组合以砂砾岩、含砾砂岩、粗砂岩为主，夹粉砂岩及页岩，总体反映了分选差、成熟度低的特征，为莱阳群第二旋回底部层位。此时盆地沉降加剧，周围古陆抬升强烈，为盆地沉积提供了丰富的物质来源，岩层中常见大型斜层理，砾石大小混杂，砾石成分多为基底变质岩。在盆地边部即墨东侧，该组发现较多的微晶灰岩和鲕粒灰岩砾石，砾径大者3～10 cm。

该组主要分布在鲁东地层分区。莱阳-海阳地层小区，盆地中心厚度小、砾石层少，以含砾砂岩为主，厚138～200 m；盆地边部，如海阳一带，厚度大、砾石层多，有时与林寺山组横向上呈过渡状态，厚度可达千米以上。诸城-胶州地层小区，以诸城市皇华店和高密市柴沟及五莲县西部、莒县东部较发育。皇华店该组厚1 700 m，砾岩层较少，以粗砂岩和含砾砂岩与粉砂岩、细砂岩的频繁互层为特征；柴沟一带该组未见底，厚687.68 m，砾岩与细砂岩、粉砂岩互层，其上为杨家庄组。五莲县西部杨庄—中至一带，该组大面积分布，主要岩性为灰色含砾粗粒岩屑砂岩、中细粒砂岩，夹粉砂岩、页岩、砾岩，厚1 000 m，下与林寺山组、上与水南组均为整合接触。莒县东南中楼以北，该组亦较发育，主要岩性为灰黄色含砾粗粒岩屑砂岩、中细粒岩屑砂岩，夹粉砂岩，韵律明显，砾石成分有大量火山岩，厚2 000 m，其下不整合在元古宙胶南岩群之上，上与水南组整合接触。景芝-大店地层小区该组只见于诸城市荆山北侧，砂砾岩和细砂岩互层，岩层中可见较多的安山质岩屑，厚数百米。

鲁西地层分区未见。

止凤庄组岩性较杂，从砾到泥各种结构都有，只是在不同剖面上比例不同而已，整体特征上该组与林寺山组、瓦屋夼组、水南组容易区别。该组化石极少，在莱阳—海阳一带生物碎屑都很少见，这与其沉积环境有关，水流湍急的河流相沉积很难保存化石。在诸城市皇华店，本组底部粉砂质泥岩中产较多的腹足类、双壳类，有 *Bithynia* sp.，*Probaicalia* sp.，*P. hydrobioides*，*Sphaerium pujiangense*，*S.* cf. *pujiangense*，*S.* cf. *jeholense*，*S. andersoni*。

莱阳市止凤庄北和诸城市皇华店康家岭该组下部均见有流纹质沉凝灰岩夹层，前者K-Ar同位素年龄107 Ma。

水南组　$K_1\hat{s}$　(37-0107)

【创名及原始定义】　该组创名单位及时间同止凤庄组，地点在莱阳市水南村北。原始定义：主要岩性为灰色钙质粉砂岩、灰黑色页岩、油页岩、纸状页岩及泥灰岩、灰岩等，油页岩及泥质粉砂岩、泥灰岩、灰岩新鲜面具强烈油臭味或锤击之具强烈油臭味，具沥青扁豆体、黄铁矿结核，含有鱼类、昆虫、叶肢介、腹足类化石。

【沿革】　该组创名后早期使用者较少，郝诒纯等（1985）在《中国的白垩系》一书中采用，但修订了其原始含义，内容包括了地质部第一石油普查勘探大队的止凤庄组、马耳山组、水南组、龙旺庄组，指地质部第一石油普查勘探大队逍仙庄组之上、曲格庄组之下的所有地层。山东省地质矿产局区域地质调查队在80年代中期1：20万区调中划为莱阳组二段。进入90年代后在1：20万区调中采用该名称，含义与现在定义相同。

【现在定义】 整合于止凤庄组之上、龙旺庄组之下的一套湖相灰绿、灰黑、黄绿色粉砂岩、页岩组合，以平行微层理和微波状纹层理、灰色调为特征，产丰富的相当热河生物群的动、植物化石。时代属早白垩世。

【层型】 正层型位于莱阳市龙旺庄镇水南村北约 2 km（120°53′，36°59′；山东省地质矿产局区域地质调查队，1983 年重测）。

上覆地层：**龙旺庄组** 褐黄色中厚层状细粒含钙长石岩屑砂岩与灰绿色薄层状泥质粉砂岩、灰紫色钙质粉砂岩互层夹少量泥灰岩

——————— 整 合 ———————

水南组	总厚度 202.78 m
5. 灰黄色粉砂质微晶灰岩、褐色含砾质微晶灰岩夹含钙质细粒长石岩屑砂岩	40.65 m
4. 灰褐色砂岩、粉砂质微晶灰岩，夹灰黄色钙质粉砂岩	37.11 m
3. 灰黑色泥质钙质粉砂岩与灰黄色粉砂岩、细粒长石砂岩互层，偶夹泥灰岩	42.94 m
2. 褐色薄板状砂质灰岩与灰黑色泥质粉砂岩互层	38.97 m
1. 灰色钙质细粒长石砂岩与灰绿色粉砂岩互层	43.11 m

——————— 整 合 ———————

下伏地层：**止凤庄组** 灰褐色砾岩、含砾中粗粒长石砂岩、褐色砂屑灰岩与紫红色细粒钙质长石砂岩互层

【地质特征及区域变化】 水南组为莱阳群代表层位，也是莱阳盆地湖泊发展鼎盛时期的沉积产物，因而具有典型的淡水湖泊沉积特征。浅湖与深湖的分界线为浪基面，浪基面以下为深湖，浪基面以上为浅湖，从水南组沉积构造看以深湖相沉积为主，岩层发育平行层理或极薄的纹层理。黑色页岩敲击有沥青味，故地质部第一石油普查勘探大队（1962）定其为油页岩，经广泛采样及薄片鉴定，皆为粉砂质页岩或粉砂质灰岩。较粗粒度的岩石如细砂岩、粉砂岩，发育波状纹层理，小型对称波痕极发育，说明已处浪基面以上。因长期处较深水环境，沉积物以还原色调为主，并发育黄铁矿结核。风浪作用较小，沉积环境稳定，使该组保存大量的动、植物化石，个体丰富，属种众多，蚊虫等昆虫化石翅膀保存完好，栩栩如生（化石种类见生物地层一节）。

本组分布广泛，地表主要出露在鲁东地层分区。莱阳-海阳地层小区，莱阳一带以粉砂岩、页岩为主夹灰岩，化石丰富，厚 200～443 m，与下伏止凤庄组和上覆龙旺庄组均为整合接触；海阳一带以粉砂质泥质页岩、粉砂岩为主，夹细砂岩及少量含砾细砂岩，化石稀少，厚 500 余米，与下伏止凤庄组和上覆龙旺庄组皆为整合接触。诸城-胶州地层小区以诸城市皇华店剖面为代表，主要岩性为黄绿色页岩、粉砂岩、泥岩夹细砂岩及中砂岩，含 *Lycoptera sinenis* 和 *Yanjiestheria* 化石，厚 460 m，与下伏止凤庄组和上覆曲格庄组皆为整合接触。

鲁西地层分区地表未出露，据钻孔揭露在菏泽-济宁地层小区存在，如滕州田陈 T5－2 钻孔，岩性为深灰、灰绿色粉砂岩、泥岩，含较多的 *Mesochara stipitata* 和 *Cypridea*，厚 340 余米，与下伏侏罗纪淄博群三台组紫红色砾岩平行不整合接触，其上被第四系覆盖。

龙旺庄组 K_1lw （37－0108）

【创名及原始定义】 该组创名单位及时间同止凤庄组，地点在莱阳市龙旺庄镇。原始定义：上侏罗统龙旺庄组，以莱阳龙旺庄为标准剖面，本组地层是在 J_3^4（水南组）之上连续沉积的，在盆地北部仍然见其超覆在 J_3^4 之上，与古老变质岩系不整合接触，主要岩性为灰紫色、灰

绿色中粗粒砂岩、砂砾岩、粉砂岩、泥岩、泥灰岩等，具交错层、泥裂及波痕。

【沿革】 1965年地质部石油地质局综合研究队将其划为莱阳组第五段上部。1987年山东省地质矿产局区域地质调查队将其划为莱阳组三段，1992年恢复其原始含义和名称，现全省统一使用龙旺庄组名称，含义与现在定义相同。

【现在定义】 整合于水南组之上、曲格庄组之下的一套河湖相沉积，主要岩性为灰紫、灰绿、灰黄等杂色中细粒岩屑长石砂岩夹粉砂岩和砂砾岩。以粗—细互层、紫—绿相间为特征，与水南组有继承性。区域上岩性稍有变化，有时少见紫色层或粒度较粗，如海阳一带。

【层型】 该组正层型位于莱阳市龙旺庄村北（120°49′，36°57′；地质部石油地质局综合研究队，1965年重测）。

上覆地层：**曲格庄组** 绿灰色细砾岩、砂砾岩与棕色块状粉砂岩韵律层

——————— 整 合 ———————

龙旺庄组	总厚度 414.9 m
6. 紫灰色粉砂岩夹黄绿色细砂岩、含细砾粗砂岩及紫红色页岩	46.5 m
5. 黄灰色厚层块状中细粒砂岩夹黄绿色含细砾中粗粒砂岩	48.5 m
4. 紫灰色、黄绿色块状粉砂岩	43.9 m
3. 黄绿色页状粉砂岩夹灰色厚层粉砂岩、棕黄色薄层铁质粉砂岩及绿灰色页岩	54.6 m
2. 灰绿色、黄绿色薄—厚层状粉砂岩与灰绿、黄绿、灰紫色页岩组成的韵律层	164.8 m
1. 棕黄色、灰色页状—厚层状粉砂岩夹灰绿、紫灰色页岩	56.6 m

——————— 整 合 ———————

下伏地层：**水南组** 灰绿、黄绿色泥质页岩夹黄色粉砂岩

【地质特征及区域变化】 本组因与水南组连续沉积而特征相近，岩石组合以细粒度碎屑岩为主，但又出现较多的粗砂岩或含细砾。色调上呈现灰色，以灰绿、黄绿色层与灰紫、紫红色层相间出现为特征。岩石层理发育，明显较水南组为厚，砂岩中发育交错层、泥裂及波痕，显示水体较浅且时有暴露。本组很少含有化石，表明环境已不适应生物生存。

龙旺庄组主要发育在鲁东地层分区的莱阳-海阳地层小区，景芝-大店地层小区和诸城-胶州地层小区局部可见。莱阳东北部龙旺庄、山前店一带色调杂，粒度偏细，以粉砂岩、细砂岩为主，夹页岩、砂砾岩和灰岩，厚400余米，与下伏水南组和上覆曲格庄组皆为整合接触；莱阳南部团旺一带，粒度偏粗，以紫色、黄绿色细砂岩为主，夹泥岩、粉砂岩，厚600余米，与下伏水南组和上覆曲格庄组均为整合接触；东部海阳、乳山一带，岩层厚度增大，达900～1000余米，岩石粒度更粗，以灰、褐、紫色细砂岩为主，夹粉砂岩、中—粗粒砂岩，少量的泥岩及含砾砂岩和砾岩，与下伏水南组和上覆曲格庄组均为整合接触。诸城-胶州地层小区该组常缺失，在皇华店等地水南组直接与曲格庄组接触。景芝-大店地层小区只见于北部诸城市荆山一带，岩性为紫色粉砂岩夹灰黄色中细粒砂岩、粉砂岩，水平层理发育，局部见小型槽状交错层理及斜层理，层面发育泥裂及虫孔构造，岩性单调，厚度大，达3000余米，上与曲格庄组整合接触，下与杨家庄组断层接触。

杨家庄组 K_1y (37-0109)

【创名及原始定义】 1991年山东省地质矿产局区域地质调查队（杜本明等）创名，地点在高密市柴沟镇杨家庄。原始定义：与水南组和龙旺庄组为同期异相沉积，主要为河流相，局部有浅湖相，分布于景芝断裂以东的广大地区。该组主要岩性为黄色、黄绿色、灰黄色中粒

长石砂岩、含砾砂岩夹粉砂岩，不同地区有不同夹层，色调、砾石成分、厚度有变化。

【沿革】 在该组命名之前相应地层地质部第一石油普查勘探大队（1962）归于水南组，《山东省区域地质志》（1991）归于莱阳组三段。

【现在定义】 指与水南组或龙旺庄组同期沉积的以河流相为主的中细粒级沉积，发育在水体动荡、盆地近边部地区。其下与止凤庄组或林寺山组整合接触，其上与杜村组或曲格庄组整合接触，有时呈过渡现象，岩性变化较大，但总体以黄、绿、灰色调和粗—中—细粒组成多个韵律，可见紫红色夹层，韵律底部有时为砾岩或含砾砂岩。时代属早白垩世。

【层型】 该组正层型为高密市柴沟镇李家庄—胶州市铺集镇苏家泊剖面（119°37′，36°13′；刘明渭等，1990）。

上覆地层：**杜村组**　紫灰色厚层状砾岩夹粗砂岩

——————— 整　合 ———————

杨家庄组	总厚度 1 347.86 m
21. 紫色薄层状粉砂岩	12.27 m
20. 黄色中厚层状中粗粒长石砂岩夹粉砂岩、粉砂质粘土岩及含砾砂岩	152.17 m
19. 黄绿色薄层状—中厚层状中细粒长石砂岩夹紫色粉砂岩	46.05 m
18. 黄色中厚层状中粗粒长石砂岩	74.01 m
17. 黄绿色中厚层状中细粒长石砂岩夹紫色粉砂岩	24.71 m
16. 黄绿色中厚层状中粒长石砂岩	117.63 m
15. 黄色厚层状中粗粒长石砂岩夹紫色粉砂岩及含砾砂岩不等厚互层，中粗粒砂岩厚 20～30 m，紫色粉砂岩厚 1～5 m，含砾砂岩厚 2～10 m	718.33 m
14. 灰绿色、灰紫色薄层状细粒长石砂岩	21.26 m
13. 黄色厚层状中细粒长石砂岩	32.14 m
12. 黄色中厚层状中细粒长石砂岩	57.03 m
11. 灰绿色中厚层状中粒长石砂岩	92.26 m

——————— 整　合 ———————

下伏地层：**止凤庄组**　紫灰色砾岩夹中粗粒长石砂岩

【地质特征及区域变化】 杨家庄组以中粒长石砂岩为主，不同地区有不同的夹层，总体特征反映一种辫状河流沉积，如发育大型板状交错层理、槽状交错层理、流水波痕等沉积构造。

本组分布广泛，三个地层分区皆可见到。

鲁东地层分区主要见于诸城-胶州地层小区，以高密、胶州、胶南、即墨比较发育。在高密市柴沟以东—胶州西南，杨家庄组为黄色、灰绿色中粒长石砂岩、含砾砂岩、夹紫色、黄绿色粉砂岩，砾石成分主要为变质岩，少量泥砾、岩浆岩，上部发育交错层理和小型对称波痕，厚 1 347.86 m，与下伏止凤庄组、上覆杜村组皆为整合接触。胶南石门、理务关一带为灰色、黄绿、灰绿色中细粒长石砂岩、粗粉砂岩、含砾粗粒岩屑长石砂岩等不等厚互层，夹少量晶屑沉凝灰岩和粉砂质泥晶灰岩、细砾岩，砾石成分以片麻岩、火山岩为主，磨圆较好、分选差，发育交错层理、流水波痕，厚 56.39～816.7 m，与下伏止凤庄组整合接触。即墨市羊山—红花山一带，该组厚度巨大，达 4 698.2 m，底部被海水所淹未见，上与曲格庄组整合接触，主要岩性为灰绿色、灰黄色角岩化中细粒—粗粒长石砂岩，夹粉砂岩、页岩、含砾砂岩及少量砾岩，砾石成分复杂，下部主要为灰岩、安山岩，少量变质岩，向上部主要为变质岩，少量安山岩，纵向上具明显规律。该地杨家庄组具比较明显的二元结构。粗—细韵律清楚，每个韵律由下部的中粗粒砂岩或含砾砂岩、砾岩过渡到上部的细砂岩、粉砂岩，呈不等厚互层状。在景芝-大店地层小区杨家庄组见于诸城市西北吴家楼—石桥子一带，厚800余米，上与龙旺庄组灰紫色粉砂岩整合接触，下与止凤庄组整合接触，主要岩性为黄、褐黄、灰紫色中粗粒至中细粒岩屑长石砂岩，夹含砾砂岩、砂砾岩及紫色粉砂岩，砾石成分主要为安山质岩石，少量脉石英、变质岩、花岗岩等，安山质砾石磨圆差，为次棱角状、次圆状，其他成分砾石磨圆好，浑圆状、次圆状，局部见中薄层状灰黄色含砾中粗砂岩—薄层状细砂岩—灰紫色泥质粉砂岩之基本层序。

鲁西地层分区杨家庄组见于新泰-淄博地层小区，主要发育在蒙阴盆地和章丘一带，蒙阴盆地主要为灰色细砂岩、泥质粉砂岩，夹中粗粒砂岩及少量灰紫色粉砂岩、细砂岩，发育交错层理，厚712.3 m，与下伏侏罗纪淄博群三台组平行不整合接触，与上覆曲格庄组整合接触。章丘一带该组分布零星，出露不好，以孙家庄剖面发育较好，主要岩性为灰绿、灰白色细粒长石砂岩和安山质岩屑细砂岩，夹沉凝灰岩及安山质、粗安质晶屑凝灰岩，厚194.25 m，粗安质晶屑凝灰岩K-Ar同位素年龄值128 Ma，与下伏林寺山组整合接触，与上覆青山群八亩地组玄武岩喷发不整合接触。

华北平原地层分区据钻孔资料，济阳凹陷、临清凹陷原称蒙阴组可能相当该组。如济阳凹陷ZG_4孔，主要岩性为灰色砾状砂岩、泥质砂岩、泥岩，厚344 m，上与青山群八亩地组、下与淄博群三台组皆为平行不整合接触。

曲格庄组　K_1q　(37-0110)

【创名及原始定义】　创名时间及单位同止凤庄组，地点在莱阳市龙旺庄镇北曲格庄。原始定义：岩性为紫灰、浅灰色砾状粗砂岩、砂岩、砂砾岩互层，夹有褐紫、灰绿色泥质粉砂岩，顶部夹凝灰质砂岩。岩性不稳定，多大型透镜体，在短距离内砾岩即相变为砂岩，砾岩内含火山砾石、火山碎屑较多，与青山组整合或不整合接触。

【沿革】　1965年地质部石油地质局综合研究队称其为莱阳群六段，1978年山东省区域地层表编写组称为莱阳组上亚组三段，1987年山东省地质矿产局区域地质调查队称为莱阳组四段，1992年山东省地质矿产局区域地质调查队重新启用曲格庄组名，含义与创名者相同。

【现在定义】　指莱阳群上部、青山群火山岩之下的一套灰色、紫灰色砂砾岩为主的粗碎屑沉积，普遍含有较多的火山物质，夹有紫红、黄绿色粉砂岩、泥岩。其下与龙旺庄组或杨家庄组整合接触，其上与青山群不同组整合或喷发不整合接触，胶州、高密一带相变为杜村组、法家茔组。时代属早白垩世。

【层型】　该组正层型为莱阳市龙旺城镇龙旺庄—大淘章剖面（120°48′，36°57′；山东省地质矿产局区域地质调查队，1983年重测）。

上覆地层：**青山群后夼组**　灰白色流纹质凝灰质角砾岩

——————整　合——————

曲格庄组　　　　　　　　　　　　　　　　总厚度112.34 m

4. 灰白色中粒长石岩屑砂岩与紫色砂质粉砂岩互层　　53.84 m
3. 灰白色凝灰质砾质岩屑砂岩与紫色砂质粉砂岩互层　　22.6 m
2. 紫灰色砾岩、灰白色凝灰质砾质岩屑砂岩，夹紫色含砾岩屑砂岩　　21.66 m
1. 浅紫灰色砾岩、砾质岩屑长石砂岩（野外核查发现本层砾石成分以火山岩为主，占2/3，少量变质岩，另有较多的粉晶灰岩砾石，偶见鲕粒灰岩砾石，砾径2—5 cm，磨

圆很好）　14.24 m

——————— 整　合 ———————

下伏地层：**龙旺庄组**　紫色中粒岩屑长石砂岩

【地质特征及区域变化】　曲格庄组岩石组合以中—细砾岩、含砾砂岩、岩屑长石砂岩为主，夹粉砂岩及泥岩，岩石普遍分选差，成熟度低，含有较多的火山物质，有时砾石成分几乎全为火山岩。化石稀少，仅在莱阳市河洛乡朱家庄发现较多的双壳类，组成 *Nakamuranaia* 动物群，其他地区未见。

鲁东地层分区莱阳-海阳地层小区，莱阳一带岩性为紫灰、灰色中粗、中细粒岩屑长石砂岩、含砾砂岩、砾岩及灰绿色、黄绿色泥质粉砂岩，厚 100～700 余米，与下伏龙旺庄组整合接触或超覆在元古宙荆山群禄格庄组之上，其上与青山群后夼组整合接触；海阳一带为褐红、砖红、土黄色粗砂岩、砂砾岩、砾岩及含砾砂岩和粉砂岩，厚 600～800 m，与下伏龙旺庄组整合接触，与上覆青山群八亩地组喷发不整合接触；诸城-胶州地层小区为灰、灰紫色砂砾岩、含砾砂岩夹粉砂岩及泥岩，厚 260 余米，与下伏水南组整合接触，上与青山群八亩地组喷发不整合接触。

鲁西地层分区地表只见于新泰-淄博地层小区的蒙阴盆地，主要岩性为蓝灰色中粗粒岩屑长石砂岩与凝灰质砂岩和含砾凝灰质岩屑砂岩，砾石主要为安山质岩石，厚 370 余米，下与杨家庄组整合接触，上与青山群八亩地组（微角度）不整合接触。

杜村组　K_1d　(37－0124)

【创名及原始定义】　1991 年山东省地质矿产局区域地质调查队（杜本明等）创名，地点在胶州市杜村乡。原始定义：整合于杨家庄组之上、法家茔组之下的一套灰褐色厚层状砾岩、含砾砂岩夹紫色砂岩，为厚度巨大的山麓洪积扇堆积，横向上常相变为曲格庄组。

【沿革】　过去一般将其称为莱阳组第四段。1962 年地质部第一石油普查勘探大队将胶州地区该组地层归于龙旺庄组，但同时认为与曲格庄组难以区分。

【现在定义】　整合于杨家庄组之上、法家茔组之下，岩性以灰褐色粗砾岩为主，夹含砾砂岩和粗砂岩，层理不发育，呈块状构造，厚度巨大，平面上呈扇状展布，横向上可过渡为曲格庄组。时代属早白垩世。

【层型】　该组正层型为胶州市杜村乡雅会村—营海镇剖面（119°56′，36°14′；山东省地质矿产局区域地质调查队，1990）。

上覆地层：**法家茔组**　黄绿色中厚层状含砾中粗粒长石砂岩

——————— 整　合 ———————

杜村组　总厚度 3 131.7 m

18. 灰褐色中厚层状砾岩与紫灰色中厚层状含砾粗粒岩屑砂岩互层，砾石成分主要为变质岩，少量火山岩　89.4 m
17. 黄绿色薄层状泥质粉砂岩夹中粒长石砂岩　13.2 m
16. 灰紫色薄层状含砾中粗粒岩屑长石砂岩与中细粒长石砂岩互层　68.4 m
15. 灰色厚层状砾岩，砾石成分为变质岩　136.1 m
14. 灰色中厚层状中粗粒岩屑长石砂岩夹中细粒长石砂岩，底部为含火山岩砾石的粗粒岩屑长石砂岩　59.8 m
13. 灰紫色中厚层状砾岩，偶夹灰色薄层状中粗粒长石砂岩，砾石成分为变质岩　205.3 m

12. 紫灰色中厚层状砾岩夹含砾粗砂岩，偶夹紫红色中细粒长石砂岩，砾石成分为变质岩、花岗斑岩、石英正长岩	111.2 m
11. 浅紫灰色中厚层状含砾粗粒长石砂岩夹砾岩，砾石成分同 12 层	86.7 m
10. 灰色中厚层状砾岩，偶夹薄层状粗砂岩，砾石成分主要为变质岩，少量灰岩、大理岩	228.9 m
9. 浅紫灰色中厚层状含砾粗粒长石砂岩夹中厚层状砾岩，砾石成分为变质岩	157.7 m
8. 浅紫灰色中厚层状中粗粒长石砂岩夹细砂质粗砂岩、泥岩	70.5 m
7. 灰色厚层状砾岩，砾石成分为变质岩	617.7 m
6. 紫褐色厚层状中粒长石砂岩	7.6 m
5. 灰褐色厚层状砾岩偶夹紫褐色含砾粗粒长石砂岩，砾石成分为变质岩	205.5 m
4. 灰色厚层状砾岩，砾石成分主要为变质岩，少量灰岩、大理岩	755.1 m
3. 紫灰色中厚层状砾岩夹含砾粗粒长石砂岩	191.4 m
2. 灰黄色中厚层状砾岩夹含砾粗粒长石砂岩	66.4 m
1. 暗紫色薄层状中粗粒长石砂岩夹灰黄色中厚层状砾岩，砾石成分为变质岩（第四系覆盖，未见底）	60.8 m

【地质特征及区域变化】 杜村组岩石组合特征明显，以粗砾岩、巨砾岩为主，占地层总厚度 80%以上。砾石成分主要为来自南侧胶南隆起基底岩系的变质岩，多为浑圆状、次圆状，砾径一般 5～10 cm 至 20～30 cm，偶见达 50 cm 以上者。岩层层理不发育，砾石大小混杂，显示近距离搬运、快速堆积特点。平面上呈扇状展布，由东南向西北撒开，向东西两端砾岩比例渐少，区域上与曲格庄组横向过渡。岩层中发现两个灰岩砾石富集层位（4 层、10 层），砾石浑圆状，大小一般 3～5 cm，为致密纯净的微晶、粉晶灰岩，与即墨羊山杨家庄组、马山曲格庄组、莱阳市北曲格庄村曲格庄组、栖霞县杨础止凤庄组、诸城市皇华镇止凤庄组发现的灰岩砾石相同，似为同一来源。

据目前资料杜村组只发育在鲁东地层分区诸城-胶州地层小区的高密柴沟至胶州营海镇一线。胶南石门、理务关一带，中国地质大学（北京）1992 年所定杜村组应是杨家庄组。在其正层型剖面上因第四系覆盖未见底，但在高密柴沟镇李家庄—胶州铺集镇苏家泊剖面上，该组与其下杨家庄组为渐变关系，整合接触。

法家茔组　K_1f　(37－0125)

【创名及原始定义】 1991 年山东省地质矿产局区域地质调查队（杜本明等）创名，地点在胶州市营海镇法家茔。原始定义：湖泊晚期局部浅湖相沉积，水盆中心与下伏杜村组和曲格庄组呈过渡关系，连续沉积，水盆边部缺失。主要岩性为黄绿色薄层状细砂岩、粉砂岩、页岩、泥岩及紫色粉砂岩、细砂岩，局部夹流纹质凝灰岩，与上覆青山群后夼组整合接触。

【沿革】 以往这套地层归于莱阳组第四段，未引起重视。杜本明等在 1∶20 万区调中将其单独建组，认为与上、下岩层差别较大。

【现在定义】 整合于杜村组之上、青山群后夼组之下的一套杂色细碎屑沉积，以黄绿色、紫色细砂岩、粉砂岩、页岩为主，局部夹流纹质凝灰岩。

【层型】 该组正层型为胶州市营海镇法家茔剖面（120°05′，36°16′；山东省地质矿产局区域地质调查队，1990）。

上覆地层：**第四纪山前组**　砂质粉砂

～～～～～～～～ 不 整 合 ～～～～～～～～

法家茔组 总厚度 156.2 m

25. 浅紫灰色中厚层状粗粒长石砂岩 2.8 m

24. 紫灰色流纹质晶玻熔结凝灰岩 8.4 m

23. 黄色薄层状中细粒长石砂岩夹黄绿色粉砂岩、紫色中粒砂岩、杂色页岩 53.1 m

22. 紫灰色流纹质晶玻熔结凝灰岩 19.5 m

21. 紫褐色薄层状泥岩 9.2 m

20. 黄绿色薄层状细粒砂岩、粉砂质页岩互层，偶夹泥岩 36.2 m

19. 黄绿色中厚层状含砾中粗粒长石砂岩 27.0 m

———————— 整 合 ————————

下伏地层：**杜村组** 灰褐色中厚层状砾岩与紫灰色中厚层状含砾粗粒岩屑砂岩互层，砾石成分主要为变质岩、少量火山岩

【地质特征及区域变化】 法家茔组以杂色调、细粒度明显区别于其下的杜村组，层型剖面上酸性火山碎屑岩呈夹层产出，其他地区多呈潜火山岩状态。该组分布同杜村组，其他地区未见。正层型剖面顶部因第四系覆盖未见与青山群关系，但在胶州市铺集镇见其与青山群后夼组整合接触。

青山群 K_1Q (37-0111)

【创名及原始定义】 1923年谭锡畴创名于莱阳市沐浴店青山后，称为“青山层”。原始定义：在莱阳青山由作者发现爬行类骨骸，故本层以青山名。在莱阳本层位于莱阳层之上，含棕色凝灰砾岩、绿色紫色浅红色凝灰岩，与岩流及红色粘土岩相间而生。其下部有绿灰紫棕色泥质灰岩，及浅黄红色砂岩。

【沿革】 自谭锡畴创名后即被广泛引用，各家采用的含义与谭氏基本相同，只是在上、下界线上稍有变动（表7-2）。

【现在定义】 指位于莱阳群之上、王氏群之下的一套火山岩系，间夹正常沉积岩层。沂沭断裂带以西为中—基性火山岩，断裂带内南部为中—基性、北部中—基性夹酸性，断裂带以东则为中—基性与酸性火山岩相间。自下而上包括后夼组、八亩地组、石前庄组、方戈庄组，有时夹大盛群马朗沟组或田家楼组。

【地质特征及区域变化】 青山群以火山岩发育为特征，根据火山活动及岩石学、岩石化学等特征，可以分为4个旋回，分别对应4个组级单位。第Ⅰ旋回：后夼组，以酸性火山碎屑岩发育为标志，层位稳定，与下伏岩系关系清楚，主要分布鲁东地层分区；第Ⅱ旋回：八亩地组，以中—基性火山岩发育为标志，局部出现过渡岩性——沉火山碎屑岩和火山碎屑沉积岩，分布全省，层位稳定；第Ⅲ旋回：石前庄组，以酸性熔岩和火山碎屑岩发育为标志，火山碎屑岩常矿化而成膨润土、沸石矿床，并常见珍珠岩矿床，主要发育鲁东地层分区，鲁西地层分区局部可见；第Ⅳ旋回：方戈庄组，中—基性、偏碱中—基性火山岩发育为标志，与下伏岩层关系较复杂，但与上覆岩层关系清楚，层位稳定，是鲁东地层分区青山群与王氏群分界标志层位。这4个旋回，在区域分布上具较强规律性，各岩石单位容易区分，全省分布情况及岩性特征见图7-5、6。

后夼组 K_1h (37-0112)

【创名及原始定义】 1991年山东省地质矿产局区域地质调查队（杜本明等）创名，地点在胶州市河西郭乡后夼村。原始定义：青山群底部的一套酸性火山碎屑岩，有时夹正常碎屑

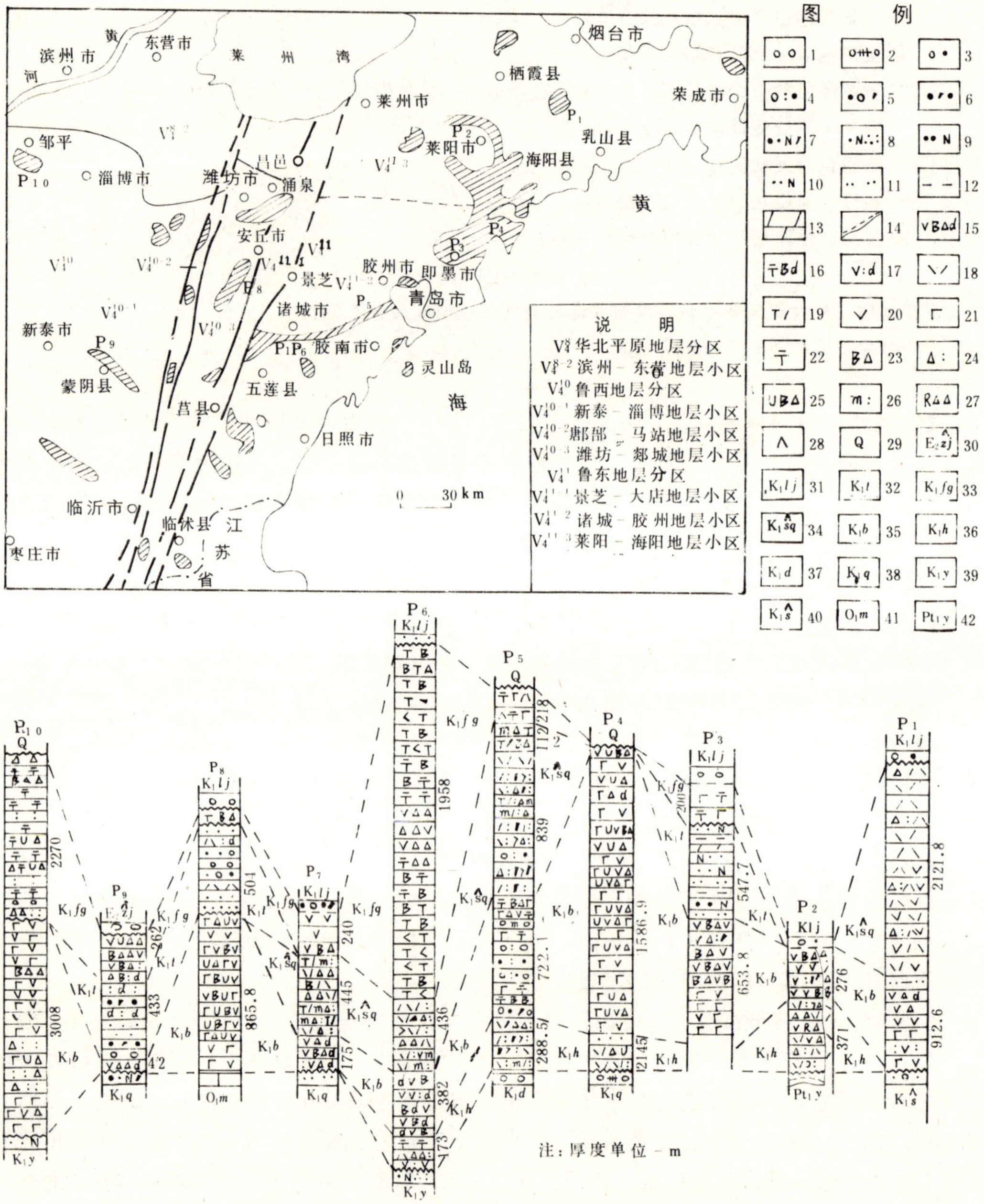

图 7－5 山东省早白垩世青山群地层分布及柱状对比图

1. 砾岩；2. 复成分砾岩；3. 砂砾岩；4. 凝灰质砂砾岩；5. 含砾粗粒岩屑砂岩；6. 粗粒岩屑砂岩；7. 中粗粒长石岩屑砂岩；8. 凝灰质长石石英砂岩；9. 中粒长石砂岩；10. 细粒长石砂岩；11. 粉砂岩；12. 泥岩；13. 泥灰岩；14. 黑云片岩；15. 安山质沉集块角砾岩；16. 粗安质沉集块岩；17. 安山质沉凝灰岩；18. 流纹岩；19. 碱流岩；20. 安山岩；21. 玄武岩；22. 粗安岩；23. 集块角砾岩；24. 角砾凝灰岩；25. 集块角砾熔岩；26. 熔结凝灰岩；27. 熔角砾岩；28. 橄榄岩；29. 第四系；30. 官庄群朱家沟组；31. 王氏群林家庄组；32. 大盛群田家楼组；33—36. 青山群方戈庄组、石前庄组、八亩地组、后夼组；37—40. 莱阳群杜村组、曲格庄组、杨家庄组、水南组；41. 马家沟组；42. 荆山群野头组

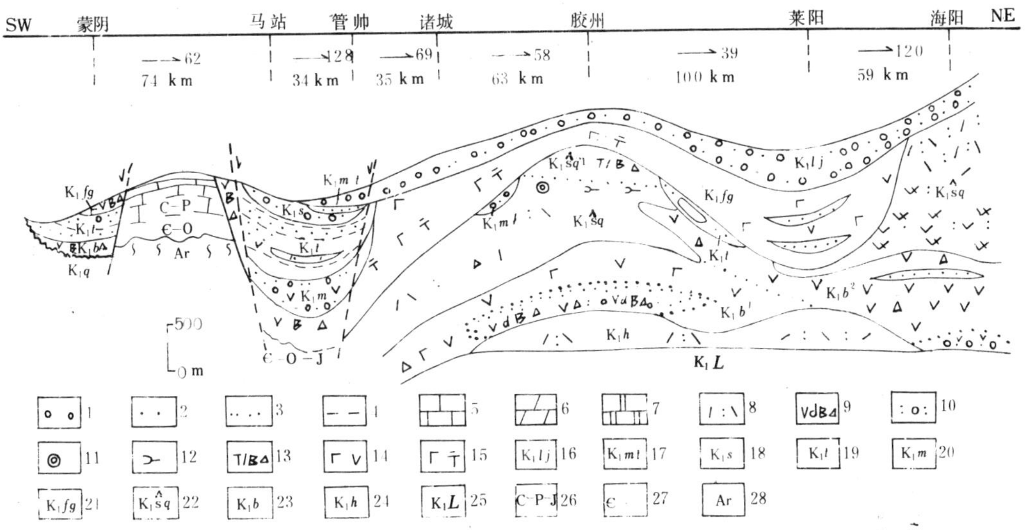

图 7－6　早白垩世青山群、大盛群地层断面图

1. 砾岩；2. 砂岩；3. 粉砂岩；4. 页岩；5. 灰岩；6. 泥灰岩；7. 白云岩；8. 流纹质凝灰岩；9. 安山质沉集块角砾岩；10. 凝灰质砾岩；11. 球粒流纹岩；12. 黑曜岩；13. 碱流质集块角砾岩；14. 玄武安山岩；15. 玄武粗安岩；16. 王氏群林家庄组；17—20. 大盛群孟疃组、寺前村组、田家楼组、马朗沟组；21—24. 青山群方戈庄组、石前庄组、八亩地组、后夼组；25. 莱阳群；26. 石炭系—二叠系—侏罗系；27. 寒武系—奥陶系；28. 太古宇

岩，下与莱阳群整合或平行不整合接触，上与八亩地组喷发不整合接触。

【沿革】　在本单位命名之前，这套岩层属于青山组（群）下亚组或第一段。创名时本意在突出其酸性火山碎屑岩，但将八亩地组之下的一套夹玄武岩的砂砾岩层也归于后夼组，似乎与本意不符。在本次地层清理过程中，经反复对比、分析，认为这套砂砾岩应归于八亩地组，这样后夼组含义更明确，层型上更清楚。

【现在定义】　青山群底部的一套流纹质凝灰岩，有时夹正常碎屑岩或中—基性火山岩，下与莱阳群整合、喷发不整合、平行不整合或与元古宙变质岩不整合接触，上与八亩地组整合接触。时代属早白垩世。

【层型】　正层型在胶州市河西郭乡后夼村（119°55′，36°05′；山东省地质矿产局区域地质调查队，1989）。

上覆地层：**八亩地组**　砾质中粗粒岩屑砂岩

——————— 整　合 ———————

后夼组	总厚度 228.46 m
19. 紫灰色流纹质角砾凝灰岩	42.57 m
18. 紫灰色流纹质晶屑玻屑凝灰岩	184.22 m
17. 灰紫色流纹质熔结凝灰岩，全岩 K－Ar 同位素年龄 122.23±1.79 Ma	61.67 m

═══════ 断　层 ═══════

下伏地层：**莱阳群杜村组**　灰色砾岩夹含砾中粗粒岩屑长石砂岩

【地质特征及区域变化】　后夼组以酸性火山碎屑岩发育为特征，主要为流纹质熔结凝灰岩、晶玻凝灰岩、角砾凝灰岩，新鲜岩石呈灰红色、紫红色，风化蚀变后显灰色、灰绿色。岩石中角砾多呈棱角状、撕裂状，可见清晰的假流动现象。岩层中有时夹沉凝灰岩、砂砾岩及中—基性火山岩。

后夼组主要分布在鲁东地层分区，鲁西地层分区不发育，局部见薄层流纹质凝灰岩呈夹层产于八亩地组底部，如安丘市辉渠乡倪家沟。诸城-胶州地层小区以胶州市、青岛市崂山区河套乡、即墨市一带较发育。胶州市河西郭与其下莱阳群杜村组断层接触，在西福山和胶南市前家空见其下与杜村组不整合接触，厚50余米。莱阳-海阳小区该组见于莱阳市城北北小平和胜利村一带，下与莱阳群曲格庄组整合接触并超覆在元古代荆山群之上，上与八亩地组整合接触，主要岩性为灰白、灰红色层状蒙脱石化流纹质凝灰岩，厚300余米。

后夼组广泛分布于鲁东地层分区，层位清楚，岩石组合特征明显，为青山期火山活动第Ⅰ旋回产物，是鲁东地层分区青山群底部标志层位。

八亩地组　K_1b　(37－0113)

【创名及原始定义】　1991年山东省地质矿产局区域地质调查队（杜本明等）创名，地点在即墨市丰城乡八亩地村。原始定义：指青山期火山活动第Ⅱ旋回产物，主要为中基性熔岩和火山碎屑岩，夹正常碎屑岩，位于后夼组之上、石前庄组之下，局部与石前庄组交互出现，反映了不同岩浆来源的火山物质准同时喷发的双峰式特点。

【沿革】　在本单位创名之前，相应地层归属较乱，有时归于青山组下亚组，有时归于青山组中亚组。目前本单位在全省推广使用，经大范围区调填图证明其划分概念和层位是准确的。

【现在定义】　整合于后夼组之上、石前庄组之下的一套中—基性火山岩系，有时与石前庄组交互出现。鲁西和沂沭断裂带内常位于莱阳群之上、方戈庄组或大盛群之下。时代属早白垩世。

【层型】　正层型为即墨市丰城乡刁家大丈剖面（120°49′，36°33′；山东省地质矿产局区域地质调查队，1990）。

青山群八亩地组（裸露，无上覆岩系）	总厚度 1 546.04 m
上段	厚度 616.88 m
43. 灰紫色伊丁石化橄辉玄武安山岩，上部为玄武安山质集块角砾熔岩	29.14 m
42. 紫红色沉晶屑凝灰岩	4.85 m
41. 灰紫色伊丁石化气孔杏仁状玄武安山岩	14.54 m
40. 气孔杏仁状橄辉玄武安山岩，中上部含同成分角砾	11.69 m
39. 灰紫色含角砾气孔状玄武安山岩	36.76 m
38. 灰紫色安山质角砾熔岩	144.21 m
37. 紫灰色杏仁状辉橄玄武安山岩	84.99 m
36. 灰绿色伊丁石化橄榄玄武安山岩	28.74 m
35. 灰紫色玄武质沉角砾岩	60.85 m
34. 灰色含角砾伊丁石化辉橄玄武安山岩	71.11 m
33. 灰紫色玄武安山质含集块角砾熔岩	34.80 m
32. 灰绿色杏仁状玄武安山岩	5.80 m
31. 灰紫、紫灰色安山质角砾熔岩	89.40 m
下段	厚度 929.16 m

30. 黄绿色伊丁石化辉橄玄武安山岩，上部含气孔杏仁	38.23 m
29. 灰紫色玄武安山质角砾熔岩	100.96 m
28. 深灰、灰绿色气孔杏仁状橄榄玄武岩	43.36 m
27. 灰紫色玄武安山质角砾熔岩	99.25 m
26. 灰绿色玄武岩	67.22 m
25. 灰紫色橄榄玄武岩，顶为角砾熔岩	24.99 m
24. 黄灰色玄武安山质角砾熔岩	68.46 m
23. 黄绿色橄辉玄武安山岩	62.11 m
22. 灰紫色玄武质含集块角砾熔岩	29.47 m
21. 灰黑色橄辉玄武岩	78.81 m
20. 紫红色玄武质角砾熔岩	32.39 m
19. 浅紫色伊丁石化橄榄玄武岩，下部为灰紫色杏仁状玄武岩	33.92 m
18. 灰紫色玄武安山质熔集块角砾岩，底部为灰绿色气孔杏仁状玄武安山岩	36.45 m
17. 灰紫色玄武安山质含集块角砾熔岩，底部为灰绿色气孔杏仁状玄武安山岩	46.98 m
16. 紫灰色玄武安山质角砾熔岩	46.62 m
15. 紫灰色伊丁石化橄辉玄武安山岩	63.42 m
14. 灰黑色杏仁状伊丁石化橄榄玄武安山岩	59.22 m

———————— 整　合 ————————

下伏地层：**后夼组**　绿灰色薄层状流纹质凝灰岩

【地质特征及区域变化】　八亩地组岩石组合特征明显，以中—基性火山岩发育为标志，主要岩石有玄武岩、安山岩、粗安岩、玄武安山岩、玄武粗安岩、安山质集块角砾岩、凝灰岩等，其中可见紫色、灰色砂—砾岩夹层，熔岩中气孔、杏仁发育，橄榄石多伊丁石化。每层熔岩顶部自碎现象显著，成角砾熔岩。因不同火山机构爆发指数不同或距喷发中心距离影响，有的地区以熔岩为主，少见凝灰岩、角砾岩，有的地区则以凝灰岩、角砾岩为主，少见熔岩。总体上看，该组具二分性，但多数地区不太明显，常常中—基性间互出现或以中性为主，少见以基性火山岩为主剖面。

八亩地组是省内分布最广的青山群火山岩地层，三个地层分区皆有分布，尤以鲁东地层分区为代表，地层发育好，层序清楚。

鲁东地层分区诸城-胶州地层小区，东北部即墨一带为本组最发育地区，厚数百米至千米以上。一般与下伏后夼组整合接触，有时界线处被潜安山岩破坏，上覆层位一般是大盛群田家楼组。在即墨市东北八亩地组与石前庄组成互层出现，反映了不同岩浆源物质准同时喷发现象（双峰式模式）。胶州以南，该组分布虽广，但厚度远没即墨一带大，一般厚度数百米。在胶州南部其下与后夼组整合接触，其上与石前庄组整合接触。至诸城市或以南后夼组缺失，该组即与莱阳群不同层位平行不整合接触或喷发不整合接触，二分性不明显，一般以中性熔岩为主。莱阳-海阳地层小区，该组主要见于莱阳和海阳、荣城。在莱阳与下伏后夼组整合接触，与上覆王氏群林家庄组平行不整合接触，为安山岩、安山质集块角砾岩、凝灰岩，厚 200 余米。海阳、荣城该组分布局限，厚度较大，1 000～2 000 m，因缺失后夼组，其下与莱阳群曲格庄组喷发不整合接触，上与石前庄组整合或与林家庄组不整合接触，以中性熔岩、碎屑岩为主夹砂岩、粉砂岩。

鲁西地层分区地表主要见于新泰-淄博地层小区，以蒙阴、邹平盆地为代表。蒙阴盆地该组主要为中性火山碎屑岩，厚数十米至百余米，下与莱阳群曲格庄组不整合接触，上与大盛群田家楼组整合接触。邹平盆地八亩地组也很发育，厚达 4 000 m，主要岩性为粗安岩、安山岩、玄武安山岩及集块岩、角砾岩、凝灰岩，是一套偏碱性中—基性火山岩系，下与莱阳群杨家庄组不整合接触，上与方戈庄组喷发不整合接触。潍坊-郯城地层小区分布亦较广，以北部潍坊市坊子、安丘市雹泉比较发育，南部零星分布。该小区内八亩地组其下缺失后夼组，莱阳群亦不发育，因此八亩地组常不整合于寒武系—奥陶系或基底变质岩之上，其上与方戈庄组喷发不整合接触或与大盛群整合接触。该小区内八亩地组岩性以中性火山碎屑岩为主，少量熔岩，基性火山岩较少，厚度一般数百米。

石前庄组　$K_1\hat{s}q$　(37-0114)

【创名及原始定义】 1991 年山东省地质矿产局区域地质调查队（杜本明等）创名，地点在胶州市河西郭乡石前庄。原始定义：以酸性火山岩为特征，分布同八亩地组，据岩石化学特征可分为两段，发育程度有差异，建组剖面在胶州市石前庄。

【沿革】 本单位创名之前，相应地层划归青山组第二段或中亚组，归属比较混乱（表 7-2）。现全省统一采用本单位，含义和层位清楚。

【现在定义】 青山群火山岩第Ⅲ旋回，整合于八亩地组之上，整合或喷发不整合于方戈庄组之下的一套流纹质凝灰岩、角砾岩及流纹岩、黑曜岩、珍珠岩。局部地区具二分性，上部碱度增加为碱流岩、碱流质熔结凝灰岩、熔结角砾岩。岩石常矿化，是山东省重要的膨润土、沸石、珍珠岩矿层位，在即墨一带与八亩地组交叉分布。

【层型】 正层型在胶州市河西郭乡石前庄（119°55′，36°05′；山东省地质矿产局区域地质调查队，1990）。

上覆地层：**方戈庄组**　玄武粗安质沉集块岩夹灰紫色细粒岩屑长石砂岩

～～～～～～ 喷发不整合 ～～～～～～

石前庄组	总厚度 951.27 m
上段	112.29m
44. 灰红色碱流质熔结角砾岩，顶部为碱流质熔结角砾凝灰岩，全岩 K-Ar 同位素年龄值 125.36±2.02 Ma	35.92 m
43. 灰红、灰绿色碱流质熔结集块角砾岩，底部为沸石化碱流质集块角砾岩	76.37 m
下段	总厚度 839.16 m
42. 灰红色流纹岩、球粒、石泡流纹岩夹流纹质火山角砾岩，底部为黑曜岩	73.18 m
41. 硅化流纹质熔结角砾岩	20.43 m
40. 灰红色流纹质晶玻凝灰岩	76.77 m
39. 灰红色流纹质角砾岩屑凝灰岩	65.42 m
38. 浅灰紫色碱流质熔结角砾凝灰岩	34.85 m
37. 灰紫色、灰红色流纹质熔结角砾凝灰岩，全岩 K-Ar 同位素年龄值 109.15± 1.73 Ma	76.62 m
36. 灰紫色流纹质玻晶凝灰岩	46.44 m
35. 紫灰色流纹质熔结角砾晶玻凝灰岩	62.49 m
34. 浅肉红色、灰紫色流纹质角砾玻晶凝灰岩	157.03 m
33. 灰紫色凝灰质砂砾岩与浅紫红色粉砂岩互层，夹砂质巨砾岩、黄绿色凝灰质含砾粗砂岩	36.70 m
32. 肉红、浅灰色流纹质含角砾晶玻凝灰岩，底部为粘土化流纹质晶屑凝灰岩	195.05 m

———— 整　合 ————

下伏地层：**八亩地组**　紫红色玄武粗安质集块角砾岩，顶部为灰紫色玄武粗安质火山角砾岩

【地质特征及区域变化】　石前庄组以流纹质集块角砾岩、凝灰岩为主，少量熔岩及玻璃质岩石。

鲁东地层分区石前庄组以诸城-胶州地层小区最发育，喷发中心在胶州市冷家村—青岛市红岛一带，向东北-西南方向减弱。在诸城市障日山、红石山，该组亦较发育，下与八亩地组、上与方戈庄组均为整合接触，主要岩性为流纹质角砾岩、凝灰岩，厚400余米，二分性差。在即墨市一带，石前庄组与八亩地组交叉分布成互层出现，组成三个旋回。石前庄组出现三次，下旋回为流纹质角砾熔结凝灰岩、集块角砾岩，相当层型剖面第一段；中—上旋回为碱流质角砾凝灰岩、碱流岩，相当层型剖面第二段，共厚1 000余米。莱阳-海阳地层小区该组发育较差。在莱阳市白藤口该组呈火山通道相，为隐爆角砾岩、凝灰岩侵入八亩地组，岩性同层型剖面，厚90余米。牟平市西留疃厚200余米，岩性为石英安山岩、英安岩、英安质岩屑晶屑凝灰岩、流纹岩、流纹质角砾岩、角砾凝灰岩，下与石英闪长玢岩、上与莱阳群曲格庄组皆为断层接触；荣成市俚岛厚450 m，岩性为流纹岩、英安岩，下与八亩地组整合接触，上与元古宙细粒二长花岗岩断层接触或剥蚀未见顶。

鲁西地层分区本组不太发育，仅在潍坊-郯城地层小区北部涌泉庄一带发育较好，主要岩性为流纹岩、流纹质集块岩、角砾岩、凝灰岩夹珍珠岩，厚800余米，下与八亩地组、上与方戈庄组均为整合接触，为山东省较重要的膨润土、沸石岩、珍珠岩矿区。南部以往有过发现流纹岩的报道①，最近据胡树庭介绍②，在郯城北侧局部发现酸性火山碎屑岩可能属于该组。

华北平原地层分区资料较少，在滨州-东营地层小区钻孔揭露有酸性火山岩（流纹岩）存在，从青山群两个酸性火山岩旋回区域分布看属后夼组的可能性很小，有可能属于石前庄组。临清-冠县地层小区中生代火山岩很不发育，局部可见厚度亦很小（5 m左右），从目前资料难以确定其地层归属。

方戈庄组　K_1fg　（37－0115）

【创名及原始定义】　1991年山东省地质矿产局区域地质调查队（杜本明等）创名，地点在即墨市长直乡方戈庄。原始定义：不整合于石前庄组或南龙埠组之上、平行不整合于王氏群林家庄组之下的一套玄武粗安质熔岩或火山碎屑岩，夹正常沉积岩，为青山群火山活动第Ⅳ旋回产物。

【沿革】　本单位命名之前，相应地层划归青山组上亚组或第三段、第二段（表7－2），归属比较混乱。现全省统一采用本单位，含义和层位清楚。

【现在定义】　青山群火山岩第Ⅳ旋回产物，一套中—基性熔岩、火山碎屑岩沉积，某些地区碱度较高，为粗安质、粗面质。下伏层位变化较大，层型剖面上与石前庄组喷发不整合接触，有时与八亩地组或大盛群田家楼组喷发不整合接触。上覆层位较稳定，一般与王氏群林家庄组平行不整合接触。

【层型】　该组命名地点顶、底出露不好，未测剖面，仅以岩层比较发育而命名。本书将胶南市胶河乡前家空剖面作为选层型，该剖面岩石具一定代表性，层序清楚（119°44′，36°01′；山东省地质矿产局区域地质调查队，1990）。

---

① 山东省地质局实验室、地质综合研究队，1981，山东省新、中生代火山岩某些特征（内部资料）。
② 山东省地质矿产局区域地质调查队，1994，1∶20万枣庄、临沂幅区域地质调查（正在进行）。

上覆地层：**王氏群林家庄组** 灰紫色中厚层状巨砾岩夹砂质砾岩

——————— 平行不整合 ———————

青山群方戈庄组	总厚度 175.9 m
29. 灰色杏仁状伊丁石化橄榄玄武粗安岩	36.3 m
28. 暗紫色中细粒含砾岩屑长石砂岩	3.6 m
27. 灰红色石英安山质角砾熔岩	21.8 m
26. 灰色气孔状玄武粗安岩	30.8 m
25. 灰色橄榄玄武粗安岩	83.4 m

~~~~~~~~~~ 喷发不整合 ~~~~~~~~~~

下伏地层：**石前庄组** 灰色中厚层状砾质岩屑长石砂岩，顶部为紫红色细粒长石砂岩

【地质特征及区域变化】 方戈庄组作为青山群火山岩第Ⅳ旋回，有其独特性，分布广而喷发规模小，表现在地层特征上即为厚度较小，岩层延展不远，总体面积较小。由于火山机构活动位置不同和下伏岩系的差异，与下伏地层的接触关系比较复杂，但又因其火山活动和沉积作用的阶段性规律制约，与上覆岩系的关系比较稳定，可作为青山群和王氏群区域上的分界单位。该组岩石以中—基性的熔岩为主，少量火山碎屑岩，大部分地区碱度较高，形成特殊的岩石组合，与上、下层位容易区分。主要岩性有玄武粗安岩、粗安岩、玄武岩、玄武安山岩、玄武粗安质集块岩、角砾岩、角砾熔岩等，凝灰岩较少。

鲁东地层分区以诸城-胶州地层小区为典型，在即墨、胶南、诸城皆可见到。胶州市冷家村该组厚约 200 m，主要为灰、灰黄、灰红色橄榄玄武粗安岩，全岩 K－Ar 同位素年龄值 123.15±2.17 Ma，与下伏石前庄组喷发不整合接触，其上被第四系覆盖。诸城市红石山主要为安山岩、安山质集块角砾岩，厚 240 m，与下伏石前庄组整合接触，与上覆王氏群林家庄组不整合接触；障日山该组厚近 2 000 m，岩石碱度较高，主要为粗面岩、粗面质集块岩、角砾岩及安山质火山角砾岩，与下伏石前庄组整合接触，与上覆王氏群林家庄组不整合接触。莱阳-海阳地层小区该组不发育，局部可见，莱阳市万第镇红石山该组厚 1 000 余米，主要为橄榄玄武岩及安山质火山角砾岩、安山岩，与下伏莱阳群曲格庄组含砾粗砂岩喷发不整合接触，与上覆王氏群林家庄组平行不整合接触。

鲁西地层分区以新泰-淄博地层小区邹平盆地和蒙阴盆地为代表，菏泽-济宁地层小区地表未见，钻孔揭露火山岩是否属于该组不敢定论。邹平火山岩盆地该组厚 220 余米，与下伏八亩地组喷发不整合接触，其上被第四系覆盖或裸露，主要岩性为粗安岩、粗安质角砾岩及熔结角砾凝灰岩。蒙阴盆地该组厚 260 余米，与下伏大盛群田家楼组整合接触，岩性为玄武安山质集块角砾岩、角砾凝灰岩，少量熔岩。潍坊-郯城地层小区以涌泉庄、雹泉一带为代表，在雹泉一带该组厚 60～500 余米，为玄武粗安岩、玄武粗安质集块角砾熔岩，下与大盛群田家楼组喷发不整合接触，上与王氏群林家庄组平行不整合接触。

大盛群 K_1D (37－0116)

【创名及原始定义】 1992 年李庆平、赵凤江创名，地点在安丘市大盛镇。原始定义：位于郚郚-葛沟断裂与沂水-汤头断裂之间，整合于青山组之上，岩性以紫灰—黄绿色正常碎屑岩为主，夹较多的安山质火山岩，含有早白垩世生物化石，自下而上分马朗沟组、田家楼组、寺前村组。

【沿革】 本单位命名之前都将其称为王氏组，与鲁东王氏组对比。目前该单位在省内得
~~~~~~~~~~

到确认，并推广使用。

【现在定义】 指分布于沂沭断裂带内的一套早白垩世正常碎屑岩，整合于青山群之上，平行不整合于王氏群之下，内常夹火山岩层，断裂带两侧常以单组形式出现于青山群中。自下至上分马朗沟组、田家楼组、寺前村组、孟疃组。时代属早白垩世，与青山群准同时沉积①。

【地质特征及区域变化】 大盛群总体上可分为四大套岩性，分别划分为四个组。下部称马朗沟组，岩性以灰色砾岩与紫红色安山质岩屑凝灰岩及紫红色细砂岩互层为特征，砾石成分受物源区控制，区域上有一定变化。中部称田家楼组，以杂色调细碎屑岩发育为特征，主要为黄绿色、暗紫色、紫红色细砂岩、粉砂岩、夹安山岩及白云岩。上部称寺前村组，岩性以紫灰色复成分砾岩为主，夹少量黄绿色细砂岩及粉砂岩。顶部称孟疃组，主要岩性为紫色、黄绿色细砂岩、泥质粉砂岩夹灰紫色泥质粉砂岩。

该群主要发育在鲁西地层分区郚郚-马站地层小区、潍坊-郯城地层小区及鲁东地层分区的景芝-大店地层小区，其他地区一般以单组形式夹于青山群内。

【问题讨论】 大盛群发育两个完整的大沉积旋回，下旋回为马朗沟组、田家楼组，上旋回为寺前村组、孟疃组，完整层序发育在沂沭断裂带内（鲁西地层区分区郚郚-马站地层小区），大部分地区上旋回不完整，缺失孟疃组，常见的地层序列是粗—细—粗三大套岩石组合，这与鲁东王氏群的层序很相似，再加上二者色调、层位上的相近，造成了长期以来二者的混淆。

综合分析大盛群与王氏群的岩石、生物、层位等特征，可以发现二者存在很大差异。

(1) 王氏群中火山岩夹层主要为玄武岩，偶而可见流纹质凝灰岩；大盛群中火山岩夹层为安山岩或安山质凝灰岩。

(2) 王氏群岩石成岩差、松散，风化层一般呈土状，极少形成较高地形，极少见到由王氏群形成的低山残丘地貌；大盛群岩石成岩好，较坚硬，常形成较高地形，如马站盆地及马陵山的丘陵地貌。

(3) 王氏群色调总体特征偏红，尤其上部红土崖组，属常说的紫红、砖红色调，宏观比较明快、鲜艳；大盛群色调总体显灰紫、暗紫，宏观上显灰暗、深沉。

(4) 鲁东王氏群之下的青山群发育完整，层序清楚，二者界线稳定；大盛群之下的青山群发育不好，常常只发育下部第Ⅱ旋回，缺失第Ⅰ、Ⅲ旋回，第Ⅳ旋回则位于大盛群田家楼组之上。

(5) 王氏群含鸭嘴龙动物群，孢粉组合是晚白垩世面貌；大盛群含延吉叶肢介动物群，孢粉组合是早白垩世面貌。

上述差异皆说明了大盛群与王氏群是不同时期、不同地质环境下生成的两套岩层，由于相似的成因和旋回特征而导致了长期的异物同名现象。

通过区域对比，发现大盛群与青山群横向关系比纵向关系更密切，断裂带内凡大盛群发育的地方青山群多不发育，而断裂带两侧青山群发育的地方却常见大盛群的踪迹。田家楼组作为大盛群的代表层位一般发育在青山群石前庄组不发育的地方，如鲁东即墨市灵山镇一带和高密火山岩洼地、鲁中蒙阴盆地和平邑盆地、沂沭断裂带中安丘市雹泉等地，皆位于青山群方戈庄组之下，层位、岩性具有很强的一致性。如以田家楼组为连线，将大盛群和青山群联系起来，就会发现，二者在空间格架上是处于同一个位置，也就是说，青山群火山爆发和

① 最近完成的（长春地质学院，1995）1∶5万诸城等八个区调图幅，在莒县大盛群中又建立小店组、大土岭组，从岩性组合看，应归马朗沟组。

大盛群沉积，是准同时发生的，大盛群开始沉积的时间略晚于青山群第Ⅱ旋回，整个沉积时间大致相当第Ⅱ、Ⅲ、Ⅳ旋回（图7-5、6）。

马朗沟组　K_1m　（37-0117）

【创名及原始定义】　1992年李庆平、赵凤江创名，地点在安丘市南逯乡马朗沟。原始定义：主要分布于鄌郚-葛沟断裂东侧，岩性以灰色砾岩与紫红色安山质岩屑凝灰岩及紫红色细砂岩互层为特征。该组为氧化条件下的滨湖相及河流相过渡沉积，并时而伴有火山活动。

【沿革】　本单位命名之前，沂沭断裂带内相应地层称为王氏组一段，断裂带东侧多归于青山组。现统一使用本名称，理清了与王氏群和青山群的关系。

【现在定义】　指大盛群底部的一套以灰紫色调为主的粗碎屑岩沉积，含有较多的凝灰质并可见火山岩夹层，与青山群及上覆田家楼组均为整合接触。有时夹于青山群之间。

【层型】　正层型为安丘市南逯乡马朗沟剖面（118°46′，36°16′；山东省地质矿产局第一地质队，1989）。

上覆地层：**田家楼组**　灰绿色夹紫红色泥岩

——————整　合——————

马朗沟组	总厚度 239.43 m
12. 暗紫色安山质砾岩夹粉砂岩及细砂岩	9.71 m
11. 灰色安山质砾岩与紫红色安山质沉岩屑凝灰岩	26.37 m
10. 灰色安山质砾岩夹粗粒砂岩	37.24 m
9. 紫灰色凝灰质粗粉砂岩	27.17 m
8. 灰色复成分砾岩夹岩屑凝灰岩	17.30 m
7. 灰紫色粉砂岩夹薄层安山岩	19.90 m
6. 灰色沉火山角砾凝灰岩	3.98 m
5. 紫红色粉砂岩与橄榄安山岩互层	52.95 m
4. 紫灰色安山质中—粗砾岩	8.13 m
3. 紫灰色安山质晶屑岩屑凝灰岩	7.70 m
2. 紫红色凝灰质粉砂岩	22.34 m
1. 暗紫色安山质沉岩屑晶屑凝灰岩	6.64 m

——————整　合——————

下伏地层：**青山群八亩地组**　安山岩

【地质特征及区域变化】　马朗沟组以灰紫、紫红色调、粗粒度、含较多火山物质为特征，砾石成分明显受物源区控制，有时以安山质岩石为主，有时以灰岩为主。岩层普遍含凝灰物质甚至出现凝灰岩和安山岩夹层。砾岩成层性差，具杂乱堆积的泥石流特征，有时与紫红色粉砂岩、细砂岩互成凸镜状出现。

马朗沟组主要发育在沂沭断裂带内，鲁西地层分区鄌郚-马站地层小区岩石特征如层型所述。潍坊-郯城地层小区总体特征与前者相似，但火山岩夹层少见。鲁东地层分区景芝-大店地层小区诸城市官庄、马庄一带该组不整合在元古宙粉子山群之上，底部为凝灰质砾岩，上部粒度变细为紫红色粉砂岩、细砂岩，厚约150 m，上与田家楼组断层接触；五莲管帅该组较发育，岩层分选差，含砾中—粗粒砂岩与细砂岩频繁交互出现，砾石成分较杂，为流纹质凝灰岩、花岗岩、变质岩，厚500余米，下与青山群八亩地组断层接触，上与田家楼组整合接触。

断裂带南部以往资料中的“王氏组”据胡树庭同志介绍①，大部分地区应属于大盛群，很可能也有马朗沟组。诸诚-胶州地层小区该组比较少见，胶南市前家空见其夹于青山群石前庄组和方戈庄组之间，主要为灰色中厚层状砾质粗粒岩屑长石砂岩，顶部为紫红色细粒长石砂岩，总厚 143 m，下与青山群石前庄组流纹质晶玻凝灰岩整合接触，上与方戈庄组玄武粗安岩喷发不整合接触。

田家楼组　K_1t　(37－0118)

【创名及原始定义】　1992 年李庆平、赵凤江创名，地点在安丘市大盛镇田家楼。原始定义：属下白垩统大盛群中部，以浅湖相—滨湖相沉积的砂岩、粉砂岩及泥岩为主，据岩石组合特征分为三段。一段以紫红、暗紫色细砂岩和粉砂岩为主；二段以暗紫色粉砂质泥岩为主；三段以黄绿色细砂岩、粉砂岩为主。

【沿革】　本单位创名之前，沂沭断裂带内相应地层归于王氏组第二段，断裂带东侧归于青山组。

【现在定义】　指大盛群中部的一套河湖相杂色调细碎屑沉积，岩性以杂色细砂岩、粉砂岩为主，夹安山岩及少量泥灰岩、白云岩，与下伏马朗沟组、上覆寺前村组均为整合接触。有时夹于青山群中，与下伏八亩地组整合接触，与上覆方戈庄组喷发不整合接触。时代属早白垩世。

【层型】　正层型为安丘市大盛镇丁家沟—西辛兴剖面（118°47′，36°18′；山东省地质矿产局第一地质队，1989）。

上覆地层：**寺前村组**　紫灰色砂岩夹砂砾岩

———————— 整　合 ————————

田家楼组　　总厚度 1 846.14 m

三段　　总厚度 901.85 m

45. 黄灰色细砂岩夹灰色泥岩　　55.80 m
44. 黄灰色凝灰质粗粉砂岩夹细砂岩　　78.98 m
43. 紫灰色泥质粉砂岩夹细砂岩　　48.75 m
42. 紫灰色、黄灰色细砂岩与灰绿色泥岩互层，局部具微型交错层理　　183.05 m
41. 灰绿色泥岩夹黄绿色细砂岩　　168.99 m
40. 灰绿色砂质泥灰岩。含孢粉化石 *Exesipollensites tumulus*，*E. laevigatus*，*E.* spp.，*Classopollis annulatus*，*C. tristrinatus*，*C. classoides*，*C.* spp.，*Cycadopites* sp.，*Ephedripites* spp.，*Duplicisporites*? sp.，*Coptospora* sp.，*Leiotriletes* sp.，*Schizaeoisporites* spp.，还有 *Exesipollenites pxeudotriletes* 及 *Inaperturopollenites* spp.　　139.59 m
39. 黄绿色粉砂岩夹泥质粉砂岩。含孢粉化石 *Exesipollensites tumulus*，*E. laevigatus*，*E.* spp.，*Classopollis annulatus*，*C. classoides*，*C. parvus*，*C.* spp.，*Cycadopites* sp.，*Ephedripites* spp.，*Psophosphaera* sp.，*Coptospora* sp.，*Leiotriletes* sp.，*Foreotrilets* sp.，*Schizaeoisporites* spp.，*S.* cf. *laevigataeformis*，*S.* cf. *longus*，*Cycadopites* cf. *nitidus*，*C. follicularis*，*C.* sp.，*Contignisporites* sp.，*Ephedripites* cf. *sphaericus*　　20.67 m
38. 黄绿色细砂岩夹灰绿色泥岩，局部具交错层理。产植物化石 *Brachyphyllum* cf. *ningshiaensis*，*Pseudofrenelopsis* sp.　　64.70 m

① 山东省地质矿产局区域地质调查队，1994，1：20 万临沂、枣庄幅区域地质调查（正在进行）。

37. 黄绿色泥岩夹暗紫色粉砂岩，局部具斜层理。产孢粉化石 *Exesipollenites tumulus*, *E. laevigatus*, *E. scabratus*, *Classopollis annulatus*, *C. tristriatus*, *C. parvus*, *C.* spp., *Duplicisporites*? sp., *Schizaeoisporites* sp., *S.* cf. *laevigataeformis* 68.56 m

36. 黄绿色细砂岩夹暗紫色粉砂岩 72.76 m

二段 厚度 590.21 m

35. 黄绿色粉砂质泥岩。含孢粉化石 *Classopollis annulatus*, *C. tristriatus*, *C.* spp., *Ephedripites* spp., *Exesipollenites pseudotriletes*, *E. scabratus*, *E.* sp., *Schizaeoisporites laevigataeformis*, *Araucariacites* spp., *Psophosphaera pseudolimbata* 22.45 m

34. 暗紫色粉砂岩 56.77 m

33. 黄绿色、灰色粉砂质泥岩，含孢粉化石 *Classopollis annulatus*, *C. tristriatus*, *C.* spp., *Ephedripites* spp., *Exesipollenites pseudotriletes*, *E. scabratus*, *E.* sp., *Schizaeoisporites laevigataeformis*, *Araucariacites*? spp., *Psophosphaera pseudolimbata* 22.45 m

32. 暗紫色粉砂岩夹紫灰色凝灰质粉砂岩，见炭屑质 111.60 m

31. 灰紫色泥岩夹少量细砂岩 45.46 m

30. 灰紫色粉砂岩夹薄层泥质灰岩 43.93 m

29. 暗紫色粉砂质泥岩夹细砂岩及沉安山质岩屑凝灰岩，含泥灰岩团块 46.56 m

28. 暗紫色粉砂质泥岩夹沉安山质岩屑凝灰岩，含泥灰岩团块 131.14 m

27. 暗紫色沉岩屑凝灰岩夹粉砂岩 44.25 m

26. 暗紫色凝灰质细砂岩及凝灰质粗砂岩，含泥灰岩团块 82.19 m

一段 厚度 354.36 m

25. 暗紫色细砂岩夹砂砾岩 26.31 m

24. 暗紫色凝灰质粉砂岩夹黄绿色泥岩 11.67 m

23. 黄绿色、暗紫色粉砂岩互层。产叶肢介 *Yanjiestheria sinensis*, *Y. qiancaoensis*, *Y. sinensis shandongensis*, *Y. longa*, *Y. anhwiensis* 30.95 m

22. 紫红色粗粉砂岩夹砂砾岩 23.79 m

21. 暗紫色细砂岩夹灰绿色粉砂岩及薄层泥质灰岩 16.62 m

20. 黄绿色泥质粉砂岩与暗紫色粉砂质泥岩互层。产腹足类 *Lioplacodes* cf. *cholnokyi*, *Viviparus* sp., *Campeloma* sp., 双壳类 *Limnocyrena jeholensis* 66.88 m

19. 紫红色粉砂质泥岩夹暗紫色复成分砾岩 52.48 m

18. 紫红色凝灰质粗粉砂岩，夹厚层泥晶白云岩 35.45 m

17. 黄绿色、暗紫色粉砂岩夹安山质沉凝灰岩 20.02 m

16. 气孔状橄榄辉石安山岩 25.71 m

15. 紫红色、黄绿色细砂岩互层 11.55 m

14. 紫红色岩屑长石粗粉砂岩夹砂质泥岩。含孢粉化石 *Cicatricosisporites* spp., *C.* cf. *perforatus*, *Cyatheidites* sp., *Foraminisporis asymmestricus*, *Abdiverrucospora* sp., *Concentricystes* sp., *Jiaohepollis annulatus*?, *Dictyotosporites*? sp., *Classopollis classoides* 10.64 m

13. 灰绿色夹紫红色泥岩。含孢粉化石 *Leiotriletes* sp., *Punctatisporites* sp., *Granulatisporites* sp., *Classopollis* sp., *Monosulcites* sp., *Alporites* sp., *Protoconiferus* sp., *Protopicea* sp., *Podocarpidites* sp., *Chordasporites* sp., *Quadraeculina*? sp., *Callialasporites* sp., *Concentrisporites* sp., *Inaperturopollenites* sp., *Granasporites* sp., *Densoisporites* sp., *Aequitiradites*? sp., *Cycadopites* sp. 22.56 m

———— 整 合 ————

下伏地层：**马朗沟组** 暗紫色安山质砾岩夹粉砂岩及细砂岩

【地质特征及区域变化】 田家楼组以其暗紫、黄绿色调和细粒度为主要特征，与下伏马朗沟组、上覆寺前村组容易区分。在层型剖面上该组具三分性，但其他地区分段性不明显，一般不分段。岩石组合以紫色、黄绿色细砂岩、粉砂岩、粉砂质泥岩为主，发育水平层理及小型交错层理。普遍含钙质较高，局部见泥灰岩、白云岩夹层。田家楼组火山岩夹层为安山质，熔岩层较少，多数是凝灰岩或沉凝灰岩。田家楼组含大化石较少，有叶肢介 *Yanjiestheria sinensis*，*Y. qiancaoensis*，*Y. sinensis shandongensis*，*Y. longa*，*Y. anhwiensis*；腹足类 *Lioplacodes* cf. *cholnokyi*，*Viviparus* sp.，*Campeloma* sp.；双壳类 *Limnocyrena jeholensis* 。产丰富孢粉，上部为 *Schizaeoisporites* – *Exesipollenites* – *Classopollis* 组合，下部为 *Cicatricosisporites* – *Concentrisporites* – *Classopollis* 组合。上述生物种类皆与王氏群生物面貌不同，为两者时代对比的有力证据。

田家楼组分布较广，除构成大盛群的主体外，还常常出现于青山群中，鲁西地层分区主要发育在鄌郚-马站地层小区，层序清楚、厚度巨大，如层型所述；潍坊-郯城地层小区不太发育，主要见于北部安丘市雹泉和南部郯城县一带，厚度较小，仅数百米；新泰-淄博地层小区以蒙阴盆地为代表，厚 400 余米，主要岩性为灰色、灰绿色、灰黄色中—粗粒、中—细粒岩屑长石砂岩、粉砂岩，夹蒙脱石化玻屑凝灰岩，与下伏青山群八亩地组、上覆方戈庄组均为整合接触。鲁东地层分区以景芝-大店地层小区最发育，在诸城市马庄一带厚约 600 m，主要岩性为黄绿色粉砂岩、页岩，夹灰紫色粉砂岩、细砂岩及泥晶灰岩和泥晶白云岩，发育水平层理及对称波痕和沙垅构造，其下与马朗沟组或莱阳群曲格庄组断层接触，上与寺前村组整合接触；诸城-胶州地层小区主要发育在即墨一带，厚 500 余米，下与青山群八亩地组整合接触，上与方戈庄组喷发不整合接触，主要岩性为紫、灰紫、紫红色细砂岩、粉砂岩、夹凝灰质砂岩及泥灰岩，在即墨市段村该组灰绿色粉砂岩中产 *Nakamuranaia elongata*；莱阳-海阳地层小区本组不发育。华北平原地层分区资料较少，从部分钻孔资料看，滨州-东营地层小区该组不发育，在黄河口北及孤岛青山群火山岩与正常碎屑岩互层产出，可能有相当层位；临清-冠县地层小区在莘县朝城 CC1 孔莱阳群（原蒙阴组）之上尚有一套泥岩、粉砂岩归属不明，是否属于该组或王氏群有待进一步工作。总之，从田家楼组在全省的层位分布规律看，大致相当青山群火山岩系第Ⅲ旋回，区域上该组普遍位于八亩地组之上、方戈庄组之下。其中火山岩夹层皆为中性、酸性，对于阐明大盛群与青山群的时空关系有重要意义。

寺前村组　K_1s　(37 – 0119)

【创名及原始定义】 1992 年李庆平、赵凤江创名，地点在安丘市大盛镇寺前村。原始定义：下白垩统大盛群上部层位，岩性以紫灰色复成分角砾岩为主，夹少量黄绿色细砂岩及粉砂岩，属早白垩世末期山麓洪积相沉积，岩层成熟度低。

【沿革】 本单位创名前相应地层划归王氏组三段，现省内统一使用本名称。

【现在定义】 指沂沭断裂带内大盛群田家楼组之上的一套以砾岩为主的粗碎屑沉积，大部分地区其上与第三系、第四系不整合接触，在诸城市孟疃镇其上与孟疃组整合接触。

【层型】 正层型为安丘市大盛镇丁家沟—西辛兴剖面（118°51′，36°18′；山东省地质矿产局第一地质队，1989）。

上覆地层：**第四系**

～～～～～～～～ 不 整 合 ～～～～～～～～

寺前村组　　　　　　　　　　　　　　　　　　总厚度 619.38 m

55. 灰色复成分砾岩	244.49 m
54. 灰紫色中粗粒砂岩夹砾岩	97.56 m
53. 紫灰色复成分砾岩	22.74 m
52. 紫灰色岩屑砂岩夹砂砾岩	87.67 m
51. 灰色复成分砾岩夹含砾岩屑砂岩	62.95 m
50. 紫灰色细砂岩夹泥岩，含植物化石 *Brachyphyllum* cf. *ningshiaensis*	13.36 m
49. 灰色含砾粗砂岩	38.7 m
48. 灰、灰紫色复成分砾岩夹含砾岩屑砂岩	24.79 m
47. 紫灰色岩屑砂岩夹细砂岩	12.82 m
46. 紫灰色砂岩夹砂砾岩	14.30 m

——————— 整　合 ———————

下伏地层：**田家楼组**　黄灰色细砂岩夹灰色泥岩

【地质特征及区域变化】　寺前村组以砾岩、含砾砂岩发育、灰-紫灰色调为特征，砾岩层理不发育，呈块状构造。砾石成分复杂，主要为灰岩、安山岩及基底花岗岩，比例相近。砾石磨圆中等，大部分次圆状—次棱角状，少量为圆状或棱角状。砾径一般 3～10 cm，少量达 20 cm 左右，沿走向砾石大小、岩层厚度常发生变化，由砾岩变为含砾砂岩—粗砂岩—细砂岩。

该组主要发育在沂沭断裂带内，除正层型地点外，在鲁东地层分区景芝-大店地层小区诸城市孟疃一带亦较发育。该区寺前村组可以鞠家窑—孟疃剖面为代表，厚 500 余米，主要岩性为灰、灰紫色砾岩、粗砂岩，夹灰紫色中—细粒砂岩和砖红色粉砂岩，与下伏田家楼组、上覆孟疃组均为整合接触。鲁西地层分区郿邵-马站地层小区沂水县马站盆地该组亦较发育，以厚层砂砾岩为主夹砂岩、页岩，厚 600 余米。

孟疃组　K_1mt　(37－0167)

【创名及原始定义】　1994 年山东省地质矿产局第二地质队（司双印等）创名①，地点在诸城市孟疃镇。原始定义：大盛群顶部层位，上与王氏群林家庄组断层或平行不整合接触，下与寺前村组整合接触，其岩性为黄色细砂岩、粉砂岩夹泥质粉砂岩，厚 97.6 m，为滨湖—浅湖相沉积。

【沿革】　本单位命名之前相应地层划归王氏组（群）或莱阳群，现统一采用本名称。

【现在定义】　整合于寺前村组之上，平行不整合于王氏群林家庄组之下的一套黄色细砂岩、粉砂岩及紫色细砂岩，层型上与林家庄组断层接触。时代属早白垩世。

【层型】　正层型为诸城市孟疃镇鞠家窑—孟疃剖面（118°59′，36°01′；山东省地质矿产局第二地质队 1992 年实测）。

上覆地层：**王氏群林家庄组**　紫色粗砂岩夹砾岩，具平行层理，砾石成分为安山岩、粗安岩

═══════ 断　层 ═══════

大盛群孟疃组	总厚度 97.6 m
23. 黄绿色泥质粉砂岩与黄色细砂岩互层	23.5 m
22. 灰紫色细砂岩	11.0 m
21. 黄色细砂岩与粉砂岩互层	54.0 m
20. 紫红色细砂岩夹中砂岩	9.1 m

① 山东地质矿产局第二地质队，1994，1∶5 万霍泉、贾悦幅区域地质调查报告。

———————— 整 合 ————————

下伏地层：**寺前村组** 灰紫色粗砂岩夹砂砾岩

【地质特征及区域变化】 孟疃组主要岩性为黄绿色泥质粉砂岩、黄色细砂岩，次为灰紫色细砂岩、泥质粉砂岩，少量紫红色细砂岩及中砂岩。岩层水平层理发育，局部可见小型沙纹层理及虫孔。黄绿色泥质粉砂岩中含较丰富孢粉，主要有 *Schizaeoisporites*、*Calssopollis*、*Ephedripites*、*Exesipollenites*、*Fraxiunoipollenites*、*Tricolpites*，组合面貌属早白垩世。

该组目前只发现于诸城市孟疃和贾悦一带，正层型厚度较小，副层型（诸城市贾悦镇金沟—谢家庄剖面）厚度较大，达 299.2m，岩性特征同正层型。孟疃组与其上王氏群林家庄组在正、副层型上皆为断层接触，其准确关系似给人疑问。在正层型上，二者界线为小规模断层，断层倾向与地层倾向一致，实为顺层滑动性质。联系北部安丘市石埠子一带林家庄组与其下地层均为平行不整合关系，底界面剥蚀现象明显，故认为正层型上二者关系也应为平行不整合，被后期小断层破坏。

王氏群 KE_1W （37－0120）

【创名及原始定义】 1923 年谭锡畴先生创名，地点在莱阳市城西南“王氏村”①。原始定义：王氏系或红色粘土层，化石发现于莱阳王氏村一带，故系以村名。在莱阳溪谷本系含红色粘土，夹红色白灰色棕色砾岩。诸城、胶县、高密本系可分为三部：下部含红色粘土夹红色灰色砾岩，中部为红色粘土夹绿色灰色粘土及砾岩，上部含粗砾岩夹棕红色硬砂岩。

【沿革】 该单位自谭锡畴先生命名后即被广泛引用，但其单位属性及底部界线时有变化（表 7－2)。近年来省内研究者倾向性意见是将谭氏“王氏系”底界下移，即原划“青山层”的火山质砾岩、紫红色砂岩归“王氏系”，因这套粗碎屑岩与“王氏系”关系远较与“青山层”关系密切，属性更相近，本文采用此种意见。

【现在定义】 指位于青山群或大盛群之上、五图群之下的一套红色碎屑岩系，区域上分布较稳定，可分为五个岩性组合，组成两个沉积旋回。自下而上分林家庄组、辛格庄组、红土崖组、金岗口组、胶州组。

【地质特征及区域变化】 王氏群由粗—细—粗—细两大沉积旋回组成，分别划分为五个组。下旋回分为林家庄组和辛格庄组，林家庄组主要岩性为灰紫色、灰色砾岩和砂砾岩夹紫红色细砂岩、粉砂岩，砾石成分主要为火山岩；辛格庄组以紫红、灰绿色粉砂岩互层为特征，含大量泥灰岩团块及少量灰岩夹层。上旋回分为红土崖组、金岗口组和胶州组，红土崖组以砖红、紫红色调和粗—细互层为主要特征，发育河流相二元结构；金岗口组和胶州组分布局限，色调和粒度较杂，有时可见膏盐及白云岩沉积。

从区域上看，王氏群以鲁东地层分区的莱阳、胶州、诸城地区最发育，地层完整，露头良好，各单位容易划分。鲁西地层分区和华北平原地层分区仅局部可见，并且发育不全，全省分布及发育情况见图 7－7、8。

林家庄组 K_1lj （37－0166）

【创名及原始定义】 1991 年山东省地质矿产局区域地质调查队（杜本明等）创名，地点在胶州市张应镇林家庄。原始定义：王氏群底部山麓洪积相沉积，主体岩性灰紫色砾岩，由下至上砾石减少变为含砾砂岩，砾石成分因物源区不同而有差异，与青山群平行不整合或角

① 经核查王氏村是望氏村之误称，望氏村在莱阳城西南 7km 处。

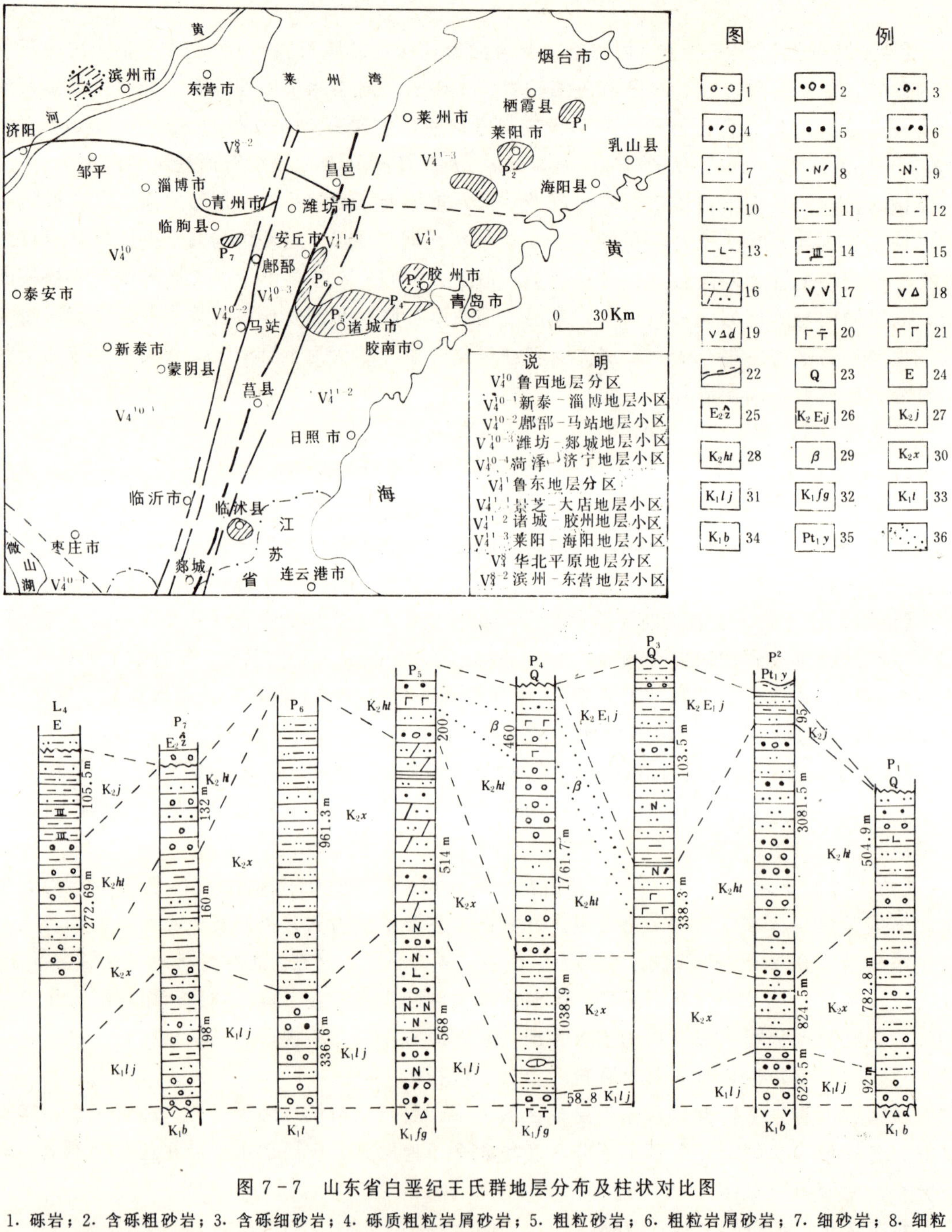

图 7－7 山东省白垩纪王氏群地层分布及柱状对比图

1. 砾岩；2. 含砾粗砂岩；3. 含砾细砂岩；4. 砾质粗粒岩屑砂岩；5. 粗粒砂岩；6. 粗粒岩屑砂岩；7. 细砂岩；8. 细粒长石岩屑砂岩；9. 细粒长石砂岩；10. 粉砂岩；11. 泥质粉砂岩；12. 泥岩；13. 钙质泥岩；14. 含石膏泥岩；15. 砂质泥岩；16. 含粉砂泥灰岩；17. 安山岩；18. 安山质火山角砾岩；19. 安山质沉角砾岩；20. 玄武粗安岩；21. 玄武岩；22. 黑云片岩；23. 第四系；24. 下第三系未分；25. 五图群朱壁店组；26—31. 王氏群胶州组、金岗口组、红土崖组、红土崖组玄武岩段、辛格庄组、林家庄组；32. 青山群方戈庄组；33. 大盛群田家楼组；34. 青山群八亩地组；35. 荆山群野头组；36. 标志层

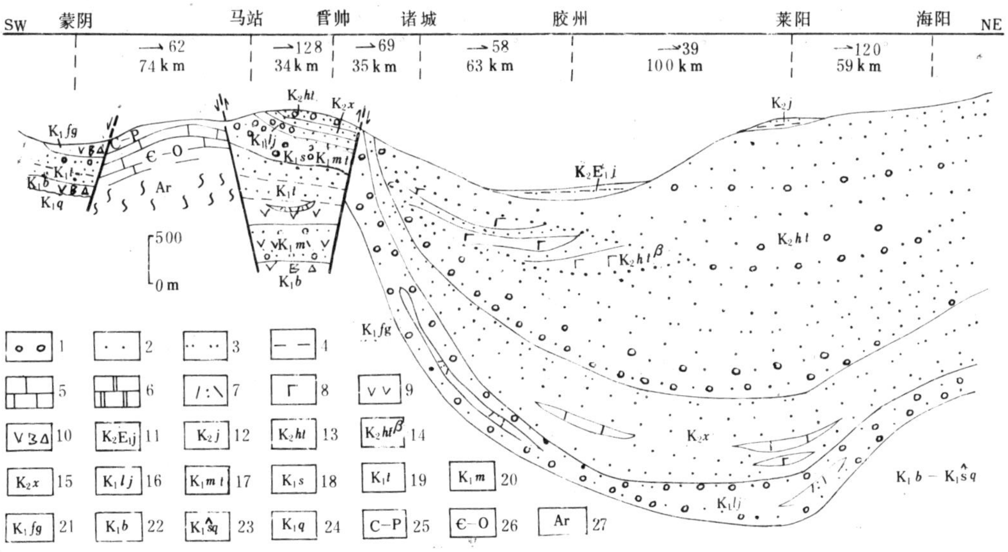

图 7－8　白垩纪王氏群地层断面图

1. 砾岩；2. 砂岩；3. 粉砂岩；4. 页岩；5. 灰岩；6. 白云岩；7. 流纹质凝灰岩；8. 玄武岩；9. 安山岩；10. 安山质集块角砾岩；11—16. 王氏群胶州组、金岗口组、红土崖组、玄武岩段、辛格庄组、林家庄组；17—20. 大盛群孟疃组、寺前村组、田家楼组、马朗沟组；21—23. 青山群方戈庄组、八亩地组、石前庄组；24. 莱阳群曲格庄组；25. 石炭系-二叠系；26. 寒武系—奥陶系；27. 太古宇

度不整合接触。

【沿革】　谭锡畴当年将其归于“青山层”，1965 年地质部石油地质局综合研究队称为王氏群第一段，郝诒纯等（1986）归于青山组。至 80 年代后期，山东省在区调工作中多将其归于王氏组（群）。本单位命名后，逐渐在全省推广，目前已被广泛采用。

【现在定义】　平行不整合或不整合于青山群或大盛群之上，整合于辛格庄组之下的一套以砾岩为主的粗碎屑沉积，砾石成分因物源区不同而有差异，鲁东、鲁西以各种火山岩为主，沂沭断裂带内有时以灰岩为主。

【层型】　该组正层型为胶州市张应镇孟慈—大河流剖面（119°49′，36°03′；山东省地质矿产局区域地质调查队，1989）。

上覆地层：**辛格庄组**　灰紫色钙质泥质粉砂岩夹紫灰色钙质细粒砂岩，偶夹凝灰质长石砂岩、透镜状灰岩

——————　整　合　——————

林家庄组	总厚度 58.8 m
2. 灰紫色钙质含砾细粒砂岩，夹灰色砾岩、含砾粗粒砂岩	36.7 m
1. 紫灰色砾岩偶夹灰紫色细粒砂岩	22.1 m

－－－－－－　平行不整合　－－－－－－

下伏地层：**青山群方戈庄组**　紫灰色玄武粗安岩

【地质特征及区域变化】　林家庄组主要岩性为灰紫色、灰色砾岩、含砾砂岩，夹紫红色

细砂岩、粉砂岩。砾石成分以火山岩为主，有时为灰岩，磨圆中等，分选差，砾径各地相差较大，一般3～5 cm，有时可见20～50 cm者。该组中砾石虽主要为火山岩，但胶结物则为砂—泥质，很少见凝灰物质。与下伏层位多为平行不整合，有时为微角度不整合，在局部可为整合。这是因各地下伏岩层沉积后遭受剥蚀或构造变动的程度不同所造成。因火山活动的特殊性，各地火山爆发和结束的时间不会一致，堆积物的性质也有差异。当下伏岩层是熔岩时，熔岩顶面遭受剥蚀，二者界线清楚，可视为平行不整合；当下伏岩层是凝灰岩或火山角砾岩时，二者界线就不清楚，出现过渡现象，只有仔细鉴别其胶结物或观察该组砾岩中的砂岩夹层才能识别，此可视为整合关系。因此，对于火山碎屑岩和火山碎屑沉积岩的接触关系，不能套用常规的观点，认为一处是某种关系就推而广之，而要认真分析、实事求是。

林家庄组在鲁东地层分区分布广泛，三个地层小区皆有分布。诸城-胶州地层小区以胶州市张应镇和诸城市栗行为典型，岩性同层型相似，只是厚度皆比层型为大，一般百余米，与方戈庄组平行不整合接触。在诸城市栗行该组紫红色砂岩中发现 *Psittacosaurus* sp.。莱阳-海阳地层小区以莱阳为代表，厚400～600余米，岩性为紫灰色砾岩夹紫红、砖红色粉砂岩、细砂岩，与八亩地组平行不整合或整合接触。在莱阳城北西陡山细砂岩夹层中产 *Psittacosaurus sinensis*，*P. youngi*；*Peishanemys latipons*。东部栖霞县、牟平县该组也较发育，厚92～960 m，岩性为紫红色粗砾岩夹粉砂质泥岩，与下伏青山群八亩地组不整合接触，与上覆辛格庄组整合接触。景芝-大店地层小区该组不太发育，局部可见。

鲁西地层分区主要发育在潍坊-郯城地层小区，沿安丘-莒县断裂北北东向展布，与下伏大盛群孟疃组、田家楼组或青山群方戈庄组平行不整合接触，以安丘市白石岭—都家庄剖面为代表，厚336.6 m，主要岩性为灰紫、紫灰色砾岩、砂砾岩、粗砂岩夹紫红色、砖红色泥质粉砂岩。新泰-淄博地层小区局部发育，据地质部石油地质局综合研究队（1965）资料，在临朐县东南黄埠岭王氏群下部为一套砾岩，与青山群不整合接触，分析可能属于该组。

华北平原地层分区目前资料尚未发现该组。

辛格庄组　K_2x　（37-0121）

【创名及原始定义】　1994年刘明渭等创名，地点在莱阳市古柳镇辛格庄。原始定义：指林家庄组之上的一套紫色、黄绿色、灰绿色细—粉砂岩为主的河湖相沉积，夹少量砂砾岩和泥灰岩，以色调杂、粒度细为特征，区域上分布稳定。

【沿革】　当年谭锡畴先生将这套地层归于“王氏系”中部，其后各家虽划分标准不同，但一般都归于王氏组二段。1991年山东省地质矿产局区域地质调查队在1∶20万高密幅区调时将胶州一带该组地层分为两部分，下部紫色层为主称为孟慈组，上部绿色层为主称为黄家岭组。创名者综合全省区域资料，认为单凭色调划分岩性单位容易出现偏差，许多地方是紫—绿色层相间出现或只有一种色调，因而创立本名。现本单位已在全省推广使用，效果良好。

【现在定义】　指整合于林家庄组之上、红土崖组之下的一套紫色、黄绿色、灰绿色细—粉砂岩为主的河湖相沉积，夹少量砂砾岩和泥灰岩，以色调杂、粒度细为特征，区域上稳定。

【层型】　正层型为莱阳市古柳镇吴家庄—红土崖剖面（120°44′，36°58′；山东省地质矿产局区域地质调查队，1983）。

上覆地层：**红土崖组**　砖红色细粒钙质长石砂岩夹灰白色、灰绿色及肉红色钙质长石砂岩

——————整　合——————

辛格庄组　　　　　　　　　　　　　　　　　　总厚度229.52 m

8. 紫灰色含钙泥质粉砂岩夹灰紫色、灰绿色含钙质细粒长石砂岩	13.77 m
7. 紫色砂质泥晶灰岩夹灰色钙质粉砂岩、灰白色灰岩	15.84 m
6. 灰紫、灰绿色钙质粉砂岩偶夹团块状灰岩	35.46 m
5. 灰绿、灰紫色粉砂质钙质泥岩夹灰白色团块状泥晶团粒灰岩	10.87 m
4. 紫灰、灰绿色钙质粉砂岩偶夹团块状含泥灰岩	20.95 m
3. 紫红色含钙泥质粉砂岩夹灰白色含粉屑泥晶灰岩	80.64 m
2. 紫红色含泥钙质粉砂岩夹含粉屑泥晶灰岩团块	23.97 m
1. 紫红色泥质粉砂岩夹凸镜状灰色砂砾岩、含砾粗粒岩屑砂岩	28.02 m

——————— 整　合 ———————

下伏地层：**林家庄组**　灰色砂砾岩、含砾粗粒岩屑砂岩

【地质特征及区域变化】　辛格庄组以其杂色调、细粒度区别于上、下层位，宏观特征易掌握。区域特征是以细粒级为主要标志，一般以粉砂岩、泥岩、细砂岩为主，夹泥灰岩或灰岩偶而可见中粗粒砂岩及含砾砂岩。岩层发育水平层理或厚层块状构造，很少见大型冲刷斜层理。常见由细砂岩—粉砂岩—泥岩组成的韵律层（基本层序），顶部泥岩发育钙质结核、灰岩团块及垂直虫管构造。色调以紫色、绿色为特征，但各地出现频率有差异。有时两种色调呈互层出现，有时以一种色调为主，另一种为次，有时只有一种色调。总之从区域上看，以紫色为主间有绿色，局部也有以绿色为主少见紫色现象，如鲁东栖霞桃村接官亭剖面。

该组发现化石以腹足类、双壳类为主，有 *Reesidella* sp.，*Campeloma* sp.，*Sphaerium shandongense*；介形虫 *Cypridea* sp.。上述化石时限较长，对论证时代意义不大。在诸城前曹发现 *Yanjiestheria* 动物群（沈炎彬，1981），对论证辛格庄组时代可能有新的启示。

辛格庄组主要发育在鲁东地层分区，鲁西地层分区仅局部可见，如临朐县卸家营、黄埠岭。鲁东地层分区莱阳-海阳地层小区，主要见于莱阳市城南和东部栖霞县桃村一带。莱阳市该组特征如层型所述，栖霞县桃村一带该组厚 700 余米，与下伏林家庄组、上覆红土崖组均为整合接触，主要岩性为黄绿色泥质粉砂岩、细粒砂岩夹少量紫红色泥质粉砂岩及粗砂岩、含砾砂岩。泥质粉砂岩发育水平层理，含较多钙质结核。诸城-胶州地层小区以胶州市张应和诸城市前曹、贾悦一带较典型。张应镇一带为灰紫、灰绿色钙质、泥质粉砂岩，夹细粒及中粒砂岩，底部偶见凝灰质砂岩及凸镜状灰岩，总体特征下部紫色层偏多，上部以灰绿色层为主，厚 1000 余米，与下伏林家庄组、上覆红土崖组皆为整合接触。诸城市前曹该组厚 500 余米，为灰黄色含粉砂泥灰岩夹钙质中粒砂岩、含粉砂页岩等，沈炎彬等（1981）在此发现 *Yanjiestheria* 动物群。

鲁西地层分区主要发育在潍坊-郯城地层小区，以砖红色细砂岩、泥质粉砂岩及灰绿色粉砂质泥岩为主，厚近千米；新泰-淄博地层小区局部可见，临朐县卸家营、黄埠岭该组为棕红色泥岩，与林家庄组整合接触或与青山群八亩地组不整合接触，产白垩纪腹足类、双壳类。

华北平原地层分区目前资料未发现该组。

红土崖组　K_2ht　(37－0122)

【创名及原始定义】　1994 年刘明渭等创名，地点在莱阳市照旺庄乡红土崖。原始定义：指辛格庄组之上的一套砖红、紫红色细砂岩、粉砂岩夹砂砾岩沉积，以其鲜艳的红色调和较多的粗碎屑沉积与下伏辛格庄组和上覆金岗口组区别。在诸城、胶州一带夹玄武岩段。

【沿革】　该组岩层谭锡畴当年归于“王氏系”上部，1962 年地质部第一石油普查勘探大队将诸城一带相当岩层称为杨家岭砾岩组和凤台岭砂岩组。1992 年山东省地质矿产局区域地

质调查队将胶州一带相当岩层自下而上分为张应组、史家屯组、安家沟组。刘明渭等综合全省资料，认为这套岩层不易划分过细，若划分太细区域上难以延展，不利区调填图，因而建立红土崖组。现该单位已在省内推广。

【现在定义】 指整合于辛格庄组之上、金岗口组之下的一套砖红、紫红色细砂岩、粉砂岩夹砂砾岩沉积，以其鲜艳的红色调和较多的粗碎屑沉积与下伏辛格庄组和上覆金岗口组区别。在诸城、胶州一带夹玄武岩段。

【层型】 正层型为莱阳市古柳镇吴家庄—红土崖剖面（120°44′，36°59′；山东省地质矿产局区域地质调查队，1983）。

上覆地层：**第四系**

～～～～～～～ 不 整 合 ～～～～～～～

红土崖组	总厚度 448.56 m
31. 砖红色钙质粉砂岩夹灰色粗粒长石岩屑砂岩	54.89 m
30. 浅肉红色砂砾岩、含砾粗粒岩屑砂岩、砖红色钙质粉砂岩韵律层	9.92 m
29. 砖红色钙质粉砂岩夹灰绿色粗粒长石岩屑砂岩及团块状细粒长石砂岩	28.75 m
28. 灰白、灰红色砂砾岩	9.10 m
27. 砖红色含泥砂钙质粉砂岩偶夹细粒钙质长石砂岩	19.14 m
26. 褐红色含砾粗粒长石岩屑砂岩夹砂砾岩	5.01 m
25. 砖红色含泥砂钙质粉砂岩夹灰棕色中粗粒钙质长石岩屑砂岩	36.72 m
24. 褐红色砂砾岩夹少量砖红色泥钙砂质粉砂岩	11.59 m
23. 褐红色含砾粗粒岩屑砂岩夹少量砖红色泥质粉砂岩	39.72 m
22. 砖红色泥质粉砂岩	11.58 m
21. 灰褐色、灰白色含砾粗粒长石岩屑砂岩	5.38 m
20. 砾岩与砖红色粉砂岩互层	21.90 m
19. 暗紫色水云母粘土岩夹砖红色钙质长石岩屑砂岩及泥灰岩结核	23.01 m
18. 灰色、灰褐色含砾粗粒长石砂岩夹少量砖红色含泥钙质粉砂岩	9.50 m
17. 砖红色粉砂质钙质泥岩	10.03 m
16. 砖红色含泥钙质粉砂岩与灰色粗粒长石砂岩互层夹凸镜状灰岩	10.82 m
15. 砖红色含泥钙质粉砂岩	12.54 m
14. 灰色、浅肉红色含砾粗粒长石砂岩	8.80 m
13. 灰色、浅肉红色粗粒长石砂岩夹砂砾岩、灰绿色细粒长石砂岩、砖红色钙质粉砂岩	36.53 m
12. 砖红色含泥钙质粉砂岩与中粒钙质长石砂岩互层夹团块状泥灰岩	42.52 m
11. 灰紫色中厚层中粒钙质长石砂岩夹紫红色粉砂岩及凸镜状砂砾岩	8.46 m
10. 灰白色、浅紫色含砾粗粒长石砂岩	2.09 m
9. 砖红色细粒钙质长石砂岩夹灰白色、灰绿色及肉红色钙质长石砂岩	30.55 m

———————— 整 合 ————————

下伏地层：**辛格庄组** 紫灰色含钙泥质粉砂岩、灰绿色含钙质细粒长石砂岩

【地质特征及区域变化】 红土崖组的主要标志是色调鲜艳、韵律性强。岩层色调以砖红、紫红为主，宏观上非常醒目，地貌特征明显。岩层以粗—细互层为特征，河流相二元结构发育。一般为正粒序层理，由下部的砾岩、中部的板状交错层含砾砂岩、上部的细砂岩、粉砂岩、泥岩组成基本层序。下部、中部厚度小，一般一至数米，上部厚度大，几米至数十米，底部常见冲刷构造。含砾砂岩较稳定，发育大型斜层理或槽状交错层理。砾石磨圆好，圆状—

次圆状，大小不一，多在 10 cm 以下，少量达 20 cm，成分主要为各种火山岩，少量变质岩及砂岩。玄武岩段分布不稳定，主要见于胶州市城北和张应、五莲县汪湖一带，为灰、灰黄色伊丁石化橄榄玄武岩。

红土崖组为王氏群代表层位，在全省分布较广，三个地层分区皆有分布，以鲁东地层分区为最典型。

鲁东地层分区莱阳-海阳地层小区以莱阳为代表，除正层型剖面外，莱阳城西南天桥屯、将军顶一带也很发育，为本组副层型，顶底清楚，地层出露好，厚度大，达 3 000 余米，主要岩性为砖红色粉砂岩、紫红色细砂岩，夹紫灰色、灰红色砾岩和含砾粗砂岩，与下伏辛格庄组、上覆金岗口组均为整合接触。在天桥屯、将军顶、金岗口发现大量鸭嘴龙科恐龙化石。东部栖霞县桃村一带该组厚 500 余米，下与辛格庄组整合接触，上被第四系覆盖，主要岩性为紫红色泥质粉砂岩、砖红色钙质泥岩，夹砾岩及粗粒、细粒砂岩。诸城-胶州地层小区以胶州市张应为代表，主要岩性为紫红色钙质粉砂岩、细砂岩，夹灰色砾岩、含砾粗砂岩，厚 1 700 余米，下与辛格庄组整合接触，上被第四系覆盖，胶州城北和张应一带该组上部夹玄武岩段，玄武岩与紫红、砖红色粉砂岩成互层产出。在张应剖面上玄武岩段厚 460 m，喷发 22 次。胶州市北侧该组之上为胶州组，城西北为断层接触，红土崖组顶部是砖红色、灰紫色细砂岩、泥岩；城东北朱家庄村后见与胶州组整合接触，红土崖组顶部是沉火山角砾岩和玄武质集块角砾岩。诸城市枳沟和五莲县汪湖红土崖组也很发育，岩性为砖红、紫红色细砂岩、粉砂岩，夹玄武岩段。景芝-大店地层小区该组出露不好，多为第四系覆盖，从点状露头可知主要为紫红色粉砂岩、泥岩夹砂砾岩。在贾悦西南局部见潜玄武岩，K－Ar 同位素年龄为 85.52 Ma，沿汪湖一带玄武岩段走向可与之相连，二者应为同期产物，以往这些潜玄武岩多归于晚第三纪牛山组。

鲁西地层分区该组不发育，仅在新泰-淄博、潍坊-郯城地层小区局部可见。前者见于临朐县城东南卸家营，主要岩性为灰、灰紫色砾岩、砂岩及紫红色砂质泥岩和泥岩，组成下粗上细的四个正韵律，厚 132 m，下与辛格庄组整合接触，上与早第三纪五图群朱壁店组不整合接触。中—上部灰绿色泥岩夹层中产丰富腹足类、双壳类化石，有 *Galba* sp.，*Physa* sp.，*Bithynia* cf. *gobiensis*，*Sphaerium shandongense*，*S.* cf. *tani*。华北平原地层分区滨州-东营地层小区在惠民县林樊家（L4 井）钻孔中见到，主要岩性为杂色砾岩夹紫色泥岩、粉砂岩及含膏泥岩，下未打穿，提示地层 272.69 m，上与金岗口组整合接触，产 *Cypridea*－*Talycypridea*－*Ziziphocypris* 介形虫组合。

金岗口组　K_2j　（37－0123）

【创名及原始定义】　1994 年刘明渭等创名，地点在莱阳市吕格庄乡金岗口。原始定义：指王氏群顶部一套杂色泥岩、粉砂岩及粗砂岩，为晚白垩世末期局部浅湖、滨湖相沉积，分布局限。

【沿革】　1923 年谭锡畴将其归于“王氏系”上部，1978 年山东省区域地层表编写组从王氏组分出，认为属有疑问的上第三系。1987 年山东省地质矿产局区域地质调查队认为该套岩层与其下王氏组连续沉积，生物及沉积特征无大变化，仍归于王氏组，称为六段。刘明渭等分析其沉积特征、古生物面貌等资料后认为，该套岩层与其下岩层确属连续沉积，生物面貌相似，但沉积特征和规模及岩性特征差异较大，故仍归入王氏群，建立金岗口组。

【现在定义】　指整合于红土崖组之上的局部浅湖、滨湖相沉积，主要岩性为杂色泥岩、粉砂岩及块状泥灰岩，夹有含砾粗砂岩、白云岩等。

【层型】 正层型为莱阳市吕格庄乡金岗口剖面（120°39′，36°52′；刘明渭、徐立军、张忠义，1992）。

上覆地层：**元古代荆山群野头组** 黑云片岩

═══════ 断 层 ═══════

金岗口组	总厚度 105.5 m
61. 紫色厚层状砂质粉砂岩	10.8 m
60. 棕黄色厚层状含砾粗粒石英长石砂岩	1.5 m
59. 紫色厚层状含砾砂泥质粉砂岩	7.3 m
58. 灰白色厚层状含砾粗粒石英长石砂岩夹褐紫色含砾泥质不等粒砂岩	9.5 m
57. 紫色厚层状含砾粉砂质不等粒砂岩	8.0 m
56. 灰白色厚层状含砾粗粒长石砂岩夹砂质粉砂岩	20.0 m
55. 灰白色厚层状含砂泥质粉砂岩（下）与暗紫色含砂泥质粉砂岩（上）	6.0 m
54. 灰白色厚层状含砾粗粒岩屑长石砂岩	3.2 m
53. 黄绿色厚层状钙质粉砂质泥岩、微晶灰岩	17.4 m
52. 灰绿色厚层状含砂灰质泥岩，含孢粉化石	5.6 m
51. 灰白色厚层状中粗粒长石岩屑砂岩	6.3 m
50. 紫色厚层状粉砂岩、细砂岩，底部为厚 1.5 m 的灰绿色粉砂岩，含孢粉化石	9.9 m

——————— 整 合 ———————

下伏地层：**红土崖组** 紫色厚层状砂质粉砂岩

【地质特征及区域变化】 该组以色调较杂、粒度细、夹灰岩层及含大量钙质结核区别于下伏红土崖组，分布局限，为盆地晚期局部湖相沉积，因湖盆面积小，可见滨湖相及河口相与浅湖相交替出现或横向过渡。因气候干热可出现膏盐、白云岩沉积。除莱阳正层型地点外，该组还见于华北平原地层分区济阳凹陷中。惠民县林樊家（L4 井）该组厚 105.5 m，下与红土崖组整合接触，上与下第三系不整合接触，主要岩性为紫色、棕色泥岩、泥质砂岩、灰色含膏泥岩夹泥质砂岩、白云岩。

在莱阳该组产介形虫 *Talicypridea turgida*，*T. amoena*，*Cypridea*（*Pseudocypridina*）*gigantea*，*C.*（*Morinia*）sp.，*Candona* sp.，*Candoniella caudida*，*Cyprois* sp.；孢粉 *Psophosphaera* sp.，*Tricolpoites* sp.，*Tricolporopollenites* sp.。林樊家产介形虫 *Cypridea cavernosa*，*Talicypridea amoena*，*Ziziphocypris* sp. 和 *Schizaeoisporites* - *Rugupolarpollenites* - *Ulmipollenites* 孢粉组合。

胶州组 K_2E_1j （37-0126）

【创名及原始定义】 1991 年山东省地质矿产局区域地质调查队（杜本明等）创名，地点在胶州市。原始定义：整合于上白垩统王氏群安家沟组之上或与青山群方戈庄组断层接触的一套紫色细粒砂岩、泥岩、粉砂岩、灰绿色泥岩、泥灰岩、黄褐色粉砂岩、含砾砂岩组合，产介形虫和孢粉化石，时代属晚白垩世—古新世。

【沿革】 这套岩层以往归入王氏组，杜本明等在 1∶20 万高密、青岛、灵山卫幅区调（1992）中发现这套地层与区域上王氏群差别较大，当时亦将其下地层作为青山群方戈庄组，因而建立胶州组，作为一个跨时单位处理。在本次地层清理中，发现这套地层之下应当是王氏群红土崖组，二者为连续沉积。因此仍保留这一单位，归于王氏群顶部。

【现在定义】 整合于王氏群红土崖组之上的一套紫色粉砂岩为主夹灰绿、黄绿色粉砂岩、泥灰岩及少量砂砾岩组合，为一跨时单位，下部属晚白垩世，中、上部属古新世。

【层型】 正层型为胶州市谷家庙—东辛置剖面（119°59′，36°19′；刘明渭、迟培星、徐立军，1992）。

上覆地层：**第四纪山前组** 砂质粘土

~~~~~~~~~~ 不 整 合 ~~~~~~~~~~

胶州组	总厚度 1 172.0 m
46. 黄绿色中厚层状细砂质粉砂岩	4.2 m
45. 紫色、灰色泥岩	11.6 m
44. 灰色粉砂岩与含砾细砂岩	5.0 m
43. 紫灰色粉砂质泥岩	3.4 m
42. 杂色细砂岩、粉砂岩、泥岩、含砾砂岩	6.8 m
41. 杂色粗砾岩	3.4 m
40. 灰色、灰白色粉砂岩	3.4 m
39. 紫色泥岩	76.7 m
38. 黄绿、灰绿色薄层状粉砂岩与灰绿色泥岩	3.9 m
37. 灰紫色细砂质粉砂岩	15.5 m
36. 浅灰紫色粉砂岩	110.2 m
35. 紫红色粉砂质泥岩与泥岩互层	13.8 m
34. 灰绿色泥岩	9.2 m
33. 紫色钙质粉砂岩	8.8 m
32. 紫色粉砂质泥岩	15.7 m
31. 紫色泥岩	15.5 m
30. 灰绿色泥岩	4.1 m
29. 紫灰色粉砂质泥岩	15.2 m
28. 浅灰紫色钙泥质粉砂岩夹粉砂质钙质泥岩	69.8 m
27. 紫色粉砂岩	4.3 m
26. 黄绿色泥质粉砂岩夹泥灰岩，产孢粉 *Schizaeoisporites* sp.，*Laricoidites araucarites*，*Taxodiaceae pollenites hiatus*，*Quercoidites asper*，*Q. henrici*，*Q. microhenrici*，*Q. minutus*，*Ulmoideipites krempii*，*U. tricostatus*，*Ulmipollenites minor*，*U. undulosus*，*U.* spp.，*Aquilapollenites granobaculus*，*A. spinulosus*；介形虫 *Ziziphocypris costata*，*Metacypris subpulchra*，*M.* cf. *kaitungensis*，*Candona* cf. *sinensis*，*C.* cf. *scopulosa*，*Cyprinotus* sp.	13.1 m
25. 灰色粉砂岩	8.7 m
24. 紫色粉砂岩、细砂质粉砂岩夹灰红色含砾中粗粒砂岩	399.1 m
23. 砖红色粉砂岩夹紫色细粒长石砂岩和钙质粉砂岩	214.4 m
22. 杂色泥岩、粉砂质泥岩，产介形虫 *Cypridea* (*Cypridea*) *cavernosa*，*C.* (*C.*) *brevis*，*Talicypridea amoena*，*Metacypris kaitungensis*，*Darwinula* sp.，*Candona* sp.，*Candoniella* sp.	98.9 m
21. 灰绿、灰紫色钙质泥岩夹泥质粉砂岩，产介形虫 *Cypridea* (*Cypridea*) *cavernosa*，*C.* (*C.*) *cuneota*，*Talicypridea* sp.	22.5 m
20. 灰绿、灰紫色钙质泥岩互层，产介形虫 *Cypridea* (*Cypridea*) *cavernosa*，*C.* (*C.*) *cuneata*，*Talicypridea quadrata*，*T. reticulata*，*Candona* sp.	14.8 m
~~~~~~~~~~

———— 断　层 ————

下伏地层：**红土崖组**　砖红、灰紫色细砂岩夹泥岩

【地质特征及区域变化】　胶州组岩石色调杂，具厚层状平行层理，岩石显块状构造，偶而可见流水作用形成的斜层理。在胶州城西南，该组见有较厚的泥灰岩和灰岩夹层，产丰富的介形虫化石。上述特征说明胶州组以形成于浅湖环境为主，局部出现河流相。在晚白垩世初期，胶莱盆地趋向消亡，至末期已基本消失。因构造影响（胶东地块的抬升）对盆地的掀斜作用使沉积中心迁移及因气候和地形因素，已不能形成大面积湖相沉积。由金岗口组到胶州组，可以看出山东省晚白垩世至老第三纪的沉积迁移方向。胶州组含有山东省最老的第三纪地层，在正层型剖面上首次发现白垩系和第三系连续沉积。

该组分布局限，除胶州市外，还见于昌邑市太公堂、丈岭一带。胶州市以紫色粉砂岩、泥岩为主夹灰、灰绿、黄绿色泥岩、粉砂岩、砂砾岩，厚 1 172 m，在正层型地点与下伏红土崖组断层接触，但向东 3 km 在朱家庄村后即为整合接触。底部层位（层型剖面 20—22 层）生物面貌与金岗口组相似，只是岩性更单调，粒度更细，与第三系的关系更清楚。中部（26 层）黄绿色泥质粉砂岩中含 *Ulmipollenites* - *Ulmoideipites* - *Aquilapollenits* 孢粉组合。昌邑市太公堂厚约 600 m，主要为浅灰红色粉砂岩夹灰绿、黄绿色泥质粉砂岩、粉砂质泥岩及灰白色砾岩，产丰富的介形虫化石，属 *Eucypris* - *Cyprois* 组合，下与红土崖组红色砂岩整合接触，上与红土崖组断层接触。昌邑市丈岭厚约 750 m，为灰绿、黄绿色泥岩、粉砂质泥岩、紫红色细砂岩、粉砂岩夹细砂岩、砾岩和含砾砂岩，下与红土崖组整合接触，上被第四系覆盖。

第二节　生物地层

山东省侏罗纪—白垩纪陆相地层属孤立分散的小盆地沉积，在大地质构造背景和气候因素影响下，这些盆地的沉积物和生物群面貌具有一定的共性，但是因地理条件的差异，又造成这些生物群有各自的特征，所以难以像海相地层那样建立标准的生物地层单位——生物带。鉴于此种原因，本文采用生物组合分析方法，讨论山东省侏罗纪—白垩纪的生物地层特征及地质年代的归属。

一、侏罗纪生物组合特征

（一）侏罗纪植物化石组合：*Coniopteris* - *Phoenicopsis* 植物群

斯行健等将中国中生代自晚三叠世后据不同植物群分为五个时期。晚三叠世早期—晚期：*Danaeodsis* - *Bernoullia* 植物群；晚三叠世（晚期）—早侏罗世：*Dictyophyllum* - *Clathropteris* 植物群；早侏罗世—中侏罗世：*Coniopteris* - *Phoenicopsis* 植物群；晚侏罗世—早白垩世：*Ruffordia* - *Onychiopsis* 植物群；早白垩世晚期—晚白垩世：被子植物群。*Coniopteris* - *Phoenicopsis* 植物群主要分子有：*Coniopteris hymenophyllum*，*C. tatungensis*，*C. burejensis*，*Phoenicopsis speciosa*，*P. angustifolia*，*Ginkgoites sibiricus*，*Pityophyllum nordenskioldi*，*P. longifolium*，*Cladophlebis shansiensis*，*C. fangtzuensis*，*C. tsaidemensis*，*Todites williamsoni*，*T. denticulata*，*Baiera furcata*，*B. gracilis*，*Sphenobaiera pulchella*，*S. longifolia*，*Czekanowskia rigida*，*Podozamites lanceolatus*，*Eboracia lobifolia*。该植物群发育在东亚地区，我国主要分布于北方，皆为含煤岩系。

山东省侏罗纪地层坊子组中产该植物群的主要分子。潍坊市坊子区产 *Asplenium* sp.，*Baiera furcata*，*Cladophlebis fangtzuensis*，*C. halleiana*，*Clathoropteris meniscioides*；*Coniopteris hymenophyloides*，*C. tatungensis*，*Czekanowskia rigida*，*Eboracia lobifolia*，*Elatocladus manchurica*，*Ginkgoites sibiricus*，*Neocalamites* sp.，*Pityophyllum novdenskioldi*，*P. lindstroemi*，*Podozamites lanceolatus* 等。

淄博市望娘沟产 *Cladophlebis shansiensis*，*C. fangtzuensis*，*Coniopteris burejensis*，*C. hymenophylloides*，*Czekanowskia* cf. *rigida*，*Equisetites* cf. *lateralis*，*E.* cf. *sarrani*，*Ginkgoites obrutschewi*，*Neocalamites* sp.，*Phoenicopsis* aff. *angustifolia*，*Pityophyllum* cf. *lindstroemi*，*Podozamites lanceolatus*。近年（刘明渭等，1994）在新泰市汶南发现植物化石 *Equisetites* sp.，*Neocalamites* sp.，*Otozamites hsiangchiensis*，*O.* spp.。

山东省侏罗纪植物化石研究历史悠久，最早由 H Potonie（1903）研究，时代定为侏罗纪。斯行健等（1962）介绍日本学者矢部长克、大石三郎（1929）及斯行健（1931、1933）研究结果，其时代定为早侏罗世。

（二）侏罗纪孢粉组合特征

山东省侏罗纪孢粉可分为两个组合，下部坊子组的 *Cyathidites*－*Quadraeculina* 组合，上部三台组的 *Converrucosisporites*－*Maculatisporites* 组合。

据潘昭仁（1990）资料，*Cyathidites*－*Quadraeculina* 组合时代倾向于中侏罗世，横向上可与河北下花园组、陕西延安组比较，部分可能属于早侏罗世晚期。其优势分子是 *Cyathidites*（27%），*Cycadopites*（22%），*Quadraeculina*（6.6%），*Classopollis*（29%）。《山东省区域地质志》（1991）资料，坊子地区以 *Classopollis* 为主（91%），次为 *Cyathiditds*，*Protoconiferus*，*Protopinus*，*Piceaepollenites*，*Quadraeculina*，*Cycadopites*，*Ephedripites* 等。张望平等（1985）认为该组合与陕西延安组、山西大同组等中侏罗世组合相当。

Converrucosisporites－*Maculatisporites* 组合见于济阳凹陷垦利县黄河以北（YG7 井、YG42 井）和临清凹陷莘县朝城（CC1 井）三台组，主要特点是蕨类植物孢子含量（54.5 %）略多于裸子植物花粉（45.6%），*Converrucosisporites sparsus*（23.6%）和 *Maculatisporites*（8.8%）含量高，*Classopollis* 和 *Cycadopites* 在裸子植物花粉中占主要地位，分别达 22.4%和 16.6%。

蒙阴盆地三台组孢粉组合面貌与济阳凹陷和临清凹陷三台组不同，而与坊子地区的坊子组接近，*Classopollis* 占 96.5%，次为 *Leiotriletes*，*Alisporites*，*Cycadopites*。

（三）侏罗纪叶肢介化石：*Palaeolimnadia* 动物群

该叶肢介动物群是 80 年代初在原汶南组发现的，陈丕基等（1980）首次描述，有 *Palaeolimnadia chuanbeiensis*，*P. longmenshanensis*，*Euestheria taniiformis*，全系川北早侏罗世白田坝组叶肢介动物群分子，并认为该动物群是早侏罗世后期产物。

从以上几个生物类群的时代分析看，时代意见比较肯定，如早—中侏罗世 *Coniopteris*－*Phoenicopsis* 植物群，早—中侏罗世 *Cyathidites*－*Quadraeculina* 孢粉组合，早侏罗世 *Palaeolimnadia* 叶肢介动物群，这些生物组合（群）的研究和时代的确定，对山东省侏罗纪岩石地层之地质年代归属和年代地层划分具有重要意义。

二、白垩纪生物组合特征

山东省白垩纪陆相生物繁盛，类型及数量都十分丰富，对地层的划分及对比和地质年代确定均有重要意义，资料较多和研究较详的有9个门类，下面按分类位置顺序分别论述。

（一）白垩纪双壳类化石组合特征

双壳类化石组合可分为早期的 *Nakamuranaia* - *Sphaerium* 动物群和晚期的 *Pseudohyria* - *Sphaerium* 动物群。

1. *Nakamuranaia* - *Sphaerium* 动物群

该动物群繁盛于早白垩世，主要产地和层位有：莱阳市朱家庄莱阳群曲格庄组，产 *Nippononaia zhujiazhuangensis*，*N. laiyangensis*，*Nakamuranaia chingshanensis*，*N. elongata*，*N. elliptica*，*Sphaerium yanbianense*；诸城市皇华店莱阳群止凤庄组，产*Sphaerium anderssoni*，*S. pujiangense*，*S.* cf. *jeholense*；新泰市分水岭莱阳群杨家庄组，产 *Nakamuranaia* sp.，*Mengyinaia mengyihensis*，*Sphaerium pujiangense*，*S. anderssoni*，*S. jeholense*，*Unio* cf. *grabaui*。

2. *Pseudohyria* - *Sphaerium* 动物群

该动物群繁盛于晚白垩世，主要产地和层位有：诸城市解留王氏群红土崖组，产 *Pseudohyria cardiiformis*，*P.* aff. *gobiensis*，*Plicatounio zhuchengensis*，*Sphaerium tani*，*S. shantungense*；辛格庄组，产 *Sphaerium yanbianense*，*S.* cf. *tani*，*S. ovalis*；莱阳市王氏群辛格庄组，产 *Sphaerium tani*，*S. shantungense*，*S. altiformis*，*S. laiyangense*；金岗口组，产 *Sphaerium tani*，*S. shantungense*，*S. altiformis*，*S. laiyangense*。

据李佩贤等（1986）资料，中国白垩纪双壳类动物群可以分为三期。早期以较原始的类三角蚌类的崛起和兴盛为特征，重要代表有 *Koreanaia*，*Nakamuranaia*，*Nippononaia*，以及 *Tetoria* 和 *Sphaerium* 等；中期为典型的 *Trigonioides* - *Plicatounio* - *Nippononaia* 动物群；晚期以类三角形蚌类的 *Pseudohyria* 为主，中期少见的 *Sphaerium* 再度繁盛。上述双壳类动物群划分，据白垩纪二分方案，早—中期属早白垩世，晚期属晚白垩世，山东省白垩纪 *Nakamuranaia* - *Sphaerium* 动物群属于早—中期动物群，似界于早期和中期之间，而 *Pseudohyria* - *Sphaerium* 动物群则明显属于晚期。

（二）白垩纪腹足类化石组合特征

山东省白垩纪腹足类动物群大致可分为三个组合：①*Probaicalia* - *Amplovalvata* 组合；②Viviparidae 组合；③*Hydrobia* - *Compeloma* 组合。其中①、②组合时代偏老，显示早白垩世特征，③组合时代偏新，显示晚白垩世特征。

1. *Probaicalia* - *Amplovalavta* 组合

该组合主要见于莱阳群。莱阳市朱家庄曲格庄组产 *Amplovalvata suturalis*，*Amnicola* sp.；南李格庄水南组产 *Cincinna* cf. *zhuchengensis*。诸城止凤庄组产 *Probaicalia* cf. *prinadae*，*Valata zhuchengensis*。蒙阴杨家庄组产 *Probaicalia vitimensis*，*P.* sp.，*Amplovalvata suturalis*，*A.* sp.，*Bithynia mengyinensis*。另外在蒙阴城西洼大盛群田家楼组中产 *Probaicalia gerassimovi*，*P. vitimensis*，*Galba mengyinensis*，*G. sphaira*。该组合以 *Probaicalia* 为代表，另一分布较广的属是 *Amplovalvata*，时代分布以早白垩世为主。*Amplovalvata* 虽然时代偏老，但联系其他共生化石与莱阳群总体面貌一致，也应归于早白垩世。Grabau 1923 年命名 *Valvata suturalis*，时代定为早白垩世，除见于山东省蒙阴莱阳群（原称分水岭组）外还见于陕甘宁盆地安定组和罗汉洞组（王思恩等，1985），后由潘华璋（1983）修订为 *Amplovalvata suturalis*。

2. Viviparidae 组合

该组合以田螺科分子为代表，主要见于诸城前曹王氏群辛格庄组，有*Viviparus hengshan-*

ensis, *V*. cf. *grangeri*, *V*. *onogoensis*, 另外伴生有 *Lioplacodes* cf. *stenotes*, *L*. aff. *cholnokyi*, *Amnicola zhuchengensis*, *Protamnicola* cf. *eirena*, *Yongkangia angularia*, *Mesocochliopa* sp., *Probaicalia gerassimovi*, *Zaptychius zhuchengensis*, *Galba meikiensis*, *Gyraulus* sp., 组合面貌与我国东部早白垩世横山组、馆头组、黑石渡组生物群很相似，时代应属早白垩世（据潘华璋，1983）。

3. *Hydrobia* - *Compeloma* 组合

该组合主要见于莱阳王氏群红土崖组，有 *Compeloma liui*, *C*. sp., *Valvata sinensis*, *Hydrobia* sp., *Parhydrobia minima*, *Physa jingangkouensis*, *P*. *shandongensis*, *Pseudancylastrum jingangkouensis*。上述属种常见于中国东部晚白垩世地层，如 *Valvata sinensis* 见于松辽平原四方台组、安徽宣南组和广东三水组，*Parhydrobia minima* 见于安徽宣南组，*Compeloma* sp. 与江西新余晚白垩世南雄组的 *Compeloma xinyuensis* 相似。另外在诸城常旺铺红土崖组产 *Mesolanites* sp.，该属常见于松辽地区嫩江组、四方台组、广东南雄组（潘华璋，1983）。

（三）白垩纪介形类化石组合特征

可分为早期的 *Darwinula* - *Lycopterocypris* 组合和晚期的 *Talicypridea* - *Cypridea* - *Candona* 组合。

1. *Darwinula* - *Lycopterocypris* 组合

该组合种类较多，无明显优势属种，主要产于莱阳群和大盛群田家楼组。莱阳市朱家庄曲格庄组产 *Cypridea* (*Ulwellia*) *tumida*, *Ziziphocypris simakovi*, *Darwinula laiyangensis*, *Djungarica* sp., *Jingguella* sp., *Lycopterocypris infantilis*, *L*. *contrita*, *Cyclocypris* sp., *Candona micida*；蒙阴茶棚杨家庄组产 *Cypridea unicostata*, *C*. *mengyinensis*, *Lycopterocypris circulata*, *Darwinula contracta*, *Timiriastria* cf. *opinabilis*, *Mogolianella* cf. *palmosa*。

Darwinula contracta 国内见于四川省剑门关、山西省阳高等地下白垩统及前苏联维季姆河台地和西西伯利亚等下白垩统。*Lycopterocypris infantilis*、*L*. *circulata* 见于蒙古下白垩统，*L*. *infantilis* 见于山西省下白垩统。组合中 *Cypridea* 分子较少，*C*. *unicostata* 见于松辽地区伏龙泉组上部。

2. *Talicypridea* - *Cypridea* - *Candona* 组合

该组合以瘤、刺不发育，背、腹面近平行的类型为主，产于王氏群。莱阳市红土崖组产 *Talicypridea amoena*, *T*. *subturgida*, *Cypridea* (*Pseudocypridina*) *gigantea*, *C*. (*Morinia*) *laiyangensis*, *Candona laiyangensis*, *C*. cf. *roctangulata*；金岗口组产 *Darwinula* sp., *Candona* sp., *Candoniella* sp.。诸城市红土崖组产 *Cypridea* sp., *Eucyprs* sp., *Talicypridea amoena*, *E*. *bullata*, *Candona* sp., *Candoniella* sp.；辛格庄组产 *Metacypris* cf. *kaitungensis*, *Cypridea* (*Pseudocypridina*) cf. *gigantea*, *Candona* sp.（陈丕基等，1980）。胶州组下部产 *Cypridea* (*Cypridea*) *cavernosa*, *C*. (*C*.) *breavis*, *C*. (*C*.) *cunoeta*, *Talicypridea amoena*, *T*. *quadrata*, *T*. *reticulata*, *Metacypris kaitungensis*, *Candona* sp., *Darwinula* sp. 等。济阳凹陷惠民县林樊家（L4 井）王氏群产 *Cypridea cavernosa*, *C*. (*Pseudocypridina*) *gigantea*, *C*. (*P*.) *apiculata*, *C*. (*P*.) *longa*, *Talicypridea amoena*, *Ziziphocypris* sp.。

Talicypridea（又称为 *Cristocypridea*，二者为同物异名，按优先率应采用前者）是分布广泛而层位稳定的属，为晚白垩世介形类动物群的代表分子。

（四）白垩纪叶肢介化石组合特征

山东省白垩纪叶肢介属于典型的 *Yanjiestheria* 动物群，在莱阳群、大盛群、王氏群皆有其分布。莱阳市龙旺庄莱阳群瓦屋夼组产 *Diestheria* sp.；大明水南组产 *Y. wannanensis*；黄崖底水南组产 *Y. yumensis*，*Y. kyongsangensis*，*Y. qudratoides*，*Y. chekiangensis*，*Y. longa*；朱家庄曲格庄组产 *Orthestheriopsis* sp.。诸城市皇华店水南组产 *Y. sinensis*，*Y. chekiangensis*，*Y. kyongsangensis*。大盛群田家楼组产 *Y. sinensis*，*Y. longa*，*Y. anhwiensis*，*Y. qiancaoensis*。王氏群辛格庄组产 *Y. sinensis shandongensis*，*Y. qiancaoensis*，*Y. kyongsnagensis*。上述 *Yanjiestheria* 动物群，组合特征明显，时代意见肯定，是早白垩世的代表生物群。

蒙阴盆地莱阳群杨家庄组（原分水岭组）所产的是 *Eosestheria* 动物群分子，有 *Eosestheria jingangshanensis*，*E.* cf. *middendorfii*，*E. elongata*（陈丕基等，1980）。据陈丕基等的意见，时代比胶东莱阳群偏老，应归于晚侏罗世。但从其他门类化石分析及与胶东莱阳群所含分子对比看，二者相似，并且 *Eosestheria* 的分布时代并不仅限侏罗纪，它与 *Yanjiestheria* 及 *Psittacosaurus*、*Nakamuranaia* 共生已不新鲜，两地生物群的差异可能由地理因素所致而非时间上的差别。

（五）白垩纪昆虫化石组合特征

山东省白垩纪昆虫类组成一个特殊的生物群落——莱阳昆虫群，与热河昆虫群有一定的继承性，经详细研究、描述，共有 64 属、72 种（洪友崇等，1990），主要见于胶东莱阳群水南组，瓦屋夼组有少量发现。该昆虫群有两个特点：一是其他地区已出现的老属种多，对区域上的地层时代和层位对比有重要意义；二是本地新发现的属种丰富，对研究该盆地的生成、发展有其独特作用。经对其中 9 个老属种的对比研究发现，属于晚侏罗世—早白垩世的有 3 个：*Coptoclava longipoda*，*Chironmaptera gregaria*，*Clypostemma xyphidle*；属早白垩世的有 6 个：*Sinaeschnidia heishankouensis*，*Mesolygaeus laiyangensis*，*Proteroscarabaeus yeni*，*Jingxidiscus lushangfenensis*，*Gansuplecia triporata*，出现于早白垩世的属种占绝对优势。

（六）白垩纪鱼化石组合特征

山东省白垩纪鱼化石较少，目前仅发现 2 属 6 种，均产于莱阳群中。鲁东莱阳群水南组产 *Lycoptera sinensis*，*L. laiyangensis*，*Sinamia* sp.，瓦屋夼组产 *L.* sp.；鲁西莱阳群杨家庄组产 *L.* sp.，*S. zdanskyi*。

Lycoptera 和 *Sinamia* 皆为热河生物群常见分子，皆属 *Lycoptera* 鱼群，是我国东部晚侏罗世鱼群（刘宪亭，1985）。但是近年来不断发现 *Lycoptera* 和 *Psittacosaurus*，*Nakamuranaia*，*Yanjiestheria* 共生的现象，后三者属早白垩世也是确认的，因而这一鱼群定属晚侏罗世的依据已发生动摇。联系到该组合种类贫乏，数量较少，以及与其共生的其他门类生物群研究者意见，山东省这一鱼群归入早白垩世比较合适。

（七）白垩纪爬行类化石组合特征

山东省白垩纪爬行动物可分为两类、两个阶段：恐龙类和龟类，早期 *Psittacosaurus* 动物群和晚期 Hadrosauridae 动物群。

1. 恐龙类

（1）早期 *Psittacosaurus* 动物群　该动物群发现于王氏群林家庄组，有 *Psittacosaurus sinensis*，*P. yongi*，*P.* sp.。*Psittacosaurus* 目前仍是早白垩世的标准化石，主要分布于东亚北部，在我国北方早白垩世地层常有发现。与此动物群大致相当或略早的还有鲁西蒙阴莱阳群杨家庄组的 *Euhelopus zdanskyi*，安丘市豆角地大盛群田家楼组的 *Prodeinodon* sp.，据赵喜进（1986，1992）意见也属早白垩世类型。

（2）晚期 Hadrosauridae 动物群　该动物群发现于王氏群红土崖组，个体大，保存好，国内外著名。

莱阳市天桥屯一带产 *Tsintaosaurus spinorhinus*，*Tanius chinkangkouensis*，*T. sinensis*，*Chinkangkousaurus fragivis*，*Szechuanosaurus* cf. *campi* 。诸城市吕标龙骨涧产 *Shantungosaurus giganteus*，*Tyrannosaurus* cf. *res*。胶州市大河流产 *Protoceratops* sp.。

综合分析山东省恐龙类在地层中的分布顺序，可分 5 个层位：① *Psittacosaurus* 动物群，时代属早白垩世，有 *Psittacosaurus sinensis*，*P. youngi*，以及 *Euhelopus zdanskyi*；②*Shantungosaurus giganteus*，晚白垩世早中期；③*Tanius sinensis*，晚白垩世中期；④*Tsintaosaurus spinorhinus*、*Tanius chinkangkouensis*，晚白垩世中期；⑤*Protoceratops* sp.，晚白垩世中晚期。

另外在莱阳、胶州、诸城市红土崖组中还产较多的恐龙蛋化石，形成一特殊的生物组合。莱阳市将军顶、天桥屯一带产 *Oolithes spheroides*，金岗口产 *O. elongatus*；胶州市张应产 *O. spheroides*，*O. elongatus*，有意义的是 *O. elongatus* 与 *Protoceratops* sp. 产于同一层位，同一化石点。据恐龙蛋化石研究者意见（周明镇，1951；杨钟健，1954；赵资奎，1979），上述蛋化石时代均属晚白垩世，同期地层如华南上白垩统亦产 *O. elongatus*、*O. spheroides* 及 Hadrosauridae 和 *Tyrannosaurus* 化石，国外可与之对比的地层有北美 Edmonton 层、Bellyriver 层，蒙古 Diadokhtac 层及非洲 Madagascar 层。

2. 龟类

龟类化石只见于蒙阴莱阳群杨家庄组和胶东王氏群林家庄组。前者产 *Sinemys lens*，*Sinochelys applanata*，*Scutemys tecta*，后者产 *Peishanemys latipons*。

（八）白垩纪植物化石组合特征

山东省白垩纪植物群总体特征与 *Ruffordia* - *Onychiopsis* 植物群相似，但缺少一些主要分子，构成以裸子植物为主体的 *Cupressinocladus* - *Brachyphyllum* 植物群，计有 20 属 24 种（刘明渭，1990）。该植物群松柏类占绝对优势，有 9 属 18 种：*Cupressinocladus laiyangensis*，*C. elegans*，*C. calocedruformis*，*Brachyphyllum crassum*，*B. obesum*，*B. obtusum*，*Elatides curvifolia*，*Araucarites* sp.，*Cyparissidium* sp.，*Geinitzia* spp.，*Pagiophyllum* cf. *feistmanteli*，*Elatocladus* sp.，*Podozamites lanceolatus* 等。另有较多的苏铁纲植物：*Otozamites* spp，*Ptilophyllum boreale*，*Zamites* spp.，*Dictyozamites* sp.，*Solenites murrayama*。蕨类植物较少，有*Gleichenites* cf. *nipponensis*，*Onychiopsis* sp.；*Cladophlebis* sp.，*Sagenopteris laiyangensis*，*S. jiaodongensis*。

该植物群主要发育在胶东莱阳群水南组，瓦屋夼组零星可见。

（九）白垩纪孢粉化石组合特征

白垩纪孢粉类型按地层顺序可分为 5 个组合。

1. *Cicatricosisporites* - *Classopollis* - *Piceaepollenites* 组合

该组合以裸子植物花粉为主，占孢粉总数 70%～92%，蕨类植物孢子仅占 8%～29.6 %。裸子植物花粉以松科粉为主，达 28.4%～55%，以 *Piceaepollenites* 及 *Alisporites* 为主；*Classopollis* 次于松科粉，占 20%～31.2%。海金沙科孢子占蕨类孢子之首，达 5.2%～18.4%，以 *Cicatricosisporites* 为多，占 2.8%～12.5%；莎草蕨科孢子常见，有 *Schizaeoisporites laevigataeformis*，*S. palaeocenicus*，*S. certus* 等。孢粉样品取自莱阳地区莱阳群水南组，孢粉组合特征分析与其他门类意见一致，属于早白垩世（余静贤，1990）。

2. *Cicatricosisporites* - *Concentrisporites* - *Classopollis* 组合

样品采自安丘市大盛镇大盛群田家楼组下部，组合特征与 1 组合相似，属早白垩世。

3. *Schizaeoisporites* - *Exesipollenites* - *Classopollis* 组合

样品采自安丘市大盛镇大盛群田家楼组上部，组合特征属早白垩世类型。

4. *Schizaeoisporites* - *Classopollis* - *Exesipollenites* - *Tricolpites* 组合

样品采自诸城市贾悦大盛群田家楼组和孟疃组，组合特征属早白垩世晚期类型。

5. *Schizaeoisporites* - *Classopollis* - *Ulmipollenites* 组合

样品采自诸城市王氏群红土崖组，蕨类植物孢子占 40%～56.1%，*Schizaeoisporites* 达 15.5%～44.7%；裸子植物花粉占 12.75%～22.1%，*Classopollis* 达 5.1%～9.1%；被子植物花粉占 31.45%～32.2%，*Ulmipollenites* 达 8.55%～21%，组合特征属晚白垩世类型。

白垩纪孢粉组合百分含量见表 7 - 3。

表 7 - 3　山东省白垩系孢粉组合（%）对比表

地层中含量% / 主要属种	莱阳群	青山群	大盛群		王氏群
			大盛	孟疃	
蕨类植物孢子	8～29.6	26.5～48	6.9～39.7	47	40～56.1
Stereisporites ontiquasporites	0～0.4				
Lycopodiumsporites sp.	0～0.4	0～0.3			0～0.4
Biretisporites deltoides	0～0.4				
Granulatisporites sp.	0～0.4		1.3		
Densoisporites	0～0.4	1.0～2.4			
Undulatisporites undulepolus	0～0.4	0～0.6			
Neoraistrickia	0～0.4	0.5～1.5			
Klukisporites spp.	2.0～3.2	1～1.5			
Cicatricosisporites	3.6～13.1	10.5～25.8	1.9		
Lygodiumsporites	0～0.8	0.3～1.0			
Concavissimisporites	1.2～3.6	1.5～6.0			
Schizaeoisporites	2.0～6.4	2.1～3.0	6.2	35.73	15.55～44.7
Murospora	0～1.2	1.0～10.0			
Copiospora	0～0.4		1.0		
Cyatheidites		0.5～2.1	0.3		
Cibotiumspora tuberculata		0～0.3			
Baculatisporites comaumensis		0～0.3			
Matonisporites spp.		0～1.8			
Leiotriletes sp.			1.6		
Eoveotriletes sp.		0～0.5	0.3		
Punctatisporites sp.			0.3		
Foraminisporites aszmmestricus			0.3		
Abdiverrucaspora sp.			0.3		
Aequitriradites sp.				0.13	
Psiloschizosporis parvus				3.7	
Polypodioceaesporites					0～0.85
Pterisisporites					0～2.5
Dictyotriletes					0～1
Lophotriletes					1.4～2.5
Impardecispora		0～0.6			
Appendicisporites		0～0.6			
Gleicheniidites		0～0.9			
Plioifera delicata		0～0.5			
Verrucosisporites scitulus		0～0.5			

续表 7-3

主要属种 \ 地层中含量%	莱阳群	青山群	大盛群		王氏群
			大盛	孟疃	
裸子植物花粉	70～92	46.5～72	60.3～93.1	43	12.75～22.1
Caytonipollenites pallidus	0～0.4				
Cycadopites	0.4～4.0		1	3.06	
Araucariacites	2.4～3.6	0.3～0.5		1.28	
Classopollis	2.0～31.2	31.5～35.5	47.4	6.51	
Podocarpidites	1.6～5.2	2.7～3.0	0.66	0.38	0.4～0.9
Ruqubivesiculites reductus	0～0.4	0～0.5			
Callialasporites	0～0.4	0.9～2.0	0.33		
Perinopollenites	0.4～2	0.3～1			
Inaperturopollenites	0～0.4	0.3～1.5	1.64	1.02	0.85～2
Quadraeculina	0.4～2	0.3～0.5	0.66		
Concentrisporites	0～0.8	1.2～2.5	3.29		
Cerebropollenites	0～0.4	1～1.2			
Exesipollenites	0～0.4	2.5～7	16.45	3.83	
Jiaohepollis		0.5～0.6	0.33		
Spheripollenites psilatus		0～0.3			
Brevimonosulcites		0～0.6		0.38	
Ephedripites		0.3～1.0	3.95	9.71	0.4～1.9
Jugella		1.5～1.8		0.89	
Psophosphaera			0.66	0.64	1～4.3
Duplicisporites			0.66		
Monosulcites			0.33	0.38	0.7～3.4
Alisporites			1.32		
Protoconiferus			1		
Protopiceae			0.33		
Chordasporites			0.33		
Granasporites			0.33		
Galaeacornea				0.64	
Reqalipollenites				0.26	
Steevesipollenites				0.89	
Taxodiaceaepollenites		0～0.3		1.66	0.25～3
被子植物花粉		0.5～2.4		10	31.45～32.2
Clavabipollenites hughesii		0.5～0.6			
Asteropollis asteroides		0～1.5			
Tricolpites		0～0.3		3.19	
Cupuliferoidaepollenites				1.92	
Fraxiuoipollenites				2.68	
Salixipollenites					1.7～2.8
Betulaceoipollenites					0.4～1.7
Quercoidites					6.4～13.5
Ulmipollenites					8.55～21.1
Ilexpollenites					0～1

第三节 年代地层

一、侏罗系

（一）侏罗系下—中统

国际地科联1989年颁布的《世界地层表》中侏罗系分为下统、中统、上统，与三叠系分界年龄205 Ma，下统与中统分界年龄180 Ma，中统与上统分界年龄150 Ma，上统与白垩系分界年龄135 Ma。山东省下统和中统界线不明，笼统称为下-中统，以*Coniopteris*-*Phoenicopsis*植物群为确定时代依据，相应岩石地层单位称坊子组。

（二）侏罗系中-上统

过去上统以不含*Coniopteris*-*Phoenicopsis*植物群与下-中统区别，相应岩石地层单位称三台组。从近年新发现资料看，上统与下—中统界线也不清晰，多数地方以上、下岩石地层的差异来分界，仅凭上部不含*Coniopteris*-*Phoenicopsis*植物群作为划分依据明显不足。从蒙阴盆地侏罗系的发育看，似乎中—上统也是连续的。假若底部*Palaeolimnadia*动物群时代为早侏罗世晚期至中侏罗世早期，那么同层位的孢粉组合与坊子地区相似就很好解释，因坊子地区植物群和孢粉组合一般认为属早—中侏罗世或即属于中侏罗世，而多不肯定属早侏罗世。

分析地层时代特征大区域性气候因素也不应忽视，晚侏罗世早期我国北方普遍是红层沉积，至晚期才出现灰色调湖相沉积。三台组以红色碎屑岩为主，反映气候特征与晚侏罗世早期相吻合，下部黄绿色夹层又含早—中侏罗世化石，因此，应当是一个跨越时代较长的单位。总体上可能界于中侏罗世晚期—晚侏罗世早期，局部地区甚至为早侏罗世晚期—晚侏罗世早期，从区域上看，年代地层划分应属于中-上统。

二、白垩系

关于白垩系的划分，除传统的二分方案外，近来又出现三分之说，《中国的白垩系》（王思恩等，1986）就采用三分方案。年代地层的划分与地层年龄确定、生物群研究密切相关，因前者是在后者的基础上建立的。从目前来看，除少数地区生物群演化可分为较明显的三个阶段外，大部分地区还难以做到，岩石地层的可分性不能代替年代地层和地质年代的划分。《世界地层表》（国际地科联，1989）上采用的仍是二分方案，下统与侏罗系分界年龄135 Ma，下统与上统分界年龄95 Ma，上统与第三系分界年龄65 Ma。本文从山东省实际情况出发，采用二分方案，分界年龄参照《世界地层表》。

（一）白垩系下统

山东省白垩系下统发育，生物繁盛，生物群面貌既与热河生物群相似，又有一定差异，总体面貌比热河生物群为新。相应的岩石地层单位有莱阳群、青山群、大盛群及王氏群林家庄组，除有内容丰富的生物群佐证其年龄外，同位素年龄数据也较丰富。鲁东青山群火山岩同位素年龄值变化区间为98～125 Ma，鲁西青山群火山岩同位素年龄值变化区间107～138 Ma，显示比鲁东略早迹象（表7-4）。

（二）白垩系上统

白垩系上统主要为一套红色碎屑岩系，相应的岩石地层名称为王氏群辛格庄组、红土崖

表 7-4　山东省早白垩世青山群火山岩 K-Ar 同位素年龄数据表*

序号	岩石地层单位	岩石名称	测试对象	地理位置（1∶5万图幅）	测试单位	测试时间	年龄值（Ma）	岩石化学特征	火山旋回
17	方戈庄组	粗玄岩	辉石	蒙阴	贵阳地化所	1982	107.25	偏碱中—基性	Ⅳ
16		玄武安山岩	辉石	蒙阴	贵阳地化所	1982	113.08		
15		熔结凝灰岩	全岩	邹平			117		
14		橄榄玄武粗安岩	全岩	王台	北京地质所	1990	123.15±2.17		
13		橄辉玄武岩	全岩	朱里	天津地矿所	1981	99		
12	石前庄组	碱流质熔结角砾岩	全岩	王台	北京地质所	1990	125.36±2.02	偏碱酸性	Ⅲ
11		流纹质熔结角砾凝灰岩	全岩	王台	北京地质所	1990	109.15±1.73	酸性	
10	八亩地组	石英安山质凝灰熔岩	全岩	贾悦	北京地质所	1991	124.63±2.52	中—基性	Ⅱ
9		辉石安山岩	全岩	牛沐	北京地质所		112.28±1.96		
8		英安岩		郚郚	北京地质所		109.85±2.3		
7		辉石玄武粗安岩	全岩	王台	北京地质所	1990	125.63±1.89		
6		安山岩	辉石	蒙阴	贵阳地化所	1982	127.4		
5		玄武质集块角砾岩	全岩	邹平			121		
4		安山岩	全岩	邹平			138		
3	后夼组	流纹质熔结凝灰岩	全岩	王台	北京地质所	1990	122.23±1.79	酸性	Ⅰ
2		流纹质含砾玻屑凝灰岩	全岩	王村	北京地质所	1990	98.36±4.01		
1	莱阳群止凤庄组	流纹质玻屑凝灰岩	全岩	万第	北京地质所	1987	107.08±1.59		

* 据《山东省区域地质志》(1991) 及 1∶20 万高密、青岛、灵山卫幅区调报告 (1992)。

组、金岗口组，以及跨时单位胶州组下部，生物群以 Hadrosauridae 和 Cypridea 为代表，与国内外同期地层皆可对比。

第四节　层序地层

山东省白垩纪陆相盆地沉积虽比较发育，但多呈孤立分布，主要有胶莱坳陷（盆地）、蒙阴盆地、平邑盆地、邹平（火山岩）盆地，以及沂沭断裂带内的马站盆地，这些盆地由于规模较小，发育多不完善，更加上火山活动的影响，使盆地的层序地层研究比较困难。其中胶莱坳陷规模较大，发育较好，为山东省白垩纪陆相盆地代表，其地层序列在国内外也较著名。本文试以其为例，对山东省白垩纪陆相盆地层序地层研究作一探讨。

内陆盆地层序地层研究较之大陆边缘盆地更为复杂和困难，目前国内外皆缺乏系统的理论依据和典型范例。从国内少数研究者比较成功的经验来看，完全套用大陆边缘盆地层序地层研究模式，对内陆盆地并不完全适用。依据层序地层学基本原理，结合内陆盆地发育特征，实事求是地分析和解释其沉积层序可能是适宜的，而不是片面地追求术语的统一。

顾名思义“层序”是层序地层学的研究基础，正确地认识和划分地层层序乃是关键。按其定义——“层序”是以不整合面或与之相关的整合面为界的、相对统一的、在成因上有联系的地层，可以将胶莱坳陷白垩纪地层分出六个层序界面和三个大层序，即A层序——相当早白垩世早期河湖相沉积的莱阳群，B层序——相当早白垩世晚期火山活动沉积青山群，C层序——相当早白垩世末期至晚白垩世河湖相沉积的王氏群。每个大层序又可以分为若干小层序，由于内陆盆地沉积的局限性，这些小层序在不同地区有各种差异相变，因此盆地内或不同盆地间的层序对比，多为大层序（或小层序组）的对比。

一、A层序——莱阳群沉积层序分析

根据岩石地层沉积界面，结合生物地层和年代地层所确定的沉积间断，将莱阳群分出三个二级层序、二个副层序界面，莱阳群限定在第一、四层序界面之间。

第一层序界面：这一界面是鲁东地层分区白垩系与元古界的分界面，为一大范围区域性构造不整合，非常容易识别，是一理想的层序界面。该界面与第二层序界面限定的地层单位瓦屋夼组只发育在盆地北部莱阳、海阳一带，因此，盆地南部第一、二层序就合并为一，缺失瓦屋夼组。

第二层序界面：此界面在盆地北部位于瓦屋夼组与止凤庄组（或林寺山组）之间为一大面积超覆界面，在盆地南部则位于止凤庄组（或林寺山组）与元古界之间变为构造不整合界面。

第三层序界面：该界面位于龙旺庄组与曲格庄组之间，是一大面积超覆界面，界面上、下岩石特征变化明显，可见曲格庄组超覆在古老变质岩之上。

在第二、三层序界面之间，可分出两个副层序界面。a副层序界面位于止凤庄组和水南组之间，界面上、下岩石特征变化明显。界面之下为止凤庄组，岩石粒度粗、分选差，是河流相沉积，很少生物化石，类似与大陆边缘盆地的低水位体系域（冲积沉积体系）；界面之上为水南组，岩石粒度细，成熟度高，是深湖相沉积，生物类型繁多，类似与凝缩层（密集段）。b副层序界面位于水南组与龙旺庄组之间，界面之上为龙旺庄组，岩石粒度粗，色调偏紫，是浅湖相、河流相沉积，生物化石稀少，类似与高水位体系域（湖泛体系域）。

第四层序界面：该界面位于莱阳群和青山群之间，是一构造应力场转换面或岩相转换面。此界面在盆地各处不一定等时，主要表现为火山岩系与河-湖相沉积的岩相转换面，盆地边部为不整合关系，盆地内部有时为整合关系，但区域上此界面是清楚的、容易识别的。界面之下为莱阳群曲格庄组或曲格庄组相变单位杜村组、法家茔组，界面之上为青山群后夼组或八亩地组火山岩系。

二、B层序——青山群沉积层序分析

青山群位于第四、五层序界面之间，根据其火山活动演化规律，划分四个火山旋回，并可划出两个二级副层序界面。

第五层序界面：该界面位于青山群与王氏群之间，为一区域性构造应力场转换面，表现在界面上、下沉积方式和物质的巨大差异。界面之下为青山群火山岩系，界面之上为王氏群正常碎屑岩系，界面以沉积间断、岩性突变、侵蚀冲刷等形式体现，区域上展布广泛，容易识别。该界面可以进一步划分出c、d两个二级副层序界面。c副层序界面位于后夼组与八亩地组之间，是一火山岩浆演化阶段及岩石化学性质变化界面，界面之下为酸性火山岩，界面之上为中—基性火山岩，经数条剖面检验，展布稳定，野外容易识别，以胶州、即墨、莱阳等地最清楚；d副层序界面，位于石前庄组与方戈庄组之间，也是一个火山岩浆演化阶段及岩石化学性质变化界面，界面之下为酸性火山岩，界面之上为中—基性火山岩。

三、C层序——王氏群沉积层序分析

王氏群位于第五、六层序界面之间，第五层序界面已如前述，第六层序界面区域上为王氏群与第三纪五图群的分界面，也即是中生代与新生代的分界面，但局部可见连续沉积（胶州组）界面不清晰，仅表现为生物群的变化。

第六层序界面：该界面区域上表现上为盆地边部王氏群之上（或白垩系）地层广泛缺失，致使胶莱坳陷第三纪地层普遍不发育，在盆地内部局部白垩纪、第三纪地层连续沉积，但生物群面貌却有较大差异。说明这一界面主要是构造应力场转换界面，持续时间较长，各地规模不等，反映了陆相小盆地沉积环境的多变性。正是由于构造应力场的转换，导致了胶莱坳陷沉积中心迁移（向西-北方向，迁移到华北平原一带）和盆地最后消亡。

在C层序内可以分出e、f两个二级副层序界面。e副层序界面，位于林家庄组与辛格庄组之间，界面之下林家庄组为分选差、成熟度低的河流相沉积（第五层序界面相当Ⅰ型层序界面，表现为火山岩的广泛侵蚀，河流作用强烈，沉积物向盆地内方向搬运），界面之上辛格庄组浅湖相、曲流河相沉积，沉积物成熟度高、分选好；f副层序界面，位于红土崖组与金岗口组之间，界面之下红土崖组河流相沉积特征清楚，气候湿热，沉积物色调偏红，生物群以恐龙繁盛为特征；界面之上金岗口组分布局限，气候湿润，沉积物以浅湖相杂色细碎屑岩为特征，生物群主要为各种淡水湖相无脊椎动物属种。

通过层序地层分析，将胶莱坳陷白垩纪地层分为三个大层序（小层序组），分别对应三个群级单位（图7-9）。每个大层序（小层序组）之间界面皆清晰可辨，一般是构造应力场转换面。因为内陆盆地范围小，区域构造应力场的转换容易引起盆地性质、沉积物运移方式、沉积速度等变化，而形成不同的构造沉积幕。这里的分析是针对盆地一般规律而言，局部相变单位情况更复杂，层序界面就不是那么清晰。如曲格庄组的相变单位杜村组和法家茔组，总体特征与曲格庄组类似，但沉积区和类型更特殊，所以杜村组与其下的杨家庄组的界面就不如曲格庄组与龙旺庄组那样清晰。同样，杨家庄组作为水南组和龙旺庄组的相变单位，上、下界面也不如后二者清楚，与止凤庄组界面远不如水南组与止凤庄组明显、有成因意义，这些差异或不同是由内陆盆地特殊性所造成，表现在火山岩层序就更加突出，此处不一一赘述。

以上对胶莱坳陷白垩纪层序地层进行了粗浅分析，着重抓住该类地层分析重点“层序”的划分，将整套地层划分为几个大的层序，以及识别出它们的层序界面，没有硬性套用常规术语。用解习农等（1993）研究者的话来说：“大陆边缘盆地沉积体系域的分类方案……不适合内陆盆地沉积体系的划分”。因此本文只借鉴它的原理和方法，根据盆地内地层层序的客观实际作一粗浅探讨，不当和谬误之处恳请读者指正！

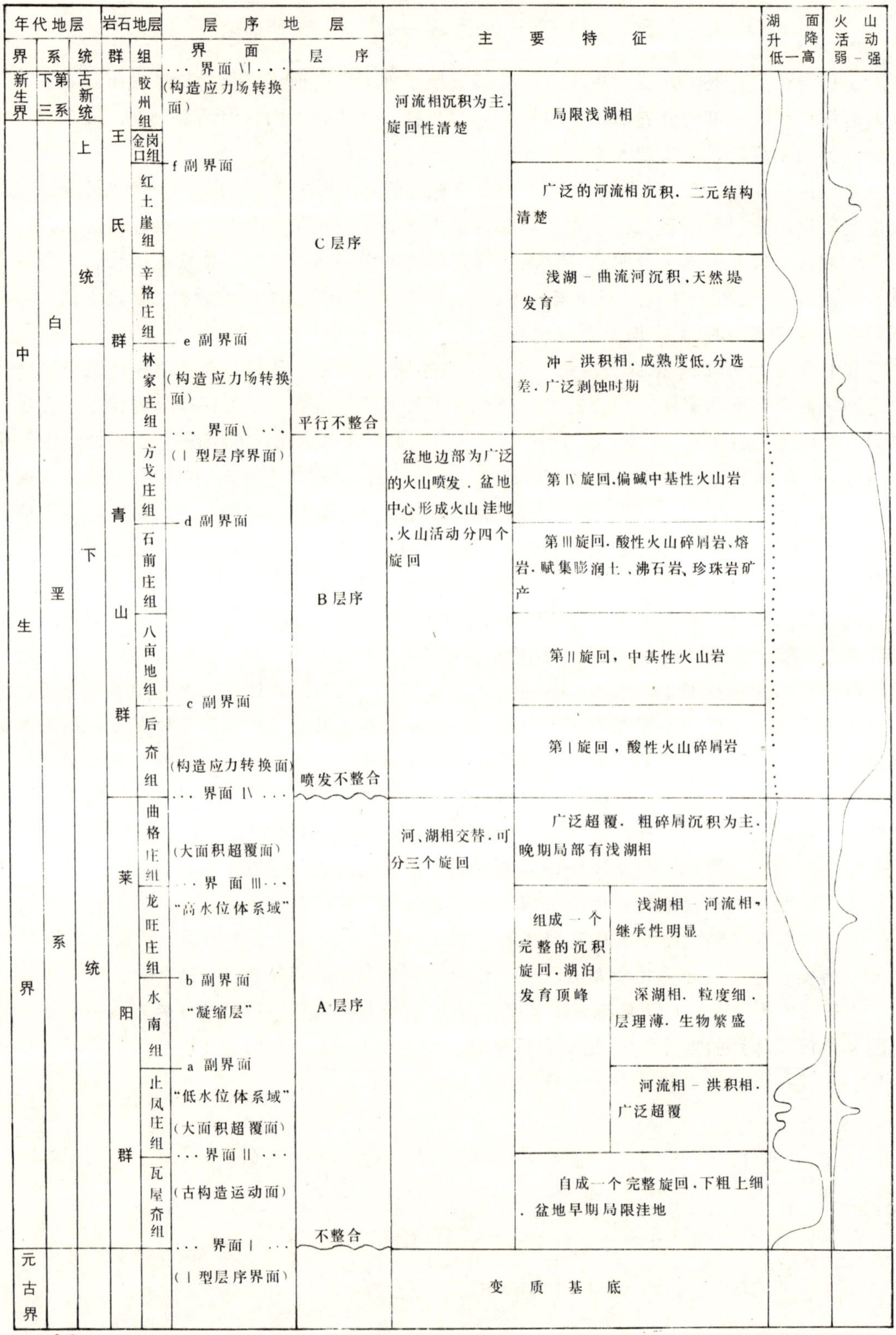

图7-9 胶莱坳陷白垩纪层序地层综合分析图

第八章 第三纪—第四纪

山东省第三纪—第四纪地层很发育，主要属陆源碎屑岩建造，亦有蒸发岩建造和玄武岩建造，局部可见海相沉积。老第三纪地层主要分布在鲁西泰山—蒙山地区一些单断盆地和华北平原新第三纪和第四纪地层之下；新第三纪地层地表主要零星分布在沂沭断裂带北部临朐—昌乐一带新生代断陷盆地中，在鲁东栖霞、蓬莱有玄武岩平顶山或台地，华北平原之下亦有大面积分布；第四纪地层广布在华北平原及山地丘陵区边缘、断陷盆地和主干水系流域。

本书依据现代地层学"岩石地层单位"概念，针对第三纪—第四纪地层具体情况、存在问题，提出划分方案。本次地层清理采用的第三纪—第四纪岩石地层单位共41个，其中老第三纪14个(3群11组)，新第三纪9个(2群7组)，第四纪18个(组)。老第三纪有官庄群、五图群、济阳群。官庄群包含固城组、卞桥组、常路组、朱家沟组、大汶口组；五图群包含朱壁店组、李家崖组、小楼组；济阳群包含孔店组、沙河街组、东营组。新第三纪有临朐群和黄骅群。临朐群包含牛山组、山旺组、尧山组；黄骅群包含馆陶组、明化镇组。另外还有巴漏河组和白彦组。第四纪有小埠岭组、于泉组、羊栏河组、柳夼组、沂源组、大站组、大埠组、史家沟组、黑土湖组、山前组、潍北组、泰安组、寒亭组、临沂组、沂河组、白云湖组、旭口组及平原组。

据山东省新生代地层发育特征，将第三纪—第四纪地层划分为3个分区，7个小区，各地层分区、地层小区划分见图8-1，各地层小区地层序列见表8-1。

按照多重地层划分原理，岩石地层单位的建立应以岩性特征为主，其他特征仅为划分的辅助条件或不予考虑，但因第四纪地层沉积时间短、尚未成岩等复杂因素，亦应综合考虑地貌类型、成因类型、古生物、古气候、古地磁、同位素年龄、人类文化等多种因素，才能在宏观上将不同的地质体区分开，以便于区调工作和工农业生产的需要。

综合山东省第四纪地层划分资料，有两套地层具有标志性意义，可作为全省第四纪地层单位划分框架：

A. 中更新世红层沉积。30年代杨钟健教授在昌乐、青州一带红色亚粘土中发现 *Cervus (Pseudaxis) grayi*, *C. (P.) magnus*, *Megaloceros (Sinomegaceros) pachyosteus*, *M. flabellatus*, *Ovis ammon shantungensis*, *Sus* sp. 等哺乳动物化石，除 *Ovis ammon shantungensis* 外，其他皆见于周口店之中更新世地层。故杨先生认为"山东红色土的绝大部分可能是周口店期"。

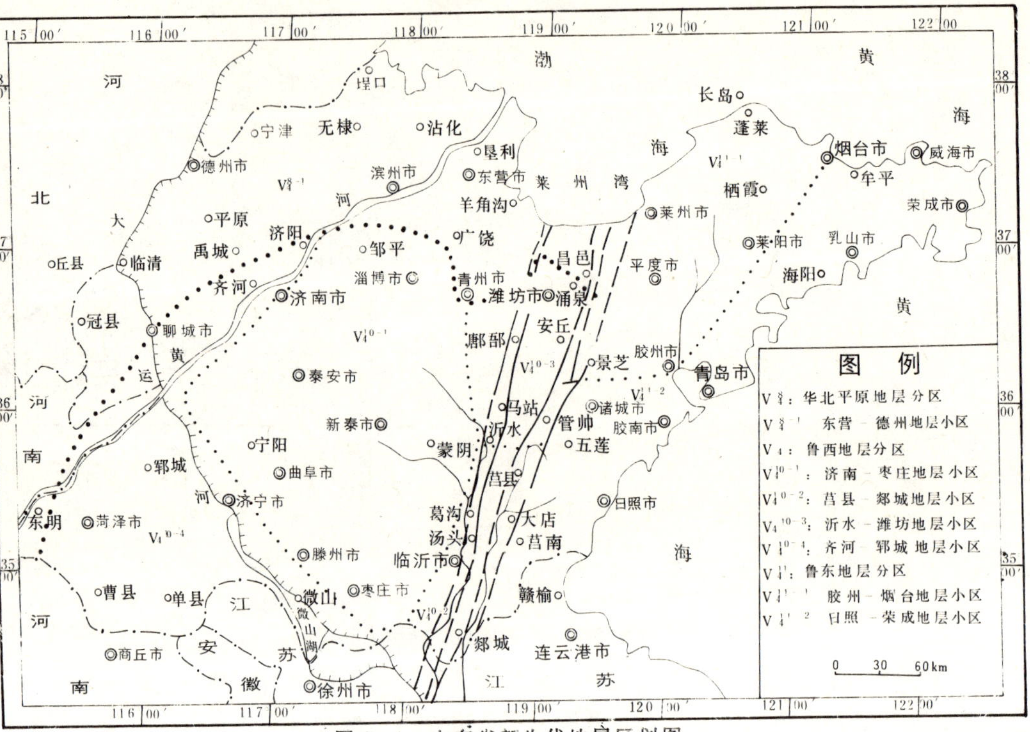

图 8-1　山东省新生代地层区划图

表 8-1　山东岩石地层分区对比表

年代＼分区	华北平原地层分区：东营－德州地层小区	鲁西地层分区：齐河－郯城地层小区	鲁西地层分区：济南－枣庄地层小区	鲁西地层分区：莒县－郯城地层小区	鲁西地层分区：沂水－潍坊地层小区	鲁东地层分区：胶州－烟台地层小区	鲁东地层分区：日照－荣成地层小区
Qh	旭口组、潍北组、白云湖组；平原组	寒亭组、白云湖组；平原组	白云湖组、泰安组、沂河组、寒亭组；临沂组	山前组；沂河组、潍北组；临沂组	山前组；沂河组、泰安组、寒亭组；临沂组	泰安组、旭口组、沂河组、寒亭组、潍北组；山前组	泰安组、沂河组、寒亭组、旭口组、潍北组；临沂组
Qp^3	平原组	平原组	黑土湖组；沂源组、大站组	山前组；黑土湖组；大埠组	山前组；黑土湖组；大站组	黑土湖组；大站组	黑土湖组；大站组
Qp^2	平原组；史家沟组	平原组	沂源组；羊栏河组	于泉组	羊栏河组	羊栏河组；史家岭组	羊栏河组；柳夼组
Qp^1	平原组；史家沟组	平原组		小埠岭组	小埠岭组	史家岭组	小埠岭组
N_2	黄骅群：明化镇组	黄骅群	白彦组；巴漏河组		临朐群：尧山组	尧山组	
N_1	黄骅群：馆陶组	黄骅群	临朐群		临朐群：山旺组、牛山组		
E_3	济阳群：东营组、沙河街组						
E_2	济阳群：孔店组	官庄群：大汶口组、朱家沟组、常路组	官庄群：大汶口组、朱家沟组、常路组		五图群：小楼组、李家崖组、朱壁店组	五图群：小楼组、李家崖组、朱壁店组	
E_1		官庄群：卞桥组、固城组	官庄群：卞桥组、固城组			王氏群；胶州组	
K	王氏群	大盛群；青山群	大盛群；青山群	大盛群；青山群	王氏群；大盛群	王氏群；红土崖组	王氏群

B. 晚更新世—全新世黑色粘土层沉积。60年代刘东生教授将山东黄土分为含黑色土的晚更新世新黄土——马兰黄土和含棕红色埋藏土的早—中更新世午城-离石黄土，指出“黑灰色埋藏土之上，可能有部分是全新世时期的黄土堆积”。1978年铁道部第二设计院蒋忠信等在辛店仉行黑色埋藏土中发现晚更新世哺乳动物 *Bos primigenius* 化石，在周村南古城遗址黑色埋藏土中见大量全新世文化遗物。1982年山东省地质局区域地质调查队在胶南隆起区黑灰色沼泽化粘土中取4个 ^{14}C 同位素年龄样品，年龄值为12 940～7 625年。据以上理由和依据，将山东省境内广泛发育的这套近地表黑色粘土作为晚更新世至全新世早期沉积。

第一节 岩石地层单位

官庄群 E*G* (37-0127)

【创名及原始定义】 1923年谭锡畴创名官庄系，地点在今蒙阴县常路乡骑路官庄村。原始定义：官庄系分上、中、下三部分。下部为红色松砂岩及砾岩；中部红色松砂岩、黄灰浅绿色砂岩、浅灰绿色泥岩及灰白色灰岩；上部为砾岩及红色松砂岩。时代属始新世。

【沿革】 自谭锡畴命名官庄系后，在省内被广泛引用，但因各家观点不同，造成划分标准和方案的混乱，由于工作地区差异，同称官庄群(组)不一定是同一套地层，综合历史上各家划分方案列入表8-2。

【现在定义】 上被第四系不整合覆盖，下与白垩系或更老地层呈不整合接触，岩石组合为含膏盐的红色、灰色山麓洪积—河湖相碎屑岩系，自下而上包括固城组、卞桥组、常路组、朱家沟组和大汶口组，时代属古新世—早渐新世。

【地质特征及区域变化】 官庄群各组岩石、生物特征及含矿性不同，反映它们为不同时代、不同沉积盆地、不同沉积环境的产物。从鲁西地区各盆地岩性分布看，盆地边缘为粗碎屑相沉积，向内部变细并出现膏盐、岩盐矿产，各盆地沉积相对独立，互不贯通。从官庄群岩石地层特征分析，在老第三纪由早期至晚期发生了由南东向北西的构造迁移，可分为三个构造沉积旋回：古新世早期，在平邑、枣庄底阁等盆地发育了第Ⅰ构造沉积旋回，沉积了固城组(粗碎屑岩)、卞桥组(细碎屑岩)，其砾石成分以中生代火山岩为主，代表性化石为 *Cypridea*，*Latochara*，*Peckichara* 等，形成半咸水相石膏矿床；始新世第Ⅱ旋回形成蒙阴盆地，沉积常路组河流—浅湖相红色、杂色砂—砾岩(下段)、砂—泥岩地层(上段)，而此时平邑盆地湖水变浅，继承性沉积了百余米杂色砂泥岩地层(常路组)。常路组砾石成分为石英岩、燧石、安山岩、灰岩、片麻岩等，见零星炭屑、煤线等。轮藻以 *Neochara* 为主，介形虫以 *Eucypris*，*Darwinula sinesis* 多见，哺乳动物以 *Propalaeotherium sinense*，*Coryphodon flerowi*，*Breviodon minutus* 等为代表；始新世末到渐新世早期第Ⅲ旋回发育全区，朱家沟组山麓堆积相砾岩广泛超覆，导致平邑、蒙阴盆地消亡，同时在大汶口、汶东、莱芜等地形成新的沉积盆地，在朱家沟组之上沉积了3000 m厚的大汶口组含膏盐矿产地层。该旋回砾石以古生代灰岩为主，次为片麻岩，形成石膏、岩盐、自然硫、钙芒硝、杂卤石、油页岩等咸化湖相沉积矿产。代表化石 *Cyprinotus*，*Cypris*，*Lymnocythere*，*Obtusochara*，*Gyrogona* 等。官庄群岩性变化及对比见图8-2、图8-3。

固城组 E_1g (37-0128)

【创名及原始定义】 1994年迟培星等创名，地点在平邑县卞桥乡固城村。原始定义：角度不整合于早白垩世大盛群田家楼组之上、整合于古新世卞桥组之下的一套红色粘土岩、红

表 8-2　老第三纪官庄群划分沿革表

谭锡畴 1923			山东省煤炭局121队 1959		北京地质学院 1961			地质部第一石油普查勘探大队 1961	华东石油学院胜利油田 1975	山东省区域地层表编写组 1978			徐宝政 1986	山东省区域地质志 1991			迟培星等 1994 本书
蒙阴	泰安	平邑	泰安	蒙阴	蒙阴	泰安	平邑	蒙阴	鲁西	蒙阴	泰安	平邑	平邑	蒙阴	泰安	平邑	鲁西
官庄系 E_2：上 中 下	官庄系 E_2：上 中 下	官庄系 E_2：上 中 下	大汶口组 E_{2-3}	官庄组 E_2	官庄组 $E_3—E_2$：三 二 一	官庄组 $E_3—E_2$：三 二 一	官庄组 $E_3—E_2$：三 二 一	秃尾山组 N 官庄统 E_2：朱家沟组 官庄组 常路组 中生界	汶口组 E_{2-3}：汶上段 汶中段 汶下段 官庄组 E_2：上段砾岩层 中段 下段	官庄组 E_2：二 一	大汶口组 E_{2-3}	大汶口组 E_{2-3} 官庄组 E_2：二 一	官庄组 E_2：上 中 下 卞桥组 E_1：上部蒸发岩段 下部泥灰岩段 王氏组 K_2	官庄组 $E_2—E_3$：三 二 一	官庄组 $E_3—E_2$：三 二 一	官庄组 $E_3—E_1$：三 二 一	官庄群 E： 大汶口组：上 E_3 中 E_2 下 E_2 朱家沟组 E_2 常路组 E_2：上 下 卞桥组 E_1 固城组 E_1

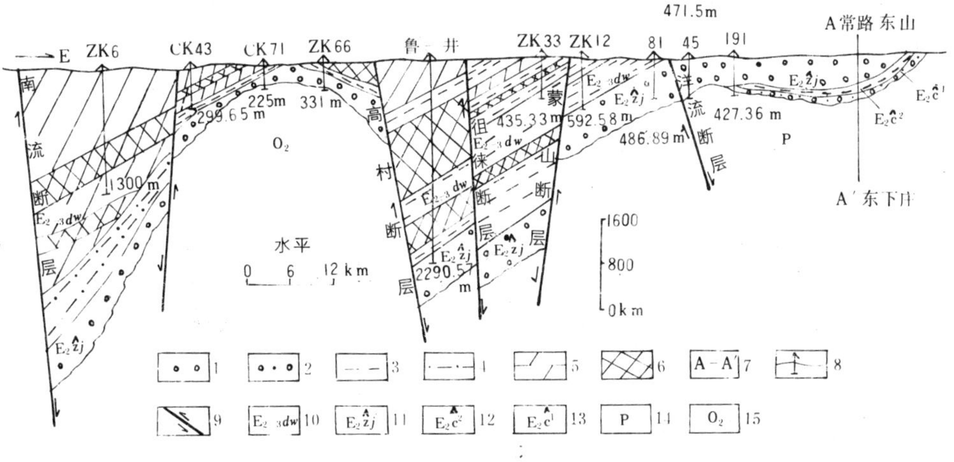

图 8-2　汶蒙凹陷纵向岩性变化示意图

（据山东省地质矿产局第九地质队修改）

1. 砾岩；2. 砂砾岩；3. 泥岩、页岩；4. 砂质泥岩；5. 泥灰岩；6. 石膏岩、盐岩；7. 剖面；8. 钻孔；9. 断层；10. 官庄群大汶口组；11. 朱家沟组；12. 常路组二段；13. 常路组一段；14. 二叠系；15. 中奥陶统

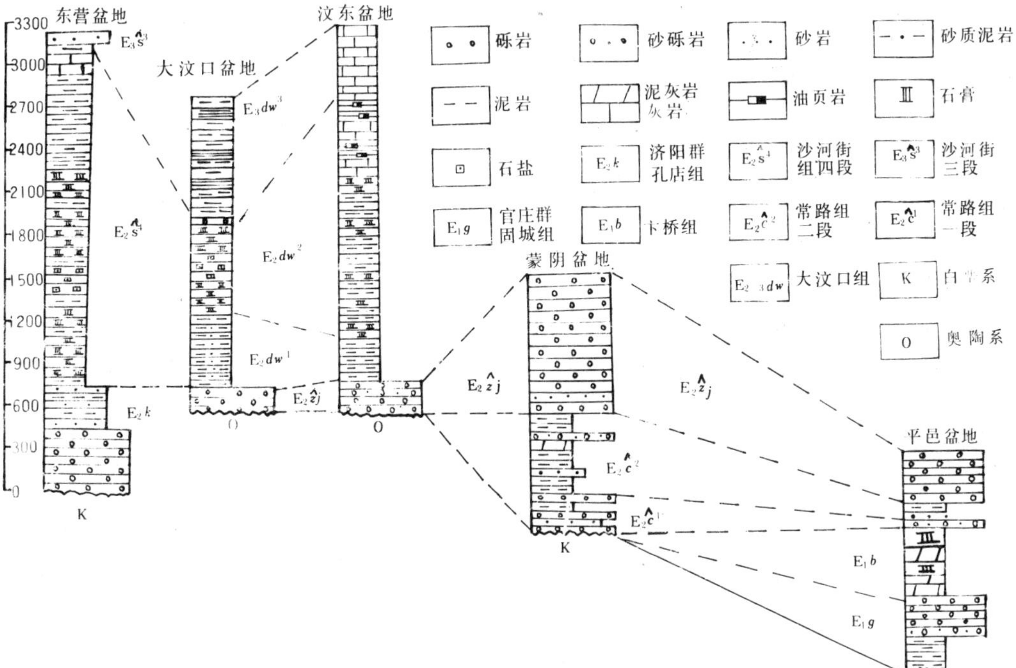

图 8-3　鲁西地区老第三纪官庄群与济阳群岩性对比图

色砾岩夹砂岩的岩石组合。下部以红色粘土岩为主，上部以砾岩为主。时代属早古新世。

【沿革】　谭锡畴当年归入官庄系下部，山东省地质厅、北京地质学院（1961）和《华东地区区域地层表·山东省分册》（1978）中称为官庄组一段，徐宝政（1986）归入王氏组（表 8-2）。

【现在定义】 不整合于早白垩世大盛群田家楼组之上、整合于古新世卞桥组之下的一套红色粘土岩、红色砾岩夹砂岩的岩石组合。下部以红色粘土岩为主，上部以砾岩为主。

【层型】 正层型为平邑县铜石小卞桥西剖面(117°49′,35°26′;山东省地质厅、北京地质学院1961年实测)。

上覆地层：**卞桥组** 浅灰色泥灰岩

——————— 整 合 ———————

固城组 总厚度977 m

4. 中厚层状、薄层状红色砾岩夹砂岩，砾石成分以安山岩为主 547 m
3. 红色粘土岩 140 m
2. 含白色钙质结核的红色粘土岩 290 m

~~~~~~~~~ 不 整 合 ~~~~~~~~~

下伏地层：**大盛群田家楼组** 灰绿色砂岩

【地质特征及区域变化】 固城组主要分布在鲁西平邑、枣庄底阁等盆地,厚近千米。下部(泥岩段)为红色粘土岩，厚约430 m，底部含白色钙质结核。上部(砾岩段)为中厚层状、薄层状红色砾岩夹砂岩，砾石成分以安山岩为主，顶部夹黄褐色粉砂岩，厚约547 m。

该组为湿热气候条件下的河流相沉积，化石较少，仅见孢粉和轮藻化石。孢粉以被子植物为主，榆科花粉含量最多，与鲁东地区胶州组特征相近，具新生代色彩，轮藻 *Obtusochara jianglingensis* 为第三纪常见分子。从化石特征和层位上居卞桥组之下看，当属古新世早—中期。

卞桥组 E_1b (37－0129)

【创名及原始定义】 1982年徐宝政等创名，1986年正式发表，地点在平邑县卞桥。原始定义:整合于白垩系王氏组之上和始新世官庄组之下的一套含蒸发盐岩的碳酸盐岩地层,含丰富的女星介和宽轮藻等化石。下部以泥灰岩、泥岩为主，称泥灰岩段，上部以含膏泥灰岩、石膏岩为主，称蒸发岩段。

【沿革】 见表8－2。

【现在定义】 整合于古新世固城组砾岩、紫色粉砂质泥岩之上，整合于始新世常路组砖红色泥岩、中砾岩之下的一套含石膏矿层的泥灰岩、灰岩、泥岩地层。

【层型】 正层型为平邑县卞桥镇卞桥石膏矿剖面(117°50′,35°26′；徐宝政等,1980)。

上覆地层：**常路组** 红褐色泥质粉砂岩。产介形虫 *Metacypris mengyinensis*

——————— 整 合 ———————

卞桥组 总厚度618.7 m

13. 覆盖 250.0 m
12. 灰黄色中厚层泥质灰岩，富含藻类、核形石化石 *Ambigolammellatus instabilis* 20.0 m
11. 覆盖 200.0 m
10. 灰色泥岩夹薄层泥灰岩，产轮藻 *Peckichara* cf. *zhijiangensis*，*P*. cf. *zoumalingensis*，*Gobichara* sp.；腹足类口盖 *Mirolamunatus lamelloides*，*M*. *malticircus* 0.8 m
9. 浅黄灰色块状泥质灰岩 6.8 m
8. 灰色灰质泥岩夹薄层泥质灰岩，偶夹少量灰白色泥灰岩团块和紫红色泥质粉砂岩 101.9 m
7. 褐灰色薄—厚层泥质灰岩，间夹薄层灰质泥岩。产轮藻 *Peckichara zoumalingensis*，
~~~~~~~~~

P. sp., *Stephanochara breviovalis*, *Gyrogona* sp., *Maedleriella* sp. 等 8.7 m

6. 灰色薄层状灰岩，间夹灰质泥岩，产轮藻化石 7.5 m
5. 褐灰色厚层泥质灰岩，见蠕虫状方解石。泥灰岩中产丰富的核形石化石 *Osagia tangjiazhuangensis* 6.4 m
4. 灰色中层灰质泥岩，下部夹泥质灰岩凸镜体，上部夹薄层泥质灰岩，产介形虫 *Cypridea protracta* 7.7 m
3. 灰白色中层隐晶泥质灰岩 4.0 m
2. 灰色中层灰质泥岩，含白色泥灰岩团块夹灰色泥岩。产介形虫 *Cypridea protracta*, *C. parquadata*, *C. cavernosa*, *Cypris* sp., *Candona* sp.；轮藻 *Sinochara dongtaiensis*, *Peckichara zhijiangensis*, *P.* cf. *varians*, *Sphaerochara* cf. *grarulifena*, *Hornichara paralagenalis*, *Pseudolatochara* sp., *Charites* sp. 等 2.0 m
1. 浅灰色中层隐晶灰岩，含核形石化石 *Osagia* sp. 等(未见底) 2.9 m

【地质特征及区域变化】 卞桥组层型剖面上不含石膏，下部未见底，分段性不强，但在卞桥矿区 ZK1 剖面含厚层石膏矿，明显可分为二段，在卞桥镇佟家庄—桃沟剖面上与下伏固城组整合接触。另外据山东省地质矿产局第一地质队卞桥矿区 O/ZK5 钻孔资料，卞桥组泥灰岩与其下固城组杂色砾岩、粉砂质泥岩亦为整合接触。该组下部称泥灰岩段，岩性为灰绿、红灰、褐灰、灰白色泥质白云岩、隐晶质灰岩、泥灰岩、生物泥灰岩、泥岩、泥质粉砂岩等，厚 141.1～241.2 m，产介形虫、轮藻、核形石及腹足类等化石；上部称蒸发岩段，岩性为黑灰、灰、浅黄灰、紫红、灰绿色粉砂岩、泥质灰岩、泥灰岩、灰质泥岩、白云质灰岩、含膏粉砂岩、含膏泥岩、泥灰岩及石膏，厚大于 213.8 m，产轮藻、腹足类等化石。该组分布与固城组一致，主要见于平邑县卞桥及枣庄市底阁一带，含有丰富石膏矿，形成大型石膏矿床。

常路组 $E_2\hat{c}$ (37－0130)

【创名及原始定义】 1961 年地质部第一石油普查勘探大队创名，地点为蒙阴县常路村。创名文献未见，据地质部石油地质局综合研究队(1962)介绍①，其原始定义为：指蒙阴一带分布的原官庄组一段地层，岩性为砖红、紫红色泥岩、砂岩与灰白色中砾岩不等厚互层，下与中生代地层呈不整合接触。

【沿革】 谭锡畴当年将这套地层归于“官庄系”中、下部，1961 年地质部第一石油普查勘探大队将谭氏“官庄系”中、下部自下而上分为常路组、官庄组、朱家沟组，上部称为“秃尾山组”，将“官庄系”概念改变，作为该“系”全部地层的一部分命名，此方案未被大家采用，以后各家仍以“官庄”来全称这一整套地层。山东省地质矿产局区域地质调查队在 1∶20 万泰安、新泰幅区调(1990)中将谭氏“官庄系”上部、地质部第一石油普查勘探大队所称“秃尾山组”的一套砾岩又称为常路组。其后各家基本上沿用谭氏方案。1994 年迟培星等认为谭氏所分的“官庄系”中、下部，从区域延伸资料看，二者相近，有时相混，又考虑前人已将下部命名为常路组，故而修订原常路组含义，用以代表谭氏所称的“官庄系”中、下部(表 8－2)。

【现在定义】 整合于朱家沟组砾岩之下一套红色砂岩、泥岩、砾岩及杂色砂泥岩地层。分上、下两段，上段以杂色泥岩、页岩、砂岩为主夹砂砾岩；下段为紫红色、砖红色泥岩、砂岩与灰白色砾岩不等厚互层。产腹足类、双壳类、哺乳类动物化石，下与卞桥组整合接触或

① 地质部石油地质局综合研究队，1962，山东中部若干中新生代盆地地层剖面观察(内部资料)。

与中生代地层不整合接触。

【层型】 正层型为蒙阴县常路乡骑路官庄—扒故庄剖面(117°50′,35°49′;胜利油田、华东石油学院,1975年实测①)。

上覆地层:**朱家沟组** 粉砂岩、砂岩、砾岩韵律层,下部为砾岩

—————— 整 合 ——————

常路组	总厚度 828.6 m
上段	563.1 m
22. 杂色、浅灰、紫红色泥岩、钙质泥岩,偶夹炭屑	55.2 m
21. 砖红色泥岩、细砂岩及中砾岩	10.2 m
20. 紫红色泥岩,含炭屑。中部含灰岩细砾夹中砾岩	70.3 m
19. 黄褐、紫红及紫灰色泥质粉砂岩、泥岩及中砾岩组成	22.0 m
18. 紫红、灰绿色泥岩,质纯,见腹足类化石碎片	48.5 m
17. 紫红、灰紫色泥岩、泥质粉砂岩、粉砂岩,上部夹紫灰色厚层状中砾岩,中部有一薄层煤线,见腹足类化石	19.3 m
16. 杂色及黑灰、紫灰色泥岩,中夹薄层泥灰岩	68.2 m
15. 灰绿、灰黑绿色泥岩夹泥质粉砂岩、粉砂质泥岩及泥灰岩,含软体动物化石	64.6 m
14. 灰黄色中砾岩,砾石成分以灰岩为主	12.2 m
13. 杂色泥岩间夹紫红色泥质粉砂岩、浅黄色石英砂岩、泥岩,含软体动物化石	37.2 m
12. 灰白、灰黄色砂岩、砂砾岩及砾岩互层,夹灰绿色泥岩	41.9 m
11. 杂色泥岩,含腹足类化石	16.9 m
10. 上部为灰白、黄色泥质粉砂岩,中部为石英砂岩,具斜层理,下部为厚层砾岩,部分被覆盖	72.3 m
9. 上部为浅灰紫色泥岩和黄色粉砂岩,下部为灰白、灰黄色石英砂岩夹薄层砾岩和泥质粉砂岩,砂岩中见植物化石	24.3 m
下段	厚度 265.2 m
8. 灰白色中砾岩夹薄层石英砂岩、砂质泥岩,砾岩的砾石成分为灰岩及少量石英,顶底有厚约1~3 m棕黄色泥质粉砂岩	54.2 m
7. 上部为灰色泥岩,中部为浅灰色砾岩,下部为紫红色粉砂岩	10.7 m
6. 浅灰色中砾岩,上部为紫红色泥岩	8.2 m
5. 紫红色泥岩、灰质砂泥岩及细砂岩互层,间夹砾岩,下部有钙质团块顺层分布	41.5 m
4. 紫灰色砂质泥岩及细砂岩互层,底部为砾岩	33.9 m
3. 灰紫色砂质泥岩、砂砾岩及中砾岩,以砂砾岩为主,砾石成分主要为灰岩,次为石英	60.6 m
2. 紫灰色中砾岩,砾石成分复杂,主要为石英岩,次为灰岩、石英、安山岩、闪长玢岩、花岗片麻岩	3.0 m
1. 紫红、紫褐色泥岩及砂岩,夹粉砂质泥岩,底部为砾岩,砾石成分以石英为主,灰岩次之	53.4 m

~~~~~~~~ 不 整 合 ~~~~~~~~

下伏地层:**莱阳群杨家庄组** 灰绿色粉砂质泥岩及泥岩

【地质特征及区域变化】 该组为河流相—浅湖相沉积,盆地边缘下段砾岩含量多,上段

① 胜利油田、华东石油学院,1975,鲁西南第三系石油地质综合研究总结报告(内部资料)。
~~~~~~~~

以红色砂岩、泥岩为主；至盆地中心，下段砾岩含量少于砂岩，上段出现灰、黄、绿等还原色调，甚至出现泥灰岩、煤线等，反映了盆地边缘浅、中间深特征。

【问题讨论】 常路组与朱家沟组接触关系过去有争议。1962 年地质部石油局综合研究队认为常路东南朱家沟组与常路组为不整合接触，朱家沟组砾岩厚度大、粒度粗，分选差、成层差，表现为地形高差较大的山麓相堆积，广泛超覆下伏地层，认为沉积之前发生过构造运动。但在鲁西地区，朱家沟组砾岩成分未见常路组岩石，有的地区(如新泰市西北)见与常路组砂岩呈间层过渡接触，未见不整合。因此，不整合关系直接证据不多，故本文仍作为整合接触处理。

朱家沟组 $E_2\hat{z}j$ (37－0131)

【创名及原始定义】 1961 年地质部第一石油普查勘探大队创名(创名文献未见)，1962 年地质部石油局综合研究队在内部资料中引用，1994 年迟培星等正式发表介绍，命名地点在蒙阴县常路乡朱家沟村。据 1962 年地质部石油局综合研究队介绍其原始定义：指原官庄组中段上部地层，主要由灰色、紫灰色泥岩、灰紫色泥质粉砂岩组成，偶夹薄层砾岩。

【沿革】 地质部第一石油普查勘探大队创名该组时，将其上覆原谭氏所称“官庄系”上部的一套砾岩称为“秃尾山组”，归入新第三纪。迟培星等认为“秃尾山”一名查无着落，并且命名后无人采用，而朱家沟村正好坐落于谭氏所称“官庄系”上部之内，并且原朱家沟组地层已归入常路组，故将朱家沟组含义修订，用以代表当年谭氏所称“官庄系”上部地层。本文认为这一方案较为可行，在尽量避免建新名称的原则下，采用迟培星等方案，现该方案已在省内推广使用。

【现在定义】 整合于常路组之上一套灰褐、灰红色灰质砾岩夹少量紫红色砂岩、泥岩，相当原官庄组三段。

【层型】 正层型为蒙阴县常路乡骑路官庄—扒故庄剖面(117°50′，35°40′；华东石油学院，1975)。

朱家沟组(顶裸露)	总厚度 1 012.5 m
30. 灰褐色粗—中砾岩，砾石成分为灰岩	47.8 m
29. 灰褐、灰红色中砾岩，下部有部分细砾岩	161.9 m
28. 灰红色角砾岩，角砾成分为灰岩、泥灰岩及少量暗紫色砂岩、页岩	39.1 m
27. 灰红、褐红色中砾岩，砾石成分为灰岩、泥灰岩及生物碎屑灰岩。底部有一层厚 7 cm 的角砾岩	59.9 m
26. 灰红、红褐色粗—中砾岩，砾石成分主要为灰岩及少量紫红色泥岩	92.6 m
25. 灰红色中砾岩，砾石成分为灰岩、竹叶灰岩、豹皮灰岩、白云质灰岩、含海绿石灰岩及少量砂页岩	179.2 m
24. 灰红色细—中砾岩与粗—中砾岩互层，砾石成分为灰岩	347.5 m
23. 粉砂岩、砂岩、砾岩构成韵律层	84.5 m

———— 整　合 ————

下伏地层：**常路组** 杂色、浅灰色、紫红色泥岩、钙质泥岩

【地质特征及区域变化】 该组厚度大于 1 000 m，砾石成分以古生代灰岩为主。蒙阴盆地和平邑盆地超覆于常路组之上，在大汶口盆地、汶东盆地、莱芜盆地等出现在盆地底部，其上与大汶口组整合接触。

大汶口组　$E_{2-3}dw$　(37－0132)

【创名及原始定义】　1959年山东省煤炭局121队创名，1978年山东省区域地层表编写组介绍，地点在泰安市大汶口。原始定义：分布于大汶口盆地官庄组之上一套含石膏泥岩、页岩、泥灰岩地层。

【沿革】　1923年谭锡畴称为“官庄系”中、上部，1975年华东石油学院、胜利油田称为汶口组，分上、中、下段，《山东省区域地质志》(1991)称为官庄组二、三段。长期以来对大汶口组的层位对比及时代归属形成两种意见，一种意见认为大汶口组与官庄组为同期异相，另一种意见认为大汶口组岩性特征、生物面貌与官庄组不同，层位在官庄组之上。本次地层清理工作，通过分析区域资料和前人划分对比意见，认为大汶口组与狭义的官庄组是上、下关系，总体上仍属于新含义下的官庄群(表8－2)。

【现在定义】　整合于朱家沟组砾岩之上、不整合于第四系之下的一套由灰色、灰褐色、紫红、棕红色泥岩、页岩、油页岩、泥灰岩、石膏岩、盐岩等组成的岩石组合，分三段：下段以红色泥岩为主；中段为灰色泥岩夹石膏岩、盐岩、自然硫、油页岩等，为含矿段；上段以灰色泥、页岩、泥灰岩为主，亦含有石膏岩、油页岩。

【层型】　该组正层型为泰安市大汶口镇CK53孔剖面(117°03′,35°59′；地质部石油地质局综合研究队,1962)。

上覆地层：**第四纪山前组**　黄褐色粗砂砾石层

～～～～～～～～ 不　整　合 ～～～～～～～～

大汶口组	总厚度 343 m
上段	厚度 97 m
9. 黄褐色、灰黑色泥岩、页岩、砂质页岩，下部为黄褐色粉砂岩	18 m
8. 砂质泥岩夹深灰色泥岩，含介形虫化石	30 m
7. 上部为深灰色薄层状泥岩、页岩，下部为灰白色泥岩夹黑灰色泥岩，含介形虫及昆虫化石，底部见1 m泥灰岩角砾组成之砾岩	49 m
中段	厚度 206 m
6. 灰白色夹黑色泥岩	9 m
5. 灰白色、灰色石膏矿与薄层泥岩互层	16 m
4. 灰白色石膏夹黄褐色、灰褐色油页岩薄层及深灰色泥岩条带	94 m
3. 灰、浅灰色石膏夹灰、浅灰色厚层状泥岩	47 m
2. 青灰色块状泥灰岩及薄层石膏，上部多夹石膏层，下部泥岩与石膏呈互层	40 m
下段	厚度 40 m
1. 棕红色泥岩	40 m

———————— 整　合 ————————

下伏地层：**朱家沟组**　灰、灰绿色砾岩

【地质特征及区域变化】　大汶口组主要是浅湖、咸湖沉积，岩石色调杂、粒度细，以含石膏、盐岩、自然硫、油页岩为主要特征。该组以汶口盆地和汶东盆地发育最好，最厚可达3 000 m，另外在肥城、宁阳、泗水、济宁、成武、曲阜等地亦发育该组，但规模不及汶口和汶东盆地。

五图群　E_2W　(37－0133)

【创名及原始定义】　1960年山东省煤炭局121队创名五图组，1978年山东省区域地层

表编写组介绍，地点在昌乐县五图镇。原始定义：不整合于中生代或前中生代地层之上、不整合于牛山组之下的一套含煤、油页岩的碎屑沉积，时代属始新世—渐新世。

【沿革】 对五图群的早期研究源自谭锡畴先生(1923)，将昌乐县五图一带的第三纪含煤岩系称为“坊子系或中生代煤系”。1961 年地质部第一石油普查勘探大队在昌乐五图建立五图统和小楼组，在临朐牛山建立猪皮店组、李家崖组和席家洼组。1962 年地质部石油地质局综合研究队改猪皮店组为朱壁店组，将其与李家崖组、席家洼组同归官庄统。1991 年山东省地质矿产局区域地质调查队将五图组升为群，自下而上分朱壁店组、李家崖组、小楼组。在鲁东龙口一带，1967 年山东省地质局 805 队将第四系之下一套含煤和油页岩的第三纪地层称为五图组，1969 年山东省地质局综合三队改称黄县组，1979 年宫静娴从年代地层考虑，将下部称为龙口组，中、上部仍称黄县组。

本次地层清理工作中，发现原五图组和黄县组在岩性、生物、含矿性等方面皆可对比，因此废弃黄县组(含龙口组)统称五图群，五图群历史沿革及与原黄县组对比关系见表 8-3。

表 8-3 老第三纪五图群划分沿革表

谭锡畴 1923	山东省煤炭局121队 1960	地质部第一石油普查勘探大队 1961		地质部石油地质局综合研究队 1962		山东省地质局805队 1967	山东省地质局综合三队 1969	山东省区域地层表 1978		宫静娴 1979	山东省区域地质志 1991	山东地矿局区调队 1992	本书
昌乐	昌乐	昌乐	临朐	昌乐	临朐	龙口	龙口	昌乐临朐	龙口	龙口	昌乐临朐	安丘	全省
	牛山组	牛山组	北岩组	牛山组	牛山组	第四系	上第三系	牛山组	上第三系	第四系	牛山组	第四系	临朐群
坊子系或中生代煤系 J	五图组 $E_3—E_2$（三、二、一）	小楼组（三）；五图统 E：上煤组、中煤组、油页岩组、下煤组、砾岩组	五图统 E：席家洼组、李家崖组、猪皮店组	小楼组 E_3；五图组 E_2：上煤段、油页岩段、下煤段、砾岩段	官庄统 $E_3—E_2$：席家洼组、李家崖组、朱壁店组	五图组 $E_3—E_2$	黄县组 E_1（四、三、二、一）	五图组 E_2（三、二、一）	黄县组 $E_3—E_2$（三、二、一）	黄县组 E_2；龙口组 E_1	五图组 $E_3—E_2$（五、四、三、二、一）	五图群 E_2：小楼组、李家崖组、朱壁店组	五图群 E_2：小楼组、李家崖组、朱壁店组
		王氏统	王氏统	奥陶系	王氏统	青山组		王氏组	青山组	青山组		青山群	王氏群/青山群

【现在定义】 不整合于中生代或前中生代地层之上，喷发不整合于临朐群牛山组之下的一套含煤、油页岩的碎屑岩沉积。自下而上分朱壁店组、李家崖组、小楼组。

【地质特征及区域变化】 五图群为含煤和油页岩的山间小盆地沉积，从下至上可分为三大套岩性，分别划分三个组。早期河流相粗碎屑沉积，形成朱壁店组的一套杂色砂砾岩；中期湖水变深，在湿润气候下形成李家崖组煤层和油页岩等沉积矿产，岩石以灰色调的砂岩和页岩为主；晚期湖盆沉降停止，水体变浅，形成小楼组河湖相粗—细碎屑交替沉积。

五图群主要发育在鲁西地层分区沂水-潍坊地层小区和鲁东地层分区胶州-烟台地层小区。鲁西沂水-潍坊地层小区见于昌乐县五图、小楼、北岩、北郿郚和临朐县牛山、罗家树以及安丘市李家埠，各地分布均比较零星，岩性及厚度变化较大。昌乐县北郿郚和安丘市李家埠主要为碎屑岩和粘土岩，不含煤及油页岩，昌乐县五图和临朐县牛山含煤和油页岩。鲁东地层分区胶州-烟台地层小区的五图群见于龙口至蓬莱一带的钻孔中，地表很少出露。该区朱壁店组厚度大于 350 m，由灰色、红色砂砾岩和砂质页岩等组成，不含煤；李家崖组厚 200～250 m，由煤层、油页岩、泥岩、泥质灰岩、白云岩、白云质灰岩等组成；小楼组厚 300～700 m，由泥岩、泥质灰岩、钙质泥岩等组成，不含煤。该区五图群碳酸盐岩发育，厚度大而分布稳定，并且见有由蓝、绿藻等组成的叠层石，说明区内沉积时曾有过海侵。五图群分布及岩性特征对比见图 8-4。

朱壁店组　$E_2\hat{z}$　(37-0134)

【创名及原始定义】　1962 年地质部石油地质局综合研究队创名，1991 年山东省地质矿产局区域地质调查队介绍。地点在临朐县七贤乡朱壁店子村。原始定义：不整合于王氏统之上，整合于李家崖组之下，下部为灰色、浅灰褐色砾岩夹砂岩和砂砾岩，上部紫红色泥岩地层，隶属下第三系官庄统。

【沿革】　该组 1961 年地质部第一石油普查勘探大队曾称为猪皮店组，创名者据实地名称改为朱壁店组，其后研究者多称为五图组第一段。1991 年山东省地质矿产局区域地质调查队将安丘一带五图组升为群，自下而上分朱壁店、李家崖、小楼等三个组。本次地层清理认为区调队方案合理可行，故予以采用，现已全省推广使用(表 8-3)。

【现在定义】　不整合于王氏群红土崖组之上，整合于李家崖组之下一套紫红、灰绿、灰色砂砾岩、泥岩组合。

【层型】　正层型为临朐县七贤乡李家崖—朱壁店东沟剖面(118°35′,36°26′；地质部石油地质局综合研究队,1962)。

上覆地层：**李家崖组**　灰、青灰色泥岩夹黑色油页岩、灰白色泥灰岩

——————— 整　合 ———————

朱壁店组　　总厚度 179.30 m

3. 紫红色厚层状泥岩，底部灰紫色砂岩，局部为砂砾岩，上部含螺、蚌化石　14.46 m
2. 紫红色厚层状泥岩，中—下部夹少量灰绿、灰紫色砂质泥岩、泥质砂岩　84.10 m
1. 浅灰绿色、褐红色砾岩夹少量砂岩和泥质砂岩，砾石成分以花岗质为主，直径一般 10 cm,交错层理发育　80.74 m

~~~~~~~~ 不　整　合 ~~~~~~~~

下伏地层：**王氏群红土崖组**　灰绿、棕红色泥岩、浅灰色砂质泥岩，下部灰褐色砾岩、砂砾岩

【地质特征及区域变化】　该组颜色以红、紫红为主，粒度较粗，以砾岩、砂砾岩为主，上部为泥岩夹砂砾岩，下部为砾岩，为河流相粗碎屑沉积。临朐县一带以紫红、灰绿色砾岩、泥岩为主夹砂岩、砂质泥岩、泥质砂岩，厚 173.9 m，与上覆李家崖组的界线以灰、青灰色泥
~~~~~~~~

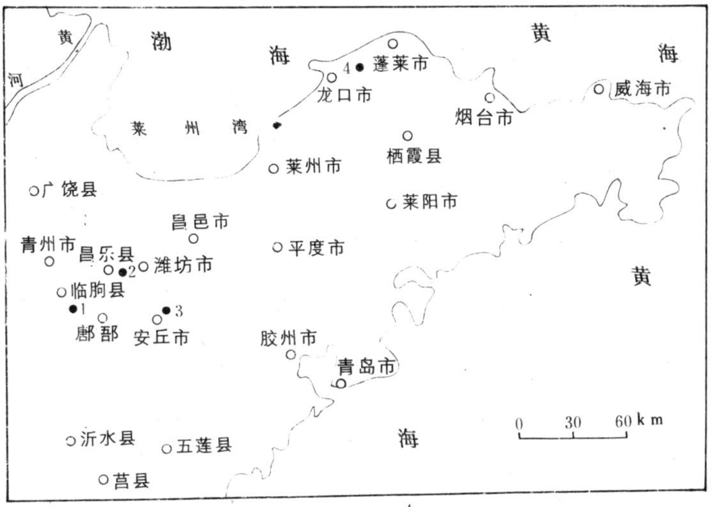

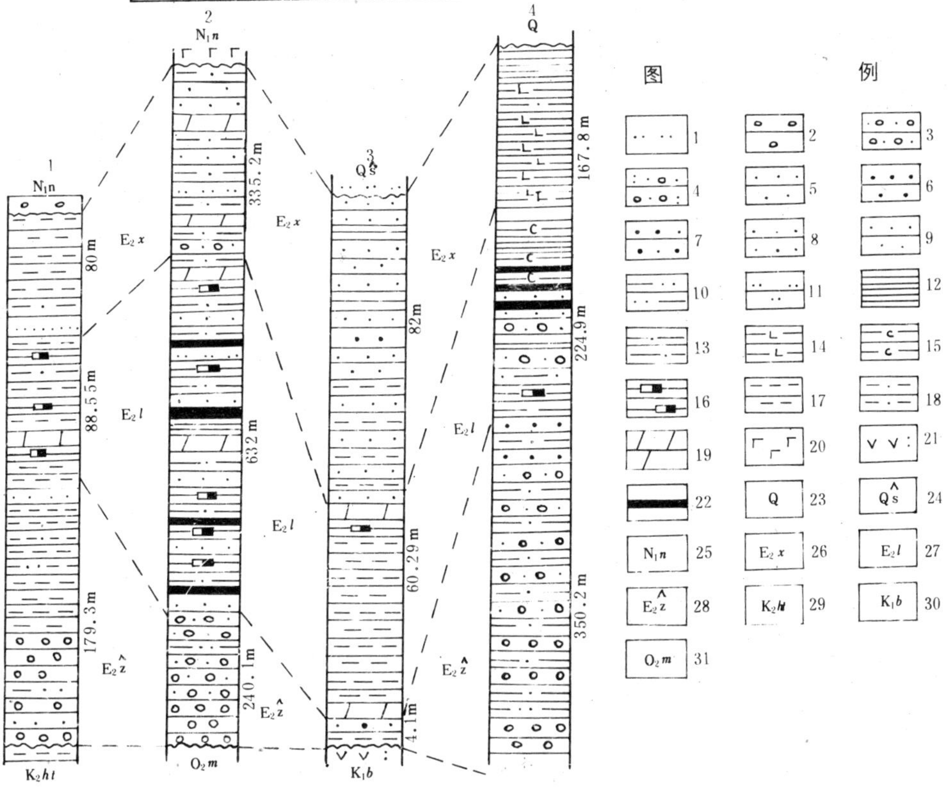

图 8-4　山东省老第三纪五图群地层分布及柱状对比图

1. 粉砂；2. 砾岩；3. 砂砾岩；4. 凝灰质砂砾岩；5. 砂岩；6. 粗砂岩；7. 中粗粒砂岩；8. 中细粒砂岩；9. 细砂岩；10. 泥质砂岩；11. 粉砂岩；12. 页岩；13. 砂质页岩；14. 钙质页岩；15. 碳质页岩；16. 油页岩；17. 泥岩；18. 砂质泥岩；19. 泥灰岩；20. 玄武岩；21. 安山质凝灰岩；22. 煤层；23. 第四系；24. 第四纪山前组；25. 临朐群牛山组；26—28. 五图群小楼组、李家崖组、朱壁店组；29. 王氏群红土崖组；30. 青山群八亩地组；31. 奥陶纪马家沟组

岩夹黑色油页岩、灰白色泥灰岩为界。昌乐县五图以灰、灰绿、紫红色砾岩、砂砾岩、角砾岩为主夹砂质页岩，厚约 160 m，与上覆李家崖组界线以灰色细砂岩、粉砂岩夹砂质页岩及薄层煤为界；郚部白浪河为紫红色角砾岩、砂砾岩、砂岩、含角砾粘土岩，厚 136.57 m；郚部西

杨家庄为紫红色砂砾岩、砂质泥岩、泥岩等；鲁东龙口一带为红、灰色砾岩、砂砾岩、砂质页岩，厚大于 350 m，与上覆李家崖组以碳质页岩夹油页岩为界(图 8-4)。

李家崖组　E_2l　(37-0135)

【创名及原始定义】　创名者与时间同朱壁店组，地点在临朐县七贤乡李家崖村。原始定义：整合于猪皮店组之上、席家洼组之下一套含煤和油页岩的泥岩组合，分布于临朐牛山一带。

【沿革】　1961 年地质部第一石油普查勘探大队在昌乐县五图和临朐县牛山建立了两套地层系统(表 8-3)，李家崖组只代表临朐县牛山的老第三纪含煤地层。1962 年地质部石油地质局综合研究队划分方案与前者基本相同，但将临朐县牛山一带老第三纪地层称为官庄统。1978 年山东省区域地层表编写组将昌乐、临朐等地老第三纪地层统称为五图组，李家崖组改称第二段。1991 年《山东省区域地质志》中将五图组分为五段，李家崖组相应地层称为二、三、四段。1992 年山东省地质矿产局区域地质调查队将安丘市李家埠一带五图组升为群，自下至上分朱壁店组、李家崖组、小楼组。

【层型】　正层型为临朐县七贤乡李家崖—朱壁店东沟剖面(118°35′,36°26′；地质部石油地质局综合研究队,1962)。

上覆地层：**小楼组**　灰绿色粉砂岩

——————— 整　合 ———————

李家崖组	总厚度 88.55 m
5. 灰色块状泥岩，中夹油页岩薄层，底部为灰褐色砂质泥岩	11.50 m
4. 主要为灰、青灰色泥岩，分上、下两部分，上部为灰、青灰色块状泥岩夹少量油页岩薄层；下部以灰、浅灰色泥岩为主，中夹有多层黑色油页岩和灰白色泥灰岩	79.05 m

——————— 整　合 ———————

下伏地层：**朱壁店组**　紫红色泥岩

【地质特征及区域变化】　李家崖组岩性以还原色调的泥岩、砂岩为主，可分上部含煤段、中部油页岩段和下部含煤段，属浅湖相沉积，形成可采煤层及油页岩矿床。临朐一带为灰、青灰色泥岩夹油页岩，厚 88 m，基本不含煤。昌乐县五图为砂质页岩、油页岩、细砂岩夹煤层，厚 632 m。龙口市一带为砂质、钙质、碳质页岩、砂砾岩、泥灰岩夹油页岩及煤层，厚 221～304 m。该组化石丰富，哺乳动物有 *Homogalax wutuensis*、*Heptodon niushanensis*，介形虫主要有 *Eucypris*、*Cypris*、*Cyclocypris*、*Paracandona* 等，以及孢粉化石。

小楼组　E_2x　(37-0136)

【创名及原始定义】　创名者与时间同朱壁店组，地点在昌乐县五图镇小楼村。原始定义：整合于五图统上煤组之上，不整合于牛山组之下的紫红、深灰、灰绿色砂质泥岩、粉砂质泥岩夹灰白、灰色细砾岩、细砂岩、泥灰岩。有红色砂泥岩段之称。

【沿革】　1960 年山东省煤炭局 121 队建立五图组时称为三段。1961 年地质部第一石油普查勘探大队在昌乐县五图和临朐县牛山划分的五图统是不一致的，他们划分的昌乐县五图一带的老第三纪地层分为两部分，下为五图统(包括 121 队的五图组一、二段)，上为小楼组(指 121 队五图组三段)；将临朐县牛山一带老第三纪地层皆归入五图统，自下至上分猪皮店组、李家崖组、席家洼组，下面二组相当昌乐县五图的五图统，席家洼组相当昌乐县五图小楼组(表 8-3)，1991 年《山东省区域地质志》上所列的沿革表中将小楼组归入五图统是不对的。1962年地质部石油地质局综合研究队将121队划分的五图组又一分为二，将121队五图组一段和二段中、下部称五图组，二段上部和三段合称小楼组。1991年山东省地质矿产局区域地质调查队重新启用小楼组，将安丘市李家埠五图组三段称为小楼组。本次地层清理分析了各家命名情况，认为五图组上部这套杂色岩层，不管以往各家称呼什么，与其下(李家崖组)岩层的区别是明显的，从岩石色调、岩石组合、含矿性等皆可区分，并且以往各家划分的界线也非常一致。所以，将小楼组归入五图群，作为该群上部的岩石单位是可行的(表8-3)。

【现在定义】　整合于李家崖组含煤地层之上，不整合于牛山组之下的一套紫红、灰绿、灰白色砂质页岩、泥灰岩、细砂岩夹砂砾岩组合。

【层型】　正层型为昌乐县五图镇图11孔剖面(118°53′,36°39′；山东省煤炭局121队，1960)。

上覆地层：**临朐群牛山组**　玄武岩

～～～～～～ 喷发不整合 ～～～～～～

小楼组	总厚度 335.2 m
54. 紫红、深灰、灰绿色砂质页岩与灰白、灰黄色细砂岩呈不等厚互层	57.0 m
53. 灰白色泥灰岩，致密、坚硬，含方解石	4.1 m
52. 紫红、灰绿色砂质页岩夹厚约1.0 m的灰白色细砂岩及泥灰岩	24.1 m
51. 灰白色细砂岩，其内有粘土块	6.8 m
50. 紫红色、灰绿色砂质页岩与灰白色泥灰岩呈不等厚互层。泥灰岩致密、坚硬	21.4 m
49. 灰绿、深灰色砂质页岩与细砂岩呈不等厚互层夹灰白色泥灰岩、碳质页岩及煤线	28.3 m
48. 含云母细砂岩，致密，粘土胶结	7.0 m
47. 砂质页岩与泥灰岩呈不等厚互层	5.9 m
46. 砂质页岩夹细砂岩、泥灰岩、碳质页岩及薄煤层，泥灰岩致密、坚硬	56.3 m
45. 砂质页岩、细砂岩夹碳质页岩，顶部为0.7 m的中砂岩	19.6 m
44. 砂砾岩与砂质页岩互层，中上部夹厚约10 cm的碳质页岩及煤。砾石成分为石英、长石、片麻岩等，砾径最大0.5 cm	21.1 m
43. 粉砂岩与砂质页岩。上部以粉砂岩为主，下部以砂质页岩为主	4.9 m
42. 泥灰岩与砂质页岩互层	4.4 m
41. 砂质页岩夹8层厚约0.5 m以下的细砂岩及少量泥灰岩	45.9 m
40. 砂砾岩与砂质页岩互层。砾石成分为石英、长石、片麻岩等，磨圆较好，泥质胶结	28.4 m

———— 整　合 ————

下伏地层：**李家崖组**　砂质页岩夹灰白色细砂岩及薄层煤

【地质特征及区域变化】　该组主要由砂质页岩、泥岩及少量泥灰岩组成，局部可见薄层煤，底部为紫红色泥岩及砂砾岩，各地岩性变化较大。该组岩性较李家崖组岩性偏杂、偏粗、颜色偏深，为河湖相的交替沉积。临朐县一带以灰绿、棕红色粉砂岩、砂岩、泥岩为主，厚80 m；昌乐县五图主要为紫红、灰绿色砂质页岩、细砂岩、泥灰岩、砂砾岩，厚335 m；龙口一带以灰绿色钙质泥岩、泥质灰岩为主，厚307 m。

小楼组含介形虫、腹足类及脊椎动物 *Homagalax* 化石，化石种类及特征与李家崖组类似，只是含量偏少。

济阳群　$E_{2-3}J$　(37-0168)

【创名及原始定义】　50年代末地质部第一石油普查勘探大队创名，未正式发表，《山东省区域地质志》(1991)在介绍华北平原区第三纪地层研究历史时曾经提到，但未引用，1994年迟培星等在《山东省新生代岩石地层清理意见》一文中正式启用并予以发表，创名地点泛指华北平原山东省境内济阳凹陷一带。原始定义(未见创名资料，据 1991 年《山东省区域地质》介绍)：华北平原老第三纪岩石地层单位，不整合于中生界或古生界之上、新第三纪黄骅群之下，自下而上分博兴组、商河组、临邑组。

【沿革】 该单位命名虽然较早，但长期无人使用，群下所划分的三个组也分别被孔店、沙河街、东营等组取代。本次地层清理重新启用该群，旨在完善华北平原地区地层划分系统，加深其岩石地层研究。

【现在定义】 指华北平原区不整合于中生界或古生界之上、新第三纪黄骅群之下的一套色调、成分都很复杂的碎屑岩系，含有丰富的石油和天然气，有时夹有石膏、薄层煤及中—基性火山岩。自下至上分为孔店组、沙河街组、东营组。

【地质特征及区域变化】 济阳群厚度巨大，接近 4 000 m，是一套含丰富石油和天然气的湖相沉积，有时可见海相环境，但典型海相沉积少见。整体岩性自下而上可分三大套，分别划分为三个组。下部称孔店组，是一套红色、灰色砂、泥岩，有时含煤，与前第三系不整合接触，厚约 1 500 m。中部称沙河街组，是一套灰色泥岩夹砂岩组合，有时夹灰岩、白云岩、油页岩及石膏、盐岩等，含丰富石油和天然气，厚约 2 000 m，山东省境内与下伏孔店组接触关系不明，但据《河北省、北京市、天津市区域地质志》(1989)资料，在河北省境内为平行不整合和整合接触。上部称东营组，为一套杂色泥岩夹砂岩及碳质页岩，厚大于 300 m，与下伏沙河街组整合接触。

孔店组　E_2k　(37－0137)

【创名及原始定义】 1964 年地质部第一石油普查勘探大队创名，未正式发表，1978 年山东省区域地层表编写组介绍，创名地点在河北省黄骅县孔家店村(孔 1 井)。原始定义：由棕红色、灰色、棕色三套碎屑岩组成。上段为紫红、棕红色泥岩与砂岩互层；中段以灰色、深灰色泥岩、砂质泥岩为主，次为砂岩、灰岩，局部地区中、上部夹煤层和油页岩；下段主要为棕色、棕红色泥岩与砂岩。上与沙河街组平行不整合或整合接触，下与中生界呈不整合接触。总厚一般为 1 500 m 左右。

【沿革】 该组自创名后即被广泛使用，划分标准无变化。

【现在定义】 由棕红、灰色、棕色三套碎屑岩组成。上段为紫红、棕红色泥岩与砂岩互层；中段以灰色、深灰色泥岩、砂质泥岩为主，次为砂岩、灰岩，局部地区中、上部夹煤层和油页岩；下段主要为棕色、棕红色泥岩与砂岩。上与沙河街组平行不整合或与新第三纪馆陶组不整合接触，下与中生界不整合接触。

【层型】 正层型为河北省黄骅县孔家店村孔 1 井钻孔剖面(117°26′,38°27′；地质部第一石油普查勘探大队,1964)。

上覆地层：**新第三纪黄骅群馆陶组**　砾岩

～～～～～～～ 不　整　合 ～～～～～～～

孔店组	总厚度 1 471 m
上段	厚度 598 m
8. 深红、暗紫红色间夹灰绿色砂质泥岩、泥质砂岩和浅棕红色含砾砂岩互层	149 m
7. 深棕红、暗棕红色砂质泥岩、泥质砂岩夹浅棕红色粉砂岩、细砂岩	246 m

6. 暗棕红色、棕褐色泥质砂岩、砂质泥岩与灰绿、浅棕红色粉细砂岩互层　203 m

中段　厚度 386 m

5. 深灰色泥岩夹灰绿、暗棕红色泥岩薄层，含介形虫 *Eucypris* sp.　53 m

4. 顶为浅灰、灰绿色含泥长石粉砂岩夹深灰、黑灰色泥岩、页岩，往下变细，以深灰、黑灰色泥岩、页岩为主，夹灰绿色含泥长石粉砂岩和三层薄层油页岩。泥岩、页岩中含介形虫 *Eucypris wutuensis*, *E*. sp., *Candoniella* sp., *Cypris* sp., *Limnocythere* sp., 以及鱼化石、孢粉(裸子、被子、蕨类植物)等　136 m

3. 上部灰、浅灰、灰绿色含泥长石粉砂岩夹深灰色泥岩，下部深灰、黑灰色泥岩、页岩夹灰绿色砂质泥岩和浅灰、灰绿色含泥长石粉砂岩和长石砂岩　197 m

下段　厚度 487 m

2. 灰褐色泥岩夹灰色泥质砂岩和砂质泥岩薄层　183 m

1. 暗棕红、棕褐色泥岩、泥质砂岩夹灰褐色泥岩，底部为灰白色底砾岩　304 m

~~~~~~~~~~ 不　整　合 ~~~~~~~~~~

下伏地层：**白垩系**　深棕红色泥岩夹凝灰岩

【地质特征及区域变化】　该组在潍坊寒亭、昌邑和惠民、临邑等地发育良好，以其颜色明显分成三段。上段厚 300～500 m，中段厚 500～800 m，下段厚 600 m，总厚 1500 m 左右，区内三段岩性均可对比。层型剖面上与上覆馆陶组不整合接触，其他地区与沙河街组为整合或平行不整合接触，化石主要产于中段，有介形虫、腹足类、轮藻及孢粉，以介形虫为主，*Eucypris wutuensis* 为重要分子，轮藻属 *Peckichara* - *Neochara* 组合，与昌乐、临朐、龙口等地五图群和蒙阴盆地常路组类似。

【问题讨论】　关于孔店组创名单位各家说法不一。据《河北省、北京市、天津市区域地质志》(1989)介绍，由地质部第一石油普查勘探大队 1964 年命名；据《山东省区域地质志》(1991)介绍，由地质部 923 厂(胜利油田)于 1960—1961 年与沙河街组、东营组一起命名；查省内其他资料为 1964 年石油部华北石油勘探处命名。上述各家命名地点皆为河北省黄骅县孔家店村(孔 1 井)，而该井是由地质部第一石油普查勘探大队于 1964 年施工，故孔店组创名单位应是地质部第一石油普查勘探大队，时间是 1964 年。

沙河街组　$E_{2-3}\hat{s}$　(37 - 0138)

【创名及原始定义】　1960 年石油部华北石油勘探处创名，未正式发表，1978 年山东省区域地层表编写组介绍，命名地点在山东省商河县沙河街(任家村华 7 井)。原始定义：东营组之下一套棕红色、灰绿色、灰色砂岩、泥岩组合。第一段以棕红色砂岩为主；第二段灰绿色夹棕红色砂、泥岩；第三段以灰色、灰黑色泥岩为主。上二段斜层理发育。第三段具水平层理，富含生物化石。第四段以灰色泥岩为主夹油页岩和石膏矿层。

【沿革】　该组自创名后被广泛引用，各家使用含义基本相同。

【现在定义】　一套以灰色泥岩为主，次为粉砂岩、细砂岩、油页岩、碳酸盐岩的细碎屑沉积，是重要的含石油、岩盐地层。自上而下分为一至四段。四段以含油页岩和含石膏的灰色泥岩为主夹粉砂岩、砂砾岩；三段为一套灰色泥岩夹砂岩，含石油；二段为灰绿色、紫红色泥岩夹砂岩、砂砾岩，含石油；一段为灰色、灰绿色泥岩夹油页岩。区域上，其上与东营组为整合接触，在正层型剖面上与馆陶组不整合接触，下与孔店组平行不整合接触。

【层型】　正层型为商河县沙河街华 7 井(一至三段)(117°17′,37°27′；石油部华北石油勘探处,1960)。
~~~~~~~~~~

上覆地层：**新第三纪黄骅群馆陶组** 玄武岩

~~~~~~~~~~~ 不 整 合 ~~~~~~~~~~~

沙河街组 总厚度 709.8 m

一段 厚度 88.3 m

13. 灰色灰质粉砂岩，灰—灰绿色粉—细砂岩及泥灰岩互层夹灰黑色油页岩，富含微古化石 50.5 m
12. 灰绿色夹薄层灰白色粉细砂岩、泥岩，富含动植物化石 15.3 m
11. 灰黑色纸状页岩及油页岩夹灰色泥岩 22.5 m

二段 厚度 464.4 m

10. 灰绿色粉砂岩夹灰色泥岩 14.0 m
9. 绿色玄武岩 1.5 m
8. 灰绿、灰白色砂岩与灰绿色泥岩互层，含介形虫化石 74.2 m
7. 灰绿、紫红色泥岩夹灰绿色粉细砂岩 95.5 m
6. 灰绿色泥岩与粉细砂岩互层，夹灰黑色页岩 68.3 m
5. 灰绿色泥岩与灰白色粉细砂岩互层，见介形虫化石 87.7 m
4. 灰绿色砂岩、泥岩互层，含植物、介形虫化石 14.4 m
3. 灰绿、紫红色砂、泥岩互层 108.8 m

三段 厚度 157.1 m

2. 紫红色泥岩及粉细砂岩互层，含介形虫、有孔虫化石 47.6 m
1. 灰紫色粉砂岩及棕色泥岩互层，见介形虫化石(未到底) 109.5 m

副层型为垦利县胜利村东风 2 井(四段)(118°20′,37°33′)(胜利油田 1971 年实测)。

上覆地层：**沙河街组三段** 深灰色泥岩夹白云质砂岩及灰色劣质油页岩。油页岩以颜色发灰、质劣、含灰质重、数量少而区别于上边的油页岩标准层

——————— 平行不整合 ———————

沙河街组四段 厚度 845.0 m

6. 褐灰色泥岩与深灰色页岩不等厚互层，间夹薄层白云岩，底部有一薄层含砾砂岩。泥岩质纯、致密、性脆、坚硬，具微细水平层理，含黄铁矿星点、条带。页岩质纯，页理发育，局部夹方解石薄膜，有的层面有黄铁矿 275.0 m
5. 深灰色硬石膏、褐灰色泥岩、软泥岩成不等厚互层，夹灰黄色薄层杂卤石、浅灰黄色钙芒硝层(硬石膏性软,呈粉末状、纤维状、针状及细晶状,裂隙常被白云石、方解石所充填。有同心状、葡萄状玉髓,并含黄铁矿晶体。软泥岩为黑、灰、褐灰色,性软,含碳质、染手,裂隙被犬齿状、蠕虫状石英、方解石充填,含较多的分散状、条带状黄铁矿。钙芒硝呈碎骨状、溶蚀状,性脆,断面油脂光泽,微—细结晶。杂卤石性脆,刻痕状,富含无色透明及茶色白云石晶体) 235.0 m
4. 灰白色硬石膏与灰绿、深灰色泥岩、深灰色软泥岩呈不等厚互层，上部有三层无色岩盐层 143.0 m
3. 深灰、灰绿色泥岩与灰色、浅紫红色白云质砂岩、粉砂岩、灰质砂岩互层。泥岩含黄铁矿 38.0 m
2. 褐色、灰绿色泥岩与灰色白云质含砾砂岩、黑色白云岩互层，砾石成分主要为石英、砾径 0.2～1 cm 34.5 m
1. 杂色、灰白色砂砾岩。砾石主要为石英，砾径 0.3 cm 左右 119.5 m

——————— 平行不整合 ———————
~~~~~~~~~~~

下伏地层：**孔店组**　棕红、灰白色粉砂岩夹棕红、棕黄、灰绿色泥岩

【地质特征及区域变化】　沙河街组以灰、深灰色泥岩为主，次为粉砂岩、细砂岩、油页岩、碳酸盐岩、石膏等，是华北平原区主要的含石油、天然气层位。第一段分布全区，以灰、灰绿色泥岩为主，夹生物灰岩、白云岩、油页岩，临清一带尚夹有玄武岩；第二段主要发育在东营、济阳、沾化、临清等地，是一套灰绿色、紫红色泥岩与砂岩间互层沉积，夹有砂砾岩，局部夹碳质页岩及煤线，是济阳群中重要的含油层位；第三段主要为灰紫色泥岩、砂岩、油页岩，夹粉砂岩及页岩，是济阳群中主要的生油、含油层位；第四段主要为灰色泥岩、页岩及粉砂岩、砂砾岩、油页岩、碳酸盐岩，常夹有石膏、盐岩，局部见藻礁灰岩。沙河街组区域上变化较大，有时可缺失某一段。

东营组　E_3d　(37－0139)

【创名及原始定义】　1961 年石油部华北石油勘探处创名，1978 年山东省区域地层表编写组介绍，创名地点在垦利县东营村华 8 井(现为东营市)。原始定义：沙河街组之上一套棕色、棕红色及灰绿色泥岩、粉砂质泥岩与灰绿色砂岩组成的韵律型沉积。向下颗粒粗，为浅灰色、棕红色砾状粗砂岩—细砾岩，棕红色者居多。向上颗粒细，灰绿色者占相当大比例。由上至下岩性由粗变细，颜色由浅变深。获得工业油流。

【沿革】　该组命名后被广泛使用，含义基本无变化。

【现在定义】　指整合于沙河街组之上、不整合于馆陶组之下一套砂岩、泥岩的交互沉积，三分明显。上段为灰绿、灰白色砂岩及棕红色砂质泥岩，以砂岩为主。中段为灰色、棕红色泥岩、细砂岩，以泥岩为主。下段为灰白、灰绿色细砾岩、细砂岩及泥岩，以砂砾岩为主。区域上变化较大，一般上、下段颗粒较粗，中段较细。

【层型】　正层型为东营市垦利县华 8 井钻孔剖面(118°29′,37°24′；石油部华北石油勘探处,1961)。

上覆地层：**新第三纪黄骅群馆陶组**　灰绿色细砂岩、泥岩

～～～～～～　不　整　合　～～～～～～

东营组	总厚度 285.5 m
上段	厚度 126.8 m
44. 棕红色砂质泥岩夹灰绿色泥质粉砂岩	9.6 m
43. 灰绿色泥质粉细砂岩	3.0 m
42. 棕红色砂质泥岩夹灰绿色泥质粉砂岩	8.0 m
41. 深灰色砂质泥岩	3.0 m
40. 棕红色砂质泥岩	3.0 m
39. 灰色中细砂岩	2.8 m
38. 棕红色砂质泥岩夹灰绿色泥质粉砂岩	8.0 m
37. 上部灰绿色泥岩、粉砂岩，下部为灰色粉砂岩	9.0 m
36. 棕红色粉砂岩、泥岩，顶部为灰色粉砂岩	13.4 m
35. 棕红色含泥质粉砂岩、灰绿色粉砂质泥岩	5.6 m
34. 灰绿色砂质泥岩，顶、底部为棕红色砂质泥岩	14.0 m
33. 灰色细粒泥质砂岩夹 0.8 m 泥岩	5.0 m
32. 灰绿色泥质粉砂岩与棕红色泥岩互层	7.0 m
31. 灰色细砂岩	5.0 m

30. 灰色粉砂岩夹薄层泥岩	3.0 m
29. 翠绿色含砂泥岩	5.0 m
28. 灰色中细粒砂岩	2.0 m
27. 翠绿色粉砂质泥岩夹厚层绿色泥岩	8.0 m
26. 灰色含细砾中—粗砂岩	6.0 m
25. 灰绿及棕红色泥岩，含黄铁矿晶粒	6.4 m
中段	厚度 136.1 m
24. 灰色粉砂岩	1.0 m
23. 浅棕红色及灰绿色泥岩	7.0 m
22. 灰白色粉细砂岩	3.0 m
21. 土黄色细砂岩	9.0 m
20. 棕红色砂质泥岩	3.0 m
19. 灰白色粉砂岩、细砂岩	6.2 m
18. 灰绿色泥岩、粉砂岩，顶部为灰绿色泥岩	8.0 m
17. 灰绿色砂质泥岩	1.2 m
16. 灰色砂质泥岩	1.1 m
15. 黄色细砂岩、泥质粉砂岩	8.4 m
14. 灰绿色粉砂岩及黄绿色泥岩	10.4 m
13. 深灰色砂岩	5.0 m
12. 灰绿色砂质泥岩	3.0 m
11. 灰白色砂岩、泥岩	3.0 m
10. 灰色泥岩及棕红色砂质泥岩	11.2 m
9. 灰色粉砂岩	2.0 m
8. 灰色泥质砂岩及细砂岩夹紫红色、灰绿色杂色泥岩	30.0 m
7. 紫红色砂质泥岩	6.0 m
6. 上部灰白色细砂岩、砾状砂岩及薄层泥岩，下部灰色粗砂岩、泥质粉砂岩	16.6 m
5. 灰色细粉砂岩	1.0 m
下段	厚度 22.6 m
4. 紫红色砂质泥岩	5.0 m
3. 灰绿色中细粒砂岩	3.2 m
2. 浅灰绿色泥质粉砂岩	3.0 m
1. 灰色含砾粗砂岩、砾状细砂岩夹泥质粉砂岩，顶部为紫红色泥岩	11.4 m

——————— 整　合 ———————

下伏地层：**沙河街组**　浅灰绿色粉细砂岩及泥质粉砂岩

【地质特征及区域变化】　该组主要发育在华北平原沉降区，各地发育不等，顶部常缺失，一般厚 300 m 左右，岩性、岩相、厚度变化大。沾化一带几乎全为灰绿色泥岩，临清一带以紫红色泥岩为主。生物群有介形类、腹足类、孢粉及藻类，以介形类为主，主要分布在下段地层中。

临朐群　N*l*　（37－0140）

【创名及原始定义】　1994 年迟培星等创名，地点在临朐县。原始定义：主要岩性为玄武岩，夹有砂砾岩、粘土岩及硅藻土，自下而上包括牛山组、山旺组、尧山组。

【沿革】　该群为地层清理期间总结全省新第三纪地层资料，发现具良好共性，经张成基提议而建立，现已全省推广使用。历史上各家划分情况见表 8－4。

【现在定义】 主要岩性为玄武岩，夹有砂砾岩、粘土岩及硅藻土，自下而上包括牛山组、山旺组、尧山组。其中山旺组分布局限，为一特殊层位，大部分地区为牛山组和尧山组。

表 8－4 新第三纪临朐群划分沿革表

<table>
<tr><td>杨钟健
1936</td><td>北京地质学院
1960</td><td>山东省地质厅磷矿队
1960</td><td colspan="2">地质部第一石油普查勘探大队
1960</td><td colspan="2">地质部石油地质局综合研究队
1962</td><td colspan="2">地质部石油地质图集编委会
1966</td><td colspan="2">山东省区域地层表编写组
1978</td><td colspan="4">迟培星等
1994
本书</td></tr>
<tr><td>临朐</td><td>临朐</td><td>临朐</td><td colspan="2">临朐</td><td colspan="2">临朐</td><td colspan="2">临朐</td><td>鲁西</td><td>鲁东</td><td colspan="2">鲁西</td><td colspan="2">鲁东</td></tr>
<tr><td>玄武岩</td><td>上玄武岩组
N_2</td><td>尧山组</td><td colspan="2">牛山组</td><td rowspan="3">山旺统</td><td>牛山组</td><td>N_2</td><td>尧山组</td><td>尧山组</td><td>栖霞县玄武岩组</td><td rowspan="3">临朐群</td><td>尧山组
N_{1-2}</td><td rowspan="2">临朐群</td><td rowspan="2">尧山组</td></tr>
<tr><td>山旺系
N_1</td><td>山旺组
N_1</td><td>山旺组</td><td colspan="2">解家河组</td><td rowspan="2">解家河组</td><td rowspan="2">N_1</td><td>山旺组</td><td>山旺组</td><td>唐山棚砾岩组</td><td>山旺组
N_1</td></tr>
<tr><td rowspan="2">白垩系</td><td>下玄武岩组
N_1</td><td>玄武岩</td><td colspan="2">北岩组</td><td>牛山组</td><td>牛山组</td><td></td><td>牛山组
N_1</td><td colspan="2"></td></tr>
<tr><td>五图组
E</td><td>官庄统</td><td>五图统</td><td>席家洼组</td><td>官庄统</td><td>席家洼组</td><td>E</td><td>五图组</td><td>五图组</td><td>黄县组</td><td>五图群</td><td>小楼组</td><td>五图群</td><td>小楼组</td></tr>
</table>

【地质特征及区域变化】 临朐群以新第三纪玄武岩发育为特征，玄武岩多沿平原边部发育，明显受沂沭断裂构造控制，随构造运动自 SW 向 NE 迁移，属多期次喷发(至少四期)，形成玄武岩台地。一般以裂隙式喷发的宁静溢流为主，局部为中心式喷发，在临朐—昌乐盆地内有许多孤立山包，如擦马山、黄山、苍山、桃花山、方山等，其顶部呈浑圆状或水平状，主要岩性为橄榄玄武岩，柱状节理发育。在昌乐县五图一带发现蓝宝石砂矿和尧山组中蓝宝石原生矿。临朐群中山旺组是一个特殊的地层单位，虽然分布局限，但其影响和地层学意义重大，其所产精美动、植物化石闻名世界。

牛山组 N_1n (37－0141)

【创名及原始定义】 1960 年地质部第一石油普查勘探大队创名，1966 年地质部石油地质图集编辑委员会介绍，1978 年《华东地区区域地层表·山东省分册》中采用，创名地点在临朐县七贤乡牛山。原始定义：解家河组之上一套玄武岩夹黑色碳质页岩。

【沿革】 1960 年山东省地质厅磷矿队曾将杨钟健命名“山旺系”之上的玄武岩称为尧山组，1960 年地质部第一石油普查勘探大队又将这套玄武岩称为牛山组，将“山旺系”称为“解家河组”，致使命名混乱。因此，1966 年地质部石油地质图集编辑委员会认为：“山旺系”之上玄武岩已有人命名为尧山组，不应另起名称，同时“山旺系”也不应再称为“解家河组”。所以，除沿用前人命名的尧山组和山旺组之外，将牛山组用来代表山旺组之下的一套玄武岩，此后基本沿用至今。1960 年地质部第一石油普查勘探大队还将“山旺系”之下的玄武岩命名为“北岩组”(相当现牛山组)，但其后无人采用(表 8－4)。

【现在定义】 不整合于山旺组之下、五图群之上的灰黑色玄武岩、气孔状玄武岩夹红色泥岩、灰白色砂岩、砂砾岩组合，当其上山旺组缺失时与尧山组平行不整合接触。

【层型】 正层型为临朐县七贤乡牛山剖面(118°35′,36°25′；地质部石油地质局综合研究队,1962)。

牛山组(顶裸露)	总厚度 210.4 m
8. 黑灰色玄武岩，致密坚硬	39.0 m
7. 浅灰色泥灰岩，薄层状	1.0 m
6. 以黑灰色、墨绿色玄武岩为主，中夹有气孔状玄武岩，底部具杏仁状玄武岩	56.64 m
5. 青灰色砂泥岩、泥岩、砂岩、砂砾岩组成，其上、下为砂岩或砂砾岩，中部为泥岩	34.82 m
4. 褐灰色杏仁状玄武岩，表面球状风化	6.14 m
3. 砖红色砂质泥岩。岩性较杂，沉积不稳定，分布于侵蚀凹陷处，上被玄武岩覆盖	1.0 m
2. 由褐灰色致密状玄武岩和杏仁状玄武岩组成	60.0 m
1. 以灰白色砾岩、砂砾岩所组成，中夹少许砂质泥岩，砾岩多为细砾岩，以砂砾岩为主	11.8 m

～～～～～～ 不 整 合 ～～～～～～

下伏地层：**五图群小楼组** 粘土岩和泥灰岩互层

【地质特征及区域变化】 该组主要发育在临朐牛山、昌乐北岩、安丘留山及沂水太平顶等地，岩性较单一，变化不大，但其厚度各地相差较大。牛山地区 95 m，沂水龙山一带 241.2 m。沂水下山岩性以橄榄玄武岩为主，在安丘留山，下部为苦橄岩，上部为橄榄玄武岩；在临朐牛山、尧山等地，底部以砾岩、砂砾岩沉积开始，上部为橄榄玄武岩。

在牛山组沉积夹层中，产腹足类、双壳类及介形虫化石，以腹足类数量最多，其中以田螺属为主。

牛山组同位素年龄数据较多。1985 年中国科技大学陈道公测临朐县角岩山硅藻土之下牛山组玄武岩 K－Ar 单样品年龄为 18.05 Ma；测临朐县牛山、昌乐县豹山玄武岩年龄为 16.05～18.87 Ma；中科院地质所朱铭等测角岩山牛山组玄武岩 K－Ar 等时线年龄为 18.18 Ma；山东省地质矿产局第一地质队测安丘留山牛山组底部苦橄岩 K－Ar 单样品年龄为 19.76 Ma。

山旺组 $N_1\hat{s}$ (37－0142)

【创名及原始定义】 1936 年杨钟健教授创名“山旺系”，地点在临朐县山旺。原始定义：上部为黄色砂砾岩层，胶结较好，砂砾成分主要为花岗岩和变质岩，下部为灰白色薄层页岩夹数层泥灰岩，上覆地层为上新世玄武岩，下伏地层为白垩系。

【沿革】 1960 年山东省地质厅、北京地质学院称为山旺组，1960 年地质部第一石油普查勘探大队称为解家河组，1962 年地质部石油地质局综合研究队归入解家河组上部，至 1966 年地质部石油地质图集编辑委员会修订现临朐群三组定义，后各家使用含义基本相同，只是组间界线稍有变动(表 8－4)。

【现在定义】 指临朐群中部不整合于牛山组之上、尧山组之下的砂砾岩夹硅藻土页岩、油页岩、玄武岩的小型火山湖相沉积。区域上分布局限，仅见于临朐县山旺一带，以发育硅藻土页岩和化石丰富著称。

【层型】 正层型为临朐县上林镇角岩山—小尧山剖面(118°43′,36°32′；北京地质学院，1961)。

上覆地层：**尧山组橄榄玄武岩、粗玄岩及辉长辉绿岩**

~~~~~~~~~~ 不 整 合 ~~~~~~~~~~

山旺组 总厚度 113 m

6. 灰绿、灰紫色砂砾岩及砂岩 20 m
5. 橄榄玄武岩，底部夹两层碳质页岩 50 m
4. 黑色碳质页岩，层理清楚 1 m
3. 灰绿色粘土质页岩、层理成纸状薄层，含植物化石碎片 10 m
2. 硅藻土层，白色、淡灰绿色，千层纸状层理，动植物化石丰富 12 m
1. 黄绿色砂砾岩及砂岩 20 m

~~~~~~~~~~ 不 整 合 ~~~~~~~~~~

下伏地层：**牛山组** 橄榄玄武岩

【地质特征及区域变化】 山旺组主要分布在临朐山旺、包家河一带，为面积约 1 km^2 的火山口湖相沉积，厚 22～113 m。在临朐青山、大车沟、牛山等地亦见山旺组沉积，但其规模小于山旺盆地。该组含哺乳类、鸟类、爬行类、两栖类、鱼类、昆虫、介形虫及植物等多种生物化石，属种丰富，保存良好。除硅藻土矿外，尚有低品位磷矿。山旺组玄武岩 K－Ar 单样品年龄为 13.09 Ma、14.11 Ma(王锡亮,1985)，中科院数据平均为 13 Ma，陈道公数据为 18.18 Ma。生物化石与同位素测年意见一致，为中新世。据叶素娟(1980)对山旺组硅藻土古地磁的研究，古纬度为 27°03′左右，相当现在福建省一带，与古植物群分析相近。总之，该组研究程度较高，但分布局限，在此不一一引述。

尧山组 $N_{1-2}y$ (37－0143)

【创名及原始定义】 1960 年山东省地质厅磷矿队创名，1966 年地质部石油地质图集编辑委员会介绍，1978 年《华东地区区域地层表·山东省分册》中采用，地点在临朐县上林镇山旺小尧山。原始定义：不整合于山旺组之上玄武岩、砂砾岩、页岩、油页岩组合，以玄武岩为主。

【沿革】 1936 年杨钟健只称为玄武岩，1960 年山东省地质厅、北京地质学院称为上玄武岩组，同年山东省地质厅磷矿队建立尧山组，地质部第一石普查勘探大队称为牛山组，1966 年地质部石油地质图集编辑委员会又改称为尧山组，其后各家沿用至今(表 8－4)。

【现在定义】 指临朐群上部层位，其上与第四系平行不整合接触，主要为一基性火山岩组合，有时夹砂砾岩。临朐一带为橄榄玄武岩、辉绿岩，栖霞、蓬莱一带为橄榄玄武岩、玻基辉橄岩、橄榄霞石岩。层型剖面上其下与山旺组喷发不整合接触，其他地区与牛山组平行不整合或不整合于不同层位之上。时代属晚中新世—上新世。

【层型】 该组正层型为临朐县上林镇角岩山—小尧山剖面(118°43′,36°32′；北京地质学院,1961)。

尧山组

(顶裸露) 总厚度 100 m

7. 橄榄玄武岩、粗玄岩及辉长辉绿岩，厚层状，气孔发育，底部有 4 层氧化顶或粘土之夹层 100 m

~~~~~~~~~~ 不 整 合 ~~~~~~~~~~

下伏地层：**山旺组** 灰绿、灰紫色砂砾岩及砂岩

【地质特征及区域变化】 该组鲁西主要分布在临朐、昌乐、安丘、沂水等地，在莱芜、
~~~~~~~~~~

淄博、周村亦有分布，鲁东主要分布在栖霞、蓬莱等地。该组厚度变化较大，除蓬莱红石山、北沟镇较薄外，一般可达76～196 m，组成平顶山、陡崖或台地。层型剖面上顶部裸露，其他地区为第四纪松散堆积物覆盖或与第四纪史家沟组玄武岩整合接触。

临朐、潍坊地区尧山组玄武岩为厚层状，结晶程度较好，尤以中部最佳，喷发间隙少，氧化顶及沉积夹层均不发育。在临朐尧山，下部砂砾岩砾石以玄武岩为主，次为泥岩及硅藻土。据野外层位分析，昌乐蓝宝石原生矿即产于尧山组玄武岩中。

栖霞地区以往尧山组称栖霞县玄武岩组和唐山棚砾岩组。前者为橄榄霞石岩，厚65 m，后者为8 m厚的黄褐色砂砾岩并含砂金矿，砾石为花岗岩、变粒岩、脉石英等，下与胶东岩群不整合接触。

蓬莱地区为伊丁石化玻基辉橄岩，厚40 m，内夹有0.4～4 m的红色风化层，顶部有一层厚1～4 m的砂砾层，分布稳定，可作为与第四纪史家沟组的分界标志层，其下与粉子山群不整合，在不整合面上为含铁锰豆结核的红色风化粘土层，郭永盛认为可与保德红土对比。

中国科技大学陈道公测尧山一带尧山组玄武岩K－Ar单样品年龄为11.40～10.64 Ma；栖霞唐山棚、大方山底部苦橄玄武岩、霞石苦橄岩K－Ar单样品年龄为7.78～5.94 Ma；蓬莱红石山、五里桥一带玄武岩为5.70～4.39 Ma。中国科学院朱铭等测临朐尧山组底部玄武岩K－Ar等时线年龄为4.34 Ma。因此，尧山组火山岩形成时代为晚中新世至上新世，以临朐尧山玄武岩喷发为早，时间跨度大，而蓬莱一带玄武岩喷发较晚。

黄骅群　*NH*　(37－0169)

【创名及原始定义】　50年代末地质部第一石油普查勘探大队创名，1994年迟培星等介绍。创名地点在河北省黄骅县。原始定义：华北平原新第三纪岩石地层单位，位于老第三纪济阳群之上、第四纪平原群之下，自下而上分羊三木组、大道口组。

【沿革】　该群命名虽较早但使用者很少。在本次地层清理工作中，为概括华北平原区这套新第三纪地层，重新启用黄骅群这一名称，并将馆陶组和明化镇组归属其中，与该群同时建立的羊三木组和大道口组因长期无人使用，不如前二者知名度高和资料丰富。

【现在定义】　指华北平原区不整合于下第三系、中生界或古生界之上的一套以杂色泥岩为主、夹砂岩及少量含砾或砾状砂岩组成的地层，可分上、下两部，下部称馆陶组，上部称明化镇组，其上与第四纪平原组不整合接触。

【地质特征】　黄骅群总体可分为上、下两大套岩层。下部粒度偏粗，色调较杂，称馆陶组，主要为灰白色砾状砂岩、含砾砂岩和灰绿色细砂岩、粉砂岩及棕红色泥岩，厚150～1 100 m，与下伏东营组不整合接触。上部粒度偏细，称明化镇组，主要岩性为土黄、棕红色泥岩、砂质泥岩和灰白色细砂岩组成，底部含石膏，厚600～1 000 m，下与馆陶组整合接触，上与第四纪平原组不整合接触。

馆陶组　N_1g　(37－0144)

【创名及原始定义】　馆陶组命名情况比较复杂，各家资料介绍颇有出入。《山东省区域地质志》(1991)介绍是石油部60年代初命名，1961年贾中惠等① 正式启用。据《河北省、北京市、天津市区域地质志》(1989)介绍是石油部华北石油勘探处1957年创名。两家介绍创名地点皆为河北省馆陶县房儿寨华3井。查华3井原始资料，该井1958年5月1日开钻至11月19日因事故报停，钻孔编录资料无正式地层单位名称。由此证明，该组命名时间在60年代初

① 贾中惠等，1961，华北平原石油地质综合研究报告。

比较可信，首次见诸文献应是贾中惠等的研究报告。原始定义(据《山东省区域地质志》)：一套灰白色砾状砂岩、细砾岩、灰绿色细砂岩和棕红色泥岩的间互沉积。上段为砂岩、泥岩的互层；下段是厚层—块状砂砾岩夹泥岩，局部地区为泥岩夹砂岩。不整合于东营组之上，整合于明化镇组之下。

【沿革】 从地层单位的层位分析，地质部第一石油普查勘探大队命名的羊三木组可能相当该组，但使用者不多，自该组命名后即被广泛引用至今，各家使用含义相同。

【现在定义】 不整合于东营组或沙河街组之上、整合于明化镇组之下的一套灰白色砾状砂岩、细砂岩，灰绿色细砂岩和棕红色泥岩的间互沉积。上段为含砾砂岩、砂岩与泥岩互层，下段为厚层—块状砂砾岩夹泥岩，底部为含石英、黑色燧石的砂砾岩、砾状砂岩，局部为玄武岩。

【层型】 命名钻孔为河北省馆陶县房儿寨华3井，但长期以来均未有使用该井资料作代表者，查原始钻孔资料，尚未正式命名，编录分层粗糙，与现今各家使用资料无法对应。为尊重大家使用习惯和划分标准的一致性，本书将山东省东营市六户镇辛3井钻孔剖面作为该组选层型(118°34′,37°22′；胜利油田,1963)。

上覆地层：**明化镇组** 灰白色细砂岩与灰绿色泥岩互层

——————— 整 合 ———————

馆陶组	总厚度 410.0 m
上段	厚度 148.0 m
10. 上部为浅灰、浅紫色泥岩，下部为灰白色细砂岩	24.5 m
9. 灰白色含砾砂岩、砾状砂岩与细砂岩，夹浅紫色泥岩，砾石以石英为主，砾径一般0.3 cm，最大0.5～0.7 cm，次棱角—次圆状	19.5 m
8. 灰白色含砾砂岩夹浅紫、棕黄色泥岩	22.0 m
7. 灰绿、棕红色泥岩与灰白色细砂岩互层，砂岩分选好、胶结疏松	34.0 m
6. 上部为灰白色细砂岩，下部为浅紫、棕红色泥岩，砂岩中含石膏和黄铁矿	48.0 m
下段	厚度 262.0 m
5. 灰白色砾状砂岩、砾岩，间夹棕红色泥岩	53.5 m
4. 灰白色细砂岩与棕红色泥岩互层	27.0 m
3. 灰白色细砂岩、含砾砂岩夹灰绿色粉砂岩及棕红色泥岩	58.0 m
2. 灰白色细砂岩、砾状砂岩与灰绿色粉砂岩、棕红色泥岩互层	53.0 m
1. 灰白色细砂岩、砾状砂岩、砂砾岩夹棕红色泥岩，砾石成分为石英及黑色燧石	70.5 m

～～～～～～ 不 整 合 ～～～～～～

下伏地层：**东营组** 棕红、灰绿色泥岩夹灰白色、浅灰绿色粉砂岩

【地质特征及区域变化】 分布于山东、河北、天津、辽宁等地的第三纪盆地中，广泛发育在渤海湾沿岸地区。厚度变化较大，东营地区150～500 m；临邑地区200～500 m；无棣车镇500 m；沾化罗家500 m；垦利孤岛100 m。在西北部临清、德州、聊城等地发育不好，但岩性稳定，变化不大，厚250 m。

该组底部含石英、燧石的砂砾岩岩性稳定，分布较普遍，为良好的区域对比标志层。生物群以介形虫为主，产于上段，有 *Ilyocypris gibba*，*Candoniella albicans*，*Limnocythere cinetura* 等。

明化镇组 N_2m (37-0145)

【创名及原始定义】 60年代初石油部建立，1961年贾中惠等首次使用，1978年山东省区域地层表编写组介绍，创名地点在河北省南宫县明化镇。原始定义：本组主要由土黄、棕红色泥岩、砂质泥岩与灰白色砂岩组成，分上、下两段。

【沿革】 在该组创名之前，地质部第一石油普查勘探大队曾将相当地层命名大道口组，但影响不大，自该组命名后即被广泛使用至今，各家使用标准相同。

【现在定义】 整合于馆陶组之上、不整合于第四纪平原组之下主要由土黄、棕红色泥岩、砂质泥岩与灰白色砂岩组成之岩层。上段粒度较粗、颜色浅，含铁锰质、灰质结核；下段粒度较细、颜色深。

【层型】 该组命名地点为河北省南宫县明化镇，依据资料是明化镇华1井，但查该井原始资料尚未命名，钻孔编录资料粗糙，层序不清，故本书将山东省东营市六户镇辛3井剖面作为该组选层型(118°34′,37°22′；胜利油田,1963)。

上覆地层：**第四纪平原组** 杂色粘土、砂质粘土及细砂层

~~~~~~~~~~ 不 整 合 ~~~~~~~~~~

明化镇组	总厚度 671.0 m
上段	厚度 379.5 m
10. 土黄、棕黄色砂质粘土及灰白色细砂岩	60.5 m
9. 土黄、浅棕红色砂质泥岩与土黄色泥质粉砂岩、细砂岩互层。泥岩具黄灰、灰绿色条纹及斑块，含黑色铁质结核及灰质结核	113.5 m
8. 土黄、浅棕红色泥岩与灰绿色泥质粉砂岩互层，泥岩含炭屑。下部见脊椎动物化石碎片	50.0 m
7. 浅棕红色砂质泥岩与黄色砂岩互层，底部砂岩含黄色泥砾。泥岩局部含炭屑	45.5 m
6. 浅棕色砂质泥岩、泥岩，后者夹土黄、灰白色细砂岩、粉砂岩	55.0 m
5. 浅棕红、棕红色砂质泥岩与灰白色细砂岩互层。砂质泥岩普遍含石膏晶片、黑色铁锰结核及白色灰质团块	55.0 m
下段	厚度 291.5 m
4. 棕红色砂质泥岩、泥岩，间夹浅灰绿色粉砂岩	110.0 m
3. 灰绿、棕红色泥岩与灰白色细砂岩、粉砂岩	33.0 m
2. 灰绿、棕红色泥岩与灰白色砂岩互层。棕红色泥岩具灰绿色条纹及斑块，含石膏晶片	91.0 m
1. 灰白色细砂岩与灰绿色泥岩互层，普遍含石膏	57.5 m

———————— 整 合 ————————

下伏地层：**馆陶组** 上部为浅灰、浅紫色泥岩，下部为灰白色细砂岩

【地质特征及区域变化】 该组分布同馆陶组，岩性稳定，变化不大，以砂质泥岩和泥岩为主，总厚600～1000 m，含丰富的介形虫、腹足类、轮藻化石。1982年关学婷等认为，明化镇组下部的孢粉组合显示中新世特征。该组上部呈“弓”形高电阻，下部电阻低平。与下伏馆陶组整合接触，局部见平行不整合接触。从生物化石组合尚难提出确切时代意见，多是偏老的种属。但其组合特征与巴漏河组微体生物化石组合相近。

巴漏河组 N_2b (37－0146)

【创名及原始定义】 1978年蒋忠信、吴文裕创名时称八漏河组，地点在章丘市枣园镇巴漏河沿岸。原始定义：灰色块状灰岩及含砾灰岩、白色疙瘩状泥灰岩、黄白色钙质泥岩及灰黄色钙质胶砾岩，深黄色松散砾石层。在顶部灰岩中含脊椎动物及软体动物化石，时代属上
~~~~~~~~~~

新世。厚度小于 20 m。

【沿革】 这套地层最早由日本人小川命名为“瓜漏河层”，命名年代不详，1942 年日本人渡边久吉曾撰文介绍。1978 年蒋忠信、吴文裕在这套地层中发现上新世三趾马动物群，命名为八漏河组，1981 年李道高、郭永盛据实地名称改为巴漏河组，其后各家使用此名称至今。

【现在定义】 不整合于下第三系或更老地层之上、平行不整合于第四纪大站组或羊栏河组之下一套淡水结晶灰岩、泥灰岩、钙质、砂质胶结砂砾岩组合。

【层型】 以前研究者对该组均未指定层型，本书将章丘市枣园镇大站水库溢洪道北西巴漏河东岸剖面作为选层型(117°28′,36°43′；李道高、郭永盛,1981)。

上覆地层：**第四纪大站组** 黄褐色砂质粘土

——————— 平行不整合 ———————

巴漏河组	总厚度 13 m
4. 白色块状结晶灰岩、豆粒灰岩，产爬行类、哺乳类化石	2 m
3. 含砾石灰岩，绕砾具同心圆沉积晕，直径达 1—2 cm	1 m
2. 白色土状、疙瘩状泥质灰泥石灰岩，富产介形虫、轮藻化石	2 m
1. 灰黄色底砾岩，砾石成分为砂页岩、灰岩、中—基性岩浆岩	8 m

~~~~~~~~~ 不 整 合 ~~~~~~~~~

下伏地层：**石千峰群刘家沟组** 中粗粒石英砂岩

【地质特征及区域变化】 该组岩石主要为石灰岩、灰质泥岩和灰质胶结砂砾岩，自下而上由底砾岩、泥岩过渡为碳酸盐岩。石灰岩为较纯白色、灰白色中粒结晶灰岩及豆粒灰岩。结晶灰岩中 CaO+CO2 占 98.12%，几乎全为纯方解石成分。豆粒灰岩中豆粒由核心及同心层组成，最大直径 1～2 cm，泥质灰岩多为灰黄色、黄色及灰白色，厚层状，具水平层理，向北缓倾斜。该组化石丰富，有爬行类、哺乳类、腹足类、介形虫、轮藻等。

该组地表分布局限，主要见于西巴漏河沿岸，另外，在明水北部及东巴漏河沿岸也有隐伏。另据资料介绍，东起广饶、桓台、西至东阿、平阴，直至鲁西南平原之下均有厚薄不等的类似的碳酸盐岩层。该组厚度一般为 20～30 m，其厚度及岩相变化较大，但与上、下层位接触关系清楚，为山麓边缘河湖相沉积。

白彦组 N_2Qpb (37-0147)

【创名及原始定义】 1976 年山东省地质局 809 队(现第七地质队)创名，1994 年迟培星等介绍，命名地点在鲁中南区白彦凸起(非白彦具体地点)。原始定义：零星分布于鲁中南地区下古生界灰岩面上一套以黄褐色燧石砾石为主的砾岩、砂质砾岩、砂砾岩。该类砾岩最早发现于鲁南白彦地区，含金刚石，为山东鲁中南地区金刚石一重要储集层。

【沿革】 1976 年山东省地质局 809 队在砂矿普查中开始使用“白彦砾岩”一名，1979 年在内部报告《山东省白彦及周围地区金刚石原生矿普查地质报告》中称为“白彦砾石层”，1990 年在 1：5 万费县等幅区域地质调查报告中正式称为白彦组。

【现在定义】 指发育于鲁西地区早古生代碳酸盐岩区高中级夷平面上，岩溶微地貌中燧石质砾岩。该砾岩的物质成分以高成熟度硅质砾石为特征。在鲁南地区大多见金刚石，鲁中地区则未见。

【层型】 命名者未指定层型，现据有关资料将平邑县石崮庄 406 高地洞穴剖面作为选层型(117°36′,35°29′；山东省地质局 809 队,1974)。
~~~~~~~~~

白彦组　　总厚度 5.7 m

3. 砂砾岩，砾石 80%为黄褐色燧石　　1.2 m

2. 上部为砂砾岩，下部为砾岩，含金刚石及獾化石(*Meles* sp.)　　2.0 m

1. 含胶磷矿条带及围岩碎块的砂砾岩　　2.5 m

~~~~~~ 不 整 合 ~~~~~~

下伏地层：**奥陶纪马家沟组**　厚层灰岩

【地质特征及区域变化】　该组主要分布在泗河—枋河以南，苏鲁边界以北，京沪铁路以东，沂沭断裂带以西的广阔地域。在蒙阴、新泰、莱芜、肥城、沂南等地都有零星出露，多呈点状、带状分布于山丘制高部位及其肩坡地带，产于 80～540 m 标高的下古生界灰岩面上，充填于多个方向裂隙或节理密集带发育的灰岩、白云岩溶沟、溶洞中。砾岩体产出形态随岩溶地形而异，一般长几米至十几米，宽几厘米至几米，与围岩接触面凹凸不平。

该组由以硅质砾石为主的砾岩、砂砾岩、含砾砂岩及粘土、砂、砾等松散堆积物组成，但有时胶结坚硬，总体不显层理，局部见水平层理及斜层理，燧石砾石含量多在 80%以上，砾石表面多见光洁发亮的铁锰质蜡状表膜。

在区域上，陈孝燕等在潍坊朱里一带命名“朱里砾石层”，岩性为红色粘土与中细砾石层，砾石以白色石英为主，砾径 1～3 cm，其特征与白彦组相近。在潍坊前埠下村尧山组玄武岩顶部见一层红粘土及砂砾岩层风化壳，厚 0.5～1 m，砾石主要为石英质，次圆状，具氧化膜，亦可能属白彦组产物。

小埠岭组　Qpx　(37－0148)

【创名及原始定义】　1961 年王崇友在内部报告中使用，1987 年毛家衢介绍（《山东地质》第 3 卷第 2 期)，创名地点在郯城县小埠岭村。原始定义：中更新统红色风化壳之下灰白、灰绿色砂砾层，砾石粘土层。具河流相斜层理，砾石呈叠瓦式排列。

【沿革】　该组虽在 60 年代初就已命名，但后多未正式使用，仍按传统的成因类型加年代表示方法称为下更新统冲积物，至 80 年代末和 90 年代，在全省区域地质调查中逐渐推广使用。

【现在定义】　位于于泉组红棕色砂砾层之下、大盛群或其他基岩面上灰白、灰绿色含粘土中粗砂、砂砾层，含粘土、粉砂和砂质粘土凸镜体，胶结物为灰白、灰绿色粘土质砂。具水平层理及斜层理，属河流相。砾石表面灰白洁净，有“白皮砾石层”之称。时代属早更新世。

【层型】　正层型为郯城县小埠岭村剖面(118°18′,34°41′;据毛家衢 1987 年介绍,杨子赓,1961)。

上覆地层：**于泉组**　红色风化壳及河床冲积砾石层

——————— 平行不整合 ———————

小埠岭组　　总厚度 7.4 m

2. 灰褐色含砾砂层和砂质亚粘土。砂质成分主要为长石、石英，含铁锰质结核，交错层、水平层理均发育　　0.4 m

1. 灰绿、灰白色粘土、砂砾层。砾石成分多达 30 余种，其中沉积岩砾石占 51%，变质岩砾石占 19%，岩浆岩砾石占 15%等，砾石表面光洁，故有“白皮砾石层”之称，砾
~~~~~~

石次棱角状，呈叠瓦式排列，交错层理、斜层理均发育，砾石已经深度风化(未见底) 7.0 m

【地质特征及区域变化】 主要分布在郯城、临沭、苍山等地，近年来在章丘、蒋峪、蓬莱等地发现有出露，厚一般大于 10 m。砾石成分为石英岩、脉石英、花岗岩、变质岩等，砾径 2～7 cm，砾石风化程度较深，在郯城地区含金刚石。孢粉组合与上海地区下更新统上部以栎、榆、柏、禾本科为主的组合近似。

于泉组 Qp*y* (37－0149)

【创名及原始定义】 1961 年王崇友在内部报告中创名，1987 年毛家衢介绍(《山东地质》第 3 卷第 2 期)，地点在郯城县于家泉。原始定义：不整合于小埠岭组之上一套具黄褐色皮膜的红色砾质砂层、砂砾层。

【沿革】 该组自命名后长期无人正式使用，一般仍习惯称中更新统冲积物，至 80 年代末和 90 年代逐渐在全省区域地质调查中推广使用。

【现在定义】 区域上为平行不整合于小埠岭组之上、山前组或大埠组之下一套红色粘土质胶结的砂砾层，上部为棕红色、棕黄色砂质粘土，下部为棕红色含砾砂、砂砾层、砾石层，属河流洪、冲积相。有时可直接不整合于不同时代基底岩系之上。

【层型】 命名和介绍者均未指定层型，现据有关资料将费县许家崖乡于家泉剖面作为选层型(117°50′,35°06′；山东省地质矿产局第七地质队,1990)。

上覆地层：**山前组** 棕红色含铁锰结核砂质粘土

——————— 平行不整合 ———————

于泉组	总厚度 6.5 m
6. 棕红色砂质粘土	1.5 m
5. 棕红色含砾中细砂	1.0 m
4. 棕红色砾质砂	0.5 m
3. 棕红色含砾中细砂	2.0 m
2. 棕红色砂砾	0.5 m
1. 棕红色含砂砾石	1.0 m

～～～～～～ 不 整 合 ～～～～～～

下伏地层：**寒武纪张夏组** 黄绿色页岩

【地质特征及区域变化】 该组砾石以石英岩、脉石英为主，另有花岗岩、砂页岩等，砾石表面具黄褐色氧化膜为特征。圆度好，排列有方向性，砾径多在 3 cm 以下，见斜层理及交错层理，在沂沭河流域含丰富金刚石。该组厚度一般小于 10 m，主要分布在沂沭河流域及其支流的Ⅱ级阶地残丘上。该组在全省范围山地丘陵区可能分布较广泛，但其原始层位多剥蚀殆尽，仅见残留之黄皮石英砾石零散分布。

羊栏河组 Qp*yl* (37－0150)

【创名】 系本次地层清理新建单位，1995 年创名，创名地点在淄博市博山城西关羊栏河。本书予以介绍。

【沿革】 在本组建立以前相当地层多称为中更新统洪坡积，1987 年山东省地质矿产局第一地质队曾称为金山组，本次地层清理中发现山东省金山组与上海市震旦纪金山组同名且创名时间晚于后者，故本省停止使用，另创新名。

【现在定义】 以深红、棕红色粘土、砂砾石层为主夹砂质粘土等洪冲积、洪坡积物。上覆地层一般为大站组，下与第三系或更老岩层呈不整合接触。时代以中更新世为主。

【层型】 正层型位于淄博市博山城西公路交叉处(117°50′,36°30′；山东省地质矿产局区域地质调查队,1991,本文略加修改)。

上覆地层：**大站组** 灰、棕黄色中砾层

——————— 整 合 ———————

羊栏河组	总厚度 13.5 m
4. 棕红色粘土	5.7 m
3. 黄褐、红棕色中砾层，分选较差	0.6 m
2. 棕红色粘土	4.7 m
1. 棕红色粘土夹 5 层中砾石层，下部砾石层较厚，约 20 cm，向上逐渐变薄(未见底)	2.5 m

【地质特征及区域变化】 该组局部夹黄色砂层，底部见砾石层，多分布在山前坳谷地带，厚一般小于 10 m，章丘一带厚达 27 m。横向稳定，广泛分布在济南、章丘、淄博、青州、昌乐、临沂、泰安等地山地丘陵区，在鲁东蓬莱、长岛、龙口、即墨等地亦有分布。灰岩区色深，花岗岩区色浅。该组以粘土成分为主、无二元结构、无黄皮砾石、非河流相成因等特征与于泉组相区别。

该组生物化石丰富，有 *Palaeoloxodon namadicus*，*P*. sp.，*Rhinoceros sinensis*，*Pseudaxis magnus*，*P. grayi*，*Megaloceros flabellatus*，*M. pachyosteus*，*Bubalus brevicornis*，*Ovis shantungensis*。1988 年山东省地质矿产局第一地质队对金山、小辛庄两地羊栏河组红色粘土测热释光年龄为 18.82±1.16 万年和 17.46±1.08 万年，山东省地质矿产局第二水文队测热释光年龄为 10～31 万年。

柳夼组 Qp*l* (37-0151)

【创名及原始定义】 1962 年高明德等命名“柳夼红层”，1978 年山东省区域地层表编写组介绍，地点在荣城市柳夼村。原始定义：为一套海相—风积物，由棕红色、深红色中砂组成，具斜层理及局部相间薄水平层理。属中更新统。

【沿革】 1978 年山东省区域地层表编写组介绍时称为“柳夼红层”，1992 年张明书、刘健改称柳夼组。

【现在定义】 指分布于荣成柳夼一带以褐红色调风积为主的石英砂层与土壤粘土层交替沉积，偏下部夹有冲洪积砂砾层，具交错层理及似水平层理。底部为花岗岩侵蚀面上的土壤化砂质粘土层。其下与燕山期花岗岩不整合接触，其上覆盖山前组或裸露。时代属中更新世。

上覆地层：**山前组** 褐黄、灰黄色粘土质砂砾层，ESR 年代数为 10 100 a

－－－－－－ 平行不整合 －－－－－－

柳夼组	总厚度 29.01 m
18. 褐红色疏松砂层，ESR 年代数为 18 700 a	1.00 m
17. 褐红色土壤粘土层	0.06～0.08 m
16. 暗红色似水平状砂层，ESR 年代数为 20 100 a	0.50 m
15. 灰、灰红色土壤粘土层	0.08 m

14. 暗红色似水平状砂层，ESR 年代数为 20 800 a	1.50 m
13. 褐红色斑块状—网纹状土壤粘土层	0.30～1.20 m
12. 褐红色砂层，ESR 年代数为 29 800 a	7.00 m
11. 灰黄、灰绿色土壤粘土层	0～0.20 m
10. 暗红色具似水平状砂层，ESR 年代数为 32 100 a	3.00 m
9. 土黄色土壤粘土层及铁质壳层	0.01～0.05 m
8. 红黄、褐黄、褐红色砂层，ESR 年代数为 27 400 a	8.00 m
7. 灰白色砂砾层	0.40～1.00 m
6. 红黄、褐黄色砂层，ESR 年代数为 51 000 a	1.00 m
5. 褐红色土壤粘土层	0.05 m
4. 褐红色砂层，ESR 年代数为 54 900 a	3.00 m
3. 紫红色、棕褐色土壤粘土层	0.05 m
2. 棕黄、姜黄色砂层	0.50 m
1. 紫红、猪肝色土壤化砂质粘土层	2.00 m

～～～～～～ 不 整 合 ～～～～～～

下伏岩石：**燕山期** 灰白、灰红色斑状花岗岩

【地质特征】 该组分布局限，仅见于荣成柳夼、礼村一带，面积不足 2 km²。色调特征与羊栏河组、于泉组一致。化石稀少，见少量柏科、松属、黎属、桦属、麻黄属等孢粉。

史家沟组 Qpŝ （37－0163）

【创名】 本组为本次地层清理新建单位，1995 年创名，地点在蓬莱市史家沟。

【沿革】 1958 年长春地质学院将相当该组地层称为第三系，1976 年山东省地质局 805 队称为上第三系，其后研究者将该组与之下的玄武岩统归入第四系。1991 年山东省地质矿产局区域地质调查队在 1：20 万蓬莱、烟台、砣矶幅区域地质调查报告中将蓬莱一带第四纪玄武岩称赤山组。本次地层清理中分析了全省第三纪、第四纪玄武岩资料，认为山东省第四纪玄武岩比较发育，除胶东外，鲁西和华北平原区也可见到，因此建立该组，用以代表山东省第四纪玄武岩地层。因山东省赤山组与江苏省白垩纪赤山组同名且创名时间晚于后者，故本省停止使用，另创新名。

【现在定义】 指分布于蓬莱、沂水、无棣等地的第四纪玄武岩与渣状火山碎屑沉积，其下部有时见砂—砾石层，不整合于不同的基底岩系之上或整合于尧山组之上。

【层型】 正层型为蓬莱市上魏家—五里桥剖面(120°42′,37°45′；山东省地质矿产局区域地质调查队,1991,本文略加修改)。

上覆地层：**山前组** 残坡积

～～～～～～ 不 整 合 ～～～～～～

史家沟组	总厚度 152.7 m
16. 深灰色气孔杏仁状伊丁石化碱性橄榄玄武岩	5.0 m
15. 紫红色风化壳(烘烤层)	5.5 m
14. 深灰色气孔状伊丁石化碱性橄榄玄武岩	1.2 m
13. 红色风化壳	3.0 m
12. 深灰色伊丁石化碱性橄榄玄武岩	55.4 m
11. 紫灰色气孔状碱性橄榄玄武岩	1.1 m

10. 红色风化壳	0.2 m
9. 灰黑色气孔状碱性橄榄玄武岩	3.1 m
8. 紫红色风化壳	3.0 m
7. 伊丁石化碱性橄榄玄武岩	33.8 m
6. 鲜红色粘土质风化壳	15.4 m
5. 厚层碱性玄武质角砾熔岩	25.2 m

———————— 整　合 ————————

下伏地层：**临朐群尧山组**	总厚度 56.4 m
4. 土黄色薄层松散砂砾石层	1.6 m
3. 灰黑色伊丁石化玻基辉橄岩	20.0 m
2. 红色风化壳	4.0 m
1. 灰黑色致密块状伊丁石化玻基辉橄岩	30.8 m

~~~~~~~~~~ 不整合 ~~~~~~~~~~

下伏地层：**粉子山群**　黑云变粒岩

（上述红色风化壳由玄武岩砾石和红褐色粘土组成）

【地质特征及区域变化】　该组以蓬莱、龙口等地最发育，集中分布在蓬莱沿海一带的史家沟、北沟、赤山、马格庄、桑岛等地，组成玄武岩台地，面积约 80 km^2，主要岩性为橄榄玄武岩、玄武质角砾熔岩夹数层红色风化层，由若干韵律组成，热发光年龄 0.84—1.03 Ma。另外，将无棣大山玄武岩亦归并到该组，该地是由霞石岩、火山角砾岩夹砂泥岩等构成的孤立火山锥，K－Ar 同位素年龄 0.73 Ma。

无棣、临朐、蓬莱玄武岩锶含量、$^{87}Sr/^{86}Sr$、铅和锶同位素特征各有所差异。

沂源组　Qp*yy*　(37－0164)

【创名及原始定义】　1994 年迟培星等创名，地点在沂源县。原始定义：第四纪洞穴堆积物，主要为砾石层、粘土，常见灰烬层、人类、哺乳动物化石及石器。时代属中—晚更新世。

【沿革】　该组命名之前无正式名称，一般研究者多称为中—上更新统洞穴堆积。

【现在定义】　第四纪洞穴堆积物，砾石层、粘土，常见灰烬层、人类及哺乳动物化石和石器。

【层型】　该组正层型为沂源县土门“山东一号洞”北头剖面（118°05′，36°05′；戴尔俭等，1966）。

沂源组	总厚度 8.4 m
7. 角砾层，红黄色粉砂质粘土胶结	4.0 m
6. 上灰烬层，灰黄、灰黑色，含石英石器	0.4 m
5. 黄、红色粉砂质粘土，上部含石英石器	2.2 m
4. 灰岩碎屑	1.0 m
3. 黄色粉砂质粘土，含石英石器、哺乳动物化石	0.2 m
2. 下灰烬层，黑色，含石英石器、动物化石	0.6 m
1. 褐黄色粉砂质粘土(未见底)	

【地质特征及区域变化】　该组分布局限，仅在沂源、新泰有发现，系旧石器时代遗址。“山东一号洞”为奥陶系灰岩溶洞，长 90 m，宽 10—20 m，高 10 m。新泰乌珠台为中寒武纪
~~~~~~~~~~

鲕粒灰岩溶洞。

大站组　Op*d*　(37－0152)

【创名及原始定义】　1988 年山东省地质矿产局第一地质队创名，地点在章丘市枣园镇大站水库。原始定义：平行不整合于中更新统金山组之上，以洪冲积为主的黄色、黄褐色砂质粘土、砂砾层。

【沿革】　1987 年山东省地质矿产局第一地质队曾将这套地层称为明水组，1988 年改称为大站组，一般称为上更新统洪—冲积。

【现在定义】　平行不整合于羊栏河组红棕色粘土之上的黄色、黄褐色粉砂、砂质粘土及砂砾石层。成因复杂，以风积为主，区域上与马兰黄土相似。

【层型】　建立时未指定层型，现据有关资料将章丘市普集镇小辛庄剖面作为选层型（117°40′，36°43′；山东省地质矿产局第一地质队，1987）。

大站组	总厚度 15 m
2. 黄灰白色砂质粘土，底部为厚 50 cm 砾石层，成分为辉长岩，胶结松散	8 m
1. 黄褐色砂质粘土，底部为厚 10 cm 含砾石粗砂层	7 m

——————　平行不整合　——————

下伏地层：**羊栏河组**　红棕色粘土，底部含较多砾石，混杂堆积，为洪冲积层

【地质特征及区域变化】　该组以黄色调、层理不发育、含大量钙质结核为特点，亦含铁锰结核，有时夹有砾石层，垂直节理发育，一般厚 5～15 m，其下与羊栏河组常有一侵蚀面。分布广泛，多见于山区、丘陵地带的小型冲积平原或山地—平原过渡带。在潍坊市寒亭区埠下村，淡黄、灰黄色黄土厚 10 m 以上，垂直节理发育，呈高大陡壁的沟谷地貌，颇似西北黄土地貌景观。

该组动物化石有 *Coelodonta antiquitatis*，*Palaeoloxodon namadicus*，*P. naumanni*，*Elaphurus* menziesianus，*Bos* sp.，*Ovis ammon*，*Struthio anderssoni* 等。60 年代刘东生教授将山东省黑色埋藏土及其下黄土称马兰黄土，即包括该组。该组^{14}C 年龄在 1.1～14.5 万年之间，多数小于 10 万年，年代为晚更新世。

山前组　Q*ŝq*　(37－0160)

【创名及原始定义】　1988 年山东省地质矿产局地层会议提议建立该组，以后即在各区调项目中开始使用，最早见诸山东省地质矿产局第七地质队 1∶5 万费县、新庄、大朱保幅区调报告，1994 年迟培星等撰文介绍，命名时无具体地点，泛指山前—坡麓地带的残坡积物。原始定义：指发育在山前坡麓地带和山间谷地中一套以坡积作用为主、局部伴有洪坡积、冲坡积、残坡积作用的松散堆积物，岩性包括棕红色砂质粘土、棕黄色砂质粘土和灰黄色砂质粘土，时代从中更新世至全新世。

【沿革】　该组建立之前相当地层无正式名称，一般称为中—上更新统或全新统残坡积。

【现在定义】　为分布于中低山麓及低缓丘陵顶部的残坡积物，岩性为灰黄色、红棕色含砾砂质粘土、粘土质粉砂、含砾砂、砂砾层，下伏岩系随地而异。时代为中更新世至全新世。

【层型】　原未指定层型，现据有关资料将费县南新庄乡周家庄西剖面作为选层型（117°46′，35°06′；山东省地质矿产局第七地质队，1990）。

山前组　　总厚度 3.9 m

5. 棕色含砂粘土，局部见向坡下倾斜层理　　0.8 m

4. 棕色板块状含碎石粉砂—粘土，网纹状裂隙内有铁锰质充填　　0.6 m

3. 棕色含砂碎石质粘土，不规则裂隙发育，其中多见铁锰质膜　　0.8 m

2. 深棕色含砂粘土，不规则块状，裂隙中多见黑色铁质膜　　1.2 m

1. 棕色含碎石粘土　　0.5 m

~~~~~~~~~~ 不 整 合 ~~~~~~~~~~

下伏地层：**寒武纪馒头组**　暗紫色粉砂页岩

【地质特征及区域变化】　本组主要为残坡积相，一般厚度小于 2 m，广泛分布在山前、丘陵地带，一般生物化石较少，在鲁中山区见大量古代文物，说明部分山前组与人类活动关系密切。

大埠组　Qp*db*　(37－0165)

【创名及原始定义】　1990 年山东省地质矿产局第七地质队(宋奠南等)创名①，地点在郯城县小埠岭乡大埠村。原始定义：晚更新世河流相砂、砂砾石层。

【沿革】　该组命名前相应地层无正式名称，一般称为上更新统冲积。

【现在定义】　位于黑土湖组之下、河流Ⅰ级阶地下部冲积相砂、砂砾石层。下伏层位常有变化，以古生界岩系为主，区域上位于于泉组之上。

【层型】　该组建立时未指定层型，现据有关资料将临沂市岑石乡后崔家庄剖面作为选层型（118°51′，35°01′；山东省地质矿产局第七地质队，1990)。

上覆地层：**黑土湖组**　灰黑色砂质粘土

———————— 整　合 ————————

大埠组　　总厚度 4.8 m

2. 浅灰黄色砾质砂、混粒砂，底部有一层含粘土砾石砂　　4.8 m

~~~~~~~~~~ 不 整 合 ~~~~~~~~~~

下伏地层：**奥陶纪马家沟组**　灰岩

【地质特征及区域变化】　该组多沿沂河、沭河等主干水系中、下游分布，呈断续条带状位于Ⅰ级阶地或冲积平原之下部。一般河流Ⅰ级阶地二元结构清楚，过去笼统称为 Q_3^{al}。本文根据大埠组、黑土湖组之定义将其三分，即二元结构下部砂、砂砾石层为大埠组；二元结构上部再根据不整合面及黑色沼泽化粘土分别划为临沂组和黑土湖组。一般大埠组不出露地表，在大埠村一带深埋地表 15 m 以下，在肥城盆地及大汶河、泗河、白马河等两侧阶地可见零星出露。本组在胶东分布在大沽河、胶莱河、五龙河、潍河等河流Ⅰ级阶地下部。该组虽与大站组同位于黑土湖组之下，但其粒度较大站组粗，且为河床相以兹区别。

黑土湖组　Q*h*　(37－0153)

【创名及原始定义】　60 年代初山东省地质局 809 地质队在临沂一带砂矿普查中创名，地点在费县马庄乡黑土湖村，1964 年该队在内部报告中正式使用。在此期间，王崇友也在内部报告中使用过该名。1994 年迟培星等撰文介绍。原始定义：黑灰色粘土、粉砂类沼泽化沉积

① 山东省地质矿产局第七地质队，1990，1∶5 万费县、辛庄、大朱保幅区域地质调查报告。

物。

【沿革】 该组命名后至1993年未见正式发表者，多在内部报告中使用，1964年山东省地质局809地质队在沂河中游曾命名河阳组，层位与含义与该组相当。直到80年代末，一般报告或文章中相应地层多称为上更新统或全新统沼积层、湖积层。

【现在定义】 灰、灰褐、灰黑色沼泽化粉砂质粘土、粘土质粉砂，局部夹灰白、黄色粉细砂层，含铁锰结核。属既成岩性经沼泽化而成。上与全新世临沂组平行不整合或整合，下与大站组或大埠组常为连续沉积。

【层型】 该组命名及后期使用者均未指定层型，现将平邑县孔家白壤村剖面作为选层型（117°41′，35°34′；山东省地质矿产局区域地质调查队，1990）。

上覆地层：**临沂组** 灰黄色厚层粘土层

——————— 平行不整合 ———————

黑土湖组	总厚度 0.9 m
4. 黑灰色含碳质粘土层	0.1 m
3. 灰、灰黄色钙质粘土层，含较多有机质斑点	0.6 m
2. 黑灰色含碳质粘土层	0.2 m

———————— 整 合 ————————

下伏地层：**大站组** 褐黄色厚层粘土

【地质特征及区域变化】 该组在山东、苏北乃至华北大部分地区稳定分布，具有区域标志层意义。在沂沭断裂带内主要发育在临沂、沂水及潍坊地区，坡积物及冲积物顶部皆见数层沼泽化黑色粘土，向盆地内增至4—5层，是洼地积水沼泽化的结果。鲁西主要分布在费县、苍山、滕州一带，发育在河流两侧洼地或山前地带，有时夹草木灰。胶莱地区分布在胶莱河、大沽河、五龙河一带低洼处，厚3～16 m。胶南地区有浅湖相及沼泽化两种类型，岩性为青灰色粉砂及暗灰色粘土质粉砂，前者分布在王台、巨峰一带低洼处，后者分布在理务关、泊里一带。地貌上为剥蚀堆积平原的古洼地、坳谷及水系两侧低洼处，其中可见*Bosprimigenius*、孢粉及古文化遗物，^{14}C年龄多在1万年左右（4 000～17 000 a）。

临沂组 Qh*l* （37－0154）

【创名及原始定义】 1988年山东省地质矿产局地层会议建议成立该组，地点为山东省临沂市一带，专指山东境内山地丘陵区全新世早期河流相沉积，之后即在全省1∶5万和1∶20万区调中广泛使用，1994年迟培星等撰文介绍。原始定义：全新统黑土湖组之上褐黄、灰黄色砂、粉砂及粘土，为河流冲积相沉积。与下伏黑土湖组有冲蚀面，为平行不整合接触。

【沿革】 该组命名之前相应地层无正式名称，一般称为全新统早期冲积。

【现在定义】 分布于现代河流Ⅰ级阶地及高河漫滩上的一套灰黄色河流冲积相碎屑沉积，岩性为粘土质粉砂、含砾中粗砂，与下伏黑土湖组为侵蚀接触或整合接触。

【层型】 命名时和其后使用者均未指定层型，现将郯城县沙墩乡界牌沂河西岸剖面作为选层型（118°23′，34°35′；山东省地质矿产局第七地质队，1990）。

临沂组	总厚度 2.2 m
2. 上部含粘土细砂，下部中粗砂	0.7 m
1. 上部细砂，下部含中粒粗砂和细砾石	1.5 m

——————— 平行不整合（侵蚀接触） ———————

下伏地层：**黑土湖组** 灰黑色砂质粘土，含铁锰结核

【地质特征及区域变化】 该组广泛发育在现代河流高河漫滩和Ⅰ级阶地上，在河流两侧构成近代冲积平原表层，具水平层理及小型交错层理，厚度一般小于10 m。在郯城一带，该组下部见 *Sus* cf. *vittatus* 及 *Bos* sp. 骨齿，上部多处见 *Elaphurus menziesinus* 及 *Canis familiaris* 骨齿，并含大量周、汉代陶片、文物。

沂河组 Qh*yh* (37－0155)

【创名及原始定义】 1988年山东省地质矿产局地层会议提议创名，地点为沂河—沭河流域，用以专指山东省山地丘陵区现代河流相沉积，之后全省1∶5万、1∶20万区调中广泛使用，首先见诸山东省地质矿产局第七地质队1∶5万费县、新庄、大朱保幅区调报告（1990），1994年迟培星等撰文介绍。原始定义：山地丘陵区现代河流相沉积。

【沿革】 该组命名之前相应地层无正式名称，一般称为全新统冲积。

【现在定义】 指现代河流中沉积的灰黄色含砾混粒砂、砾石堆积物，构成河床及低河漫滩，具水平或交错层理。时代属全新世。

【层型】 该组命名及使用者皆未指定层型，现将沂水县沂河大桥ZK2孔剖面作为选层型（118°36′，35°48′；山东省地质矿产局第八地质队，1990）。

沂河组	总厚度15.03 m
3. 含砾砂层	6.90 m
2. 砂质砾石层	4.55 m
1. 含砂砾石层(未见底)	3.58 m

【地质特征及区域变化】 该组岩性较复杂，各种粒级、成分皆有，随河流相地貌和物源区而异，但一般以砂级以上粗碎屑堆积为主，多局限在现代河床内。平原区一般位于临沂组之上，山地丘陵区常见其下为前新生界基岩侵蚀面。局部地区近代河流改道然后其上被现代风积或耕植土覆盖，一般覆盖层较薄，在航空照片上清晰可辨，如安丘市临浯一带航照解译可见改道之古河床，对农田水利建设有较大参考意义。

泰安组 Qh*t* (37－0156)

【创名及原始定义】 1988年山东省地质矿产局地层会议创名，1990年山东省地质矿产局区域地质调查队在1∶20万泰安、新泰幅区调中首次使用，1994年迟培星等撰文介绍，创名地点为泰安市泰山周围山谷沟口。原始定义：山区沟谷分布的近代洪积为主的冲—洪积堆积物，主要为砾石层和砂土。

【沿革】 该组命名之前相应地层无正式名称，一般称为全新统洪积物。

【现在定义】 山区沟口及坡前洼地分布的现代洪积为主的冲、洪积物，岩性以砾石层为主，夹有砂土。

【层型】 正层型为泰安市泰山疗养院南剖面（117°07′，36°12′；山东省地质厅、北京地质学院，1961）。

泰安组	总厚度6 m
2. 黄色砂土	2 m

1. 砾石层，砾石由片麻岩、花岗岩、伟晶岩及脉石英等组成 3～4 m

——————— 平行不整合（侵蚀面） ———————

下伏地层：**大站组** 棕黄色粘土

【地质特征及区域变化】 该组砾石大小混杂，大者砾径可达 30～40 cm，分选、磨圆都很差，砾石成分受物源区控制，厚度不定，常见厚 1～10 m，面积一般较小，呈扇状或长条状沿山前地带展布。

潍北组 Qh*w* （37－0161）

【创名及原始定义】 1988 年山东省地质矿产局地层会议提议建组，同年第一地质队在 1∶20万章丘幅区调报告中使用，其后被全省区调项目广泛采用，1994 年迟培星等撰文介绍，命名地点泛指莱州湾沿岸潍北平原。原始定义：分布于现代河流入海口地带海、陆交互相沉积物，岩性主要为灰黑、灰黄色粉砂质粘土、粘土质粉砂，局部夹混粒砂、砂砾层。

【沿革】 该组命名之前相应地层无正式名称，一般称为上更新统或全新统海—冲积。

【现在定义】 分布于河流入海口地带三角州平原海—陆交互相沉积物，岩性主要为灰黑、灰黄色粉砂质粘土、粘土质粉砂，局部夹河流相含砾混粒砂。常位于大站组或黑土湖组之上，在古河口处可位于大埠组之上、黑土湖组之下。时代为全新世。

【层型】 命名时及使用者均未指定层型，也很少见测制系统剖面，现据有关资料，将莱州市后邓村东钻孔剖面作为选层型（119°58′，37°21′；山东省地质矿产局第二水文队，1988）。

潍北组 总厚度 7.92 m

5. 黄褐色粘土质粉砂，具小型斜层理，往下部为黄色含砾中细砂，底部一砾石层 3.75 m

4. 黄绿色粉细砂，顶部有厚 35 cm 灰黑色淤泥质粉砂，含少量有孔虫及陆相介形类，往下变为黄绿色粉细砂 1.00 m

3. 浅青灰色粉细砂，含贝壳、有孔虫、双壳类、腹足类，^{14}C 年龄 3815±130 a 0.87 m

2. 青灰色细粉砂，具水平层理及灰色网纹，含大量有孔虫、海相介形虫等 1.50 m

1. 灰黄、浅灰色粉砂，含贝壳、广盐性有孔虫及小软体动物，^{14}C 年龄为 5800±120 a 0.80 m

——————— 平行不整合 ———————

下伏地层：**大站组** 褐黄色亚粘土，具铁绣及灰色网纹，下部为粗砂小砾石层，具斜层理

【地质特征及区域变化】 该组属三角洲相沉积，一般不利于砂矿富集，局部可形成卤水矿产。在潍北地区厚 1～5 m，最厚达 10 m，为黑褐色粉砂淤泥、粘土夹薄层中、细砂，圆度好，含较多贝壳碎屑。在胶州湾地区为灰、灰黑色粉砂质淤泥、淤泥质粉砂、细砂等，一般厚 4～10 m。在日照两城一带由灰、浅灰色粉砂或粘土质粉砂组成。

该组含海相有孔虫、介形虫和陆相介形虫、软体类，有孔虫主要为滨岸线浅水种，尤以半咸水种较多。^{14}C 年龄在 3 815—11 800 a 之间。

旭口组 Qh*xk* （37－0159）

【创名及原始定义】 1988 年山东省地质矿产局地层会议提议创名，1991 年山东省地质矿产局区域地质调查队在 1∶20 万高密、青岛、灵山卫幅区调报告中首次使用，命名地点在荣成市旭口。原始定义：分布于胶州湾、崂山湾沿岸的全新世湾积、海岸沙滩、粘土、粉砂，内夹有牡蛎滩、贝壳滩。

【沿革】 该组命名之前相应地层无正式名称，一般称为全新统海积。

【现在定义】 分布于砂砾质海岸和基岩海岸的海积砂、夹少量砾石及淤泥层，通常形成滨岸沙坝、沙丘或海积Ⅰ级阶地。为海积、海—冲积、海—风积成因。

【层型】 正层型为荣成市旭口地区石英砂矿剖面（122°27′，37°23′；山东省地质局805队，1967）。

旭口组	总厚度 4.4 m
3. 混合砂，由长石、石英组成	0.8 m
2. 玻璃砂或型砂，由石英和少量长石组成	2.1 m
1. 石英砂，含少量黑色腐泥及暗色矿物，局部见贝壳(未见底)	1.5 m

【地质特征及区域变化】 该组岩性为分选好的灰白色、淡黄褐色细砂、中细砂夹粗砂、砾石及少量淤泥层。分布在莱州湾—连云港市部分海岸，常形成滨岸沙丘、沙坝或1—5 m高的Ⅰ级海积阶地。厚度一般小于20 m。该组为不同矿种的滨海砂矿含矿层，有砂金、锆英石、石英砂、磁铁矿、金红石等，其中以玻璃原料石英砂规模最大。

寒亭组 Qh*ht* (37-0158)

【创名及原始定义】 1988年山东省地质矿产局地层会议提议建组，1990年山东省地质矿产局区域地质调查队在1∶20万泰安、新泰幅区域地质调查报告中使用（最终验收稿），命名地点在潍坊市寒亭区。原始定义：指近代风成相堆积，岩性为黄白色细砂、粉砂。分选好，常成沙丘。

【沿革】 该组命名之前相应地层无正式名称，一般称为全新统风积。

【现在定义】 近代风成相堆积，岩性为黄白色中细砂、粉砂，或灰黄色粘土质粉砂。分选好，常呈沙丘。时代属全新世。

【层型】 命名时及使用者皆未指定层型，现据有关资料将蓬莱市林格庄东北烟—潍公路南剖面作为选层型（120°42′，37°46′；山东省师范大学郭永盛、李道高，1982）。

寒亭组	总厚度 6 m
1. 灰黄色粘土质粉砂，组成较均匀	6 m
——————— 平行不整合 ———————	
下伏地层：**黑土湖组** 黑灰色土壤层	

【地质特征及区域变化】 多分布于主干水系东、南岸及滨海平原。河流两侧者粒度较粗，一般为中、细砂，少见粉砂，滨海平原地带粒度较细，常为粉砂或粘土质粉砂。地貌上常呈孤岛状沙丘，少数可呈沙丘链，是经西北季风吹扬作用形成。沙丘规模一般高1～20 m，宽几十米至数百米，长几百米至数公里，其上多造林封沙，航空照片影像特殊，解译效果极好。

白云湖组 Qh*by* (37-0157)

【创名及原始定义】 1988年山东省地质矿产局第一地质队（李袓绩等）创名，1994年迟培星等撰文介绍，命名地点为章丘市白云湖。原始定义：为现代河流、湖泊、沼泽相沉积之黑色、黑褐色粘质砂土和砂质粘土互层。

【沿革】 该组命名之前相应地层无正式名称，一般称为全新统湖积、沼积。

【现在定义】 为现代湖泊相沉积之黑色、黑褐色粘土质砂和砂质粘土，局部夹灰白色砂土层，富含有机质及淡水贝壳。

【层型】 命名时未测制剖面，现据有关资料建立选层型：新泰市运舟湖剖面（117°38′，35°59′；山东省地质局805队，1963）。

白云湖组	总厚度 7.7 m
3. 黄色粉砂层	5～6 m
2. 黑色粉砂土夹黑色硅质粘土	1～3 m
1. 黄色粉砂土(未见底)	0.8 m

【地质特征及区域变化】 主要见于平原区现代湖泊或大型水库及周围低洼地带，粒度较细，由湖岸至湖中心，粒度变细。分选性好，垂直方向砂质粘土与粘土质砂交替出现。

平原组 Q*p* （37－0162）

【创名及原始定义】 50年代末地质部第一石油普查勘探大队创名平原群，1987年毛家衢介绍，命名地点泛指华北平原区。原始定义：不整合于第三系之上一套以棕黄色砂质粘土为主夹各种不等粒砂层地层，其上部靠渤海边有海相夹层，下部砂层层数增多。

【沿革】 50年代末地质部第一石油普查勘探大队创名时称平原群(具体创名时间和文献难以考证)，1961年石油部华北石油勘探处改称平原组，1988年山东省地质矿产局第二水文队将华北平原区下、中、上更新统分别命名为无棣组、临清组、惠民组，划分依据为年代差异，岩性难分。本次地层清理考虑平原区这套地层的特殊性，地表难以观其全貌，从钻孔资料发现变化复杂，不宜划分太细，故仍采用平原组方案，用来代表华北平原区第三系之上的所有第四纪地层（无棣大山玄武岩除外，归于史家沟组）。

【现在定义】 不整合于新第三纪明化镇组之上的一套棕黄色粉砂质粘土为主夹各种不等粒砂层之地层。上部局部夹海相淤泥层或玄武质砂砾岩。为河漫滩相、河床相、海相沉积综合体。底部以砂砾层为标志层。时代为更新世—全新世。

【层型】 未见该组命名资料，后期使用者也未指定层型，现将地质部第一石油普查勘探大队1963年测制的山东省沾化县沾1井钻孔剖面作为选层型(118°15′,37°53′)。

平原组	总厚度 498.0 m
19. 灰黄、土黄色表土，含粉砂、疏松，常见贝壳	15.0 m
18. 灰黄、灰、灰白色泥质粉砂夹砂质粘土，含贝壳	63.0 m
17. 浅棕黄、灰黄色砂质粘土及泥质粉砂层，底部见砾石层(约1/3)	24.5 m
16. 浅棕黄、黄绿色粉土及砂层，含贝壳碎片	39.0 m
15. 灰黄、土黄色泥质砂层夹砂质粘土，含贝壳碎片	42.5 m
14. 浅棕黄、灰绿色粘土、砂质粘土，富含灰质	16.5 m
13. 土黄、灰黄色泥质砂层及粉砂层或棕黄色砂质粘土	13.5 m
12. 浅棕黄、绿黄色粘土夹粉砂层	36.0 m
11. 灰黄、土黄色泥质粉砂与浅棕黄、黄绿色粘土呈等厚互层，上部砂层较集中，中夹砾石层，含钙质结核	37.0 m
10. 浅棕黄、黄绿色粘土，粉砂质粘土，富含钙质	25.0 m
9. 灰黄色粉—细砂层	9.0 m
8. 棕黄色砂质粘土及粘土层，底部为一层土黄色粉砂(厚6 m)	20.0 m
7. 棕黄、黄绿色粘土	20.5 m
6. 灰黄、土黄色泥质粉砂，富含灰质	11.0 m

5. 棕黄、黄绿色粘土夹一砂质粘土层 17.5 m

4. 浅棕黄、灰黄色砂质粘土，顶、底部各见一砂层(3～4 m) 22.0 m

3. 浅棕黄色粘土、含砂质粘土及钙质结核 16.0 m

2. 土黄、灰黄色疏松砂层与浅棕黄色粘土呈不等厚互层，砂层多见，含大量钙质结核 39.0 m

1. 土黄色泥质砂层为主夹土黄、棕黄色砂质粘土 31.0 m

～～～～～～～ 不 整 合 ～～～～～～～

下伏地层：**明化镇组** 棕黄色泥岩、砂质泥岩

【地质特征及区域变化】 该组的形成与黄河、渤海关系密切，由边缘向坳陷中心，岩性由粗变细，边缘多见砂砾石层，内部主要为粘土类沉积，厚数十米至数百米。鲁西北平原济阳坳陷上部为浅棕黄色、浅绿灰色粉砂质粘土、粘土及粘土质粉砂层，近海夹海相层，富含腹足类、双壳类及少量灰质结核；下部以灰黄色厚层粉砂层集中和底部含砾石层为特点，砾石为 2～5 m m 的泥砾，厚 350～450 m。在临清坳陷岩性为浅棕黄、浅棕红色砂质粘土、粉砂质粘土及灰白、浅棕黄色粉、细砂层，底部为黄白色含砾细砂层，粒度由上往下变粗，厚 120～400 m。在鲁西南平原为一套灰黄、黄色河流冲积相含砾砂层和砂质粒土层，以南四湖湖中线为界，湖东、湖西岩性有所差异，在枣庄、济宁等地最厚约 450 m。

平原组以颜色、成岩性、(砂砾) 标志层、古生物、重矿物、电阻曲线等特征与下伏第三系分界。

第二节 生物地层

山东省新生代地层中比较重要的生物类群有腹足类、介形类、脊椎动物、轮藻、孢粉等，属种繁多，数量丰富，对地层的划分对比和时代确定皆有重要意义。

一、腹足类生物组合特征

新生代腹足类主要见于老第三纪官庄群、五图群、济阳群，组成以 *Sinoplanorbis* 为代表的腹足类生物群。

官庄群卞桥组产 *Sinoplanorbis conjugens*，*Mirolaminatus obliquus*，*M. gracilis*，*Physa yuanchuensis*，*P. shantungensis*，*Lioplax compta*，*Cyclophorus robustus*，*Valvata mengyinensis*，*Hydrobia pingyiensis*，*Palaeoleuca* sp.，*Pupoides* sp.，*Parhydrobia* sp. 等，组合面貌偏老，时代应属古新世；常路组产 *Sinoplanorbis sinensis*，*Eostrobilos sinensis*，*Hydrobia* sp.，*Valvata mengyinensis*，*V. guanzhuangensis*，*Pseudarinia elsongata*，*Physa shantungensis*，*Pupoides* sp.，*Geotrochetella shantungensis*，*Cyclophorus roubustus*，*Palaeoleuca sinensis*，*Plentopyloides cretaceus*，*P. shantungensis*，*Zonitoides cretaceus*，*Lioplacodes sinensis*，*Amnicola laiwuensis*，*Aechaeozonites* sp.，*Bellornatus* sp.，*Punctum* sp.，*Palaeoncylus sinensis*，*Amplicoellina mengyinensis* 等，组合面貌较卞桥组为新，约在晚古新世至早始新世；大汶口组产 *Bulinus (Pyrgophysa) yonganensis*，*Valvata (Cincina) applanata*，*Bohaispira* sp.，*Yonganospira* sp.，*Pyrgula tricarinata* 等，时代在晚始新世至渐新世。上述组合中 *Pupoides*、*Amnicola* 见于广东省南雄晚古新世浓山组，*Bohaispira* 见于渤海沿岸沙河街组一段(渐新世)。

五图群李家崖组产 *Sinoplanorbis sinensis*，*Cyclophorus robustus*，*Pseudarina elongata*，*Palaeoleuca sinensis*，*Dimorphopfichia speciosa*，*Aplexa changleensis*，*Physa shantungensis*，

P. yuanchuensis, *Pupoides antiquus*, *Pupillasim plera* 等；朱壁店组产 *Physa yuanchuensis*, *Sinoplanorbis sinensis*, *Hippeutis luminosa*, *Planorbis sparnacensis* 等。两组组合面貌与官庄群常路组相似，时代属晚古新世至始新世。

济阳群沙河街组四段产 *Sinoplanorbis sinensis*, *S. intermedia*, *Australorbis* sp., *Bithynia* cf. *hebeiensis*, *Hopeiella alticonica*, *H. speciosa*, *Hydrobia linqiaoensis*, *Lymnaea binxianensis*, *Succinea dongyingensis*, *Valvata*(*Cincina*) *applanata* 等，组合面貌较官庄群、五图群为新，时代当在始新世晚期。

二、介形类生物组合特征

山东省新生代介形类化石，据在地层中的垂向分布和演化特征，可分为10个组合，3—9组合据单怀广、张慧娟（1990）资料总结。

1. *Cypridea* 组合(E_1)

该组合主要见于官庄群卞桥组，属中生代白垩纪的孑遗组合，组成以 *Cypridea* 为主的动物群，主要有 *Cypridea protracta*, *C. paraquadata*, *C. cavernosa*, *Cypris* sp., *Candona* sp. 等，组合面貌显示较老时代色彩，如 *C. cavernosa* 曾出现在松辽平原早白垩世伏龙泉组和晚白垩世四方台组、明水组（郝诒纯等，1974），在济阳坳陷王氏群中和鲁东胶州组下部（晚白垩世）也有发现。但从组合中该属种类少、特征现象明显看又不同于中生代的组合，应当是新生代濒临绝灭类群，在苏北古新世（泰州组、阜宁组一段）、广东南雄古新世（上湖组）和江汉盆地古新世（东山组）地层中都发现过 *Cypridea*。

2. *Eucypris wutuensis* 组合(E_2)

该组合发现于官庄群常路组、五图群李家崖组和济阳群孔店组，组成以 *Eucypris wutuensis* 为代表的介形类动物群。

官庄群常路组产 *Eucypris wutuensis*, *Candoniella albicans*, *Darwinula sterensoni*, *Timiriasevia mandelstami*, *Sinodarwinula guanzhuangensis*, *Cyclocypris changleensis*, *C. mengyinensis* 等；五图群李家崖组产 *Eucypris wutuensis*, *E. reniformis*, *E. kovalewsky*, *Pseudoeucypris schneideri*, *P. mandelstami*, *P. ebaris*, *Timiriasevia mandelstami*, *Cyclocypris changleensis*, *Pioncypris* sp., *Cypris sublobosa*, *Candona* sp., *Candoniella albicans*, *C. suzini*, *Darwinula stevensoni*, *Metacypris* sp., *Paracandona* sp. 等；济阳群孔店组产 *Eucypris wutuensis*, *Cyclocypris changleensis*, *Limnocythere weixianensis*, *Metacypris changzhouensis* 等。

上述介形类组合与卞桥组差异较大，其中未发现 *Cypridea*，以新生代繁盛的 *Eucypris*, *Cyclocypris*, *Candoniella* 为主要分子，时代应属始新世。

3. *Cyprinotus igneus* 组合(E_{2-3})

分布于济阳群沙河街组四段下、中部，常见分子有 *Cyprinotus igneus*, *C.* sp., *Eucypris* sp., *Cypris* sp., *Cyprois palustris*, *C.* sp.。该组合属种类型单调，个体数量少，以壳面光滑、两瓣近等的小个体为主，属种皆是国内、外中新生代淡水至半咸水盆地常见代表。

4. *Austrocypris levis* 组合 (E_3)

分布于沙河街组四段上部及大汶口组中段，以 *Austrocypris levis* 为代表，其他主要分子有 *A. posticaudata*, *A. primitiva*, *Candona acclivis*, *C. wangjiagangensis*, *Candoniella albicans*, *C. suzini*, *Cyprinotus jiyangensis*, *C. chunhuaensis*, *C. postilonga*, *Eucypris albata*, *Limno-*

cythere longipileiformis 等。该组合比 *Cyprinotus igneus* 组合属种类型增多，个体数量丰富，并且出现渤海湾地区早第三纪地方性属种，如 *Huabeinia*，*Pterygocypris*，*Miniocypris*，*Potamocyprella*，*Chinocythere* 等，但尚未成为组合中主要分子，从组合面貌看，时代应属渐新世。

5. *Huabeinia chinensis* 组合(E_3)

该组合发育在沙河街组三段，以 *Huabeinia* 为代表，有 *H. chinensis*，*H. costatispinata*，*H. huidongensis*，*H. obscura*，*H. unispinata* 等。其他主要分子有 *Candona binxianensis*，*C. guangraoensis*，*Tuozhuangia acclinia*，*Camarocypris ovata*，*Virgatocypris striata*，*Fusocandona* sp.，*Pseudocandona boxingensis*，*Ilyocyprimorpha jinanensis*，*Chinocythere helicina* 等。该组合属种繁多，个体数量丰富，开始进入本区早第三纪陆相特殊介形类动物群的繁盛时期。大汶口组上段介形类组合与该组合相似，主要分子为 *Huabeinia luxiensis*，*Cyprinotus* 及 *Candona* 等。

6. *Camarocypris elliptica* 组合(E_3)

该组合发育在沙河街组二段，以 *Camarocypris* 繁盛为特征，其他属也很繁盛。常见种有 *Camarocypris elliptica*，*C. ovata*，*C. longa*，*Ninghainia minispinata*，*Tuberocyproides sulcata*，*Cypris shenglicunensis*，*C. elliptica*，*Eucypris faviformis*，*Virgatocypris triangularis*，*Cyprinotus xiaozhuangensis*，*C. dorsiconvexus*，*Candona mutata*，*Pseudocandona boxingensis*，*Chinocythere carnosa*，*C. megacephalota* 等。组合中大部分属种由 *Huabeinia chinensis* 组合延续而来，但代表属 *Huabeinia* 明显衰退，只剩一种。

7. *Phacocypris huiminensis* 组合(E_3)

该组合发育在沙河街组一段，以 *Phacocypris* 为代表。主要分子有 *Phacocypris huiminensis*，*P. longa*，*P. panheensis*，*P. vulgata*，*Glenocypris elliptica*，*G. glabra*，*Xiyingia elta*，*X. dorsiplicata*，*X. magna*，*X. luminosa*，*Guangbeinia lijiaensis*，*Candona diffusa*，*C. protensa*，*C. sinensis*，*Candonopsis shahejieensis*，*Miniocypris subtriangulata*，*Limnocythere armata*，*Chinocythere inspinata* 等。组合中大部分属由 *Camarocypris elliptica* 组合延续而来，亦出现重要新属。

8. *Chinocythere unicuspidata* 组合(E_3)

该组合发育在东营组下段，以 *Chinocythere* 繁盛为特征，主要分子有 *C. unicuspidata*，*C. bicuspidata*，*C. tricuspidata*，*C. carnispinata*，*C. longispinata*，*C. extensa* 等。

9. *Dongyingia inflexicostata* 组合(E_3)

发育在东营组中段，以 *Dongyingia* 繁盛为特征，主要分子有 *D. inflexicostata*，*D. gracilinflexicostata*，*D. miniflexicostata*，*D. labiaticostata*，*D. biglobicostata*，*D. floricostata*，*D. florinodosa*，*D. nodosicostata* 等，以壳饰发育、壳壁厚、两瓣不等、个体大为主要特征。

10. *Candoniella* - *Ilyocypris* 组合(N)

为山东省晚第三纪介形类组合，主要发育在黄骅群馆陶组、明化镇组和临朐群牛山组、山旺组，各地组合特征稍有差异，但主要属种皆有分布，具一定对比意义。

馆陶组产 *Ilyocypris gibba*，*Candoniella albicans*，*Limnocythere* sp.；明化镇组产 *Ilyocypris erraband*，*I. dongshanensis*，*I. bradyi*，*I. cornae*，*Candoniella albicans*，*C. suzini* 等。牛山组产 *Candoniella albicans*，*C. suzini*，*Homoeucypris privis*，*Cyprinotus* (*Heterocypris*) *incongruens*，*C.* (*H.*) *chiuhsienensis* 等；山旺组产 *Ilyocypris subbradyi*，*I. gibba*，*Potamocypris shanwan-*

gensis, *Candoniella suzini*, *C. albicans*, *Eucypris* sp. 等。

三、脊椎动物组合特征

(一) 始新世新泰动物群

该动物群发现于新泰、蒙阴、莱芜等地的官庄群常路组，有 *Kuanchuanius shantungensis*, *Thinocyon sichowensis*, *Grangeria canina*, *Hyrachyus metalophus*, *Teleolophus shantongensis*, *Heptaconodon dubium*, *Propalaeotherium sinensis*, *Coryphodon flerowi*, *Metacoryophodon xintaiensis*, *M. luminius*, *Uintatherium* sp., *Lophialetes* sp., *Schlosseria* sp. 等。周明镇等将这一动物群称为新泰动物群，时代为中始新世早期。

据袁复礼(1984)分析，*Heptaconodon dubium* 和 *Propalaeotherium sinensis* 为晚始新世中—晚期动物群分子，*Grangeria canina* 比前二者较新。周明镇据以定其时代的是 *Coryphodon flerowi* 和 *Kuanchuanius shangtungensis*。*Coryphodon* 发现于北美中始新世，在我国河南等省始新世地层中也有发现(袁复礼,1984)。其他如 *Lophialetes*、*Teleolophus* 亦见于云南等地晚始新世地层。

(二) 始新世五图动物群

该动物群见于昌乐五图和临朐牛山的五图群李家崖组，有 *Homogalax wutuensis*, *Changlosaurus wutuensis*, *Anosteria shantungensis*, *Heptodon niushanensis*, *Coryphodon* sp. 等。*Heptodon* 还发现于新疆的下始新统，*Coryphodon* 主要发现于下始新统，另外 *Anosteria* 亦见于江西下始新统，*Homogalax wutuensis* 和 *Heptodon niushanensis* 皆属始新世的原始貘类(袁复礼,1984)。据李家崖组脊椎动物研究者时代意见，五图群时代应为始新世早—中期。

(三) 中新世山旺动物群

山旺动物群成分比较复杂，除哺乳类外还有爬行类、两栖类、鱼类及鸟类，组成特殊的生物群落。

哺乳类有 *Plesiaceratherium gracile*, *P. shanwangensis*, *Brachypotherium shanwangensis*, *Palaeotapirus xiejiahoensis*, *Lagomeryx teithardi*, *L. simpson*, *L. colberti*, *Stephanocemas* cf. *thomsoni*, *Hyotherium penisulus*, *Amphicyon confucianus*, *Shanwangia unexpectuta*, *Diatomys shantungensis*, *Meinia asiatica*。

爬行类有 *Mionatrix diatomas*。

两栖类有 *Bufo linquensis*, *Rana basaltica*, *Procynops miocenicus*。

鱼类有 *Leuciscus miocenicus*, *Barbus linchuensis*, *B. scotti*, *Pseudorasbora macrocephala*, *Lucyprinus linchuensis*, *L. scotti*, *Platycyprinus mirabilis* 等。

鸟类有 *Shandongornis shanwangensis*, *Sinanas diatomas*, *Linquornis gigantis*, *Youngornis gracilis*。

据上述脊椎动物研究者意见，时代均在中中新世。

(四) 中新世巴漏河三趾马动物群

该动物群见于胶济铁路西部沿线巴漏河组，主要有 *Hyaena* sp., *Sinohippus zitteli*, *Hipparion ptychodus*, *H. parvum*, *H.* sp., *Chilotherium* sp., *Muntiacus* cf. *lacustris*, *Ceruaritus demissus* 等。据袁复礼(1984)资料，*Sinohippus zitteli* 发现于山西保德晚中新世保德组，另外两种三趾马亦发现于榆社盆地榆社组下部(旧称下榆社组)，*Hyaena* 比早更新世的 *H. licenti* 个体小，*Chilotherium* 亦常见于山西、河北的中—上中新统。据此，巴漏河组时代应归于晚中

新世。

（五）第四纪哺乳动物群

第四纪哺乳类化石主要发现于老黄土堆积的羊栏河组和洞穴堆积的沂源组，时代主要在中更新世，个别地区可能延续到晚更新世。

在青州市驼山、云门山羊栏河组黄土中发现哺乳类 *Cervus*(*Pseudaxis*) *magnus*，*C.*(*P.*) *gragi*，*Megaceros pachyosteus*，*M. flabellatus*，*Ovis ammon shantungensis*，*Sus* sp.（杨钟健，1934），除 *O. ammon shantungensis* 外皆见于周口店动物群。另外在潍坊、胶南、胶州及蓬莱等地的羊栏河组和大站组中发现较多的象化石，有 *Palaeoloxodon naumanni*，*P. namadicus* 及 *Mammuthus* 等。

在沂源县土门镇芝芳村骑子鞍山东麓灰岩裂隙中发现 *Megaceros pachyosteus*，*Kicerorhinus mercki*，*Equus sanmenensis*，*Sus lydekkeri* 及猿人化石，其猿人化石从其特征看，与北京猿人接近，应属中更新世中期。在土门“山东一号洞”，发现 *Equus prezewalskyi*，*Sus* sp. 及石器（刮削器 15 件，石片 10 件，石核 13 件），化石接近于晚更新世的野马或野驴，石器属更新世晚期的旧石器文化。在新泰乌珠台寒武系鲕状灰岩溶洞中发现 *Homo sapiens*（一枚人牙，相当山西大荔人，20 万年），*Felis* cf. *tigris*，*Equus* sp.，*Coelodonta antiquitatis*、*Sus* sp.，*Cervus* sp.，*Bovinae* sp. et. gen. indet.，除 *Coelodonta antiquitatis* 为更新世特有分子外，余皆可延续到全新世，其时代当在更新世晚期。

综合几地洞穴生物群面貌，时代在中—晚更新世为宜。

四、轮藻组合特征

轮藻化石主要见于老第三纪官庄群、五图群、济阳群，据演化特征自下而上可分 6 个组合，2—6 组合据单怀广、张慧娟（1990）资料总结。

1. *Latochara*－*Peckichara* 组合（E_1）

据徐宝政（1986）资料，平邑盆地官庄群卞桥组产丰富轮藻，组成以 *Latochara*－*Peckichara* 为代表的轮藻生物群。主要分子有 *Peckichara zhijiangensis*，*P. coronata*，*P.* cf. *zoumalingensis*，*P.* cf. *varias*，*Latochara curtula*，*L. pingyiensis*，*L. bianqiaoensis*，*Stephanochara* sp.，*S. kiangsuensis*，*Neochara gaochunensis*，*N. obtusa*，*Gyrogona* sp.，*G.* cf. *qianjiangensis*，*Gobichara tenera*，*Rhabdochara* cf. *changzhouensis*，*Maedleriella* cf. *mangenoti*，*Obtusochara* sp.，*Sphaerochara* cf. *grarulifera*，*Hornichara paralagenalis*，*Pseudolatochara* sp.，*Charites* sp. 等。

从上述轮藻化石组合看，轮藻类型复杂，过渡色彩明显，既有主要见于晚白垩世的分子，如 *Latochara curtula* 曾见于广东南雄盆地的南雄组等晚白垩世地层中，又有早第三纪繁盛起来的 *Neochara* 等。

2. *Peckichra wutuensis* 组合（E_2）

主要发育在昌邑、潍坊、昌乐等地五图群李家崖组和济阳群孔店组，重要分子有 *Peckichara wutuensis*，*Neochara sinuolata*，*N. squaida*，*N. huananensis*，*Gobichara deserta*，*G.* cf. *tenera*，*Grovesichara changzhouensis*，*Obtusochara elliptica* 等。

3. *Gyrogona qianjiangica* 组合（E_2）

发育在沙河街组四段，主要分子有 *Gyrogona qianjiangica*，*Obtusochara jianglingensis*，*O. prisca*，*Stephanochara xiaozhuangensis* 等。

4. *Shandongochara decorosa* 组合(E_{2-3})

分布于沙河街组三段，代表分子为 *Shandongochara decorosa*，*Guangraochara distincta*，*Linyiechara clara*，*L. magna*，*L. subparallela*，*Stephanochara funingensis* 等。

5. *Charites producta* 组合(E_3)

分布于沙河街组二段，主要有 *Charites producta*，*C. subconica*，*Hornichara xinzhenensis*，*Dongmingochara rarituberculata*，*Croftiella xianhezhuangensis*，*C. piriformis*，*Stephanochara globula* 等。

6. *Maedlerisphaera ulmensis* 组合(E_3)

分布于东营组，主要分子有 *Maedlerisphaera ulmensis*，*M. chinensis*，*Croftiella zhangjuheensis*，*Nemegtichara valgaris*，*Stephanochara kenliensis*，*S. microgranula*，*Harrisichara dezhouensis*，*Rhabdochara stockmansi* 等。

五、孢粉组合特征

以老第三纪资料丰富、研究较详，对地层划分和时代对比意义较大，自老至新可分为4个组合，每个组合各地分布的孢粉类型略有差异，但总体特征相似，基本与我国东部老第三纪孢粉组合序列吻合。

1. 古新世 *Ulmipollenites* - *Ulmoideipites* - *Aquilapollenites* 组合

该组合见于王氏群胶州组中部和官庄群卞桥组，以 *Ulmipollenites* 和 *Ulmoideipites* 含量高并含有 *Aquilapollenites* 为特征。

胶州组中部孢粉组合中，被子植物花粉含量87.5%～95.6%，裸子植物花粉含量1.8%～10.4%，蕨类植物孢子含量2.22%～2.7%。榆科花粉*Ulmipollenites*占43.8%，*Ulmoideipites* 占 16.6%。*Aquilapollenites* 有 2 种，*A. granobaculus* 占 1.5%～3.5%，*A. spinulosus* 占 0.9%。

卞桥组孢粉组合中，被子植物花粉含量 55.2%～72.2%，裸子植物花粉含量 15%～22.5%，蕨类植物孢子 12.8%～22.3%。含量较高的花粉有 *Ulmipollenites minor*(2.2%～16.3%)、*Subtriporopollenites granulatus*(5.5%)、*Plicapollis granulatus*(3.9%)、*Tricolpollenites*(6.1%)，并含有少量的 *Aquilapollenites*。

2. 始新世早—中期 Pinaceae - *Ulmipollenites* - *Ulmoideipites* 组合

该组合见于五图群李家崖组、济阳群孔店组和官庄群常路组，以松科粉和榆科粉含量高为特征。

昌乐、临朐李家崖组中被子植物花粉含量 40%，主要为 *Coryluspollenites*，次为 *Caryapollenites*，*Ulmipollenites*，*Pterocarya*，*Magnolipollis*；裸子植物花粉含量与被子植物花粉相等或略高，以 *Taxodium* 为主，其次为 *Pinus*，*Larix*，Taxaceae，*Glyptostrobus* 等；蕨类植物孢子含量约 10%，种类不多，以 *Adianthum* 为主，次为 Polypodiceae。龙口市李家崖组被子植物花粉含量 50.2%～78.6%，以 *Monipites*、*Ulmipollenites minor*、*Quercoidites*、*Triporopollenites* 为主，次为 *Paraulnipollenites*、*Plicapolis* 等，并含有少量 *Aquilapollenites spinulosus* (3.5%)；裸子植物花粉含量 17.8%～43.7%，以单、双束松粉、*Taxodiaceaepollenites*、*Podocandites* 为主，次为 *Ephedripites*；蕨类植物孢子含量 3.8%～13%，主要为 *Polypodiaceaeporites*、*Deltoidospora*。

3. 始新世晚期—渐新世早、中期孢粉组合

这一时期孢粉组合分带性不强，总体特征相似，以 *Quercoidites* 含量高(27%～50%)为标志，主要发现在济阳群沙河街组和官庄群大汶口组。其中沙河街组四段与大汶口组中段特征相似，属晚始新世组合，沙河街组三段与大汶口组上段相似，属早渐新世组合，沙河街组一、二段属中渐新世组合。

沙河街组四段被子植物花粉含量 62.4%～69%，阔叶植物花粉较孔店组增多，以 *Quercoidites* 为主(32%～34%)，次为 *Ulmipollenites*、*Ulmoideipites*(14%～26%)；裸子植物花粉含量 26.2%～34.7%，主要为单、双束松粉(9.2%)和 *Ephedripites*(2%～21%)；蕨类植物孢子含量仅 2.6%～4.1%，主要为 *Pterisiporites*。大汶口组中段被子植物花粉含量 55.75%，其中 *Quercoidites* 含量 27.25%，*Q. microhenrici* 含量最高(19.55%)；裸子植物花粉含量 38.15%，以单、双束松粉为主(19.05%)，*Taxodiaceaepollenites*(6.9%)和 *Ephedripites*(7.45%)次之；蕨类植物孢子仅占 4.3%，以 *Polypodiaceaesporites* 为主。

沙河街组三段被子植物花粉含量 82.4%，其中 *Quercoidites* 达 50%；裸子植物花粉 15%，以 Pinaceae 为主，次为 Taxodiaceae、*Ephediripites* 和 *Podocarpus*；蕨类植物孢子仅占 0.7%。大汶口组上段被子植物花粉含量 81.9%，其中 *Quercoidites* 占 35.9%，*Q. microhenrici* 达 31.4%；裸子植物花粉含量 10%，以单、双束松粉为主(3.6%)，其次为 *Ephedripites*(1.85%)和 *Taxodiaceaepollenites*；蕨类植物孢子仅占 0.8%，以 *Polypodiaceaesporites* 为主。

4. 晚渐新世 *Ulmipollenites* 高含量组合

该组合见于东营组，以榆科粉含量高为特征，可分两个亚组合。

(1) *Ulmipollenites undulosus* - *Piceaepollenites* 亚组合

分布于东营组下、中段，被子植物花粉 55.2%～88.4%，*Ulmipollenites* 占 29 %，以 *U. undulosus* 为主；裸子植物花粉 10%～32.5%，Pinaceae 粉为主(8.4%～24%)，*Piceaepollenites* 和 *Tsugaepollenites* 常见，*Ephedripites* 含量少；蕨类植物孢子仅占 1.4%～3.3%。

(2) Juglandaceae - *Tiliaepollenites minimus* 亚组合

分布于东营组上段，被子植物花粉 43.2%～54.1%，*Ulmipollenites* 占 8.5%～11.5%，Juglandaceae 粉占 9%～10%，Betulaceae 粉占 7.2%～10.1%，*Quercoidites* 减少，仅占 4%～9.6%；裸子植物花粉 19.8%—56%，以单、双束松粉为主，*Tsugaepollenites* 常见，*Ephedripites* 含量低(0～0.2%)；蕨类植物孢子 0.7%～35.6%。

第三节　年代地层

按国际地科联《世界地层表》(1989)方案，新生代年代地层分为下第三系(包括古新统、始新统、渐新统)、上第三系(包括中新统、上新统)和第四系(包括更新统、全新统)。下第三系与白垩系地质年代界线 65 Ma，上第三系与下第三系地质年代界线 23 Ma，第四系与上第三系地质年代界线 1.6 Ma，本文采用此方案。本节只论述年代地层划分及相应的岩石地层单位，地层特征请参见本章第一节，此处从略。

一、下第三系

山东省下第三系非常发育，可分为两种类型：山间断陷盆地型和平原坳陷盆地型，尤以后者面积广大并以赋集石油、天油气等矿产资源而闻名。山东省下第三系区域地质对比见图 8-5。

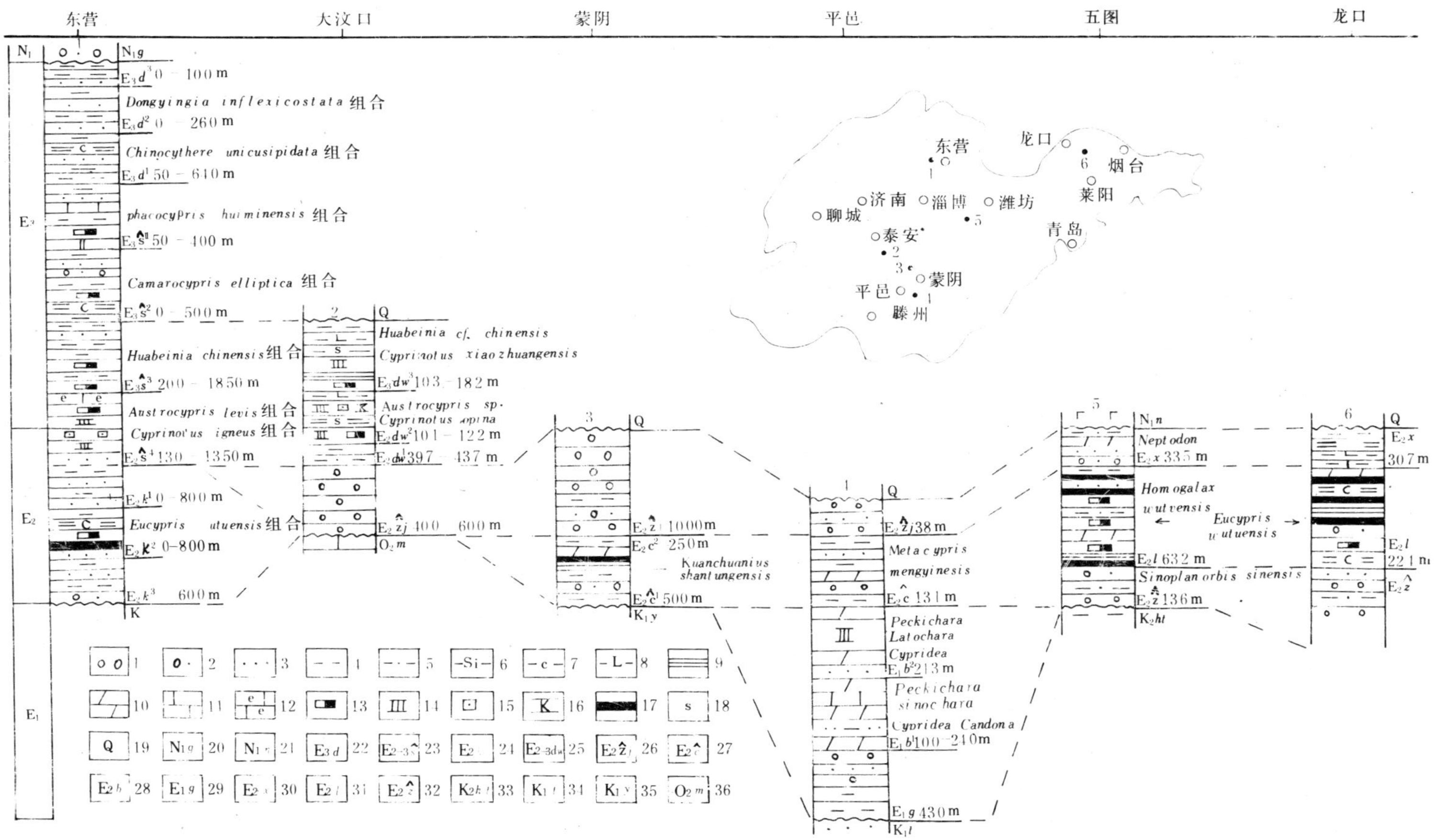

图 8-5　山东省下第三系综合柱状对比图

1. 砾岩；2. 砂砾岩；3. 砂岩；4. 泥岩；5. 砂质页岩；6. 硅质页岩；7. 碳质页岩；8. 钙质页岩；9. 页岩；10. 泥灰岩；11. 灰岩；12. 生物灰岩；13. 油页岩；14. 石膏；15. 岩盐；16. 钾盐；17. 煤；18. 自然硫；19. 第四系；20. 新第三纪黄骅群馆陶组；21. 新第三纪临朐群牛山组；22—24. 老第三纪济阳群东营组、沙河街组、孔店组；25—29. 老第三纪官庄群大汶口组、朱家沟组、常路组、下桥组、固城组；30—32. 老第三纪五图群小楼组、李家崖组、朱壁店组；33. 晚白垩世王氏群红土崖组；34. 早白垩世大盛群田家楼组；35. 早白垩世莱阳群杨家庄组；36. 奥陶纪马家沟组

（一）古新统

分布较少，比较肯定的见于平邑盆地和胶州地区，相当岩石地层单位有官庄群固城组、下桥组和王氏群胶州组中、上部，主要为河湖相沉积。

（二）始新统

本统地层分布广泛，发育良好，矿产丰富，为山东省新生代最发育之地层，相当岩石地层单位有官庄群常路组、朱家沟组、大汶口组下、中段，五图群，济阳群孔店组、沙河街组四段。

（三）渐新统

底部与始新统为连续沉积，但发育程度不及始新统，矿产也不如始新统丰富。相当岩石地层单位有官庄群大汶口组上段，济阳群沙河街组三至一段，东营组。

二、上第三系

山东省上第三系分布比较零星，发育较差，除华北平原地层分区有较大面积分布外，其他地区多为小型山间盆地沉积，并且以玄武岩喷发为特征。

（一）中新统

相当岩石地层单位有黄骅群馆陶组，临朐群牛山组、山旺组。馆陶组不整合于老第三纪济阳群东营组之上，为一套河湖相碎屑岩。牛山组为玄武岩夹泥岩、砂砾岩，与老第三纪五图群小楼组不整合，玄武岩 K－Ar 同位素年龄 16～18 Ma。山旺组为火山口湖相沉积，岩性以砂砾岩为主，夹硅藻土、油页岩及玄武岩，以含丰富动植物化石而闻名，玄武岩 K－Ar 同位素年龄 13～14 Ma。

（二）上新统

山地丘陵区上新统分布零星，以昌乐、临朐等地的玄武岩喷发为代表，岩石地层单位称尧山组。章丘一带为含三趾马动物群的河湖相沉积，岩石地层单位称巴漏河组。平原区相应的岩石地层单位称明化镇组，为整合于中新统之上的河湖相沉积。

另外属于上新统的还有岩石地层单位白彦组的部分地层，从生物群面貌看，该组各地时代可能有差异，某些属上新世，某些属第四纪，年代地层也很难截然划分。

三、第四系

（一）下更新统

山东省下更新统不太发育，山地丘陵区仅见零星分布，相应岩石地层单位称小埠岭组，常不整合于不同时代基底岩系之上。另外还有部分第四纪玄武岩也属于该统，岩石地层单位属于史家沟组。平原组发育较好，厚度亦很大，但限于研究程度，很难确切划出上界，平原组下部相当下更新统。

（二）中更新统

发育比下更新统好，分布亦广，相应岩石地层单位有羊栏河组、于泉组、柳夼组及部分史家沟组、平原组。中更新统含丰富周口店动物群化石，其棕红色粘土堆积（羊栏河组）可作为水泥原料。另外中更新统还有洞穴堆积（沂源组），从其猿人化石特征分析，与北京猿人接近。关于柳夼组的年代归属目前仍有争议，有上新世（杨光复等，1982）、早—中更新世（郭永盛，1981）、晚更新世（张明书等，1992）之说。据张明书等测定 ESR 年代数据应归晚更新世，但据自述采样及误差因素，年代数据可靠性值得怀疑。目前暂按前人意见，归于中更新世。

（三）上更新统

上更新统以风成相、河流相沉积和沼泽化黑土堆积为特征，相应岩石地层单位有大站组、大埠组和黑土湖组下部及部分平原组。大站组以黄色粉砂、粘土堆积为主（黄土），夹少量砂砾石层，成因为风积和洪、冲积，区域上与马兰黄土相当。大埠组为河流相砂层、砂砾石层，常位于现代河流Ⅰ级阶地下部。黑土湖组下部可能有部分属于上更新统，孢粉分析资料显示当时植物群多数为喜湿植物，气候较温暖，^{14}C 年龄从 4 000 年至 17 000 年，反映堆积时代较长。平原组为黄河和渤海交互作用产物，厚度大且埋藏深，延续年代也较长，可能从早更新世至全新世皆有沉积。

另外岩石地层单位山前组、潍北组可能部分相当上更新统，各地开始堆积时间不同，年代地层难以划分开。

（四）全新统

多属近代堆积，岩石类型及成因类型非常复杂，许多地区现在仍发生沉积作用。与全新统相当的岩石地层单位有临沂组、沂河组、泰安组、白云湖组、寒亭组、旭口组及部分潍北组、平原组、山前组、黑土湖组。临沂组为近代河流沉积，常组成高河漫滩和Ⅰ级阶地，与人类文明史关系密切。沂河组为现代山区河流沉积，一般限制在河道内，有时可形成决口扇和洪泛小平原。泰安组为近代山区洪积物，分布较局限。白云湖组发育在现代湖泊或大型水库、低洼地带，见于地表，无上覆层，与黑土湖组易区别。寒亭组为近代风积物，多发育在大河旁边和海湾地带。旭口组为近代潮间—潮下沙坝、沙丘沉积，因海岸上升而成为海滨沙坝、沙丘。

第九章
结语

本次地层清理对山东省各断代地层进行了系统地划分与对比。按现代地层学原理，采用多重划分方法，将岩石地层和年代地层(或地质年代)分别考虑，避免了以往统一地层法用年代划分代替地层划分，割裂或统一地质体的弊端。建立了一套既适合于野外区调填图、又符合客观实际的岩石地层序列，对重要断代地层建立了区域岩石地层格架或横剖面图。对过去研究地层注重年代、生物对比而建立的一些同物异名、异物同名单位进行了修定或废弃，在尊重命名优先权的前提下侧重于使用率和知名度，尽量采用大家熟知而习惯的划分方案。

通过本次地层清理，使山东省在地层分类上有了较大的进展和突破，既理顺了各单位之间的相互关系，解决了一些历史上遗留问题，又在某些地层问题上有新的发现和进展。

第一节　重要地层问题研究进展

通过本次地层清理，山东省地层研究取得了重要进展和提高，主要有下述几方面。

(1)首次对全省范围内历史上曾使用过或出现过的岩石地层单位进行了系统收集、统计，经过分析、筛选，建议停用 190 个单位，统一了全省范围的岩石地层定义、划分标准，厘定了 24 个群、107 个组和 22 个段共 153 个正式岩石地层单位及 84 个非正式段，明确了各岩石地层单位层型所在地及一些历史上遗留问题。

(2)运用构造-岩石-地层法对变质地层进行了研究，重新厘定了沂水(岩)群、泰山(岩)群、胶东(岩)群、胶南(岩)群和大山沟(岩)组的含义。由于它们受到强烈变形变质作用，而目前所见多数不是原始沉积层序，或者埋藏地下关系不明确，故将原以层序清楚的层状岩石概念命名的群、组改为有层无序构造地(岩)层单位的(岩)群、(岩)组。

(3)剔除了原划变质地层中变形变质侵入体，将变质地层与古老变形变质侵入体区分开来，使地壳演化历史更为清晰、岩石地层单位含义更加明确。如原划英庄夼组和甄家沟组实为变形变质花岗岩故将其废弃，新义的胶东(岩)群仅包括唐家庄(岩)组、齐山(岩)组和林家寨(岩)组。

(4)根据“一个群不应包括大的(角度)不整合，而且应具有变质程度的一致性”的原则，将明显形成于不同地质年代、变质程度差别较大、其间存在大的(角度)不整合等原胶南群予以解体，分为三个地层序列：其一为晚太古代大山沟(岩)组；其二为早元古代新义的胶南(岩)群；其三为震旦纪朋河石组。剔除了实为变形变质侵入体的甄家沟组。这为华北与华南板块碰撞带北缘的胶南地区构造演化研究提供了新的信息。

(5)根据原岩建造、变质程度和同位素年龄不同，指出胶北地层小区唐家庄(岩)组与齐山(岩)组和林家寨(岩)组有很大的差异，前者可能属中太古代高级变质区产物，与鲁西地层分区沂水(岩)群相当。

(6)根据岩石组合、变质作用及分布特征等特点，提出了粉子山群、荆山群和胶南(岩)群属同时异相沉积的观点，荆山地区由于位于盆地中心且达高级变质程度而区别于邻区的粉子山群和胶南(岩)群，后两者差别在于胶南(岩)群处于构造活动带，变形强烈，多数有层无序。

(7)对鲁西地区晚元古代地层尝试进行了岩石地层、年代地层、生物地层、化学地层和地震地层及磁性地层等各种地层划分，尤其是通过地震事件地层——石旺庄期地震震动液化碳酸盐泥晶脉层和石旺庄组与香夼组中无隔壁叠层石形态对比，进一步证实了除变质作用差异外，土门群和蓬莱群形成时代和岩石组合序列完全可以对比，而且可以和徐淮地区、辽东地区的同时代地层对比。

(8)对山东省寒武纪—早奥陶世岩石地层进行了基本层序的研究及海相地层层序划分，层序地层划分与岩石地层群(组)划分吻合较好。建立了岩石地层格架并阐明了时空分布关系，其划分方案在华北地层大区晋冀鲁豫地层区得以推广使用。恢复了九龙群和炒米店组，引进了三山子组，新建长清群、余粮村段、丁家庄段、石店段、洪河段、盘车沟段。按目前的划分方案，在野外极易识别，各地层单位特征容易掌握，为今后1：5万区调填图工作奠定了基础。

(9)对山东省石炭纪—三叠纪地层进行了新的划分，完善了山东省三叠纪地层系统，岩石地层引进了海陆交互相沉积为特征的月门沟群。将太原组厘定为以灰岩为特征的岩石组合。石盒子组按砂岩和泥岩相间出现分为4个段。石千峰群进一步分为红色泥岩为特征的孙家沟组和红色砂岩为特征的刘家沟组。明确了山东省二马营组的存在。指出了石千峰群与上覆和下伏地层区分标志：即石千峰群以红色、紫红色泥岩和长石砂岩为特征，区分于上覆和下伏以灰绿色、黄绿色(钻孔中为浅棕色)长石砂岩、粉砂岩夹紫红、红色泥岩为特征的二马营组和石盒子组孝妇河段，石千峰群与石盒子组虽为不整合至平行不整合接触，但不整合面不能作为时代划分的依据。因而根据与邻省对比和古生物证据，将孙家沟组划为二叠系顶部，刘家沟组划为下三叠统，二马营组相当于中三叠统。

(10)通过野外核查，在蒙阴盆地发现侏罗纪坊子组，扩大了坊子组分布范围，为废弃汶南组，统一侏罗纪岩石地层序列提供了依据，为研究山东省侏罗纪古地理提供了新资料。

(11)清理了三台组的同物异名汶南组，论证了三台组在区域上的展布规律，为苏、鲁、豫、皖边界地区中生代地层的划分对比提供了新资料。

(12)理清了莱阳群复杂的横向变化关系，依据《国际地层指南》有关原则建立了各地莱阳群地层序列。

(13)在前人研究基础上，进一步搞清了山东省青山群火山岩演化规律，分为4个旋回，对应4个组级单位，纠正了以往划分中的同名异物和同物异名现象。

(14)理顺了青山群与大盛群的时-空关系，认为大盛群与青山群为准同时沉积，大致相当青山群的Ⅱ、Ⅲ、Ⅳ旋回。

(15)论证了大盛群与王氏群的关系，证明沂沭断裂带内以往所划分的王氏组大部分应是大盛群。

(16)通过对王氏群基本层序的研究，重新厘定了岩石地层单位，纠正了以往所划分的单位难以延展和同物异名现象。

(17)清理了近年来区调工作中建立的一些中生代不规范岩石地层单位,净化了地层系统，建立起一套适合全省使用的侏罗纪—白垩纪岩石地层序列。

(18)运用层序地层学原理，探讨了山东省侏罗纪—白垩纪陆相地层层序地层划分，根据层序界面划分的层序地层单位，与岩石地层单位序列的划分吻合较好。

(19)对第三纪地层进行了系统分析、清理，理清了鲁西下第三系层序，从生物地层、岩石地层及构造演化方面的对比，证明平邑、蒙阴、大汶口等新生代盆地是在老第三纪时不同时期呈阶梯状自东向西发展的递降盆地，其中平邑盆地最老，蒙阴盆地次之，大汶口盆地最新。它们即非同期相变、又非完全是后一个新于前一个，而是底部具时间交叉的依次上升关系。

(20)清理了早第三纪五图群的同物异名黄县组，通过详细的生物、岩石对比，证明二者是典型的同物异名，故黄县组应废弃，三个段分别归于五图群三个组。

(21)通过岩石学、同位素年龄、古地磁特征及空间关系的分析、对比，理清了晚第三纪主要岩石地层序列，是一套基性火山岩为主夹正常沉积岩的岩石组合，建立临朐群。

(22)补测了晚白垩世—古新世胶州组剖面，依据可靠的生物和年代资料，建立了山东省中—新生界界线层型剖面，认为山东省白垩系与下第三系局部为整合接触，连续沉积。

(23)首次对全省第四纪地层进行了全面清理,建立一套比较完善的第四纪岩石地层序列，对以往命名不规范单位除修订含义外，补建了选层型。

第二节　山东省地层序列

山东省年代地层自中太古界至新生界均较发育，尤以古生界寒武系、奥陶系和中生界白垩系、新生界下第三系为典型，许多单位是华北地层大区晋冀鲁豫地层区或我国东部地层对比、划分的标准或典型。由于山东省所处构造、沉积区的因素，古生界发育不全，缺失志留系和泥盆系，而以寒武系发育较全、研究详细而著称，为华北地层大区晋冀鲁豫地层区寒武系的重要层型地点之一。

山东省岩石地层分区性较强,各地发育不均衡,地层分区及各分区地层序列前已论述,总体岩石地层序列如表 9-1 所示。

第三节　有关问题讨论

通过三年的地层清理工作,对山东省全部地层进行了系统地清理、研究并进行多重划分，同志们付出了大量的心血和劳动，取得了一些进展和成果，使我省地层学研究上了一个新台阶，已与国际地层学研究相接轨。但是，由于时间短促，参加人员多是年轻同志，对山东省基础地质资料掌握程度有限，加上当前市场经济浪潮的冲击，费用紧张，收集资料困难。所以，本报告不足和谬误之处在所难免，望关心和熟悉山东省地层情况的专家、学者、地质前辈们不吝赐教、或撰文指正！另外，在工作当中发现一些目前难以解决或意见分歧较大的问题，下面提出与专家、学者们商榷。

(1)胶东(岩)群唐家庄(岩)组可能属中太古代，Pb-Pb 同位素年龄在 29 亿年。最近 1∶5

表 9－1 山东省地层清理建议采用岩石地层单位序列表

界	系	统	群	组、段
新生界	第四系	全新统	平原组	泰安组、寒亭组、沂河组、白云湖组、旭口组、潍北组
新生界	第四系	全新统	平原组	临沂组
新生界	第四系	全新统—更新统		山前组
新生界	第四系	更新统	平原组	黑土湖组
新生界	第四系	更新统	平原组	沂源组；大埠组、大站组
新生界	第四系	更新统	平原组	于泉组、羊栏河组、柳夼组、史家沟组
新生界	第四系	更新统	平原组	小埠岭组
新生界	第三系	上新统	黄骅群	明化镇组；白彦组
新生界	第三系	上新统	临朐群	尧山组
新生界	第三系	中新统	黄骅群	馆陶组；巴漏河组
新生界	第三系	中新统	临朐群	山旺组、牛山组
新生界	第三系	渐新统	济阳群	东营组
新生界	第三系	渐新统—始新统	济阳群	沙河街组、孔店组
新生界	第三系	渐新统—古新统	官庄群	大汶口组、朱家沟组、常路组、卞桥组、固城组
新生界	第三系	始新统	五图群	小楼组、李家崖组、朱壁店组
新生界	第三系	古新统		胶州组
中生界	白垩系	上	王氏群	金岗口组
中生界	白垩系	上	王氏群	红土崖组
中生界	白垩系	上	王氏群	辛格庄组
中生界	白垩系	上	王氏群	林家庄组
中生界	白垩系	下	青山群	方戈庄组、石前庄组、八亩地组、后夼组
中生界	白垩系	下	大盛群	孟疃组、寺前庄组、田家楼组、马朗沟组
中生界	白垩系	下	莱阳群	法家茔组、杜村组；曲格庄组
中生界	白垩系	下	莱阳群	杨家庄组；龙旺庄组、水南组
中生界	白垩系	下	莱阳群	止凤庄组；林寺山组、瓦屋夼组
中生界	侏罗系	上	淄博群	三台组
中生界	侏罗系	中—下	淄博群	坊子组
中生界	三叠系	中		二马营组
中生界	三叠系	下	石千峰群	刘家沟组
古生界	二叠系	上	石千峰群	孙家沟组

界	系	统	群、组	组、段
古生界	二叠系	上	石盒子组	孝妇河段
古生界	二叠系	上	石盒子组	奎山段
古生界	二叠系	上	石盒子组	万山段
古生界	二叠系	上	石盒子组	黑山段
古生界	二叠系	下	月门沟群	山西组
古生界	二叠系	下	月门沟群	太原组
古生界	石炭系	上	月门沟群	本溪组（湖田段）
古生界	石炭系	下		
古生界	奥陶系	中	马家沟组	八陡段
古生界	奥陶系	中	马家沟组	阁庄段
古生界	奥陶系	中	马家沟组	五阳山段
古生界	奥陶系	下	马家沟组	土峪段
古生界	奥陶系	下	马家沟组	北庵庄段
古生界	奥陶系	下	马家沟组	东黄山段
古生界	奥陶系	下	九龙群	三山子组
古生界	寒武系	上	九龙群	炒米店组
古生界	寒武系	上	九龙群	崮山组
古生界	寒武系	中	九龙群	张夏组：上灰岩段、盘车沟段、下灰岩段
古生界	寒武系	中	长清群	馒头组：上页岩段、洪河段、下页岩段、石店段
古生界	寒武系	下	长清群	朱砂洞组：丁家庄段、余粮村段、下灰岩段
古生界	寒武系	下	长清群	李官组
上元古界	震旦系		土门群	石旺庄组、浮来山组、佟家庄组
上元古界	震旦系		蓬莱群	香夼组、南庄组、辅子夼组、豹山口组
上元古界	震旦系			朋河石组
上元古界	青白口系		土门群	二青山组、黑山官组
下元古界			济宁岩群	
下元古界			芝罘群	兵营组、老爷山组
下元古界			荆山群	陡崖组：水桃林段、徐村段
下元古界			荆山群	野头组：定国寺段、祥山段
下元古界			荆山群	禄格庄组：光山段、安吉村段
下元古界			粉子山群	岗嵛组、巨屯组、张格庄组、祝家夼组、小宋组
下元古界			胶南岩群	于家岭岩组、邱官庄岩组
上太古界			泰山岩群	柳杭组、山草峪组、雁翎关组、孟家屯岩组
上太古界			胶东岩群	林家寨岩组、齐山岩组、唐家庄岩组
上太古界				大山沟岩组
中太古界			沂水岩群	林家官庄岩组、石山官庄岩组

万区调发现，原划唐家庄(岩)组以含紫苏辉石英云闪长岩体为主，含有二辉麻粒岩、紫苏磁铁石英岩包体，与沂水高级变质区可能为同时产物。由于资料限制，目前暂归胶东(岩)群处理。

(2)近几年1：5万区调中发现，胶南王台地区粉子山群(原划五莲群)地层中含晶质石墨矿，张成基等还在日照市附近电视塔脚下胶南(岩)群中发现了含石墨层位。如此以来，胶南(岩)群以不含石墨而区别于粉子山群的依据就发生了动摇。如果层序上二者相当，就应取消胶南(岩)群，分别划为粉子山群和荆山群。由于目前还缺乏系统资料，加上胶南(岩)群后期改造稍强，故暂保留胶南(岩)群，三者可否详细对比或归并，待以后进一步充实资料再解决。

(3)按照地层分区原则，在同一分区内，多数组级地层单位可以延伸，目前胶南、胶北两个小区内群、组单位名称不同，应属两个分区。但是，近年来却发现胶北与胶南地层层序和岩性皆可以对比，倘若如此，理应不再分为两个地层小区。由于资料和工作时间限制，目前暂以两个小区处理。如果胶北与胶南两个小区取消，那么统一的鲁东地层分区早前寒武纪地层划分建议如表9-2所示。

表9-2 建议的鲁东地层分区早前寒武纪岩石地层划分方案

早元古代	芝罘群	
	荆山群(含部分胶南(岩)群)	粉子山群(含部分胶南(岩)群)
晚太古代	胶东(岩)群(即齐山(岩)组、林家寨(岩)组)(含大山沟(岩)组)	
中太古代	唐家庄(岩)组	

(4)根据全国地层清理项目办公室规定，在目前我国还没有新的地层指南出版之前，本专著和地层数据库有关地层时代划分，原则上仍按1980年全国地层委员会颁发的《中国地层指南及中国地层指南说明书》中规定执行。但是，由于80年代以来，地质年代学研究已有重大进展，为此，全国项目办公室对个别问题做了补充规定。现说明如下：

1) 古生代以后地质时代划分应按1980年中国地层指南规定执行。但是，由于石炭纪二分方案国际上已趋统一，本文将石炭纪二分，即山东省一般仅有石炭系上统(C_2)。

2) 元古宙的划分，按全国地层委员会1990年公布的标准。即太古、元古均称宙或宇，元古宙(宇)三分。按我国习惯，称为早、中、晚元古代及对应的下、中、上元古界。早元古代界限年龄为约2 500 Ma和1 800 Ma，晚元古代界限年龄为1 000 Ma和约600 Ma。

3) 太古宙的划分，暂按全国地层委员会部分委员在南京(1993)协商的意见处理，对太古宙三分。分别称为早、中、晚太古代及对应的下、中、上太古界。其中中太古代界限年龄为3 500 Ma和2 900 Ma。

(5)根据华北大区地层清理领导小组规定，华北地层大区石炭纪与二叠纪的年代地层界线置于*Triticites simplex*与*Pseudoschwagerina*的分界处。一般以*Pseudoschwagerina*的出现作为二叠系的底界。

(6)在淄博、章丘中生代盆地内，石千峰群仅发育下部以红色泥岩为特征的孙家沟组和中部以红色砂岩为特征的刘家沟组，其上被早—中侏罗世坊子组平行不整合覆盖。与山西省石千峰群相比，缺失上部以红色泥岩为特征的和尚沟组。但是，在坊子组底部砾岩中发现有红色泥岩砾石。此外，在聊城一带地下钻孔内发现有中三叠世二马营组沉积，厚达1 245.5 m。那么，二马营组下伏岩性怎样？属哪个组？当时赵志清等(1980)介绍原聊城组(现二马营组)

资料时，下伏地层怀疑为二叠系。从与山西省和河北省等石千峰群与二马营组为连续沉积关系分析，在聊城一带地下钻孔中二马营组下伏地层可能为石千峰群上部以红色泥岩为特征的和尚沟组。有待于将来进一步收集资料证实。

(7)在昌乐、安丘、沂水马站一带，大盛群上部为寺前村组，其上与晚太古代二长花岗岩断层接触；在诸城市孟疃一带，寺前村组之上局部地段发育孟疃组，大部分地区与王氏群林家庄组难以区分。从区域分布看，寺前村组与林家庄组都可以位于青山群方戈庄组之上，林家庄组与寺前村组同属早白垩世，二者岩石特征相同，空间位置相当，是否为同一岩石地层单位？本次清理中讨论此问题时有关专家认为：孟疃一带寺前村组之上发育孟疃组，孢粉组合证明是早白垩世，而鲁东尚无资料证明林家庄组之上的辛格庄组属早白垩世，所以寺前村组与林家庄组不能对比。此意见曾在《山东省侏罗—白垩纪岩石地层清理意见》(山东地质10卷增刊,1994)中得以反映，本专著也暂按此意见处理。但是从现有资料分析，鲁东王氏群辛格庄组时代归属一直未能很好解决，其下的林家庄组属早白垩世无疑，其上的红土崖组属晚白垩世也有确证，唯有辛格庄组生物、年代资料太少无法确定，但一直按晚白垩世处理。据沈炎彬(1981)对诸城地区王氏群叶肢介的研究,属典型的*Yanjiestheria*动物群,化石产在辛格庄组中，据此推断含化石层位时代可能较早。另外据潘华璋和曹美珍对同层位腹足类和介形类的研究，时代也偏老，倾向于早白垩世晚期。据上述无脊椎动物化石专家意见，诸城地区的辛格庄组归早白垩世为宜。由于莱阳地区辛格庄组化石稀少，不能提出确切时代意见，使两地不能从生物群方面直接对比。但是，鲁东地层分区的王氏群区域上极有规律，同层位对比关系良好，诸城、莱阳两地的辛格庄组属同一套地层是没有问题的，其下的林家庄组都产鹦鹉嘴龙动物群，其上的红土崖组都产鸭嘴龙动物群，上、下层位和时代都可对比。这是否给我们一个启示：鲁东地层分区的王氏群下部林家庄组和辛格庄组都可能属于早白垩世。这样分析的结果，林家庄组与寺前村组可以对比，辛格庄组与孟疃组可以对比，王氏群底部可能就相当大盛群顶部，此问题还有待今后进一步研究。如得解决，对山东省的白垩纪地层和沂沭断裂活动之研究都有重要意义，在此仅提出供同志们探讨和参考。

(8)临朐群牛山组和尧山组因大部分缺失该群中部山旺组，单凭岩层宏观特征上、下两组较难区分，如各处都以详细、准确的同位素年龄和古地磁资料来区别不但有经济上的困难，周期也较长，不利于野外填图中迅速使用。据山东省地质厅、北京地质学院区测一大队“1：20万临淄(现淄博)、临朐、沂水、临沂幅区域地质测量报告(1961、未出版)资料”，临朐、昌乐一带的牛山组和尧山组(报告中分别称为下玄武(岩)组和上玄武(岩)组) 岩石学特征较明显，可做为二者野外识别依据：尧山组岩石呈厚层状，结晶程度较好，喷发间隙少，氧化顶及沉积夹层均不发育；牛山组岩石呈中厚层状，结晶程度较差，有数次喷发间歇，每次喷发形成厚约数米—10余米的熔岩，沉积夹层及氧化顶均发育。如上述差别属普遍现象，则可作为牛山组、尧山组的野外宏观识别标志。但能否在全省推广，尚需其他地区资料印证。

(9)全面、系统地对第四纪沉积物按岩石地层单位命名，在全国尚属首例，也算一次尝试。由于第四纪沉积的特殊性，许多前第四纪地层的划分方法对其不适用。因此，本专著建议采用的山东省第四纪岩石地层单位划分是否准确，定义是否恰当，沉积物可能还有遗漏，尚需今后进一步工作补充和修正。如前人报道的泰山冰川沉积，本专著没有涉及。其原因一是类型特殊，分布局限，对区调填图影响不大；二是对其认识尚有争议，有待今后确证；三是本专著划分第四纪地层虽然考虑其成因，但不以其为主要依据，主要还是岩石组合和上、下层位，所以可以将其按不同的岩石特征归并到相应的类似岩石组合之单位。此处理方式是否得当，请有关专家、学者们指正！

(10)第四纪年代地层划分目前国内大部分仍采用更新统下、中、上(用 Q_{1-3}代表)和全新统(用 Q_4 代表)的术语。在 1980 年《中国地层指南及中国地层指南说明书》中明确提出应采用 1960 年地层规范草案建议的用 Qp 代表更新统、用 Qh 代表全新统的方案。本专著采用了这一建议。统之下本应分阶，但目前国内没有建阶，与欧洲的一些阶对比也很困难，暂时仍以下、中、上(Q^1p　Q^2p　Q^3p)来代表更新统的细分，这样与时代的早、中、晚三分容易混淆，但目前尚无更好办法表示。

参 考 文 献

安太庠等，1983，华北及邻区牙形石。北京：科学出版社。

安郁宏，1990，胶东地区变质地层新划分——新厘定胶东群、荆山群介绍。山东地质，6(1)。

曹国权、王致本、张成基，1991，山东沂沭断裂带以东前寒武纪地层研究动态。山东地质，7(2)。

陈道公等，1985，山东新生代火山岩 K-Ar 年龄和 Rb-Sr 同位素特征。地球化学，第 4 期。

陈均远，1976，中国北方奥陶纪地层及头足类化石研究的进展。古生物学报，15(1)。

陈丕基等，1980，山东中生代陆相地层问题。地层学杂志，4(4)。

程裕淇等，1977，山东新泰雁翎关一带泰山群变质岩系的初步研究。地质矿产研究，第 3 期(总第 12 期)。

程裕淇等，1982，山东太古代雁翎关变质火山-沉积岩。北京：地质出版社。

程志忠，1990，我省新建地层单位——早太古界沂水群。山东地质，6(1)。

迟培星、栾恒彦、刘明渭、徐立军，1994，山东新生代岩石地层清理意见。山东地质，10 卷(增刊)。

丁培榛等，1961，山东淄博上古生代地层。地质集刊，第 7 号。

邓幼华、胡秋华、阎永奎等，1984，鲁东地区蓬莱群、粉子山群的研究。南京地质矿产研究所所刊，5(2)。

范国清，1988，"本溪系"(组)创名考。辽宁地质，第 3 期。

范国清，1989，关于本溪组(群)的时代。辽宁地质，第 3 期。

方大钧等，1980，山东山旺地区新生代玄武岩的古地磁研究及其地质意义。浙江大学学报。

郭永盛等，1982，山东蓬莱西北部第四纪地质。山东师范学院院报，第 2 期。

郝诒纯等，1986，中国的白垩系。北京：地质出版社。

郝玉鸿，1987，潭头盆地古新世孢粉组合序列。载石油地质古生物会议论文集。北京：地质出版社。

胡秋华，1986，鲁东蓬莱群的微古植物群。载山东古生物学会编，山东古生物地层论文集。北京：海洋出版社。

蒋忠信、吴文裕，1978，山东章丘上新世脊椎动物化石及胶济铁路中、西段晚新生代地层。古脊椎动物与古人类，16(3)。

李光星，1988，山东聊城地区中三叠世聊城组孢粉组合。古生物学报，27(6)。

李道高等，1981，山东章丘上新统"巴漏河组"。山东师范学院院报，第 1 期。

李凤麟，1991，山东临朐山旺组的再认识。地层学杂志，15(2)。

李庆平、赵凤江，1992，山东下白垩统大盛群的建立及时代对比。山东地质，(2)。

林润生、于志臣，1988，山东胶北隆起区荆山群。山东地质，4(1)。

雷春碧，1986，山东下第三系官庄组孢粉组合。载山东古生物学会编，山东地层古生物论文集。北京：海洋出版社。

刘宝珺，1980，沉积岩石学。北京：地质出版社。

刘宝珺、曾允孚，1985，岩相古地理基础和工作方法。北京：地质出版社。

刘国昌等，1951，关于太原、本溪系间的不整合——鲁中运动。地质论评，16(1)。

刘鸿允等，1982，震旦系有关问题的讨论。地质科学，第 3 期。

刘鸿允等，1991，中国震旦系。北京：科学出版社。

刘明渭、栾恒彦、迟培星、徐立军，1994，山东省侏罗一白垩纪岩石地层清理意见。山东地质，10 卷(增刊)。

梁玉佐、曹瑞骥，1962，从蓬莱群中藻类化石的发现来看它的时代问题。地质学报，42(3)。

梁宗伟，1980，论鲁中、南地区下寒武统"五山组"。地层学杂志，4(4)。

梁宗伟，1986，山东淄博地区的奥陶纪地层。载山东古生物学会编，山东古生物地层论文集。北京：海洋出版社。

卢衍豪、董南庭，1953，山东寒武纪标准剖面新观察。地质学报，32(3)。

卢衍豪等，1988，论毛庄组的时代及其所含三叶虫。中国科学院南京地质古生物研究所集刊，第 24 号。

马洪昌，1993，论粉子山群的划分与对比。山东地质，9(1)。

毛家衢，1987，山东第四系。山东地质，3(2)。

牛保祥等，1985，山东淄博地区石炭纪含䗴地层。地层学杂志，9(2)。

南京地质矿产研究所，1982，华东地区古生物图册(三)中、新生代分册。北京：地质出版社。

潘华璋，1983，山东侏罗一白垩纪非海相腹足类。古生物学报 21(2)。

潘昭仁等，1990，山东中生代地层与孢粉组合，中国油气区地层古生物论文集(二)。山东油气区专辑。北京：石油工业出版社。

亓润章，1984，鲁西前寒武纪地层划分及含铁建造地质特征。南京地质矿产研究所所刊，5(3)。
乔秀夫、马丽芳，1982，华北地台中、晚元古代的地壳运动。中国地质科学院地质研究所所刊。
全国地层委员会，1964，中国的寒武系，全国地层会议学术报告汇编。北京：科学出版社。
全国地层委员会，1964，中国的奥陶系，全国地层会议学术报告汇编。北京：科学出版社。
全国地层委员会，1964，中国的石炭系，全国地层会议学术报告汇编。北京：科学出版社。
全国地层委员会，1982，中国地层指南及中国地层指南说明书。北京：科学出版社。
任明远、王乃梁，1981，现代沉积环境概论。北京：科学出版社。
斯行健、周志炎，1962，中国中生代陆相地层，全国地层会议学术报告汇编。北京：科学出版社。
宋国奇，1993，济阳凹陷下第三系湖相沉积的层序地层学分析。现代地质，7(1)
宋志勇、张增奇、赵光华、张淑芳，1994，鲁西地区前寒武纪岩石地层清理意见。山东地质，10卷(增刊)
孙荣圭，1984，地质科学史纲。北京：北京大学出版社。
孙云铸，1935，中国北部寒武纪动物化石。中国古生物志乙种第7号第2册。
孙云铸，1935，中国北部上寒武纪之三叶虫化石。中国古生物志乙种第7号第2册。
孙云铸，1937，“崮山统的时代问题”。地质论评，2(1)。
孙云铸，1948，关于中国寒武纪地层界线问题。前中央研究院地质研究所业刊，第8号。
山东省区域地层表编写组，1978，华东地区区域地层表·山东省分册。北京：地质出版社。
山东省地质矿产局，1991，山东省区域地质志。北京：地质出版社。
山东省地质矿产局区域地质调查队，1990，山东莱阳盆地地层古生物。北京：地质出版社。
沈炎彬，1981，胶东白垩纪叶肢介。古生物学报，20(6)。
谭锡畴，1922，山东淄川、博山煤田地层。地质汇报，4(4)。
谭锡畴，1923，山东中生代及旧第三纪地层。地质汇报，5(5)。
谭锡畴，1924，中国地质图北京济南幅说明书。前中央地质调查所所刊。
王从凤，1987，中国东部早第三纪孢粉化石序列，石油地层古生物会议论文集。北京：地质出版社。
王鸿祯、李国岑，1990，国际地层时代表。北京：地质出版社。
王开发等，1982，山东诸城晚白垩世孢粉组合的发现及其地质意义。地质科学，第3期。
王沛成，1995，论胶北地区荆山群与粉子山群之关系。中国区域地质，第1期(总第52期)。
王思恩等，1985，中国的侏罗系。北京：地质出版社。
王致本等，1985，胶南隆起变质地层划分对比及大地构造演化初步探讨。山东地质，1(1)。
王竹泉，1932，山东博山烟煤炼焦研究。地质汇报，第18号。
翁发，1960，山东张夏寒武纪标准剖面毛庄组中 Redlichia 属的发现。地质论评，20(5)。
小贯义南，1944，关于华北山东省淄川博山章丘煤田的山东系。(日本)地质学杂志，51(605)。
谢家荣，1932，江苏铜山县贾汪煤田地质。地质汇报，18号。
解习农、李思田，1993，陆相盆地层序地层研究特点。地质科技情报，12(1)。
徐宝政、王士林等，1986，山东平邑盆地古新世蒸发盐地层的发现。载山东古生物学会编，山东地层古生物论文集。北京：海洋出版社。
项礼文等，1981，中国的寒武系。北京：地质出版社。
杨志坚，1990，中国东、南部大陆海域与邻区(国)古构造演化关系。南京地质矿产研究所所刊，11(1)。
游文澄、刘书才，1987，山东寒武纪生物地层。山东地质，3(1)。
游文澄，1988，鲁中南地区上前寒武系的划分与对比。山东地质，4(1)。
张遴信等，1987，山东淄博地区威宁期的䗴。微体古生物学报，4(3)。
张遴信等，1989，山东淄博地区晚石炭世太原组的䗴。古生物学报，28(6)。
张明书、刘健，1992，山东荣成成山头“柳夼红层”的层序、划分与成因及其气候意义。海洋地质与第四纪地质，12(1、2)。
张守信，1992，理论地层学。北京：科学出版社。
张淑芳、张增奇、宋志勇、高美霞，1994，山东省石炭—二叠—三叠纪岩石地层清理意见。山东地质，10卷(增刊)。
张文堂，1957，山东博山下、中寒武纪地层的初步研究。古生物学报，5(1)。
张文堂，1976，中国的叶肢介化石。北京：科学出版社。

张文堂，1980，山西中条山寒武纪地层及三叶虫动物群。中国科学院南京地质古生物研究所集刊，第16号。
张增奇、杨恩秀、王致本，1994，鲁西早前寒武纪变质岩区变质砾状岩石成因类型及其地质意义。山东地质，10(2)。
张增奇、迟守祥、宋志勇等，1994，山东省胶南群重新厘定及朋河石组的建立。中国区域地质，4期(总第51期)。
张增奇、张淑芳、宋志勇、赵光华，1994，山东省奥陶纪马家沟组厘定意见。山东地质，10卷(增刊)。
张增奇、张淑芳、宋志勇、迟守祥，1994，山东省寒武纪—早奥陶世岩石地层清理意见。山东地质，10卷(增刊)。
张增奇、迟守祥、宋志勇、张淑芳，1994，鲁东前寒武纪岩石地层清理意见。山东地质，10卷(增刊)。
赵家骧，1951，山东烟台芝罘岛铁矿(摘要)。地质论评，16(1)。
赵家骧，1951，山东胶南县七宝山区地质及石墨矿。地质论评，16(1)。
赵亚曾，1926，山东章丘煤田之海成地层。地质汇报，第8号。
赵志清，1980，山东聊城、河北临西三叠纪轮藻化石。古生物学报，19(5)。
朱兆玲、林尧坤、梁宗伟，1986，鲁东南地区上寒武统树形笔石及其与三叶虫带的关系。载山东古生物学会编，山东古生物地层论文集。北京：海洋出版社。
中国地质科学院，1982，中国地层概论。北京：地质出版社。
中国地质学编辑委员会、中国科学院地质研究所，1956，中国区域地层表(草案)。北京：科学出版社。
中国科学院南京地质古生物研究所，1976，中国的瓣鳃类化石。北京：科学出版社。
E C 耶格，1955，滕砥平、蒋芝英译，1979，生物名称和生物学术语的词源。北京：科学出版社。
H D 赫德伯格，1976，国际地层指南，张守信译，1979。北京：科学出版社。
Bailey Willis and Eliot Blackwelder，1907，Research in China，Vol. I，Part 1，Charpt 2.
Ferdinand von Richthofen，1882，China，Vol. 2，Berlin.

地质图说明书及区测报告

山东省地质厅、北京地质学院区测一大队，1961，1：20万章丘、济南、泰安、济宁、新泰、枣庄幅综合区域地质测量报告。
山东省地质厅、北京地质学院区测一大队，1961，1：20万临淄、临朐、沂水、临沂幅综合区域地质测量报告。
山东省地质厅，北京地质学院区测一大队，1961，1：20万维坊、高密、日照、涛雒幅综合区域地质测量报告。
山东省地质厅、长春地质学院区测二大队，1961，1：20万烟台、乳山、莱阳幅区域地质测量报告。
山东省地质矿产局第一地质大队，1988，1：20万章丘幅区域地质调查报告。
山东省地质矿产局区域地质调查队，1982，1：20万日照幅区域地质调查报告。
山东省地质矿产局区域地质调查队，1982，1：20万赣榆幅区域地质调查报告。
山东省地质矿产局区域地质调查队，1987，1：20万莱阳市、潍坊市、西由幅区域地质调查报告。
山东省地质矿产局区域地质调查队，1990，1：20万泰安、新泰幅区域地质调查报告。
山东省地质矿产局区域地质调查队，1991，1：20万蓬莱、烟台、砣矶幅区域地质调查报告。
山东省地质矿产局区域地质调查队，1991，1：20万青岛、灵山卫、高密幅区域地质调查报告。
山东省地质矿产局区域地质调查队，1992，1：20万文登、威海、海阳、潮里幅区域地质调查报告。

附录Ⅰ　山东省岩石地层数据库的建立及功能简介

一、地层数据库概况

山东省岩石地层数据库由山东省地质矿产局区域地质调查队地层清理项目组负责编制地层卡片，山东省地质矿产局地质测绘院计算中心于1994年3—9月由刘海蓉、王炳华2人在两台PC-386微机上进行录入工作。自1994年10月起转交山东省地质矿产局区域地质调查队微机室负责修改、管理和维护，至1995年6月由宋万千负责修改并最终完成数据库建库工作。

截止本专著终稿(即1995年6月)为止，录入山东省岩石地层数据库中的采用岩石地层单位153个，地层剖面411条。录入不采用地层单位190个。各断代采用岩石地层单位如下：

新生代	42个
侏罗纪—白垩纪	28个
石炭纪—三叠纪	14个
寒武纪—奥陶纪	21个
晚元古代	12个
早元古代	23个
太古宙	13个
合计	153个

参加数据库数据卡片编制并审核校对的人员有张增奇、刘明渭、宋志勇、迟守祥、徐立军、高美霞、赵光华、张淑芳、栾恒彦等9人。

二、地层数据库简介

建立地层数据库的目的是为全省区域地质调查和基础地质研究工作服务，巩固本次地层清理的成果，避免今后使用地层单位的混乱现象，使本省地层学研究和管理走向科学化、信息化，并与全国和国际地层学研究工作接轨。

山东省地层数据库其数据源来自本省地层清理的最终核实资料。地层数据库首先是以岩石地层单位为基本单元建立的，以全国地层清理研究项目办公室统一制定的五张数据卡片为数据采集源。

地层数据库主要由三部分组成：①数据采集系统，包括对原始数据的录入、修改、追加、删除、浏览、打印、排序、插入等项功能及地层信息管理、索引管理、字典管理、文献管理、数据备份等；②数据加工系统，包括打印数据卡片、汇总制表、地层信息查询检索、岩石地层单位命名监控等；③扩充部分接口，为地层数据库的其它内容及以后的进一步开发留有接口。

地层数据库软件有2种版本，分别在DOS和Windows环境下使用。

1. 在DOS操作系统环境下

软件支撑环境：DOS3.30以上，Microsoft C 6.0，Ptdos2.0，Foxpro2.0。

硬件运行环境：286以上主机，VGA显示器，LQ系列或其它24针打印机，HP，DMP，XY800等绘图仪。

2. 在Windows系统环境下

软件支撑环境：Windows3.1，BorlandC++3.1。
　　　　　　　中文之星1.2，Foxpro for windows2.5。

硬件运行环境：386以上主机(内存≥4M，硬盘100M以上)
　　　　　　　VGA显示器，LQ系列或其他24针打印机，HP，DMP，XY800等绘图仪。

三、地层数据库主要功能介绍

1. 输出打印数据卡片功能

按照全国地层清理统一要求填写的数据卡片格式和内容，地层数据库能将输入的原始数据还原制表，输出打印以下几种卡片：

岩石地层单位的卡片封面

卡Ⅰ　岩石地层单位的综合信息卡片

卡Ⅱ　岩石地层单位的地层划分沿革卡片

卡Ⅲ　卡Ⅳ中的岩石地层单位剖面分布图和柱状对比图

卡Ⅳ　岩石地层单位的地层剖面卡片

卡Ⅴ　岩石地层单位的参考文献卡片

2．地层信息的查询检索功能

按照用户选择的经纬度、断代（纪）等不同控制参数，可在已建立的地层数据库中查询检索出满足要求条件的岩石地层单位信息，并能按用户选择的不同内容自动缩制表格，对数字型数据自动统计汇总。可按以下几方面的内容进行检索：

（1）检索地层单位：检索出满足选定时间和区域条件的地层单位。

（2）检索地层剖面：检索出满足选定时间和区域条件的地层剖面。

（3）检索地层单位名称：检索出与指定地层单位名称相同的地层单位。

（4）检索地层单位名称（拼音）：检索出与指定地层单位名称的拼音相同的地层单位。

（5）检索地层单位编号：检索出与指定地层单位编号相同的地层单位。

（6）检索地层单位代号：检索出与指定地层单位代号相同的地层单位。

（7）检索剖面名称：检索出与指定剖面名称相同的地层剖面。

（8）检索剖面编号：检索出与指定剖面编号相同的地层剖面。

（9）检索参考文献目录：①按作者检索文献目录；②按发表时间检索文献目录；③按地层单位检索文献目录。

3．岩石地层单位的命名监控功能

根据用户选择的不同控制参数，可用以下几种方法对新建岩石地层单位进行命名监控。

（1）地层单位同名的监控：检索出与指定地层单位名称相同地层单位。

（2）地层单位同名的监控（拼音）：检索出与指定地层单位名称拼音相同的地层单位。

（3）地层单位同编号的监控：检索出与指定地层单位编号相同的地层单位。

（4）地层单位同代号的监控：检索出与指定地层单位代号相同的地层单位。

（5）新建单位有效性的监控：给定新单位的经纬度及需检索的经纬度范围，检索出与新建单位相邻的层型及（或）参考剖面，然后与新建地层单位的各项地质内容进行对比研究，看是否能建立新的岩石地层单位。

附录Ⅱ　山东省采用的岩石地层单位

附录Ⅱ-1

序号	岩石地层单位名称		编号	代号	地质时代	创名人	创建时间	所在省	在本书页码
	英文名称	汉文							
1	Anjicun Mem	安吉村段	37-0019	Pt_1^a	Pt_1	(山东地矿局三队)张增奇、迟守祥等	1985 (1994)	山东省	48
2	Badou Mem	八陡段	37-0074	O_2^b	O_2	陈均远　邹西平(陈均远)	1975 (1976)	山东省	153
3	Baiyan Fm	白彦组	37-0147	N_2Qpb	N_2	山东地矿局七队(迟培星等)	1976 (1994)	山东省	281
4	Baiyunhu Fm	白云湖组	37-0157	$Qhby$	Qh	山东地矿局一队(迟培星等)	1987 (1994)	山东省	292
5	Balouhe Fm	巴漏河组	37-0146	N_2b	N_2	蒋忠信　吴文裕	1978	山东省	280
6	Bamudi Fm	八亩地组	37-0113	K_1b	K_1	山东区调队	1991	山东省	222
7	Baoshankou Fm	豹山口组	37-0044	Zb	Z	山东地质厅、长春地质学院	1960 (1961)	山东省	94
8	Beianzhuang Mem	北庵庄段	37-0069	O_1^b	O_1	陈均远　邹西平(陈均远)	1975 (1976)	山东省	151
9	Benxi Fm	本溪组	37-0077	C_2b	C_2	赵亚曾	1926	辽宁省	174
10	Bianqiao Fm	卞桥组	37-0129	E_1b	E_1	徐宝政等	1982 (1986)	山东省	260
11	Bingying Fm	兵营组	37-0035	Pt_1b	Pt_1	山东区调队	1991	山东省	80
12	Changlu Fm	常路组	37-0130	$E_2\hat{c}$	E_2	地质部一普(地质部石油地质局综合队)	1961 (1962)	山东省	261
13	Changqing Gr	长清群	37-0049	$\in_{1-2}\hat{C}$	$\in_{1-2}$	张增奇、张淑芳、宋志勇、迟守祥	1994	山东省	109
14	Chaomidian Fm	炒米店组	37-0064	$\in_3\hat{c}$	$\in_3$	B. Willis & E. Blackwelder	1907	山东省	138
15	Dabu Fm	大埠组	37-0165	$Qpdb$	Qp^3	山东地矿局七队	1990	山东省	288
16	Dashangou Fm	大山沟(岩)组	37-0013	Ar_3d	Ar_3	山东区调队	1982	山东省	38
17	Dasheng Gr	大盛群	37-0116	K_1D	K_1	李庆平、赵凤江	1992	山东省	226
18	Dawenkou Fm	大汶口组	37-0132	$E_{2-3}dw$	E_{2-3}	山东省煤炭局121队(山东地层表编写组)	1959 (1978)	山东省	264
19	Dazhan Fm	大站组	37-0152	Qpd	Qp^3	山东地矿局一队	1988	山东省	287
20	Dingguosi Mem	定国寺段	37-0023	Pt_1^d	Pt_1	山东地矿局三队(张增奇、迟守祥等)	1985 (1994)	山东省	53
21	Dingjiazhuang Mem	丁家庄段	37-0054	$\in_1^d$	$\in_1$	张增奇等(张增奇等)	1993 (1994)	山东省	121
22	Donghuangshan Mem	东黄山段	37-0068	O_1^d	O_1	陈均远、张俊明、梁宗伟(山东区调队)	1984 (1990)	山东省	150
23	Dongying Fm	东营组	37-0139	E_3d	E_3	山东区调队 山东地层表(编写组)	1961 (1978)	山东省	273
24	Douya Fm	陡崖组	37-0024	Pt_1d	Pt_1	曹国权、艾宪森、张成基等(山东区调队)	1986 (1987)	山东省	54

序号	岩石地层单位名称		编号	代号	地质时代	创名人	创建时间	所在省	在本书页码
	英文名称	汉文							
25	Ducun Fm	杜村组	37-0124	K_1d	K_1	山东区调队	1991	山东省	217
26	Ermaying Fm	二马营组	37-0090	T_2e	T_2	刘鸿允等	1959	山西省	193
27	Erqingshan Fm	二青山组	37-0039	Qne	Qn	山东地质局综合队(游文澄)	1979 (1988)	山东省	88
28	Fajiaying Fm	法家茔组	37-0125	K_1f	K_1	山东区调队	1991	山东省	218
29	Fanggezhuang Fm	方戈庄组	37-0115	K_1fg	K_1	山东区调队	1991	山东省	225
30	Fangzi Fm	坊子组	37-0101	$J_{1-2}f$	J_{1-2}	谭锡畴	1923	山东省	203
31	Fenzishan Gr	粉子山群	37-0027	Pt_1F	Pt_1	杨博泉等(中国地质学编委会,中科院地质所)	1949 (1956)	山东省	57
32	Fulaishan Fm	浮来山组	37-0041	Zf	Z	山东地质局综合队(游文澄)	1979 (1988)	山东省	91
33	Fuzikuang Fm	辅子夼组	37-0045	Zfz	Z	山东地质厅、长春地质学院	1960 (1961)	山东省	96
34	Gangyu Fm	岗嵛组	37-0032	Pt_1g	Pt_1	山东地质厅、长春地质学院	1960 (1961)	山东省	69
35	Gezhuang Mem	阁庄段	37-0073	O_2^g	O_2	陈均远 邹西平(陈均远)	1975 (1976)	山东省	153
36	Guangshan Mem	光山段	37-0020	Pt_1^g	Pt_1	山东地质局三队(张增奇、迟守祥等)	1985 (1994)	山东省	49
37	Guantao Fm	馆陶组	37-0144	N_1g	N_1	(山东地层表编写组)	(1978)	山东省	278
38	Guanzhuang Gr	官庄群	37-0127	EG	E_{1-3}	谭锡畴	1923	山东省	257
39	Gucheng Fm	固城组	37-0128	E_1g	E_1	迟培星等	1994	山东省	257
40	Gushan Fm	崮山组	37-0063	$\in_3g$	$\in_3$	B. Willis & E. Blackwelder	1907	山东省	133
41	Hanting Fm	寒亭组	37-0158	$Qhht$	Qh	山东区调队	1990	山东省	292
42	Heishan Mem	黑山段	37-0082	P_1^h	P_1	小贯义男(日)	1944	山东省	185
43	Heishanguan Fm	黑山官组	37-0038	Qnh	Qn	山东地质局综合队(游文澄)	1979 (1988)	山东省	86
44	Heituhu Fm	黑土湖组	37-0153	Qh	Qp —Qh	山东地质局809队(迟培星等)	1964 (1994)	山东省	288
45	Honghe Mem	洪河段	37-0057	$\in_2^h$	$\in_2$	张增奇等(张增奇等)	1993 (1994)	山东省	126
46	Hongtuya Fm	红土崖组	37-0122	K_2ht	K_2	刘明渭等	1994	山东省	237
47	Houkuang Fm	后夼组	37-0112	K_1h	K_1	山东区调队	1991	山东省	219
48	Huanghua Gr	黄骅群	37-0169	NH	N	地质部一普(山东地矿局)	50年代末 (1991)	河北省	278

序号	岩石地层单位名称		编号	代号	地质时代	创名人	创建时间	所在省	在本书页码
	英文名称	汉文							
49	Hutian Mem	湖田段	37-0089	C_2^h	C_2	关土聪、李星学、张文堂(丁培榛等)	1952(1961)	山东省	175
50	Jingshan Gr	荆山群	37-0017	Pt_1J	Pt_1	曹国权、艾宪森、张成基等(山东区调队)	1986(1987)	山东省	42
51	Jiaodong Gr	胶东(岩)群	37-0009	Ar_3J	Ar_3	郭文魁(山东地质厅、长春地质学院)	1950(1961)	山东省	29
52	Jiaonan Gr	胶南(岩)群	37-0014	Pt_1JN	Pt_1	山东区调队	1982	山东省	70
53	Jiaozhou Fm	胶州组	37-0126	K_2E_1J	K_2—E_1	山东区调队	1991	山东省	240
54	Jingangkou Fm	金岗口组	37-0123	K_2j	K_2	刘明渭等	1994	山东省	239
55	Jining Gr	济宁(岩)群	37-0036	Pt_1JG	Pt_1	南京地矿所(亓润章)	1979(1984)	山东省	81
56	Jiulong Gr	九龙群	37-0058	$\in_2O_1J$	$\in_2$—O_1	B. Willis & E. Blackwelder	1907	山东省	127
57	Jiyang Gr	济阳群	37-0168	E_{2-3}	E_{2-3}	地质部一普(山东地矿局)	50年代末(1991)	山东省	269
58	Jutun Fm	巨屯组	37-0031	Pt_1j	Pt_1	山东地质厅、长春地质学院(山东地质局805队)	1960(1968)	山东省	67
59	Kongdian Fm	孔店组	37-0137	E_2k	E_2	地质部一普(山东地层表编写组)	1964(1978)	山东省	270
60	Kuishan Mem	奎山段	37-0084	P_2^k	P_2	小川博士(小贯义男)	(1944)	山东省	186
61	Laiyang Gr	莱阳群	37-0103	K_1L	K_1	谭锡畴	1923	山东省	207
62	Laoyeshan Fm	老爷山组	37-0034	Pt_1ly	Pt_1	山东区调队	1991	山东省	78
63	Liguan Fm	李官组	37-0050	$\in_1l$	$\in_1$	梁宗伟	1980	山东省	113
64	Lijiaya Fm	李家崖组	37-0135	E_2l	E_2	地质部石油地质局综合队(山东区调队)	1962(1991)	山东省	268
65	Linjiaguanzhuang Fm	林家官庄(岩)组	37-0003	Ar_2l	Ar_2	山东地矿局八队(程志忠)	1989(1990)	山东省	14
66	Linjiazhai Fm	林家寨(岩)组	37-0012	Ar_3lj	Ar_3	曹国权、艾宪森、张成基等(山东区调队)	1986(1987)	山东省	37
67	Linjiazhuang Fm	林家庄组	37-0166	K_1lj	K_1	山东区调队	1991	山东省	233
68	Linqu Gr	临朐群	37-0140	NL	N	迟培星等	1994	山东省	274
69	Linsishan Fm	林寺山组	37-0105	K_1l	K_1	山东区调队	1992	山东省	210
70	linyi Fm	临沂组	37-0154	Ohl	Oh	山东地矿局(迟培星等)	1988(1994)	山东省	289
71	Liuhang Fm	柳杭组	37-0008	Ar_3l	Ar_3	山东区调队二分队(山东区调队)	1984(1990)	山东省	26
72	Liujiagou Fm	刘家沟组	37-0088	T_1l	T_1	刘鸿允等	1959	山东省	191

序号	岩石地层单位名称		编号	代号	地质时代	创 名 人	创建时间	所在省	在本书页码
	英文名称	汉 文							
73	Liukuang Fm	柳夼组	37-0151	Qpl	Qp^2	高明德等 (山东地层表编写组)	1962 (1978)	山东省	284
74	Longwangzhuang Fm	龙旺庄组	37-0108	K_1lw	K_1	地质部一普(山东区调队)	1962 (1991)	山东省	213
75	Lugezhuang Fm	禄格庄组	37-0018	Pt_1l	Pt_1	曹国权、艾宪森、张成基等 (山东区调队)	1986 (1987)	山东省	45
76	Majiagou Fm	马家沟组	37-0066	$O_{1-2}m$	O_{1-2}	A. W. Grabau	1922	河北省	143
77	Malanggou Fm	马朗沟组	37-0117	K_1m	K_1	李庆平 赵凤江	1992	山东省	228
78	Mantou Fm	馒头组	37-0051	Є$_{1-2}m$	Є$_{1-2}$	B. Willis & E. Blackwelder	1907	山东省	121
79	Mengjiatun Fm	孟家屯(岩)组	37-0005	Ar_3m	Ar_3	山东地矿局九队	1992	山东省	16
80	Mengtuan Fm	孟疃组	37-0167	K_1mt	K_1	山东地矿局二队	1994	山东省	232
81	Minghuazhen Fm	明化镇组	37-0145	N_2m	N_2	石油部(山东地层表编写组)	60年代初 (1978)	山东省	279
82	Nanzhuang Fm	南庄组	37-0046	Zn	Z	山东地质厅、长春地质学院	1960 (1961)	山东省	97
83	Niushan Fm	牛山组	37-0141	N_1n	N_1	地质部一普(地质部石油图集编委会)	1960 (1966)	山东省	275
84	Panchegou Mem	盘车沟段	37-0061	Є$_2^p$	Є$_2$	山东区调队(张增奇等)	1992 (1994)	山东省	132
85	Pengheshi Fm	朋河石组	37-0048	Zp	Z	张增奇、迟守祥、宋志勇等	1994	山东省	99
86	Penglai Gr	蓬莱群	37-0043	ZP	Z	中国地质学编委会 中科院地质所	1956	山东省	94
87	Pingyuan Fm	平原组	37-0162	Qp	Qp—h	(毛家衢)	(1987)	山东省	293
88	Qingshan Gr	青山群	37-0111	K_1Q	K_1	谭锡畴	1923	山东省	219
89	Qishan Fm	齐山(岩)组	37-0011	Ar_3q	Ar_3	曹国权、艾宪森、张成基等 (山东区调队)	1986 (1987)	山东省	34
90	Qiuguanzhuang Fm	邱官庄(岩)组	37-0015	Pt_1q	Pt_1	山东区调队	1982	山东省	74
91	Qugezhuang Fm	曲格庄组	37-0110	K_1q	K_1	地质部一普(山东区调队)	1962 (1991)	山东省	216
92	Sanshanzi Fm	三山子组	37-0065	Є$_3O_1s$	Є$_3$ O_1	谢家荣	1932	江苏省	140
93	Santai Fm	三台组	37-0102	$J_{2-3}s$	J_{2-3}	(F. Solgar) (谭锡畴)	(1923)	山东省	206
94	Shahejie Fm	沙河街组	37-0138	$E_{2-3}\hat{s}$	E_{2-3}	石油部华北勘探处 (山东地层表编写组)	1960 (1978)	山东省	271
95	Shancaoyu Fm	山草峪组	37-0007	$Ar_3\hat{s}$	Ar_3	山东省地质厅、北京地质学院	1961	山东省	23
96	Shanqian Fm	山前组	37-0160	$Q\hat{s}q$	Qp —Qh	山东地矿局 (迟培星等)	1988 (1994)	山东省	287

序号	岩石地层单位名称		编号	代号	地质时代	创名人	创建时间	所在省	在本书页码
	英文名称	汉文							
97	Shanwang Fm	山旺组	37-0142	$N_1\hat{s}$	N_1	杨钟健	1936	山东省	276
98	Shanxi Fm	山西组	37-0079	$P_1\hat{s}$	P_1	B. Willis & E. Blackwelder	1907	山西省	178
99	Shidian Mem	石店段	37-0055	$\in_1^{\hat{s}}$	$\in_1$	张增奇等	1994	山东省	126
100	Shihezi Fm	石盒子组	37-0080	$P_{1-2}\hat{s}$	P_{1-2}	E. Norin	1922	山西省	180
101	Shijiagou Fm	史家沟组	37-0163	$Qp\hat{s}$	Qp^{1-2}	山东区调队	1995	山东省	285
102	Shiqianfeng Gr	石千峰群	37-0086	$P_2T_1\hat{S}$	P_2 —T_1	E. Norin	1922	山西省	187
103	Shiqianzhuang Fm	石前庄组	37-0114	$K_1\hat{s}q$	K_1	山东区调队	1991	山东省	224
104	Shishanguanzhuan Fm	石山官庄(岩)组	37-0002	$Ar_2\hat{s}$	Ar_2	山东地矿局八队(程志忠)	1989 (1990)	山东省	12
105	Shiwangzhuang Fm	石旺庄组	37-0042	$Z\hat{s}$	Z	山东地质局综合队(游文澄)	1979 (1988)	山东省	93
106	Shuinan Fm	水南组	37-0107	$K_1\hat{s}$	K_1	地质部一普(山东区调队)	1962 (1991)	山东省	212
107	Shuitaolin Mem	水桃林段	37-0026	$Pt_1^{\hat{s}}$	Pt_1	山东省地矿局三队(张增奇、迟守祥等)	1985 (1994)	山东省	57
108	Siqiancun Fm	寺前村组	37-0119	K_1s	K_1	李庆平　赵凤江	1990	山东省	231
109	Sunjiagou Fm	孙家沟组	37-0087	P_2sj	P_2	刘鸿允等	1959	山东省	189
110	Taian Fm	泰安组	37-0156	Qht	Qh	山东区调队(介绍)	1990	山东省	290
111	Taishan Gr	泰山(岩)群	37-0004	Ar_3T	Ar_3	F. V. Richthofen	1882	山东省	15
112	Taiyuan Fm	太原组	37-0078	C_2P_1t	C_2-P_1	翁文灏, A. W. Grabau	1922 (1925)	山西省	175
113	Tangjiazhuang Fm	唐家庄(岩)组	37-0010	Ar_3t	Ar_3	曹国权、艾宪森、张成基等(山东区调队)	1986 (1987)	山东省	33
114	Tianjialou Fm	田家楼组	37-0118	K_1t	K_1	李庆平　赵凤江	1992	山东省	229
115	Tongjiazhuang Fm	佟家庄组	37-0040	Zt	Z	山东地质局综合队	1979	山东省	90
116	Tumen Gr	土门群	37-0037	QnZT	QnZ	王良忱等(山东省地质厅、北京地质学院)	1959 (1961)	山东省	84
117	Tuyu Mem	土峪段	37-0071	O_1^t	O_1	陈均远、张俊明、梁宗伟(梁宗伟)	1984 (1986)	山东省	152
118	Wangshi Gr	王氏群	37-0120	KE_1W	K_1 —E_1	谭锡畴	1923	山东省	233
119	Wanshan Mem	万山段	37-0083	P_2^w	P_2	小贯义男(日)	1944	山东省	185
120	Wawukuang Fm	瓦屋夼组	37-0104	K_1w	K_1	山东区调队	1987	山东省	208

序号	岩石地层单位名称		编号	代号	地质时代	创名人	创建时间	所在省	在本书页码
	英文名称	汉文							
121	Weibei Fm	潍北组	37-0161	Qhw	Qh	山东地矿局(迟培星等)	1988 (1994)	山东省	291
122	Wutu Gr	五图群	37-0133	EW	E_2	山东煤炭局121队(山东地层表编写组)	1960 (1978)	山东省	264
123	Wuyangshan Mem	五阳山段	37-0072	O_1^w	O_1	梁宗伟(山东区调队)	1987 (1990)	山东省	152
124	Xiangkuang Fm	香夼组	37-0047	Zx	Z	山东地质厅、长春地质学院	1960 (1961)	山东省	98
125	Xiangshan Mem	祥山段	37-0022	Pt_1^x	Pt_1	山东地矿局三队(张增奇、迟守祥等)	1985 (1994)	山东省	52
126	Xiaobuling Fm	小埠岭组	37-0148	Qpx	Qp^1	王崇文(毛家衢)	1961 (1987)	山东省	282
127	Xiaofuhe Mem	孝妇河段	37-0085	P_2^x	P_2	小贯义男(日)	1944	山东省	187
128	Xiaolou Fm	小楼组	37-0136	E_2x	E_2	地质部石油地质局综合队(山东区调队)	1962 (1991)	山东省	268
129	Xiaosong Fm	小宋组	37-0028	Pt_1x	Pt_1	山东地矿局四队(山东区调队)	1991 (1992)	山东省	59
130	Xingezhuang Fm	辛格庄组	37-0121	K_2x	K_2	刘明渭等	1994	山东省	236
131	Xucun Mem	徐村段	37-0025	Pt_1^{xc}	Pt_1	山东地矿局三队(张增奇、迟守祥等)	1985 (1994)	山东省	56
132	Xukou Fm	旭口组	37-0159	$Qhxk$	Qh	山东地矿局(山东区调队)	1988 (1991)	山东省	291
133	Yangjiazhuang Fm	杨家庄组	37-0109	K_1y	K_1	山东区调队	1991	山东省	214
134	Yanglanhe Fm	羊栏河组	37-0150	$Qpyl$	Qp^2	山东区调队	1995	山东省	283
135	Yanlingguan Fm	雁翎关组	37-0006	Ar_3y	Ar_3	山东省地质厅、北京地质学院	1961	山东省	17
136	Yaoshan Fm	尧山组	37-0143	$N_{1-2}y$	N_{1-2}	山东地质厅磷矿队(地质部石油图集编委会)	1966 (1966)	山东省	277
137	Yetou Fm	野头组	37-0021	Pt_1y	Pt_1	曹国权、艾宪森、张成基等(山东区调队)	1986 (1987)	山东省	50
138	Yihe Fm	沂河组	37-0155	$Qhyh$	Qh	山东地矿局(迟培星等)	1988 (1994)	山东省	290
139	Yishui Gr	沂水(岩)群	37-0001	Ar_2Y	Ar_2	山东地矿局八队(程志忠)	1989 (1990)	山东省	11
140	Yiyuan Fm	沂源组	37-0164	$Qpyy$	Q_p^{2-3}	迟培星等	1994	山东省	286
141	Yuemengou Gr	月门沟群	37-0076	C_1P_1Y	$\in$—P	E. Norin	1922	山西省	172
142	Yujialing Fm	于家岭(岩)组	37-0016	Pt_1yj	Pt_1	山东区调队	1982	山东省	76
143	Yuliangcun Mem	余粮村段	37-0053	$\in_1^y$	$\in_1$	张增奇、张成基等(张增奇等)	1993 (1994)	山东省	120
144	Yuquan Fm	于泉组	37-0149	Qpy	Qp^2	王崇文(毛家衢)	1961 (1987)	山东省	283

序号	岩石地层单位名称		编号	代号	地质时代	创名人	创建时间	所在省	在本书页码
	英文名称	汉文							
145	Zhanggezhuang Fm	张格庄组	37-0030	$Pt_1\hat{z}g$	Pt_1	山东地质厅、长春地质学院（山东地质局805队）	1960（1968）	山东省	65
146	Zhangxia Fm	张夏组	37-0059	$\in_2\hat{z}$	$\in_2$	B. Willis & E. Blackwelder	1907	山东省	128
147	Zhifengzhuang Fm	止凤庄组	37-0106	$K_1\hat{z}$	K_1	地质部一普（山东区调队）	1962（1991）	山东省	211
148	Zhifu Gr	芝罘群	37-0033	$Pt_1\hat{Z}$	Pt_1	小出作次郎（赵家骧）	1943（1951）	山东省	78
149	Zhubidian Fm	朱壁店组	37-0134	$E_2\hat{z}$	E_2	地质部石油地质局综合队（山东区调队）	1962（1991）	山东省	266
150	Zhujiagou Fm	朱家沟组	37-0131	$E_2\hat{z}j$	E_2	地质部一普（迟培星等）	1961（1994）	山东省	263
151	Zhujiakuang Fm	祝家夼组	37-0029	$Pt_1\hat{z}$	Pt_1	山东地矿厅、长春地质学院	1960（1961）	山东省	64
152	Zhushadong Fm	朱砂洞组	37-0052	$\in_1\hat{z}$	$\in_1$	冯景兰　张伯声	1952	河南省	116
153	Zibo Gr	淄博群	37-0171	JZ	J	刘明渭等	1994	山东省	200

附录Ⅲ 山东省不采用的岩石地层名称

附录Ⅲ-1

序号	地层单位名称		编号	地质时代	创名人	创建时间	所在省	不采用的理由
	英文名称	汉文						
1	Anjiagou Fm	安家沟组	37-0528	K_2	山东区调队	1992	山东省	区域上难延展
2	Anlezhuang Fm	安乐庄组	37-0577	Qp^1	山东地矿局一队	1989	山东省	与小埠岭组同物异名
3	Beiyan Fm	北岩组	37-0563	N_1	地质部一普	1961	山东省	与牛山组同物异名
4	Boshan System	博山系	37-0407	$C_2—P_2$	B. Willis & E. Blackwelder	1907	山东省	分解为月门沟群和石盒子组
5	Boxing Fm	博兴组	37-0551	E	地质部一普	1959	山东省	定义不清
6	Buxitou Fm	埠西头组	37-0536	K_1	山东地矿局一队	1992	山东省	与石前庄组同物异名
7	Cangshan Fm	苍山组	37-0339	Pt_1	北京地质学院	1959	山东省	划为二长花岗岩
8	Changshan Fm	长山组	37-0320	$\in_3$	孙云铸	1923	河北省	不符合岩石地层概念
9	Chapeng Fm	茶棚组	37-0312	$\in_1$	张增奇等	1993	山东省	划为朱砂洞组
10	Chashan Fm	茶山组	37-0311	$\in_1$	山东区调队	1992	山东省	划为朱砂洞组上灰岩段
11	Chengwu Fm	成武组	37-0557	E_{1-2}	王从凤等	1981	山东省	与卞桥组同物异名
12	Chengxiwa Fm	城西洼组	37-0514	K_1	地质部石油地质局	1962	山东省	岩性命名错误,无影响
13	Chishan Fm	赤山组	37-0603	Qp^{1-2}	山东区调队	1991	山东省	与江苏赤山组同名
14	Chudao Fm	褚岛组	37-0598	Qh	迟培星	1993	山东省	与旭口组同物异名
15	Chujialing Fm	褚家岭组	37-0574	Qp^1	山东地质局809队	1964	山东省	与小埠岭组同物异名
16	Congjiatun Fm	丛家屯组	37-0344	Pt_1	北京地质学院	1959	山东省	与祝家夼组同物异名
17	Dadaokou Fm	大道口组	37-0555	N	地质部一普	1959	山东省	定义不清
18	Dalubei Fm	大路北组	37-0590	E_2	迟培星	1993	山东省	与常路组同物异名
19	Dazhaojia Fm	大赵家组	37-0369	Pt_1	王曰伦 梁玉左	1960	山东省	划为张格庄组三段
20	Dazhuang Fm	大庄组	37-0538	K_2	山东地矿局一队	1992	山东省	区域上难延展
21	Dengyunshan Fm	登云山组	37-0345	Pt_1	北京地质学院	1959	山东省	与张格庄组同物异名
22	Dongmashishan Fm	东马石山组	37-0533	K_1	山东地矿局一队	1992	山东省	与曲格庄组同物异名
23	Fenghuangshan Fm	凤凰山组	37-0412	P-T	小贯义男	1944	山东省	与石千峰群同物异名
24	Fengjiayu Fm	冯家峪(岩)组	37-0307	Ar_3	山东地质局805队	1965	山东省	划为岩体和雁翎关组
25	Fengshan Fm	凤山组	37-0321	$\in_3$	孙云铸	1923	河北省	不符合岩石地层概念
26	Fengtailing sandston Fm	凤台岭砂(岩)组	37-0517	K_2	地质部一普	1962	山东省	资料不全,层型不清
27	Fenshui Fm	汾水组	37-0597	Qh	迟培星	1993	山东省	与临沂组同物异名
28	Fenshuiling Fm	分水岭组	37-0505	K_1	山东省地质厅、北京地质学院	1961	山东省	与莱阳群同物异名
29	Fulushan Fm	福禄山组	37-0363	Pt_1	邓幼华 闫永奎	1982	山东省	划为粉子山群和齐山(岩)组
30	Fuyang Fm	富阳(岩)组	37-0379	Ar_3	山东地质局805队	1967	山东省	划为英云闪长岩
31	Guangrao Fm	广饶组	37-0601	N_1	石油部华北勘探处	1961	山东省	与馆陶组同物异名
32	Guiyi Fm	归义组	37-0587	Qh^1	强祖基 叶士忠	1985	山东省	与黑土湖组同物异名

序号	地层单位名称		编号	地质时代	创名人	创建时间	所在省	不采用的理由
	英文名称	汉文						
33	Haiyankou Fm	海眼口组	37-0367	Pt_1	山东区调队	1982	山东省	划为祝家夼组、小宋组
34	Haolishan Bed	蒿里山层	37-0322	$\in_3$	孙云铸	1924	山东省	不符合岩石地层概念
35	Heitoujiang Fm	黑头　组	37-0534	K_1	山东地矿局一队	1992	山东省	与八亩地组同物异名
36	Hejialing Fm	贺家岭组	37-0347	Pt_1	林均堂、刘贵章	1978	山东省	与小宋组同物异名
37	Heyang Fm	河阳组	37-0588	Qp^3	山东地质局809	1964	山东省	与黑土湖组同物异名
38	Hongning Fm	洪凝组	37-0338	Pt_1	北京地质学院	1959	山东省	现为粉子山群下部
39	Hongshan Series	洪山统	37-0405	C_2—P	谭锡畴	1922	山东省	划为孝妇河段和石千峰群
40	Hongshishan Fm	红石山组	37-0592	Qp^1	迟培星	1993	山东省	命名晚，无影响
41	Hougucheng Fm	后古城组	37-0340	Pt_1	北京地质学院	1959	山东省	与邱官庄(岩)组同物异名
42	Houzhen Fm	侯镇组	37-0560	E_1	李经荣等	1989	山东省	不符合岩石地层单位命名原则
43	Huamawan Fm	化马湾(岩)组	37-0308	Ar_3	山东地矿局一队	1989	山东省	主要为英云闪长岩
44	Huangbuling sand-stone Fm	黄埠岭砂(岩)组	37-0515	K_2	地质部一普	1962	山东省	资料不全，层型不清
45	Huangcaoding Mem	黄草顶段	37-0317	$\in_2$	山东区调队	1992	山东省	划为张夏组上灰岩段
46	Huanghe Fm	黄河组	37-0600	Qh	山东地矿局一队	1987	山东省	与平原组同物异名
47	Huangjialing Fm	黄家岭组	37-0525	K_2	山东区调队	1992	山东省	区域上难延展
48	Huangjinzhai Fm	黄金寨组	37-0582	Qh^2	山东第二水文队	1988	山东省	依^{14}C年龄划分
49	Huangxian Fm	黄县组	37-0556	E_2	山东地矿局三队	1968	山东省	与五图群同物异名
50	Huangyandian Fm	黄岩店组	37-0591	N	迟培星	1993	山东省	与尧山组同物异名
51	Huangzhuang Fm	黄庄组	37-0559	E_3	沙业学	1985	山东省	与大汶口组同物异名
52	Huashan Fm	化山组	37-0374	Ar_3	山东省地质厅、长春地质学院	1961	山东省	划为齐山(岩)组及荆山群
53	Huibu Fm	灰埠组	37-0365	Pt_1	邓幼华等	1984	山东省	划为陡崖组及粉子山群
54	Huimin Fm	惠民组	37-0580	Qp^3	山东第二水文队	1988	山东省	与上下层位难区分
55	Huixianshan Fm	会仙山组	37-0522	K_1	山东地矿局一队	1987	山东省	与方戈庄组同物异名
56	Hujiagou Fm	胡家沟组	37-0511	K_1	地质部一普	1962	山东省	与田家楼组同物异名
57	Huoshipu Fm	火石堡组	37-0512	K_1	地质部一普	1962	山东省	与方戈庄组同物异名
58	Hutouya Mem	虎头崖段	37-0316	$\in_2$	山东区调队	1992	山东省	划为张夏组下灰岩段
59	Jiangjiakuang Fm	姜家夼组	37-0532	K_1	山东地矿局一队	1992	山东省	含义不清
60	Xiejiahe Fm	解家河组	37-0561	N_1	地质部一普	1961	山东省	与山旺组同物异名
61	Jinan limestone (Bed)	济南石灰岩(层)	37-0328	O	B. Willis & E. Blackwelder	1907	山东省	划为三山子组和马家沟组
62	Jingqishan Fm	旌旗山组	37-0385	Ar_3	长春地质学院	1960	山东省	现划岩体及荆山群
63	Jingshan Fm	晶山组	37-0359	Pt_1	长春地质学院	1960	山东省	划为禄格庄组
64	Jinshan Fm	金山组	37-0602	Qp^{1-2}	山东地矿局一队	1987	山东省	与上海市金山组同名

序号	地层单位名称		编号	地质时代	创名人	创建时间	所在省	不采用的理由
	英文名称	汉文						
65	Jutun-zhangge	巨屯-张格庄组	37-0370	Pt_1	长春地质学院	1960	山东省	分解为巨屯组和张格庄组
66	Juxian Fm	聚仙组	37-0521	K_1	山东地矿局一队	1987	山东省	与八亩地组同物异名
67	Kuangshan Fm	矿山组	37-0364	Pt_1	邓幼华等	1984	山东省	划为荆山群及粉子山群
68	Kunshan Fm	坤山组	37-0368	Pt_1	山东区调队	1982	山东省	划为张格庄组
69	Laishan Fm	莱山组	37-0383	Pt_1	山东地矿局三队	1985	山东省	划为齐山(岩)组
70	Laiwu Fm	莱芜组	37-0599	Qh	迟培星	1993	山东省	与沂河组同物异名
71	Liangjiashan Fm	亮甲山组	37-0327	O_1	叶良辅　刘季辰	1919	河北省	划为三山子组上部
72	Liaocheng Fm	聊城组	37-0410	T_2	赵志清	1980	山东省	与二马营组同物异名
73	Linqing Fm	临清组	37-0579	Qp^2	山东第二水文队	1988	山东省	与上下层位岩性难区分
74	Linyi Fm	临邑组	37-0553	E	地质部一普	1959	山东省	与东营组同物异名
75	Linzi Fm	林子(岩)组	37-0346	Pt_1	北京地质学院	1961	山东省	与小宋组同物异名
76	Liujiazhuang Fm	刘家庄组	37-0337	Pt_1	北京地质学院	1959	山东省	划为胶南(岩)群
77	Liushuitou Fm	流水头组	37-0531	K_1	山东地矿局一队	1992	山东省	含义不清
78	Longgu Fm	龙古岩组	37-0333	Pt_1	中国地质大学(北京)	1992	山东省	划为于家岭岩组顶部
79	Longkou Fm	龙口组	37-0565	E_1	宫静娴	1979	山东省	不符合岩石地层命名原则
80	Loude Fm	楼德组	37-0576	Qp^3	山东地矿局一队	1989	山东省	与大站组同物异名
81	Lujiakuang Fm	鲁家夼(岩)组	37-0378	Ar_3	山东地质局805队	1967	山东省	划为岩体
82	Luokou Fm	洛口组	37-0575	Qh	山东地矿局一队	1988	山东省	与沂河组同物异名
83	Lushan Series	禄山统	37-0351	Pt_1	山东地质办事处掖县地质队	1958	山东省	划归粉子山群
84	Maershan Fm	马耳山组	37-0507	J_3	地质部一普	1962	山东省	与止凤庄组同物异名
85	Magecun Fm	马格村(岩)组	37-0377	Ar_3	山东地质局805队	1967	山东省	划为齐山(岩)组及禄格庄组
86	Malingshan Fm	马陵山组	37-0586	Qp^1	强祖基　叶士忠	1985	山东省	与小埠岭组同物异名
87	Maolongshan Fm	茂隆山组	37-0343	Pt_3	北京地质学院	1959	山东省	划为二长花岗岩
88	Maozhuang Fm	毛庄组	37-0313	$\in_2$	卢衍豪等	1953	山东省	不符合岩石地层概念
89	Mashidian Fm	马石店组	37-0530	K_1	山东地矿局一队	1992	山东省	含义不清
90	Matou Fm	马头组	37-0570	Qp^3	山东地矿局七队	1991	山东省	与潍北组同物异名
91	Mazhan Fm	马站组	37-0569	Qp^3	山东地矿局八队	1990	山东省	与大站组同物异名
92	Mengci Fm	孟慈组	37-0524	K_2	山东区调队	1992	山东省	区域上难延展
93	Mengjiazhuang Fm.	孟家庄(岩)组	37-0306	Ar_3	山东地质局805队	1965	山东省	划为岩体和雁翎关组
94	Mengyin Fm	蒙阴组	37-0540	K_1	山东省地质厅 北京地质学院	1961	山东省	已被分解
95	Mengyin System	蒙阴系	37-0503	K_1	谭锡畴	1923	山东省	已被分解
96	Mingcun Fm	明村组	37-0357	Pt_1	北京地质学院	1961	山东省	现为粉子山群中上部
97	Mingcunbu Fm	明村埠组	37-0355	Pt_1	北京地质学院	1959	山东省	现为张格庄组及野头组

序号	地层单位名称		编号	地质时代	创名人	创建时间	所在省	不采用的理由
	英文名称	汉文						
98	Mingshui Fm	明水组	37-0596	Qp^3	山东地矿局一队	1987	山东省	与大站组同物异名
99	Minshan Fm.	民山(岩)组	37-0380	Ar_3	山东地质局805队	1967	山东省	划为齐山(岩)组下部
100	Mohuding Fm	沬湖顶组	37-0520	K_1	山东地矿局一队	1987	山东省	与八亩地组同物异名
101	Nanding Fm	南定组	37-0411	P_2	小贯义男	1944	山东省	与石盒子组同物异名
102	Nanlongbu Fm	南龙埠组	37-0523	K_1	山东区调队	1992	山东省	与田家楼组同物异名
103	Nanshu-Zhifang Fm	南墅-芝坊组	37-0358	Pt_1	长春地质学院	1960	山东省	划为野头组、陡崖组
104	Panguzhuang Fm	盘古庄组	37-0589	E_2	迟培星	1993	山东省	与常路组同物异名
105	Pengkuang Fm.	蓬夼(岩)组	37-0381	Ar_3	山东地质局805队	1967	山东省	划为岩体
106	Pingshang Fm	坪上组	37-0331	Pt_1	山东省地质厅 北京地质学院	1961	山东省	划为胶南(岩)群
107	Qinkou Fm	芹口组	37-0170	K_1	中国地质大学(北京)	1992	山东省	与八亩地组同物异名
108	Qixiaxian Fm	栖霞县组	37-0384	Ar_3	长春地质学院	1960	山东省	划为英云闪长岩
109	Qixiaxian basalt Fm	栖霞县玄武(岩)组	37-0566	N_{1-2}	山东地层表	1978	山东省	与尧山组同物异名
110	Qushuihe Fm	曲水河组	37-0360	Pt_1	长春地质学院	1960	山东省	现为野头组
111	Rizhuang Fm	日庄组	37-0386	Ar_3	长春地质学院	1960	山东省	划为英云闪长岩
112	Renjiazhuang Fm	任家庄组	37-0302	Ar_3	程裕淇	1977	山东省	划为花岗岩
113	Sanjieshou Fm	三界首组	37-0341	Pt_1	北京地质学院	1959	山东省	现为二长花岗岩及邱官(庄)岩组
114	Shandongxi System	山东系	37-0401	C_2-P-T	小贯义男	1944	山东省	分解为月门沟群、石盒子组和石千峰群
115	Shanghe Fm	商河组	37-0552	E	地质部一普	1959	山东省	与沙河街组同物异名
116	Shangkunlun System	上昆仑系	37-0502	J_1	谭锡畴(介绍)	1923	山东省	与坊子组同物异名
117	Shangtaocun Fm	上桃村组	37-0535	K_1	山东地矿局一队	1992	山东省	与八亩地组同物异名
118	Shangtaohuagou Fm	上桃花沟组	37-0510	K_1	地质部一普	1962	山东省	与八亩地组同物异名
119	Shangtianjia Fm	上田家组	37-0353	Ar_3	北京地质学院	1959	山东省	划为齐山(岩)组和小宋组
120	Shangyu Mem	上峪段	37-0324	O_1	山东区调队	1992	山东省	划为三山子组上部a段
121	Shanqiandian Fm	山前店组	37-0519	K_1	潘昭仁等	1990	山东省	无层型,定义不清
122	Shanzhangjia Fm	山张家组	37-0354	Pt_1	北京地质学院	1959	山东省	划为祝家夼组及禄格庄组
123	Shaohu Fm	邵湖组	37-0573	Qp^2	北京地质学院 山东地质局	1965	山东省	定义不清
124	Shenmazhuang-Shitouhe Fm	沈马庄-石头河组	37-0336	Ar_3	北京地质学院	1959	山东省	划为二长花岗岩和大山沟(岩)组
125	Shentang Fm	神堂组	37-0352	Ar_3	北京地质学院	1959	山东省	现为齐山(岩)组一部分
126	Shigemiao Series	十哥庙统	37-0350	Pt_1	山东地质办事处掖县地质队	1958	山东省	划为粉子山群
127	Shijiatun Fm	史家屯组	37-0527	K_2	山东区调队	1992	山东省	并入红土崖组

序号	地层单位名称		编号	地质时代	创名人	创建时间	所在省	不采用的理由
	英文名称	汉文						
128	Sucun Fm	苏村组	37-0571	Qp^2	山东地质局809队	1964	山东省	与于泉组同物异名
129	Taipingding Fm	太平顶组	37-0301	Ar_3	北京地质学院	1961	山东省	划为英云闪长岩
130	Tangjiazhuang Fm	唐家庄(岩)组	37-0305	Ar_3	山东地质局805队	1965	山东省	划为英云闪长岩
131	Tangshanpeng conglomerate Fm.	唐山棚砾(岩)组	37-0567	N_{1-2}	山东地层表	1978	山东省	相当尧山组底部
132	Taocun Fm	桃村组	37-0539	K_2	山东地矿局一队	1992	山东省	与红土崖组同物异名
133	Taohuagou Fm	桃花沟组	37-0513	K_1	地质部石油局	1962	山东省	定义不清
134	Tiekou Fm	铁口组	37-0537	K_1	山东地矿局一队	1992	山东省	与林家庄组同物异名
135	Tiaozhouyu Fm	笤帚峪(岩)组	37-0304	Ar_3	山东地质局805队	1965	山东省	划为花岗岩
136	Tuweishan Fm	秃尾山组	37-0564	E_2	地质部一普	1961	山东省	与朱家沟组同物异名
137	Wadian Fm	瓦店组	37-0529	K_1	中国地质大学(北京)	1992	山东省	与方戈庄组同物异名
138	Wangfushan Fm	望府山(岩)组	37-0303	Ar_3	山东地质局805队	1965	山东省	划为英云闪长岩
139	Wangguanzhuang Fm.	王官庄(岩)组	37-0376	Ar_3	山东地质局805队	1967	山东省	与齐山(岩)组同物异名
140	Wangjiazhuang Fm	王家庄组	37-0585	Qp^1	山东地矿局一队	1988	山东省	岩性同其上层位难区分
141	Wangtai System	王台系	37-0334	Pt_1	赵家骧　颜轸	1951	山东省	划为胶南(岩)群和粉子山群
142	Wanshanzhuang Fm	万山庄组	37-0300	Ar_3	山东省地质厅 北京地质学院	1961	山东省	现为英云闪长岩和孟家屯(岩)组
143	Wenhe Conglomerate	汶河砾岩	37-0584	E_2	B. Willis & E. Blackwelder	1907	山东省	与朱家沟组同物异名
144	Wennan Fm	汶南组	37-0504	J_{1-2}	地质学编委会、中科院地质所	1956	山东省	与三台组同物异名
145	Wenshui Bed	汶水层	37-0319	$\in_2$	孙云铸	1937	山东省	划为张夏组盘车沟段和上灰岩段
146	Wudi Fm	无棣组	37-0578	Qp^1	山东第二水文队	1988	山东省	不符合岩石地层划分原则
147	Wugezhuang Fm	五个庄组	37-0356	Pt_1	北京地质学院	1959	山东省	与小宋组同物异名
148	Wulian Gr	五莲群	37-0366	Pt_1	山东区调队	1982	山东省	与粉子山群同物异名
149	Wuliqiao Fm	五里桥组	37-0593	Qp^1	山东区调队	1991	山东省	不符合岩石地层概念
150	Wushan Fm	五山组	37-0310	$\in_1$	王良忱等	1959	山东省	划为李官组和朱砂洞组
151	Xiahe Fm	下河组	37-0583	Qh^1	山东第二水文队	1988	山东省	不符合岩石地层划分原则
152	Xiakunlun System	下昆仑系	37-0403	P-T	谭锡畴(介绍)	1922	山东省	分解为孝妇河段和石千峰群
153	Xiangshuihe Fm	响水河组	37-0335	Ar_3	北京地质学院	1959	山东省	与大山沟(岩)组同物异名
154	Xianrenqiao Fm	仙人桥组	37-0508	K_1	地质部一普	1962	山东省	与杨家庄组同物异名
155	Xiaosha Fm	小沙组	37-0581	Qh^3	山东第二水文队	1988	山东省	依据^{14}C年龄划分
156	Xiaoweijia Fm	小魏家组	37-0362	Pt_1	山东区调队	1987	山东省	与小宋组同物异名
157	Xiaoxianzhuang Fm	逍仙庄组	37-0506	J_{1-2}	地质部一普	1962	山东省	层型不清未能流传

序号	地层单位名称		编号	地质时代	创名人	创建时间	所在省	不采用的理由
	英文名称	汉文						
158	Xiaozhuang Fm	小庄组	37-0349	Pt_1	林均堂　刘贵章	1978	山东省	与小宋组同物异名
159	Xiataohuagou Fm	下桃花沟组	37-0509	K_1	地质部一普	1962	山东省	与曲格庄组同物异名
160	Xiayu Mem	下峪段	37-0323	$\in_3$	山东区调队	1992	山东省	划为三山子组b段和c段
161	Xijiawa Fm	席家洼组	37-0562	E_2	地质部一普	1961	山东省	与小楼组同物异名
162	Xintai System	新泰系	37-0501	J_{2-3}	B. Willis & E. Blackwelder	1907	山东省	与三台组同物异名
163	Xiwa Fm	西洼组	37-0518	K_1	陈丕基等	1980	山东省	不符合岩石地层概念
164	Xumaozhuang Fm	徐毛庄组	37-0315	$\in_{1-2}$	张增奇等	1993	山东省	划为洪河段之外的馒头组
165	Xuzhuang Fm	徐庄组	37-0314	$\in_2$	卢衍豪	1953	山东省	不符合岩石地层概念
166	Yangjialing conylomerate Fm.	杨家岭砾(岩)组	37-0516	K_2	地质部一普	1962	山东省	与红土崖组同物异名
167	Yangsanmu Fm	羊三木组	37-0554	N	地质部一普	1959	山东省	与馆陶组同物异名
168	Yannan Gr	烟南群	37-0387	Z	杨志坚	1990	山东省	与蓬莱群同物异名
169	Yanzhu Fm	砚柱组	37-0371	Pt_1	林均堂　刘贵章	1978	山东省	划为邱官庄(岩)组下部
170	Yeli Fm	冶里组	37-0326	O_1	A. W. Grabau	1922	河北省	划为三山子组中部
171	Yexian complex System	掖县杂岩系	37-0373	Ar_3	山东地质办事处掖县地质队	1958	山东省	划为胶东(岩)群
172	Yidu Fm	益都组	37-0594	Qp^2	迟培星	1993	山东省	命名晚，无影响
173	Yingzhuangkuang Fm	英庄夼组	37-0382	Ar_3	山东区调队(介绍)	1987	山东省	划为英云闪长岩
174	Yinmazhuang Fm	饮马庄组	37-0342	Pt_1	北京地质学院	1959	山东省	并入于家岭(岩)组
175	Yuandongtou Fm	院东头组	37-0309	Qn	关鼎澄	1979	山东省	作为佟家庄组非正式段
176	Yuhuangshan Mem	玉皇山段	37-0318	$\in_2$	山东区调队	1992	山东省	划为张夏组上灰岩段
177	Zaoyuan Fm	枣园岩组	37-0375	Ar_3	山东地质局805队	1967	山东省	现为齐山(岩)组及禄格庄组
178	Zhangjialin Fm	张家林组	37-0348	Pt_1	林均堂　刘贵章	1978	山东省	划为粉子山群
179	Zhangkuang Fm	璋夼组	37-0361	Pt_1	长春地质学院	1960	山东省	与陡崖组同物异名
180	Zhangqiu Series	章丘统	37-0404	C_2	小贯义男(介绍)	1944	山东省	属年代地层划分
181	Zhangying Fm	张应组	37-0526	K_2	山东区调队	1992	山东省	区域上难延展
182	Zhangzhuang Fm	张庄组	37-0572	Qp^2	山东地质局809队	1964	山东省	与于泉组同物异名
183	Zhanhua Fm	沾化组	37-0595	Qp^{1-2}	迟培星	1993	山东省	与上下层位难以区分
184	Zhegou Fm	柘沟组	37-0558	E_3	王从凤等	1981	山东省	与大汶口组同物异名
185	Zhenjiagou Fm	甄家沟组	37-0332	Pt_3	山东区调队	1982	山东省	划为二长花岗岩
186	Zhifanzhuang Fm	纸坊庄组	37-0325	O_1	陈均远　邹西平	1975	山东省	划为三山子组a段和b段
187	Zhina Bed	支那层	37-0388	$\in_1$-O_2	田中馆秀三(介绍)	1922	山东省	分解为长清群、九龙群和马家沟组
188	Zhuishan Fm	锥山组	37-0568	Qh	张明书等	1992	山东省	与山前组同物异名
189	Zhubian Fm	洙边组	37-0330	Ar_3	北京地质学院	1961	山东省	划为二长花岗岩和大山沟(岩)组
190	Zichuan Fm	淄川组	37-0406	P_1	小贯义男	1944	山东省	与山西组同物异名